EUROPA-FACHBUCHREIHE
Kraftfahrzeugtechnik

Prüfungsbuch Kraftfahrzeugtechnik

Frage • Antwort

7. Auflage

VERLAG EUROPA-LEHRMITTEL · Nourney, Vollmer GmbH & Co.
Düsselberger Straße 23 · 42781 Haan-Gruiten

Europa-Nr.: 20442

Autoren des Prüfungsbuches Kraftfahrzeugtechnik:

Bohner, Max	Dipl.-Ing. Studienprofessor	Heilbronn
Gscheidle, Rolf	Studiendirektor	Winnenden-Stuttgart
Keil, Wolfgang	Studiendirektor	München
Leyer, Siegfried	Dipl.-Ing. Studienprofessor	Weinsberg-Heilbronn
Pichler, Wolfram	Ing. (grad.) Studiendirektor	München
Saier, Wolfgang	Oberstudienrat	Stuttgart
Schmidt, Harro	Dipl.-Ing. Studienprofessor	Karlsruhe
Siegmayer, Paul	Dipl.-Ing. Studiendirektor	Langenalb-Pforzheim
Zwickel, Heinz	Dipl.-Ing. Studiendirektor	Karlsruhe

Leitung des Arbeitskreises und Lektorat:
Rolf Gscheidle, Studiendirektor, Winnenden-Stuttgart

7. Auflage 1996

Druck 5 4 3

Alle Drucke derselben Auflage sind parallel einsetzbar, da bis auf die Behebung von Druckfehlern untereinander unverändert.

ISBN 3-8085-2027-2

Umschlaggestaltung unter Verwendung eines Fotos der Fa: Ford AG Köln.

Satz und Druck: IMO-Großdruckerei, 42275 Wuppertal

Vorwort

Die Autoren des Prüfungsbuches haben es sich zur Aufgabe gemacht, den Lehrstoff der Fachkunde Kraftfahrzeugtechnik, zum Teil erweitert durch Stoffgebiete aus dem Tabellenbuch Kraftfahrzeugtechnik, in Frage und Antwort darzustellen. Es ist sowohl zur fachtheoretischen Vorbereitung auf Abschluß-, Gesellen-, Facharbeiter- und Meisterprüfung als auch zur allgemeinen Überprüfung und Verbesserung des Kenntnisstandes besonders geeignet.

Die Gliederung des Inhaltes wurde weitgehend der der Fachkunde Kraftfahrzeugtechnik angeglichen, so daß bei der Feststellung von Kenntnislücken jederzeit leicht die nötigen fachlichen Informationen aus der Fachkunde Kraftfahrzeugtechnik entnommen werden können.

Eine fortlaufende Numerierung der Fragen innerhalb eines Kapitels erlaubt es, eine gezielte Auswahl für die einzelnen Prüfungsanforderungen zu stellen.

Das Prüfungsbuch enthält für jedes Anforderungsniveau Fragen mit den entsprechenden Antworten. Damit kann der Lernende auf jeder Ausbildungsstufe sich gezielt auf Prüfungen, Klassenarbeiten und Tests vorbereiten.

Zur Veranschaulichung sind ausgewählte Bilder in die Aufgaben mit einbezogen.

Das Prüfungsbuch ergänzt in sinnvoller Weise die Fachbuchreihe Kraftfahrzeugtechnik und wird dem Benutzer eine wertvolle Hilfe sein.

Stuttgart-Winnenden, Frühjahr 1996 R. Gscheidle

Inhaltsverzeichnis

Fachkenntnisse

1 Kraftstoffe und Schmierstoffe

2 Motor

3 Triebwerk

4 Fahrwerk

5 Krafträder

6 Elektrische Anlage

7 Fachliche Vorschriften

8 Betriebskunde

Grundkenntnisse

1 Prüftechnik

1.1 Grundbegriffe der Längenprüftechnik

01 Was versteht man in der Längenprüftechnik unter Messen?

Messen ist ein zahlenmäßiges Vergleichen der Meßgröße mit einem Meßgerät.

02 Was versteht man unter dem Meßwert?

Den ermittelten Wert der Meßgröße, angegeben mit Zahlenwert und Einheit.

03 Was versteht man in der Längenprüftechnik unter Lehren?

Lehren ist ein Vergleichen des Prüfgegenstandes mit einer Lehre. Das Ergebnis ist kein Zahlenwert, sondern stellt fest, ob der Prüfgegenstand in bezug auf Größe und Form eine gegebene Grenze überschreitet.

04 Welche Prüfmittel werden als Längenprüfmittel verwendet?

— Meßgeräte
— Hilfsmittel (z.B. Taster)
— Lehren.

05 Was versteht man unter Maßverkörperungen?

Die Verkörperung der Meßgröße durch
— Abstand von Strichen (Strichmaß)
— Abstand von Flächen (Endmaß)
— Lage von Flächen (Winkelendmaß).

06 Welches sind häufig verwendete anzeigende Meßgeräte?

— Strichmaß
— Meßschieber
— Meßschraube
— Winkelmesser
— Meßuhr.

07 Welches ist die Basiseinheit der Länge?

Das Meter (m).

08 Wie wird 1 m unterteilt?

1 m = 10 dm = 100 cm = 1000 mm = 1 000 000 µm.

09 Was versteht man unter Meßabweichung?

Meßabweichung = Meßwert – Istwert. Der abgelesene Meßwert weicht vom Istwert (tatsächlicher Wert der Meßgröße) ab, wenn beim Meßvorgang Fehler auftreten.

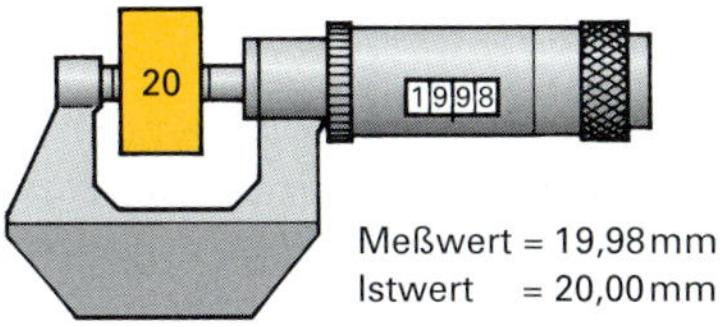

Abweichung = 19,98 mm – 20,00 mm =
= – 0,02 mm

10 Welche Ursachen kann eine Meßabweichung haben?

— Temperatureinflüsse
— Unvollkommenheit des Meßgerätes
— falsche Handhabung des Meßgerätes
— Unvollkommenheit des Meßgegenstandes.

11 Welche Temperatureinflüsse können zu Meßabweichungen führen?

Handwärme, Sonneneinstrahlung oder Arbeitswärme, verschiedene Wärmeausdehnung von Werkstück und Meßgerät, Temperaturunterschied zwischen Werkstück und Meßgerät.

12 Wie groß ist die für Meßgeräte und Werkstücke festgelegte Bezugstemperatur?

20 °C.

13 Welche Fehler in der Handhabung des Meßgerätes können zu Meßabweichungen führen?

— Zu hohe Meßkraft
— Ablesefehler durch Parallaxe
— Unsauberkeit der Meßflächen
— schräges Ansetzen des Meßgerätes.

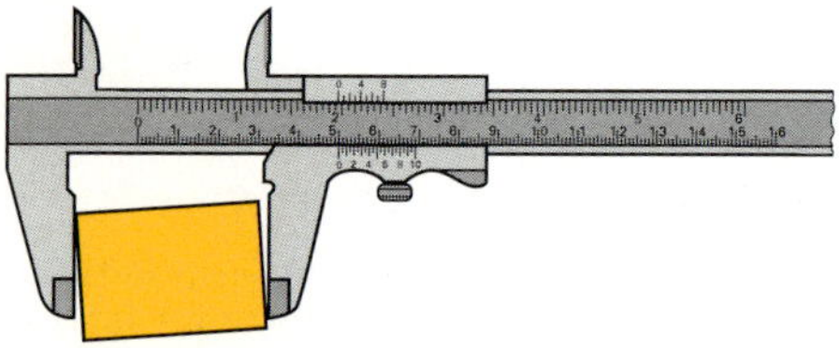

14 Welche Unvollkommenheiten der Meßgeräte können Meßabweichungen verursachen?

— Abweichungen in der Skalenteilung
— Abweichungen an der Gewindespindel
— toter Gang, Reibung
— Abnützung des Meßgerätes.

15 Welche Unvollkommenheiten des Meßgegenstandes können zu Meßabweichungen führen?

— Falsche Form des Werkstücks (z.B. kegelig statt zylindrisch, schräg statt parallel zueinander stehende Flächen)
— Bearbeitungsspuren auf Werkstückfläche
— Grate an Werkstückkanten.

16 Was versteht man unter direktem Messen?

Die Meßgröße, z.B. die Länge eines Werkstückes, wird direkt (unmittelbar) mit der Skale des Längenmeßgerätes verglichen.

17 Was versteht man unter indirektem Messen?

Die Meßgröße, z.B. der Durchmesser einer Bohrung, wird mit einem Innentaster als Hilfsmittel abgenommen und dann mit einem Meßgerät am Taster gemessen.

1.2 Meßgeräte

01 Was versteht man unter dem Meßbereich (Meb) eines Meßgerätes?

Den Teil des Anzeigebereiches, der zum Messen genutzt werden kann. Seine Größe entspricht der Meßspanne.

02 Was versteht man unter dem Skalenteilungswert (Skw) eines Meßgerätes?

Den Abstand zweier benachbarter Skalenstriche. Der Skalenteilungswert wird in der Einheit der Meßgröße angegeben.

03 Was versteht man unter dem Ziffernschrittwert (Zw) eines Meßgerätes mit Ziffernanzeige?

Die Differenz zweier direkt aufeinander folgender Ziffernanzeigen. Der Ziffernschrittwert wird in der Einheit der Meßgröße angegeben.

04 Welche Vorteile hat die Ziffernanzeige gegenüber der Skalenanzeige?

— Einfaches Ablesen
— keine Ablese- und Parallaxefehler.

05 Welche Strichmaßstäbe werden als Maßverkörperungen verwendet?

— Stahlmaßstab
— Gliedermaßstab
— Arbeitsmaßstab
— Rollbandmaß.

06 Welches sind die Hauptteile des Taschenmeßschiebers?

— Schiene mit Hauptmaßstab
— fester Meßschenkel und Kreuzspitze
— Schieber mit Nonien
— beweglicher Meßschenkel und Kreuzspitze
— Tiefenmeßeinrichtung
— Klemmhebel und Feststellschraube.

07 Welche Messungen kann man mit Tachenmeßschiebern ausführen?

— Außenmessungen
— Innenmessungen
— Tiefenmessungen.

08 Was versteht man unter dem Noniuswert eines Meßschiebers?

Der Noniuswert (Now) ist die Differenz zwischen dem Skalenteilungswert und dem Noniusteilungswert. Der Noniuswert gibt an, bis zu welchem Bruchteil eines Millimeters eine Ablesemöglichkeit besteht.

09 Mit welchem Noniuswert werden Meßschieber hergestellt?

Mit Noniuswert 1/10 mm oder 1/20 mm, seltener mit Noniuswert 1/50 mm.

10 Wie ist der Nonius eines Meßschiebers mit Noniuswert 1/20 mm eingeteilt?

39 mm sind in 20 gleiche Teile geteilt. Ein Noniusteil ist also 39 : 20 = 1,95 mm lang. Noniuswert = 2 – 1,95 = 0,05 mm = 1/20 mm.

11 Wie liest man Meßschieber ab?

Man betrachtet den Nullstrich der Noniusskale als Komma und liest zuerst links vom Nullstrich die ganzen Millimeter auf dem Hauptmaßstab der Schiene ab. Dann sucht man rechts vom Nullstrich den Teilstrich der Noniusskale, der mit einem Teilstrich des Hauptmaßstabes übereinstimmt. An diesem Teilstrich werden auf der Noniusskale die Stellen hinter dem Komma abgelesen.

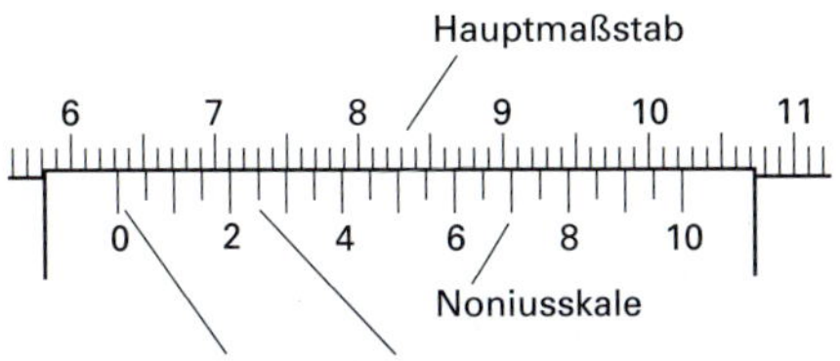

12 Wie werden Meßschieber mit Rundskale abgelesen?

Die ganzen Millimeter werden an der Vorderkante des Schiebers auf dem Hauptmaßstab abgelesen. Die Bruchteile des Millimeters werden auf der Rundskale abgelesen.

13 Welches sind die Teile der Bügelmeßschraube?

— Bügel mit Amboß und Wärmeschutz
— Skalenhülse
— Meßspindel mit Skalentrommel
— Kupplung (Ratsche)
— Feststellvorrichtung.

14 Mit welchem Skalenteilungswert werden Meßschrauben hergestellt?

Mit Skalenteilungswert 0,01 mm = 1/100 mm.

15 Wie ist der Umfang der Skalentrommel meistens eingeteilt?

Bei der üblichen Steigung der Meßspindel von 0,5 mm ist die Skalentrommel in 50 Teile geteilt. Skalenteilungswert = 0,5 mm : 50 = 0,01 mm = 1/100 mm.

16 Wie liest man Meßschrauben ab?

Die ganzen und halben Millimeter liest man am Längsstrich der Skalenhülse ab und addiert die auf der Skalentrommel abgelesenen hundertstel Millimeter.

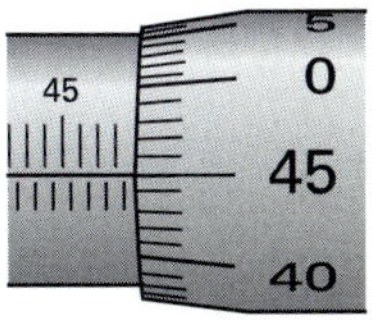

Meßwert

48,50 mm
+ 0,45 mm

48,95 mm

17 Welche Aufgabe hat die Kupplung der Meßschraube?

Sie soll durch Begrenzen des Meßdrucks die Meßgenauigkeit erhöhen.

18 Wozu wird die Meßuhr verwendet?

— Einstellen von Werkzeugmaschinen
— Prüfen auf Formgenauigkeit, z.B. von Wellen auf Rundlauf, von Kupplungsscheiben auf Planlauf
— Prüfen auf Verschleiß, z.B. Zylinderverschleiß mit dem Innenmeßgerät.

19 Warum ist das Skalenblatt der Meßuhr drehbar ausgeführt?

Es kann dadurch bei jeder Zeigerstellung auf Null gestellt werden.

20 Wie ist das Skalenblatt der Meßuhr eingeteilt?

Es ist in 100 Teile eingeteilt, die einem Weg des Meßbolzens von 1 mm entsprechen (1 Zeigerumdrehung), der Skalenteilungswert beträgt dadurch 0,01 mm = 1/100 mm.

21 Wie wird der Universalwinkelmesser abgelesen?

Auf der Hauptskale werden die Winkelgrade von 0° bis zum Nullstrich des Nonius abgezählt; in gleicher Richtung liest man am Nonius die Winkelminuten ab.

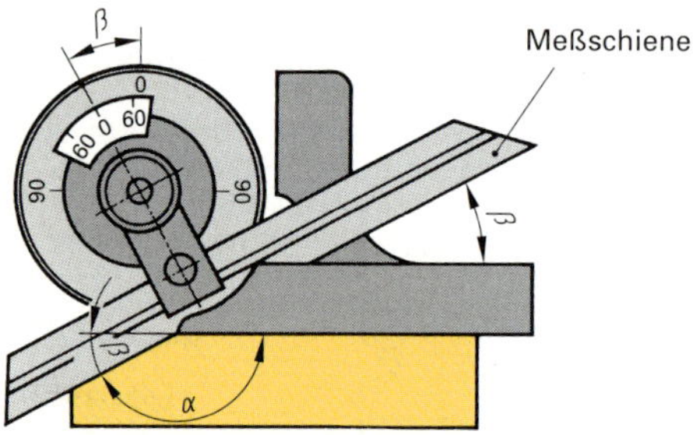

Noniusanzeige

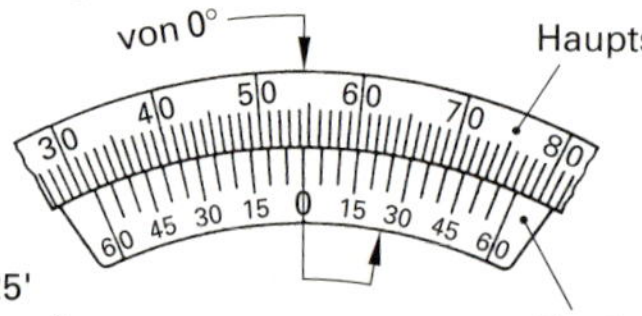

$\beta = 54°25'$
$\alpha = 180° - \beta$

1.3 Lehren

01 Welche Arten von Lehren unterscheidet man?

Maßlehren, Formlehren, Grenzlehren.

02 Wozu können Fühlerlehren verwendet werden?

Zum Prüfen des Spiels von Ventilen, Kolben, Lagern, Schlittenführungen.

03 Wodurch unterscheiden sich Gutseite und Ausschußseite beim Grenzlehrdorn?

An der Gutseite ist immer das untere Abmaß, an der Ausschußseite das obere Abmaß vermerkt; der Meßzylinder der Gutseite ist länger als der der Ausschußseite; die Ausschußseite ist rot markiert.

04 Wodurch unterscheiden sich Gutseite und Ausschußseite bei der Grenzrachenlehre?

An der Gutseite ist immer das obere Abmaß, an der Ausschußseite das untere Abmaß vermerkt; die Prüfflächen der Ausschußseite sind stark angefast; die Ausschußseite ist rot markiert.

05 Worauf ist beim Prüfen mit dem Grenzlehrdorn zu achten?

Grenzlehrdorn nicht mit Gewalt und nicht in die Bohrung des warmen Werkstücks einführen; die Gutseite muß durch das Eigengewicht in die Bohrung gleiten, die Ausschußseite darf nur anschnäbeln.

06 Worauf ist beim Prüfen mit der Grenzrachenlehre zu achten?

Lehre nicht gewaltsam über das Werkstück schieben; Gutseite soll durch ihr Eigengewicht über das Werkstück gleiten; Ausschußseite darf nur anschnäbeln.

1.4 Toleranzen und Passungen

01 Was versteht man unter Nennmaß, Nullinie und Istmaß?

Nennmaß: Es ist das in der Zeichnung angegebene Maß, auf welches die Grenzabmaße bezogen werden.

Nullinie: Sie ist die Bezugslinie für das Nennmaß.

Istmaß: Es ist das durch Messen am Werkstück ermittelte Maß.

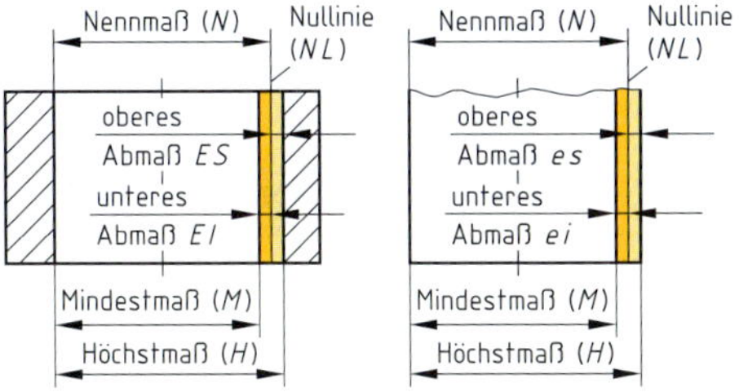

Bohrung **Welle**

02 Was bedeuten die Begriffe Grenzabmaß und Toleranz?

Grenzabmaß: Es ist die Differenz zwischen Höchstmaß bzw. Mindestmaß und Nennmaß.

Toleranz: Es ist die Differenz zwischen Höchstmaß und Mindestmaß.

03 Wovon sind die Größen der Toleranzen abhängig?

Nennmaß und Toleranzgrad (0 bis 18).

04 Was versteht man unter Spielpassung, Übermaßpassung und Übergangspassung?

Spielpassung: Das Mindestmaß der Bohrung ist größer, im Grenzfall gleich dem Höchstmaß der Welle.

Übermaßpassung: Das Höchstmaß der Bohrung ist kleiner oder im Grenzfall gleich dem Mindestmaß der Welle.

Übergangspassung: Beim Zusammenfügen von Bohrung und Welle entsteht innerhalb der Toleranzfelder entweder Spiel oder Übermaß.

05 Wie setzt sich eine Maßangabe mit Angabe der Toleranz nach ISO für Wellen und Bohrungen zusammen?

— Nennmaß mit Durchmesserzeichen (ø)
— Kennbuchstaben für Toleranzfeld (für Bohrungen große Buchstaben; für Wellen kleine Buchstaben)
— Kennzahl für Toleranzgrad.
Z.B. Bohrung: ø 25 H7; Welle: ø 25 n6

06 Welche Bedeutung hat der Buchstabe, der das Toleranzfeld kennzeichnet?

Er gibt die Lage des Toleranzfeldes zur Nullinie an. Je weiter der jeweilige Buchstabe von H bzw. von h entfernt ist, desto weiter ist das jeweilige Toleranzfeld von der Nullinie entfernt.

07 Was versteht man unter den Passungssystemen Einheitswelle und Einheitsbohrung?

Einheitswelle: Die Wellenpaßmaße erhalten das Toleranzfeld h. Das Höchstmaß der Welle ist gleich dem Nennmaß, d.h. das obere Abmaß der Welle ist Null. Die Bohrungen sind um die für die geforderte Passung erforderlichen Spiele oder Übermaße größer oder kleiner.

Einheitsbohrung: Die Bohrungspaßmaße erhalten das Toleranzfeld H. Das Mindestmaß der Bohrung ist gleich dem Nennmaß, d.h. das untere Abmaß der Bohrung ist Null. Die Wellen sind um die für die geforderte Passung erforderlichen Spiele oder Übermaße kleiner oder größer.

08 Erläutern Sie die Angaben ø 30 H7.

ø 30 = Nennmaß der Bohrung in mm
H = Einheitsbohrung
7 = Zahlenwert für Toleranzfeld entsprechend Tabelle; 30^{+21}_{0}

09 Erläutern Sie die Angaben ø 30 h6.

ø 30 = Nennmaß der Welle in mm
h = Einheitswelle
6 = Zahlenwert für Toleranzfeld entsprechend Tabelle; 30^{+0}_{-13}

10 Ermitteln Sie aus Tabellen, welche Passungsart bei der Wellen-Bohrungspaarung ø 36 $\frac{H7}{g6}$ vorliegt?

Bohrung: ø 36 H7 = ø 36 $^{+25}_{0}$;

Welle: ø 36 g6 = ø 36 $^{-9}_{-25}$

Mindestspiel: $S_M = M_B - H_W$ = 36,000 mm – 35,991 mm = + 0,009 mm; somit ergibt sich im vorliegenden Fall eine Spielpassung.

1.5 Anreißen

01 Wozu dient das Anreißen?

Zum Übertragen von Zeichnungsmaßen auf das zu bearbeitende Werkstück.

02 Welche wichtigen Anreißwerkzeuge werden verwendet?

Reißnadel aus Stahl oder Messing, Bleistift, Anreißplatte, Spitzzirkel, Höhenmeßschieber, Parallelreißer, Stahlmaßstab, Anschlag-, Gehrungs-, Flach- und Zentrierwinkel, Zentrierglocke, Prisma, Körner.

03 Wie können die Oberflächen von Werkstücken vorbehandelt werden, damit die Rißlinien besser sichtbar werden?

Blanke Metalloberflächen und Leichtmetallteile werden mit farbigem Anreißlack bestrichen. Dunkle oder rauhe Oberflächen (z.B. Gußeisen) sind mit trockener Kreide oder mit Schlämmkreide zu bestreichen.

04 Wie muß die Reißnadel beim Anreißen gehalten werden?

Die Spitze der Reißnadel muß an der Unterkante des Lineals oder Winkels anliegen. Beim Anreißvorgang wird sie so geneigt, daß die Spitze nachgezogen wird. Dadurch wird zu tiefes Eindringen in den Werkstoff und Festhaken verhindert.

05 Warum darf die Anreißplatte nicht zum Richten von Werkstücken verwendet werden?

Die Anreißplatte wäre durch Beschädigungen der Oberfläche nicht mehr eben; dadurch würden Werkstück und Anreißwerkzeug nicht mehr einwandfrei aufliegen.

06 Wozu werden Reißnadeln aus Messing verwendet?

— Anreißen von verzunderten Blechen
— bei sehr harten Werkstoffen
— bei Oberflächen, die durch Anrisse nicht beschädigt werden dürfen.

07 Was ist beim Anreißen von Leichtmetallblechen an Biegekanten zu beachten?

Nur mit dem Bleistift anreißen, um Kerbwirkung zu vermeiden.

08 Wozu wird beim Anreißen der Körner verwendet?

Zum Ankörnen von Bohrlochmittelpunkten und Rißlinien.

09 Wozu wird der Spitzzirkel verwendet?

— Zum Übertragen von Maßen
— zum Anreißen von Kreisen
— zum Übertragen von gleichen Teilstrecken.

10 Welcher Schenkel des Spitzzirkels soll beim Anreißen belastet werden?

Der Druck soll auf dem im Mittelpunkt eingesetzten Schenkel liegen. Dadurch wird ein Verlaufen des Zirkels vermieden.

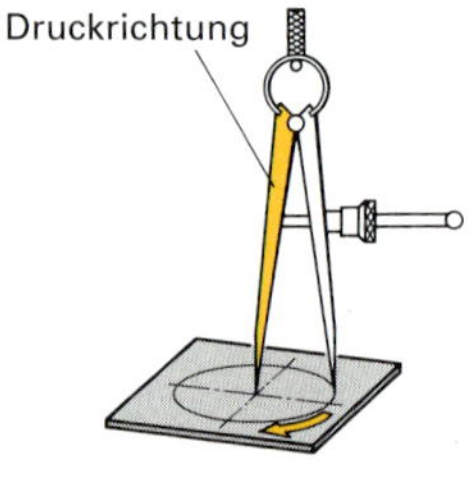

2 Fertigungstechnik

2.1 Einteilung der Fertigungsverfahren

01 In welche Hauptgruppen werden die Fertigungsverfahren eingeteilt?

- Urformen
- Umformen
- Trennen
- Fügen
- Beschichten
- Stoffeigenschaftändern.

02 Wie können mit den Fertigungsverfahren Werkstoffe bzw. Werkstücke verändert werden?

Zusammenhalt (Stoffeigenschaft) und Form können geschaffen, geändert, beibehalten, vermehrt oder vermindert werden.

03 Wie kann der Zusammenhalt von Stoffen geschaffen werden?

Beim **Urformen** werden aus formlosen Stoffen, z.B. Pulver, Flüssigkeiten, geometrisch bestimmte feste Körper gefertigt z.B. durch Pressen, Gießen, Sintern.

04 Bei welchen Fertigungsverfahren wird der Zusammenhalt eines Werkstücks beibehalten, jedoch die Form geändert?

Beim **Umformen**, z.B. Biegen, Abkanten, Schmieden, Walzen, Tiefziehen, Verdrehen.

05 Bei welchen Fertigungsverfahren wird der Zusammenhalt eines Werkstücks vermindert und die Form geändert?

Beim **Trennen**, z.B. Schneiden, Schleifen, Spanen, Zerlegen, Abschrauben, Reinigen.

06 Bei welchen Fertigungsverfahren wird der Zusammenhalt von Werkstücken vermehrt und die Form geändert?

Beim **Fügen**, z.B. Schrauben, Schweißen, Löten, Kleben, Falzen, Nieten, Klemmen.

07 Bei welchen Fertigungsverfahren wird der Zusammenhalt eines Werkstücks vermehrt und die Form beibehalten?

Beim **Beschichten** wird ein formloser Stoff als festhaftende Schicht aufgebracht, z.B. Auftragschweißen, Galvanisieren.

08 Wie kann man Stoffeigenschaften ändern?

- **Umlagern** von Stoffteilchen, z.B. Härten
- **Aussondern** von Stoffteilchen, z.B. Entkohlen
- **Einbringen** von Stoffteilchen, z.B. Aufkohlen, Nitrieren.

2.2 Urformen

01 Was versteht man unter Urformen?

Urformen (Form schaffen) ist das Fertigen eines festen Körpers aus formlosem Stoff durch Schaffen des Stoffzusammenhalts, z.B. aus einem flüssigen Stoff beim Gießen oder aus festen pulverförmigen Stoffen beim Sintern.

Gießen

02 Was versteht man unter Gießen?

Es wird ein geschmolzener Werkstoff in eine Form gegossen. Beim Erstarren entsteht ein geometrisch bestimmter Körper.

Gießen

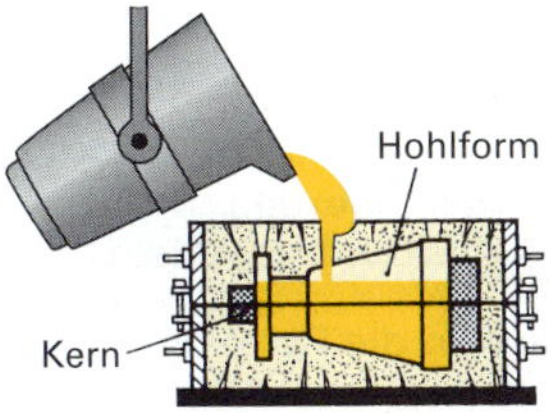

03 Welches sind die Hauptarbeitsgänge zur Herstellung eines Gußstücks?

Modellherstellung, Formherstellung, Abgießen, Putzen.

04 Wozu dient ein Modell?

Zur Herstellung einer Form für das Gußstück; das Modell stellt eine Abbildung des Werkstücks dar.

05 Welche Arten von Modellen werden verwendet?

- Dauermodelle, die wiederholt zur Herstellung der Formen verwendet werden
- Verlorene Modelle, die in der Form bleiben und beim Eingießen des flüssigen Metalls zerstört werden. Formmasken sind auch verlorene Formen.

06 Warum muß das Modell etwas größer sein als das Gußstück?

Der flüssige Gußwerkstoff zieht sich beim Abkühlen etwas zusammen, er schwindet. Um in erkaltetem Zustand maßgenau zu sein, muß er in die um das Schwindmaß größere Form gegossen werden.

07 Worauf muß beim Modellbau geachtet werden, wenn das Gußstück später spanend bearbeitet werden soll?

An den zu bearbeitenden Stellen muß das Modell um die Bearbeitungszugabe dicker gemacht werden.

08 Wie werden Hohlräume in Gußstücken hergestellt?

Indem in die Form ein Kern eingelegt wird, der der Form des Hohlraumes entspricht.

09 Welcher Unterschied besteht zwischen einer Sandform und einer Kokille?

Die Sandform kann nur einmal verwendet werden (verlorene Form), sie wird zerstört, wenn das Gußstück aus der Form genommen wird. Die Kokille ist eine Dauerform, meist aus Stahl.

10 Welche Vorteile hat der Kokillenguß gegenüber dem Sandguß?

- Wiederholt verwendbare Dauerform
- maß- und formgenaue Gußstücke
- glatte, harte, verschleißfeste Oberfläche der Gußstücke.

11 Welche besonderen Gießverfahren unterscheidet man?

- Feingießen (Modellausschmelzverfahren)
- Maskenformen
- Vollformgießen
- Druckgießen
- Schleudergießen
- Eisen-Aluminium-Verbundguß
- Kokillenguß
- Stranggießen.

12 Was versteht man unter Feingießen?

Vom zu gießenden Werkstück wird ein Wachs- oder Polystyrolmodell hergestellt. Die Modelle werden von einer feinkeramischen Masse umschlossen und mit hitzebeständigem Formstoff umhüllt. Beim Trocknen der Formen schmelzen die Modelle aus und ergeben den Formhohlraum, der dann ausgegossen wird.

13 Was versteht man unter Maskenformen?

Auf einem beheizten Modell wird ein Gemisch aus Quarzsand, Kunstharz und Härter verfestigt. Die etwa 4 mm...10 mm dicke Schicht bildet meist in zwei Hälften die verlorene Gußform.

14 Welche Kfz-Teile können durch Maskenformen hergestellt werden?

Kurbelwellen, Nockenwellen, Rippenzylinder, Ketten- und Zahnräder.

15 Welche Besonderheit kennzeichnet das Vollformgießen?

Das ungeteilte Modell aus Polystyrol-Hartschaum wird mit einer Formstoffumhüllung im ungeteilten Formkasten eingeformt und bleibt zum Gießen im Formkasten. Beim Eingießen des flüssigen Metalls vergast das Modell.

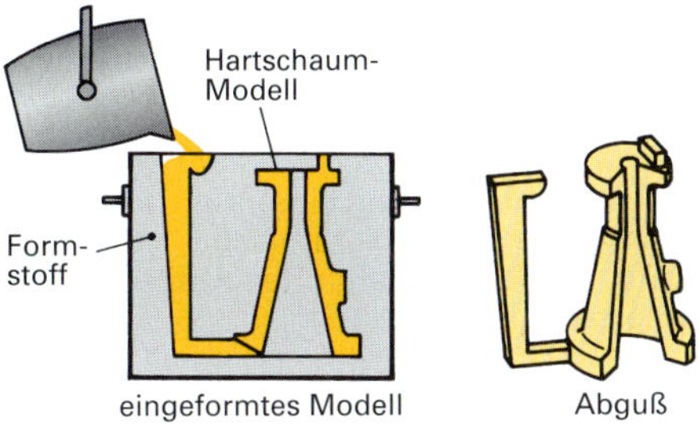

Vollformgießen

16 Was versteht man unter Druckgießen?

Beim Druckgießen wird Metall im flüssigen oder teigigen Zustand unter hohem Druck schnell in eine Dauerform gedrückt.

17 Welche Werkstoffe eignen sich zur Herstellung von Druckgußteilen?

Leichtmetall-Legierungen und niedrig schmelzende Schwermetall-Legierungen.

18 Wodurch zeichnet sich das Druckgußverfahren aus?

Es ermöglicht die Massenfertigung von dünnwandigen Gußteilen, die ein dichtes, festes Gefüge besitzen müssen und höchste Anforderungen an Maß- und Formgenauigkeit sowie Oberflächengüte zu erfüllen haben.

19 Welche Kfz-Teile können durch Druckgießen hergestellt werden?

Kolben, Zylinderköpfe, Rippenzylinder, Ölwannen, Drosselklappengehäuse.

20 Wie erfolgt das Schleudergießen?

Die Schmelze wird in eine schnell umlaufende Dauerform gegossen und durch die Zentrifugalkraft an die Innenwände der Dauerform geschleudert bis sie erstarrt.

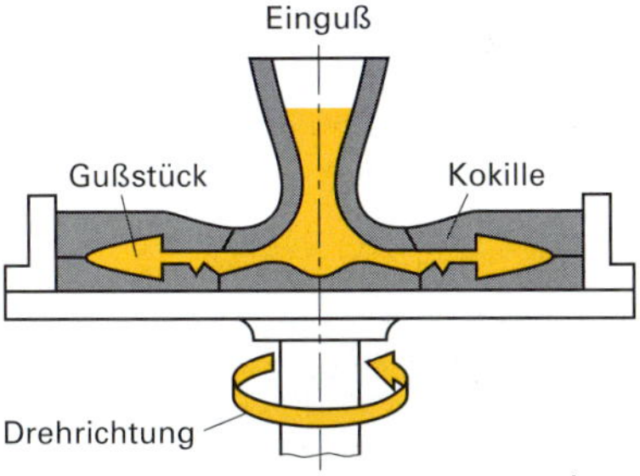

Schleudergießen

21 Welche Kfz-Teile können durch Schleudergießen hergestellt werden?

Zylinderlaufbuchsen, Kolbenringe, Bremstrommeln, Bremsscheiben.

22 Welche Vorteile hat das Schleudergießen?

- Zentrifugalkraft bewirkt ein verdichtetes, feinkörniges Gefüge von hoher Festigkeit
- Gefüge ist frei von Gasblasen, Lunkern und Verunreinigungen, die eine geringere Dichte als die Schmelze haben.

23 Wie entsteht ein Lunker?

Durch ungenügenden Nachfluß von Gußwerkstoff entsteht beim Erkalten (Erstarren) des Werkstücks ein Lunker (Schwindungshohlraum).

24 Was versteht man unter Verbundguß?

Gußeisen- oder Stahlteile können mit einem anderen Werkstoff, z.B. Aluminium- oder Kupfer-Legierungen umgossen werden. Dabei verbinden sich die Metalle an den Angußflächen.

25 Welche Kfz-Teile können nach dem Eisen-Aluminium-Verbundguß-Verfahren hergestellt werden?

Bremstrommeln, Zylinder luftgekühlter Motoren (Rippenzylinder), Verbundgleitlager.

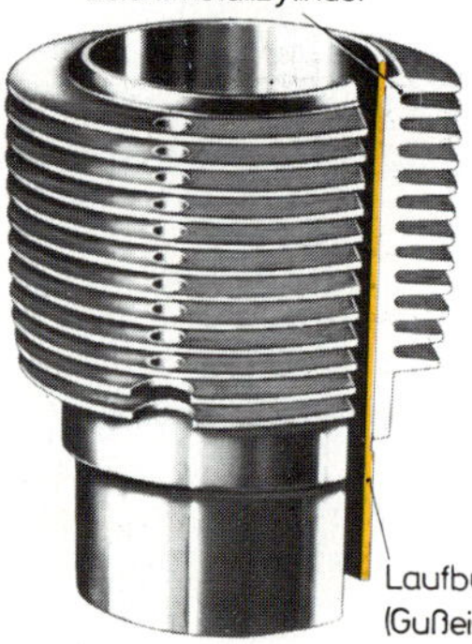

Verbundguß

26 Welche Vorteile hat das Eisen-Aluminium-Verbundguß-Verfahren?

Stahl- oder Gußeisenteile können fugenlos mit Aluminium-Legierungen umgossen werden. Die verschleißfesten Stahl- oder Gußeisenteile sind innig mit dem gut wärmeleitenden Werkstoff Aluminium verbunden.

Sintern

27 Was versteht man unter Sintern?

Sintern ist ein Verbinden pulverförmiger (fester) Stoffe unter Druck und bei einer Temperatur, die knapp unter dem Schmelzpunkt des niedrigst schmelzenden Pulvers liegt. Die Herstellung von Sinterteilen ist ein Urformen von Werkstücken.

28 Woraus werden Sinterwerkstoffe hergestellt?

Aus pulverförmigen Stoffen wie z.B. Metall-, Metallcarbid-, Metalloxid-, Graphit- und Kunstharzpulver.

29 Wie werden Sinterteile hergestellt?

Die Ausgangsstoffe werden pulverisiert, gemischt, zu Formteilen gepreßt und während des Pressens oder anschließend gesintert.

30 Welche Arten von Sinterwerkstoffen werden verwendet?

Poröse Sinterwerkstoffe, Sinterwerkstoffe für Formteile, Sinterreibstoffe, gesinterte Hartmetalle, oxidkeramische Schneidstoffe, Dauermagnetstoffe, Kohlebürsten, Sinterschmiedeteile.

31 Welche Gruppen von porösen Sinterwerkstoffen unterscheidet man?

Poröse Sinterwerkstoffe für Filter und solche für Lager.

32 Welches sind die Ausgangsstoffe zur Herstellung von Sinterlagern?

Reinsteisen oder Eisen und Bronze gemischt; bei wartungsfreien Lagern wird zur Sinterbronze noch Graphit oder Molybdändisulfid mit eingesintert.

33 Welches sind die besonderen Eigenschaften der Hartmetalle?

Sehr hart, spröde und im allgemeinen stoßempfindlich, bis 900 °C schneidhaltig; sie erlauben daher große Schnittgeschwindigkeiten bei großer Standzeit. Sie können nur durch Schleifen mit Siliciumcarbid- oder Diamantscheiben bearbeitet werden.

34 Aus welchen Ausgangsstoffen werden gesinterte Hartmetalle hergestellt?

Aus Wolfram-, Titan- und Tantalcarbidpulver; als Bindemittel wird meist wegen seines niedrigen Schmelzpunktes Kobaltpulver zugegeben.

35 Wofür verwendet man gegossene Hartmetalle (Stellite)?

Für Ventilsitzringe und zur Panzerung der Sitzfläche von Auslaßventilen.

36 Welchen Vorteil haben Sinterschmiedeteile?

Durch die gleichmäßige Verteilung der Legierungsbestandteile und das gleichmäßige Gefüge haben sie günstigere mechanische Eigenschaften als Gesenkschmiedeteile.

37 Aus welchen Ausgangsstoffen bestehen Sinterreibbeläge?

Sinterbronze mit eingesintertem Eisen-, Blei- und Graphitpulver.

38 Aus welchen Ausgangsstoffen stellt man gesinterte Dauermagnete her?

Aus Eisen, Aluminium und Nickel (AlNi) bzw. Eisen, Aluminium, Nickel und Kobalt (AlNiCo) oder aus Bariumferrit.

39 Welche Vorteile haben gesinterte Werkstücke?

- Herstellung einbaufertiger Teile mit engen Toleranzen
- Verbinden von Stoffen, die nicht oder nur schwer legierbar sind
- Eigenschaften beeinflußbar durch entsprechende Pulvermischungen
- kostengünstige Herstellung von Massenteilen.

2.3 Umformen

01 Was versteht man unter Umformen?

Umformen ist Fertigen durch plastisches (bildsames) Ändern der Form eines festen Körpers unter Einwirkung äußerer Kräfte. Der Zusammenhalt des Stoffes bleibt erhalten.

02 Wie beeinflussen Streckgrenze und Zugfestigkeit das Umformen?

Das Umformen muß in einem Bereich über der Streckgrenze und unterhalb der Zugfestigkeit liegen.

03 Welche Auswirkungen hat das Warmumformen auf das Werkstoffverhalten?

Mit steigender Temperatur

- nimmt die Festigkeit ab
- nehmen Dehnung und Verformbarkeit zu
- werden die Umformkräfte geringer.

04 Welche Auswirkungen hat das Kaltumformen auf das Werkstoffverhalten?

Durch die Gefügeveränderungen ergibt sich

- eine Erhöhung der Zugfestigkeit
- Verminderung der Dehnung (Kaltverfestigung)
- die Gefahr von Rißbildung.

05 Welche Beanspruchungsarten unterscheidet man beim Umformen?

- Druckumformen, z.B. Schmieden, Walzen
- Biegeumformen, z.B. Abkanten, Sicken
- Zugdruckumformen, z.B. Tiefziehen
- Zugumformen, z.B. Streckrichten
- Schubumformen, z.B. Verdrehen.

Druckumformen

06 Was versteht man unter Schmieden?

Schmieden ist ein Druckumformen von warmen Metallen im plastischen Zustand durch Freiformen oder Gesenkformen.

07 Welche Werkstoffe sind schmiedbar?

Alle Werkstoffe, deren Bildsamkeit (Dehnung) mit steigender Temperatur zunimmt. Die wichtigsten schmiedbaren Metalle sind Stahl, Aluminium, Al-Knetlegierungen, Kupfer und Kupfer-Knetlegierungen.

08 Welche Vorteile haben geschmiedete Werkstücke gegenüber spanend geformten?

Dichtes, gut durchgeknetetes Gefüge von hoher Festigkeit, zusammenhängender Faserverlauf; oft große Werkstoffersparnis.

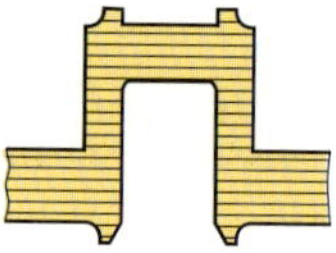

spanend geformt

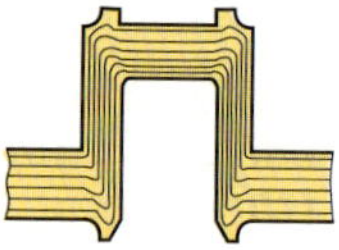

spanlos geformt (geschmiedet)

Faserverlauf

09 Welchen Einfluß haben Schwefel und Phosphor auf die Schmiedbarkeit von Stahl?

Zu hoher Schwefelgehalt macht den Stahl rotbrüchig (warmbrüchig), die Zähigkeit wird erniedrigt. Beim Umformen im erwärmten Zustand tritt Rißbildung auf.

Zu hoher Phosphorgehalt macht den Stahl blaubrüchig (kaltbrüchig), die Zähigkeit und die Dehnung werden erniedrigt. Beim Umformen im kalten Zustand tritt Rißbildung auf.

10 Welchen Einfluß hat der Kohlenstoffgehalt auf die Schmiedbarkeit von Stahl?

Je geringer der Kohlenstoffgehalt, desto besser schmiedbar ist der Stahl. Je geringer der Kohlenstoffgehalt eines unlegierten Stahls ist, desto höher muß die Schmiedetemperatur sein.

11 Was versteht man unter Freiformen?

Der Werkstoff wird zwischen den Wirkflächen von Amboß und Hammer bzw. Presse frei verdrängt.

12 Was versteht man unter Gesenkschmieden?

Beim Gesenkschmieden wird ein schmiedewarmer Rohling in eine dem Werkstück entsprechende Hohlform (Gesenk) geschlagen oder gepreßt.

13 Welche Vorteile hat das Gesenkschmieden gegenüber dem Freiformschmieden?

- Größere Maß- und Formgenauigkeit
- Vergrößerung der Festigkeit
- geringe Bearbeitungszugabe erforderlich an Stellen, die spanend geformt werden müssen
- saubere Oberfläche.

Biegeumformen

14 Welche Voraussetzungen müssen für das Biegeumformen gegeben sein?

- Werkstoff muß ausreichend dehnbar sein
- Elastizitätsgrenze des Werkstoffes muß überschritten werden.
- Bruchgrenze des Werkstoffes darf nicht überschritten werden.

15 Welche Biegeverfahren werden verwendet?

— Gesenkbiegen mittels Biegegesenk
— Schwenkbiegen mit Biegemaschine
— Abkanten, z.B. im Schraubstock
— Rundbiegen mittels Biegewalzen
— Bördeln, z.B. Einbördeln von Hand
— Sicken, z.B. im Sickenstock
— Profilieren, z.B. mit Profilwalzen.

16 Welche Faser bezeichnet man beim Biegen als neutrale Faser?

Die Faser, deren Länge beim Biegen unverändert bleibt.

17 Wie verändern sich die außen- und innenliegenden Fasern des Werkstücks beim Biegen?

Die außenliegenden Fasern werden gestreckt, die innenliegenden werden gestaucht.

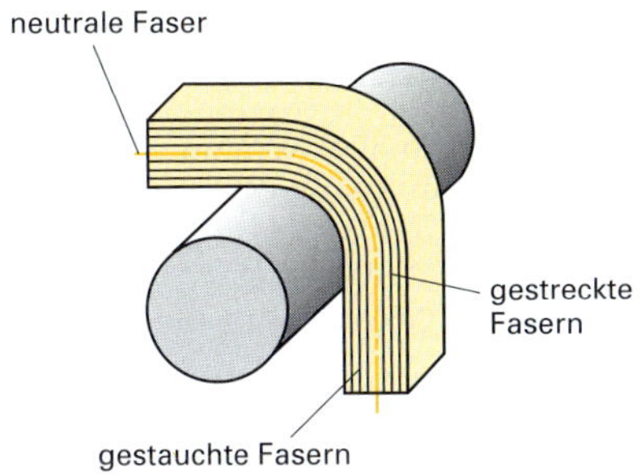

18 Worauf muß beim Biegen von Blechen geachtet werden?

Biegekante möglichst quer zur Walzrichtung; Biegeradius nicht zu klein.

19 Wie wird beim Biegen von Rohren das Einknicken oder Einquetschen verhindert?

— Ausfüllen mit Sand oder Bleischrot
— Einlegen einer passenden Schraubenfeder
— Verwendung einer Biegevorrichtung.

Richten

20 Was versteht man unter Richten?

Richten ist die Beseitigung ungewollter Verformungen zur Wiederherstellung der Sollform von Halbzeugen und Fertigteilen.

21 Welche Werkstoffeigenschaft ist für das Richten erforderlich?

Der Werkstoff bzw. das Werkstück muß plastisch verformbar sein.

22 Wie kann das Richten erfolgen?

Es kann im warmen oder kalten Zustand vorgenommen werden.

Richten erfolgt durch
— Umformen (Biegen, Strecken, Stauchen, Verdrehen)
— Wärmeeinwirkung beim Flammrichten.

23 Was versteht man unter Spannen eines Bleches?

Das Richten verbeulter oder verbogener Bleche mit dem Hammer oder durch Flammrichten.

24 Warum sind Spannhämmer mit einem eingeschliffenen Karomuster versehen?

Um verspannte Bleche leichter richten zu können. Durch geringes Eindringen der feinen Spitzen des Spannhammers werden Spannungen im Werkstück gelöst, und die Oberfläche wird planiert.

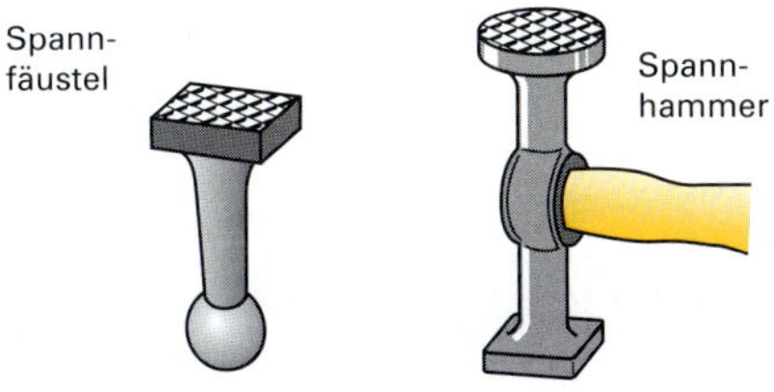

Spannwerkzeuge

25 Wie können Beulen in Blechen durch Hämmern entfernt werden?

Indem mit dem Hammer spiralförmig Schläge von innen nach außen um die Beule geführt werden, um dabei das Blech außerhalb der Beule zu strecken.

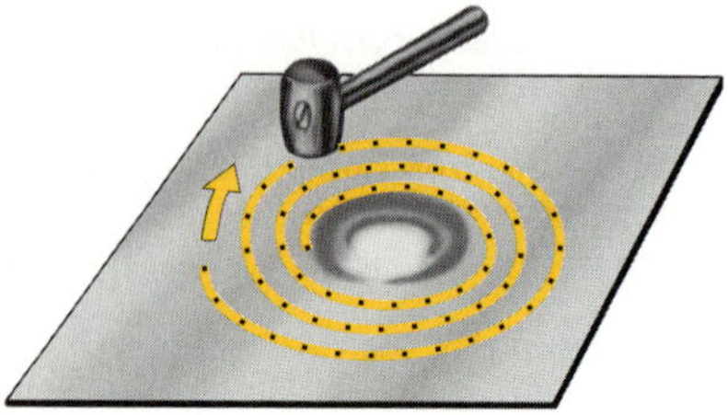

Spannen von Blech mit dem Hammer

26 Wie können verbeulte Bleche durch Flammrichten gerichtet werden?

Einzelne Zonen der verbeulten Blechfläche werden mit dem Schweißbrenner (weiche Flamme) erwärmt und mit einem nassen Lappen schnell abgekühlt. An diesen Stellen wird der Werkstoff zusammengezogen und dadurch das Blech wieder gespannt.

27 Wie können windschiefe Bleche wieder gerichtet werden?

Durch Streckschläge entlang der kürzeren aufliegenden Diagonalen wird das Blech gestreckt und eben gerichtet.

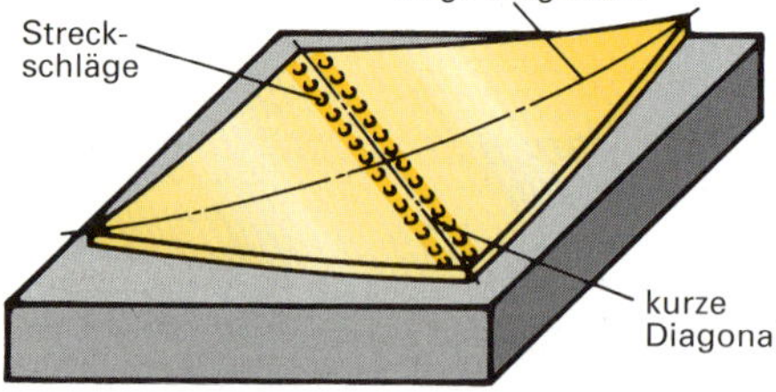

Spannen windschiefer Bleche

Zugdruckumformen

28 Was versteht man unter Zugdruckumformen?

Beim Zugdruckumformen werden feste Körper durch zusammengesetzte Zug- und Druckbeanspruchungen verformt.

29 Welche Verfahren werden zum Zugdruckumformen verwendet?

- Durchziehen, z.B. Drahtziehen
- Drücken, z.B. Außenformdrücken
- Tiefziehen, z.B. Kotflügel.

30 Was versteht man unter Tiefziehen?

Ebene oder bereits vorgeformte Blechzuschnitte werden in einem oder mehreren Arbeitsgängen umgeformt ohne beabsichtigte Veränderung der Blechdicke.

31 Welche Eigenschaft müssen Tiefziehwerkstoffe haben?

Der Werkstoff muß fließfähig sein, d.h. eine hohe Dehnung aufweisen, wie Tiefziehbleche (z.B. USt 13, St 14), Messingbleche und Aluminiumbleche.

Zugumformen

32 Was versteht man unter Zugumformen?

Beim Zugumformen (Streckziehen) werden feste Körper durch ein- oder mehrachsige Zugbeanspruchungen verformt.

33 Welche Kfz-Teile werden vorwiegend durch Zugumformen hergestellt?

Blechformteile mit großen Abmessungen und Krümmungen wie z.B. Beplankungen für Fahrzeuge und Omnibusaufbauten.

Blechbearbeitungsverfahren

34 Welches sind die wichtigsten Verfahren der Blechbearbeitung?

- Biegen
- Abkanten
- Runden
- Schweifen (Strecken)
- Einziehen (Stauchen)
- Aufziehen
- Schlichten (Glätten)
- Treiben
- Absetzen
- Durchsetzen
- Randverformen (Bördeln)
- Blechversteifung (Sicken)
- Randversteifung
- Blechverbindungen, z.B. Falzen, Verlappen.

35 Warum darf der Mindestradius beim Biegen von Blechen nicht unterschritten werden?

Um eine Rißbildung, besonders beim scharfkantigen Biegen, zu vermeiden. Der Mindestbiegeradius ist abhängig von Werkstoff, Walzrichtung und Blechdicke. Die Mindestbiegeradien der wichtigsten Bleche sind genormt.

36 Wovon ist die Rückfederung eines Bleches nach dem Biegen abhängig?

Von Werkstoff, Walzrichtung, Blechdicke, Biegewinkel und Biegeradius. Der Rückfederungswinkel beträgt etwa 1% ... 3% des Biegewinkels.

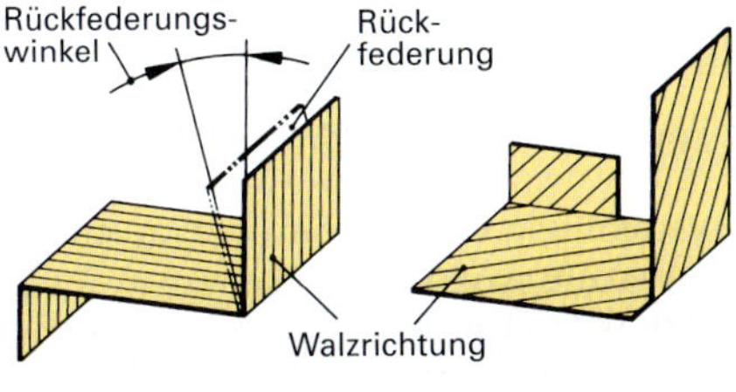

Walzrichtung, Rückfederung

37 Warum ist beim Biegen von Blechen die Walzrichtung zu beachten?

Beim Biegen parallel zur Walzrichtung besteht die Gefahr der Rißbildung. Bleche sind deshalb möglichst senkrecht oder schräg zur Walzrichtung zu biegen.

38 Was versteht man unter Abkanten?

Abkanten (Kanten) ist ein scharfkantiges Biegen eines Bleches längs einer geraden Kante mit sehr kleinem Biegeradius. Es dient meistens zur Herstellung von Profilen.

39 Was versteht man unter Runden?

Runden ist Biegen eines Bleches längs einer geraden Kante mit einem großen Biegeradius oder mit großen Krümmungen.

40 Was versteht man unter Schweifen?

Beim Schweifen (Strecken) werden bestimmte Teile eines Bleches durch gezieltes Hämmern gestreckt. Dabei wird das Blech am Rand gehämmert und dadurch verlängert. Das Schweifen dient z.B. zur Herstellung von Außenrändern an runden Teilen.

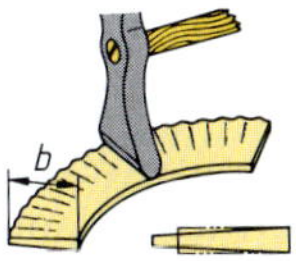

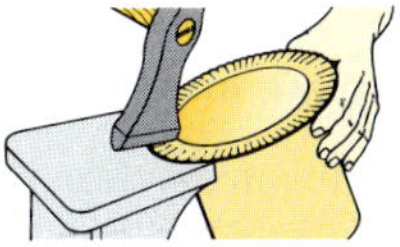

41 Was versteht man unter Einziehen?

Beim Einziehen werden bestimmte Teile eines Bleches verkürzt (eingezogen), wobei der Werkstoff gestaucht wird. Einziehen (Stauchen) ist das Gegenteil von Schweifen (Strecken). Beim Einziehen werden Bleche am Rand durch Stauchen des Werkstoffs verdickt und damit verkürzt. Es dient z.B. zur Herstellung von Innenrändern an runden Teilen.

42 Was versteht man unter Aufziehen?

Beim Aufziehen wird eine Blechfläche im Zentrum (innen) gestreckt und am Rand (außen) gestaucht. Durch Aufziehen stellt man flach gewölbte Blechteile her.

43 Wie werden Bleche durch Schlichten verformt?

Die Oberflächen verformter Bleche werden geglättet, kleine Unebenheiten beseitigt sowie Form und Aussehen der Blechteile verbessert. Beim Ausschlichten treffen die Hammerschläge die Innenseite der Wölbung, beim Abschlichten die Außenseite.

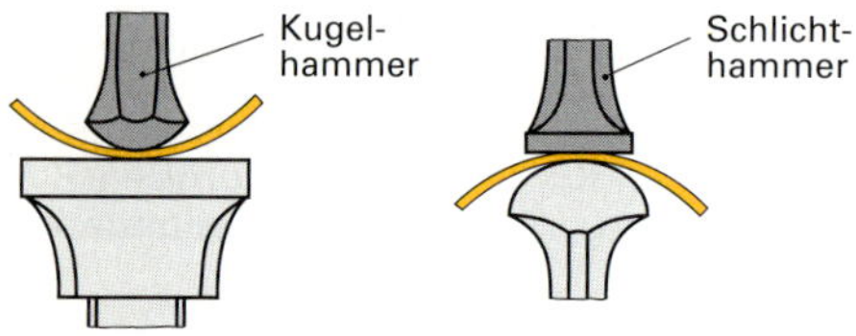

Ausschlichten **Abschlichten**

44 Welche Blechbearbeitungsverfahren werden beim Treiben angewendet?

Das Treiben erfolgt hauptsächlich durch Schweifen (Strecken), Einziehen (Stauchen), Aufziehen und Schlichten des Bleches.

45 Wodurch unterscheiden sich Absetzen und Durchsetzen bei Blechen?

— Absetzen. Der Randstreifen eines Bleches wird meist parallel zum Blechrand um etwa eine Blechdicke herausgebogen (abgesetzt).

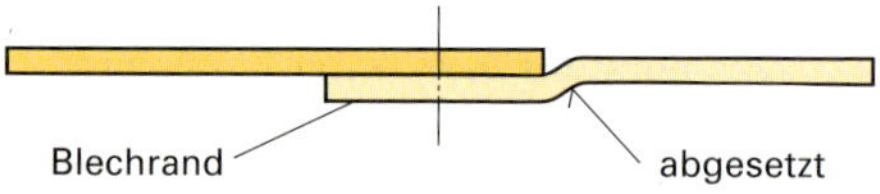

— Durchsetzen. Innerhab eines Blechteils wird eine Teilfläche herausgearbeitet, meist parallel zur Blechfläche.

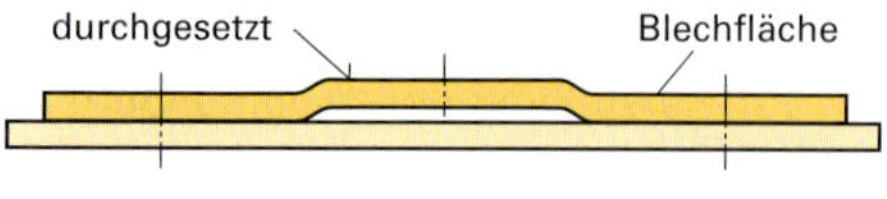

46 Wie erfolgt die Randverformung eines Bleches durch Bördeln?

Beim Bördeln werden kurvenförmig geschnittene Bleche an ihren Kanten meist im rechten Winkel zu schmalen Rändern aufgestellt (umgebogen). Die Ränder werden als Bördel bezeichnet.

47 Wodurch unterscheidet sich Ein- und Ausbördeln?

Beim Einbördeln wird das Blech zu einem Rand nach innen, beim Ausbördeln zu einem Rand nach außen gebogen.

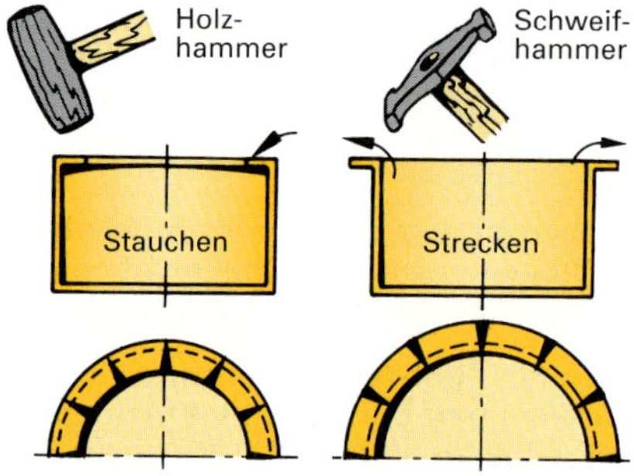

Einbördeln **Ausbördeln**

48 Welche Arten von Randversteifungen gibt es für Bleche?

— Umschläge, dabei wird der Blechrand ein- oder mehrmals umgebogen
— Drahteinlegen, dabei wird der Blechrand um einen Draht gebogen (gerollt)
— Wulsten, dabei wird der Blechrand zu einem Rundwulst oder Dreikant gebogen.

49 Welchen Zweck haben Randversteifungen an Blechen?

— Formfestigkeit von Blechen und Blechrändern erhöhen
— Versteifung von Blechen ermöglichen
— Verletzungsgefahr an scharfen Blechrändern verhindern
— Tropfkanten bilden
— Verzierungen bewirken.

50 Wie erfolgt eine Blechversteifung durch Sicken?

Beim Sicken werden meist geradlinige, rinnenförmige Teile eines Bleches aus der ebenen Blechfläche herausgeformt.

51 Wozu dienen Sicken im Blech?

- Versteifung der Blechflächen
- Verzierung von Blechflächen
- Anschläge, z.B. für eine Rohrschelle.

52 Wie erfolgt die Sickenherstellung von Hand?

Sie erfolgt auf einem Sickenstock mit der Hammerfinne, dem Sicken- oder Kornsickenhammer. Durch die Verformung wird das Blech gestreckt, die Festigkeit gesteigert und durch die Profilierung die Formsteifigkeit der Blechfläche erhöht.

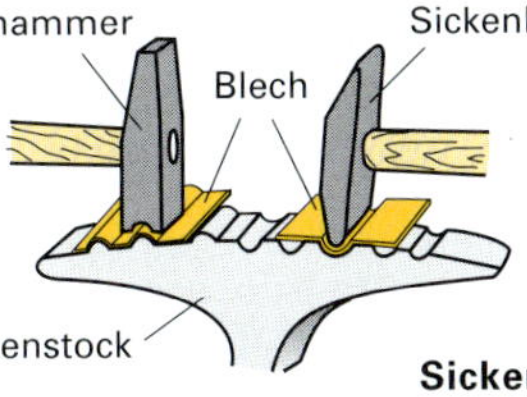

Sicken

53 Wie können Bleche miteinander verbunden werden?

Z.B. durch Falzen, Verlappen, Verschrauben, Löten, Schweißen, Kleben, Nieten.

54 Was versteht man unter Falzen?

Beim Falzen werden Bleche zusammengefügt durch Einhaken. Anschließend werden die Blechränder zusammengedrückt.

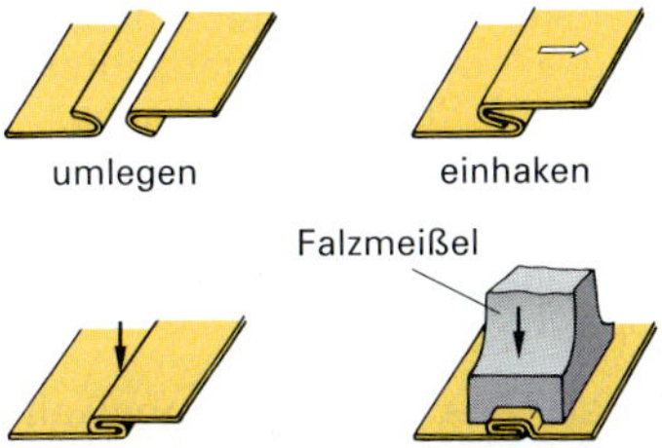

55 Welche Vorteile bieten Falzverbindungen von Blechen?

- Verbinden dünner Bleche ohne Verzug durch Wärmeeinwirkung wie beim Löten oder Schweißen
- Formversteifungen von Blechen
- Erhalten des Korrosionsschutzes, da Blech nicht beschädigt wird
- flüssigkeitsdichtes Falzen möglich.

56 Was versteht man unter Verlappen?

Zusammenfügen von Blechen durch Zusammenstecken und anschließendes, wechselseitiges Umbiegen oder Verdrehen der Blechzungen (Blechlappen).

Verlappverbindung

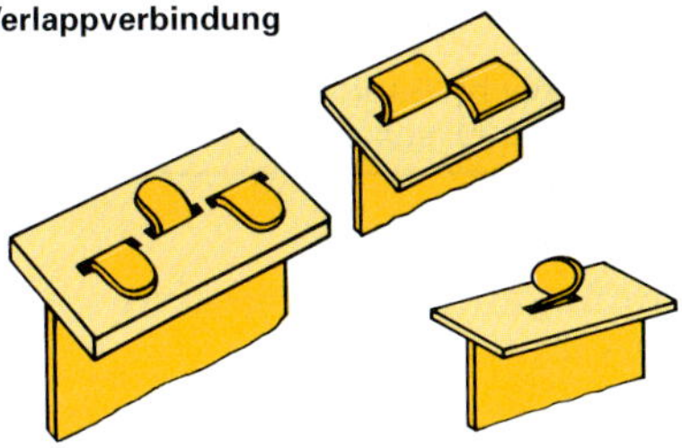

57 Welchen Vorteil bietet das Verlappen?

Es wird kein Zusatzwerkstoff für das Fügen benötigt. Die Verbindung erfolgt nur aus gleichwertigem Werkstoff, der bereits lackiert sein kann.

58 Welche Arbeitsregeln sind bei Blecharbeiten besonders zu beachten?

- Bei Blecharbeiten müssen die persönlichen Schutzeinrichtungen vorhanden sein und verwendet werden
- beim Hämmern von Blechen unbedingt Gehörschutz tragen
- vor der Blechbearbeitung Blechkanten entgraten
- beim Bohren von Blechen auf Maschinen Bleche unbedingt fest einspannen und gegen Herumreißen durch den Bohrer sichern
- beim Bohren keine Handschuhe tragen.

2.4 Trennen durch Spanen

01 Was versteht man unter Spanen?

Spanen ist das mechanische Abtrennen von Stoffteilchen durch eine Werkzeugschneide. Der Zusammenhalt eines Stoffes wird örtlich aufgehoben.

02 Wie werden die Verfahren zur spanenden Formung eingeteilt?

Nach der Schnittbewegung und der Schneidenform des Werkzeugs.

Schneidenform	Schnittbewegung	
	linear	kreisförmig
geometrisch bestimmt	Meißeln Feilen	Bohren Reiben
geometrisch unbestimmt	Bandschleifen	Trennschleifen

Grundlagen der spanenden Formung von Hand

03 Welche Grundform hat die Werkzeugschneide?

Grundform der Werkzeugschneide aller Werkzeuge zur spanenden Formung ist der Keil (Schneidkeil).

04 Wie heißen die Winkel am Schneidkeil?

Freiwinkel α, Keilwinkel β, Spanwinkel γ.

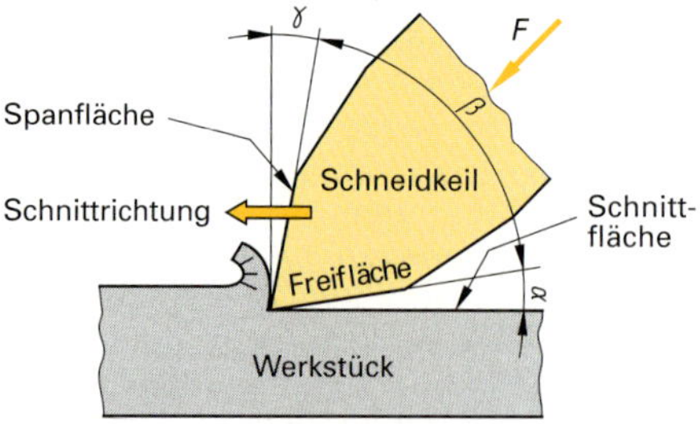

Für Frei-,Keil-und Spanwinkel gilt immer:

$$\alpha + \beta + \gamma = 90°$$

05 Was versteht man unter dem Freiwinkel?

Den freien Winkel zwischen der Freifläche des Schneidkeils und der Werkstückoberfläche (Schnittfläche).

06 Warum muß ein Freiwinkel vorhanden sein?

Er ermöglicht das Eindringen des Schneidkeils in das Werkstück und verhindert eine zu große Reibung zwischen Werkzeug und Werkstück.

07 Was versteht man unter dem Keilwinkel?

Den Winkel des Schneidkeils, den Freifläche und Spanfläche miteinander bilden.

08 Welchen Keilwinkel wählt man für harte, welchen für weiche Werkstoffe?

Harte Werkstoffe erfordern große Keilwinkel, weiche Werkstoffe ermöglichen kleine Keilwinkel.

09 Wie beeinflussen Werkstoff und Keilwinkel die Schnittkraft?

Kleine Keilwinkel benötigen kleine Schnittkräfte, harte Werkstoffe erfordern große.

10 Was versteht man unter dem Spanwinkel?

Den Winkel zwischen der Spanfläche am Schneidkeil und einer gedachten Fläche senkrecht zur Bearbeitungsfläche.

11 Wonach richtet sich die Größe des Spanwinkels?

Nach der Härte und Zerspanbarkeit des zu bearbeitenden Werkstoffes und nach der verlangten Oberflächengüte.

12 Wodurch entsteht ein negativer Spanwinkel?

Wenn Keilwinkel + Freiwinkel zusammen größer sind als 90°.

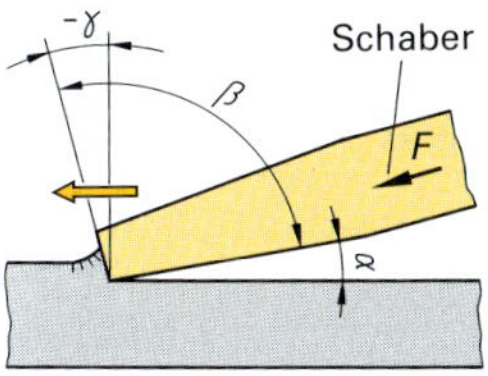

Spanwinkel negativ, schabende Wirkung

$\alpha + \beta + (-\gamma) = 90°$

13 Welche Auswirkung hat ein positiver, welche ein negativer Spanwinkel?

Bei positivem Spanwinkel schneidet das Werkzeug, bei negativem schabt es.

Meißeln

14 Wozu werden Meißel verwendet?

Zur Spanabnahme und zum Trennen.

15 Welche Bereiche unterscheidet man am Meißel?

Schneide, Schaft, Kopf.

16 Wie groß ist der Keilwinkel der Meißelschneide?

40° bis 70°, zur Bearbeitung von mittelhartem Stahl meist 60°.

17 Welche Meißelarten werden häufig verwendet?

Flach-, Kreuz-, Hohl-, Aushau-, Rohr-, Nutenmeißel.

18 Warum muß ein Grat (Bart) am Meißelkopf abgeschliffen werden?

Um Verletzungen durch abspringende Gratteilchen zu verhindern.

Sägen

19 Was versteht man unter Sägen?

Sägen ist ein spanendes Verfahren mit einem vielzahnigen Werkzeug geringer Schnittbreite und geometrisch bestimmten Schneiden (Sägezähnen).

20 Wozu werden Sägen verwendet?

Zum Trennen von Werkstoffen, zum Einschneiden von Nuten und zum Schlitzen.

21 Wie groß sind die Winkel am Sägezahn von Handbügelsägen?

Keilwinkel etwa 50°, Freiwinkel etwa 38°.

22 Was versteht man unter der Zahnteilung einer Säge?

Zahnteilung ist der Abstand von Zahnspitze zu Zahnspitze.

$$\text{Zahnteilung} = \frac{\text{Bezugslänge}}{\text{Zähnezahl}} = \frac{1\ \text{Zoll}}{\text{Zähnezahl}} = \frac{25{,}4\ \text{mm}}{\text{Zähnezahl}}$$

23 Wonach richtet sich die Zahnteilung einer Säge?

Nach der Härte und dem Querschnitt des zu bearbeitenden Werkstoffes. Je härter der Werkstoff, desto feiner die Zahnteilung, d.h. desto mehr Zähne auf 25,4 mm Länge des Sägeblattes.

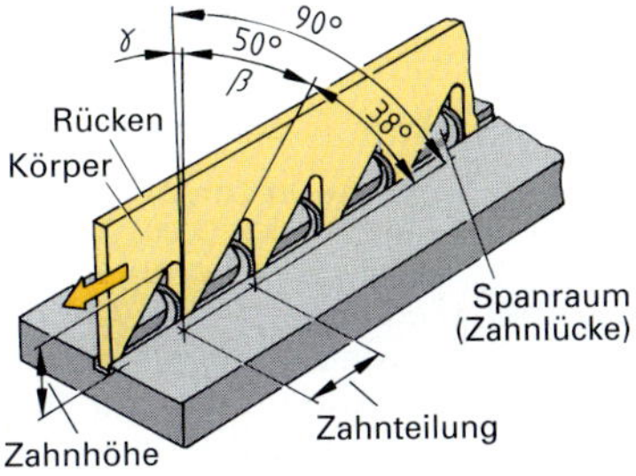

24 Wie wird das Festklemmen des Sägeblattes der Handbügelsäge in der Schnittfuge verhindert?

Das Sägeblatt ist gewellt oder die Zähne sind geschränkt und schneiden sich dadurch frei.

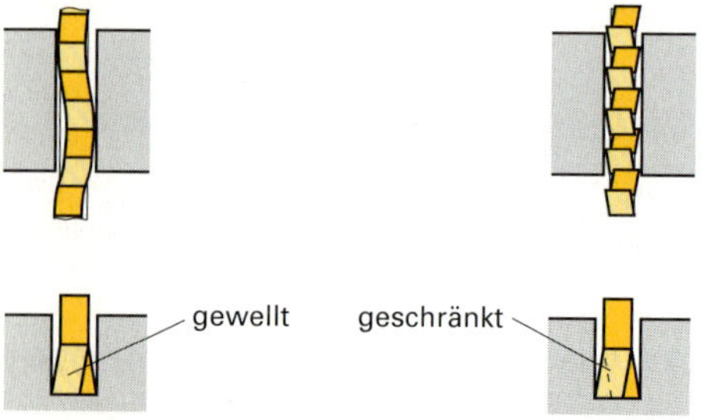

25 Wie muß das Sägeblatt in die Handbügelsäge eingespannt werden?

Die Zahnspitzen müssen in Stoßrichtung zeigen, das Sägeblatt muß straff eingespannt sein.

26 Worauf ist beim Sägen zu achten?

Die ganze Sägeblattlänge ist auszunutzen, damit möglichst alle Zähne gleichmäßig abgenutzt werden.

Feilen

27 Was versteht man unter Feilen?

Feilen ist ein spanendes Verfahren durch eine geradlinige wiederholende Schnittbewegung eines vielzahnigen Werkzeugs mit geometrisch bestimmten Schneidkeilen (Feilzähnen).

28 Welche Bereiche unterscheidet man an einer Feile?

Feilenkörper (Feilenblatt) und Angel. Der Feilenkörper hat eingehauene oder eingefräste Zähne. Die Angel dient zur Aufnahme des Feilengriffes (Heft).

29 Welche Arten von Feilen unterscheidet man nach der Zahnherstellung?

— Gehauene Feilen
— gefräste Feilen.

30 Worin unterscheiden sich gehauene und gefräste Feilen?

Bei gehauenen Feilen ist der Spanwinkel negativ, die Feile schabt.

Bei gefrästen Feilen ist der Spanwinkel positiv, die Feile schneidet.

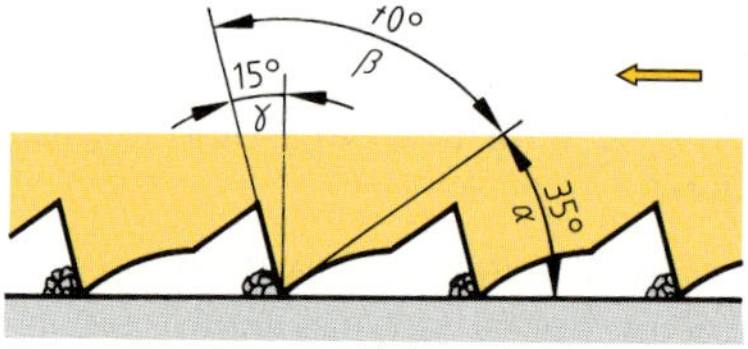

gehauener Zahn schabt

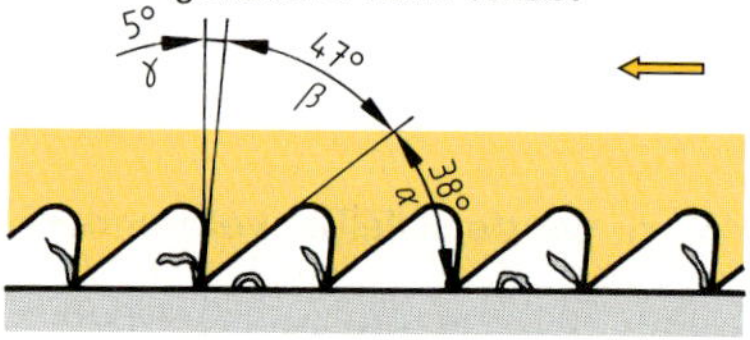

gefräster Zahn schneidet

Zahnformen von Feilen

31 Wie werden Feilen nach ihrer Größe eingeteilt?

Armfeilen, Handfeilen, Schlüsselfeilen, Nadelfeilen.

32 Wie werden Feilen nach dem Querschnitt eingeteilt?

Flach-, Flachspitz-, Dreikant-, Vierkant-, Halbrund-, Rund-, Messer-, Schwert-, Barett-, Vogelzungenfeile.

33 Welche Hiebarten gibt es?

Einhieb-, Doppel- oder Kreuzhieb, Raspelhieb (Pockenhieb).

34 Was versteht man unter der Hiebzahl?

Die Anzahl der Einkerbungen bei gehauenen Feilen auf 1 cm Feilenlänge, beim Kreuzhieb bezogen auf den Oberhieb.

35 Was versteht man unter der Hiebteilung?

Hiebteilung ist der Abstand von einem Hieb (Einkerbung) zum anderen in Längsrichtung der Feile gemessen.

36 Welche Bedeutung hat die Hiebnummer?

Die Hiebnummer (00...10) gibt die Feinheit des Hiebes an. Je größer die Hiebnummer ist, desto größer ist die Hiebzahl je cm Feilenlänge.

Beispiel

Hieb-Nr.	Hiebzahl	Feilenname
1	6...17	Bastardfeile
2	9...23	Halbschlichtfeile
3	13...28	Schlichtfeile

37 Wozu werden einhiebige bzw. doppelhiebige Feilen verwendet?

— Einhiebige Feilen für weiche Werkstoffe, z.B. Zinn, Zink, Aluminium, Kunststoffe, Spachtelmassen
— doppelhiebige Feilen für harte Werkstoffe, z.B. Stahl, Gußeisen, Messing.

38 Wie werden Feilen gereinigt?

Grobe Feilen mit der Feilenbürste. Feine Feilen werden mit einem Kupfer- oder Messingblechstreifen durchgekämmt.

39 Wie kann das Festsitzen von Spänen in der Feile verhindert werden?

Durch Einreiben von Kreide in den Spanraum der Feile.

Schaben

40 Was versteht man unter Schaben?

Schaben ist ein spanendes Verfahren zur Veränderung der Werkstückoberfläche durch Abtragen kleinster Werkstoffteile mit einem Schabwerkzeug.

41 Welchen Zweck hat das Schaben?

Man erzielt auf Metalloberflächen eine glatte, riefenfreie und gleichmäßig tragende Oberfläche, wie sie oft für Führungs-, Gleit- und Dichtflächen erforderlich ist.

42 Welche Schaberarten werden verwendet?

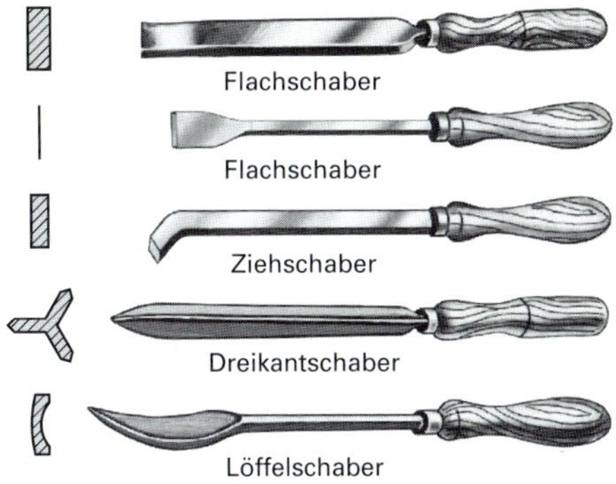

— Flach- und Ziehschaber werden zum Schaben ebener Flächen verwendet, z.B. für Führungs-, Gleit- und Dichtflächen
— Dreikant- und Löffelschaber werden zum Schaben gekrümmter Teile verwendet, z.B. für Lagerbohrungen oder Lagerschalen.

43 Wie werden die zu schabenden Stellen sichtbar gemacht (Vorgangsbeschreibung)?

Durch Tuschieren. Dazu wird auf einer Tuschierplatte schwarze Tuschierfarbe gleichmäßig und dünn verrieben. Das Werkstück wird auf der Tuschierplatte hin- und herbewegt, und dabei werden die erhabenen Stellen schwarz bzw. grauschimmernd eingefärbt. Diese Farbstellen werden dann erneut geschabt.

44 Wie erreicht man die schabende Wirkung an der Werkzeugschneide?

Durch geeignete Winkel an der Werkzeugschneide und die Einstellung des Werkzeuges bei der Bearbeitung, daß ein negativer Spanwinkel entsteht.

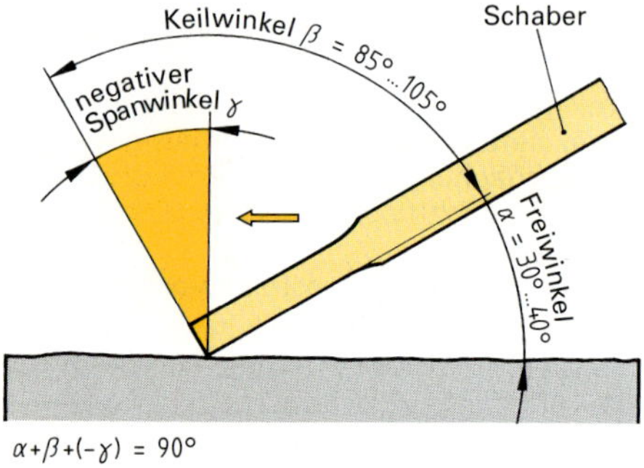

Winkel am Flachschaber und Schaberführung

Reiben von Hand

45 Was versteht man unter Reiben?

Reiben ist ein Aufbohren mit geringer Spanungsdicke durch ein Werkzeug mit geometrisch bestimmten Schneiden.

46 Wozu wird das Reiben verwendet?

Zum Fertig- und Feinbearbeiten von Bohrungen, um die geforderte Maßtoleranz, Formtoleranz und Oberflächengüte (Rauheit) zu erhalten.

47 Welche Reibwerkzeuge werden benutzt?

— Handreibahlen

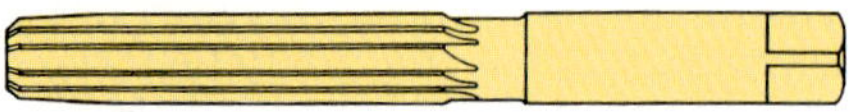

— Maschinenreibahlen.

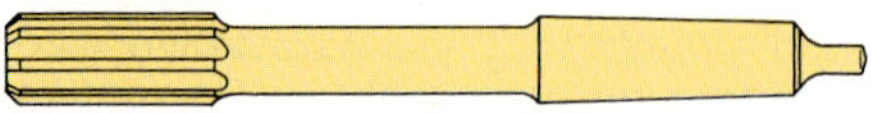

48 Welche Vorteile bieten Reibahlen mit gerader Zähnezahl und ungleicher Teilung?

— Sie erzeugen keine Rattermarken
— ihr Durchmesser ist leichter zu messen.

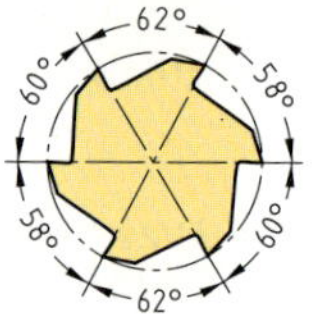

49 Welche Vorteile bieten geschlitzte Reibahlen?

Sie können durch einen kegeligen Stift gespreizt und dadurch in engen Grenzen in ihrem Reibdurchmesser verstellt werden.

50 Weshalb dürfen Reibahlen niemals rückwärts gedreht werden?

Es könnten sich Späne verklemmen; die Schneiden würden ausbrechen.

51 In welchen Fällen werden schraubenförmig verzahnte Reibahlen verwendet?

Zum Reiben von Bohrungen, die durch Längsnuten unterbrochen sind.

52 Warum haben schraubenförmig verzahnte Reibahlen Linksdrall?

Damit sie sich beim Reiben nicht in die Bohrung hineinziehen.

53 Wodurch unterscheiden sich die Anschnitte der Handreibahlen von den Anschnitten der Maschinenreibahlen?

Handreibahlen haben einen langen Anschnitt, Maschinenreibahlen einen kurzen Anschnitt.

Gewindeschneiden von Hand

54 Warum muß der Kernlochdurchmesser größer als der Kerndurchmesser des Gewindes sein?

Der Gewindebohrer drückt das Gewinde leicht auf. Dieses Aufdrücken (Aufschneiden) ist bei zähen Werkstoffen größer als bei spröden.

55 Warum muß das Gewindekernloch angesenkt werden?

Der Gewindebohrer schneidet besser an und wird zentriert.

56 Auf welchen Durchmesser muß das Gewindekernloch angesenkt werden?

Mindestens auf Gewindeaußendurchmesser; bei Durchgangslöchern beidseitig ansenken.

57 Welche Arten von Gewindebohrern gibt es?

Gewindebohrersätze und Einschnittgewindebohrer.

58 Welche Unterschiede bestehen zwischen Gewindebohrersätzen und Einschnittgewindebohrern?

Gewindebohrersätze bestehen meist aus 3, für Feingewinde meist aus 2 Gewindebohrern. Einschnitt-Handgewindebohrer schneiden kurze Durchgangsgewinde in einem Schnitt in Blechen oder Werkstücken, deren Dicke unter 1,5 x Gewindenenndurchmesser liegt.

59 Warum wird der Bolzen vor dem Gewindeschneiden angefast?

Damit das Schneideisen besser anschneidet und sich dabei zentriert.

60 Wie sind die einzelnen Gewindebohrer gekennzeichnet?

Der Vorschneider ist durch einen Ring, der Mittelschneider durch zwei Ringe und der Fertigschneider durch drei Ringe, jeweils am Schaftende, gekennzeichnet. Fertigschneider besitzen auch häufig keine Kennzeichnung.

61 Wodurch können Gewindebohrer abbrechen?

Durch schiefes Ansetzen, einseitigen Druck auf das Windeisen, zu klein gebohrten Kernlochdurchmesser, fehlende oder ungenügende Schmiermittel, ungeeignete Schmiermittel, nicht rechtzeitig entfernte Späne. Gewindebohrer nicht in der richtigen Reihenfolge verwendet.

62 Welche Arten von Schneideisen gibt es?

Ungeschlitzte und geschlitzte. Geschlitzte Schneideisen können etwas nachgestellt werden.

63 Wie können abgebrochene Gewindebohrer aus der Gewindebohrung entfernt werden?

Zurückdrehen des Gewindebohrers mit einem Gewindebohrerauszieher; Ausglühen des Gewindebohrers und nachfolgendes Ausbohren; Ausglühen des Gewindebohrers, Anbohren und Ausdrehen mit Hilfe eines Ausdrehdorns.

64 Warum werden zum Gewindeschneiden Schmiermittel verwendet?

Durch Schneidöle erhält man glatte und saubere Gewindeflanken, da die Reibung zwischen Werkstück und Werkzeug vermindert wird. Bei Gußeisen wird meistens trocken geschnitten.

Grundlagen der spanenden Formung mit Werkzeugmaschinen

65 Welche Arten von Flächen können bei der spanenden Formung mit Werkzeugmaschinen bearbeitet werden?

- Ebene Flächen
- zylindrische Flächen
- kegelige Flächen
- gekrümmte Flächen.

66 Wie lassen sich Werkzeugmaschinen nach ihrem Einsatz einteilen?

In Universalwerkzeugmaschinen (z.B. Leit- und Zugspindel-Drehmaschinen) und Spezialwerkzeugmaschinen (z.B. Bremstrommel-Bremsscheiben-Drehmaschine).

67 Welche Bewegungen werden bei der spanenden Formung unterschieden?

- Haupt- oder Schnittbewegung
- Vorschubbewegung
- Zustellbewegung.

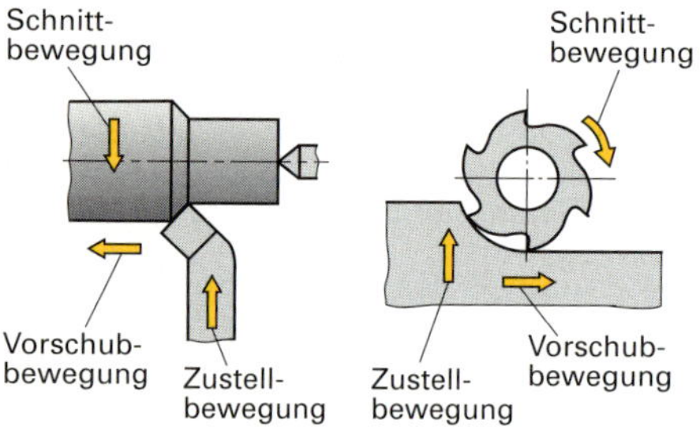

68 Welche Bewegungen bestimmen den Spanquerschnitt?

Die Vorschubbewegung und die Zustellbewegung.

69 Was bewirkt die Zustellbewegung?

Sie bestimmt die abzunehmende Spandicke.

70 Von welchen Einflüssen hängt die Schnittgeschwindigkeit ab?

- Vom Arbeitsverfahren
- von der Bauart der Werkzeugmaschine
- vom zu zerspanenden Werkstoff
- vom Schneidstoff des Werkzeugs
- von der verlangten Oberflächengüte
- von der Schmierung und Kühlung der Werkzeugschneide.

71 In welchen Einheiten gibt man die Schnittgeschwindigkeit an?

Sie wird im allgemeinen in m/min, beim Schleifen jedoch in m/s angegeben.

72 In welchen Einheiten gibt man die Vorschubbewegung an?

- In mm/Umdrehung beim Bohren und Drehen
- in mm/min beim Fräsen und Schleifen
- in mm/Hub beim Hobeln und Stoßen.

Kühlung und Schmierung beim Spanen

73 Weshalb muß beim Spanen meist gekühlt und geschmiert werden?

Am Werkzeug und in den Randzonen des Werkstückes könnten sonst schädigende Temperaturen von über 1000 °C entstehen.

74 Welches sind die gebräuchlichsten Kühl- und Schmiermittel beim Spanen?

- Kühlschmieremulsionen, z.B. aus Bohröl und Wasser
- Kühlschmierlösungen, z.B. aus Soda und Wasser
- nicht wasserlösliche Kühlschmierstoffe, z.B. Schneidöle mit Zusätzen.

75 Welche Fehler und Schädigungen können durch mangelnde Kühlung und Schmierung entstehen?

- Maßabweichung
- Rißbildung
- Aufhärtung der Randschicht
- Spannungen
- Enthärtung
- vorzeitiger Werkzeugverschleiß.

Bohren und Senken

76 Was versteht man unter dem Bohren?

Bohren ist in der Metalltechnik ein meist maschinelles Spanen mit geometrisch bestimmten Schneiden an überwiegend mehrschneidigen Werkzeugen zur Herstellung von zylindrischen Löchern (Bohrungen).

77 Welche Bewegungen macht das Bohrwerkzeug beim Bohren mit Bohrmaschinen?

Es führt die Hauptbewegung als Drehbewegung und die Vorschubbewegung geradlinig in axialer Richtung der Bohrspindel aus.

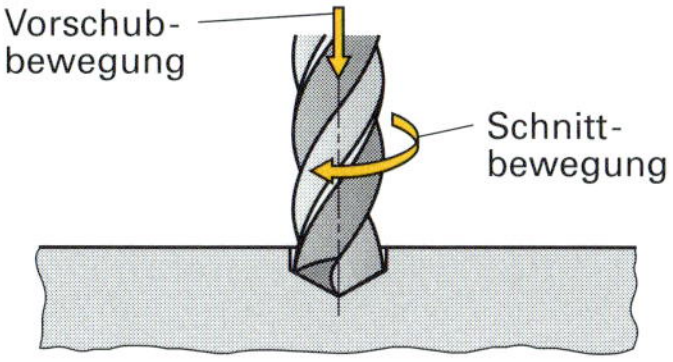

78 Wie erfolgt das Bohren auf Drehmaschinen?

Das Werkstück dreht sich und der Bohrer führt die geradlinige Vorschubbewegung aus.

79 Welche Vorteile hat der Spiralbohrer?

— Günstiger Winkel an den Schneiden
— gute Einspannmöglichkeit
— gleichbleibender Durchmesser beim Nachschleifen
— gute Zufuhr von Kühlschmierstoff.

80 Welche Schneidstoffe werden für Spiralbohrer verwendet?

Vor allem legierte Werkzeugstähle, z.B. Hochleistungsschnellarbeitsstahl (HSS) sowie Hartmetallschneideinsätze.

81 Von welchen Schneiden wird der Spitzenwinkel gebildet?

Die beiden Hauptschneiden bilden den Spitzenwinkel.

82 Wonach richtet sich der Spitzenwinkel des Spiralbohrers?

Nach dem zu bearbeitenden Werkstoff.

83 Welche Spitzenwinkel sind üblich?

140° für nichtrostende Stähle, Aluminium und Kupfer
118° für Stahl, Gußeisen und Kupfer-Zink-Legierung
80° für Preßstoffe, harte Kunststoffe, Hartgummi und Marmor.

84 Worauf wirkt sich der Spitzenwinkel des Bohrers aus?

Auf die Schnittkraft und die Vorschubkraft.

85 Welche Schneiden weist der Spiralbohrer auf?

— Hauptschneiden
— Nebenschneiden
— Querschneide

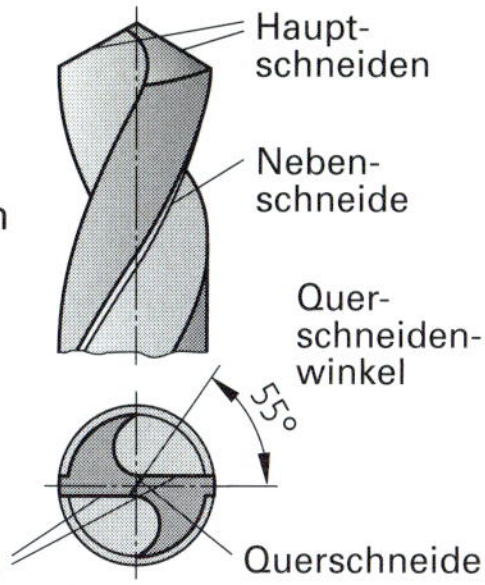

86 Wodurch unterscheiden sich die Bohrertypen N, H, W?

— Spitzenwinkel
— Verwendung
— Spiralsteigung.

87 Für welche Werkstoffgruppen werden die Bohrertypen N, H und W jeweils verwendet?

Typ N für normalharte metallische Werkstoffe, z.B. Stahl, Gußeisen, Temperguß

Typ H für harte und zähharte Werkstoffe, z.B. austenitische hochfeste Stähle, CuZn-Legierungen bis CuZn40, Mg-Legierungen, Kunststoffe, Hartgummi,

Typ W für weiche und zähe Werkstoffe, z.B. langspanende Al-Legierungen, Lagermetalle, Zn-Legierungen, langspanendes Kupfer.

88 Welchen Winkel soll die Querschneide mit der Hauptschneide bilden?

Einen Winkel von 55°.

89 Wodurch werden zu große Bohrungsdurchmesser verursacht?

Durch ungleichlange, aus der Mitte geschliffene Schneiden oder durch schlagende Bohrer.

90 Welche Auswirkungen haben ungleiche Schneidenwinkel?

Es schneidet nur eine Schneide; sie wird deshalb schnell stumpf.

91 Welche Ursachen können Bohrerbrüche haben?

- Falscher Bohrertyp
- falscher oder fehlender Bohreranschliff
- zu großer Vorschub
- zu hohe Schnittgeschwindigkeit
- gegenüber der Bohrermitte verschobene Lochachse
- mangelhafte Kühlung
- ungeeignetes Schmiermittel.

92 Welche Werkstoffe werden meist trocken gebohrt?

Gußeisen, Kunststoffe und teilweise auch Kupfer-Zink-Legierungen.

93 Wozu werden Senker verwendet?

- Zum Entgraten von Bohrungen
- zum Freischneiden des Gewindeanfanges bei Innengewinden
- zum Herstellen von Aussenkungen für Schraubenköpfe und Niete.

94 Welche Arten von Senkern unterscheidet man?

- Kegelsenker
- Flachsenker.

Drehen

95 Welcher Unterschied besteht zwischen dem Lang- und dem Plandrehen?

Langdrehen: Vorschub erfolgt längs der Drehachse.

Plandrehen: Vorschub erfolgt senkrecht zur Drehachse.

96 Für welche wichtigen Dreharbeiten können Leit- und Zugspindeldrehmaschinen verwendet werden?

- Zum Langdrehen zylindrischer Teile
- zum Plandrehen ebener Flächen
- zum Gewindeschneiden
- zum Kegeldrehen.

97 Welches sind die Hauptteile einer Leit- und Zugspindeldrehmaschine?

- Gestell
- Spindelstock
- Reitstock
- Leitspindel
- Drehmaschinenbett
- Werkzeugschlitten
- Antriebsmotor
- Zugspindel.

98 Aus welchen Hauptteilen besteht der Werkzeugschlitten?

- Bettschlitten, längs zur Drehachse beweglich
- Planschlitten, quer zur Drehachse beweglich
- Oberschlitten mit der Werkzeugspannvorrichtung, zur Drehachse schwenkbar.

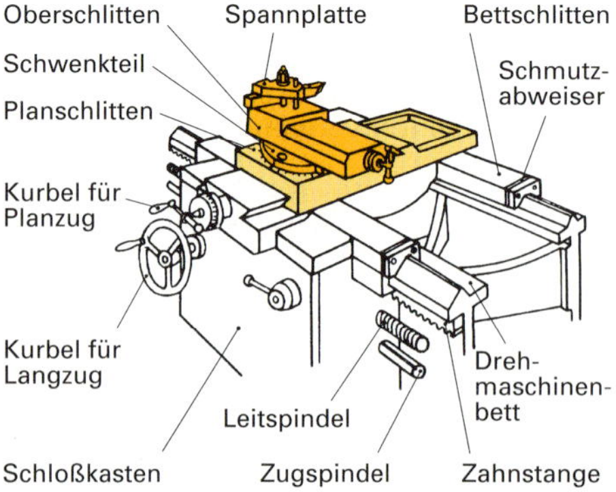

99 Wozu dient die Zugspindel?

Zur selbsttätigen maschinellen Vorschubbewegung des Werkzeugschlittens.

100 Wozu dient die Leitspindel?

Nur beim Gewindeschneiden zur selbsttätigen Vorschubbewegung des Werkzeugschlittens.

101 Welche Drehmeißel unterscheidet man nach ihrer Anwendung?

Außen-, Innen-, Gewinde-, Form- und Stechdrehmeißel.

102 Weshalb muß der Drehmeißel möglichst kurz eingespannt werden?

Bei langem Hebelarm biegt sich der Drehmeißel durch und federt dann wieder zurück, dadurch entsteht eine wellige Oberfläche.

Fräsen

103 Wie erfolgen beim Fräsen die Haupt-, die Vorschub- und die Zustellbewegung?

— Die kreisförmige Hauptbewegung führt immer das Fräswerkzeug aus
— die Vorschub- und die Zustellbewegung führt meist das Werkstück aus.

104 Welche Fräsarten unterscheidet man nach der Lage der Fräserachsen?

— **Umfangsfräsen** (Walzen)
Fräserachse parallel zur Fräsfläche
— **Stirnfräsen** (Stirnen)
Fräserachse senkrecht zur Fräsfläche

105 Welches sind die gebräuchlichsten Fräser?

— Walzenfräser
— Scheibenfräser
— Formfräser
— Schaftfräser
— Walzenstirnfräser
— Winkelstirnfräser
— Messerköpfe
— Nutenfräser.

Feinbearbeitung

106 Was versteht man unter Läppen?

Ein Feinstbearbeitungsverfahren, bei dem feinste, ungebundene Schleifmittel zwischen Werkstück und Werkzeug gebracht werden. Sie werden unter Druck und ständigem Richtungswechsel hin- und herbewegt.

107 Weshalb werden Werkstücke geläppt?

Um höchste Maßgenauigkeit bei bestmöglicher Oberflächengüte zu erzielen.

108 Welche Läppwerkzeuge werden verwendet?

Läppscheiben und Läppdorne aus Gußeisen oder Kupfer-Zinn-Legierungen.

109 Was versteht man unter Honen?

Ein Feinstbearbeitungsverfahren, bei dem durch Ziehschleifen maß- und formgenaue Bohrungen mit höchster Oberflächengüte (bestimmter Rauheit) hergestellt werden.

110 Welches Werkzeug wird zum Honen verwendet?

Die zylindrische Honahle, die am Umfang mit 3 bis 12 Honsteinen bestückt ist. Die Honsteine werden durch Federkraft oder hydraulisch an die Werkstückoberfläche gepreßt.

111 Welche Bewegung führt die Honahle aus?

Eine Drehbewegung und eine geradlinige, axiale Bewegung.

112 Was versteht man unter dem Superfinishverfahren?

Ein Honverfahren zur Feinstbearbeitung zylindrischer Außenflächen, bei dem die Honsteine eine schwingende, geradlinige Bewegung in axialer Richtung ausführen. Dieses Verfahren wird auch Kurzhubhonen genannt.

113 Welche Teile werden in der Kraftfahrzeugtechnik gehont?

Zylinderlaufflächen, z.B. von Verbrennungsmotoren, werden gehont.

2.5 Trennen durch Zerteilen

01 Was versteht man unter Zerteilen?

Zerteilen ist ein mechanisches Trennen, bei dem keine Späne entstehen.

02 Wie können Werkstoffe bzw. Werkstücke zerteilt werden?

— Schneiden: Scherschneiden, Keilschneiden
— Reißen: Ab-, Durch-, Einreißen
— Brechen: Abbrechen, Durchbrechen.

Scherschneiden

03 Was versteht man unter Scherschneiden?

Scherschneiden ist ein spanloses Zerteilen zwischen zwei Schneiden, die sich aneinander vorbeibewegen. Der Werkstoff wird dabei abgeschert.

04 Welcher Unterschied besteht zwischen einer rechten und einer linken Blechschere?

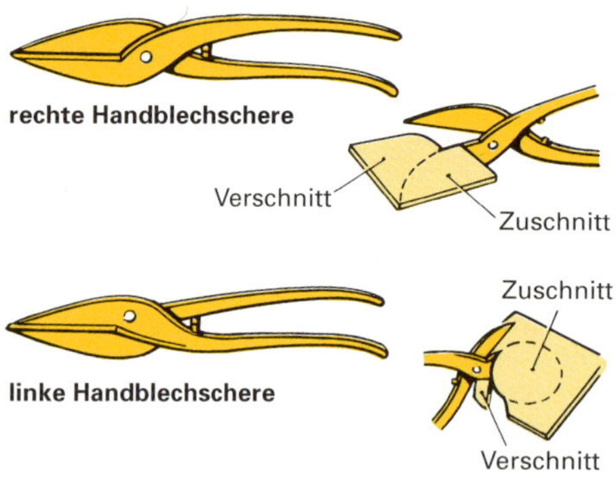

Bei der rechten Handblechschere ist die obere Scherenschneide rechts. Es wird linksherum geschnitten, der Zuschnitt (Werkstück) entsteht links, der Verschnitt rechts.

Keilschneiden

05 Was versteht man unter Keilschneiden?

Keilschneiden ist ein spanloses Zerteilen von Werkstücken mit keilförmigen Schneiden.

06 Wie kann das Keilschneiden erfolgen?

— Messerschneiden mit einer Schneide, z.B. mit Locheisen, Aushaumeißel, senkrecht wirkende Flachmeißel, Rohrabschneider
— Beißschneiden mit zwei Schneiden, z.B. mit Kneifzange, Seiten-, Vornschneider.

07 Wie erfolgt der Zerteilvorgang beim Keilschneiden?

— Vorkerben des Werkstoffs durch Eindringen von Keilschneiden
— Einkerben und Verdrängen des Werkstoffs
— Auseinanderdrängen und schließlich Zerreißen des Werkstoffs.

08 Wodurch wird der Zerteilvorgang bestimmt?

Der Zerteilvorgang wird allein nur durch den Keilwinkel bestimmt, da immer beide Flächen des Schneidkeils im Eingriff sind. Es ist weder ein Frei- noch ein Spanwinkel vorhanden.

09 Wie erfolgt die Zerteilung des Werkstücks beim Beißschneiden?

Zweischneidige Werkzeuge zerteilen das Werkstück durch die Aufeinanderzubewegung der beiden Keilschneiden. Die Trennung des Werkstücks erfolgt von beiden Seiten aus.

2.6 Fügen

Einteilung der Fügeverbindungen

01 Welche Arten von Fügeverbindungen unterscheidet man?

— Kraftschlüssige Verbindung
— formschlüssige Verbindung
— vorgespannt formschlüssige Verbindung
— stoffschlüssige Verbindung.

02 Was versteht man unter einer kraftschlüssigen Verbindung?

Die Werkstücke werden beim Fügen so aufeinander gepreßt, daß die Haftreibung an den Berührungsflächen ausreicht, um die im Betrieb auftretenden Kräfte zu übertragen (z.B. Schraubverbindung).

03 Wodurch ist eine formschlüssige Verbindung gekennzeichnet?

Die Werkstücke werden beim Fügen durch ihre ineinanderpassenden geometrischen Formen so verbunden, daß die auftretenden Kräfte übertragen werden können (z.B. Keilwellenverbindung).

04 Was versteht man unter einer vorgespannt formschlüssigen Verbindung?

Die Werkstücke werden kraftschlüssig und formschlüssig verbunden. Wenn die Haftreibung an den Berührungsflächen zur Kraftübertragung nicht mehr ausreicht, werden die Kräfte durch den zusätzlichen Formschluß übertragen (z.B. kegelige Welle-Nabe-Verbindung mit Scheibenfeder).

05 Wodurch ist eine stoffschlüssige Verbindung gekennzeichnet?

Die Bauteile sind so innig verbunden, daß die auftretenden Kräfte durch Kohäsion und Adhäsion übertragen werden (z.B. Schweißverbindung).

06 Wie unterscheiden sich lösbare von unlösbaren Verbindungen?

Lösbare Verbindungen können ohne Zerstörung der Bauteile wieder zerlegt werden. Unlösbare Verbindungen lassen sich nur durch Zerstörung der Bauteile bzw. der Verbindungselemente trennen.

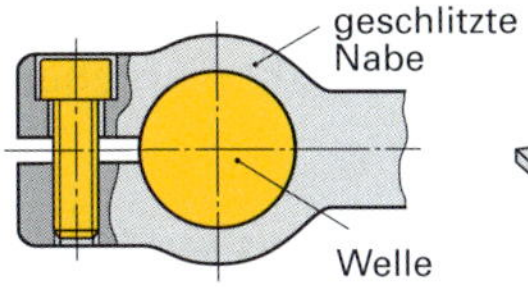

Klemmverbindung als lösbare Verbindung

Trennen einer unlösbaren Verbindung

07 Welche lösbaren Verbindungen werden häufig verwendet?

Schraubverbindung, Stiftverbindung, Paßfederverbindung, Keilwellenverbindung, Klauenverbindung, Klemmverbindung.

08 Welche unlösbaren Verbindungen werden verwendet?

Schweißverbindung, Lötverbindung, Nietverbindung, Klebverbindung.

09 Wie unterscheiden sich bewegliche von festen Verbindungen?

Bei beweglichen Verbindungen können die gefügten Werkstücke ihre Lage zueinander im Betrieb in bestimmten Grenzen verändern.

Bei festen Verbindungen können die gefügten Werkstücke ihre Lage zueinander im Betrieb nicht verändern.

10 Welche beweglichen Verbindungen werden häufig verwendet?

Gewindespindel mit Mutter, Schiebestück auf Gelenkwelle, Gelenkgabel, Schlittenführung am Schraubstock.

Gewinde

11 Wie kann man sich das Entstehen der Schraubenlinie eines Gewindes vorstellen?

Sie entsteht, wenn man ein rechtwinkliges Dreieck um einen Zylinder wickelt. Dabei entspricht eine Dreiecksseite dem Zylinderumfang, die andere der Steigung *P*. Die dem rechten Winkel gegenüberliegende Seite entspricht der Länge der Schraubenlinie.

12 Was versteht man unter der Steigung eines Gewindes?

Den Weg in axialer Richtung, den eine Schraube oder Mutter bei einer Umdrehung zurücklegt.

13 Wie können Gewinde eingeteilt werden?

— Nach dem Gewindeprofil (Spitz-, Trapez-, Sägen-, Rundgewinde, Sondergewindeformen für Holz- und Blechschrauben)
— nach dem Verwendungszweck (Befestigungsgewinde und Bewegungsgewinde)
— nach dem Drehsinn (Rechts- und Linksgewinde)
— nach der Gängigkeit (ein- und mehrgängige Gewinde).

14 Welche wichtigen Gewindeabmessungen sind genormt?

Außendurchmesser, Kerndurchmesser, Flankendurchmesser, Flankenwinkel, Steigung.

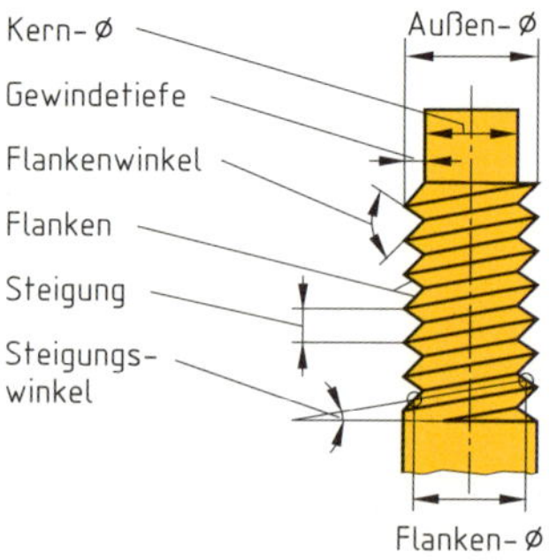

15 Wie unterscheidet sich ein metrisches ISO-Feingewinde von einem metrischen ISO-Gewinde (Regelgewinde)?

Das metrische ISO-Feingewinde hat eine kleinere Steigung und eine kleinere Gewindetiefe. Es kann fester angezogen werden, seine Selbsthemmung ist größer (Sicherheit gegen selbsttätiges Lösen besser). Die axiale Bewegung je Umdrehung ist kleiner, es ist also feiner.

16 Erklären Sie die Gewindebezeichnungen: M 5, M 8 x 1, TR 16 x 4 LH.

M 5:	Metrisches ISO-Gewinde, Außendurchmesser 5 mm
M 8 x 1:	Metrisches ISO-Feingewinde, Außendurchmesser 8 mm, Steigung 1 mm
Tr 16 x 4 LH:	Trapezgewinde, Außendurchmesser 16 mm, Steigung 4 mm, Linksgewinde (left hand).

17 Wodurch unterscheidet sich ein Befestigungsgewinde von einem Bewegungsgewinde?

Befestigungsgewinde sind meist Spitzgewinde mit kleinen Steigungen (Steigungswinkel kleiner als 15°). Sie besitzen Selbsthemmung, wodurch eine gewisse Sicherheit gegen Lösen erreicht wird.

Bewegungsgewinde sind vorwiegend Trapez-, Sägen- und Rundgewinde. Bei großen Steigungen sind sie meist mehrgängig. Sie sollen möglichst leichtgängig sein.

18 In welchen Fällen verwendet man Linksgewinde?

Linksgewinde verwendet man, wenn sich ein Rechtsgewinde lösen würde (linkes Fahrradpedal, linke Radnabenbefestigung) oder wenn eine bestimmte Drehrichtung eine Längsbewegung in gewünschter Richtung bewirken soll (Einstellgewinde an Spurstangen und Spurstangenköpfen).

Schraubverbindungen

19 Welche Schraubenarten werden häufig verwendet?

Sechskant-, Stift-, Paß-, Dehn- und Blechschrauben, TORX-Schrauben, Zylinderschrauben mit Innensechskant, Gewindestifte; Schlitz- und Kreuzschlitzschrauben als Zylinder-, Senk- oder Linsensenkschrauben.

20 Welche Vorteile bieten Zylinderschrauben mit Innensechskant gegenüber Sechskantschrauben?

Der zylindrische Kopf benötigt wenig Platz, kann gegebenenfalls versenkt und mit dem Sechskantstiftschlüssel auch dort noch angezogen werden, wo ein Maul- oder Ringschlüssel nicht mehr angesetzt werden kann.

21 Welche Vorteile haben TORX-Schrauben gegenüber anderen Kopfschrauben?

Durch die gerundeten Übergänge im TORX-Profil und die flächige Anlage der Schraubwerkzeuge sind große Anziehdrehmomente möglich ohne Überbeanspruchung von Schraubenkopf und Schraubwerkzeug.

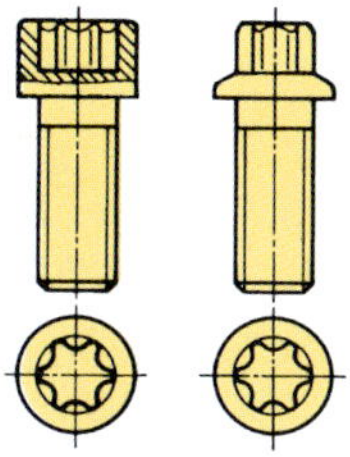

22 In welchen Fällen werden Stiftschrauben verwendet?

Wenn die Schraubverbindung häufig gelöst werden muß und das Innengewinde im Werkstück durch häufiges Lösen abgenützt würde, z.B. bei Gußeisen oder Leichtmetall.

23 Welches Gewindeende einer Stiftschraube wird in das Werkstück eingeschraubt?

Das kürzere der beiden Gewindeenden.

24 Wie werden Stiftschrauben im Werkstück befestigt?

Mit Hilfe eines Stiftsetzers oder zweier gegeneinander verspannter Muttern wird die Stiftschraube bis zum Gewindeauslauf fest eingeschraubt und dadurch verspannt.

25 Wozu werden Paßschrauben verwendet?

Zum Verbinden von Teilen, deren genaue Lage zueinander gewährleistet sein muß und bei denen der Schaft der Paßschraube Scherkräfte übertragen soll.

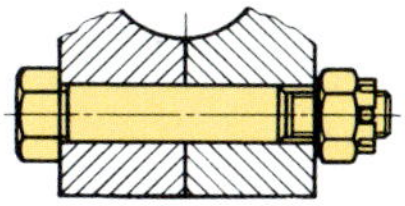

Paßschraube

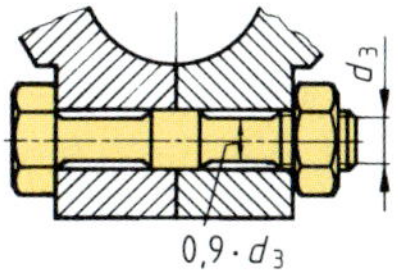

Dehnschraube

26 Was versteht man unter Dehnschrauben?

Dehnschrauben sind formelastische Schrauben, deren Schaftdurchmesser etwa 90% des Gewindekerndurchmessers beträgt, ausgenommen an Stellen, an denen sie im Bohrloch anliegen sollen.

27 In welchen Fällen verwendet man Dehnschrauben?

Wenn die Schraubverbindung im Betrieb dauernden Wechselbelastungen ausgesetzt ist (z.B. Zylinder — Zylinderkopf). Eine normale Schaftschraube würde nach einiger Zeit infolge Ermüdung brechen.

28 In welchen Fällen verwendet man Gewindeeinsätze?

Wenn das Innengewinde sonst in einen weichen Werkstoff eingeschnitten werden müßte. Gewindeeinsätze werden auch verwendet, um zerstörte Innengewinde zu ersetzen.

29 Wie groß wird das Kernloch für eine Blechschraube gebohrt?

Etwa gleich dem Kerndurchmesser der Blechschraube.

30 Welches sind die gebräuchlichsten Arten von Muttern?

— Sechskantmutter
— Überwurfmutter
— Schweißmutter
— Kronenmutter
— Hutmutter
— Flügelmutter.

31 Wie werden die Festigkeitswerte von Stahlschrauben angegeben?

Durch zwei Zahlen auf dem Schraubenkopf, die durch einen Punkt getrennt sind.

32 Welche Festigkeitswerte werden durch die Zahlen auf dem Schraubenkopf angegeben?

Die erste Zahl gibt $^1/_{100}$ der Mindestzugfestigkeit in N/mm^2 an; das Produkt beider Zahlen ergibt $^1/_{10}$ der Mindeststreckgrenze in N/mm^2.

33 Was bedeutet die Kennzeichnung 10.9 auf einem Schraubenkopf?

Mindestzugfestigkeit $100 \cdot 10 = 1000$ N/mm^2.
Mindeststreckgrenze $10 \cdot 10 \cdot 9 = 900$ N/mm^2.

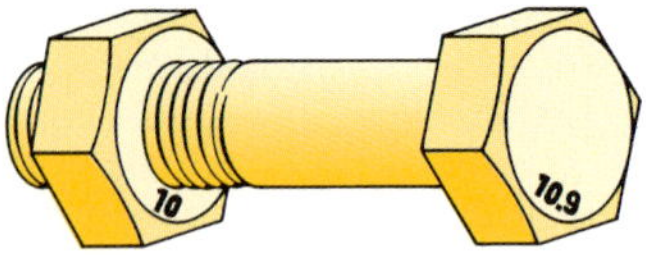

Festigkeitskennzeichnung von Schrauben und Muttern

34 Wie werden die Festigkeitswerte von Muttern aus Stahl angegeben?

Durch eine Zahl auf der Mutter, die $^1/_{100}$ der Prüfspannung in N/mm^2 angibt; z.B. gibt die Zahl 10 an, daß die Prüfspannung der Mutter 1000 N/mm^2 beträgt.

35 Welche Arten von Schraubensicherungen unterscheidet man?

— Kraftschlüssige Schraubensicherung
— formschlüssige Schraubensicherung
— stoffschlüssige Schraubensicherung.

36 Welches sind kraftschlüssige Schraubensicherungen?

Federring, Federscheibe, Fächerscheibe, Zahnscheibe, Doppelmutter, Sechskantmutter mit Kunststoffring, geschlitzte Sechskantmutter.

37 Worauf beruht die Sicherungswirkung einer Doppelmutter?

Beim Anziehen der oberen Mutter wird der obere Bolzenteil elastisch gedehnt. Dadurch werden die beiden Muttern gegeneinander gepreßt und am Lösen gehindert.

38 Welches sind formschlüssige Schraubensicherungen?

Drahtsicherung, Sicherungsblech, Kronenmutter mit Splint, Sperrzahnschraube.

39 Worauf ist beim Gebrauch von Schraubenschlüsseln zu achten?

Der Schraubenschlüssel muß gut passen, damit Schraubenkopf oder Mutter nicht beschädigt werden oder durch Abgleiten des Schraubenschlüssels Unfälle entstehen. Die Hebellänge des Schlüssels darf nicht durch Aufstecken von Rohren verlängert werden.

40 Welche Vorteile bietet der Drehmomentschlüssel?

— Er zeigt auf einer Skale die Größe des Drehmomentes an oder er läßt sich auf das gewünschte Drehmoment einstellen
— die Schraubverbindung kann mit der vom Fahrzeughersteller vorgesehenen Vorspannung angezogen werden.

Stiftverbindungen

41 Welche Stifte unterscheidet man nach ihrer Verwendung?

Paßstifte, Befestigungsstifte, Abscherstifte.

42 Welche Stifte unterscheidet man nach der Form?

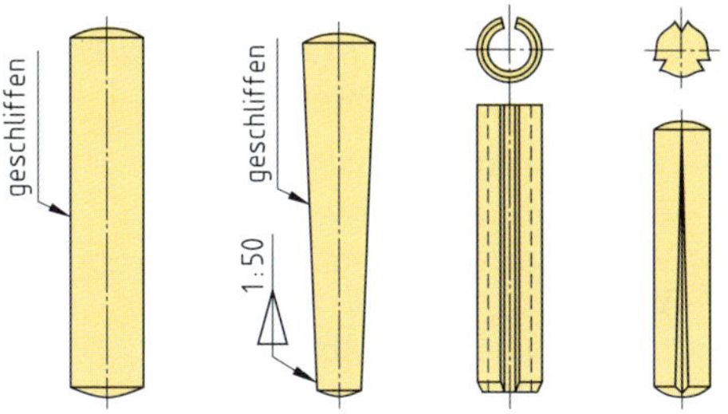

Zylinderstift **Kegelstift** **Spannstift** **Kerbstift**

43 Welchen Zweck haben Paßstifte?

Sie sollen beim Zusammenbau die Lage zweier Werkstücke zueinander festlegen.

44 Welche Vorteile bieten Spannstifte?

Die Bohrung braucht nicht ausgerieben zu werden, da die Spannung der zusammengedrückten Hülse die nötige Anpressung ergibt.

45 Was sind Kerbstifte?

Zylindrische Stifte mit ein oder zwei oder drei am Umfang eingewalzten Kerben, durch die der feste Sitz in der Bohrung erzielt wird.

46 Wodurch wird der Festsitz eines Kerbstiftes erreicht?

Beim Eintreiben des Kerbstiftes in die Bohrung drücken sich die Wulste teilweise in die Kerben zurück und erzeugen mit großen Radialkräften einen festen Sitz.

Nietverbindungen

47 Welche Eigenschaften muß ein Nietwerkstoff haben?

Große Dehnung und Zähigkeit bei noch guter Festigkeit. Bei Korrosionsgefahr soll der Niet möglichst aus dem gleichen Werkstoff bestehen wie die zu verbindenden Teile.

48 In welchen Arbeitsgängen wird eine Nietung durchgeführt?

Einziehen, Anstauchen und Anschrägen des Schaftes, Fertigformen des Schließkopfes.

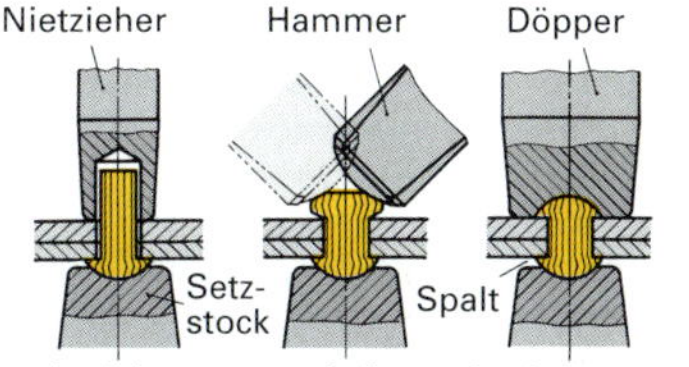

Arbeitsgänge beim Nieten

49 Aus welchen Teilen besteht der fertig geschlagene Niet?

Aus Setzkopf, Nietschaft, Schließkopf.

50 In welchen Fällen wird eine Nietung mit Blindniet durchgeführt?

Wenn die Nietstelle nur von einer Seite aus zugänglich ist.

51 Welche Arten von Blindnieten verwendet man?

Dornniete, Blindnietmuttern, Spreizniete.

52 Wie kann eine Nietverbindung getrennt werden?

Durch Abmeißeln, Ausbohren oder Abbrennen des Kopfes. Niete an tragenden Teilen des Kfz dürfen nicht mit dem Schweiß- oder Schneidbrenner abgebrannt werden.

Welle-Nabe-Verbindung

53 Welche Arten von Welle-Nabe-Verbindungen unterscheidet man?

— Paßfeder-Verbindung
— Scheibenfeder-Verbindung
— Keilwellen-Verbindung
— Verbindung mit Kerbzahnprofil
— Verbindung mit Evolventenzahnprofil.

54 Welche Aufgabe hat eine Paßfeder?

Sie verbindet Welle und Nabe drehfest miteinander.

55 Welche Vorteile hat eine Keilwellen-Verbindung gegenüber einer Paßfeder-Verbindung?

Das Drehmoment wird am Umfang gleichmäßiger verteilt übertragen. Eine Keilwellen-Verbindung kann auch als bewegliche Verbindung verwendet werden, z.B. Schiebestück auf Gelenkwelle.

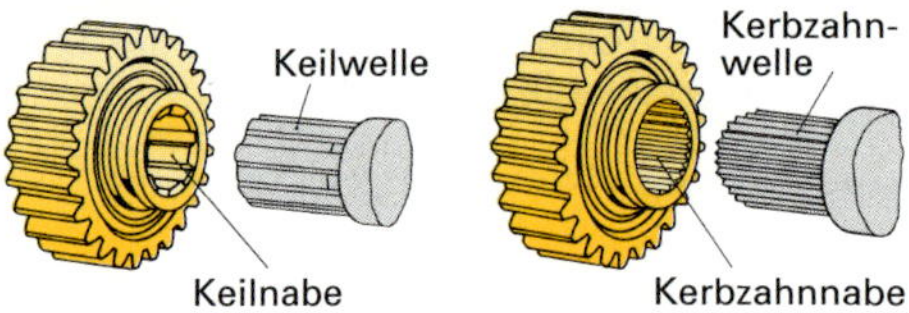

Keilwellen-Profil **Kerbzahn-Profil**

56 Welche Vorteile haben Kerbzahn- gegenüber Keilwellenprofilen?

Noch gleichmäßigere Verteilung des Drehmomentes am Umfang. Gute Zuordnung der Lage von Welle und Nabe zueinander bei der Montage, z.B. Lenkrad — Lenkspindel.

57 Wo können im Kraftfahrzeug Scheibenfedern eingebaut sein?

An kegeligen Wellenzapfen, wenn nur geringes Drehmoment zu übertragen ist, z.B. am Polrad des Magnetzünders.

Preßverbindungen

58 Was versteht man unter einer Preßverbindung?

Zwischen Innen- und Außenteil besteht vor dem Fügen Übermaß. Nach dem Fügen werden die auftretenden Längs- und Querkräfte durch die Haftreibung übertragen.

59 Wo werden am Kraftfahrzeug Preßverbindungen angewendet?

— Ventilsitzring im Zylinderkopf
— Zahnkranz am Schwungrad
— Wälzlager im Gehäuse oder auf der Welle
— Lagerbuchsen im Gehäuse
— gebaute Kurbelwelle im Zweitaktmotor.

60 Welche Arten von Preßverbindungen unterscheidet man?

— Längspreßverbindung
— Querpreßverbindung.

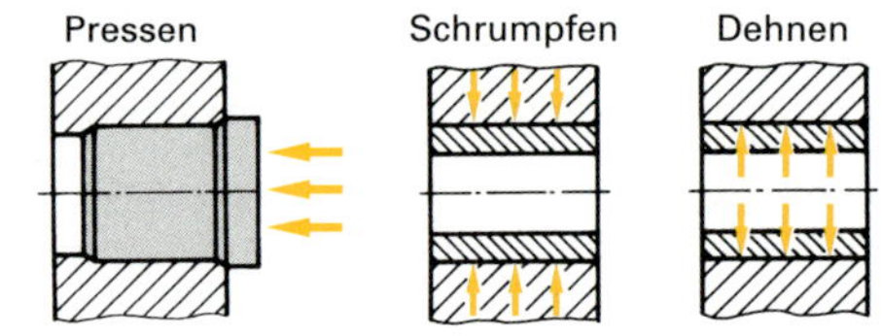

Fügekraft in Achsrichtung — Fügekräfte quer zur Achse

Längspreßpassung **Querpreßpassung**

61 Wodurch unterscheiden sich Längspreßverbindungen und Querpreßverbindungen?

Längspreßverbindungen: Innenteil und Außenteil werden kalt zusammengepreßt; die Rauheitsspitzen an den Fügeflächen werden dabei etwas eingeebnet.

Querpreßverbindungen: das Außenteil wird so weit erwärmt bzw. das Innenteil so weit unterkühlt, daß die Teile mit Spiel gefügt werden können; die Rauheitsspitzen werden nicht eingeebnet.

Löten

62 Was versteht man unter Löten?

Das Herstellen einer stoffschlüssigen Verbindung zwischen festen Metallen mit Hilfe eines geschmolzenen Zusatzmetalls (Lot), dessen Schmelztemperatur unter derjenigen der Werkstücke liegt.

63 Welche Lötarten unterscheidet man nach der Temperatur?

Weichlöten: Die Schmelztemperatur des Lotes liegt unter 450 °C.

Hartlöten: Die Schmelztemperatur des Lotes liegt über 450 °C.

64 In welchen drei Stufen vollzieht sich der Lötvorgang?

Benetzen: flüssiges Lot benetzt die Werkstückoberfläche

Fließen: flüssiges Lot verdrängt das Flußmittel und füllt den Lötspalt aus

Binden: flüssiges Lot dringt an den Korngrenzen des Werkstoffes ein und bildet eine Legierung.

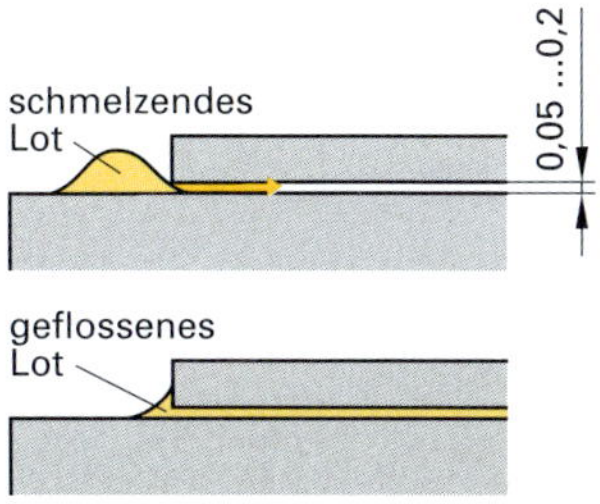

Lötspalt 0,05 mm...0,2 mm

65 Welches sind die Voraussetzungen für eine vollkommene Lötung?

- Gute Legierfähigkeit zwischen dem Lot und dem Werkstück
- gut aufeinander passende Werkstücke
- metallisch reine Lötstelle
- sehr dünne Lotschicht
- Einhaltung der Arbeitstemperatur.

66 Welches sind die wichtigsten Weichlote?

Legierungen aus Zinn und Blei, die meist noch etwas Antimon enthalten.

67 Was bedeutet die Bezeichnung L-PbSn 25 Sb?

Blei-Zinn-Weichlot 25 mit 25% Zinn (Sn), etwas Antimon (Sb), Rest vor allem Blei (Pb).

68 Welches sind die wichtigsten Hartlote?

Kupferbasislote und silberhaltige Hartlote.

69 Was bedeutet die Bezeichnung L-CuZn 40?

Kupferbasislot mit 40% Zink (Zn), Rest Kupfer (Cu).

70 Welche Aufgaben haben die Flußmittel?

Sie sollen die Oxidschicht vom Werkstück ablösen und erneute Oxidation während des Lötvorganges verhindern.

71 Welche Flußmittel werden für das Weichlöten verwendet?

Lötwasser, Lötfett, verdünnte Salzsäure (für Zink), Salmiakstein (zum Reinigen des Lötkolbens).

72 Welche Flußmittel werden für das Hartlöten verwendet?

Gebrannter Borax und Streuborax.

73 Warum müssen Flußmittelreste entfernt werden?

Flußmittel sind meist säurehaltig; an der Lötstelle kann Korrosion auftreten.

Schweißen

74 Was versteht man unter Schweißen?

Das Herstellen einer stoffschlüssigen Verbindung aus meist gleichartigen Werkstoffen unter Anwendung von Wärme in flüssigem Zustand oder unter Anwendung von Wärme und Druck in teigigem Zustand.

75 Welche Arten des Schmelzschweißens unterscheidet man?

- Gasschweißen (Autogenschweißen)
- Lichtbogenschweißen (Metallichtbogenschweißen und Schutzgasschweißen).

76 Warum wird vor allem Acetylen als Brenngas beim Gasschmelzschweißen verwendet?

Es wird eine hohe Flammentemperatur (etwa 3200 °C) erreicht.

77 Warum sind unterschiedliche Anschlüsse für Sauerstoff- und Gasflaschen vorgeschrieben?

Um ein Verwechseln der Druckminderer und Schläuche zu vermeiden; in Druckminderern und Schläuchen könnte sonst ein brennbares Sauerstoff-Brenngas-Gemisch entstehen.

78 Woran erkennt man eine Sauerstoff-Flasche?

- An der blauen Kennfarbe
- am Whitworth-Rohrgewinde R 3/4″
- an der Aufstempelung „Sauerstoff".

79 Woran erkennt man eine Acetylen-Flasche?

- An der gelben Kennfarbe
- am Anschluß für den Spannbügel
- an der Aufstempelung „Acetylen".

80 Welche Aufgabe hat der Druckminderer?

Er vermindert den hohen Fülldruck der Flasche auf den jeweiligen Arbeitsdruck.

81 Welche Meßgeräte sind am Druckminderer angebracht?

- Das Inhaltsmanometer, das den jeweiligen Flaschendruck anzeigt
- das Arbeitsmanometer, das den eingestellten Arbeitsdruck anzeigt.

82 Welche Arbeitsregeln sind beim Umgang mit Sauerstoff- und Gasflaschen zu beachten?

- Flaschen vor Umfallen sichern
- Flaschen vor Stoß, Wärme, Kälte schützen
- Flaschen nur mit aufgeschraubter Schutzkappe transportieren
- Flaschenventil langsam öffnen
- volle Flaschen vor dem Anschließen kurz abblasen lassen
- vor dem Öffnen der vollen Flasche Einstellschraube des Druckminderers zurückdrehen
- Verschluß von Sauerstoff-Flaschen öl- und fettfrei halten
- nach Beendigung der Schweißarbeit Flaschenventil schließen.

83 Aus welchen Hauptteilen besteht der Injektorbrenner?

Aus dem Griffrohr mit Brenngas- und Sauerstoffventil und dem auswechselbaren Brennereinsatz.

84 Was versteht man unter einer neutralen Flamme?

Das Mischungsverhältnis Sauerstoff zu Acetylen beträgt 1 : 1. Bei dieser Flamme nimmt das Werkstück weder überschüssigen Sauerstoff auf, noch wird es durch Kohlenstoffüberschuß aufgekohlt.

85 Bei welchen Blechen wird die Nachlinksschweißung und bei welchen Blechen die Nachrechtsschweißung angewendet?

— Nachlinksschweißung bei Blechen bis 3 mm Dicke
— Nachrechtsschweißung bei Blechen über 3 mm Dicke.

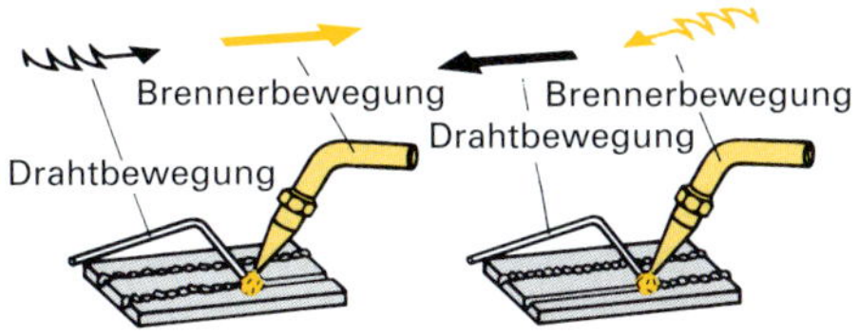

Nachrechts- und Nachlinksschweißung

86 Welche Vorteile hat bei dünnen Blechen die Nachlinksschweißung?

Die Flamme zeigt in Schweißrichtung, die Wärme eilt vor, das Schmelzbad nimmt nur einen Teil der Flammenwärme auf; durch den Schweißdraht wird die Flamme am Durchschmelzen der Nahtwurzel gehindert.

87 Welche Fülldrücke und Füllinhalte sind bei Sauerstoff- und Acetylen-Flaschen üblich?

Sauerstoff: Flaschenvolumen 40 l, Fülldruck 150 bar, Füllinhalt 6000 l.
Flaschenvolumen 50 l, Fülldruck 200 bar, Füllinhalt 10000 l.

Acetylen: Flaschenvolumen 40 l, Fülldruck 18 bar, Füllinhalt etwa 6000 l.

88 Wie wird das Brennschneiden von Stahl durchgeführt?

Die Vorwärmflamme erwärmt den Stahl auf seine Entzündungstemperatur, die unter der Schmelztemperatur liegt, nach Öffnen des Schneidsauerstoffventils verbrennt der Stahl im Sauerstoffstrahl und wird als Schlacke aus der Schnittfuge geblasen.

89 Welche elekrischen Schweißverfahren werden in der Kfz-Technik vor allem angewendet?

— Metallichtbogenschweißen
— Schutzgasschweißen
— Punktschweißen.

90 Worauf beruht das Lichtbogenschweißen?

Auf dem Schmelzen der zu verbindenden Werkstücke und der Elektrode in der Wärme des elekrischen Lichtbogens, dessen Temperatur bis etwa 4200 °C beträgt.

91 Warum kann man Strom und Spannung des Ortsnetzes nicht direkt zum Elektroschweißen verwenden?

— Die erforderlichen großen Stromstärken kann das normale Ortsnetz nicht liefern
— die Spannung des Ortsnetzes ist als Schweißspannung zu gefährlich.

Den Wechselstrom oder den Drehstrom des Ortsnetzes spannt man auf niedrigere, weniger gefährliche Spannung um, bei der auch der benötigte Schweißstrom abgegeben werden kann.

92 In welchen Geräten wird der benötigte Schweißstrom erzeugt?

— Schweißtransformatoren
— Schweißumformer
— Schweißgleichrichter.

93 In welchen Fällen besteht für den Schweißer erhöhte elektrische Gefährdung?

Beim Schweißen in engen Räumen aus elektrisch leitenden Wandungen oder unter beengten Verhältnissen auf bzw. zwischen elektrisch leitenden Teilen. Für solche Schweißarbeiten sind besonders gekennzeichnete Schweißgeräte zu verwenden.

94 Warum liegt beim Lichtbogenschweißen mit Gleichstrom der Pluspol meist am Werkstück?

Weil am Pluspol und damit im Schmelzbad die Lichtbogentemperatur um 400 °C bis 600 °C höher ist als am Minuspol.

95 Welche Aufgaben hat die Elektrode?

- Bildung des gleichförmigen Lichtbogens
- Füllen der Schweißfuge mit dem notwendigen Zusatzwerkstoff.

96 Welche Aufgabe hat die Umhüllung der Elektrode?

- Bildung des Gasschlauches, der den Sauerstoff- und Stickstoffzutritt an der Schweißstelle verhindern soll
- Abbrand von Legierungsbestandteilen vermindern
- Bildung der Schlacke, welche die Schweißraupe abdeckt
- Aufrechterhaltung des Lichtbogens durch Ionisation des Gasschlauches beim Schweißen mit Wechselstrom.

97 Welche Schweißwerkzeuge und Schutzeinrichtungen werden beim Elektroschweißen verwendet?

- Elektrodenhalter
- Pickhammer
- Stahlbürste
- Schweißerschutzschild
- Stulpenhandschuhe
- Schürze
- Sicherheitsschuhe.

98 Was versteht man unter Schutzgasschweißen?

Schutzgasschweißen ist Lichtbogenschweißen, bei dem Schmelzbad und Lichtbogen in eine Schutzgasatmosphäre eingehüllt sind.

99 Welche Vorteile hat das Schutzgasschweißen gegenüber dem Metallichtbogenschweißen?

- Kein Eindringen von Sauerstoff und Stickstoff in das Schmelzbad
- kein Verbrennen von Leg.-Bestandteilen
- keine Schlackenbildung
- hohe Schweißgeschwindigkeit
- schmale Erwärmungszone
- geringer Verzug.

100 Welche Verfahren werden beim Metall-Schutzgasschweißen unterschieden?

- Metall-Inertgasschweißen (MIG)
- Metall-Aktivgasschweißen (MAG).

101 Wie wird die Drahtelektrode bei der MIG-MAG-Schweißmaschine zugeführt?

Die Drahtelektrode wird dem Schweißbrenner von einer Drahtspule über einen Vorschubmotor durch einen biegsamen Schlauch hindurch zugeführt.

102 Wodurch unterscheidet sich das MIG-Schweißen vom MAG-Schweißen?

- MIG-Schweißen: als Schutzgas wird das Edelgas Argon verwendet
- MAG-Schweißen: als Schutzgas wird das billigere Kohlendioxid verwendet oder ein fertiges Gasgemisch aus Argon und Kohlendioxid.

103 Warum wird beim Schutzgasschweißen in Kfz-Werkstätten vor allem das MAG-Schweißen angewendet?

Weil es besonders wirtschaftlich ist zum Schweißen von Dünnblechen aus unlegiertem oder niedriglegiertem Stahl, z.B. Karosserieblechen; sie können schnell und mit geringem Verzug geschweißt werden.

104 Welche Schutzgase werden beim Schutzgasschweißen verwendet?

Argon oder Kohlendioxid oder fertige Gasgemische aus Argon und Kohlendioxid.

105 Für welche Schweißungen eignet sich das WIG-Schweißen?

Für Bleche, Profile und Rohre bis etwa 5 mm Dicke aus hochlegierten Stählen, aus Kupfer oder Cu-Legierungen sowie aus Aluminium oder Al-Legierungen.

106 Welche Werkstücke können punktgeschweißt werden?

Vor allem dünne Bleche, die schnell, sauber und einfach geschweißt werden sollen und bei denen die Schweißstelle nicht dicht sein und keine große Festigkeit haben muß.

107 Wovon ist die Güte einer Punktschweißung abhängig?

Von dem Elektrodendruck, der Stromstärke, der Schweißzeit und der Schweißbarkeit des Werkstoffes.

108 Welche Unfallverhütungsvorschriften müssen beim Elektroschweißen beachtet werden?

- Schutzschild benutzen oder Schutzhaube tragen
- geschlossene Kleidung, Lederschürze und Stulpenhandschuhe tragen
- Schweißstelle abschirmen
- keine schadhaften Kabel verwenden
- Elektrodenhalter nicht unter den Arm klemmen
- beim Elektrodenwechsel nicht das Werkstück berühren
- beim Entfernen der Schlacke Schutzbrille tragen
- Arbeitsplatz gut be- und entlüften
- vor dem Wechsel der Schweißkabel Schweißgerät abschalten.

Kleben

109 Welche Kräfte bewirken die Festigkeit der Klebeverbindung?

- Kohäsionskräfte im Klebstoff
- Adhäsionskräfte zwischen Klebstoffschicht und Fügeflächen.

110 Für welche Beanspruchungen sind Klebeverbindungen geeignet, für welche sind sie nicht geeignet?

Klebeverbindungen sind geeignet für Druck- und Scherbeanspruchung.

Klebeverbindungen sind nicht geeignet für Schälbeanspruchung.

111 Was sind Reaktionsklebstoffe?

Klebstoffe, die durch chemische Reaktion ihrer Bestandteile aushärten. In Einkomponentenklebern sind alle Bestandteile enthalten. Zweikomponentenkleber werden aus dem Kleber und dem Härter gemischt.

112 Welche Kleber unterscheidet man nach der Aushärtetemperatur?

Kaltkleber: sie härten bei Raumtemperatur aus.

Warmkleber: sie härten aus bei Temperaturen von etwa 120 °C...250 °C.

113 Wovon hängt die Aushärtezeit der Reaktionsklebstoffe ab?

- Von der Art des Klebstoffes
- von der Arbeitstemperatur
- von der Menge des zugesetzten Härters.

114 Was versteht man unter der Topfzeit des Klebers?

Die Zeit, in der nach dem Mischen der Komponenten der Kleber verarbeitet sein muß. Danach ist er so weit ausgehärtet, daß die Fügeflächen nicht mehr ausreichend benetzt werden.

2.7 Beschichten

01 Was versteht man unter Beschichten?

Beschichten ist das Auftragen einer festhaftenden Schicht aus formlosem Stoff auf ein Werkstück.

02 Welche Vorteile bietet das Beschichten von Werkstücken?

- Schutz gegen Korrosion
- Verbesserung des Aussehens
- Verbesserung der Verschleißfestigkeit von Grundwerkstoffen
- Isolation gegen Elektrizität, Wärme, Schall
- Aufspritzen von entsprechenden Werkstoffen, um Verschleißteile wieder gebrauchsfähig zu machen (Werterhalt).

03 Wie müssen Werkstücke für das Beschichten vorbereitet werden?

Die Werkstücke müssen gereinigt werden, um einwandfrei haftende Beschichtungen zu erhalten.

04 Welche Reinigungsverfahren unterscheidet man?

- Mechanische Trockenreinigung, z.B. durch Bürsten, Strahlen, Schleifen
- mechanische Naßreinigung, z.B. durch Abwaschen, Abspritzen, Naßstrahlen, Dampfstrahlen, Ultraschallreinigung
- chemisches Reinigen, z.B. durch Entfetten mit Laugen, Beizen mit Säuren.

05 Welche Beschichtungsverfahren werden verwendet?

- Metallspritzen
- Galvanisieren
- Emaillieren
- Oxidieren
- Schmelztauchen
- Kunststoffüberzüge
- Farbüberzüge
- Lacküberzüge
- Keramiküberzüge
- Auftragschweißen.

06 Was versteht man unter Metallspritzen (thermisches Spritzen)?

Beim Metallspritzen wird der Schichtwerkstoff im feinstverteilten, geschmolzenen Zustand auf die Werkstückoberfläche geschleudert.

07 Welche Metallspritzverfahren unterscheidet man nach der Erschmelzungsart?

- Schmelzbadspritzen
- Flammspritzen
- Lichtbogenspritzen
- Plasmaspritzen.

08 Wie haftet der Schichtwerkstoff beim Metallspritzen auf der Werkstückoberfläche?

Durch Adhäsion und Kohäsion der einzelnen Metallteilchen und teilweises Anschmelzen der Werkstückoberfläche.

09 Wie erfolgt das Galvanisieren?

Das Werkstück wird in ein Elektrolytbad (Metallsalzlösung) gehängt und als Katode verwendet. Durch elektrochemische Vorgänge baut sich auf dem Werkstück eine Metallschicht auf, z.B. Zink auf Karosseriestahlblech.

10 Wie haften die keramischen Beschichtungen auf der Werkstückoberfläche?

Sie haften nur durch Verzahnung (Formschluß) mit der Werkstückoberfläche.

11 Wie erfolgt der Kunststoffüberzug beim Wirbelsintern?

Das bis auf etwa 300 °C vorgeheizte Werkstück wird in das durch Druckluft aufgeschüttelte Kunststoffpulver gehalten. Das Kunststoffpulver haftet auf dem erwärmten Werkstück, fließt und bildet eine zusammenhängende Beschichtung.

2.8 Lager und Dichtungen

01 Welche Aufgaben haben Lager?

Sie dienen zum Führen und Abstützen von Wellen und Achsen, wobei möglichst wenig Reibung und Verschleiß auftreten dürfen.

02 Wie können Lager belastet werden?

Radial oder axial oder auch radial und axial.

03 Wie nennt man ein radial belastetes Lager?

Radiallager, Querlager oder Traglager.

04 Wie bezeichnet man ein axial belastetes Lager?

Axiallager, Längslager oder Spurlager.

05 In welche zwei Gruppen kann man die Lager grundsätzlich einteilen?

In Gleitlager und Wälzlager.

06 Wie können Wälzlager nach der Form der Wälzkörper eingeteilt werden?

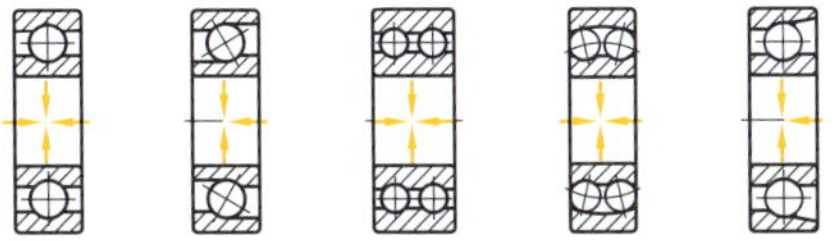

Rillenkugellager, Schrägkugellager, Rillenkugell. zweireihig, Pendelkugellager, Schulterkugellager

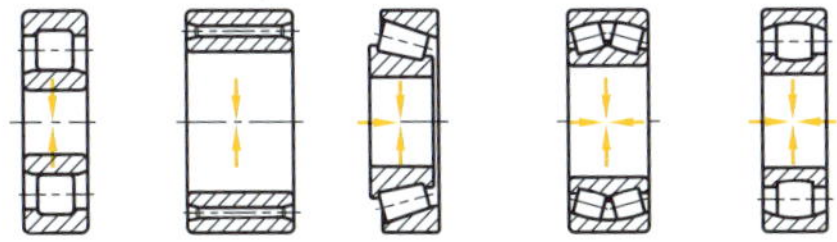

Zylinderrollenlager, Nadellager, Kegelrollenlager, Pendelrollenlager, Tonnenlager

Die Pfeile geben die zulässigen Belastungsrichtungen an.

07 Aus welchen Teilen besteht ein Wälzlager?

Außenring, Innenring, Wälzkörper, Käfig.

08 Welche Aufgaben haben Festlager?

— Welle in axialer Richtung führen
— gesamte radiale und auftretende axiale Kräfte aufnehmen.

09 Wozu dienen Loslager?

Sie gleichen Fertigungstoleranzen und Wärmedehnungen von Gehäuse und Welle in axialer Richtung aus; können aber nur Radialkräfte aufnehmen.

10 Was versteht man unter einer angestellten Lagerung?

Eine Lagerung, bei der das axiale Spiel entsprechend den Anforderungen mit Spiel, spielfrei oder mit Vorspannung eingestellt wird.

11 Wie kann die Radlagerung bei Vorderradantrieb erfolgen?

Z.B. durch zwei einzelne, gegeneinander angestellte Schrägkugellager oder Kegelrollenlager.

12 In welchen Fällen werden Pendelkugellager bzw. Pendelrollenlager eingesetzt?

Wenn gleichzeitig radiale und axiale Kräfte vom Lager aufgenommen werden und außerdem noch geringe Fluchtfehler in den Lagerstellen ausgeglichen werden müssen.

13 In welchem Fall werden Nadellager eingesetzt?

Wenn bei gegebener Belastung die Abmessungen der Lagerstelle zu klein sind, um z.B. ein Zylinderrollenlager einzusetzen.

14 Was ist bei der Fettschmierung von Wälzlagern zu beachten?

— Nur Wälzlagerfette bzw. Mehrzweckfette verwenden
— Gehäusehohlräume nur etwa zur Hälfte mit Fett auffüllen.

15 Worauf ist beim Einbau von Wälzlagern zu achten?

- Äußerste Sauberkeit
- Lager bzw. Gehäuse möglichst auf etwa 80 °C erwärmen
- beim Ein- oder Aufpressen passende Preßhülse verwenden
- Lager nicht verkanten
- Preßkraft nicht über die Wälzkörper vom einen auf den anderen Laufring übertragen.

16 Wodurch unterscheiden sich Wälzlager von Gleitlagern?

Wälzlager: Die Wälzkörper wälzen sich auf den Laufbahnen der Laufringe ab; die Verluste durch rollende Reibung sind dabei verhältnismäßig gering.

Gleitlager: Die Welle gleitet in feststehenden Lagerschalen, Lagerbuchsen oder unmittelbar im Lagerkörper; die Reibungsverluste durch gleitende Reibung sind dabei verhältnismäßig groß.

17 Welche Vorteile besitzen Wälzlager gegenüber Gleitlagern?

Geringere Reibung, geringerer Anlaufwiderstand und Schmiermittelbedarf, drehzahlunempfindlicher, weniger Wartung, kürzere Baulänge. Vorhandener Ölnebel sichert bereits eine ausreichende Schmierung.

18 Welche Nachteile haben Wälzlager gegenüber Gleitlagern?

Empfindlicher gegenüber Stößen und Schwingungen, stärkeres Laufgeräusch, größere Durchmesser, in der Lagerebene nicht teilbar.

19 Welche Arten von Dichtungen unterscheidet man?

- Statische Dichtungen an ruhenden Flächen
- dynamische Dichtungen an bewegten Flächen.

20 Welche Aufgaben haben Dichtungen?

- Räume mit unterschiedlichem Druck gegeneinander abschließen (z.B. Verbrennungsraum und Ölkanäle)
- Räume mit unterschiedlichen Betriebsmitteln voneinander trennen (z.B. Öl- und Kühlmittelkanäle)
- Räume vor dem Eindringen von Fremdkörpern schützen (z.B. Wälzlager vor Staub)
- Verlust von Betriebsmittel und Schmierstoffen verhindern (z.B. Kraftstoff an der Kraftstoffpumpe).

21 Wie erfolgt die Dichtwirkung bei statischen Dichtungen?

Der Dichtungswerkstoff muß sich durch Pressung den Unebenheiten der Dichtfläche anpassen.

22 Welches sind die wichtigsten statischen Dichtungen?

- Metallische Abdichtungen, z.B. zwischen Gehäuseteilen, durch große Flächenpressung
- Weichstoffdichtungen, z.B. Ventildeckeldichtungen
- Dichtmassen, z.B. bei Ölwannenabdichtung; elastisch und aushärtend
- Profildichtungen, z.B. O-Ringe
- Faltenbälge, z.B. Schutz von Gelenken.

23 Welche Schutzdichtungen unterscheidet man?

Radial-Wellendichtringe, Faltenbälge, Schnurringe, Filzringe.

24 Worauf ist beim Einbau von Radial-Wellendichtringen zu achten?

- Einbauwerkzeug verwenden
- Dichtlippe muß dem abzudichtenden Raum zugewandt sein
- Dichtring nicht verkanten
- Dichtlippe nicht beschädigen
- Welle muß an der Laufstelle der Dichtlippe riefenfrei sein.

2.9 Arbeitssicherheit und Unfallverhütungsvorschriften (UVV)

01 Welche Folgen kann sicherheitswidriges Verhalten eines Mitarbeiters haben?

Es können dadurch schwere oder gar tödliche Verletzungen, Krankheiten sowie hohe Sachschäden verursacht werden.

02 Wer verhält sich sicherheitswidrig?

Jeder, der Sicherheitsvorschriften und Sicherheitszeichen nicht beachtet oder sie mißachtet und somit sich, seine Mitmenschen, den Betrieb und die Umwelt gefährdet.

03 Weshalb werden für jeden Berufszweig verbindliche Unfallverhütungsvorschriften (UVV) erlassen?

Um die Arbeitssicherheit zu fördern und damit das geringstmögliche Unfallrisiko zu erzielen.

04 Wer kann Unfallverhütungsvorschriften rechtswirksam erlassen?

Die für den jeweiligen Betrieb zuständige Berufsgenossenschaft.

05 Welche Berufsgenossenschaften sind für Kfz-Betriebe zuständig?

Die Eisen- und Metall-Berufsgenossenschaften.

06 Warum sind die Unfallverhütungsvorschriften für Unternehmer rechtsverbindlich?

Die Berufsgenossenschaften sind Körperschaften des öffentlichen Rechts, die vom Staat u.a. die Aufgabe erhielten, für ihre Mitglieder Unfallverhütungsvorschriften zu erlassen. Der Unternehmer ist mit der Eröffnung seines Unternehmens gesetzlich verpflichtet, Mitglied bei der für seinen Gewerbezweig zuständigen Berufsgenossenschaft zu werden.

07 In welchen Fällen muß der Unternehmer oder sein Stellvertreter eine Unfallmeldung erstatten?

Wenn ein Arbeitsunfall oder Wegeunfall (Unfall auf dem Weg zwischen Wohnung und Arbeitsstätte) eine Arbeitsunfähigkeit von mehr als 3 Kalendertagen oder den Tod einer für den Betrieb tätigen Person zur Folge hat.

08 Welche Meldefristen müssen für die Unfallmeldung eingehalten werden?

— Innerhalb von 3 Tagen ist die Unfallanzeige schriftlich zu erstatten, nachdem der Unternehmer bzw. sein Beauftragter von dem Unfall Kenntnis erhielt
— sofortige (innerhalb von 24 Stunden) telefonische oder telegrafische Benachrichtigung der Berufsgenossenschaft und des Gewerbeaufsichtsamtes bei tödlichen Unfällen oder bei Massenunfällen (mehr als 2 Verletzte).

09 Wer muß die Unfallanzeige einer Kraftfahrzeugwerkstatt erhalten?

— Träger der gesetzlichen Unfallversicherung, Berufsgenossenschaft
— Gewerbeaufsichtsamt
— Betriebsrat bzw. Personalrat
— Unternehmer
— Polizeibehörde (bei tödlichen Unfällen).

10 Welchem Arzt muß ein durch Arbeits- oder Wegeunfall Verletzter zugeführt werden?

Dem für den Betrieb zuständigen Unfallarzt (Durchgangsarzt) oder dem Arzt eines von der Berufsgenossenschaft anerkannten Unfallkrankenhauses.

11 Welche Aufgaben hat der Unfallarzt?

— Medizinische Versorgung
— Begutachtung der Verletzung, der Heilaussichten, ggf. Feststellung der Minderung der Arbeitsfähigkeit für den Träger der gesetzlichen Unfallversicherung.

12 Welche Aushänge sind in der Kraftfahrzeugwerkstatt an gut sichtbarer Stelle vorgeschrieben?

— Erste-Hilfe-Maßnahmen
— Anschrift des zuständigen Unfallarztes
— Notrufnummern der Polizei, der Feuerwehr und des Rettungsdienstes
— Anschrift der Berufsgenossenschaft
— Hinweis auf Rauchverbot und Gefahren beim Umgang mit offenem Feuer.

13 Für welche Bereiche des Kraftfahrzeugwesens gibt es wichtige Unfallverhütungsvorschriften?

— Kfz-Werkstätten und Garagen
— Farbspritzen
— Umgang mit brennbaren Flüssigkeiten
— Umgang mit Hebebühnen
— elektrische Anlagen
— Schweißen
— Tankstellen.

14 Welche Sicherheitszeichen werden unterschieden?

— Gebotszeichen
— Verbotszeichen
— Warnzeichen
— Rettungszeichen.

15 Welche Bedeutung hat das abgebildete Gebotszeichen?

Es schreibt vor, daß in dem damit gekennzeichneten Arbeitsbereich ein Gehörschutz benutzt werden muß.

16 Welche Bedeutung hat das abgebildete weißgrundige, runde Schild mit roter Umrandung und rotem Querbalken?

Es ist ein **Verbotszeichen**, das den Umgang mit Feuer sowie mit offenem Licht und das Rauchen im bezeichneten Gefahrenbereich untersagt.

17 Welches Aussehen haben Warnzeichen?

Sie sind gelbgrundige Schilder in der Form eines gleichseitigen Dreiecks, dessen Spitze nach oben zeigt. Ihr Warnbild und ihre Umrandung sind schwarz.

18 Welche Hinweise geben Rettungszeichen?

Sie weisen durch weiße Piktogramme (Symbolbilder) und ggf. Pfeile auf Rettungsmittel hin oder kennzeichnen die Fluchtwege.

19 Welche Mindestanforderungen bestehen für Türen in Räumen der Kfz-Ausbesserungswerkstätten?

— Die Ausgänge müssen durch Anzahl, Bauart und Lage das sichere Verlassen der Räume bei Gefahr ermöglichen, z.B. durch mindestens eine in Fluchtrichtung aufschlagende Tür
— Fluchtwege müssen eindeutig und dauerhaft gekennzeichnet sein
— kraftbetriebene Tore müssen gegen Quetschgefahr gesichert sein, z.B. durch Kontaktleisten und elastische Profile.

20 Welche Vorschriften bestehen für Gruben in Kfz-Ausbesserungswerkstätten und Garagen?

— Sie müssen leicht und gefahrlos betreten und bei Gefahr schnell verlassen werden können
— unbenutzte Gruben müssen abgedeckt oder abgesichert sein
— sie müssen in der Regel zwei Treppen haben, jeweils an den Enden der Grube; bei Arbeitsgruben bis zu 5 m Länge genügt an Stelle der zweiten Treppe auch ein anderer trittsicherer Ausstieg
— eine technische Belüftungseinrichtung ist erforderlich, wenn ein ausreichender natürlicher Luftwechsel nicht gewährleistet ist (z.B. bei mehr als 1,5 m Tiefe)
— fest eingebaute Beleuchtungskörper müssen Schutzkorb und Schutzglas haben.

21 Welche Sicherheitsvorschriften sind beim Arbeiten mit Gruben zu beachten?

- Gruben dürfen nur überfahren werden, wenn sich darin keine Personen befinden
- vor dem Betreten der Grube muß ggf. die Belüftung in Gang gesetzt werden
- Fahrzeuge vor Beginn der Arbeit gegen unbeabsichtigte Bewegungen sichern
- mindestens einen Ausstieg freihalten
- befinden sich mehrere Fahrzeuge über der Grube, so muß dazwischen ausreichend Abstand ggf. zum Ausstieg bestehen.

22 Welche Vorschriften gelten beim Umgang mit Hebezeugen?

- Durch Wagenheber angehobene Fahrzeuge müssen sofort, z.B. durch Unterstellböcke, abgestützt werden
- Hebezeuge müssen so beschaffen sein, daß die angehobene Last nicht abrutschen oder umkippen kann
- die angehobene Last vor Arbeitsbeginn auf sichere Lage überprüfen, z.B. durch Rütteln.

23 Wer darf Hebebühnen bedienen?

Personen, die mindestens 18 Jahre alt, in der Bedienung unterwiesen und befugt sind. Arbeiten mehrere Personen an einer Hebebühne, so ist die Bedienung abzusprechen.

24 Wie sind Hebebühnen in Arbeitspausen gegen unbefugte Benutzung zu sichern?

Üblicherweise durch Abschalten mit einem abschließbaren Hauptschalter.

25 Welche Vorschriften bestehen für die Hebebühnenüberwachung?

- Einmal jährlich Überprüfung durch einen Sachkundigen, z.B. Kundendienst des Hebebühnenherstellers
- nach Störfall darf die Hebebühne erst nach Überprüfung durch den Sachkundigen wieder freigegeben werden
- Überprüfungsnachweis durch Prüfbuch.

26 Warum müssen Handlampen mit Überglas und Schutzkorb versehen sein?

Glühlampe würde zerplatzen, wenn sie plötzlich durch Spritzwasser oder Benzin abgeschreckt wird. Durch Splitter besteht Verletzungsgefahr; Benzindämpfe könnten sich am heißen Glühfaden entzünden.

27 Welche Brandschutzregeln bestehen für Kfz-Werkstätten?

- Keine leicht brennbaren Gegenstände und Flüssigkeiten in Werkstatträumen aufbewahren
- gebrauchte Putzmittel in feuerfesten, dicht schließenden Behältern ablegen
- Behälter für Waschbenzin müssen selbstschließend sein
- Feuerlöscher, Löschdecken, Behälter mit trockenem Sand und Schaufeln griffbereit halten.

28 Welche Ausrüstung mit Feuerlöschern ist in der Kfz-Werkstatt vorzusehen?

Nach Absprache mit der Berufsgenossenschaft ist eine ausreichende Anzahl von Feuerlöschern mit Universallöschpulver griffbereit zu halten. Als Anhaltswert setzt man an:

1 Feuerlöscher mit 12 kg Füllgewicht bis zu 50 m^2, 2 Feuerlöscher bis 100 m^2, und jeweils 1 weiterer Löscher je angefangene weitere 200 m^2 Werkstattfläche. Ein Feuerlöscher mit 12 kg Füllgewicht kann durch 2 Löscher mit jeweils 6 kg Füllgewicht ersetzt werden.

29 Welche Gruppen der brennbaren Flüssigkeiten werden unterschieden?

Gruppe A: Brennbare Flüssigkeiten, die sich nicht mit Wasser mischen lassen und deren Flammpunkt unter 100 °C liegt. Sie sind mit Wasser nicht löschbar.

Gruppe B: Brennbare Flüssigkeiten, die sich bei 15 °C in jedem beliebigen Verhältnis in Wasser lösen und deren Flammpunkt unter 21 °C liegt. Sie sind mit Wasser löschbar.

30 In welche Gefahrklassen teilt man die brennbaren Flüssigkeiten der Gruppe A ein?

Gefahrklasse A I: Flammpunkt unter 21 °C, z.B. Vergaserkraftstoffe (Normal- und Superbenzin), Feuerzeugbenzin, Motorenbenzol, Altöl unbekannter Herkunft und Zusammensetzung.

Gefahrklasse A II: Flammpunkt von 21 °C ... 55 °C, z.B. Petroleum, Testbenzin, Schwerbenzol, Lösungsbenzol.

Gefahrklasse A III: Flammpunkt von 55 °C ... 100 °C, z.B. Dieselkraftstoff, leichtes Heizöl, Nitrobenzol, Altöl bekannter Herkunft und Zusammensetzung (z.B. beim Motorölwechsel unmittelbar anfallendes Ablaßöl):

31 Welches sind wichtige brennbare Flüssigkeiten der Gruppe B?

- Äthylalkohol
- Methanol
- Aceton.

32 Welche Unfallverhütungsvorschriften gelten bei Reinigungsarbeiten am Kfz und an ausgebauten Teilen mit brennbaren Flüssigkeiten?

- Sie sind nur dann in der Werkstatt erlaubt, wenn der Flammpunkt über 21 °C liegt
- Flüssigkeiten, deren Flammpunkt unter 21 °C liegt, dürfen nur in abgetrennten Räumen oder im Freien verwendet werden
- nur Pinsel ohne Metallteile verwenden
- Gefahr der Funkenbildung mindern, z.B. durch Abklemmen der Batterie.

33 Wie wird der Explosionsgefahr des Kraftstoffbehälters bei Arbeiten mit offener Flamme begegnet?

- Ausbau bzw. Entleeren und anschließendes Füllen des Kraftstoffbehälters mit Stickstoff, Kohlendioxid oder Wasser
- Verwendung von Abschirmplatten, z.B. aus Asbest, bei kleineren Schweißarbeiten in der Nähe des Kraftstoffbehälters und der Kraftstoffleitungen.

34 Welche Vorschriften bestehen für die Lagerung von Kraftstoffen der Gefahrklasse A I?

Sie müssen in öffentlichen Tankstellen unterirdisch gelagert sein. Ausgenommen davon sind Kraftstoffe in Kleinzapfgeräten, z.B. in Mopedtanksäulen. Mischkannen und ortsbewegliche Gefäße dürfen nicht zur Aufbewahrung von Kraftstoffen verwendet werden.

35 Welche wichtigen Feuerschutzvorschriften gelten für Tankstellen?

- Es muß mindestens ein 6 kg Universalpulverlöscher, bei mehr als zwei Zapfsäulen mindestens ein zweiter, gut sichtbar und griffbereit vorhanden sein
- das Rauchen ist im Gefahrbereich durch deutlich sichtbaren Anschlag zu verbieten.

36 Warum besteht in Laderäumen für Bleibatterien Explosionsgefahr?

Beim Laden von Batterien wird Sauerstoff und Wasserstoff frei, es kann sich Knallgas bilden.

37 Welche Vorschriften bestehen für Räume, in denen ständig Schweißarbeiten durchgeführt werden?

- Sie müssen mindestens 3 m hoch sein und gut belüftet werden
- Gase und Dämpfe müssen abgesaugt werden.

38 Welche Schutzmittel muß der Unternehmer für das Schweißen zur Verfügung stellen?

- Augenschutz, z.B. Schutzbrillen
- Schutzkleidung, z.B. Handschuhe.

39 Welche wichtigen Vorschriften bestehen für das Lichtbogenschweißen?

- Alle spannungsführenden Teile sind gegen zufällige Berührung zu schützen
- Arbeitsplätze sind abzuschirmen
- deutlich sichtbares Hinweisschild: „Vorsicht! Nicht in die Flamme sehen!"

40 Welche Unfallverhütungsvorschriften sind bei Lackierarbeiten zu beachten?

— Sie dürfen nur in entsprechenden Lackierräumen vorgenommen werden
— Frischluft-Atemschutzmasken müssen getragen werden, wenn die Farbnebel nicht genügend abgesaugt werden können
— undurchlässige, nicht brennbare Handschuhe und Schürzen tragen
— Rauchverbot muß beachtet werden
— zum Zerstäuben dürfen Sauerstoff und brennbare Gase **nicht** verwendet werden.

41 Welche Schutzmaßnahmen müssen beim Spritzen von Lacken getroffen werden?

Kein offenes Feuer oder funkenziehende Geräte im Umkreis von 5 m. Es sind Frischluft-Atemgeräte zu tragen. Feuerlöscher und Brandschutzdecken müssen in ausreichender Anzahl vorhanden sein.

42 Welche Anforderungen werden an Lackierräume gestellt?

Lackierräume sind explosionsgefährdet. Sie müssen zwei gut gekennzeichnete Ausgänge besitzen, die nicht versperrt werden dürfen. Die Belüftung muß ausreichend sein. Durch Berieselung der Wände mit Wasser oder durch Trockenfilter können Farbnebel aus der Spritzkabine entfernt werden. Die Umweltschutzvorschriften sind zu beachten.

43 Welche Vorschriften gelten für Lackieren ohne besonderen Lackierraum?

— Der Raum muß mindestens 10 m^2 Grundfläche und mindestens 30 m^3 Rauminhalt aufweisen
— je 1 m^3 Raum darf nicht mehr als 20 g/h Lack verarbeitet werden
— je Raum dürfen dabei in 8 Stunden nicht mehr als 5 kg Lack verarbeitet werden.

44 Warum müssen Sauerstoffarmaturen, -leitungen und Dichtungen fettfrei gehalten werden?

Um die **Explosionsgefahr** zu verhindern.

45 Was ist beim Gebrauch von Gasflaschen zu beachten?

— Gegen Umfallen sichern
— vor Erwärmung und vor Temperaturen unter – 10 °C schützen
— gegen Funkenflug abschirmen
— Acetylenflaschen müssen bei Gasentnahme stehen oder mit dem Flaschenventil mindestens 0,4 m höher als der Flaschenfuß gelagert sein
— Anschlüsse der Sauerstoffflaschen müssen fettfrei sein
— Anschlußstutzen der Flaschenventile und der Druckminderer dürfen nicht auf andere Flaschen gerichtet sein
— Sicherung der Flasche sofort nach Abbau des Druckminderers mit der Verschlußmutter und der Schutzkappe.

46 Was ist beim Anschließen der Druckminderer zu beachten?

Die Flaschenventile sind vor dem Anschließen kurz – etwa 1 Sekunde – auszublasen.

47 Welche wichtige Vorschrift besteht für das Laufenlassen von Verbrennungsmotoren in geschlossenen Räumen?

Die gesundheitsschädlichen Abgase müssen gefahrlos abgeleitet werden. Dies geschieht durch auf den Auspuff aufgesteckte Schläuche oder Rohre, die ins Freie führen oder durch Einleiten in eine Abgasabsauganlage.

48 Welche wichtige Lärmschutzvorschrift besteht für Arbeitsräume?

— Ab einem mittleren Lärmpegel von 85 db(A) muß der Unternehmer Gehörschutzmittel bereitstellen
— ab einem mittleren Lärmpegel von 90 db(A) muß der Gehörschutz verwendet werden.

49 Welche wichtigen Unfallverhütungsvorschriften muß man beim Arbeiten an Werkzeugmaschinen beachten?

- Elektrische Kabel und Anschlüsse dürfen nicht schadhaft sein
- keine Hebel und Schalter betätigen, ehe man deren Funktion kennt
- Werkzeug und Werkstück müssen sicher eingespannt sein
- niemals Späne mit der Hand entfernen
- niemals eine Maschine bei abgebauten Schutzvorrichtungen betreiben
- nicht in die laufende Maschine greifen
- zweckmäßige, eng anliegende Arbeitskleidung tragen
- langes Haar durch Haarnetz schützen
- Sicherheitsschuhe tragen
- keine Armbänder, Armbanduhren, Halsketten und Ringe tragen.

50 Warum muß die Werkstückauflage beim Schleifbock möglichst dicht an der Schleifscheibe stehen?

Das Werkstück könnte sonst zwischen Auflage und Schleifscheibe hineingezogen werden (Unfallgefahr).

51 Welche Unfallverhütungsmaßnahmen sind beim Aufbewahren von Säuren und Laugen wesentlich?

- Aufbewahrung nur in besonders gekennzeichneten Spezialbehältern zulässig
- Aufbewahrung in Getränkeflaschen verboten!

52 Weshalb muß man beim Verdünnen von konzentrierter Schwefelsäure die Säure in das Wasser gießen?

Würde man Wasser in H_2SO_4 gießen, so würde in einer schnellen Reaktion (Wasseraufnahme) eine starke Erhitzung eintreten und das Wasser verdampfen. Dadurch könnte Säure aus dem Gefäß geschleudert werden.

53 Welche wesentlichen Sicherungsmaßnahmen sind bei Arbeiten an im öffentlichen Verkehr liegengebliebenen Fahrzeugen zu erfüllen?

- Arbeitsbereich absichern bzw. absperren, z.B. durch Warndreieck und Warnblinkleuchte
- Warnblinkanlage am Fahrzeug einschalten
- Warnkleidung tragen, z.B. die mitführungspflichtige Warnweste
- Einsatz eines Sicherungspostens.

54 Welche Fahrzeuge müssen die genormten Warnwesten mitführen?

- Betriebsfahrzeuge
- Fahrzeuge mit betrieblicher Verwendung.

55 Wieviele entsprechend ausgebildete Ersthelfer sind für einen Betrieb vorgeschrieben?

- Mindestens 1 Ersthelfer für Betriebe mit bis zu 20 Mitarbeitern
- in Betrieben mit mehr als 20 Mitarbeitern muß mindestens jeder Zehnte als Ersthelfer ausgebildet sein.

56 Welche Ausrüstung mit Erste-Hilfe-Material ist dem Betrieb vorgeschrieben?

Es muß mindestens ein großer Verbandskasten (nach DIN 13169) ordnungsgemäß und stets vollständig vorhanden sein, zu dem ein Verbandbuch geführt wird.

57 Welche Einzelheiten müssen in das Verbandbuch eingetragen werden?

- Datum, Zeit, Ort und Hergang des Unfalls
- Name des Verletzten
- Name des Ersthelfers
- Art und Umfang der Verletzung
- Erste-Hilfe-Maßnahmen
- ggf. Namen von Zeugen.

58 Welche Aufbewahrungspflicht besteht für Verbandbücher?

Sie müssen mindestens 5 Jahre im Betrieb aufbewahrt werden.

3 Werkstofftechnik

3.1 Eigenschaften der Werkstoffe

01 Nach welchen Faktoren werden die Werkstoffe ausgewählt?

Die Auswahl erfolgt nach
- Anforderungen und Beanspruchungen durch Betriebsbedingungen
- Werkstoffkosten
- Fertigungskosten
- Umweltverträglichkeit
- Recyclingfähigkeit.

Physikalische Eigenschaften

02 Welche physikalischen Eigenschaften kennzeichnen das Verhalten der Werkstoffe?

- Mechanische Eigenschaften (Einwirkung von Kräften)
- thermische Eigenschaften (Wärmewirkungen)
- elektrische Eigenschaften (Wirkung von Spannung und Strom).

03 Was gibt die Längenausdehnungszahl an?

Sie gibt an, um wieviel Millimeter sich der Stoff bei Erwärmung um 1 Kelvin verlängert.

04 Was versteht man unter der Schmelztemperatur?

Die Temperatur, bei der ein Stoff vom festen in den flüssigen Zustand übergeht, z.B. Eis → Wasser bei 0 °C.

05 Welches sind die wesentlichsten mechanischen Eigenschaften?

— Spannung — Elastizität — Sprödigkeit
— Festigkeit — Zähigkeit — Härte.

06 Wie entsteht mechanische Spannung?

Durch die Einwirkung von äußeren Kräften auf einen Körper entsteht in seinem Inneren eine mechanische Spannung.

07 Was versteht man unter Festigkeit?

Es ist der Widerstand, den ein Werkstoff seiner Zerstörung entgegensetzt.

08 Welche Eigenschaften eines Werkstoffes werden durch den Zugversuch ermittelt?

— Zugfestigkeit (R_m) — Bruchdehnung (A)
— Streckgrenze (R_e) — Bruchgrenze (B)
— Dehngrenze bei 0,2% Dehnung ($R_{p0,2}$).

09 Wie wird der Zugversuch durchgeführt?

Ein Probestab des zu prüfenden Werkstoffes wird in die Zerreißmaschine gespannt und so lange belastet bis er reißt. Durch Meßeinrichtungen wird dabei die Belastung und die Dehnung des Stabes ermittelt und daraus z.B. R_m errechnet.

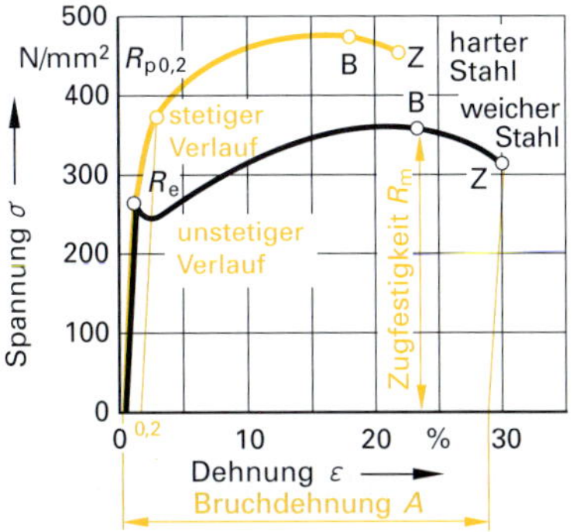

Schematische Darstellung des Zugversuchs

10 Was versteht man unter der Elastizität eines Werkstoffes?

Ein Werkstoff ist elastisch, wenn er nach Aufhebung einer Belastung seine alte Form wieder annimmt, z.B. Feder.

11 In welchem Fall spricht man von Zähigkeit bei einem Werkstoff?

Wenn sich der Werkstoff durch äußere Kräfte verformen läßt, ohne dabei zu Bruch zu gehen. Er setzt der Verformung großen Widerstand entgegen.

12 Was versteht man unter Härte?

Härte ist der Widerstand, den ein Stoff dem Eindringen eines Körpers, z.B. einer Stahlkugel (Härteprüfung nach Brinell), entgegensetzt.

Technologische Eigenschaften

13 Welche Bedeutung haben die technologischen Eigenschaften für einen Werkstoff?

Die technologischen Eigenschaften eines Werkstoffes bestimmen seine Eignung für bestimmte Fertigungsverfahren wie z.B. Gießen, Spanen, Umformen, Schweißen.

14 Welches sind die Merkmale für gute Gießbarkeit eines Werkstoffes?

Der Werkstoff ist gut gießbar, wenn er beim Schmelzen dünnflüssig wird und kaum Gas aufnimmt und beim Erstarren nur wenig schwindet.

15 Welche Stoffe sind gut umformbar?

Kohlenstoffarmer Stahl, Blei, Kupfer, Aluminium und deren Knetlegierungen.

Chemische Eigenschaften

16 Was versteht man unter den chemischen Eigenschaften von Werkstoffen?

Das Verhalten des Werkstoffes bzw. seine Stoffänderungen beim Einwirken von

- Umwelteinflüssen, z.B. Luftfeuchtigkeit
- aggressiven Stoffen, z.B. Säuren, Laugen
- Wärme, z.B. beim Glühen von Stahl.

17 Welches Werkstoffverhalten bestimmt die chemischen Eigenschaften eines Werkstoffes?

- Korrosionsbeständigkeit
- Wärmebeständigkeit
- Giftigkeit
- Brennbarkeit.

18 Was versteht man unter Korrosion?

Eine von der Oberfläche ausgehende Veränderung oder Zerstörung eines Werkstoffes.

19 Wodurch kann bei metallischen Werkstoffen Korrosion hervorgerufen werden?

Durch Umwelteinflüsse (z.B. Luftfeuchtigkeit) und aggressive Stoffe (z.B. Säuren).

20 Wie kann chemische Korrosion entstehen?

Durch Einwirkung von Wasser, Luft (O_2), Säuren, Laugen oder Salzlösungen auf die Oberfläche des Werkstoffes, wobei eine chemische Verbindung mit dem einwirkenden Stoff entsteht.

21 Welche Wirkung hat der Sauerstoff bei der chemischen Korrosion von Metallen?

Sämtliche Metalle, mit Ausnahme der Edelmetalle, bilden im Laufe der Zeit eine Oxidschicht auf der Oberfläche.

22 Wie entsteht elektrochemische Korrosion?

Sie entsteht, wenn zwei verschiedene Metalle und ein Elektrolyt zusammentreffen. Es bildet sich ein galvanisches Element.

23 Was läßt sich aus der elektrochemischen Spannungsreihe ermitteln?

Die Höhe der Spannung zwischen zwei Metallen eines galvanischen Elementes.

24 Welchen Einfluß hat die Höhe der Spannung auf die elektrochemische Korrosion?

Je höher die auftretende Spannung, desto stärker ist der Korrosionsvorgang.

25 Welches Metall wird bei der elektrochemischen Korrosion zerstört?

Das unedlere Metall; es bildet immer den negativen Pol.

26 Welches sind die wichtigsten Erscheinungsformen der Korrosion?

Gleichmäßige Flächenkorrosion, Lochkorrosion, Berührungskorrosion, interkristalline Korrosion.

27 Unter welchen Voraussetzungen tritt Berührungskorrosion auf?

Wenn zwei in der Spannungsreihe weit auseinanderliegende Metalle sich berühren und an der Berührungsstelle ein Elektrolyt vorhanden ist.

28 Unter welchen Voraussetzungen tritt interkristalline Korrosion auf?

Wenn z.B. bei Legierungen zwischen die Kristalle der verschiedenen Stoffe ein Elektrolyt hinzutreten kann. Dabei werden die Kristalle des unedleren Metalls zerstört.

3.2 Einteilung der Werkstoffe

01 In welche drei Hauptgruppen kann man die Werkstoffe einteilen?

Metalle, Nichtmetalle und Verbundwerkstoffe.

02 Welche Metalle bezeichnet man als Eisenwerkstoffe?

Gußeisen, Temperguß, Stahlguß und Stahl.

03 Was versteht man unter Hilfsstoffen?

Stoffe, die bei der Bearbeitung der Werkstoffe verbraucht werden, z.B. Brennstoffe, Kraftstoffe, Schmierstoffe, Kühlmittel...

3.3 Aufbau der metallischen Werkstoffe

01 Wie unterscheidet sich der Feinaufbau von Metallen und Nichtmetallen?

Metalle haben einen kristallinen Aufbau, d.h. die Metallionen sind nach bestimmten Regeln angeordnet.

Nichtmetalle sind ohne bestimmte Regeln in der Anordnung der Atome, also amorph, aufgebaut.

02 Was bewirkt die Metallbindung?

Die zwischen den negativ geladenen Elektronen und den positiv geladenen Metallionen wirkenden elektrischen Anziehungskräfte bewirken den festen Zusammenhalt und damit die Festigkeit des Metalls.

03 In welchen drei Kristallformen kristallisieren die Metalle?

- Kubisch-raumzentrierter Kristall (krz)
- kubisch-flächenzentrierter Kristall (kfz)
- hexagonaler Kristall (hex).

04 Worin liegt der Unterschied zwischen einem kubisch-raumzentrierten und einem kubisch-flächenzentrierten Kristall?

Die Metallionen sind so angeordnet, daß sie an den Eckpunkten eines Würfels sitzen. Beim **kubisch-raumzentrierten Kristall** sitzt noch ein Metallion in der Würfelmitte, während beim **kubisch-flächenzentrierten Kristall** auf jeder Flächenmitte der Würfelseiten sich noch ein Metallion befindet.

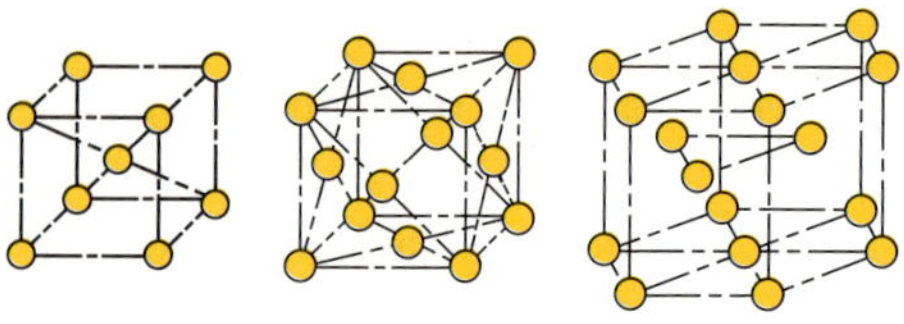

Kristallgitter reiner Metalle

05 Welche Metalle haben raumzentrierte Kristalle?

Chrom, Molybdän, Vanadium, Wolfram sowie Eisen unter etwa 900 °C.

06 Welche Metalle bilden hexagonale Kristalle?

Cadmium, Magnesium, Titan und Zink.

07 Welche Gefügebildungen können bei Metallegierungen auftreten?

Mischkristall-Legierungen und Kristallgemisch-Legierungen.

08 Welche Bedeutung hat die Verspannung des Gitters einer Mischkristall-Legierung?

Härte und Festigkeit des Mischkristalls sind dadurch größer als die des Grundmetalls.

09 Wie unterscheiden sich die Schliffbilder von Mischkristallen und Kristallgemischen?

— Mischkristalle: Die gelösten Legierungsbestandteile sind nicht erkennbar
— Kristallgemische: Die Körner der einzelnen Legierungsbestandteile sind ungelöst und deutlich erkennbar.

10 Welche Legierungen bestehen aus Mischkristallen?

Z.B. Legierungen von Eisen und Mangan oder von Eisen und Nickel oder von Kupfer und Nickel.

11 Bei welchen Stoffen entstehen beim Legieren Kristall-Gemische?

Z.B. beim Legieren von Blei und Antimon (Hartblei) oder von Eisen und Kohlenstoff (Gußeisen).

3.4 Eisenwerkstoffe

Roheisengewinnung

01 Welches sind die wichtigsten Eisenerze?

Magneteisenstein (Fe_3O_4), Brauneisenstein ($2\,Fe_2O_3 \cdot 3H_2O$), Roteisenstein (Fe_2O_3), Spateisenstein ($FeCO_3$).

02 Nach welchen Verfahren können die Erze aufbereitet werden?

Magnetscheiden, Rösten, Brechen, Pelletisieren und Sintern.

03 Mit welchen Stoffen wird der Hochofen beschickt?

Mit Koks und Möller (Eisenerz und Zuschläge).

04 Welches sind die Erzeugnisse des Hochofens?

Graues oder weißes Roheisen und die Nebenprodukte wie Schlacke und Gichtgas.

05 Was bewirkt ein etwas höherer Siliciumgehalt als Mangangehalt beim Roheisen?

Silicium bewirkt die Graphitausscheidung bei der Abkühlung; die Bruchfläche wird grau; es entsteht graues Roheisen.

06 Welche Bedeutung hat ein etwas höherer Mangangehalt als Siliciumgehalt bei Roheisen?

Mangan fördert die Bindung des Kohlenstoffs an das Eisen (Fe_3C); die Bruchfläche ist strahlig weiß und es entsteht weißes Roheisen.

07 Zu welchen Werkstoffen werden graues bzw. weißes Roheisen weiterverarbeitet?

Graues Roheisen wird zu Gußeisen, weißes Roheisen zu Stahl weiterverarbeitet.

Erzeugung von Eisenschwamm

08 Welcher Stoff wird in den Direktreduktionsverfahren erzeugt?

Eisenschwamm: es ist ein poröses Gemisch aus 85% bis 95% Eisen und taubem Gestein.

09 Welche Vorteile bieten die Direktreduktionsverfahren?

Es lassen sich eisenreiche Feinerze zu Stahl verarbeiten. Ferner kann man zur Erzeugung der Reduktionswärme statt Koks CO-Gas und H_2-Gas verwenden. Diese können aus Erdgas, Erdöl oder minderwertiger Kohle hergestellt werden.

Stahlerzeugung

10 Worauf beruht die Umwandlung von Roheisen in Stahl?

Der Kohlenstoffgehalt und der Gehalt an Silicium und Mangan im Roheisen werden durch Oxidation (Verbrennung) herabgesetzt, Phosphor und Schwefel werden weitgehend beseitigt. Den Vorgang nennt man Frischen.

11 Welches sind die Eisenbegleiter?

Die sogenannten Eisenbegleiter sind Schwefel, Phosphor, Silicium und Mangan.

12 Welche Oxidationsvorgänge spielen sich beim Frischen ab?

Die Eisenbegleiter ergeben mit Sauerstoff Oxide: z.B.

— $C + O_2 \rightarrow CO_2$ — $Mn + O_2 \rightarrow MnO_2$
— $Si + O_2 \rightarrow SiO_2$ — $4\,P + 5\,O_2 \rightarrow 2\,P_2O_5$
— $S + O_2 \rightarrow SO_2$

13 Welche Verfahren dienen der Umwandlung von Roheisen in Stahl?

Die Sauerstoff-Blasverfahren (LD-Verfahren und LDAC-Verfahren) und das Elektrostahl-Verfahren (Lichtbogenofen).

14 Wodurch werden bei den Sauerstoff-Blasverfahren die Eisenbegleiter verbrannt?

Durch den Sauerstoff, den eine Sauerstofflanze von oben auf die Roheisenschmelze im Konverter (LD-Tiegel) bläst.

15 Welchen Vorteil hat das LDAC-Verfahren?

Durch zusätzliches Einblasen von Kalkstaub mit dem Sauerstoff kann phosphorreiches Roheisen verarbeitet werden.

16 Warum werden heute meist die Sauerstoff-Blasverfahren verwendet?

Wegen ihrer Wirtschaftlichkeit, geringen Umweltschädlichkeit und der Erzielung guter Stahlqualitäten.

17 Wozu wird das Elektro-Stahlverfahren verwendet?

Es können damit Eisenschwamm, hochwertiger Schrott und Roheisen zu Stahl verarbeitet werden oder LD-Stahl wird veredelt.

Eisengußwerkstoffe

18 Was versteht man unter Gußeisen mit Lamellengraphit (Grauguß)?

Es ist Gußeisen, bei dem der Graphit lamellenförmig ausgebildet ist.

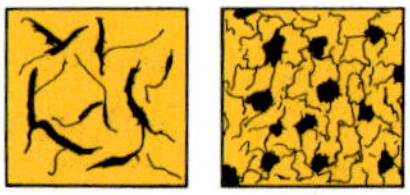

Gefüge von GG und GGG

19 Zu welchen Kfz-Teilen kann man Gußeisen (GG) verwenden?

- Zylinderblock
- Gehäuse
- Auspuffkrümmer
- Kupplungsdeckel
- Kupplungsdruckplatte
- Kolbenringe

20 Welche Eigenschaften hat Gußeisen mit Lamellengraphit?

- Dichte 7,25 kg/dm^3
- Graphit bewirkt graue Bruchfläche, gute Gleiteigenschaften, leichte Bearbeitbarkeit, Schwingungsdämpfung
- hoher Kohlenstoffgehalt von 2,8% bis 3,6% ergibt verhältnismäßig niedrigen Schmelzpunkt und gute Gießbarkeit
- Graphitlamellen erzeugen Kerbwirkung und mindern Zugfestigkeit und Dehnung.

21 Was versteht man unter Gußeisen mit Kugelgraphit?

Gußeisen, bei dem der Graphit kugelförmig (globular) ausgebildet ist.

22 Wie erzeugt man Gußeisen mit Kugelgraphit?

Dem geschmolzenen Gußeisen wird in der Pfanne Magnesium zugefügt. Der Graphit scheidet sich dadurch beim Abkühlen kugelförmig aus.

23 Welches sind die besonderen Eigenschaften von Gußeisen mit Kugelgraphit?

- Dichte 7,1 kg/dm^3 bis 7,3 kg/dm^3
- Zugfestigkeit bis 800 N/mm^2
- Dehnung 15% bis 2%
- geringe Kerbwirkung
- gute Laufeigenschaften
- Glühen steigert die Dehnung
- Vergüten steigert die Zugfestigkeit
- gut bearbeitbar
- randschichthärtbar.

24 Welche Kfz-Teile werden aus Gußeisen mit Kugelgraphit hergestellt?

Z.B. Kurbelwellen, Nockenwellen, Pleuelstangen, Lenkungsteile, Bremstrommeln, Bremsscheiben, Bremssättel.

25 Was ist Temperguß?

Temperguß ist durch Glühbehandlung (Tempern) zäh gewordenes Gußeisen.

26 Was bezweckt die Glühbehandlung beim Temperguß?

Die Temperrohgußstücke sind sehr hart und spröde durch das Eisencarbid. Durch Glühbehandlung zerfällt das Eisencarbid; es entsteht zäher Temperguß.

27 Warum kann entkohlend geglühter Temperguß nur bei dünnwandigen Teilen verwendet werden?

Der Kohlenstoffentzug ist nur bis zu einer geringen Wandstärke möglich.

28 Warum kann nichtentkohlend geglühter Temperguß auch für dicke Teile verwendet werden?

Der Kohlenstoff bleibt beim Glühen im Gefüge und bildet Flockengraphit (Temperkohle).

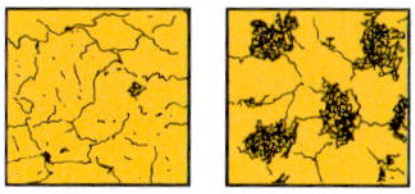

Gefüge von GTW und GTS

29 Für welche Werkstücke kann man Temperguß verwenden?

— **Weißen Temperguß** verwendet man für Rohrverschraubungen, Rahmenmuffen für Motor- und Fahrräder, Bremstrommeln, Bremsscheiben, Getriebegehäuse

— **schwarzen Temperguß** verwendet man für Radnaben, Ausgleichgehäuse, Schaltgabeln, Pleuelstangen.

30 Was ist Stahlguß?

Stahlguß ist in Formen gegossener Stahl.

31 Warum muß man Stahlgußstücke nach dem Gießen glühen?

Um Gußspannungen, die durch ungleiche Wandstärken entstehen, zu beseitigen.

32 Für welche Kfz-Teile kann man Stahlguß verwenden?

Z.B. Anhängekupplungen, Radnaben, Hebel, Hinterachsgehäuse, Bremssättel.

Einfluß der Legierungszusätze auf die Eisenwerkstoffe

33 Wie ändern sich die Eigenschaften von Stahl mit steigendem Kohlenstoffgehalt?

Festigkeit, Härte und Härtbarkeit nehmen zu; Schmelzpunkt, Dehnung, Schweiß- und Schmiedbarkeit nehmen ab.

34 Welche Einflüsse üben Phosphor und Schwefel auf die Eisenwerkstoffe aus?

— **Phosphor** erhöht Dünnflüssigkeit beim Gießen, Warmfestigkeit und Blaubrüchigkeit (Kaltbrüchigkeit) beim Schmieden von Stahl; erniedrigt Zähigkeit und Dehnung

— **Schwefel** erhöht Dickflüssigkeit beim Gießen, Spanbrüchigkeit, Rotbrüchigkeit (Warmbrüchigkeit) beim Schmieden von Stahl; erniedrigt die Zähigkeit.

35 Wie groß ist der Kohlenstoffgehalt von unlegiertem Bau- und Werkzeugstahl?

— Baustahl 0,06% ... 0,6% Kohlenstoff

— Werkzeugstahl 0,5%...1,5% Kohlenstoff.

Systematische Benennung der Eisenwerkstoffe

36 Wie ist der Kurzname der Eisenwerkstoffe aufgebaut?

Aus dem Zusammensetzungsteil und, soweit erforderlich, einem davorgesetzten Herstellungsteil und einem nachgestellten Behandlungsteil.

37 Welche Angaben enthält der Zusammensetzungsteil von Stählen?

Er enthält Angaben über die Zusammensetzung oder über die Zugfestigkeit und die Gütegruppe des Stahles.

38 Woraus besteht die Werkstoffbezeichnung bei allgemeinem Baustahl?

Aus dem Kurzzeichen St für Stahl, der Festigkeitskennzahl und der Gütegruppe. Die Festigkeitskennzahl gibt etwa 1/10 der Mindestzugfestigkeit in N/mm^2 an.

39 Was bedeutet die Werkstoffbezeichnung St 37-2?

Allgemeiner Baustahl mit angenähert 370 N/mm^2 Mindestzugfestigkeit, Gütegruppe 2.

40 Welche Bedeutung hat die neue Werkstoffbezeichnung der Stähle S235JR nach DIN EN 10027, die für die alte Werkstoffbezeichnung St 37-2 verwendet wird?

— S ist der Kennbuchstabe für Stähle für den Stahlbau
— 235 gibt die Mindeststreckgrenze R_e in N/mm^2 an
— JR gibt die Kerbschlagarbeit in J nach Tabelle an; hier 27 J bei +20 °C.

41 Was bedeutet der Kurzname E 295 der neuen Werkstoffbezeichnung für Stähle nach DIN EN 10027, der den alten Kurznamen St 50-2 ersetzt?

— E ist der Kennbuchstabe für Maschinenbaustahl
— 295 gibt die Mindeststreckgrenze R_e in N/mm^2 für die geringste Erzeugnisdicke an.

42 Was für ein Stahl ist C15?

Unlegierter Stahl (Einsatzstahl) mit 0,15% Kohlenstoff.

43 Was bedeutet der Kurzname S 2-9-1-8?

S 2-9-1-8 ist ein Schnellarbeitsstahl mit 2% Wolfram, 9% Molybdän, 1% Vanadium, 8% Cobalt. Die Reihenfolge der Legierungselemente ist festgelegt.

44 Erklären Sie die Kurznamen 15Cr3, 39CrMoV13 9, X12CrNi17 7.

15Cr3 ist ein niedriglegierter Chromstahl mit 0,15% Kohlenstoffgehalt und 3/4% = 0,75% Chrom.

39CrMoV13 9 ist ein niedriglegierter Chrom-Molybdän-Vanadium-Stahl mit 0,39% Kohlenstoffgehalt, 13/4% = 3,2% Chrom, 9/10% = 0,9% Molybdän und einer geringen Menge Vanadium.

X12CrNi17 7 ist ein hochlegierter Chrom-Nickel-Stahl mit 0,12% Kohlenstoffgehalt, 17% Chrom- und 7% Nickelgehalt.

45 Was bedeutet die Werkstoffbezeichnung C110 W1?

C110 W1 ist ein unlegierter Werkzeugstahl mit 1,1% Kohlenstoffgehalt der Gütestufe 1.

46 Erklären Sie die Werkstoffbezeichnungen GG-20, GGG-50, GTW-35-04 und GS-60.

GG-20 ist Gußeisen mit Lamellengraphit und etwa 200 N/mm^2 Mindestzugfestigkeit.

GGG-50 ist Gußeisen mit Kugelgraphit mit etwa 500 N/mm^2 Mindestzugfestigkeit.

GTW-35-04 ist entkohlend geglühter Temperguß (weißer Temperguß) mit etwa 350 N/mm^2 Mindestzugfestigkeit und einer Dehnung von 4%.

GS-60 ist Stahlguß mit etwa 600 N/mm^2 Mindestzugfestigkeit.

Einteilung und Verwendung der Stähle

47 Wie kann man die Stähle einteilen?

— Nach der Zusammensetzung in unlegierte und legierte Stähle
— nach dem Verwendungszweck in Baustähle und Werkzeugstähle.

48 Welche Arten von unlegierten Stählen unterscheidet man?

- Grundstähle
- Qualitätsstähle.
- Edelstähle

49 Welche Baustähle unterscheidet man?

- Allgemeine Baustähle
- Einsatzstähle
- Nitrierstähle
- Vergütungsstähle
- Automatenstähle
- Sonderstähle.

50 Wodurch werden bei Automatenstählen kurzbrechende Späne erreicht?

Durch den etwas erhöhten Schwefelgehalt, der Warmbrüchigkeit bewirkt.

51 Welche besonderen Legierungsbestandteile enthalten Nitrierstähle?

Sie enthalten Chrom und meist noch Aluminium, Molybdän oder Nickel.

52 Für welche Teile am Kfz kann man Nitrierstähle verwenden?

Für Teile, die sich bei der Wärmebehandlung nicht verziehen dürfen und die nach der Wärmebehandlung nicht mehr nachbearbeitet werden, wie Kolbenbolzen, Kurbelwellen, Zahnräder.

53 Wozu werden Vergütungsstähle verwendet?

Für hochbeanspruchte Teile wie Kurbelwellen, Pleuelstangen, Gelenkwellen, Achswellen, Vorderachsen und Achsschenkel.

54 Was sind Sonderstähle?

Nichtrostende Stähle, warmfeste und hitzebeständige Stähle, Ventilstähle und Federstähle.

55 Welche besonderen Eigenschaften müssen Ventilstähle haben?

Sie müssen bei guter Wärmeleitfähigkeit warm-, abbrand- und verschleißfest, sowie zunder- und korrosionsbeständig sein.

56 Wie kann man die Werkzeugstähle unterteilen?

- Nach der Zusammensetzung in unlegierte, niedriglegierte und hochlegierte Werkzeugstähle
- nach der Arbeitstemperatur in Kaltarbeits-, Warmarbeits- und Schnellarbeitsstähle.

57 Was ist ein SS-Stahl?

Ein Schnellarbeitsstahl; das ist ein hochlegierter Werkzeugstahl für große Schnittleistungen.

Handelsformen der Stähle

58 Welche Stabstähle unterscheidet man und in welchem Zustand werden sie geliefert?

Nach dem Querschnitt unterscheidet man Rund-, Flach-, Breitflach-, Quadrat-, Sechskant-, Halbrund- und Bandstähle. Sie werden blankgezogen, geschliffen und poliert, warmgewalzt oder geschmiedet geliefert.

59 In welcher Form kommen Halbzeuge aus Stahl in den Handel?

- Stabstähle
- Formstähle
- Stahldrähte
- Stahlbleche
- Stahlrohre
- Kleinzeug.

60 Für welche Zwecke sind Feinbleche bestimmt?

Für Umformungsarbeiten (Tiefziehen) mit nachfolgender Oberflächenbehandlung wie Lackieren oder Galvanisieren.

Wärmebehandlung von Eisenwerkstoffen

61 Warum werden Werkstücke aus Stahl häufig einer Wärmebehandlung unterzogen?

Um die Werkstoffeigenschaften zu verändern und dem Verwendungszweck anzupassen.

62 Welche Umwandlung geht in Eisenkristallen vor sich, wenn sie über 723 °C erwärmt werden?

Die kubisch-raumzentrierten Eisenkristalle wandeln sich beim Erwärmen bei 723 °C in kubisch-flächenzentrierte Eisenkristalle um.

63 Was versteht man unter einem kubisch-raumzentrierten Eisenkristall?

Einen Eisenkristall, bei dem in den acht Würfelecken und in der Raummitte des Würfels je ein Eisenatom angeordnet ist.

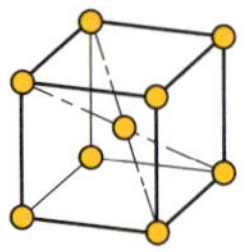

Kubisch-raumzentriertes α-Eisen (Ferrit)

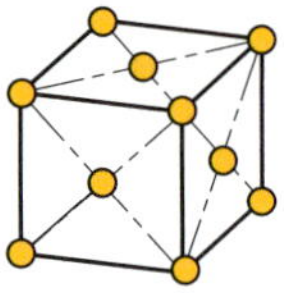

Kubisch-flächenzentriertes γ-Eisen

64 Was versteht man unter einem kubisch-flächenzentrierten Eisenkristall?

Einen Eisenkristall, bei dem in den acht Würfelecken und in den sechs Flächenmitten je ein Eisenatom angeordnet ist.

65 Was versteht man unter Perlit?

Ein ausgeglichenes Gemenge aus Ferrit und Zementit, dessen Kristalle im Schliffbild ein perlmuttartiges Aussehen haben.

66 Was versteht man unter einem eutektoiden Stahl?

Einen Stahl mit 0,8% C-Gehalt; das Gefüge besteht nur aus Perlit.

67 Wodurch unterscheiden sich übereutektoide von untereutektoiden Stählen?

- Übereutektoide Stähle enthalten mehr als 0,8% C; ihr Gefüge besteht aus Perlit und Zementit
- untereutektoide Stähle enthalten weniger als 0,8% C; ihr Gefüge besteht aus Ferrit und Perlit.

68 Welchen Vorgang nennt man Austenitisieren?

Das Erwärmen eines Stahls auf Temperaturen oberhalb 723 °C, bis sich Austenit (kubisch-flächenzentrierte Eisenkristalle mit eingelagerten C-Atomen) gebildet hat.

69 Welche Fehler können beim Erwärmen des Stahls gemacht werden?

- Zu rasches Erwärmen
- ungleichmäßiges Erwärmen
- Erwärmen auf zu niedrige oder auf zu hohe Temperatur
- zu langes Glühen bei richtiger Temperatur.

70 Was versteht man unter Glühen von Stahl?

Erwärmen des Stahls auf Glühtemperatur, Halten auf dieser Temperatur zum Durchwärmen und anschließendes langsames Abkühlen des Stahls.

71 Wie wirkt sich zu langes Glühen bei richtiger Glühtemperatur auf den Stahl aus?

Wegen Grobkornbildung geringere Festigkeit; Gefahr der Entkohlung der Randzone.

72 Welche Glühverfahren von Stahl unterscheidet man?

Weichglühen, Normalglühen (Normalisieren), Spannungsarmglühen.

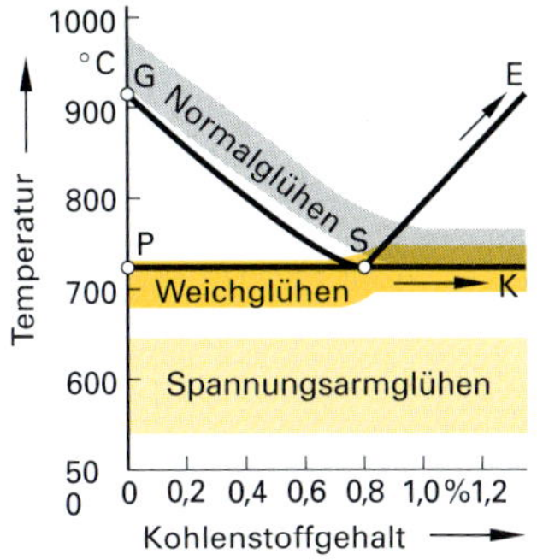

Glühtemperaturen

73 In welchem Fall wird das Weichglühen angewendet?

Wenn gehärteter oder kaltverfestigter Stahl wieder weich gemacht werden soll.

74 Wie erfolgt das Härten von unlegiertem Werkzeugstahl?

Erwärmen auf 770 °C ... 830 °C, Halten auf dieser Härtetemperatur zum Durchwärmen der zu härtenden Zone, sofort folgendes Abschrecken und anschließendes Anlassen.

75 Warum werden Stähle nach dem Abschrecken angelassen?

Dadurch wird dem Stahl die Glashärte und Sprödigkeit genommen, er erhält seine Gebrauchshärte und die notwendige Zähigkeit.

76 Für welche Stähle werden die Abschreckmittel Wasser, Öl und Luft verwendet?

— Wasserhärter: unlegierte Stähle
— Ölhärter: niedriglegierte Stähle
— Lufthärter: hochlegierte Stähle.

77 Warum werden Werkstücke häufig nur in der Randschicht gehärtet?

Um eine harte verschleißfeste Randschicht bei zähem, weichen Kern zu erzielen.

78 Welche Verfahren zur Härtung der Randschicht werden bei Baustählen angewendet?

Einsatzhärten, Nitrieren, Randschichthärten (Flammhärten und Induktionshärten).

79 Welchen Vorgang nennt man Einsatzhärten?

Das Aufkohlen der Randschicht von Werkstücken aus kohlenstoffarmem Stahl mit nachfolgendem Härten.

80 Warum ist beim Einsatzhärten das Werkstück nach dem Aufkohlen der Randschicht noch nicht hart?

Durch das Aufkohlen ist nur die Voraussetzung für die Härtbarkeit der Randschicht geschaffen, jedoch noch keine Härtung eingetreten. Um eine gehärtete Randschicht zu erzielen, muß das Werkstück aus der Härtetemperatur abgeschreckt werden.

81 Was versteht man unter Nitrieren?

Nitrieren ist ein Verfahren, bei dem das Werkstück in stickstoffabgebenden Mitteln geglüht wird, um eine mit Stickstoff angereicherte Randzone zu erzielen.

82 Welche Vorteile hat das Nitrieren gegenüber dem Einsatzhärten?

Die Randschicht ist härter, verschleißfester, korrosionsfester und bis etwa 500 °C warmfest; keine Zunderbildung, weil kein Sauerstoffzutritt möglich; kein Verzug der Werkstücke, weil nicht abgeschreckt wird; Werkstücke können vor dem Härten fertigbearbeitet werden.

83 Bei welchen Werkstücken wird das Nitrieren angewendet?

Bei Werkstücken, die im Betrieb hohen Temperaturen ausgesetzt sind und dabei hart und verschleißfest bleiben müssen, z.B. Ventile, Kurbelwellen, Nockenwellen, Kolbenbolzen, Zylinderlaufbuchsen; auch Zahnräder und Lehren können nitriert werden.

84 Welche Arten des Randschichthärtens unterscheidet man?

Flammhärten und Induktionshärten.

85 Wie unterscheiden sich Einsatzstähle in ihrer Zusammensetzung von Stählen für das Flammhärten oder das Induktionshärten?

Einsatzstähle sind kohlenstoffarme Stähle, sie müssen vor dem Härten in der Randschicht aufgekohlt werden.

Stähle für die Flammhärtung oder für die Induktionshärtung haben bereits einen für das Härten ausreichenden C-Gehalt, sie brauchen nicht aufgekohlt zu werden.

86 Wie geht eine Induktionshärtung vor sich?

Ein hochfrequenter Wechselstrom in der Induktionsspule erzeugt in der Randschicht des Werkstücks große Wirbelströme; dadurch wird die Randschicht sehr schnell auf Härtetemperatur erwärmt. Bevor die Wärme bis ins Innere vordringt, wird das Werkstück mit einer Brause abgeschreckt.

87 Wie wird eine Flammhärtung durchgeführt?

Die Randschicht des Werkstücks wird mit einer Brennerflamme (z.B. Acetylen-Sauerstoff-Brenner) in sehr kurzer Zeit auf Härtetemperatur erwärmt und sofort mit einer Wasserbrause abgeschreckt, noch bevor die Wärme bis ins Innere des Werkstücks vordringen kann. Dadurch wird nur die Randschicht gehärtet.

88 Welche Arten des Flammhärtens werden vor allem angewendet?

Ringhärten, Mantelhärten.

89 Was versteht man unter Vergüten?

Vergüten ist ein Erwärmen des Werkstücks auf Härtetemperatur (820 °C bis 900 °C) mit nachfolgendem Abschrecken; beim anschließenden Anlassen wird auf Temperaturen bis zu etwa 670 °C erwärmt und sofort wieder abgeschreckt.

90 Welcher wesentliche Unterschied besteht zwischen dem Vergüten und dem Härten?

Beim Vergüten wird nach dem Abschrecken auf hohe Temperaturen bis etwa 670 °C angelassen, beim Härten dagegen wird nach dem Abschrecken nur auf Temperaturen bis maximal 360 °C angelassen.

91 Welche Eigenschaften erhalten Werkstücke durch das Vergüten?

Große Festigkeit durch feinkörniges Gefüge; gute Dehnung und Zähigkeit.

92 Warum werden Werkstücke beim Vergüten auf hohe Temperaturen angelassen?

Durch die hohen Anlaßtemperaturen nehmen die Verspannungen im Gefüge ab, Härte und Sprödigkeit werden dadurch abgebaut, Zähigkeit und Dehnung verbessert; das beim Abschrecken entstandene feinkörnige Gefüge großer Festigkeit bleibt erhalten.

93 Welche Teile eines Kfz können aus Vergütungsstahl hergestellt sein?

Hochbeanspruchte Teile wie Achsen, Teile der Radaufhängung, Kurbelwellen, Pleuelstangen, Gelenkwellen, Lenkungsteile, Achsschenkel, Zahnräder.

3.5 Nichteisenmetalle

01 Was sind Nichteisenmetalle?

Nichteisenmetalle sind alle Metalle und deren Legierungen mit Ausnahme der Eisenwerkstoffe.

02 Wie kann man die Nichteisenmetalle nach ihrer Dichte einteilen?

— Schwermetalle und deren Legierungen, Dichte über 5 kg/dm^3
— Leichtmetalle und deren Legierungen, Dichte unter 5 kg/dm^3.

03 Welches sind die wichtigsten NE-Schwermetalle?

Kupfer, Zink, Zinn, Blei, Nickel, Chrom, Wolfram, Molybdän, Kobalt, Mangan, Antimon, Cadmium und die Edelmetalle Silber, Gold und Platin.

04 Welches sind die wichtigsten Leichtmetalle?

Aluminium, Magnesium und Titan.

05 Was versteht man unter Legieren?

Das Mischen zweier oder mehrerer Metalle in flüssigem Zustand.

06 Welche Eigenschaften will man durch Legieren meist verbessern?

Die Härte, die Festigkeit und die Korrosionsbeständigkeit.

07 Wie verhalten sich die Schmelztemperaturen der Legierungen zu denen der reinen Metalle?

Sie liegen stets niedriger als die Schmelztemperatur des Metalls der Legierung mit dem höchsten Schmelzpunkt.

Bezeichnung der Nichteisenmetalle

08 In welcher Reihenfolge werden die chemischen Zeichen der Metalle im Kurzzeichen der NE-Metalle angegeben?

An erster Stelle steht das chemische Zeichen des Grundmetalls, meist ohne Angabe des Prozentgehaltes. Danach folgen die chemischen Zeichen der weiteren Legierungsmetalle und zwar nach fallenden Prozenten geordnet.

09 Was bedeuten die Werkstoffbezeichnungen G-AlSi6Cu4 und Sn 99?

G-AlSi6Cu4:	Aluminium-Gußlegierung mit 6% Silicium und 4% Kupfer, Rest Aluminium.
Sn 99:	Zinn mit 99% Reinheitsgrad.

10 Was versteht man unter der Werkstoffbezeichnung GZ-CuSn7ZnPb?

GZ-CuSn7ZnPb:	Kupfer-Zinn-Zink-Blei-Schleudergußlegierung mit 7% Zinn, etwas Zink und Blei, Rest Kupfer.

Nichteisenschwermetalle

11 Welche Eigenschaften hat Kupfer?

— Dichte 8,93 kg/dm^3
— Schmelzpunkt 1083 °C
— Zugfestigkeit 200 N/mm^2 bis 370 N/mm^2
— weich, zäh, dehnbar
— rotbraune Farbe
— gute Leitfähigkeit für Elektrizität und Wärme; Verunreinigungen setzen die Leitfähigkeit stark herab
— korrosions- und feuerbeständig
— an Luft bildet sich eine Schutzschicht, die Patina
— durch Einwirkung von Essigsäure entsteht giftiger Grünspan.

12 Für welche Teile wird Kupfer verwendet?

— Elektrische Leitungen
— Rohre für Öl, Benzin, Wasser
— Kühler
— Dichtungen.

13 Welches sind die wichtigsten Kupferlegierungen?

Die Legierungen von Kupfer mit Zink (Messing), mit Zinn (Bronze), bzw. mit Zinn und Zink (früher Rotguß).

14 Welche Legierungen aus Kupfer und Zink unterscheidet man?

— Kupfer-Zink-Gußlegierungen
— Kupfer-Zink-Legierungen
— Kupferbasislote.

15 Welche besonderen Eigenschaften haben Kupfer-Zink-Gußlegierungen?

Sie lassen sich gut gießen und haben eine größere Festigkeit als Gußeisen, ferner sind sie auch zäh.

16 Wozu werden Kupfer-Gußlegierungen verwendet?

— Sandgußteile (G-CuZn 33 Pb)
— blanke Gußteile (GD-CuZn 37 Pb)
— Schneckenräder (G-CuSn 12)
— Pleuelbuchsen (GZ-CuSn 7 ZnPb)
— Gleitlager (G-CuPb 10 Sn)
— Schraubenräder (G-CuAl 11 Ni)
— Buchsen, Ritzel, Synchronringe (G-CuAl 10 Fe).

17 Wozu werden Kupfer-Knetlegierungen verwendet?

— Vergaserdüsen (CuZn 39 Pb 3)
— Kühler (CuZn 37)
— Lagerbuchsen, Ventilführungen (CuZn 31 Si)
— Widerstandsdraht (CuNi 44).

Leichtmetalle

18 Welches sind die Eigenschaften von Aluminium?

— Dichte 2,7 kg/dm^3
— Schmelzpunkt 658 °C
— weich, nur geringe Zugfestigkeit
— Härte und Zugfestigkeit lassen sich durch Legieren steigern
— silberweiß, überzieht sich an Luft mit einer Oxidschicht und wird dadurch korrosionsbeständig
— gute Leitfähigkeit für Elektrizität und Wärme
— gut verformbar und gut legierbar
— gut spanbar mit Werkzeugen mit großem Spanwinkel.

19 Wie wird Aluminium gewonnen?

— Gewinnung der Tonerde (Al_2O_3) aus Bauxit
— Reduktion der Tonerde zu Aluminium mit Hilfe des elektrischen Stromes.

20 In welche 2 Gruppen kann man die Aluminiumlegierungen einteilen?

In Gußlegierungen und Knetlegierungen.

21 Zu welchen Kfz-Teilen werden Al-Knetlegierungen verwendet?

— Querlenker, Radnaben, Kurbel- und Nockenwellenräder (AlCuMg 2)
— Räder, Profile, Fahrzeugrahmen (AlMgSi 1)
— Karosseriebleche (AlMg 2)
— gepreßte Kolben (AlSi 17 CuNi).

22 Zu welchen Kfz-Teilen verwendet man Al-Gußlegierungen?

— Kurbel-, Getriebegehäuse, Ölwannen (G-AlSi 12)
— Kurbelgehäuse, Zylinderköpfe (G-AlSi 10 Mg)
— gegossene Kolben (Gk-AlSi 12 CuNi).

3.6 Kunststoffe

01 Welche Werkstoffe bezeichnet man als Kunststoffe?

Alle künstlich (synthetisch) hergestellten Werkstoffe oder abgewandelte Naturstoffe (z.B. Gummi, Zellulose).

02 Welche besonderen Eigenschaften haben Kunststoffe?

- Geringe Dichte
- gut bearbeitbar, formbar, einfärbbar
- elektrisch nicht leitend, geringe Wärmeleitung
- korrosionsfest, beständig gegen Säuren und Laugen
- geringe Wärmebeständigkeit, große Wärmedehnung.

03 Welche Gruppen von Kunststoffen unterscheidet man?

Thermoplaste, Duroplaste und Elastomere.

04 Welche besondere Eigenschaft haben Thermoplaste?

Bei Raumtemperatur sind sie hart und wenig elastisch. Sie werden aber bei jedem Erwärmen weich, gummielastisch und dann plastisch.

05 Wie erhält man Thermoplaste, die bei Raumtemperatur zäh, biegsam oder lederartig sind?

Durch Zusatz von Weichmachern erreicht man, daß der Erweichungspunkt in der Nähe der Raumtemperatur liegt.

06 Was sind Duroplaste?

Es sind härtende Kunststoffe, d.h., ihre Vorprodukte sind flüssig und man kann sie nach dem Aushärten durch Erwärmen nicht mehr weichmachen.

07 Was sind Elastomere?

Es sind gummielastische Kunststoffe, deren Vorstufen meist synthetische Kautschuke oder Naturkautschuk sind.

08 Was versteht man unter der Vulkanisation?

Durch Vulkanisation wird der zähe Kautschuk durch Temperatur und Druck und unter Verwendung von Zusatzstoffen (Schwefel) in einen Elastomer bzw. Gummi umgewandelt.

09 Welches sind gebräuchliche Thermoplaste?

- Polyvinylchlorid (PVC)
- Polystyrol (PS)
- Polyethylen (PE)
- Polypropylen (PP)
- Styrol-Butadien (SB)
- Acrylnitril-Butadien-Styrol (ABS)
- Polymethylmethacrylat (PMMA)
- Polytetrafluorethylen (PTFE)
- Polyamid (PA).

10 Wozu verwendet man ABS (Acrylnitril-Butadien-Styrol)?

- Wärmebeanspruchte Teile im Motorraum
- Instrumentenrahmen.
- Kühlergrill
- Gehäuseteile

11 Welches sind die wichtigsten Duroplaste?

- Phenolharz (PF)
- Melaminharz (MF)
- Harnstoffharz (UF)
- Polyesterharz (UP)
- Epoxidharz (EF)
- Polyurethanharz (PUR).

12 Welche Vorteile hat Kunstgummi gegenüber Naturgummi?

Er ist wärmebeständiger, alterungsbeständiger und abriebfester, weniger elastisch und hat höhere Haftung auf nassen Straßen.

3.7 Verbundwerkstoffe

01 Welche Stoffe bezeichnet man als Verbundwerkstoffe?

Stoffe, die aus mehreren Einzelstoffen zu einem Werkstoff verbunden sind. Die Einzelstoffe müssen noch erkennbar darin enthalten sein.

02 Welche Verbundwerkstoffe unterscheidet man nach der Form der Einzelstoffe?

— Teilchenverstärkte Verbundwerkstoffe
— Schichtverbundwerkstoffe
— faserverstärkte Verbundwerkstoffe.

03 Welche teilchenverstärkte Verbundwerkstoffe unterscheidet man?

— Kunststoff-Formmassen
— Schleifscheiben
— Sinterwerkstoffe wie Hartmetalle
— oxidkeramische Schneidstoffe
— Kohlebürsten.

04 Welche Stoffe sind Schichtverbundwerkstoffe?

Hartpapier, Hartgewebe, Schichtpreßholz; plattierte Bleche, Bimetalle und Mehrschichtlager.

05 Welche faserverstärkte Verbundwerkstoffe unterscheidet man?

Je nach Art der Fasern unterscheidet man glas-, kohlenstoff-, aramid- oder borfaserverstärkte Verbundwerkstoffe.

06 Was sind Kunststoff-Formmassen?

Es sind mit Füllstoffen gemischte Kunstharze, wie Phenol-, Harnstoff-, Melamin- oder Polyesterharz, die zu Formteilen verarbeitet werden.

07 Wozu dienen die Füllstoffe in den Kunststoff-Formmassen?

Sie verändern die Eigenschaften der Teile wie Festigkeit, Sprödigkeit, Wärmeleitung und Isolationsfähigkeit; ferner dienen sie als Streckmittel.

08 Wie werden Schichtpreßstoffe hergestellt?

Mit Kunstharz getränkte Papier- oder Gewebebahnen oder auch Holzfurniere werden aufeinander geschichtet und bei Härtungstemperatur des Harzes gepreßt.

09 Wozu werden im Kfz glasfaserverstärkte Kunststoffe verwendet?

Für Karosserieteile, Lüfterräder, Schalensitze, Zahnräder oder Federblätter.

10 Welches sind die Vorteile der kohlenstoffaserverstärkten Verbundwerkstoffe?

— Hohe Festigkeit bei geringem Gewicht
— geräusch- und vibrationsarm
— gute Gleiteigenschaft.

3.8 Schneidstoffe

01 Was sind Schneidstoffe?

Werkstoffe, die für den Schneidkeil von trennenden Werkzeugen verwendet werden.

02 Welche Eigenschaften müssen Schneidstoffe haben?

— Sehr hart, schneidhaltig und warmhart
— große Verschleißfestigkeit
— beständig gegen wechselnde Temperaturen und Belastungen.

03 Welche Schneidstoffe werden verwendet?

— Werkzeugstähle
— gesinterte Hartmetalle
— Schneidkeramik
— Diamant.

3.9 Umweltbelastung, Entsorgung und Recycling

01 Wodurch kann ein Kfz-Reparaturbetrieb die Umwelt belasten?

Durch schadstoffhaltige Abgase, Stäube, chemische Substanzen, Abfälle von Mineralölprodukten, Abwässer oder durch Lärm.

02 Welche Auswirkungen kann Umweltbelastung haben?

— Gefährdung der Gesundheit von Mensch und Tier
— Schädigung der Pflanzenwelt, z.B. Waldsterben
— Zerstörung von Sachwerten, z.B. Zerfall von Sandstein
— verstärkte Verschmutzung, z.B. durch Ruß
— Klimaveränderungen durch Beeinträchtigung des Atmosphärengürtels
— Verbrauch unwiederbringlicher Rohstoffvorräte.

03 Wodurch wird hauptsächlich die Luftverschmutzung verursacht?

Durch Schadstoffe aus Verbrennungsvorgängen.

04 Welche wesentlichen Schadstoffe belasten die Luft?

— Kohlenmonoxid (CO) — Stickoxide (NO_x)
— Schwefeldioxid (SO_2) — Rußpartikel
— unverbrannte Kohlenwasserstoffe (C_xH_y)
— schwermetallhaltige Feinstäube.

05 Wodurch wird hauptsächlich die Gewässerverschmutzung verursacht?

Durch Einleiten von Abwässern aus Haushalten sowie aus Industriebetrieben.

06 Welche wesentlichen Belastungen kann das Abwasser enhalten?

— Mineralölprodukte — Fette
— giftige Schadstoffe — Waschlaugen
— chemische Reinigungsmittel — Fäkalien.

07 Welche Belastungen können Industrie- und Gewerbeabwässer vorrangig aufweisen?

— Giftige Schadstoffe
— Waschlaugen
— Mineralölrückstände
— Fette.

08 Welche Abwässer des Kfz-Betriebes müssen über einen Ölabscheider geleitet werden?

Abwässer, bei denen die Gefahr besteht, daß sie mit Mineralölprodukten verunreinigt sind, z.B. von Bodeneinläufen in der Werkstatt oder vom Abstellplatz für Reparaturfahrzeuge.

09 Wodurch wird besonders Boden- und Grundwasserverschmutzung verursacht?

Durch Einspülen und Versickern von
— Mineralölprodukten
— chemischen Reinigungsmitteln
— stark belasteten Abwässern
— Schwermetallen
— giftigen Chemikalien
— überschüssigen Düngemitteln
— Pflanzenschutzmitteln.

10 Welche Forderungen müssen erfüllt werden, um auch zukünftig akzeptable Umweltbedingungen zu gewährleisten?

Es muß sichergestellt werden, daß möglichst wenig Schadstoffe in die Umwelt gelangen, die Abfallentstehung auf kleinstmögliche Menge vermindert wird und entstandene Abfälle umweltverträglich entsorgt werden.

11 Was wird durch das Bundesabfallgesetz geregelt?

Die Abfallagerung und die Abfallentsorgung.

12 Was versteht man unter Abfall im Sinne des Abfallgesetzes?

Abfälle sind bewegliche Sachen, denen der Besitzer sich entledigen will oder deren geordnete Entsorgung zum Schutz der Umwelt erforderlich ist.

13 Welche wichtigen Grundsätze sind im Abfallgesetz verankert?

— Abfälle vermeiden
— Abfälle verwerten
— Abfälle ggf. geordnet entsorgen
— derjenige, bei dem Abfälle entstehen oder anfallen, ist verantwortlich, daß diese umweltunschädlich auf seine Kosten gesammelt, gelagert und endgültig entsorgt werden.

14 Wodurch können Abfälle umweltschonend bzw. umweltunschädlich entsorgt werden?

— Wiederaufbereitung der Abfallstoffe (Recycling) zu erneuter Verwendung, z.B. Altöl wird zu Zweitraffinat-Motorenöl
— Verbrennung zur Energiegewinnung
— Vernichtung durch Umwandlung in problemlos deponierbare Abfallstoffe
— Ablagerung von Problemabfallstoffen in absolut dichten Langzeitverpackungen auf sicheren Deponien, z.B. in einem aufgegebenen Salzbergwerk.

15 Welche Abfälle fallen in der Kfz-Werkstatt besonders an?

— Altöle aus Motoren, Getrieben und Lenkungen
— Bremsflüssigkeit
— Kühlflüssigkeit
— Luftfilter
— Batteriesäure
— Ölfilter
— Schrott.

16 Welche Abfälle bezeichnet man als Reststoffe?

Sie sind Wertstoffe, die im eigenen Betrieb oder bei einem Abnehmer weiterverwendet oder zu neuen Produkten umgearbeitet werden können.

17 Welche Abfälle werden als Sonderabfälle bezeichnet?

Abfälle, die besonders gesundheitsschädlich, luft- bzw. wassergefährdend, leicht brennbar oder gar explosionsgefährlich sind; ferner Stoffe, die Erreger übertragbarer Krankheiten enthalten.

18 Welche wesentlichen Inhalte hat die Abfallbestimmungs-Verordnung?

Sie legt fest, für welche Abfallarten der Entsorgungsnachweis durchzuführen ist, z.B. Ölfilter und Kühlflüssigkeiten in Kfz-Betrieben.

19 Welche Reststoffe sind in der Reststoffbestimmungs-Verordnung erfaßt?

Diejenigen Reststoffe, von denen bei einer unsachgemäßen Behandlung oder Lagerung eine erhebliche Beeinträchtigung ausgehen kann, z.B. Bremsflüssigkeit, Batteriesäure.

20 Welche wesentlichen Inhalte hat die Abfall- und Reststoffüberwachungs-Verordnung?

Sie regelt für Abfälle bzw. Reststoffe
— die Überwachung des Einsammelns bzw. der Beförderung
— den Nachweis der Zulässigkeit der vorgesehenen Entsorgung, z.B. Verbrennung
— die Nachweisführung über die ordnungsgemäße Entsorgung, z.B. durch das Begleitscheinverfahren.

21 Wie kann der Entsorgungsnachweis für Abfälle und Reststoffe geführt werden?

Durch den Sammelentsorgungsnachweis und Übernahmeschein oder durch das Begleitscheinverfahren.

22 Wie müssen Fahrzeuge zur Beförderung von Abfällen gekennzeichnet sein?

Sie müssen an Vorder- und Rückseite eine rechteckige, weiße, rückstrahlende Tafel mit der Aufschrift „A“ führen.

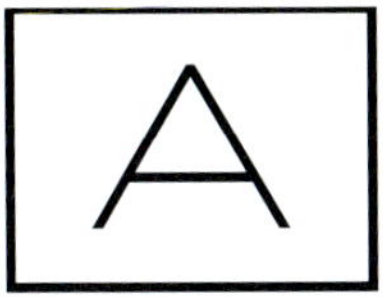

23 Welche Abfallstoffe im Kfz-Betrieb werden nach der Abfall- bzw. Reststoffbestimmungs-Verordnung als Abfälle bezeichnet?

Abfälle sind z.B. Abdeckpapier, Klebebänder und Filtermatten aus der Lackiererei sowie hausmüllähnlicher Gewerbemüll.

24 Welche Abfallstoffe im Kfz-Betrieb werden nach der Abfall- bzw. Reststoffbestimmungs-Verordnung als Reststoffe bezeichnet?

Reststoffe, auch Wertstoffe genannt, sind z.B. Altreifen, Altglas, Altpapier, Altöl bekannter Herkunft und Zusammensetzung, Kartonagen, Schrott, Starterbatterien, Stoßfänger aus Kunststoff.

25 Welche Abfallstoffe im Kfz-Betrieb werden nach der Abfall- bzw. Reststoffbestimmungs-Verordnung als Sonderabfälle bezeichnet?

Sonderabfälle sind z.B. Altöle unbekannter Herkunft und Zusammensetzung, Bremsflüssigkeit, Gefrierschutzgemische für Kühler, Kältemittel aus Klimaanlagen, Kaltreiniger, Öl- und Kraftstoffilter, Öl- und Benzinabscheiderinhalte.

26 Was versteht man unter Altöl nach der Altölverordnung?

Sie sind gebrauchte halbflüssige oder flüssige Stoffe, die ganz oder teilweise aus Mineralöl oder synthetischen Ölen bestehen. Auch ölhaltige Rückstände aus Behältern, Emulsionen und Wasser-Öl-Gemische werden dazugerechnet.

27 In welche Kategorien werden Altöle hinsichtlich Lagerung und Entsorgung nach der Altölverordnung eingeteilt?

— Zur Aufarbeitung verwertbare Altöle, z.B. zur Herstellung von Zweitraffinat-Motoröl
— zur thermischen Nutzung verwertbare Altöle, z.B. Verbrennung zur Energiegewinnung
— nicht verwertbare Altöle, z.B. wegen PCB-Haltigkeit und der damit verbundenen Gefahr der Dioxinbildung.

28 Wodurch kann Altöl kostengünstig entsorgt werden?

Dadurch, daß nur Altöle bekannter Herkunft und Zusammensetzung (z.B. Öle, die unmittelbar beim Ölwechsel anfallen) gesammelt und zur Entsorgung abgegeben werden.

29 Wodurch wird ordnungsgemäße Altölentsorgung nachgewiesen?

Bei der Abholung muß der Abholer oder Entsorger aufgrund einer Ölprobe eine Erklärung abgeben, daß in dem Öl keine Problemstoffe beigemischt waren. Diese Erklärung muß der Ablieferer 3 Jahre aufbewahren.

30 Welche Informations- und Rücknahmepflicht besteht beim Ölverkauf?

Wer Motoren- oder Getriebeöl an Endverbraucher abgibt, muß
— auf dem von ihm abgegebenen Gebinde, am Ort des Verkaufs oder in sonstiger geeigneter Weise auf die Pflicht zur ordnungsgemäßen Altölentsorgung hinweisen
— am Verkaufsort oder in dessen Nähe eine Altölannahmestelle nachweisen
— Altöle in gleicher Menge kostenlos zurücknehmen
— über eine Einrichtung verfügen, die einen fachgerechten Ölwechsel ermöglicht.

31 Welche wesentliche Inhalte hat die Gefahrstoff-Verordnung?

Sie regelt den Umgang mit gefährlichen Stoffen und Chemikalien, um

- den Menschen vor arbeitsbedingten oder sonstigen Gesundheitsgefahren zu schützen
- die Umwelt vor stoffbedingter Schädigung zu bewahren.

32 Was versteht man unter Gefahrstoffen?

Sie sind Stoffe, die

- gefährlich oder explosionsfähig sind
- beim Umgang mit ihnen oder bei ihrer Verwendung gefährliche Stoffe entstehen lassen oder freisetzen
- Krankheitserreger übertragen können.

33 Welche Eigenschaften können für gefährliche Stoffe kennzeichnend sein?

- giftig
- leicht entzündlich
- krebserregend
- ätzend
- explosionsgefährlich
- erbgutschädigend.

34 Wie müssen Verpackungen von Gefahrstoffen gekennzeichnet sein?

Auf der Verpackung müssen angegeben sein:

- Die Bezeichnung des Stoffs oder der Zubereitung
- die Bestandteile der Zubereitung
- die Gefahrsymbole einschließlich der zugehörigen Bezeichnung
- Hinweise auf besondere Gefahren (R-Sätze, z.B. R12 hochentzündlich)
- Sicherheitsratschläge (S-Sätze, z.B. S16 nicht rauchen)
- Name und Anschrift des Herstellers ggf. weitere Angaben, z.B. „kann zum Erblinden führen".

35 Welche Überwachungspflicht besteht im Betrieb hinsichtlich Gefahrstoffen?

Können Gefahrstoffe in der Luft am Arbeitsplatz nicht sicher ausgeschlossen werden, so muß gemessen werden, ob

- die „Maximale Arbeitsplatzkonzentration" (MAK)
- die „Technische Richtkonzentration" (TRK)
- der „Biologische Arbeitsplatztoleranzwert" (BAT)

unterschritten sind oder ob die „Auslöseschwelle" für zusätzliche Maßnahmen zum Schutz der Gesundheit und Umwelt überschritten ist.

36 Welche wesentlichen Verordnungen bestehen für den Transport gefährlicher Güter im Straßenverkehr?

- Die Gefahrgutverordnung Straße (GGVS) für den nationalen Verkehr
- das „Europäische Übereinkommen über die internationale Beförderung gefährlicher Güter auf der Straße" (ADR).

37 Welche Kennzeichnungen müssen Fahrzeuge haben, die Gefahrgut transportieren?

Sie müssen an Vorder-, Rückseite und seitlich mit je einer rechteckigen, rückstrahlenden, orangefarbenen Warntafel ausgerüstet sein.

38 Welche Bedeutung hat die abgebildete Warntafel an einem Tankfahrzeug?

Das damit gekennzeichnete Fahrzeug ist derzeit beladen aufgrund

- der Gefahrnummer 33 mit einer leichtentzündbaren Flüssigkeit (Flammpunkt unter 21 °C)
- der Stoffnummer 1203 mit Benzin.

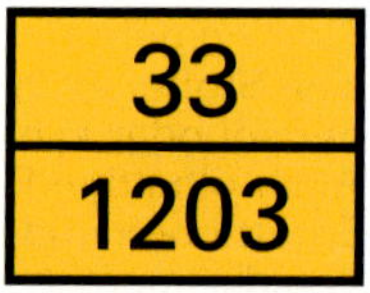

4 Maschinen- und Gerätetechnik

4.1 Maschinen als technische Systeme

01 Welche Aufgaben haben Maschinen und technische Geräte?

Maschinen und technische Geräte unterstützen und entlasten den Menschen bei seiner Arbeit oder führen nach Anweisung Arbeitsvorgänge aus.

02 In welche drei systemtechnische Gruppen kann man Maschinen einteilen?

— **Stoffumsetzende Maschinen:** Arbeitsmaschinen
— **energieumsetzende Maschinen:** Kraftmaschinen
— **informationsumsetzende Maschinen:** datenverarbeitende Maschinen.

03 Was versteht man unter stoffumsetzenden Maschinen?

Es sind Arbeitsmaschinen, die Stoffe
— von einem Ort zum anderen transportieren, z.B. Förderbänder
— in eine neue Form bringen, z.B. Gesenkschmiedepresse für Kurbelwellen
— in einen anderen Energiezustand versetzen, z.B. ruhende Flüssigkeit wird durch eine Kühlflüssigkeitspumpe in Bewegung versetzt.

04 Welche stoffumsetzenden Maschinen sind in der Technik von besonderer Bedeutung?

— **Einfache Maschinen:** Hebel, Rolle, schiefe Ebene
— **Fördermittel:** Pumpen, Transportmaschinen
— **Werkzeugmaschinen:** Bohrmaschinen, Drehmaschinen, Fräsmaschinen.

05 Wie wird physikalisch die Kraft definiert?

Kraft = Masse x Beschleunigung
($F = m \cdot a$)

06 Was versteht man unter 1 Newton?

1 Newton ist die Kraft, die benötigt wird, um einem Körper mit der **Masse 1 kg** eine **Beschleunigung** von **1m/s²** zu erteilen.

07 Durch welche Angaben ist eine Kraft eindeutig bestimmt?

Durch Angriffspunkt, Größe, Richtung und Wirkungslinie.

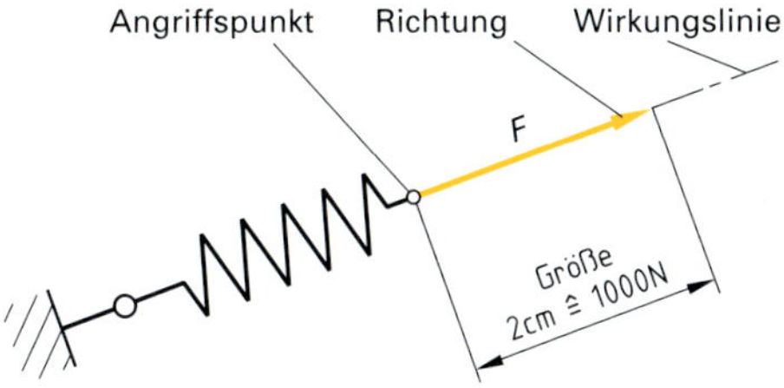

08 Welche Wirkungen kann eine Kraft hervorrufen, die auf einen festen Körper wirkt?

Die Kraft kann in dem Körper eine Gegenkraft hervorrufen, sie kann ihn beschleunigen oder verformen. Auch eine Kombination dieser Wirkungen ist denkbar.

09 Mit welchen mechanischen Meßgeräten kann die Größe der Kraft gut ermittelt werden?

Federkraftmesser.

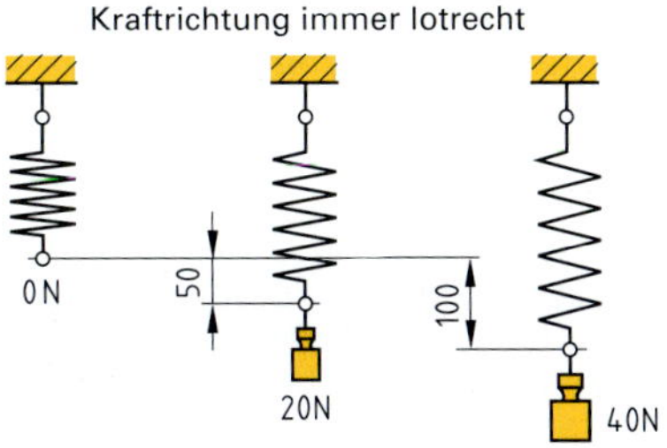

10 Wozu dient ein Kräfteparallelogramm?

Es dient zur zeichnerischen Bestimmung der Ersatzkraft aus zwei Kräften, die im gleichen Angriffspunkt in verschiedenen Richtungen wirken. Umgekehrt dient es auch zur zeichnerischen Zerlegung einer Kraft in 2 Teilkräfte auf verschiedenen Wirkungslinien.

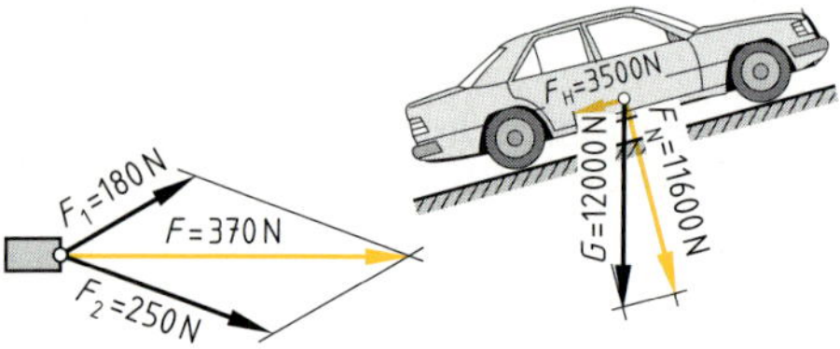

11 Was versteht man unter einem Drehmoment?

Unter einem Drehmoment versteht man die Drehwirkung, die eine an einem Hebelarm angreifende Kraft hervorruft.

Drehmoment = Kraft x Hebelarm

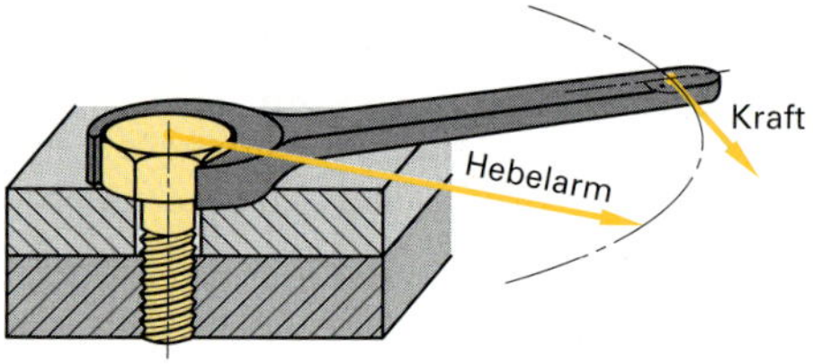

12 Wie lautet die abgeleitete SI-Einheit des Drehmoments?

Newtonmeter (Nm).

13 Was versteht man unter einem Hebel?

Ein Hebel ist jeder Körper, an dem eine Kraft eine Drehwirkung verursacht, z.B. Schraubenschlüssel, Hebeisen, Kurbelwelle.

14 Wie lautet das Hebelgesetz?

Ein Hebel ist im Gleichgewicht, wenn die Summe der linksdrehenden Momente gleich ist der Summe der rechtsdrehenden Momente.

15 Was versteht man in der Technik unter einer schiefen Ebene?

Eine schiefe Ebene ist jede gegen eine Hauptachse geneigte Ebene, z.B. Schraubenlinie, Auffahrt zur Laderampe.

16 Warum wird die schiefe Ebene in der Technik häufig verwendet?

Man kann damit Kraft auf Kosten des Weges sparen, z.B. beim Heben einer Last.

Kraft x Kraftarm = Gewichtskraft x Hubhöhe

17 Warum ist die Schraube eine der wichtigsten Anwendungen der schiefen Ebene in der Technik?

Weil mit kleiner Kraft am Schraubenumfang eine große Anpreßkraft in Richtung der Schraubenachse erzeugt wird. Dabei ist der Weg am Schraubenumfang länger als in Schraubenachsrichtung.

18 Was versteht man unter einer energieumsetzenden Maschine im Kraftfahrzeug?

Eine Wärmekraftmaschine, welche die chemisch gebundene Energie des Kraftstoffes in Bewegungsenergie (kinetische Energie) umwandelt, z.B. Diesel- oder Ottomotor.

19 Welche Energieformen sind in der Technik von besonderer Bedeutung?

- Mechanische Energie
- Wärmeenergie
- chemische Energie
- elektrische Energie.

20 Wie lautet das Gesetz von der Erhaltung der Energie?

Energie kann weder erzeugt noch vernichtet werden; man kann sie jedoch speichern, weiterleiten oder umformen.

21 Welche Verluste können bei der Energieumsetzung an Maschinen auftreten?

— Verluste an mech. Energie, z.B. Reibung
— Verluste an chemischer Energie, z.B. unvollkommene Verbrennung
— Verluste an Wärmeenergie, z.B. Abgaswärme
— Verluste an elektrischer Energie, z.B. Leitungswiderstände.

22 Was versteht man unter mechanischer Arbeit?

Mechanische Arbeit wird verrichtet, wenn ein Körper unter Einwirkung einer Kraft einen Weg in Kraftrichtung zurücklegt.
Mechanische Arbeit = Kraft x Kraftweg

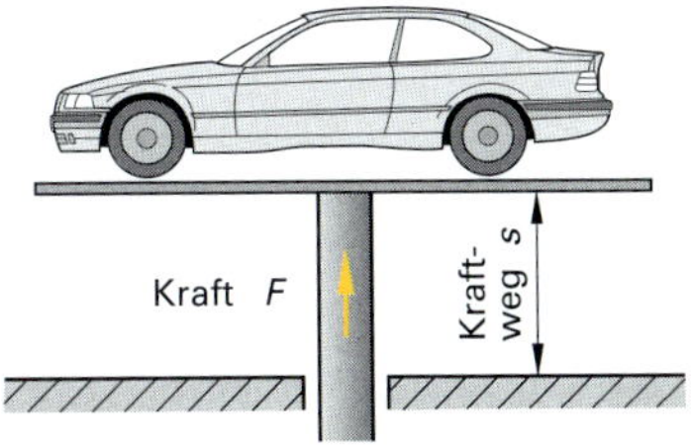

23 Welche Einheiten werden für die mechanische Arbeit verwendet?

Das Newtonmeter (Nm), das Joule (J) und die Wattsekunde (Ws).

(1 Nm = 1 J = 1 Ws)

24 Wodurch unterscheiden sich Drehmoment und Arbeit?

Wird z.B. eine Kurbel mit gleichbleibender Kraft gedreht, so bleibt das Drehmoment gleich, während die Arbeit mit zunehmendem Drehweg wächst.

25 Welche Arten mechanischer Arbeit kommen häufig vor?

Hubarbeit = Gewichtskraft x Hubhöhe
Dreharbeit = Drehkraft x Drehweg
Bremsarbeit = Bremskraft x Bremsweg
Beschleunigungsarbeit = Beschleunigungskraft x Beschleunigungsweg

26 Welche Arten der mechanischen Energie unterscheidet man?

— Energie der Ruhe
— Energie der Bewegung.

Energie der Ruhe läßt sich in Energie der Bewegung umwandeln und umgekehrt.

27 Was versteht man unter Energie der Ruhe?

Energie der Ruhe ist gespeicherte Energie (z.B. Stausee, gespannte Feder, Druckluft im Behälter); sie wird auch als potentielle Energie oder Energie der Lage bezeichnet.

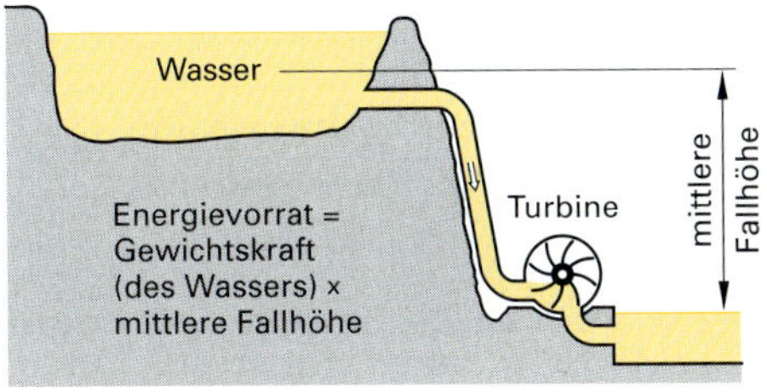

28 Was versteht man unter Energie der Bewegung?

Energie der Bewegung ist die in einem bewegten Körper enthaltene Energie (z.B. rollendes Fahrzeug, strömende Flüssigkeit, rotierendes Schwungrad); man nennt sie auch kinetische Energie oder Wucht.

29 Was versteht man unter mechanischer Leistung?

Die mechanische Leistung ist die in der Zeiteinheit verrichtete Arbeit.

$$\text{Leistung} = \frac{\text{Arbeit}}{\text{Zeit}} = \frac{\text{Kraft x Kraftweg}}{\text{Zeit}}$$

30 In welchen Einheiten wird die Leistung angegeben?

In Watt (W) oder Kilowatt (kW), in Newtonmeter je Sekunde (Nm/s) oder in Joule je Sekunde (J/s) .

(1 W = 1 Nm/s = 1 J/s)

31 Welchen Aufschluß gibt der Wirkungsgrad einer Maschine?

Der Wirkungsgrad gibt Aufschluß über die Energieausnutzung in einer Maschine. Bei Kenntnis des Wirkungsgrades lassen sich Maschinen hinsichtlich ihrer Leistungsausnutzung miteinander vergleichen.

32 Wie wird der Wirkungsgrad einer Maschine ermittelt?

Man teilt die abgegebene Leistung bzw. Energie der Maschine durch die zugeführte Leistung/Energie. Soll der Wirkungsgrad in % angegeben werden, so entspricht die zugeführte Leistung/Energie 100%. Der Wert des ermittelten Bruches ist daher mit 100% zu multiplizieren.

$$\text{Wirkungsgrad} = \frac{\text{abgegebene Leistung}}{\text{zugeführte Leistung}} \cdot 100\%$$

33 Warum ist der Wirkungsgrad einer Maschine stets kleiner als 1 oder kleiner als 100%?

Die abgegebene Leistung bzw. Energie ist immer kleiner als die zugeführte Leistung/Energie, da bei jeder Übertragung von Leistung/Energie Verluste auftreten, z.B. durch Reibung, Wärmeleitung, Wärmestrahlung.

34 Welche Verlustleistung hat ein Verbrennungsmotor im Mittel für Abgas, Kühlung, Reibung und Strahlung?

35 Welche Aufgaben haben Informationsumsetzende Maschinen?

Sie dienen der Informationsübermittlung durch Zeichen und Sprache.

36 Welche Kommunikationsarten werden durch informationsverarbeitende Maschinen übermittelt?

— **Sprachübermittlung** (Sprachkommunikation, z.B. Fernsprecher (Telefon)
— **Textübermittlung** (Textkommunikation, z.B. Fernschreiber (Fax)
— **Bildübermittlung** (Bildkommunikation), z.B. TELEFAX, PC-FAX
— **Bild- und Textübermittlung** (Bildschirmkommunikation), z.B. Bildschirmtext (Btx).

4.2 Funktionseinheiten von Maschinen

01 Was versteht man unter der Funktionseinheit einer Maschine?

Eine Maschine, welche durch ihre Arbeit einen bestimmten Zweck erfüllt, stellt in ihrer Wirkungsweise eine Funktionseinheit dar. Sie wird auch als ein technisches Gesamtsystem bezeichnet, z.B. Werkzeugmaschine zur Produktion von Werkstücken.

02 Welche Hauptfunktion kann als technisches Gesamtsystem ein Kraftomnibus erfüllen?

Die Hauptfunktion eines Kraftomnibusses ist der Transport von Personen.

03 Nennen Sie Teilfunktionseinheiten des Gesamtsystems Kraftfahrzeug.

Z.B. Motor, Kupplung, Getriebe, Achsantrieb, Antriebsräder.

04 Wie verläuft der Stoff- und Energiefluß nach dem E-V-A-Prinzip in einem Motor?

Stofffluß:

Eingabe → Kraftstoff-Luft-Gemisch
Verarbeitung → chemische Umwandlung durch Verbrennung
Ausgabe → Abgas.

Energiefluß:

Eingabe → chemisch gespeicherte Energie im Kraftstoff
Verarbeitung → Energiefreisetzung durch Verbrennung
Ausgabe → Bewegungsenergie.

05 Wodurch wird der Stoff- und Energiefluß in einem Kraftfahrzeug ermöglicht?

Durch Kernfunktionseinheiten, die miteinander verknüpft sind, z.B.

— Speichereinheiten, z.B. Kraftstoffbehälter, Starterbatterie
— Antriebseinheit, z.B. Ottomotor, Dieselmotor, Elektromotor
— Übertragungseinheiten, z.B. Kupplung, Getriebe, Gelenkwelle, Achsantrieb, Antriebswellen
— Arbeitseinheit, z.B. Räder mit Bereifung.

06 Welche Kernfunktionseinheiten eines Personenkraftwagens sind am Stofffluß beteiligt?

Kraftstoffbehälter → Kraftstofförderanlage → Verbrennungsmotor → Katalysator → Schalldämpfer → Verbrauchsanzeige.

07 Welches sind wesentliche Funktionseinheiten für die passive Sicherheit bei einem Kraftfahrzeug?

Stoßabsorbierende Stoßfänger, Knautschzone der Karosserie, formstabile Fahrgastzelle, Sicherheitsgurte, Airbag, Kopfstützen.

08 Was gehört zur Stütz- und Trageinheit eines Personenkraftwagens?

Selbsttragende Karosserie, Radaufhängung (Achsen), Federn, Räder und Bereifung, Sitze.

09 Wodurch erfolgt die Überwachung der Kernfunktionseinheiten in einem Kraftfahrzeug?

Sie erfolgt durch Informationsaustausch zwischen Meß-, Regel- und Steuereinheiten.

10 Welche Meß-, Regel- und Steuereinheiten können bei Kraftfahrzeugen vorhanden sein?

— **Meßeinheiten:** Geschwindigkeitsanzeige, Drehzahlanzeige, Öldruckanzeige, Ladungsanzeige für Batterie.
— **Regeleinheiten:** Leerlaufdrehzahlregelung, Kraftstoffgemischregelung (λ-Sonde), Geschwindigkeitsregelung (Tempomat), Bremsschlupfregelung (ABS), Antriebsschlupfregelung (ASR).
— **Steuereinheiten:** Lenkung, Bremse, Kupplung, Zentralverriegelung.

11 Woraus besteht die vollständige elektrische Antriebseinheit für die Arbeitsspindel einer Bohrmaschine?

Sie besteht aus einem Elektromotor und einer Regel- oder Steuereinheit für die Stromversorgung und Drehzahlverstellung.

12 Über welche Teile erfolgt die Energieübertragung bei einer CNC-Universaldrehmaschine?

Hauptantriebsmotor → Riementrieb → Kupplung → Hauptspindel.

13 Woraus besteht die Arbeitseinheit einer Universaldrehmaschine?

Sie besteht aus der Arbeitsspindel mit Spanneinrichtung für das Werkstück, dem Revolver mit Bearbeitungswerkzeugen.

5 Steuerungstechnik

5.1 Grundlagen Steuern und Regeln

01 Welches sind die Merkmale einer Steuerung?

— Eine oder mehrere Eingangsgrößen bestimmen die Ausgangsgröße
— offener Wirkungsablauf, d.h. die Ausgangsgröße wirkt nicht auf die Eingangsgröße zurück.

02 Aus welchen zwei Hauptgruppen besteht eine Steuerkette?

Aus Steuereinrichtung und Steuerstrecke.

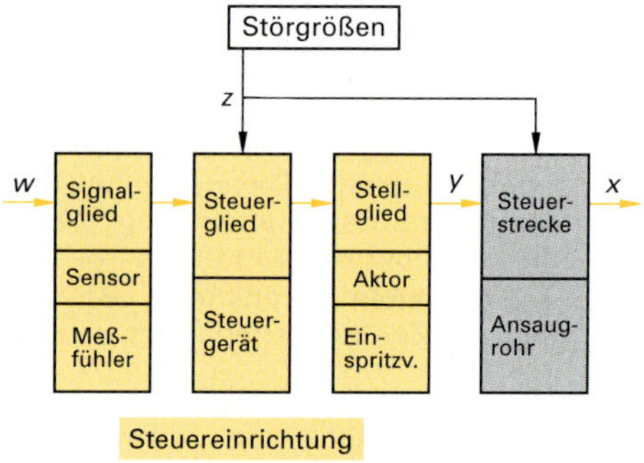

Steuerkette

03 Aus welchen Baugliedern ist eine Steuereinrichtung aufgebaut?

— Signalglied, z.B. Sensor
— Steuerglied, z.B. Steuergerät
— Stellglied, z.B. Einspritzventil.

04 Was versteht man in einer Steuerung unter Aufgabengröße (Steuergröße)?

Die Aufgabengröße (x) in einer Steuerung ist die Ausgangsgröße, die erreicht werden soll. Ist z.B. bei einer Einspritzanlage ein bestimmtes Kraftstoff-Luft-Verhältnis für einen Betriebspunkt des Motors gefordert, so stellt das Kraftstoff-Luft-Verhältnis die Aufgabengröße dar.

05 Was versteht man in einer Steuerung unter Führungsgröße und welche Aufgabe hat sie?

Die Führungsgröße (w) ist die Eingangsgröße der Steuerung; sie soll die Ausgangsgröße (Steuergröße x) bewirken.

06 Welche Aufgabe haben Signalglieder (Sensoren) in einer Steuerkette?

Signalglieder erfassen physikalische Größen, z.B. Druck, Temperatur, Geschwindigkeit als Eingangsgrößen und geben sie z.B. als Spannungsimpuls an das Steuerglied (Steuergerät) weiter.

07 Nennen Sie einige im Kfz-Bereich angewendete Signalglieder.

Elektrische Schalter, Temperaturfühler (NTC, PTC), Wegeventile, induktive Drehzahlgeber, Luftmengen- und Luftmassenmesser, Hallgeber.

08 Welche Hauptinformationen liefern die Sensoren einer elektronischen Einspritzanlage eines Ottomotors?

Sie liefern Informationen über Lastzustand (Drosselklappenstellung), Drehzahl und Temperatur an das Steuergerät.

09 Welche Aufgaben haben Steuerglieder?

Sie formen die von den Signalgliedern empfangenen Werte um und geben sie an die Stellglieder weiter.

10 Welche Aufgabe haben Stellglieder (Aktoren) in einer Steuerung bzw. einem Regelkreis?

Stellglieder sind Aktoren, die an einer Steuer- bzw. Regelstrecke liegen und diese aufgabengemäß beeinflussen.

11 Nennen Sie einige im Kfz-Bereich verwendete Stellglieder.

Ventile, Drosselklappen, Einspritzdüsen, Relais, Transistoren.

12 Erklären Sie die Auswirkungen des Aktors „Drosselklappe" bei der Gemischbildung eines Ottomotors.

Die Stellung der Drosselklappe (Aktor) ist maßgebend für die Gemischmenge bei der Gemischbildung (Steuerstrecke) entsprechend dem gewünschten Motordrehmoment (aufgabengemäß).

13 In welchen Steuereinrichtungen werden Antriebsglieder verwendet?

Sie werden dort verwendet, wo die Steuereinrichtung in einen Steuerteil und einen Energieteil aufgeteilt wird; z.B. Wegeventil (= Steuerteil) steuert Zylinder (= Energieteil).

14 Welche Aufgabe haben Antriebsglieder in einer Steuerung?

Sie wirken entsprechend der Steuerungsaufgabe auf die Steuerstrecke ein.

15 Nennen Sie einige in der Kfz-Technik häufig verwendete Antriebsglieder.

— Zylinder (z.B. hydraulisch gesteuert)
— Motore (elektrisch gesteuert).

16 Was versteht man in einer Steuerung unter Stellgröße (y)?

Sie ist die Größe, welche von den Stellgliedern/Antriebsgliedern der Steuereinrichtung auf die Steuerstrecke wirkt.

So ist z.B. bei einer elektrohydraulischen Einspritzanlage mit intermittierender Einspritzung die Öffnungsdauer der Einspritzventile die Stellgröße (y) für die Steuerstrecke Ansaugrohr.

17 Welche Aufgabe hat die Steuerstrecke in einer Steuerkette?

Sie umfaßt den Teil der Anlage, der beeinflußt werden muß, um eine bestimmte Ausgangsgröße (Steuergröße x) zu erreichen. So stellt z.B. das Ansaugrohr eines Ottomotors mit Saugrohreinspritzung die Steuerstrecke dar, damit die Steuergröße (definiertes Kraftstoff-Luft-Verhältnis) erreicht wird.

18 Was versteht man unter Störgrößen (z) in einer Steuerung?

Dies sind Größen, welche die Steuerung unbeabsichtigt beeinträchtigen. Ist z.B. das Ansaugsystem der Gemischbildungseinrichtung eines Ottomotors undicht, so wird die Aufgabengröße (Kraftstoff-Luft-Verhältnis) der Steuerung unbeabsichtigt beeinflußt.

19 Welches sind die Merkmale einer Regelung?

— Regelgröße wird fortlaufend erfaßt und mit dem Sollwert verglichen
— bei Abweichung wird der Istwert an den Sollwert selbsttätig angeglichen
— geschlossener Wirkungsablauf.

20 Aus welchen Hauptgruppen besteht ein Regelkreis?

Regeleinrichtung und Regelstrecke

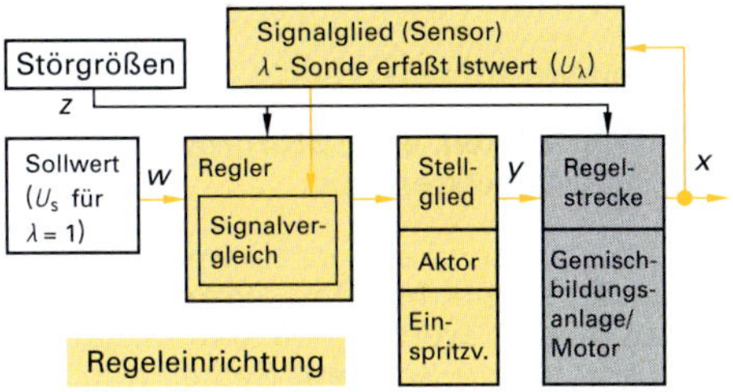

Regelkreis

21 Welche Aufgabe hat die Regeleinrichtung?

Sie beeinflußt die Regelstrecke aufgabengemäß.

22 Wie funktioniert ein Regler?

Der Regler vergleicht den augenblicklichen Istwert der Ausgangsgröße (Regelgröße x) mit dem als Führungsgröße (w) vorgegebenen Sollwert. Bei einer Abweichung beeinflußt der Regler selbsttätig das Stellglied, damit die Stellgröße (y) für die Regelstrecke so verändert wird, daß die gewünschte Regelgröße (x) wieder erreicht wird.

23 Erklären Sie am Beispiel der Geschwindigkeitsregelung eines Fahrzeugs einen Regelvorgang.

Gewünschte Fahrgeschwindigkeit 80 km/h = Sollwert (Führungsgröße w); die tatsächliche Fahrgeschwindigkeit ist größer oder kleiner als 80 km/h = Istwert (Regelgröße x). Der Regler beeinflußt die Stellglieder, z.B. Einspritzventile so, daß die notwendige Gemischmenge und damit die entsprechende Motorleistung für die geforderte Geschwindigkeit (Regelgröße) erreicht wird.

24 Welche Aufgabe hat die Regelstrecke in einem Regelkreis?

Sie umfaßt den Teil des Regelkreises, der durch die Regeleinrichtung beeinflußt werden muß, damit die vorgegebene Führungsgröße (w) als Ausgangsgröße der Regelstrecke (Regelgröße x) erreicht wird.

25 Wie wirken sich Störgrößen in einem Regelkreis aus.

Den Störgrößen kann in einem Regelkreis innerhalb bestimmter Toleranzgrenzen entgegengewirkt werden, da die Ausgangsgröße (Regelgröße) dem Regler zum Vergleich mit der Eingangsgröße (Führungsgröße) zurückgemeldet wird.

26 Welche Signalarten gibt es?

Analog, binär, digital.

27 Wodurch unterscheiden sich die Signalarten?

— **Analog:** Es gibt unendlich viele Zwischenwerte, z.B. Zeigerinstrumente

— **Binär:** Es gibt nur zwei Werte (Ein-Aus), z.B. Schalter, Hallgeber

— **Digital:** Zwischenwerte sind in Schritten festgelegt, z.B. Meßgeräte mit Leuchtdioden.

5.2 Steuerungsarten

01 Welche Steuerungsarten unterscheidet man?

— Mechanische Steuerungen

— hydraulische Steuerungen

— pneumatische Steuerungen

— elektrische Steuerungen

— Verknüpfungssteuerungen

— Ablaufsteuerungen.

Mechanische Steuerungen

02 Welche Aufgabe haben bei mechanischen Steuerungen die Übertragungsglieder?

Sie übertragen Energie und Steuersignale.

03 Geben Sie einige im Kfz-Bereich verwendete mechanische Übertragungsglieder an.

Z.B. Zahnräder, Zahnriemen, Nockenwellen, Verteilernocken.

04 Welches sind Kfz-typische mechanische Steuerungen, bei denen eine Umwandlung einer Drehbewegung in eine Längsbewegung erfolgt.

— Zahnstangenlenkgetriebe

— Kugelumlauflenkgetriebe

— Ventilsteuerung

— Verteilernocken mit Unterbrecherkontakt.

05 Erklären Sie am Beispiel des abgebildeten Stufengetriebes die Wirkung von mechanischen Übertragungsgliedern.

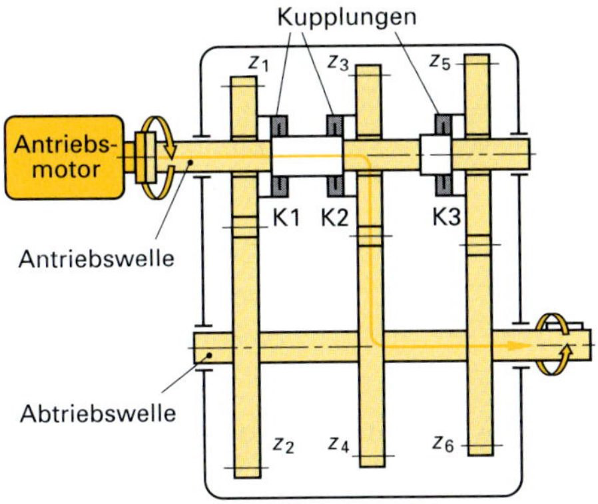

Ein geeignetes Zahnradpaar (mechanische Übertragungsglieder) wird von einer Kupplung (Stellglied) kraft- und formschlüssig mit dem Antriebsmotor verbunden. Die Steuergröße ist dabei das erforderliche Drehmoment und die gewünschte Drehzahl der Abtriebswelle.

06 Welche Nachteile haben mechanische Steuerungen?

— Große Übertragungswege sind nur schwer zu überwinden
— ihr Verschleiß ist in der Regel größer als bei anderen Steuerungen.

Pneumatische und hydraulische Steuerungen

07 Welches sind die Energieträger von pneumatischen und hydraulischen Steuerungen?

Pneumatik: Druckluft, Unterdruck
Hydraulik: Druckflüssigkeiten.

08 Welches sind Kfz-typische Beispiele für pneumatische Steuerungen?

Druckluftbremsanlage, Luftfederung, Unterdruck-Bremskraftverstärker.

09 Geben Sie einige Kfz-typische Beispiele für hydraulische Steuerungen an.

Hydraulische Bremsanlagen, hydraulische Bremskraftverstärker, Stoßdämpfer, automatische Getriebe, Servolenkungen, hydraulisch gesteuerte Sperrdifferentiale, Hydrostößel.

10 Was versteht man unter elektropneumatischen bzw. elektrohydraulischen Steuerungen?

Die elektrisch ausgelösten Steuerungsvorgänge bewirken eine pneumatische bzw. eine hydraulische Energieübertragung. Dabei werden Funktionsabläufe elektrisch ausgelöst und pneumatisch oder hydraulisch verknüpft.

11 Welche Vor- und Nachteile hat Druckluft als Energieträger?

Vorteile:

— Kompressibel, daher leicht speicherbar
— einfacher Geräte- und Anlagenaufbau
— Zylinder erreichen hohe Geschwindigkeiten bzw. Druckluftmotore hohe Drehzahlen
— keine Rücklaufleitung erforderlich.

Nachteile

— Wegen Betriebsdruckbegrenzung (i.d.R. 10 bar) größere Kräfte nicht erreichbar
— wegen der Luftkompressibilität ist keine gleichförmige Kolbengeschwindigkeit möglich
— Lärmentwicklung durch ausströmende Luft.

12 Nennen Sie die Bauteile einer pneumatischen Steuerung.

— Druckluftversorgung
— Wartungseinheit
— Signal-, Steuer- und Stellglieder (Regelventile, Stromventile, Sperrventile)
— Antriebsglieder (Zylinder).

13 Erklären Sie die Funktionsweise einer Werkstattkompressoranlage.

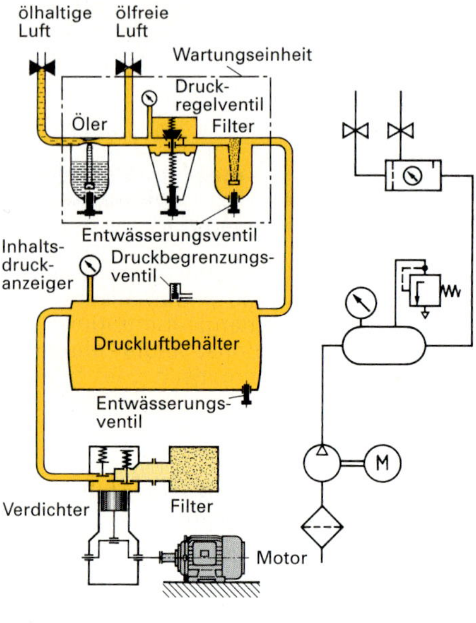

Schematische Darstellung **Schaltplan**

Ein von einem Motor angetriebener Kolbenverdichter saugt über ein Filter Luft an, verdichtet sie und drückt sie in den Druckluftbehälter bis zum eingestellten Arbeitsdruck; dann schaltet der Verdichter ab. An den Druckluftbehälter schließt sich eine Wartungseinheit aus Filter mit Entwässerungsventil, Druckregelventil mit Manometer und einem Öler an.

Es kann ölfreie Luft z.B. zum Farbspritzen, Reifenfüllen und ölhaltige Luft für den Betrieb der Druckluftwerkzeuge entnommen werden.

14 Welche Aufgaben haben Zylinder in pneumatischen und hydraulischen Steuerungen?

Sie formen pneumatische und hydraulische Energie in mechanische Energie um und führen dabei geradlinige hin- und hergehende Bewegungen aus.

15 Wie unterscheidet sich ein einfach wirkender Zylinder von einem doppelt wirkenden?

Einfach wirkender Zylinder:

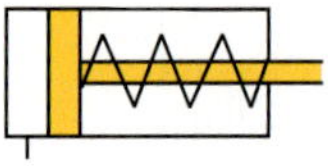

- Ein Anschluß
- eine Arbeitsrichtung des Kolbens
- Kolbenrückführung durch Feder.

Doppelt wirkender Zylinder:

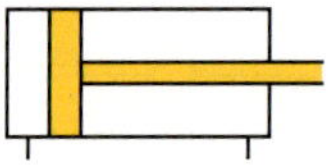

- zwei Anschlüsse
- zwei Arbeitsrichtungen des Kolbens.

16 Wie erfolgt die Druckerzeugung in einer hydraulischen Anlage?

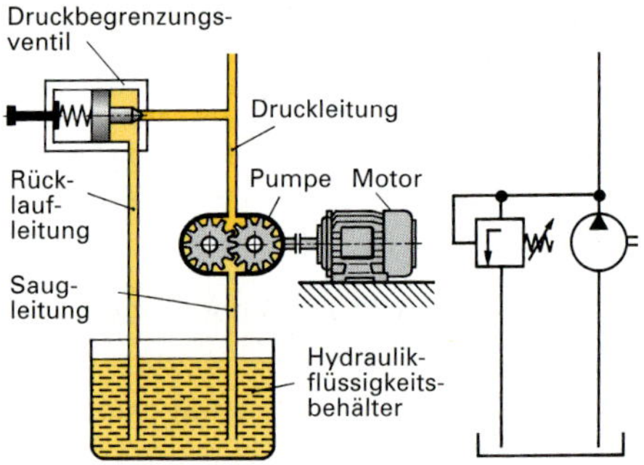

Schematische Darstellung **Schaltplan**

Eine von einem Motor angetriebene Hydraulikpumpe saugt aus einem Vorratsbehälter Hydraulikflüssigkeit an und fördert sie in die Druckleitungen. Hinter der Hydraulikpumpe bestimmt ein Druckbegrenzungsventil den maximalen Flüssigkeitsdruck in den Arbeitsleitungen. Bei Überschreitung des maximalen Drucks öffnet das Überdruckventil und die Flüssigkeit fließt drucklos zum Vorratsbehälter zurück.

17 Welche Aufgabe haben Motore in hydraulischen und pneumatischen Steuerungen?

Sie formen die in der hydraulischen Flüssigkeit oder der Druckluft gespeicherte Energie in Drehbewegung um.

18 Welche Bedeutung haben die dargestellten Symbole, die in hydraulischen oder pneumatischen Steuerungen verwendet werden?

Druckstrom hydraulisch

Druckstrom pneumatisch

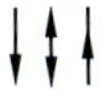
Strömungsrichtung

Druckquelle

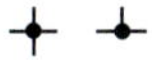
Leitungsverbindung

Druckanschluß

Manometer

Filter

Aufbereitungseinheit

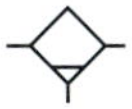
Wasserabscheider

Hydraulikpumpe

Kompressor

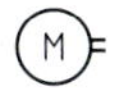
Elektromotor

19 Welche Aufgaben haben Wegeventile in hydraulischen bzw. pneumatischen Steuerungen?

Sie steuern das Öffnen, das Schließen und die Durchflußrichtung von Flüssigkeiten bzw. Gasen.

20 Was bedeutet die Anzahl der Rechtecke bei Wegeventilen?

Die Anzahl der Rechtecke entspricht der Anzahl der Schaltstellungen.

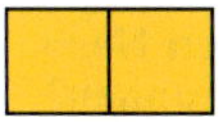
= zwei Schaltstellungen

21 Wie werden Durchflußwege und ihre Richtung bei Wegeventilen gekennzeichnet?

Durchflußwege durch Linien

Durchflußrichtung durch Pfeile

Schaltbild

22 Was bedeuten die Bezeichnungen a, b, 0 bei dem abgebildeten 4/3 Wegeventil?

a, b = Schaltstellungen
0 = Ruhestellung

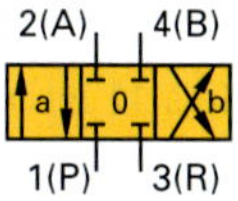

23 Welche Bedeutung haben die Ziffern (neu) bzw. Buchstaben (alt) an den Anschlüssen von Wegeventilen?

1 (P)	= Druckanschluß
2 (A), 4 (B), 6 ...	= Arbeitsanschlüsse
3 (R), 5 ...	= Abfluß, Entlüftung

24 Was versteht man unter einem 4/3-Wegeventil?

Dieses Wegeventil hat 4 Anschlüsse und 3 Schaltstellungen.

25 Wie können Ventile in hydraulischen und pneumatischen Steuerungen betätigt werden?

Durch Muskelkraft (von Hand oder mit dem Fuß); mechanisch; pneumatisch, hydraulisch; elektrisch.

26 Welche Aufgabe haben Sperrventile?

Sie verhindern das Durchströmen von Flüssigkeit oder Druckluft in bestimmten Richtungen.

27 Welche Aufgabe haben Rückschlagventile?

Sie lassen Druckluft oder Flüssigkeit in nur einer Richtung durchströmen.

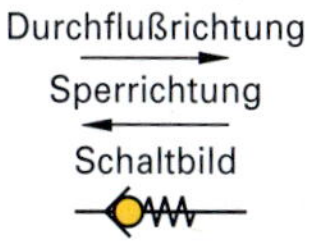

28 Wie arbeitet ein Zweidruckventil?

Werden die Eingänge 10 **und** 11 mit Druck beaufschlagt ist Durchfluß zum Anschluß 12 möglich (UND-Verknüpfung).

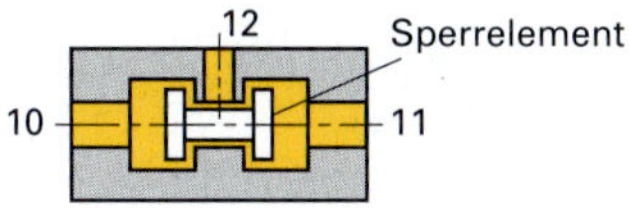

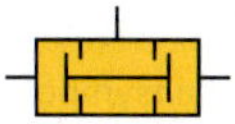
Schaltbild

29 Wie arbeitet ein Wechselventil?

Wird Anschluß 10 **oder** 11 mit Druck beaufschlagt, sperrt das Ventil den nicht beaufschlagten Eingang und der Durchfluß zum Anschluß 12 ist frei (ODER-Verknüpfung).

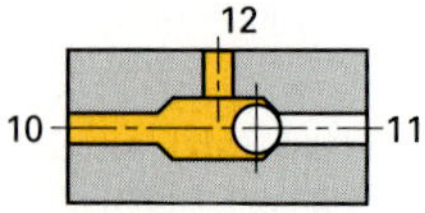

Durchfluß nach 12 von 10 oder 11

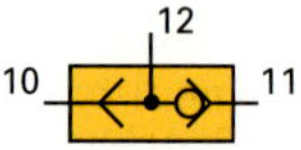

Schaltbild

30 Welche Aufgabe haben Stromventile (Drosselventile)?

Man kann mit ihnen den Volumenstrom und den Druck des Übertragungsmediums begrenzen bzw. einstellen (Schaltsymbole).

Konstantes Drosselventil (Schaltbild)

Einstellbares Drosselventil (Schaltbild)

31 Wie arbeitet ein einstellbares Drosselrückschlagventil?

Strömt das Druckmedium in einer bestimmten Richtung, ergibt sich ein freier Durchfluß. In Gegenrichtung muß das Druckmedium durch den einstellbaren Drosselspalt fließen, da das Rückschlagventil den direkten Rückfluß sperrt.

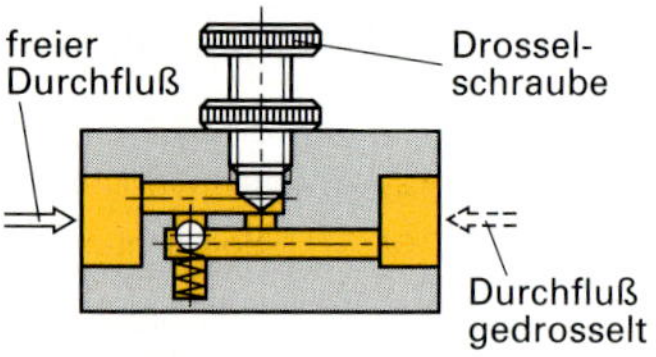

Schaltbild

32 Welche Aufgabe haben Druckbegrenzungsventile?

Sie sichern Druckbehälter, Bauelemente und Leitungen von hydraulischen und pneumatischen Anlagen gegen unzulässig hohen Druck ab.

Schaltsymbol

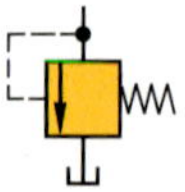

33 Welche Aufgabe haben Druckregelventile?

Sie halten den eingestellten Druck in Arbeitsleitungen konstant, z.B. Arbeitsdruck von Sauerstoff und Acetylen beim Gasschmelzschweißen.

Schaltsymbol

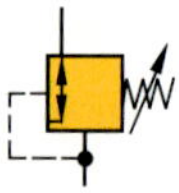

34 Was ist bei der Erstellung eines Schaltplanes für hydraulische und pneumatische Steuerungen zu beachten?

- Elemente von unten nach oben dem Signalfluß folgend anordnen
- Schaltzeichen waagrecht
- Ventile in Ausgangsstellung
- Arbeitsleitungen Vollinien
- Steuerleitungen Strichlinien
- Elemente fortlaufend numerieren, z.B. 1.2 erste Ziffer = Steuerkette (1), zweite Ziffer = Ordnungszahl des Elements (2)

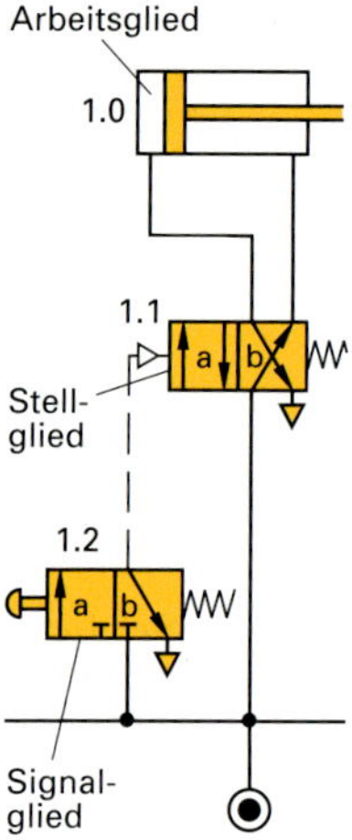

Doppeltwirkender Zylinder

Elektrische Steuerungen

35 Welche Vorteile und welchen Nachteil haben elektrische Steuerungen?

Vorteile:
- größere Wege sind mit geringem Aufwand überbrückbar
- unfallsicher bei niedrigen Spannungen
- einfacher Aufbau.

Nachteile:
- Kraftwirkung begrenzt.

36 Welche Betriebsmittel werden in elektrischen Steuerungen verwendet?

Schalter, Taster, Relais (Schütze).

37 Was versteht man unter einem Relais?

Relais sind Schalter, die elektromagnetisch betätigt werden.

38 Erklären Sie die Wirkungsweise des Relais im abgebildeten Schaltplan.

Über den Taster S1 wird der Steuerstromkreis geschlossen. Das Relais schließt den Schaltkontakt K1 des Arbeitsstromkreises und das Elektromagnetventil Y1 wird vom Strom durchflossen.

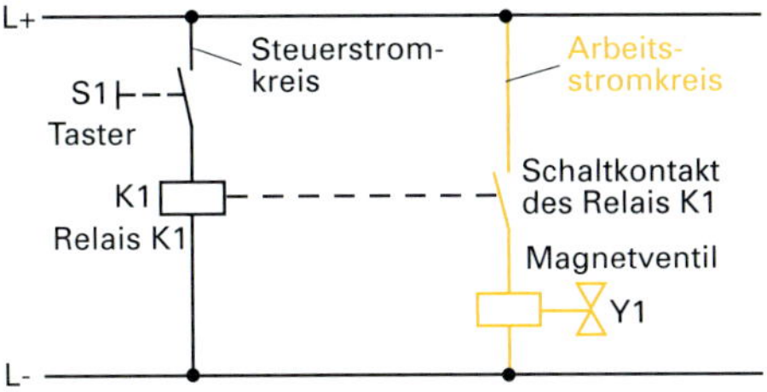

39 Wie werden elektrische Steuerungen übersichtlich dargestellt?

In Stromlaufplänen, d.h. zwischen dem Plus-Leiter (L+) und dem Minus-Leiter (L–) wird für jedes gesteuerte Betriebsmittel der senkrechte Stromweg eingezeichnet.

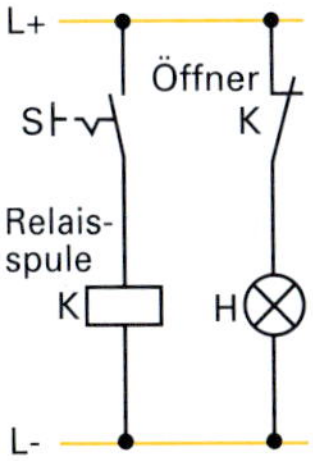

40 Wie werden Betriebsmittel gekennzeichnet?

— Mit Kennbuchstaben, z.B. K, S, Y, M

— mehrere gleichartige Betriebsmittel werden fortlaufend mit Ziffern versehen, z.B. Schalter eins = S1; Schalter zwei = S2.

41 Wie werden z.B. elektropneumatische Steuerungen dargestellt?

Durch einen Pneumatikschaltplan und einen elektrischen Stromlaufplan, welche getrennt gezeichnet werden.

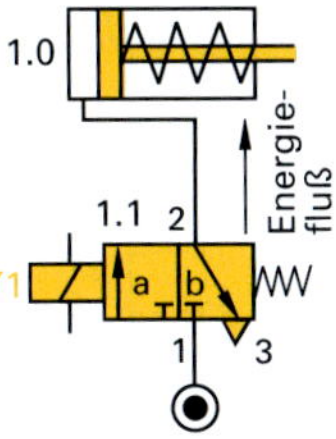

Pneumatikschaltplan

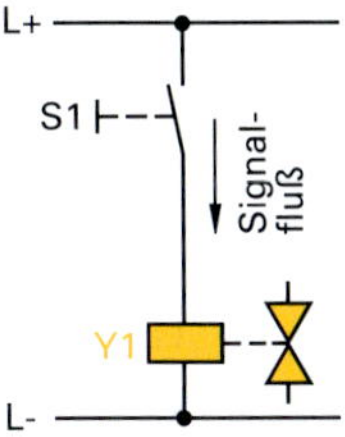

Stromlaufplan

Verknüpfungssteuerungen

42 Was versteht man unter einer Verknüpfungssteuerung?

Steuerungen, bei denen zwei oder mehrere Eingangssignale miteinander verknüpft werden, damit die geforderten Ausgangssignale entstehen.

43 Welche drei logischen Verknüpfungen gibt es?

— UND-Funktion

— ODER-Funktion

— NICHT-Funktion.

44 Erklären Sie am Beispiel einer Nebellichtschaltung die „UND-Funktion".

Die Nebelscheinwerfer (E1, E2) können nur dann leuchten wenn der Lichtschalter (S1) **und** der Nebellichtschalter (S2) geschlossen sind. D.h. für die Funktion der Anlage ist das Anliegen von mindestens zwei Eingangssignalen erforderlich.

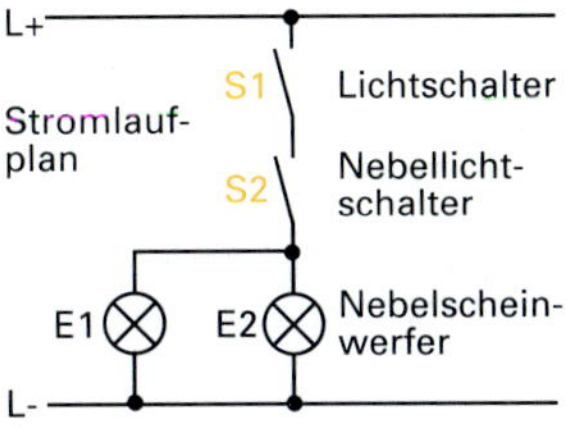

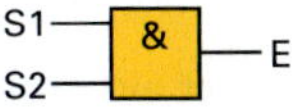

Logik-Schaltbild

45 Erläutern Sie am Beispiel der Türkontaktschaltung die „ODER-Funktion".

Die Innenleuchte (E) leuchtet, wenn der Türkontaktschalter S1 **oder** S2 geschlossen ist. D.h. für die Funktion ist das Anliegen eines Eingangssignals ausreichend.

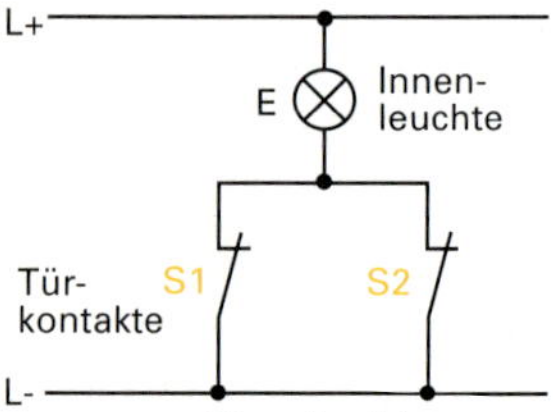

Stromlaufplan

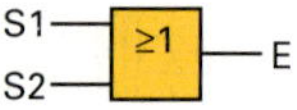

Logik-Schaltbild

46 Erklären sie die NICHT-Funktion einer Lampenschaltung.

Ist der Schalter S **nicht** geschlossen, leuchtet die Lampe (E). D.h. es ist dann ein Ausgangssignal vorhanden, wenn **kein** Eingangssignal vorhanden ist.

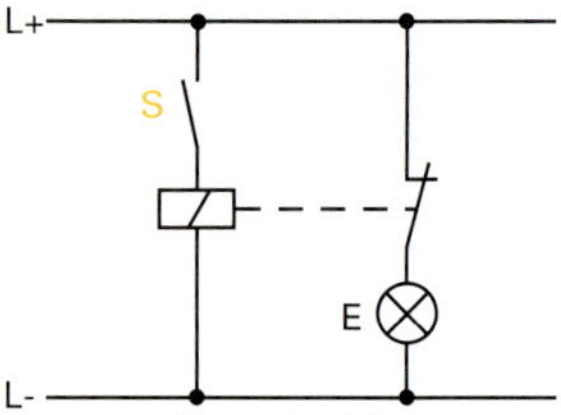

Stromlaufplan

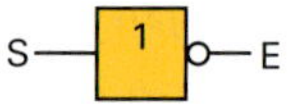

Logik-Schaltbild

Ablaufsteuerungen

47 Welche Merkmale hat eine Ablaufsteuerung?

Die Steuerungsvorgänge folgen schrittweise aufeinander nach einem vorgegebenen Ablauf. Jeder Folgeschritt wird erst ausgeführt, wenn die Bedingungen zum Weiterschalten erfüllt sind.

48 Wie ist ein Schrittsymbol aufgebaut?

Es ist ein in zwei Felder eingeteiltes Rechteck. Dabei enthält das obere Feld die Schrittnummer und das untere die Angabe des Vorganges.

49 Wie werden Ablaufsteuerungen dargestellt?

Durch Schritt- und Befehlssymbole.

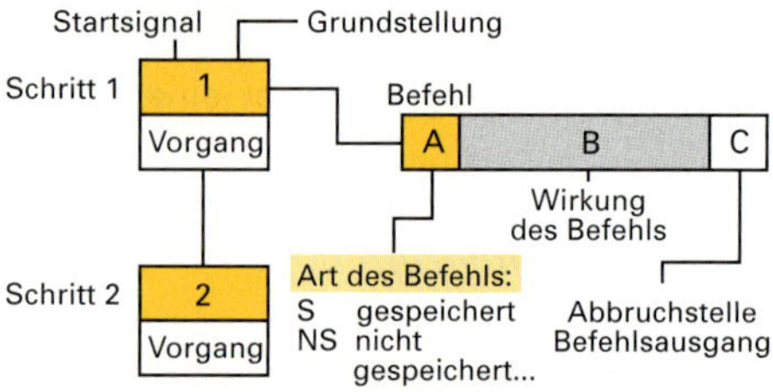

50 Erläutern Sie am Beispiel des Schubschraubtriebstarters die Schrittfolge einer Ablaufsteuerung während des Startvorgangs.

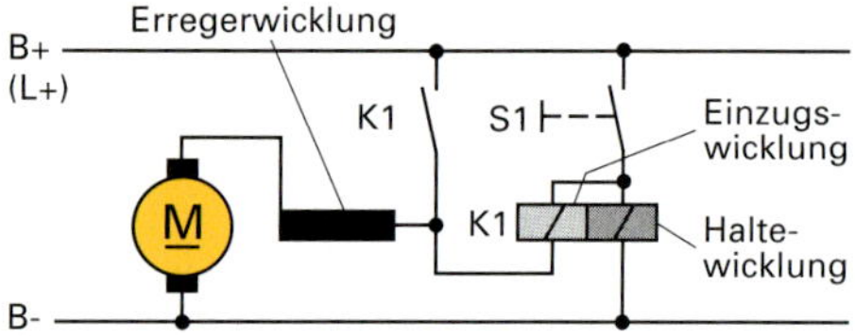

Stromlaufplan

Schritt 1: Durch Betätigen des Startschalters S1 erhalten die Einzugs- und die Haltewicklung des Einrückrelais K1 Strom. Erreger- und Ankerwicklung des Starters erhält über die Einzugswicklung einen verminderten Strom. Der Anker dreht sich langsam. Über den Einrückhebel spurt das Ankerritzel in den Zahnkranz des Schwungrades ein. Ist das Ankerritzel ganz eingespurt, schließt der Schalter K1 des Relais. Dies ist das Signal für den Schritt zwei.

Schritt 2: Die Erregerwicklung und der Anker erhalten über B+ den vollen Strom. Der Starter dreht den Motor durch bis er anspringt.

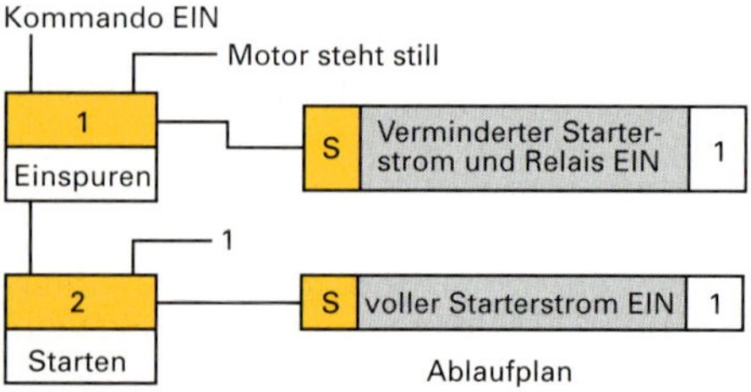

Ablaufplan

6 Grundlagen der Informationstechnik

01 Welche Vorteile bietet die elektronische Datenverarbeitung?

Sie ermöglicht in kürzester Zeit die Durchführung

- umfangreicher Rechenvorgänge
- aufwendiger Sortiervorgänge
- komplexer logischer Entscheidungen
- der Aufnahme, Verarbeitung, Ausgabe und Speicherung großer Datenmengen.

02 Welche Datenarten werden unterschieden?

- Numerische Daten
- alphabetische Daten
- grafische Daten.

03 Wie wird die Kombination unterschiedlicher Datenarten bezeichnet?

Sie wird Zeichenkette oder auch String genannt.

04 Welches Strukturprinzip prägt jede EDV-Ausrüstung?

Das **EVA-Prinzip**, das in einer Zwangsfolge die Vorgänge Eingabe, Verarbeitung und Ausgabe miteinander verknüpft.

05 Aus welchen Komponenten besteht ein EDV-System?

Es besteht aus der Hardware und aus der Software.

06 Was versteht man unter Hardware?

Alle mechanischen und elektronischen Bauteile eines Computersystems, z.B. Monitor.

07 Was versteht man unter Software?

Programme, Daten und Informationen aus Handbüchern.

08 Was ist Systemsoftware (Betriebssystem)?

Ein Programmpaket aus Steuer- und Dienstprogrammen, das zum Betreiben des Computers erforderlich ist, z.B. MS-DOS oder OS2/WARP. Diese Programme ermöglichen z.B. den Datenverkehr zwischen Computer und peripheren Geräten.

09 Auf welcher Grundlage beruht die Informationsdarstellung in einem Computer?

Ein elektrischer Stromkreis hat die beiden Schaltzustände **Ein** oder **Aus**. Somit kann man zur Informationsdarstellung ein Zwei-Zeichen-System (Binärsystem) mit den Ziffern 0 und 1 anwenden.

10 Wofür steht die Bezeichnung 1 Bit?

Sie ist die kleinste Informationseinheit.

11 Wodurch kann eine Vielzahl unterschiedlicher Buchstaben elektrisch dargestellt werden?

Durch eine für jedes Zeichen im ASCII-Code festgelegte 0-1-Bit-Kombination aus 8 parallelen Bits.

12 Was versteht man unter dem ASCII-Code?

Einen Katalog, in dem zu 256 darzustellenden Zeichen oder Steueranweisungen je eine 0-1-Bit-Kombination zugeordnet ist, z.B. für „A" → 01 00 00 01.

13 Wofür wird die Bezeichnung 1 Byte verwendet?

Für die Struktur einer 0-1-Bit-Kombination, z.B. aus 8 parallelen Bits.

14 Aus welchen Systemblöcken besteht die Hardwareausrüstung eines Computersystems?

- Systemeinheit
- Peripheriegeräte zur Eingabe
- Peripheriegeräte zur Ausgabe
- Peripheriegeräte zur Außenspeicherung.

15 Aus welchen Systemblöcken besteht die Systemeinheit eines Mikrocomputers?

- Zentraleinheit (CPU) als Mikroprozessor
- Taktgenerator
- Ein- und Ausgabeeinheit
- interner Arbeitsspeicher (ROM und RAM)
- Bussystem.

16 Welche Aufgaben hat die Systemeinheit eines Mikrocomputers?

- Verarbeitung der Daten, z.B. rechnen
- Steuerung der Peripheriegeräte
- Speicherung von Daten und Programmen.

17 Woraus besteht die Zentraleinheit eines Mikrocomputers?

Aus dem Mikroprozessor, auch CPU (Central processing unit) genannt.

18 Woraus besteht ein Mikroprozessor?

Aus einem Siliciumplättchen (Chip) mit vielen integrierten Schaltkreisen. Die Hauptbestandteile darauf sind das Steuerwerk, das Rechenwerk und das Register.

19 Was versteht man unter dem Taktgenerator?

Einen Quarzkristall, der in einer bestimmten Frequenz schwingt. Alle elektronischen Bauteile des Computers müssen im Rhythmus der vom Taktgenerator erzeugten Impulse arbeiten. Die Taktfrequenzen gehen derzeit bis etwa 130 MHz.

20 Welche Speicherarten gibt es in einem Computer?

- ROM: Nur-Lese-Speicher
- RAM: Schreib-Lese-Speicher.

21 Was versteht man unter einem RAM?

Einen Speicher mit wahlfreiem Zugriff (Random access memory). Der Inhalt des Speichers kann sowohl gelesen, als auch überschrieben werden (z.B. Arbeitsspeicher).

22 Was muß beim Arbeiten mit einem RAM beachtet werden?

Da bei einem Stromausfall oder Ausschalten des Gerätes sämtliche Daten im RAM gelöscht werden, muß zuvor der Inhalt des RAM-Bereichs auf einem externen Datenträger, z.B. Diskette, abgespeichert werden.

23 Was versteht man unter einem ROM?

Einen Festwertspeicher (Read only memory), dessen Daten nur gelesen, aber nicht verändert oder gelöscht werden können. Der Speicherinhalt bleibt auch bei einem Stromausfall erhalten.

24 Wie bezeichnet man die Datensammelleitungen, die die CPU mit den Komponenten der Systemeinheit verbinden?

Sie werden als Bus bezeichnet.

25 Welche Busarten werden in der Systemeinheit unterschieden?

— Adreßbus — Datenbus — Steuerbus.

26 Wovon hängt hauptsächlich die Leistungsfähigkeit eines Mikroprozessors ab?

Sie wird im wesentlichen von der Taktfrequenz, der Busbreite, z.B. 32 parallele Bits, sowie von der Anzahl und der Größe der Speicher geprägt.

27 Was versteht man unter einer Schnittstelle?

Sie ist die Übergabestelle für den Datenaustausch zwischen den einzelnen Systemkomponenten einer EDV-Anlage, z.B. Anschluß des Druckers an der Systemeinheit.

28 Was sind periphere Geräte?

- Eingabegeräte: z.B. Tastatur, Maus, Grafiktablett, Lichtgriffel
- Ausgabegeräte: z.B. Bildschirm, Drucker, Plotter
- Externe Speichergeräte: z.B. Diskettenlaufwerk, Kassettenrecorder, Festplattenlaufwerk.

29 Welche Systemblöcke weist üblicherweise eine Computer-Tastatur auf?

- Schreibmaschinentastaturfeld
- 10er-Ziffernblock mit Sondertasten
- Steuertastenfeld
- Funktionstastenbereich.

30 Welche Monitorarten werden unterschieden?

- Monochrom-Monitore, z.B. für weiße Schrift auf schwarzen Hintergrund
- Color-Bildschirme, auch RGB-Monitore genannt, die eine Vielzahl von Farbtönen durch Mischen der Grundfarben darstellen können.

31 Wie wird die Bildschirmgröße meist angegeben?

Sie wird durch die Länge der Bildschirmdiagonalen in Zoll ausgedrückt.

32 Welche Anforderungen soll ein Monitor hinsichtlich der Arbeitssicherheit erfüllen?

Er soll möglichst flimmerfrei und besonders strahlungsarm sein.

33 Wie wird die Bildschirmauflösung angegeben?

Sie wird durch die Anzahl der auf der Bildschirmfläche darstellbaren einzelnen Bildpunkte (pixels) festgelegt.

34 Welche Bedeutung hat für die Bildschirmauflösung die Angabe 1024 x 768?

Der Bildschirm ist nach VGA-Standard hochauflösend. Er kann pro Zeile 1024 Pixels und pro Spalte 768 Pixels darstellen.

35 Wofür ist die Bildwiederholfrequenz von Bedeutung?

Sie ist für ein möglichst flimmerarmes, augenschonendes Bild verantwortlich, z.B. ist hierfür eine Frequenz von 70 Hz üblich.

36 Welche Druckerarten werden unterschieden?

- Kugelkopf- oder Typenraddrucker
- Matrixdrucker als Nadel-, Thermo- oder Tintenstrahldrucker
- Laserdrucker.

37 Was versteht man unter einem Plotter?

Computergesteuerte Zeichenmaschinen, die auswechselbare Zeichenstifte besitzen und mit deren Hilfe technische Zeichnungen erstellt werden können.

38 Welche Arten von externen Datenträgern werden hauptsächlich verwendet?

- Magnetische Datenträger: z.B. Magnetband, Magnetbandkassette, Diskette, Magnetplatte
- Nichtmagnetische Datenträger: z.B. Lochstreifen, Lochkarte, Markierungsbeleg, Strichcode, Compaktdisk (CD).

39 Was versteht man unter einer Diskette?

Eine aus Magnetfolie bestehende Scheibe, auf der nach dem Prinzip der magnetischen Aufzeichnung Daten und Informationen gespeichert werden können. Die Speicherkapazität liegt je nach Ausführung zwischen 40 und 400 Schreibmaschinenseiten.

40 Welches sind die wichtigsten Diskettengrößen?

- 8 Zoll Maxidiskette
- $5^1/_4$ Zoll Minidiskette
- $3^1/_2$ Zoll Mikrodiskette.

41 Was versteht man unter der Diskettenbezeichnung „5.25 2D 48 tpi"?

- 5.25: $5^1/_4$ Zoll Minidiskette
- 2D: Beidseitig beschreibbar mit doppelter Aufzeichnungsdichte
- 48 tpi: 48 Spuren auf einem Radius von 1 inch.

42 Was versteht man unter Sektorierung von Disketten?

Die Einteilung der Diskettenoberfläche in Spuren und in Sektoren durch das Computersystem. Die zu speichernden Daten werden auf diesen Spuren hintereinander mit magnetischen Impulsen aufgezeichnet.

43 Was versteht man unter Formatieren von Disketten?

Das Vorbereiten von Disketten zur Datenspeicherung. Dabei wird die Diskette vom Betriebssystem auf Fehler untersucht, die Spuren werden angelegt und gekennzeichnet und der Platz für das Inhaltsverzeichnis angelegt.

44 Welche Folgen hat der Formatierungs-Befehl für Festplatten und Disketten?

Sämtliche Daten, mit denen die Diskette oder Festplatte beschrieben war, werden gelöscht.

45 Welche wesentlichen Vorteile haben Festplattenlaufwerke?

- Hohe Speicherkapazität
- sehr kurze Zugriffszeit auf gespeicherte Daten und Programme
- schnelle Abspeicherung großer Datenmengen
- in der Systemeinheit geschützt integrierbar.

46 Was versteht man unter einem Headcrash eines Festplattenlaufwerks?

Ein Schreib-Lesekopf hat auf die rotierende Platte aufgesetzt und die Speicherschicht der Plattenoberfläche zerstört.

47 Wodurch kann ein Headcrash eines Festplattenlaufwerks ausgelöst werden?

Durch mechanische Stöße, Vibrationen und durch Stromausfall.

48 Welche Bedeutung hat die Programmiersprache BASIC?

Sie ist weltweit die bedeutendste höhere, universelle Programmiersprache für Mikrocomputer.

49 Welche wesentlichen Vorteile hat BASIC?

- Einfache Befehlsworte meist aus der englischen Grundsprache
- vielseitige Verwendbarkeit
- sofortige Untersuchung eingegebener Befehlssätze auf Formulierungsfehler möglich
- einfache, übersichtliche Befehlsstrukturen
- leichte Erlernbarkeit
- Fehlerstellen sofort korrigierbar
- Programme jederzeit veränderbar
- Programmangebot vielfältig und kostengünstig.

50 Welche Struktur weist eine BASIC-Programmzeile auf?

Es bedeutet, z.B. bei **100 input D**:

100 → Zeilennummer
input → BASIC-Befehl
D → Befehlsinhalt als Variable.

51 Welche Wirkung hat der BASIC-Befehl INPUT?

Er weist eine Eingabeinformation von der Tastatur, z.B. eine Zahl, einer Variablen des Programms zu.

52 Welche Wirkung hat der BASIC-Befehl LET?

Er bewirkt die Datenbearbeitung durch den Computer, z.B. rechnen.

53 Wodurch wird der BASIC-Befehl LET bei vielen BASIC-Dialekten überflüssig?

Durch den dem LET-Befehl folgenden Befehlsinhalt in Form einer Rechenformel.

54 Welche Wirkung hat der BASIC-Befehl PRINT?

Er bewirkt eine Ausgabe des Befehlsinhalts auf dem Monitor. Er kann aber auch einen Rechenvorgang auslösen.

55 Welche Wirkung hat der BASIC-Befehl RUN?

Mit dem RUN-Befehl wird der Programmablauf gestartet.

56 Wie kann in BASIC die Dialogfähigkeit eines Programmes erzielt werden?

Durch
- Einschieben von Text-Print-Zeilen an der entsprechenden Stelle im Programmablauf, z.B. 10 PRINT" Kreisberechnungen"
- erweitern der INPUT-Anweisung durch einen Texteinschub zwischen Anführungszeichen, z.B. 100 INPUT" Der Kreisdurchmesser in mm D="; D
- erweitern der PRINT-Anweisungen mit Texteinschüben zwischen Anführungszeichen, z.B. 500 PRINT"Kreisumfang U="; U;" mm".

57 Welche Auswirkung hat die Programmanweisung 500 GOTO 100?

Der Programmablauf geht von der Programmzeile 500 zurück zur Programmzeile 100. Es werden dann erneut die Programmanweisungen ab Zeile 100 abgearbeitet. Es kann somit eine Programmschleife entstehen.

58 Welche Wirkung hat der BASIC-Befehl CLS?

Der Bildschirm wird gelöscht; der RAM-Inhalt bleibt jedoch erhalten.

59 Mit welchem BASIC-Direktbefehl kann ein BASIC-Programm auf dem Bildschirm angezeigt werden?

Mit dem BASIC-Befehl LIST.

60 Welche Wirkung hat die BASIC-Anweisung SAVE"A: KREIS1"?

Ein Programm wird unter dem Namen KREIS1 auf der Diskette im Laufwerk A abgespeichert.

61 Weshalb ist Datenschutz notwendig?

Um den Mißbrauch gespeicherter Daten und den unbefugten Zugriff zu verhindern.

62 Welche Gesetze regeln den Datenschutz?

- Gesetz zum Schutz vor Mißbrauch personenbezogener Daten bei der Datenverarbeitung (Bundesdatenschutzgesetz)
- Landesdatenschutzgesetze
- Betriebsverfassungsgesetz.

63 Welche Daten sind aufgrund der Datenschutzgesetze gesetzlich geschützt?

Alle personenbezogenen Daten von natürlichen Personen (lebenden Menschen), falls diese Daten nicht frei zugänglich sind, z.B. als Telefonbucheintrag.

64 Was sind personenbezogene Daten von natürlichen Personen?

Sie sind Einzelangaben über
- **persönliche Verhältnisse,** z.B. Geburtstag, Beruf, Krankheiten, Vorstrafen
- **sachliche Verhältnisse,** z.B. Vermögen, Lohn, Schulden, Haus- und Grundbesitz.

65 Welche Maßnahmen verlangen die Datenschutzgesetze?

- Eingabekontrollen
- Speicherkontrollen
- Benutzerkontrollen
- Zugangskontrollen
- Übermittlungskontrollen.

66 Welche Rechte hat der einzelne Bürger hinsichtlich der Erfassung seiner persönlichen Daten?

- **Recht auf Benachrichtigung,** wenn Daten von ihm gespeichert werden
- **Auskunftsrecht** über ihn betreffende, gespeicherte Daten
- **Berichtigungsrecht** bezüglich falsch erfaßter und gespeicherter Daten
- **Recht auf Löschung** von Daten, deren Speicherung unzulässig war oder bei denen die Berechtigung zur Speicherung weggefallen ist.

67 Wer überwacht die Einhaltung des Datenschutzes?

- Der Bundesdatenschutzbeauftragte
- die Landesdatenschutzbeauftragten
- die Betriebsräte.

68 Was versteht man unter einem Betriebssystem?

Ein Programmpaket, das aus Steuer- und Dienstprogrammen besteht.

69 Welche grundsätzlichen Aufgaben werden von einem Betriebssystem erfüllt?

- Überprüfen der Systemeinheit und der Peripherie auf Funktionsbereitschaft nach dem Einschalten
- Steuern des Datenverkehrs zwischen Systemeinheit und Peripherie
- Unterstützen des Benutzers bei der Erledigung bestimmter Bedienungsaufgaben wie z.B. wechseln des Laufwerkes, kopieren von Dateien.

70 Was bedeutet Kompatibilität bei Computersystemen?

Die Fähigkeit der Zusammenarbeit verschiedenartiger oder aus unterschiedlicher Herkunft stammender technischer Ausrüstungen. Auf verschiedenen Computeranlagen muß sichergestellt sein, daß der Programmaustausch und Datentransfer zwischen den verschiedenen Einrichtungen möglich ist.

71 Was versteht man unter dem Begriff MS-DOS?

MS: Microsoft als Softwareentwickler

DOS: Disc operating system, das am weitesten verbreitete Betriebssystem für IBM-kompatible Personalcomputer.

72 Wie ist ein Dateiname aufgebaut?

Aus einem verbalen oder numerischen Begriff (Buchstaben oder Zahlen), der maximal 8 Zeichen umfassen darf, sowie einer Dateikennung aus 3 Zeichen, die zur Bezeichnung des Inhaltes einer Datei dient. Dateiname und Kennung müssen durch einen Punkt getrennt werden.

73 Welche Aufgaben können mit MS-DOS bezüglich der Datenspeicherung erledigt werden?

- Formatieren von Disketten, Festplatten
- Laden von Dateien vom Außenspeicher in den Arbeitsspeicher
- Speichern von Dateien auf den Datenträgern eines Außenspeichers
- Verwalten von Inhaltsverzeichnissen (directories) auf Disketten und Festplatten
- Kopieren von Dateien von einem Datenträger auf einen anderen (z.B. Diskette-Festplatte)
- Übertragen von Dateien aus dem Arbeitsspeicher auf einen Drucker.

74 Wie wird die Betriebsbereitschaft bei MS-DOS hergestellt?

Nach dem Einschalten des Computers wird das System überprüft und der Benutzer nach Datum und Uhrzeit befragt. Ist beides eingegeben bzw. bestätigt worden, erscheint die DOS-Systemanzeige, das Prompt-Symbol und der blinkende Cursor z.B. C>_. Der Computer ist eingabebereit, als Außenspeicher ist das Laufwerk C als aktuelles Laufwerk geschaltet.

75 Was versteht man unter einem Directory?

Ein Inhaltsverzeichnis auf Disketten oder Festplatten, das vom Betriebssystem geführt wird. Alle Dateien werden dort unter ihrem Namen aufgelistet (Aufruf: DIR).

76 Welche Angaben kann man durch Eingabe des Befehles DIR auf dem Bildschirm erhalten?

Eine Auflistung sämtlicher Dateinamen eines Verzeichnisses (Directory). Außerdem wird die Größe der Dateien in Bytes, sowie das jeweilige Datum mit Uhrzeit des letzten Abspeicherns der Datei ausgegeben. Am Ende der Auflistung erscheint der noch verfügbare Speicherplatz auf der Diskette oder Festplatte.

77 Welche besondere Eigenschaft haben Dateien mit der Kennung BAT, EXE oder COM?

Sie können durch Eingabe des Dateinamens und durch Drücken der Eingabetaste direkt gestartet werden.

78 Was versteht man unter einer Datei?

Einen Datenbestand (oder ein ganzes Programm), der unter einem bestimmten Namen auf einer Diskette oder Festplatte abgespeichert werden kann.

79 Wozu dienen Unterverzeichnisse?

Um die Belegung des Datenträgers (z.B. Festplatte) übersichtlicher zu gestalten, werden zusammengehörende Dateien in einem eigenen Verzeichnis (Subdirectory) abgelegt.

80 Wie werden Unterverzeichnisse angelegt?

Durch Eingabe des Befehles md (make directory) und dem angehängten gewünschten Verzeichnisnamen, z.B. md basic [↵].

81 Wie kann in ein Unterverzeichnis gewechselt werden?

Durch Eingabe des Befehles cd (change directory) und dem angehängten Verzeichnisnamen, z.B. cd basic [↵]. Eine Rückkehr in das übergeordnete Verzeichnis erfolgt durch Eingabe von cd..[↵] oder cd\[↵].

82 Was versteht man unter einer Programmiersprache?

Eine künstliche Sprache, die sowohl vom Menschen, als auch vom Computer verstanden wird. Sie wird zum Lösen von Problemen auf einem Computer benötigt.

83 Welche Programmiersprachen werden verwendet?

Maschinensprache, Assemblersprache, höhere Programmiersprachen wie z.B. PASCAL, BASIC, C, LOGO.

84 Wie unterscheiden sich die Befehle diskcopy bzw. copy in ihrer Verwendung?

Mit dem Befehl diskcopy werden Disketten kopiert, die Ablage der Dateien auf der Zieldiskette ist dabei mit der Originaldiskette völlig identisch. Außerdem kann während des Kopierens noch formatiert werden. Mit dem Copy-Befehl werden im allgemeinen einzelne Dateien kopiert, z.B. Festplatte-Diskette. Werden alle Dateien einer Diskette kopiert (A>copy *.*B:), so ist die Ablage der Dateien nicht mit der Originaldiskette identisch.

85 Was ist ein Algorithmus?

Die Folge von eindeutig bestimmten Anweisungen, die zur Lösung einer Aufgabe auszuführen sind.

86 Welchen Vorteil bietet die Maschinensprache?

Da die Programmanweisungen aus 0-1-Bit-Kombinationen bestehen, können die Daten vom Computer sofort verarbeitet werden, die Ablaufgeschwindigkeit der Programme ist deshalb sehr hoch.

87 Wo finden in der Kfz-Technik Programme in Maschinensprache Anwendung?

In elektronischen Systemen mit Festspeicherprogrammen in einem ROM, z.B. Benzineinspritzungsanlagen; ABS-, ASR-Anlagen; Tester für Abgasuntersuchungen.

88 Was versteht man unter einem Compiler?

Ein Programm, das ein gesamtes, in einer höheren Programmiersprache geschriebenes Programm in die Maschinensprache übersetzt. Es ist dann sofort lauffähig. Eventuell mit übersetzte Fehler können erst nach dem ersten Lauf des Programmes beseitigt werden. Das Quellprogramm wird im Arbeitsspeicher nicht mehr benötigt.

89 Was ist ein Interpreter?

Ein Übersetzungsprogramm, das Programme, die in höheren Programmiersprachen geschrieben sind, schrittweise in die Maschinensprache übersetzen kann. Da bei jedem Neustart des Programmes wieder übersetzt werden muß, ist es erforderlich, daß das Quellprogramm erneut in den Hauptspeicher geladen wird. Ein compiliertes Programm ist wesentlich schneller.

90 Aus welchen Teilen ist ein Programm in der Programmiersprache Turbo Pascal aufgebaut?

Programmkopf, Deklarationsteil, Anweisungsteil.

91 Woraus besteht der Programmkopf eines Pascal Programmes?

Aus der PROGRAM-Anweisung gefolgt von einem Programmnamen (bis 8 Zeichen möglich) und einem Strichpunkt.

92 Was enthält der Deklarationsteil eines Pascal-Programmes?

Eine Aufzählung aller Variablen, die durch die Abkürzung VAR eingeleitet wird. Alle Variablen werden in Form von Wörtern oder einzelnen Buchstaben eingegeben und durch Kommata getrennt. Am Ende steht ein Doppelpunkt; danach wird der Variablentyp eingegeben, z.B. real.

93 Was versteht man unter dem Standardtyp Real bei Variablen eines Pascal-Programmes?

Alle positiven und negativen reellen Zahlen (ganze Zahlen und Dezimalzahlen).

94 Was ist CAD?

Computerunterstütztes Zeichnen und Konstruieren (computer aided design). Die Zeichnung wird nicht mehr auf dem Papier, sondern auf dem Bildschirm erstellt.

95 Wie ist der Anweisungsteil eines Pascal-Programmes aufgebaut?

Er beginnt mit dem Wort BEGIN und endet mit dem Wort END. Dazwischen werden die einzelnen Programmanweisungen nach dem EVA-Prinzip geschrieben.

96 Welche beiden Grund-Anweisungen werden in einem Pascal-Programm verwendet?

Die Anweisungen read und write. Auf die Anweisung read erwartet der Computer eine Eingabe, auf die Anweisung write erhält man eine Ausgabe auf dem Bildschirm.

97 Was ist ein integriertes Softwarepaket?

Die Verknüpfung von Textverarbeitungs-, Kalkulations-, Datenbank- und Grafikprogrammen in einem Paket, wobei sich die gleiche Benützeroberfläche (z.B. Menüsteuerung) besonders vorteilhaft auswirkt.

98 Welche Vorteile bietet ein Textverarbeitungsprogramm?

Der Text kann über die Tastatur in den Arbeitsspeicher eingegeben und auf dem Bildschirm kontrolliert werden. Fehler können während des Schreibens korrigiert, Wörter und Sätze an beliebigen Stellen eingefügt werden. Durch automatischen Zeilenumbruch werden Wörter, die nicht mehr in die Zeile passen, automatisch in die nächste Zeile geschoben. Textformatierung und Schriftenvielfalt lassen individuelles Gestalten zu.

99 Was versteht man unter der Tabellenkalkulation?

Elektronische Rechenblätter, in deren Felder Texte und Zahlenwerte eingetragen werden können. Durch Eingabe von Formeln können die Zahlenwerte von bestimmten Feldern miteinander verknüpft werden. Ändert man die Eingabewerte, so werden die nachfolgenden Rechenoperationen vom Kalkulationsprogramm automatisch durchgeführt.

7 Elektrotechnik

01 Was ist ein Atom?

Der kleinste, chemisch unteilbare Baustein eines Grundstoffes.

02 Welches sind die wichtigsten Elementarteilchen?

Das Proton, das Neutron und das Elektron.

03 Wie ist im Prinzip ein Atom aufgebaut?

Aus dem Atomkern und aus der ihn umgebenden Elektronenhülle.

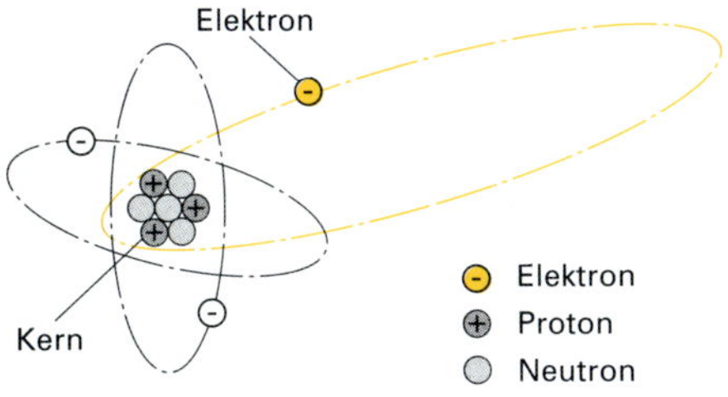

Lithiumatom

04 Woraus besteht ein Atomkern?

Er setzt sich, je nach Element, aus einer bestimmten Anzahl Protonen und Neutronen zusammen.

05 Worin unterscheiden sich die Elementarladungen des Protons und des Elektrons?

Das Proton trägt eine positive Elementarladung, das Elektron eine gleichgroße, negative Elementarladung.

06 Welche Merkmale weist das Neutron auf?

— Es hat etwa die gleiche Masse wie das Proton
— es ist elektrisch neutral, weil es keine Ladung trägt.

7.1 Elektrische Spannung

01 Wodurch entsteht elektrische Spannung?

Durch Ladungstrennung in der Spannungsquelle. Dazu ist Energie erforderlich.

02 Was versteht man unter der elektrischen Spannung?

Die elektrische Spannung ist das Ausgleichsbestreben unterschiedlicher elektrischer Ladungsmengen (Elektronenunterschied).

03 Wie ist die Ladungsverteilung an den Polen einer Spannungsquelle?

Am negativen Pol herrscht Elektronenüberschuß, am positiven Pol Elektronenmangel.

7.2 Elektrischer Strom

01 Was versteht man unter dem elektrischen Strom?

Das Fließen der freien Elektronen in metallischen Leiterwerkstoffen.

02 Was versteht man unter der elektrischen Stromstärke?

Die Anzahl der Elektronen, die in der Sekunde durch den Leiterquerschnitt fließen.

03 Unter welchen Bedingungen fließt elektrischer Strom?

Wenn die Spannungsquelle mit den Verbrauchern zusammen einen geschlossenen Stromkreis bildet.

04 In welcher Richtung fließen die Elektronen durch einen Verbraucher?

Vom negativen zum positiven Pol.

05 Wie ist die technische Stromrichtung festgelegt?

Der Stromfluß geht vom Pluspol über den Verbraucher zum Minuspol.

06 Aus welchen Teilen besteht ein elektrischer Stromkreis?

- Spannungserzeuger (Batterie, Generator)
- Hin- und Rückleitung, Schalter, Sicherung
- Verbraucher.

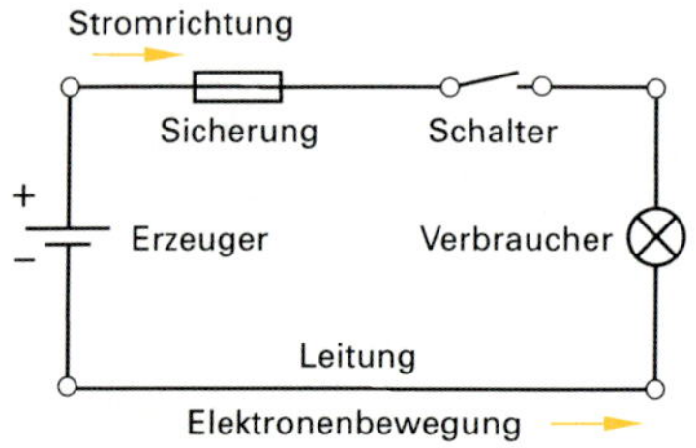

07 Welche Arten von Sicherungen unterscheidet man?

- Leitungsschutzsicherungen
- Geräteschutzsicherungen.

08 Welche Aufgaben haben Sicherungen im elektrischen Stromkreis?

Sie schützen Leitungen und Geräte vor Überlastung und Kurzschluß, indem sie selbsttätig den Stromkreis unterbrechen.

09 Was versteht man unter der Stromdichte?

Den Strom in der Leitung, der je mm^2 Leiterquerschnittfläche fließt.

10 Wovon ist die zulässige Stromdichte in Leitungen abhängig?

Vom Leitungsdurchmesser bzw. der Leiterquerschnittfläche, dem Leiterwerkstoff und der Kühlungsmöglichkeit.

11 Wodurch unterscheidet sich Gleichstrom von Wechselstrom?

Bei Gleichstrom fließen die Elektronen immer in die gleiche Richtung, d.h. die Polarität ändert sich dabei nicht.

Bei Wechselstrom ändern die Elektronen dauernd ihre Richtung, d.h. die Polarität ändert sich ständig.

7.3 Elektrischer Widerstand

01 Was versteht man unter dem elektrischen Widerstand?

Der elektrische Widerstand ist die Hemmung, die der Leiter dem Stromfluß entgegensetzt.

02 Von welchen Größen ist der Leiterwiderstand abhängig?

- Vom spezifischen elektrischen Widerstand ϱ (Werkstoffkonstante)
- von der Leiterlänge l
- von der Leiterquerschnittfläche A.

03 In welchem Zusammenhang stehen die Größen, die den Leiterwiderstand bestimmen?

Der Widerstand eines Leiters wird um so größer, je größer der spezifische elektrische Widerstand ϱ, je größer die Leiterlänge l und je kleiner die Leiterquerschnittfläche A ist.

$$R = \frac{\varrho \cdot l}{A}$$

04 Was versteht man unter dem spezifischen elektrischen Widerstand?

Den Widerstand eines Leiters von 1 mm^2 Querschnittfläche und 1 m Länge bei einer Bezugstemperatur von 20 °C.

05 Was versteht man unter Halbleiterwiderständen?

Widerstandswerkstoffe, die unter Einwirkung von äußeren Einflußgrößen, z.B. Temperaturänderung, elektrischer Spannung, Licht, ihr Widerstandsverhalten ändern.

06 Was versteht man unter Thermistoren?

Widerstände, die bei Temperaturänderung ihren Widerstandswert ändern.

07 Was versteht man unter einem Kaltleiter (PTC)?

Einen Leiter, dessen Widerstand bei Temperaturerhöhung zunimmt. Er besitzt einen positiven Temperaturkoeffizienten (PTC).

08 Was versteht man unter einem Heißleiter (NTC)?

Einen Leiter, dessen Widerstand bei Temperaturerhöhung abnimmt. Er besitzt einen negativen Temperaturkoeffizienten (NTC).

09 Wie verändert sich der Widerstand von reinen Metallen bei Temperaturerhöhung?

Der Widerstand nimmt zu.

10 Was versteht man unter einem Varistor (VDR)?

Einen spannungsabhängigen Widerstand, dessen Widerstandswert bei steigender Spannung abnimmt.

11 Was versteht man unter einem Fotowiderstand (LDR)?

Einen lichtabhängigen Widerstand, dessen Widerstandswert mit zunehmender Beleuchtungsstärke abnimmt.

12 Wie können Widerstandswerte ermittelt werden?

Durch direkte bzw. indirekte Widerstandsmessung.

13 Wie erfolgt die direkte Widerstandsmessung?

Mit Hilfe eines Ohmmeters bzw. einer Widerstandsmeßbrücke.

14 Wie erfolgt die indirekte Widerstandsmessung?

Durch Spannungs- und Strommessung am Widerstand und anschließender Berechnung des Widerstandswertes.

7.4 Ohmsches Gesetz

01 Welche Beziehung besteht im elektrischen Stromkreis zwischen Stromstärke, Spannung und Widerstand?

— Bei konstanter Spannung U nimmt die Stromstärke I mit zunehmendem Widerstand R ab

— bei konstantem Widerstand R nimmt die Stromstärke I mit zunehmender Spannung U zu.

02 Wie lautet das Ohmsche Gesetz?

Die Stromstärke I ist das Verhältnis der Spannung U zum Widerstand R.

$$I = \frac{U}{R}$$

03 Wodurch wird der Spannungsabfall in elektrischen Leitungen verursacht?

Der Strom hat im elektrischen Leiter einen Widerstand (Leiterwiderstand) zu überwinden.

$$U_a = I \cdot R_{Ltg}$$

7.5 Leistung, Arbeit, Wirkungsgrad

01 Von welchen Größen hängt die elektrische Leistung ab?

Von der Spannung U am Verbraucher und vom Strom I im Verbraucher: $P = U \cdot I$.

02 Von welchen Größen hängt die elektrische Arbeit ab?

Von der elektrischen Leistung P und der Zeit t, in der Leistung aufgenommen oder abgegeben wird. $W = P \cdot t = U \cdot I \cdot t$.

03 Wie wird der Wirkungsgrad bestimmt?

Als Verhältnis von abgegebener Arbeit W_{ab} bzw. abgegebener Leistung P_{ab} zur zugeführten Arbeit W_{zu} bzw. zugeführten Leistung P_{zu}.

7.6 Messungen im elektrischen Stromkreis

01 Wie werden in analogen Meßgeräten die Meßwerte dargestellt?

Sie werden in einen analogen, d.h. dem Meßwert entsprechenden Zeigerausschlag umgeformt. Auf einer Skala wird die Größe des Meßwertes angezeigt.

02 Wie werden in digitalen Meßgeräten die Meßwerte dargestellt?

Sie werden direkt als Ziffernfolge angezeigt.

03 Wie muß ein Spannungsmesser geschaltet werden?

Er muß parallel zur Spannungsquelle bzw. zum Verbraucher geschaltet werden.

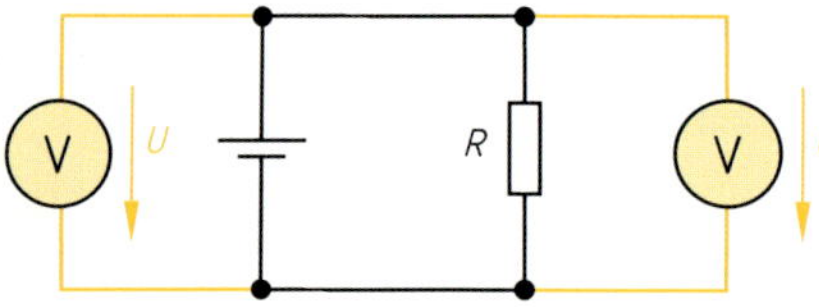

04 Wie muß ein Strommesser geschaltet werden?

Er muß in die Leitung des Stromkreises in Reihe zum Verbraucher geschaltet werden. Er kann sowohl vor als auch hinter den Verbraucher geschaltet werden.

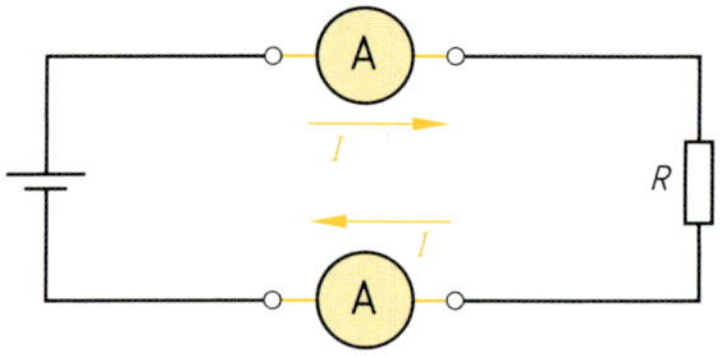

7.7 Schaltung von Widerständen

01 Wie verhalten sich die Spannungen in einer Reihenschaltung von Widerständen?

Die Gesamtspannung U ist gleich der Summe der Teilspannungen: $U = U_1 + U_2 + U_3 + \ldots$

Die Teilspannungen verhalten sich wie die Teilwiderstände: $U_1 : U_2 : U_3 = R_1 : R_2 : R_3$

02 Wie verhalten sich die Ströme in einer Reihenschaltung?

Alle Widerstände werden vom gleichen Strom durchflossen: $I = I_1 = I_2 = I_3 = \ldots$

Der Gesamtstrom I entspricht dem Strom in den einzelnen Widerständen.

03 Wie wird der Gesamtwiderstand einer Reihenschaltung ermittelt?

Der Gesamtwiderstand R ist gleich der Summe der Teilwiderstände:
$R = R_1 + R_2 + R_3 + \ldots$

04 Wie ist ein Spannungsteiler aufgebaut?

Aus zwei in Reihe geschalteten Widerständen, die an einer Spannung liegen. An einem der Widerstände wird eine Meßspannung abgenommen.

05 Was ist ein Potentiometer?

Ein verstellbarer Widerstand in Spannungsteilerschaltung.

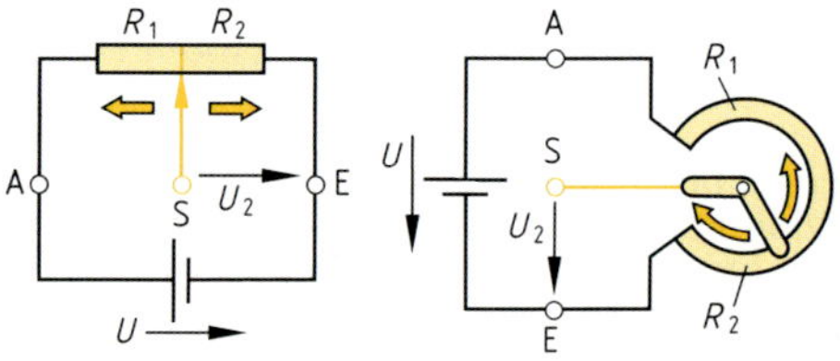

06 Wie verhalten sich die Spannungen in einer Parallelschaltung von Widerständen?

Alle Widerstände liegen an der gleichen Spannung: $U = U_1 = U_2 = U_3 = \ldots$

07 Wie verhalten sich die Ströme in einer Parallelschaltung von Widerständen?

Der Gesamtstrom I ist gleich der Summe der Teilströme: $I = I_1 + I_2 + I_3 + \ldots$

Die Teilströme verhalten sich umgekehrt wie die entsprechenden Widerstände, d.h. im größeren Widerstand fließt der kleinere Strom.

7.8 Arten der Spannungserzeugung

01 Wodurch kann elektrische Spannung erzeugt werden?

— Induktion, z.B. in Generatoren
— chemische Umformung, z.B. in Batterien
— Wärme, z.B. in Thermoelementen
— Licht, z.B. in Fotoelementen
— Reibung, z.B. von Kunststoffen, Gummi
— Kristallverformung, z.B. in Druckfühlern.

02 Wie kann eine Induktionsspannung erzeugt werden?

Durch Ändern des Magnetfeldes in einer Spule (Vergrößern oder Verkleinern); z.B. wird durch Hin- und Herbewegen eines Dauermagneten in einer Spule eine Spannung induziert.

03 Wovon hängt die Höhe der induzierten Spannung ab?

— Von der Änderungsgeschwindigkeit des von der Spule umfaßten magnetischen Flusses (Zu- oder Abnahme)
— von der Windungszahl.

04 Welche Aufgaben haben Transformatoren?

Wechselspannungen und Wechselströme zu transformieren.

05 Wie kommt die transformatorische Wirkung zustande?

Von der Primärwicklung wird elektrische Energie aufgenommen. Diese Energie wird als magnetisches Wechselfeld an den Eisenkern weitergegeben, das dann in der Sekundärwicklung eine Wechselspannung induziert.

06 Was versteht man unter einem galvanischen Element?

Es ist ein Spannungserzeuger, in dem durch chemische Umwandlung eine Gleichspannung erzeugt wird.

07 Was versteht man unter einem Elektrolyten?

Er ist eine elektrisch leitende Flüssigkeit, in der Ionen enthalten sind. Er kann z.B. aus verdünnten Säuren, Laugen oder Salzlösungen bestehen.

08 Wie ist ein galvanisches Element aufgebaut?

Zwei Elektroden aus verschiedenen elektrischen Leiterwerkstoffen befinden sich in einem Elektrolyten. Das unedlere Metall bildet den Minuspol, das edlere den Pluspol.

09 Wovon ist die Höhe der Spannung eines galvanischen Elementes abhängig?

Von der Stellung der Elektrodenwerkstoffe innerhalb der elektrochemischen Spannungsreihe.

10 Wie ist ein Thermoelement aufgebaut?

Zwei Drähte aus verschiedenen Werkstoffen werden miteinander verbunden. Bei Erwärmung der Verbindungsstelle entsteht eine Spannung, deren Höhe von der Temperatur abhängt.

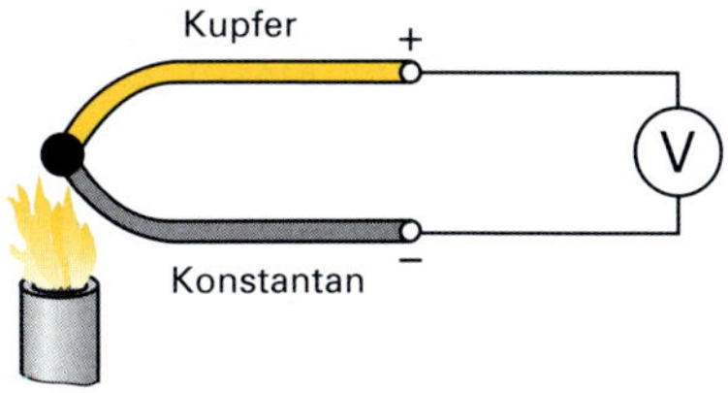

11 Wie entsteht in einem Fotoelement eine Spannung?

Beim Auftreffen eines Lichtstrahles auf einen geeigneten Halbleiterwerkstoff (z.B. Selen) werden im Halbleiterwerkstoff Elektronen freigesetzt, wobei eine Gleichspannung entsteht.

12 Was versteht man unter dem piezoelektrischen Effekt?

Die Erzeugung einer Wechselspannung, die beim Druckwechsel auf Kristalle (z.B. Turmalin, Quarz) entsteht.

7.9 Wechselspannung und Wechselstrom

01 Wie entsteht in einem Generator eine Wechselspannung?

Durch gleichförmiges Drehen einer Leiterschleife bzw. Spule in einem Magnetfeld, wobei in ihr eine sinusförmige Wechselspannung induziert wird.

02 Was versteht man unter einer sinusförmigen Wechselspannung?

Eine Spannung, die entsprechend der Sinusfunktion in jedem Augenblick ihre Größe ändert und periodisch ihre Richtung und Polarität.

7.10 Dreiphasenwechselspannung und Drehstrom

01 Was versteht man unter Drehstrom?

Drei um 120° phasenverschobene, miteinander verkettete Wechselströme. Drehstrom wird auch als Dreiphasenwechselstrom bezeichnet.

02 Wie entsteht in einem Generator Drehstrom?

In den drei um 120° räumlich versetzten Wicklungen werden bei Drehung des Polfeldes (Nord- und Südpol) drei um jeweils 120° phasenverschobene Spannungen induziert.

03 Wie können die Ständerwicklungen im Drehstromgenerator geschaltet werden?

Sternschaltung und Dreieckschaltung.

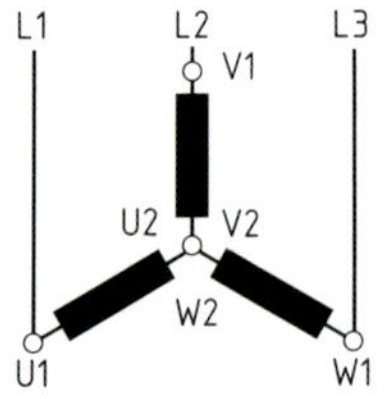

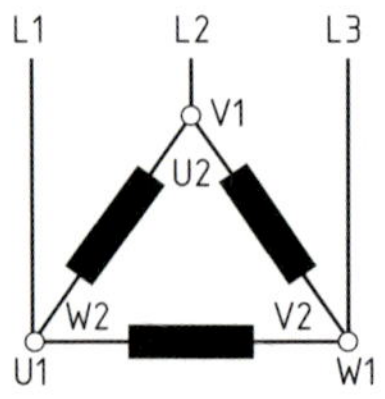

7.11 Wirkungen des elektrischen Stromes

01 Welche Wirkungen des elektrischen Stromes können auftreten?

- Wärmewirkung, z.B. Glühkerze
- Lichtwirkung, z.B. Glühlampe
- chemische Wirkung, z.B. Elektrolyse
- magnetische Wirkung, z.B. Relais
- physiologische Wirkung.

02 Wo wird die Wärmewirkung des elektrischen Stromes im Kraftfahrzeug ausgenutzt?

In Heckscheiben-, Spiegel- und Sitzheizungen; Vorglühanlagen, Dieselvorwärmeinrichtungen, Saugrohrvorwärmeinrichtung.

03 Wie kann durch den elektrischen Strom Licht erzeugt werden?

- Durch Wärmestrahlung. Dabei wird eine Wendel aus Wolfram auf Temperaturen von 2200 °C bis 2700 °C erwärmt.
- durch Gasentladung. Dabei wird die Gassäule einer Leuchtstofflampe ionisiert. Es entsteht eine UV-Strahlung, die in der Leuchtstoffbeschichtung in sichtbares Licht umgewandelt wird.

04 Was versteht man unter Elektrolyse?

Die Zerlegung von Elektrolyten in ihre Hauptbestandteile bei Durchgang von Gleichstrom.

05 Was versteht man unter Dissoziation?

Die Aufspaltung von Molekülen aus Säuren, Laugen und Salzlösungen unter Einwirkung von Wasser in Ionen.

06 Welche Eigenschaften haben Ionen?

Ionen sind Atome oder Moleküle, die eine positive oder negative Ladung tragen.

07 Wie erfolgt die Stromleitung in Flüssigkeiten und Gasen?

Durch Ionen. Die negativ geladenen Ionen, die einen Elektronenüberschuß aufweisen, wandern zum Pluspol (Elektronenmangel). Die positiv geladenen Ionen, die einen Elektronenmangel aufweisen, wandern zum Minuspol (Elektronenüberschuß). Es erfolgt jeweils ein Ladungsausgleich.

08 Was versteht man unter der physiologischen Wirkung des Stromes?

Die Auswirkungen auf Lebewesen.

09 Welche Eigenschaften haben Magnete?

Sie üben auf Eisen, Nickel, Kobalt und deren Legierungen eine Kraftwirkung aus und ziehen sie an. Diese Stoffe nennt man ferromagnetische Stoffe.

10 Welche Kraftwirkung üben zwei gleichnamige bzw. zwei ungleichnamige Magnetpole aufeinander aus?

— Gleichnamige Pole stoßen sich ab
— ungleichnamige Pole ziehen sich an.

11 Welche Wirkung hat ein Eisenkern in einer stromdurchflossenen Spule?

Er verstärkt das Magnetfeld. Nach dem Abbau des Magnetfeldes der Spule kann im Eisenkern ein Restmagnetismus (Remanenz) erhalten bleiben.

12 Wodurch können in Eisenkernen Wirbelströme entstehen?

Durch magnetische Wechselfelder, die den Eisenkern durchfluten, z.B. in Ankern von Startern, im Ständer von Drehstromgeneratoren, im Rotor von Wirbelstrombremsen.

13 Welche Wirkungen haben Wirbelströme?

— Erwärmung des Eisenkerns.
  Unerwünscht: In allen elektrischen Geräten, z.B. Motoren, Generatoren.
  Erwünscht: Bei induktiver Erwärmung, z.B. bei induktivem Härten.

— Abbremsung eines bewegten Eisenkerns.
  Unerwünscht: Z.B. im Anker eines Elektromotors (Starter).
  Erwünscht: Z.B. in der Wirbelstrombremse (Telma-Bremse).

14 Wodurch können Wirbelstromverluste in Eisenkernen verringert werden?

— Durch Unterteilen des Eisenkerns in viele dünne, voneinander isolierte Bleche (Lamellierung)
— durch Legieren der Bleche mit Silicium.

15 Wie verhalten sich zwei parallele Leiter, die von gleichsinnig bzw. gegensinnig gerichteten Strömen durchflossen werden?

— Gleichsinnig stromdurchflossene Leiter ziehen sich an
— gegensinnig stromdurchflossene Leiter stoßen sich ab.

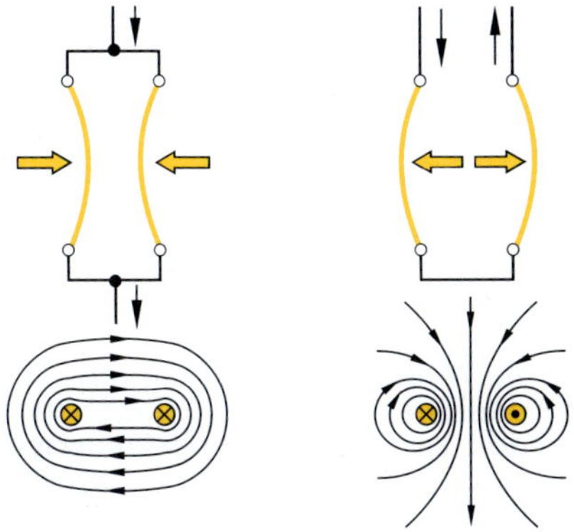

16 Wie verhält sich ein stromdurchflossener Leiter im Magnetfeld?

Es wird auf ihn im Magnetfeld eine Kraft ausgeübt, wodurch er aus seiner Ruhelage bewegt werden kann, z.B. eine drehbar gelagerte Spule wird in eine bestimmte Richtung gedreht.

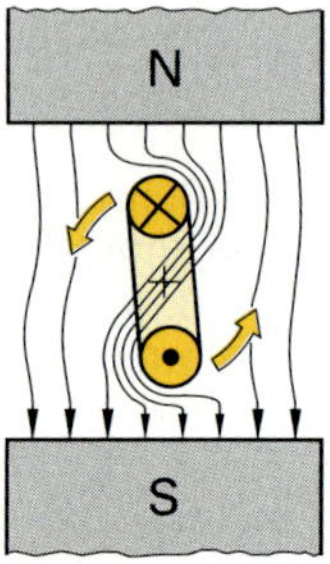

7.12 Selbstinduktion

01 Was versteht man unter Selbstinduktion?

Es ist die Spannung, die entsteht, wenn in einer Spule eine Stromänderung stattfindet.

02 Wovon hängt die Höhe der Selbstinduktionsspannung ab?

Von der Geschwindigkeit der Stromänderung und der Induktivität der Spule.

03 Was versteht man unter der Induktivität einer Spule?

Die Eigenschaft einer Spule, Selbstinduktionsspannung zu erzeugen.

04 Wie verändert sich die Selbstinduktionsspannung bei Änderung der Windungszahl?

Wird die Windungszahl, bei gleichbleibender Flußdichte, auf die Hälfte reduziert, so verringert sich die Selbstinduktionsspannung auf ein Viertel des ursprünglichen Wertes.

05 Ein Gleichstromkreis mit einer Spule wird geschlossen. Wie verhalten sich die Spannungen und der Strom in der Spule?

Es liegt sofort die volle Spannung an der Spule. Der fließende Strom baut ein Magnetfeld auf. Das sich aufbauende Magnetfeld erzeugt eine Spannung, die der angelegten Spannung entgegenwirkt. Der Strom erreicht seinen Endwert (Ruhestrom) erst, wenn das Magnetfeld aufgebaut ist.

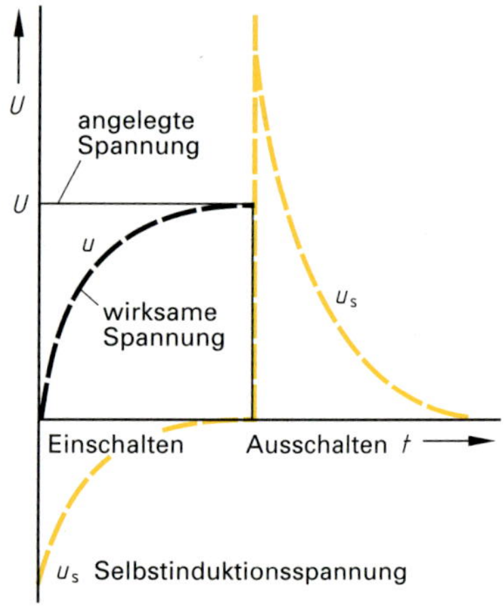

06 Ein Gleichstromkreis mit einer Spule wird geöffnet. Wie verhalten sich die Spannungen und der Strom in der Spule?

Das Magnetfeld baut sich sehr schnell ab und erzeugt eine hohe Selbstinduktionsspannung, die der zuvor angelegten Spannung gleichgerichtet ist. Die Selbstinduktionsspannung verhindert den schlagartigen Abbau des Magnetfeldes und des Stromflusses.

07 Welche Gefahr besteht beim Abschalten stromdurchflossener Spulen mit großer Induktivität?

Es entsteht eine hohe Selbstinduktionsspannung. Mögliche Folgen:

— Funkenbildung an den Kontakten
— Funkstörung
— Zerstörung elektronischer Bauelemente.

08 Was versteht man unter dem induktiven Blindwiderstand?

Es ist der frequenzabhängige Widerstand einer Spule. Er ist nur vorhanden, wenn die Spule an Wechselspannung liegt.

09 Wie entsteht der induktive Blindwiderstand?

Durch die Selbstinduktionsspannung, die der angelegten Spannung entgegenwirkt, d.h. die wirksam bleibende Spannung wird geringer. Dadurch wird auch der Strom in der Spule geringer, ihr Widerstand wird scheinbar größer.

10 Wovon hängt die Größe des induktiven Blindwiderstandes ab?

Von der Frequenz der angelegten Wechselspannung und der Induktivität der Spule.

7.13 Kondensator

01 Was versteht man unter der Kapazität eines Kondensators?

Das Fassungsvermögen für elektrische Ladungen. Ein Kondensator ist aufgeladen, wenn die Spannung zwischen den Kondensatorplatten so groß ist wie die angelegte Spannung.

02 Wie verhält sich ein Kondensator im Gleichstromkreis?

Beim Einschalten der Spannung fließt kurzzeitig ein Ladestrom. Dann sperrt der Kondensator den Gleichstrom, d.h. sein Widerstand ist unendlich groß.

03 Wie verhält sich ein Kondensator im Wechselstromkreis?

Wie ein frequenzabhängiger Widerstand. Beim Anlegen einer Wechselspannung fließt durch das ständige Umladen des Kondensators ein Strom in den Zuleitungen. Mit zunehmender Frequenz steigt die Zahl der Umladungen und damit auch der Strom, d.h. der Widerstand des Kondensators wird scheinbar kleiner.

7.14 Elektronische Bauelemente

01 Welche Vorteile bieten elektronische Bauelemente?

— Klein, raumsparend, geringes Gewicht
— kontaktloses, verschleißfreies Schalten bei Steuer- und Regelvorgängen
— extrem kurze Schaltzeiten
— sehr geringe Steuerströme.

02 Welches sind die wichtigsten elektronischen Bauelemente im Kraftfahrzeug?

Dioden, Zenerdioden (Z-Dioden), Transistoren, Thyristoren.

03 Was versteht man unter Halbleitern?

Stoffe, die in ihrem Widerstandsverhalten zwischen Leitern und Nichtleitern liegen; ihr Widerstandsverhalten ist stark temperaturabhängig.

04 Welche wesentliche Eigenschaft hat eine Diode?

Sie läßt, abhängig von der Polung an ihren beiden Anschlüssen, den Strom nur in einer Richtung durch. Sie wirkt wie ein Stromventil. Sie kann zur Gleichrichtung von Wechsel- und Drehstrom verwendet werden.

05 Wie ist die Polung einer Diode in Durchlaß- bzw. Sperrichtung?

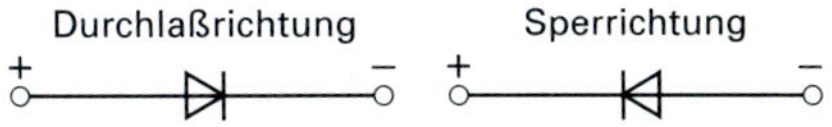

06 Was versteht man unter der Schwellspannung einer Diode?

Es ist diejenige Spannung in Durchlaßrichtung, bei der eine Diode leitend wird. Sie beträgt bei Germaniumdioden etwa 0,3 V, bei Siliciumdioden etwa 0,7 V.

07 Was versteht man unter dem Durchlaßbereich einer Diode?

Den Arbeitsbereich der Diode, wenn sie in Durchlaßrichtung gepolt ist. Nach Überschreiten der Schwellspannung wird sie leitend.

08 Was versteht man unter dem Sperrbereich einer Diode?

Den Arbeitsbereich der Diode, wenn sie in Sperrichtung gepolt ist. Es fließt in Sperrrichtung nur ein kleiner Sperrstrom.

09 Was versteht man unter dem Durchbruchbereich einer Diode?

Den Bereich der Diode (in Sperrichtung gepolt), wenn die zulässige Sperrspannung überschritten wird. Die Sperrschicht wird dabei elektrisch durchbrochen. Es fließt ein großer Durchbruchstrom.

10 Welche Eigenschaften hat eine Zenerdiode (Z-Diode)?

Sie wird nur in Sperrichtung betrieben. Bei Überschreiten einer vorgegebenen Sperrspannung wird sie leitend, jedoch nicht zerstört.

11 Wozu werden Zenerdioden im Kraftfahrzeug verwendet?

- Spannungsbegrenzung, z.B. zum Schutz von elektronischen Bauelementen und Meßgeräten vor unzulässig hohen Spannungen
- Erzeugung von Vergleichsspannungen, z.B. zur Festlegung der Reglerspannung in elektronischen Reglern.

12 Wie ist ein Transistor aufgebaut?

Aus drei hintereinander liegenden Halbleiterzonen von P- bzw. N-Leitern. Der Transistor hat zwei PN-Übergänge, an denen sich im spannungslosen Zustand Sperrschichten bilden. Jede Halbleiterzone hat einen elektrischen Anschluß.

13 Welche Arten von Transistoren unterscheidet man hinsichtlich der Anordnung der Halbleiterschichten?

PNP- und NPN-Transistoren.

14 Wie werden die Halbleiterzonen eines Transistors benannt?

Emitter (E), Basis (B), Kollektor (C).

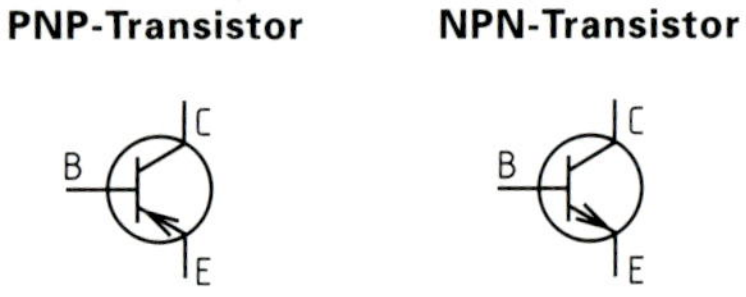

15 Welche Aufgaben haben die einzelnen Halbleiterzonen?

- Emitter (E) sendet (emittiert) Ladungsträger in die Basis
- Basis (B) verbindet Emitter (E) und Kollektor (C); steuert den Kollektorstrom
- Kollektor (C) nimmt die Ladungsträger, die vom Emitter (E) über die Basis (B) einströmen, auf.

16 Wie müssen bei einem PNP-Transistor die Anschlüsse gepolt sein, damit er leitet?

Basis und Kollektor müssen negativ gegenüber dem Emitter sein.

17 Wie müssen bei einem NPN-Transistor die Anschlüsse gepolt sein, damit er leitet?

Basis und Kollektor müssen positiv gegenüber dem Emitter sein.

18 Welche Vorteile bietet ein Transistor als Schalter?

- Kontaktloses, schnelles und verschleißfreies Schalten von Strömen
- ein kleiner Basisstrom (Steuerstrom) bewirkt einen großen Kollektorstrom (Arbeitsstrom).

19 Was versteht man unter einem Thyristor?

Eine gesteuerte Diode. Er ist ein elektronischer Schalter mit Gleichrichterwirkung.

20 Wie verhält sich ein gezündeter Thyristor im Gleichstromkreis?

Einmal gezündet bleibt er leitend, auch wenn die Spannung stark abgesenkt wird.

21 Wie kann ein Thyristor gesperrt werden?

- Durch einen Steuerimpuls am Steueranschluß (Gate)
- durch Unterbrechen des Arbeitsstromkreises des Thyristors.

22 Was versteht man unter einer integrierten Schaltung?

Die Zusammenfassung zahlreicher elektronischer Bauelemente (Widerstände, Kondensatoren, Dioden, Transistoren) in einem einzigen Halbleiterbauelement, dem IC (IC = Integrated Circuit).

23 Was versteht man unter einer Schaltung in diskreter Bauweise?

Die einzelnen Bauelemente (Widerstände, Kondensatoren, Dioden, Transistoren) werden auf Leiterplatten aufgesteckt und verlötet. Die Verbindung der einzelnen Bauelemente erfolgt über dünne Metallbahnen, die auf die Leiterplatte „aufgedruckt" sind (gedruckte Schaltung).

24 Was versteht man unter einer Schaltung in Hybridtechnik?

Eine gemischte Schaltungstechnik aus diskreten Bauelementen mit integrierten Schaltkreisen auf einer Leiterplatte.

7.15 Schutz vor den Gefahren des elektrischen Stromes

01 Welche Wirkungen kann elektrischer Strom auf den menschlichen Körper ausüben?

Schreckreaktionen, Muskelverkrampfungen, Herz- und Kreislaufstörungen, Verbrennungen, Tod.

02 Wovon hängt die Schädigung des menschlichen Körpers beim Stromdurchgang ab?

- Von der Stromstärke
- von der Stromart
- von der Einwirkungsdauer
- vom Stromweg im Körper.

03 Welche Fehlerarten können in elektrischen Anlagen auftreten?

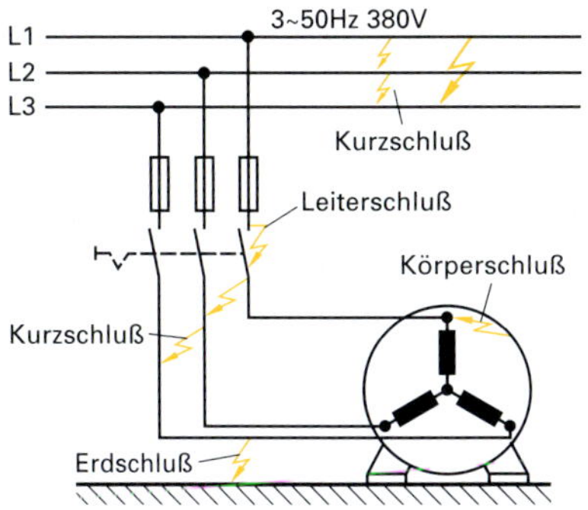

04 Was versteht man unter direktem Berühren?

Direktes Berühren liegt vor, wenn unter Spannung stehende Geräte und Leitungen direkt berührt werden und dabei eine unzulässig hohe Berührungsspannung auftritt.

05 Was versteht man unter indirektem Berühren?

Indirektes Berühren liegt vor, wenn aufgrund eines Fehlers Teile von Geräten, die keine Spannung führen dürfen, unter Spannung stehen (z.B. durch Isolationsfehler) und berührt werden.

06 Welche Berührungsspannungen sind für Menschen maximal zulässig?

— Wechselspannung: 50 V
— Gleichspannung: 120 V.

07 Welches sind die wichtigsten netzunabhängigen Schutzmaßnahmen gegen Berührungsspannungen?

— Schutzisolierung
— Schutzkleinspannung
— Schutztrennung.

08 Wie erfolgt die Schutzisolierung?

Alle Teile, die im Fehlerfall Spannung gegen Erde annehmen können, werden zusätzlich zu ihrer Grundisolierung noch mit einer Isolierung umgeben oder durch Isolierstücke vom leitungsfähigen Teil des Gerätes getrennt.

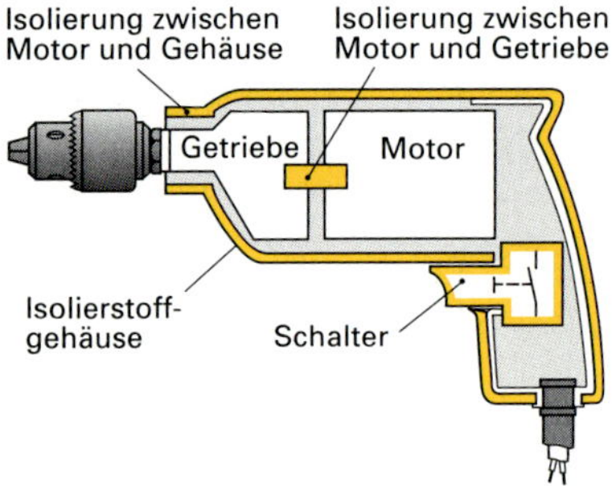

09 Was versteht man unter der Schutzkleinspannung?

Schutzkleinspannungen sind Wechselspannungen bis 50 V. Sie müssen in Transformatoren oder umlaufenden Umformern erzeugt werden, wobei die Kleinspannungsseite keine leitende Verbindung mit dem speisenden Netz haben darf.

10 Welches sind die wichtigsten netzabhängigen Schutzmaßnahmen?

Schutz durch Überstromeinrichtungen (Sicherungen, Leitungsschutzschalter), Fehlerstrom-Schutzeinrichtungen.

11 Wie wirken die netzabhängigen Schutzmaßnahmen?

Nur im Zusammenwirken mit einem Schutzleiter PE (**P**rotection **E**arth). Im Fehlerfall wird das Gerät vom elektrischen Netz getrennt.

12 Wie erfolgt der Schutz vor Berührungsspannungen durch die Überstrom-Schutzeinrichtungen?

Der Spannungserzeuger ist direkt geerdet. Die leitenden Geräteteile sind über den Schutzleiter PE (grün-gelbe Farbe der Isolierung) mit der Erde des Spannungserzeugers verbunden. Im Fehlerfall führt der Körperschluß zu einem Kurzschluß. Die Überstrom-Schutzeinrichtungen sprechen an und trennen das Gerät vom Netz.

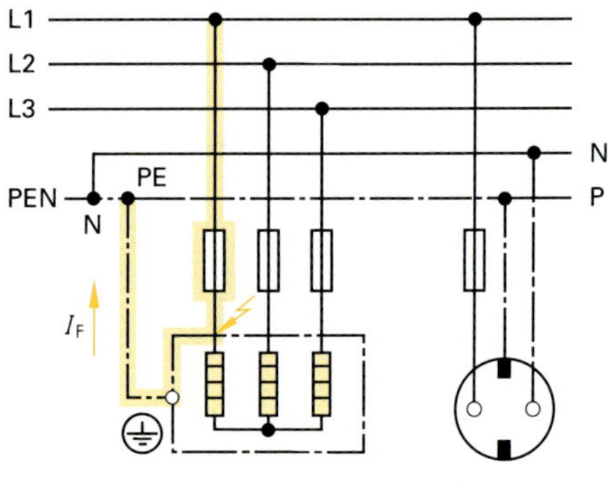

13 Wie erfolgt der Schutz bei ortsveränderlichen Verbrauchern?

Wird die elektrische Energie über eine Steckverbindung zugeführt, so muß der Schutzleiter PE mit entsprechenden Schutzkontakten am Stecker und der Steckdose verbunden werden.

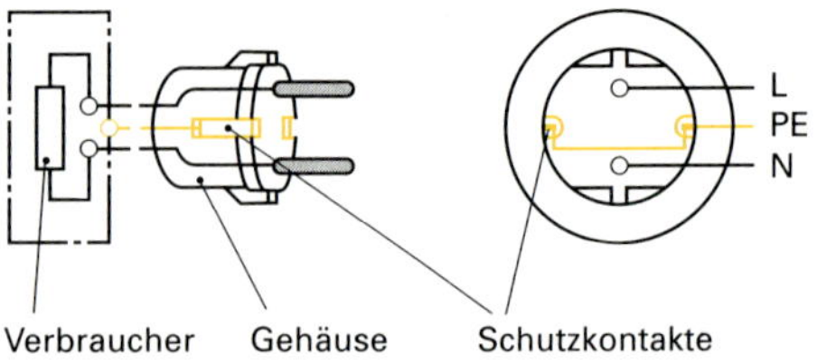

14 Welche Vorteile bietet ein FI-Schutzschalter?

- Spricht schon bei kleinsten Fehlerströmen an, z.B. ≦ 30 mA
- allpoliges Trennen vom Netz
- kurze Ansprechzeit; Trennung erfolgt innerhalb von 0,2 s.
- Brandschutz bei Isolationsfehlern.

15 Wie ist im Prinzip ein FI-Schutzschalter aufgebaut?

Alle Leiter (z.B. L1, N), die vom Netz in das zu schützende Gerät führen, werden durch einen Summenstromwandler geführt. Der Schutzleiter PE wird nicht durch den Summenstromwandler geführt. Ein Schaltschloß mit Auslöser betätigt im Fehlerfall die Schaltkontakte und trennt den Verbraucher allpolig vom Netz.

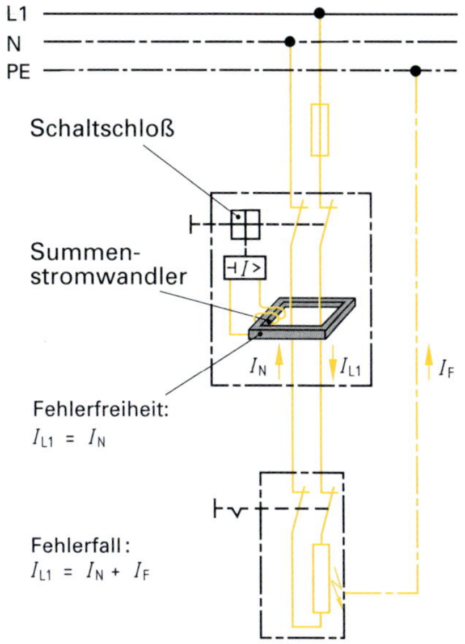

16 Wie wirkt der FI-Schutzschalter bei einer fehlerfreien Anlage?

Der zufließende Strom (I_L) ist gleich dem abfließenden Strom (I_N), d.h. die in den stromdurchflossenen Spulen entstehenden Magnetfelder im Summenstromwandler heben sich in ihrer Wirkung gegenseitig auf.

17 Wie wirkt der FI-Schutzschalter bei einer fehlerbehafteten Anlage?

Ein Teilstrom (I_F) fließt über den Schutzleiter PE, d.h. die Ströme im Summenstromwandler (I_L, I_N) sind ungleich groß. Die in den stromdurchflossenen Spulen entstehenden Magnetfelder heben sich in ihrer Wirkung nicht mehr auf. In der Ausgangswicklung des Summenstromwandlers wird eine Spannung induziert, die den Auslöser im Schaltschloß betätigt und die Zuleitungen zu den Verbrauchern allpolig vom Netz trennt.

18 Welche Maßnahmen müssen bei Unfällen eingeleitet werden?

- Stromkreis sofort unterbrechen; falls nicht möglich, den Verunglückten von einem isolierten Standort mit nichtleitenden Gegenständen vom Stromkreis trennen
- falls keine Trennung möglich ist, muß versucht werden, im Netz einen Kurzschluß herbeizuführen
- Anlagen über 1000 V dürfen nur von einem Fachmann unterbrochen werden.

19 Welche Maßnahmen müssen eingeleitet werden, wenn der Verunglückte nach einem elektrischen Unfall geborgen ist?

- Beengende Kleidungsstücke öffnen
- geeignete Lagerung vornehmen, z.B. bei Bewußtlosigkeit Seitenlagerung, Mundhöhle reinigen, Gebiß entfernen
- bei Aussetzen des Pulsschlages Wiederbelebungsmaßnahmen einleiten (Atemspende und manuelle Beatmung)
- bei Brandverletzungen lose Bekleidungsstücke entfernen, angeklebte Stoffteile umschneiden. Wunden nur mit keimfreier Gaze abdecken. Verletzten zudecken; schluckweise Flüssigkeit verabreichen
- auch wenn keine sichtbaren Folgen des Elektrounfalls zu erkennen sind, wegen Möglichkeit nachträglich auftretender Schockwirkungen unbedingt Arzt aufsuchen.

Fachkenntnisse

1 Kraftstoffe und Schmierstoffe

1.1 Kraftstoffe

01 Aus welchen Grundstoffen bestehen Motoren-Kraftstoffe?

Aus Kohlenstoff und Wasserstoff.

02 Wie sind die Kohlenwasserstoff-Moleküle aufgebaut?

Sie haben einen kettenförmigen oder ringförmigen Aufbau.

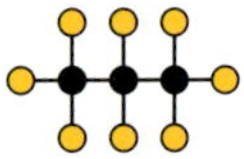

Propan
C_3H_8

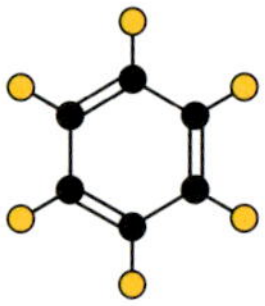

Reinbenzol
C_6H_6

03 Welche Eigenschaften haben kettenförmig aufgebaute Kohlenwasserstoffmoleküle?

In einfacher Kettenform sind sie sehr zündwillig und verbrennen leicht (nicht klopffest); in verzweigter Kettenform sind sie zündunwilliger (klopffest).

04 Welche Arten von Motoren-Kraftstoffen werden verwendet?

Ottokraftstoffe, Dieselkraftstoffe und Treibgas.

05 Wie ist Erdöl entstanden?

Durch Zersetzung von abgestorbenen und abgesunkenen Lebewesen des Meeres unter Luftabschluß im Laufe von Jahrmillionen.

06 Auf welchen Wegen werden aus Erdöl die Endprodukte hergestellt?

Durch Trennen (z.B. Destillieren), Umwandeln (z.B. Cracken) und Reinigen (z.B. Raffinieren).

07 Was versteht man unter der fraktionierenden Destillation von Erdöl?

Trennung der im Erdöl enthaltenen Stoffgruppen nach ihren Siedebereichen durch Erhitzen des Erdöles unter Luftabschluß bis auf etwa 360 °C. Bei der anschließenden Abkühlung kondensieren die verschiedenen Bestandteile bei unterschiedlichen Temperaturen.

08 In welchem Fall findet die Vakuumdestillation Anwendung?

Wenn schwersiedende Bestandteile, die sich als Rückstand bei der Destillation angesammelt haben, bei niedrigen Temperaturen weiter aufgeschlossen werden sollen.

09 Durch welche Verfahren kann aus Erdöl mehr Benzin und gleichzeitig klopffesterer Kraftstoff erzeugt werden?

Durch Cracken, Isomerisieren, Reformieren, Polymerisieren, Alkylieren und Hydrieren.

10 Was versteht man unter Cracken?

Langkettige Molekülgruppen werden bei hoher Temperatur (ca. 500 °C) und Druckerhöhung unter Einwirkung von Katalysatoren in niedrigsiedende, kürzere Molekülgruppen zerlegt, die klopffester sind.

11 Welche Besonderheit kennzeichnet das Platformingverfahren?

Es ist ein Reformieren über Platin als Katalysator. Dabei entstehen klopffeste Benzine mit sehr geringem Schwefelanteil.

12 Welche Vorteile bietet das Polymerisieren?

Aus ungesättigten, gasförmigen Kohlenwasserstoffen, die beim Cracken und Reformieren anfallen, kann durch Vereinigung zu großen Molekülgruppen Benzin erzeugt werden.

13 Was versteht man unter der Raffination von Benzin?

Eine Nachbehandlung der Benzine, um deren Reinheit durch Abscheiden von gasförmigen Resten, von Schwefel und von Harzlösungen zu erhöhen.

14 Welche Eigenschaften werden von Ottokraftstoffen verlangt?

Sie sollen leicht und vollständig vergasen, klopffest sein, rückstandsfrei verbrennen, keine Verunreinigungen enthalten und einen hohen Heizwert haben.

15 Welchen Schwefelanteil dürfen Kraftstoffe höchstens haben?

Unverbleite Ottokraftstoffe 0,1 Gewichtsprozente, Dieselkraftstoffe 0,2 Gewichtsprozente.

16 Warum haben Ottokraftstoffe keinen Siedepunkt, sondern einen Siedebereich?

Weil Kraftstoffe aus einem Gemisch von Kohlenwasserstoffen mit unterschiedlichen Siedepunkten bestehen. Ottokraftstoffe verdampfen zwischen 25 °C und 215 °C.

17 Welche Bedeutung hat der 10%-Punkt beim Siedeverlauf des Ottokraftstoffes?

Zum Siedebeginn sind 10% des Kraftstoffes verdampft, wodurch ein kalter Motor leichter anspringt. Liegt der Siedepunkt bei zu tiefen Temperaturen, kann es zu Dampfblasenbildung kommen.

18 Welche Kohlenwasserstoffverbindungen sind klopffest?

CH-Moleküle mit verzweigten Ketten (Isomere) und ringförmige CH-Moleküle (Aromate und Cycloparaffine).

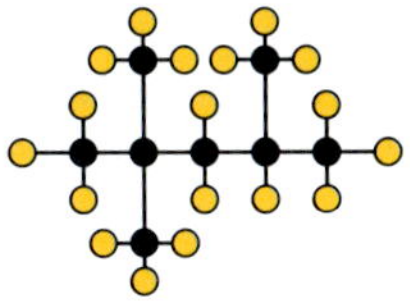

Isooktan
C_8H_{18}

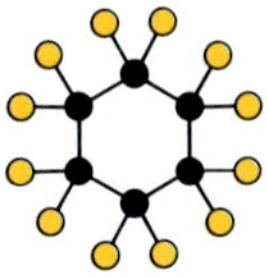

Cyclohexan
C_6H_{12}

19 Welche Eigenschaft des Kraftstoffes wird durch die Oktanzahl gekennzeichnet?

Die Klopffestigkeit des Kraftstoffes.

20 Was versteht man unter Kraftstoffklopfen bei Ottomotoren?

Eine sehr schnelle, schlagartige Verbrennung, die sowohl durch den Zündfunken, als auch durch Selbstzündung ausgelöst wird.

21 Welche Auswirkungen kann Kraftstoffklopfen haben?

Hohe Drücke und hohe Temperaturen, die Schäden an Kolben, Lagern, Zylinderkopf und Zylinderkopfdichtung zur Folge haben können.

22 Wie wird die Oktanzahl (OZ) bestimmt?

Durch Vergleich des zu prüfenden Kraftstoffes mit einer Mischung aus klopffreudigem Normal-Heptan (OZ = 0) und klopffestem Iso-Oktan (OZ = 100) in einem genormten Prüfmotor.

23 Welche Oktanzahlen unterscheidet man nach ihrer Prüfmethode?

Research-Oktanzahl (ROZ), Motor-Oktanzahl (MOZ) und Straßen-Oktanzahl (SOZ).

24 Was gibt die Oktanzahl an?

Wieviel Vol.-% Iso-Oktan sich in einem Bezugskraftstoffgemisch aus Iso-Oktan und Normal-Heptan befinden, das im Prüfmotor gleiches Klopfverhalten wie der zu prüfende Kraftstoff aufweist.

25 Welche Mindest-Oktanzahlen müssen Ottokraftstoffe in Deutschland haben?

Normalbenzin:	bleifrei 91 ROZ
Superbenzin	verbleit 98 ROZ
	bleifrei 95 ROZ.

26 Durch welche Maßnahmen kann die Klopffestigkeit erhöht werden?

- Zusatz von Klopfbremsen wie Bleitetramethyl und Bleitetraethyl
- Erhöhung des Anteils an klopffestem Benzin durch Reformieren und Polymerisieren
- Alkoholzugabe wie Methanol und Ethanol.

27 Welchen Bleigehalt dürfen Ottokraftstoffe in Deutschland höchstens aufweisen?

Verbleites Benzin: 0,15 g Blei / 1 l Benzin.
Bleifreies Benzin: 0,013 g Blei / 1 l Benzin.

28 In welchen Fällen muß bleifreies Benzin verwendet werden?

Bei Fahrzeugen mit geregeltem oder ungeregeltem Katalysator würde sich bei Verwendung von verbleitem Benzin die Beschichtung des Katalysators zudecken und eine Umwandlung der Abgase unmöglich machen.

29 Was gibt der Flammpunkt eines Kraftstoffes an?

Die Temperatur, bei der verdampfende Kraftstoffanteile bei Annäherung an eine Zündflamme zum erstenmal aufflammen. Bei Wegnahme der Zündflamme brennt der Kraftstoff nicht weiter.

30 Was versteht man unter der Zündtemperatur eines Kraftstoffes?

Die Temperatur, bei der der Kraftstoff sich bei Berührung mit Luft selbst entzündet und dauernd weiterbrennt.

31 Welche Bestandteile haben Dieselkraftstoffe?

Langkettige Kohlenwasserstoffe mit einem Siedebereich von etwa 150 °C bis etwa 360 °C.

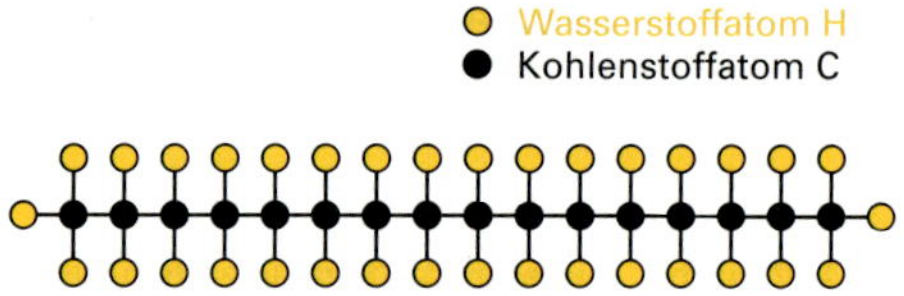

Cetan $C_{16}H_{34}$

32 Welche Eigenschaften sollen Dieselkraftstoffe haben?

Hoher Heizwert, gute Zündwilligkeit, rückstandsfrei verbrennen, keine Säuren und Fremdstoffe enthalten, kältebeständig, bei Raumtemperaturen klares Aussehen ohne Trübung und gut zerstäubbar.

33 Wodurch wird die Zündwilligkeit eines Dieselkraftstoffes angegeben?

Durch die Cetanzahl (CZ). Sie soll zwischen 45 und 55 liegen.

34 Was gibt die Cetanzahl an?

Wieviel Vol.-% Cetan sich in einem Bezugskraftstoffgemisch befinden, das im Prüfmotor gleiche Zündwilligkeit wie der zu prüfende Kraftstoff aufweist.

35 Welche Bedeutung hat das Kälteverhalten des Dieselkraftstoffes?

Dieselkraftstoff neigt bei tiefen Temperaturen zur Ausscheidung von Paraffinkristallen, die zum Verstopfen der Filter führen können.

36 Was wird durch die Zündwilligkeit des Dieselkraftstoffes beeinflußt?

Der Zündverzug.

37 Welche Maßnahmen verhindern die Verstopfung von Diesel-Kraftstoff-Filtern bei niedrigen Temperaturen?

Einbau von Kraftstoffvorwärmeinrichtungen, Zugabe von Fließverbesserern oder Petroleum bzw. in Sonderfällen bis zu 30% Normalbenzin zum Dieselkraftstoff.

38 Wie wirken Fließverbesserer?

Sie verzögern und behindern das Wachsen der Paraffinkristalle, so daß ein Durchfließen des Filters auch bei Temperaturen unter –20 °C möglich ist.

39 Welche Gefahren können bei Verwendung von Normalbenzin als Zusatz für Dieselkraftstoff auftreten?

Durch die Herabsetzung der Cetanzahl wird die Zündwilligkeit verschlechtert, Gefahr von Motorschäden; der Flammpunkt des Gemisches wird herabgesetzt, Explosionsgefahr; Verschlechterung der Eigenschmierwirkung des Dieselkraftstoffes, Schäden an Einspritzpumpen.

40 Welche besondere Eigenschaft muß Winterdieselkraftstoff aufweisen?

Er muß bis zu einer Temperatur von –15 °C filtrierbar sein.

41 Wie wird die Filtrierbarkeit von Dieselkraftstoff angegeben?

Durch den Cold Filter Plugging Point (CFPP). Das ist die Temperatur, bei der der Dieselkraftstoff so große Paraffinkristalle gebildet hat, daß er ein genormtes Prüfsieb nicht mehr in der vorgegebenen Zeit durchfließen kann.

1.2 Schmierstoffe

01 Welche Arten von Schmierstoffen unterscheidet man?

Flüssige Schmierstoffe (Öle), halbfeste Schmierstoffe (Schmierfette), feste Schmierstoffe (Graphit, Molybdändisulfid, Talkum).

02 Welche Mineralöle werden im Kraftfahrzeug hauptsächlich verwendet?

Motorenöle, Getriebeöle, Automatik-Getriebe-Öle (SGF) und Hydrauliköle.

03 Wie werden Schmieröle hergestellt?

Durch Vakuum-Destillation von Erdöl und anschließende Reinigung (Raffination) von unerwünschten Bestandteilen durch Lösungsmittel (Säuren und Bleicherde).

04 Welche Aufgaben haben Schmieröle?

Schmieren, Kühlen, Abdichten, Reinigen, vor Korrosion schützen und Geräusche dämpfen.

05 Was versteht man unter der Viskosität der Schmieröle?

Die Zähflüssigkeit der Öle, die sich mit der Temperatur verändert. Sie entspricht der inneren Reibung.

06 Wozu dienen SAE-Viskositätsklassen?

Zur Einteilung der Motorenöle und der Getriebeöle hinsichtlich ihrer Viskositätsbereiche, um die Auswahl für bestimmte Temperaturbereiche zu erleichtern.

07 Welche SAE-Viskositätsklassen gibt es für Getriebeöle?

SAE 80; SAE 90; SAE 80W; SAE 75W-90; SAE 80W-90; SAE 85W-90; SAE 85W-140.

08 Welche SAE-Viskositätsklassen gibt es für Motorenöle?

SAE 5W (Öl für arktische Gebiete), SAE 10W (Winteröl), SAE 20W und SAE 20W/20 (Winteröl), SAE 30 (Sommeröl, über 0 °C), SAE 40 (Sommeröl) und SAE 50 (Öl für heißes Klima und Mischungsöl für Zweitaktmotoren).

09 Was ist ein Mehrbereichsöl?

Ein Motorenöl, das mehr als eine Viskositätsklasse überdeckt; z.B. erfüllt das Mehrbereichsöl 15W-50 die Forderungen an ein SAE 15W-Öl und an ein SAE 50-Öl.

10 Welche Vorteile bieten Mehrbereichsöle?

— Ausreichende Dünnflüssigkeit des kalten Öles beim Starten des Motors
— hohe Temperaturfestigkeit bei starker Beanspruchung (schnelles Fahren im Sommer).

11 Was sind Additive?

Chemische Zusätze, durch die Eigenschaften des Öles verbessert oder unerwünschte Eigenschaften unterdrückt werden können.

12 Welche Aufgaben sollen Additive im Schmieröl erfüllen?

— Verminderung der Temperaturabhängigkeit der Viskosität
— Herabsetzung des Stockpunktes
— Erhöhung der Schmierfilmfestigkeit
— Herabsetzung der Reibung
— Verminderung von Korrosion und Alterung
— Schutz vor Ablagerungen und Umhüllen bzw. Lösen von Verunreinigungen
— Aufbau von dünnen, gleitfähigen Schichten, die metallischen Kontakt verhindern
— Verhüten der Schaumbildung beim Pumpen des Öles.

13 Was sind HD-Öle?

Höher legierte Öle für schwere Beanspruchung (Heavy Duty).

14 Wie wirken Additive zur Verbesserung des Viskositäts-Temperatur-Verhaltens?

Bei niedrigen Öltemperaturen rollen sich ihre langen Molekülketten zusammen und beeinflussen die Zähflüssigkeit des Öles kaum. Mit steigender Öltemperatur strecken sie sich, werden öllöslich, hemmen die Beweglichkeit der Ölmoleküle und gleichen die Viskositätsabnahme damit zum Teil aus.

15 Welche Aufgabe haben Alterungsschutzstoffe in Schmierölen?

Verminderung der Korrosion und der Alterung des Öles, die durch hohe Temperaturen, Sauerstoff und Druck hervorgerufen werden.

16 Welche Aufgaben haben die Schmutzträger in Schmierölen?

Verunreinigungen, z.B. Ruß, zu umhüllen und in fein verteilter Form im Schmieröl in Schwebe zu halten. Dadurch schützen sie vor Ablagerungen bzw. lösen Verunreinigungen.

17 Warum werden Hochdruckzusätze den Schmierölen beigemischt?

EP/AW-Additives (Extreme Pressure, Anti-Wear) sollen den Verschleiß an hochbeanspruchten Motorenteilen, z.B. Nocken, Stößeln, vermindern und in Getrieben ein Verschweißen der Zahnflanken bei hohen Belastungen vermeiden. Sie bauen auf den Gleitflächen dünne aber gleitfähige Schichten auf, die den direkten Kontakt von Metallflächen zueinander verhindern.

18 Was sind ACEA-Spezifikationen?

Kennzeichnungen für Motorenöle durch die Vereinigung der europäischen Automobilkonstrukteure. Nach Bestehen von Testläufen in Motoren erhalten Öle für Ottomotoren den Buchstaben G (G3, G4), für Dieselmotoren den Buchstaben D (D4, D5) und für Pkw-Dieselmotoren die Buchstaben PD (PD2).

19 Wodurch kann Ölverdickung eintreten?

Durch Rußbildung und Oxidation. Gleichzeitig werden leichtflüchtige Bestandteile des Öles verbrannt.

20 Wodurch kann Ölverdünnung eintreten?

Durch Fehler in der Startanreicherung, durch Zündaussetzer, durch schwersiedende Bestandteile in Kraftstoffen und in Motoren, die im Kurzstreckenbetrieb ihre Betriebstemperatur nicht erreichen.

21 Wodurch entsteht Ölverschlammung?

Kondenswasser, Metallabrieb, Kraftstoff, Ruß, Ölkohle, Säure und Staub verursachen Ölverschlammung. Bei Motoren, die mit hohem Luftüberschuß (magerem Gemisch) fahren, kann es zu einer Ölverschlammung durch Stickstoffverbindungen kommen.

22 Was versteht man unter Kaltschlamm?

Eine gräuliche, meist durch Schmutzstoffe versteifte Wasser-Öl-Emulsion. Diese entsteht durch häufigen Wechsel zwischen Kalt- und Heißbetrieb.

23 Was ist der Stockpunkt eines Öles?

Der Temperaturpunkt, bei dem das Öl beim Abkühlen unter bestimmten Prüfbedingungen gerade aufhört zu fließen.

24 Welche Anforderungen müssen Getriebeöle erfüllen?

- Bildung eines Schmierfilmes zur Verhinderung von Zahnflankenberührung und Fressen (hohe Druckaufnahmefähigkeit)
- Verminderung von Reibung und Verschleiß
- gute Wärmestabilität bei hoher Temperatur
- Verhinderung von Korrosion und ungünstigen Einflüssen auf Dichtungsmaterial
- geringe Schaumbildung.

25 Was sind Zweitraffinate?

Grundöle, die aus gebrauchten Motorölen durch Wiederaufarbeiten hergestellt werden. Dabei werden unerwünschte Bestandteile der Altöle wie Schmutzstoffe, Additive, Kraftstoffkondensate und Wasser entfernt.

26 Welche Arten von Getriebeölen gibt es?

- Hochdruck-Getriebeöle (HP-High Pressure)
- Hypoid-Getriebeöle (EP-Extreme Pressure)
- Einlaufhypoid-Getriebeöle
- Schmiermittel für automatische Getriebe (ATF-Automatic Transmission Fluid, SGF-Strömungs-Getriebe-Flüssigkeit).

27 Was sind Hypoid-Getriebeöle?

Hochlegierte Mineralöle für Hypoidachsantriebe, die durch Zusätze ein besonders hohes Druckaufnahmevermögen haben.

28 Welche Anforderungen müssen Automatic Transmission Fluids (ATF) erfüllen?

Alle Anforderungen, die an ein vollwertiges Hydrauliköl gestellt werden:

Geringe Viskosität, gutes Kälteverhalten, günstiges Viskositäts-Temperatur-Verhalten, geringe Schaumneigung, ausreichende Druckaufnahmefähigkeit und hohe Oxidationsbeständigkeit.

29 Wie werden Schmierfette meist hergestellt?

Fettstoffe werden mit einem Verseifungsmittel, z.B. Lauge, zu Seife verkocht. Die Seife wird mit einem Grundöl zu Schmierfett vermischt.

30 Was gibt der Tropfpunkt von Schmierfetten an?

Die Temperatur, bei der sich Fett unter bestimmten Prüfbedingungen verflüssigt und abzutropfen beginnt.

2 Motor

01 Welche Verbrennungsmotoren unterscheidet man hinsichtlich Gemischbildung und Zündung?

— Ottomotoren
— Dieselmotoren.

02 Was versteht man unter äußerer bzw. innerer Gemischbildung?

Äußere Gemischbildung:

Das Kraftstoff-Luft-Gemisch wird außerhalb des Verbrennungsraumes gebildet.

Innere Gemischbildung:

Das Kraftstoff-Luft-Gemisch wird im Verbrennungsraum gebildet.

03 Wie unterscheiden sich Viertaktmotoren und Zweitaktmotoren hinsichtlich des Gaswechsels?

— Viertaktmotoren haben einen geschlossenen (getrennten) Gaswechsel
— Zweitaktmotoren haben einen offenen Gaswechsel.

04 Was versteht man
a) unter einem offenen,
b) unter einem geschlossenen Gaswechsel?

Unter Gaswechsel versteht man das Entleeren des Zylinders von verbrannten Gasen und das darauffolgende Füllen des Zylinders mit Frischgasen.

a) Beim offenen Gaswechsel werden die verbrannten Gase durch die einströmenden Frischgase ausgestoßen (Gase berühren sich)
b) beim geschlossenen Gaswechsel werden die verbrannten Gase durch den aufwärtsgehenden Kolben ausgestoßen und erst danach werden die Frischgase durch den abwärtsgehenden Kolben angesaugt (Gase berühren sich nicht).

05 Wodurch unterscheiden sich Otto- und Dieselmotoren hinsichtlich der Zündung?

Die Verbrennung des Kraftstoff-Luft-Gemisches wird bei Ottomotoren durch Fremdzündung, bei Dieselmotoren durch Selbstzündung eingeleitet.

06 Wie teilt man Verbrennungsmotoren nach der Zylinderanordnung ein?

In Reihenmotoren, Boxermotoren und V-Motoren.

Reihenmotor

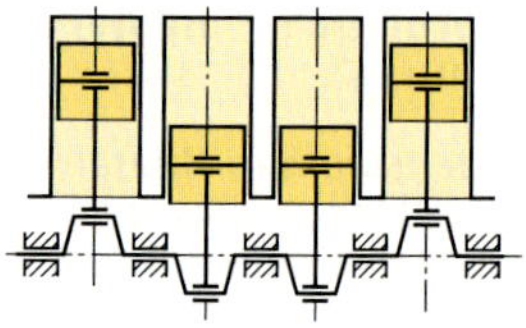

Boxermotor

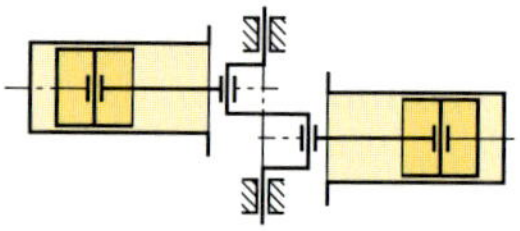

V - Motor

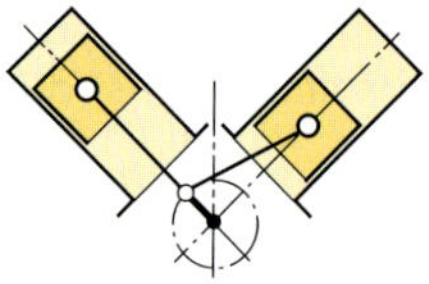

07 Welche Verbrennungsmotoren unterscheidet man nach der Kolbenbewegung?

Hubkolbenmotoren und Rotationskolbenmotoren.

08 Wodurch unterscheiden sich Hubkolbenmotoren von Rotationskolbenmotoren?

Der Weg des Kolbens in Hubkolbenmotoren ist geradlinig, d.h. die hin- und hergehende Bewegung des Kolbens muß durch einen Kurbeltrieb in eine Drehbewegung umgewandelt werden. In Rotationskolbenmotoren bewegt sich der Kolben auf einer kreisförmigen Bahn.

2.1 Otto-Viertaktmotor

2.1.1 Aufbau und Arbeitsweise

01 Aus welchen Baugruppen und Hilfseinrichtungen besteht der Otto-Viertaktmotor?

Aus Motorgehäuse, Kurbeltrieb, Motorsteuerung, Gemischbildungsanlage und Hilfseinrichtungen wie Zündanlage, Motorschmierung, Motorkühlung, Auspuffanlage.

02 Aus welchen Bauteilen besteht das Motorgehäuse?

Aus Zylinderkopfhaube, Zylinderkopf, Zylinder, Kurbelgehäuse, Ölwanne.

03 Welche Aufgaben hat der Kurbeltrieb?

Er wandelt die hin- und hergehende geradlinige Bewegung des Kolbens in eine Drehbewegung an der Kurbelwelle um. Dabei wird an der Kurbelwelle ein Drehmoment erzeugt.

04 Was versteht man unter einem Arbeitsspiel des Viertaktmotors?

Den Ablauf der vier Takte Ansaugen, Verdichten, Arbeiten und Ausstoßen.

05 Welche Vorgänge spielen sich im Zylinder beim Ansaugen ab?

Beim Abwärtsgehen des Kolbens entsteht infolge Raumvergrößerung ein Unterdruck von 0,1 bar bis 0,3 bar; durch das geöffnete Einlaßventil (EV) strömt Kraftstoff-Luft-Gemisch in den Zylinder, wo es sich bei betriebswarmem Motor auf etwa 100 °C erwärmt; dabei vergast der Kraftstoff teilweise. 35° bis etwa 90° nach UT schließt das EV.

06 Warum schließt das Einlaßventil erst 35° bis etwa 90° nach UT?

Um die Strömungsenergie auszunützen und eine möglichst gute Füllung des Zylinders mit Kraftstoff-Luft-Gemisch zu erreichen.

07 Was versteht man unter Füllung des Zylinders?

Die Masse der Frischgase, die während des Ansaugtaktes in den Zylinder einströmt. Sie erreicht ohne Aufladung etwa 80% des Gasgewichtes, das dem Hubraum entspricht.

08 Warum kann eine 100prozentige Füllung des Zylinders ohne Aufladung nicht erreicht werden?

Weil die Füllung beeinträchtigt wird durch
- Strömungswiderstände im Ansaugrohr
- Massenträgheit des Kraftstoff-Luft-Gemisches
- kurze Öffnungszeit des Einlaßventiles
- Erwärmung des Gemisches im Ansaugrohr und im Zylinder.

09 Was versteht man unter dem Verdichtungsverhältnis eines Motors?

Das Verhältnis von maximalem Verbrennungsraum (Hubraum + Verdichtungsraum) zu minimalem Verbrennungsraum (Verdichtungsraum). Es gibt an, wievielmal der Verdichtungsraum (Kolben in OT) im maximalen Verbrennungsraum (Kolben in UT) enthalten ist.

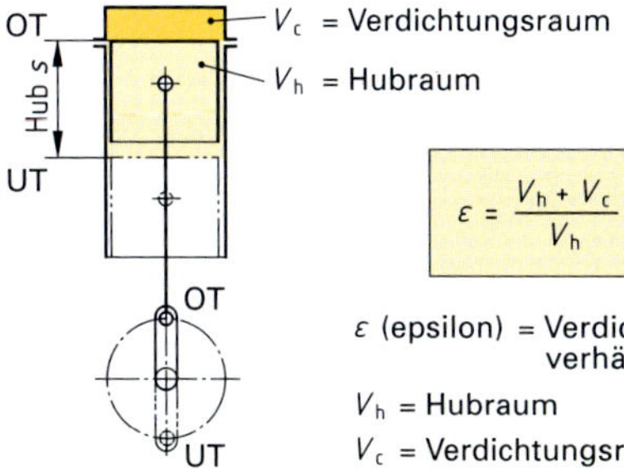

$$\varepsilon = \frac{V_h + V_c}{V_h}$$

ε (epsilon) = Verdichtungsverhältnis
V_h = Hubraum
V_c = Verdichtungsraum

10 Warum wird das Kraftstoff-Luft-Gemisch vor der Verbrennung verdichtet?

Der Temperaturanstieg bewirkt eine bessere Vergasung und Verwirbelung des Kraftstoffes mit der Luft, der Druckanstieg erhöht die Motorleistung.

11 Welche Vorgänge spielen sich im Zylinder beim Verdichten ab?

Bewegt sich bei geschlossenen Ventilen der Kolben von UT in Richtung OT, so wird das Kraftstoff-Luft-Gemisch auf 1/6 bis 1/10 des maximalen Verbrennungsraumes (Hubraum + Verdichtungsraum) verdichtet. Durch die entstehende Verdichtungswärme steigt die Temperatur des Gemisches auf 400 °C bis 500 °C; der Druck kann bis auf 18 bar ansteigen. Während der Verdichtung vergast der Kraftstoff vollständig und mischt sich innig mit der Luft.

12 Warum kann das Verdichtungsverhältnis nicht beliebig erhöht werden?

Weil dadurch auch die Verdichtungsendtemperatur erhöht wird. Diese darf jedoch die Selbstzündungstemperatur des Kraftstoff-Luft-Gemisches nicht überschreiten, da sonst Selbstzündung eintritt.

13 Was versteht man unter Klopfen beim Ottomotor?

Wenn sich das Kraftstoff-Luft-Gemisch neben der vom Zündfunken eingeleiteten Verbrennung von selbst entzündet. Die dabei zu schnell ablaufende Verbrennung führt zu überhöhten Drücken, verbunden mit harten, schlagartigen Klopfgeräuschen.

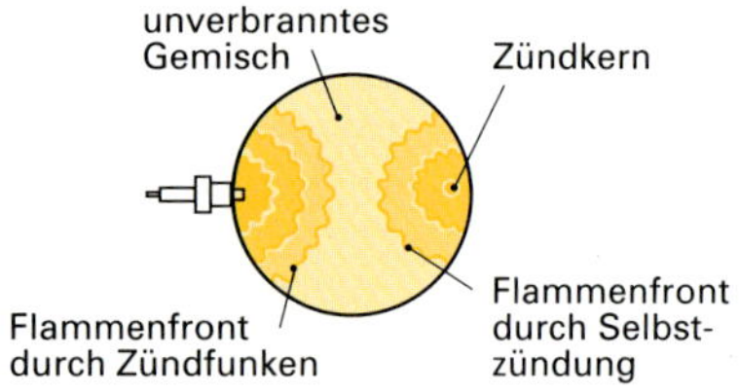

Klopfende Verbrennung im Zylinder

14 Welche Ursachen kann das Klopfen beim Ottomotor haben?

Kraftstoff mit zu geringer ROZ oder MOZ, Kraftstoff mit zu großem Unterschied zwischen ROZ und MOZ, zu große Frühzündung, ungleichmäßige Gemischverteilung, schlechte Wärmeabfuhr (z.B. Ölkohleablagerung).

15 Welche Auswirkungen kann klopfende Verbrennung auf den Motor haben?

Leistungsminderung, Lagerschäden, Überhitzung des Motors, Durchbrennen der Kolbenböden und Ventile, Kolbenfresser, erhöhte Stickoxidwerte.

16 Wie entsteht Glühzündung?

Sie wird durch glühende Teile im Verbrennungsraum ausgelöst, schon bevor die eigentliche Entzündung des Kraftstoff-Luft-Gemisches durch den Zündfunken eintritt.

17 Welche Vorgänge spielen sich im Zylinder während des Arbeitstaktes ab?

Einleitung der Verbrennung durch den Zündfunken je nach Motordrehzahl zwischen 0° und etwa 40° vor OT. Schnelle Verbrennung mit Höchsttemperaturen von 2000 °C bis 2500 °C, dadurch Drucksteigerung auf Verbrennungshöchstdruck von 30 bar bis 60 bar. Der Kolben wird zum UT getrieben, dabei Druckabfall auf etwa 5 bar bis 3 bar und Absinken der Gastemperatur auf etwa 800 °C.

18 Warum muß der Zündfunke an den Elektroden der Zündkerze schon vor OT überspringen?

Da die Zeit bis zur vollen Entwicklung der Flammenfront etwa 1/1000 Sekunde beträgt, muß die Verbrennung so rechtzeitig eingeleitet werden, daß der Verbrennungshöchstdruck kurz nach OT auf den Kolben wirkt.

19 Welche Vorgänge spielen sich im Zylinder während des Ausstoßens ab?

Um den Kurbeltrieb zu entlasten, öffnet das Auslaßventil (AV) etwa 40° bis 90° vor UT bei einem Gasdruck von etwa 5 bar bis 3 bar. Die Abgase puffen mit sehr hoher Geschwindigkeit aus dem Zylinder; der aufwärtsgehende Kolben schiebt den Abgasrest bei einem Staudruck von etwa 0,2 bar aus; das AV schließt bis 50° nach dem OT.

20 Welche Energieumformungen finden während des Arbeitstaktes statt?

Die im Kraftstoff gespeicherte chemische Energie wird bei der Verbrennung in Wärmeenergie und diese über den Gasdruck auf den Kolben im Kurbeltrieb in mechanische Energie umgewandelt.

21 Mit welcher Geschwindigkeit breitet sich die Flammenfront bei der Verbrennung aus?

Mit im Mittel 20 m/s bis 40 m/s, bei klopfender Verbrennung mit 300 m/s bis 500 m/s.

2.1.2 Arbeitsdiagramm, Steuerdiagramm

01 Was wird in dem Arbeitsdiagramm eines Viertaktmotors dargestellt?

Der Druckverlauf während der 4 Hübe eines Arbeitsspieles über dem Kolbenweg.

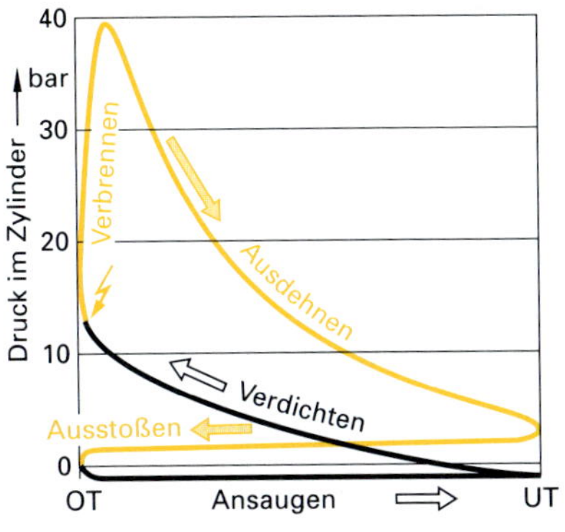

Arbeitsdiagramm eines Otto-Viertaktmotors

02 Welche Fehler des Motors lassen sich aus dem Arbeitsdiagramm ablesen?

Größere Abweichungen vom normalen Druckverlauf lassen Fehler in der Gemischbildung, Zündeinstellung und Kompression sowie vor allem auch Klopferscheinungen erkennen.

03 Was wird in dem Steuerdiagramm eines Viertaktmotors dargestellt?

Die Öffnungs- und Schließzeiten der Ventile und die Ventilüberschneidung. Im Steuerdiagramm eines Ottomotors wird meist auch der Zündzeitpunkt und in dem eines Dieselmotors der Einspritzbeginn eingetragen.

04 Was versteht man unter der Ventilüberschneidung?

Die Einlaß- und Auslaßventile eines Zylinders sind gleichzeitig geöffnet, d.h. während des Überganges vom Ausstoßtakt zum Ansaugtakt öffnet das EV schon vor OT, während das AV erst nach OT geschlossen wird.

05 Welche Auswirkungen hat die Ventilüberschneidung?

Durch die Überschneidung der Ventilzeiten wird die Entleerung und Kühlung des Verbrennungsraumes gefördert sowie die Füllung verbessert.

06 Warum bezeichnet man das dargestellte Steuerdiagramm als unsymmetrisch?

Weil die Winkel $\alpha_{Eö}$ und α_{As} bzw. α_{Es} und $\alpha_{Aö}$ ungleich groß sind.

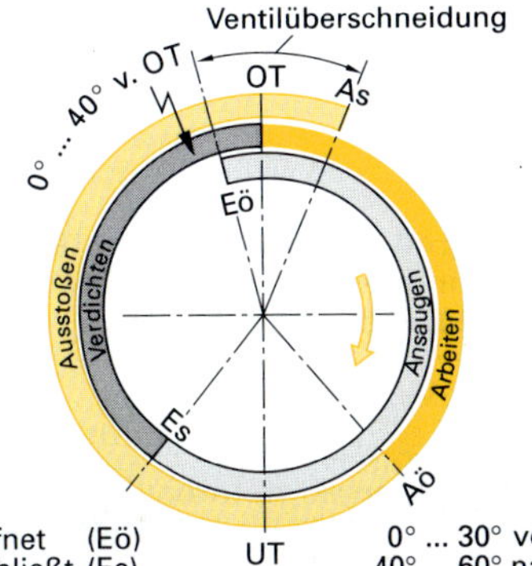

EV öffnet	(Eö)	0° ... 30° vor OT
EV schließt	(Es)	40° ... 60° nach UT
AV öffnet	(Aö)	40° ... 60° vor UT
AV schließt	(As)	5° ... 30° nach UT

2.1.3 Zylindernumerierung, Zündfolgen, Kolbengeschwindigkeit

01 Wie erfolgt die normgerechte Zylindernumerierung bei Reihenmotoren?

Die Zählung der Zylinder beginnt auf der Seite, die der Kraftabgabe (Schwungrad) gegenüberliegt; die Reihe wird durchgezählt.

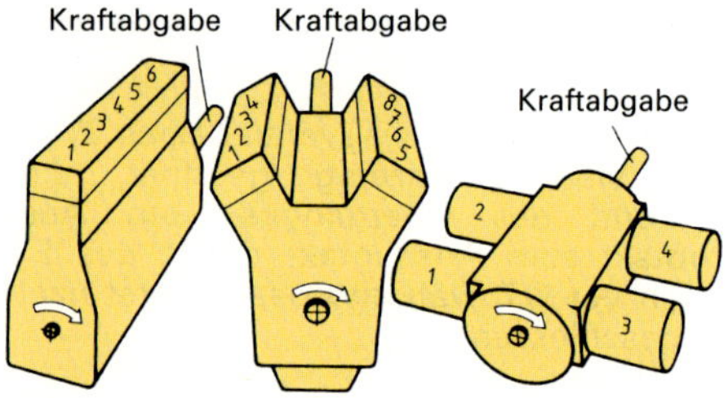

02 Wie ist die Zylindernumerierung bei V- und Boxermotoren festgelegt?

Man beginnt mit dem Zylinder der linken Zylinderreihe, der der Kraftabgabeseite gegenüberliegt; jede Reihe wird durchgezählt.

03 Welche Zündfolgen werden bei Vierzylinder- und Sechszylinder-Viertakt-Reihenmotoren angewendet?

Bei Vierzylinder-Reihenmotoren meistens 1 – 3 – 4 – 2, seltener 1 – 2 – 4 – 3;

bei Sechszylinder-Reihenmotoren meistens 1 – 5 – 3 – 6 – 2 – 4.

04 Wie groß ist der Zündabstand bei Einzylinder-, Vierzylinder- und Sechszylinder-Viertaktmotoren?

Einzylinder-Viertaktmotoren:
720° / 1 = 720° Kurbelwinkel

Vierzylinder-Viertaktmotoren:
720° / 4 = 180° Kurbelwinkel

Sechszylinder-Viertaktmotoren:
720° / 6 = 120° Kurbelwinkel.

05 Warum baut man Mehrzylindermotoren?

Der Motorlauf ist ruhiger und das Drehmoment gleichförmiger, da die Arbeitstakte in geringem Abstand aufeinander folgen.

06 Wie wird der gleichmäßige Zündabstand bei Mehrzylindermotoren erreicht?

Durch entsprechende Zylinderanordnung und die dazu passende Lage der Kurbelkröpfungen zueinander.

07 Was versteht man unter der mittleren Kolbengeschwindigkeit?

Sie ist ein Mittelwert, der sich ergibt, wenn man den Kolbenweg (Hub) durch die Zeit teilt, die der Kolben benötigt, um den Hub zurückzulegen.

08 In welchem Fall hat der Kolben seine größte Geschwindigkeit?

Sie ist am größten, wenn Pleuelstange und Kurbelwelle etwa einen rechten Winkel bilden (1,6fache mittlere Kolbengeschwindigkeit), in den beiden Totpunkten OT und UT ist sie gleich Null.

09 Warum soll bei Serienmotoren die mittlere Kolbengeschwindigkeit 16 m/s nicht überschreiten?

Weil bei hohen Kolbengeschwindigkeiten der Kurbeltrieb und die Lager durch große Massenkräfte stark beansprucht werden und der Verschleiß an Kolben und Zylinderlaufbahn wegen unzureichender Schmierung vergrößert wird (Reißen des Schmierfilmes, Gefahr des Kolbenfressens).

10 Wodurch kann man trotz hoher Motordrehzahlen die mittlere Kolbengeschwindigkeit niedrig halten?

Durch den Bau von Kurzhubmotoren; der Kolbenhub ist kleiner als der Durchmesser.

2.1.4 Motorkennlinien, Hubraumleistung, Leistungsgewicht

01 Nach welchen Kennlinien und Angaben kann die Beurteilung eines Motors erfolgen?

Nach Kennlinien für Drehmoment, Leistung und spezifischen Kraftstoffverbrauch (Vollast-, Teillastkennlinien) sowie nach Angaben über Hubraumleistung und Leistungsgewicht des Motors.

02 Was gibt der spezifische Kraftstoffverbrauch an?

Er gibt an, wieviel Gramm Kraftstoff der Motor benötigt, um 1 Stunde lang eine Leistung von 1 kW abzugeben.

03 In welchem Drehzahlbereich ist bei Vollast der spezifische Kraftstoffverbrauch am günstigsten?

Im mittleren Drehzahlbereich in der Nähe des maximalen Drehmomentes.

04 Wie groß sind in dem dargestellten Diagramm Drehmoment, Leistung und spezifischer Kraftstoffverbrauch bei einer Drehzahl von 5000 1/min?

Drehmoment	95 Nm
Leistung	60 kW
spezifischer Kraftstoffverbrauch	380 g/kWh.

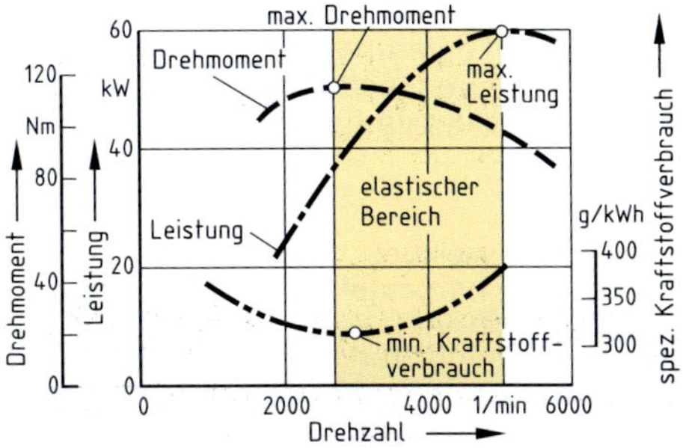

05 Warum ist das vom Motor abgegebene Drehmoment nicht über den ganzen Drehzahlbereich gleichbleibend?

Im unteren Drehzahlbereich sinkt das Drehmoment gegenüber dem maximalen Drehmoment ab aufgrund der Leerlaufverluste und der größeren Wärmeverluste, im oberen Drehzahlbereich sinkt das Drehmoment gegenüber dem maximalen Drehmoment ab wegen geringerer Füllung.

06 Was versteht man unter dem elastischen Bereich eines Motors?

Den Drehzahlbereich zwischen maximalem Drehmoment und maximaler Leistung.

07 Was versteht man unter der größten Nutzleistung des Motors?

Die größte Leistung, die der serienmäßige Motor als Dauerleistung an die Kupplung abgeben kann. Sie wird stets mit der zugehörigen Drehzahl angegeben.

08 Was versteht man unter dem Leistungsgewicht des Motors?

Es gibt an, welches Baugewicht (Masse) der Motor je 1 kW größter Nutzleistung hat.

09 Was versteht man unter der Hubraumleistung eines Motors?

Die Hubraumleistung gibt die größte Nutzleistung an, welche der Motor je Liter Hubraum hat. Sie kann durch Vergrößerung der Füllung (Vorverdichten der Frischgase durch Aufladung) beträchtlich gesteigert werden.

10 Wozu dienen Angaben über Hubraumleistung und Leistungsgewicht?

Sie liefern Vergleichszahlen, um Motoren und Fahrzeuge verschiedener Bauarten und Größen miteinander vergleichen zu können.

2.1.5 Kolben

01 Welche Aufgaben hat der Kolben?

— Verbrennungsraum gegen das Kurbelgehäuse beweglich abschließen und abdichten
— Gasdruck aufnehmen und über Kolbenbolzen und Pleuelstange als Drehkraft an die Kurbelwelle weitergeben
— Wärmemenge, die bei der Verbrennung aufgenommen wurde, an die gekühlte Zylinderwand abgeben.

02 Wie groß ist etwa die mechanische Belastung des Kolbenbodens?

Der Verbrennungshöchstdruck beträgt 30 bar bis 60 bar, das entspricht bei einem Kolbendurchmesser von 80 mm einer Kolbenkraft von etwa 15000 N bis 30000 N.

03 Wodurch versucht man das wechselseitige Kolbenkippen zu vermindern?

Durch Verkleinerung des Einbauspieles und durch Versatz des Kolbenbolzens aus der Kolbenachse um etwa 0,5 mm bis 1,5 mm (Desachsierung).

04 Welchen Beanspruchungen ist der Kolben im Betrieb ausgesetzt?

— Mechanischen Beanspruchungen
— thermischen Beanspruchungen
— chemischen Beanspruchungen.

05 Welchen mechanischen Beanspruchungen ist der Kolben im Betrieb ausgesetzt?

— Kolbenkraft, die Kolbenboden und Bolzennaben beansprucht
— Seitenkräften, die wechselweise den Kolbenschaft beanspruchen
— Reibungskräften, die Kolbenschaft, Kolbenringnuten und Bolzennaben beanspruchen
— Massenkräften, die Bolzennaben beanspruchen.

06 Wie hoch können die Temperaturen am Kolben sein?

Am Kolbenboden beträgt die Betriebstemperatur bis 350 °C, in der Kolbenringzone bis 260 °C und am Kolbenschaft bis 150 °C.

07 Warum werden Kolben oft mit ovalem Querschnitt oder mit kegeliger Kolbenringzone hergestellt?

Um die unterschiedlichen Wärmedehnungen auszugleichen, die sich durch die verschiedenen Betriebstemperaturen der einzelnen Bereiche des Kolbens und durch eingegossene Stahlstreifen ergeben.

08 Wodurch kann das Kolbenspiel klein gehalten werden?

— Durch Auswahl der Kolbenlegierung
— durch besondere Formgebung (kegelig, ballig und oval)
— durch eingegossene Stahlstreifen (Bimetall-Wirkung).

09 Welche Eigenschaften werden von einem Kolbenwerkstoff verlangt?

Geringe Dichte; hohe Festigkeit; gute Wärmeleitfähigkeit; geringe Wärmedehnung; große Verschleißfestigkeit; gute Gieß- oder Schmiedbarkeit, gute spanende Bearbeitbarkeit.

10 Welche Kolbenlegierungen werden heute vor allem verwendet?

Aluminium-Legierungen, die neben einem hohen Siliciumgehalt auch Kupfer, Nickel und Magnesium enthalten.

11 Nach welchen Verfahren werden Kolben hergestellt?

Im Kokillenguß für serienmäßige Fahrzeugmotoren; gepreßt oder geschmiedet für Renn- und Sportmotoren.

12 Warum werden Kolben fast ausschließlich aus Al-Legierungen hergestellt?

Wegen ihrer geringen Dichte und wegen ihrer guten Wärmeleitfähigkeit.

13 Welche Bereiche unterscheidet man am Kolben?

Kolbenboden, Kolbenringzone, Kolbenschaft, Bolzennaben (Bolzenaugen).

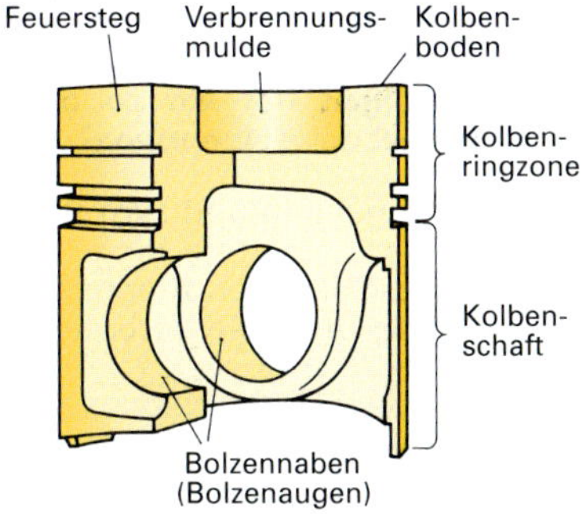

14 Wo ist der auf dem Kolbenboden angegebene größte Kolbendurchmesser zu messen?

Am Schaftende senkrecht zur Bolzenachse.

15 Welches sind die wichtigsten Kolbenabmessungen?

Kolbendurchmesser, Kolbenhöhe, Kompressionshöhe, Bolzennabenabstand, Bolzennabendurchmesser.

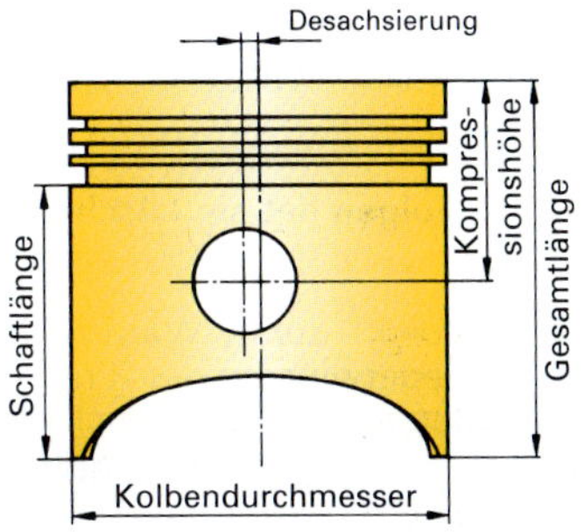

16 Was versteht man unter der Kompressionshöhe?

Das Maß von Mitte Kolbenbolzennabe bis Kolbenbodenkante.

17 Welche Arten von Regelkolben werden heute verwendet ?

Ringstreifenkolben; Stahlstreifenkolben; Segmentstreifenkolben; Schlitzmantelkolben.

18 Welche Arten von Stahlstreifenkolben gibt es?

— Autothermik-Kolben
— Autothermatik-Kolben.

19 Wodurch unterscheiden sich Autothermik- und Autothermatik-Kolben?

Der Autothermik-Kolben ist mit Querschlitzen zwischen Kolbenschaft und Ringzone, der Autothermatik-Kolben dagegen ohne Querschlitze ausgeführt.

20 Erklären Sie die Bimetall-Wirkung am Stahlstreifen-Kolben bei Erwärmung.

Die unterschiedliche Wärmedehnung von Stahl und Leichtmetall im Bereich der Bolzennaben, in dem Stahlstreifen eingegossen sind, hat eine Krümmung nach außen zur Folge. Dadurch verändert sich der Kolbendurchmesser senkrecht zur Bolzenachse nur wenig; die Wärmedehnung wird vorwiegend in Richtung der Kolbenbolzenachse gelenkt. Dieser Ausdehnung wird durch ovale Bearbeitung bei der Herstellung des Kolbens Rechnung getragen.

21 Warum werden Kolbenlaufflächen mit Schutzschichten versehen?

Um die Einlaufzeiten zu verkürzen und um dabei Notlaufeigenschaften bei vorübergehend gestörter Schmierung zu erzielen.

22 Welche Wirkung haben die Querschlitze im Autothermik-Kolben?

Der Wärmestrom von der Kolbenringzone zum Kolbenschaft wird durch die Querschlitze unterbrochen und zu den Bolzennaben geleitet. Dadurch wird an dieser Stelle die Bimetall-Wirkung zwischen Leichtmetall und eingegossenem Stahlstreifen verstärkt. Querschlitze mindern die Festigkeit.

23 Welche Verfahren werden zum Schutz der Kolbenlaufflächen angewendet?

Plumbal-Verfahren (Verbleien); Stannal-Verfahren (Verzinnen); Grafal-Verfahren (Graphitschicht); überziehen des Kolbenschaftes mit einer Kunststoffschicht (Polyamidschicht); Ferrocoat-Verfahren (Eisenmantel).

24 Was versteht man unter einem „Ferrocoat"-Kolben?

Einen Kolben, dessen Schaft mit dünnen Schichten aus Kupfer, Eisen und Zinn überzogen ist.

25 In welche Zylinder werden „Ferrocoat"-Kolben eingebaut?

In Alusil-Zylinder. Durch die Eisenschicht läuft der Kolben direkt in einem Zylinder aus einer Aluminium-Silicium-Legierung.

26 Welche Gruppen von Kolbenringen gibt es?

Verdichtungsringe und Ölabstreifringe.

27 Welche Aufgaben haben Kolbenringe?

— Abdichten des Verbrennungsraumes gegen das Kurbelgehäuse
— Abgabe der Wärme an die Zylinderwand
— Abstreifen des überschüssigen Öles von der Zylinderwand und Rückführen des Öles in die Ölwanne.

28 Aus welchen Werkstoffen werden Kolbenringe hergestellt?

Aus Gußeisen mit Lamellengraphit, Gußeisen mit Kugelgraphit, hochlegiertem Stahl.

29 Warum wird der oberste Kolbenring häufig hartverchromt?

Weil er der korrodierenden Wirkung der Verbrennungsgase besonders ausgesetzt und am schlechtesten geschmiert ist.

30 Welche Folgen hat ein zu großes axiales Spiel der Kolbenringe?

Es kann zum Verkanten und zum Pumpen der Kolbenringe führen; die Ringe wirken bei stark ausgeschlagenen Ringnuten wie Pumpen, die das Öl in den Verbrennungsraum fördern.

31 Worauf ist beim Einbau des Kolbens in den Zylinder zu achten?

Kolben mit eingebauten Ringen reinigen und einölen; Kolbenringstöße versetzen; mit Ringmanschette Kolbenringe zusammendrücken und Kolben einführen; nach Zusammenbau von Pleuelstange und Kurbelwelle auf gleichmäßig verteiltes Einbauspiel zwischen Feuersteg und Zylinderwand achten.

32 Was versteht man unter dem Stoßspiel bei Kolbenringen?

Das Spiel zwischen den beiden Enden des Kolbenringes bei eingebautem Kolben. Es beträgt 0,2 mm...0,3 mm.

33 Welche Folgen hat ein falsches Stoßspiel?

— Spiel zu klein: durch Wärmedehnung kann die Federwirkung der Ringe behindert werden (Verschleiß, Bruchgefahr).
— Spiel zu groß: schlechte Abdichtung (Gasverluste).

34 Wie kann das Stoßspiel von Kolbenringen überprüft werden?

Vor dem Zusammenbau von Kolben und Kolbenringen werden die Kolbenringe probeweise in die Zylinderbohrung eingesetzt und das Stoßspiel mit einer Fühlerlehre geprüft.

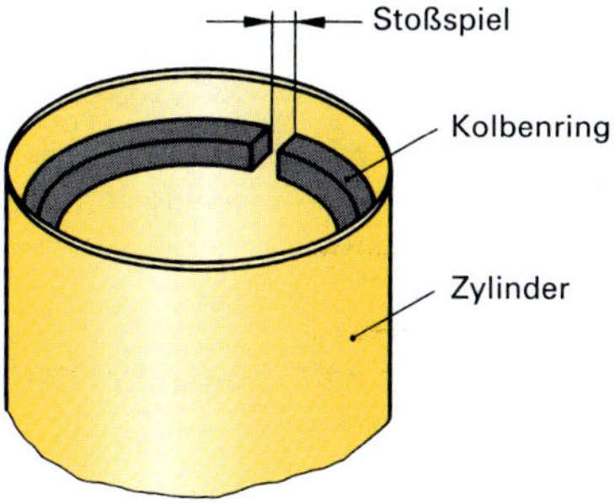

35 Welche Anforderungen werden an den Kolbenbolzen gestellt?

Hohe Formsteifigkeit, Wechselfestigkeit, Zähigkeit und Verschleißfestigkeit; große Oberflächengüte, Randschichthärte und Formgenauigkeit; geringes Gewicht.

36 Warum werden Kolbenbolzen nur in der Randschicht gehärtet?

Um die Verschleißfestigkeit der Oberfläche zu erhöhen, wobei die Zähigkeit des Werkstoffes zur Vermeidung der Bruchgefahr erhalten bleiben muß.

37 Welche Aufgaben haben Kolbenbolzen-Sicherungen?

Sie sollen verhindern, daß sich der Kolbenbolzen bei schwimmender Lagerung verschiebt und die Zylinderwand beschädigt.

38 Bei welchen Kolben muß die Einbaurichtung beachtet werden?

— Bei Kolben mit aus der Mitte versetzter Bolzenachse (desachsierter Kolbenbolzen)
— bei Kolben mit besonderen Kolbenbodenformen
— bei Schlitzmantelkolben.

39 Was ist beim Einbau von Kolben mit desachsierter Kolbenbolzenachse zu beachten?

Sie müssen so eingebaut werden, daß der Kolbenbolzen zur Druckseite hin versetzt ist.

40 Wie wird die Einbaurichtung von Kolben kenntlich gemacht?

Durch Angabe eines Pfeilzeichens (Fahrtrichtung), der Bezeichnung „vorn" oder „Front" oder durch ein Kurbelwellensymbol auf dem Kolbenboden.

41 Wodurch können Kolbenschäden entstehen?

Klopfende Verbrennung bei Ottomotoren, falscher Zündzeitpunkt, Verwendung falscher Zündkerzen, gebrochene Ventilfeder, abgerissenes Ventil, ungenügende oder fehlende Schmierung, Überhitzung der Kolben durch mangelhafte Kühlung, falsches Gemisch, nachtropfende Einspritzdüse, Einbaufehler, falsche Steuerzeiten.

42 Worauf ist bei der Montage von Kolbenringen zu achten?

— Vor Einbau der Ringe Stoßspiel prüfen
— für die Montage immer Kolbenringzange benützen
— keine verchromten Kolbenringe in verchromte Zylinder einbauen
— die mit „TOP" gekennzeichnete Ringflanke muß zum Kolbenboden zeigen
— axiales Spiel in den Ringnuten prüfen.

43 Worauf ist beim Einbau von Kolbenbolzensicherungen zu achten?

— Verwendung von Montagezangen, um Beschädigungen der Bolzennaben zu vermeiden
— vorsichtig zusammendrücken, damit die Vorspannung erhalten bleibt (fester Sitz)
— Bolzensicherung so einsetzen, daß die offene Stelle nach oben oder unten zeigt.

2.1.6 Pleuelstange

01 Welche Aufgaben hat die Pleuelstange?

— Verbindung von Kolben und Kurbelwelle
— umwandeln der geradlinigen Bewegung des Kolbens in eine Drehbewegung der Kurbelwelle
— Übertragung der Kolbenkraft auf die Kurbelwelle und Erzeugung des Drehmoments an der Kurbelwelle.

02 Welchen Beanspruchungen ist die Pleuelstange ausgesetzt?

— Druckkräften in Längsrichtung infolge des Gasdrucks auf den Kolbenboden; dieser beansprucht den Pleuelschaft auch auf Knickung
— Beschleunigungskräften in Form von Zug- und Druckkräften in Längsrichtung infolge wechselnder Kolbengeschwindigkeit
— Biegekräften im Pleuelschaft infolge dauernder Pendelbewegung.

03 Wie werden Pleuelstangen hergestellt?

Sie werden im Gesenk geschmiedet oder aus Gußwerkstoffen gegossen.

04 Aus welchen Werkstoffen werden Pleuelstangen hergestellt?

Vor allem aus legiertem Vergütungsstahl, seltener aus Gußeisen mit Kugelgraphit oder aus Temperguß.

Pleuelstangen für Rennmotoren werden auch aus Titanlegierungen, für kleine schnellaufende Motoren aus Al-Legierungen hergestellt.

05 Warum besitzt der Pleuelschaft meist Doppel-T-Form?

Diese Querschnittsform ergibt eine große Knickfestigkeit bei kleiner Masse.

06 Welche Abschnitte werden an der Pleuelstange unterschieden?

Pleuelauge (Pleuelkopf), Pleuelschaft, Pleuelfuß.

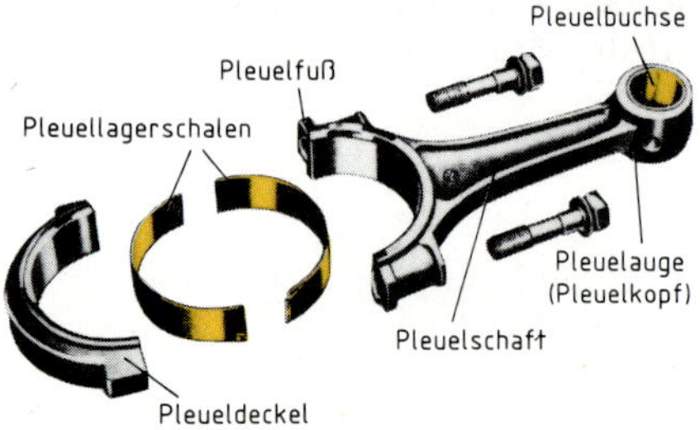

07 Wie kann der Kolbenbolzen im Pleuelauge gelagert sein?

— Schwimmend in der Pleuelbuchse, die in das Pleuelauge eingepreßt ist
— eingeschrumpft in das Pleuelauge, wenn er im Pleuelauge festsitzen soll.

08 In welcher Bauform wird der Pleuelfuß meistens ausgeführt?

Als geteiltes Gleitlager, bei dem der Pleueldeckel mit Dehnschrauben auf den Pleuelfuß aufgesetzt wird. In Pleuelfuß und Pleueldeckel werden die Pleuellagerschalen mit Haltenasen oder Haltestiften eingelegt.

09 In welchen Fällen werden Pleuelstangen mit ungeteiltem Pleuelfuß verwendet?

Wenn die Kurbelwelle aus einzelnen Teilen zusammengesetzt ist, z.B. bei Ein- und Zweizylindermotoren und bei Zweitaktmotoren. In diesen Fällen ist das Pleuellager als Wälzlager ausgebildet.

10 Wie wird das Pleuellager im Pleuelfuß geschmiert?

Durch eine Ölbohrung im Kurbelzapfen ist das Pleuellager an den Ölkreislauf des Motors angeschlossen.

11 Wie wird die Pleuelbuchse geschmiert?

Die Pleuelbuchse wird meist mit Spritzöl durch eine Ölbohrung am Pleuelauge geschmiert. Gelegentlich wird die Pleuelbuchse auch durch eine Längsbohrung im Pleuelschaft vom Pleuellager aus mit Schmieröl versorgt.

12 Warum soll beim Aufreiben einer Pleuelbuchse eine Führung verwendet werden?

Weil beim Aufreiben ohne Führung der Reibahle die Bohrung leicht schief werden kann, wodurch dann der Kolben eckt.

13 Warum muß die Parallelität der Achsen von Pleuellager und Pleuelauge geprüft werden?

Weil bei nicht parallelen Achsen von Pleuellager und Pleuelauge starker Verschleiß am Kolben, an der Zylinderwand und im Pleuellager auftritt.

14 Wie erfolgt der Zusammenbau von Kolben und Pleuelstange, wenn der Kolbenbolzen mit Festsitz in den Bolzennaben eingebaut wird?

— Kolben auf einer Heizplatte oder in Öl auf etwa 80 °C erwärmen
— Führungsbolzen zur Zentrierung der Pleuelstange im Kolben durch Bolzennaben und Pleuelbuchse schieben
— gut geölten, kalten Kolbenbolzen zügig einschieben
— Kolbenbolzen-Sicherungen einsetzen.

15 Warum muß die Pleuelstange auf dem Kurbelzapfen seitliches Spiel haben?

Unterschiede in der Wärmeausdehnung von Kurbelwelle und Zylinderblock können sich sonst nicht ausgleichen.

2.1.7 Kurbelwelle

01 Welche Aufgaben hat die Kurbelwelle?

— Aus der Pleuelstangenkraft eine Drehkraft und damit ein Drehmoment erzeugen
— das Drehmoment über das Schwungrad an die Kupplung weiterleiten
— Antrieb von Ventilsteuerung, Ölpumpe, Generator, Zündverteiler, evtl. Kraftstoffpumpe, Einrichtungen zur Kühlung, zur Klimatisierung, der Servolenkung.

02 Welchen Beanspruchungen ist die Kurbelwelle ausgesetzt?

Beanspruchungen auf Verdrehung, auf Biegung, durch Drehschwingungen, an den Lagerstellen zusätzlich auf Verschleiß.

03 Wie werden Kurbelwellen hergestellt?

Sie werden im Gesenk geschmiedet oder aus Gußwerkstoffen gegossen oder sie werden aus Einzelteilen zusammengebaut.

04 Aus welchen Werkstoffen werden Kurbelwellen hergestellt?

Aus Vergütungsstahl, aus Nitrierstahl oder aus Gußeisen mit Kugelgraphit.

05 Warum werden Kurbelwellen aus Stahl im Gesenk geschmiedet?

Weil durch das Schmieden ein günstiger Faserverlauf und ein dichtes, feinkörniges Gefüge von hoher Festigkeit erzielt wird.

06 Wovon hängt die Form der Kurbelwelle ab?

Von Zylinderzahl, Anzahl der Kurbelwellenlager, Größe des Hubes, Anordnung der Zylinder, Zündfolge.

07 Wie ist eine Kurbelwelle aufgebaut?

Sie besteht aus den Wellenzapfen zur Lagerung im Kurbelgehäuse, den Kurbelzapfen zur Aufnahme der Pleuellager und den Kurbelwangen zur Verbindung von Wellenzapfen und Kurbelzapfen. Gegebenenfalls sind an Kurbelwangen gegenüber den Kurbelzapfen Gegengewichte angebracht.

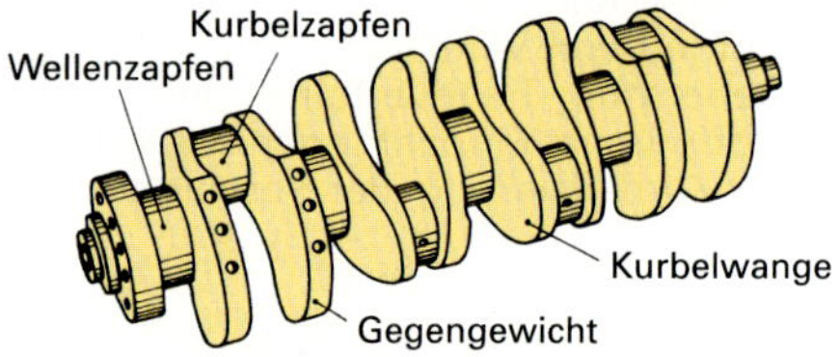

Kurbelwelle für Vierzylinder-Reihenmotor

08 Was sind Kurbelkröpfungen von Parallelzylindern?

Kurbelkröpfungen von Parallelzylindern sind gleichgerichtete, in einer Achse liegende Kurbelkröpfungen, deren zugehörige Kolben im Ablauf des Arbeitsspiels um 360 °KW gegeneinander versetzt sind.

09 Warum müssen Kurbelwellen ausgewuchtet werden?

Weil sonst bei hohen Drehzahlen eine große dynamische Unwucht entstehen kann, wodurch die Kurbelwelle unrund läuft. Kurbelwelle und Lager würden durch diese Unwucht stark belastet.

10 Welche Aufgaben hat das Schwungrad?

- Überwinden der „Leertakte" und Totpunkte mit der während des Arbeitstaktes gespeicherten Energie
- Ausgleich von Drehzahlschwankungen
- Übertragung des Motordrehmoments auf die Kupplung
- Starten des Motors über den Zahnkranz ermöglichen.

11 Wie wird eine dynamische Unwucht an der Kurbelwelle beseitigt?

Werkstoffanhäufungen an der ermittelten Stelle werden abgeschliffen oder durch Ausgleichbohrungen beseitigt.

12 Welche Aufgabe haben Ausgleichwellen in Vierzylinder-Reihenmotoren?

Sie sollen mit ihren Unwuchten die Massenkräfte ausgleichen, die durch die hin- und hergehenden Teile des Kurbeltriebs verursacht werden. Diese können sich bei Vierzylinder-Reihenmotoren weder gegenseitig aufheben noch durch Gegengewichte an der Kurbelwelle aufgehoben werden.

13 Welche Aufgabe hat das Zweimassenschwungrad?

Es soll Drehschwingungen an Kurbelwelle und Schwungrad vom Wechselgetriebe und vom Antriebsstrang fernhalten, da diese Drehschwingungen bei Resonanzdrehzahlen zu Getrieberasseln und Karosseriedröhnen führen können.

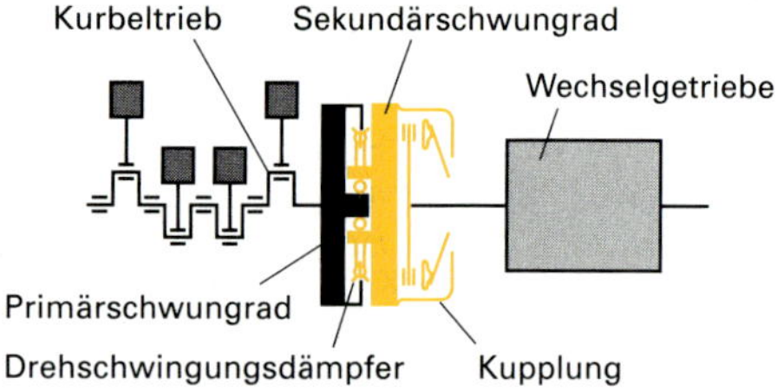

Zweimassen-Schwingungssystem

14 Welche Massen sind im Zweimassen-Schwingungssystem miteinander verbunden?

- Kurbeltrieb und Primärschwungrad
- Sekundärschwungrad und Kupplung
- Drehschwingungsdämpfer als Verbindungsglied zwischen Primärschwungrad und Sekundärschwungrad.

15 Wie ist der Drehschwingungsdämpfer des Zweimassenschwungrades aufgebaut?

Der Drehschwingungsdämpfer besteht aus
- Innendämpfer für Drehschwingungen bei normalem Motorbetrieb
- Außendämpfer für Drehschwingungen beim Starten und Abstellen des Motors und bei untertouriger Motordrehzahl.

16 Wie verläuft der Kraftfluß im Zweimassenschwungrad?

Kurbelwelle — Primärschwungrad — Außendämpfer — Innendämpfer — Sekundärschwungrad — Kupplungsscheibe.

17 Welche Aufgabe hat der Schwingungsdämpfer der Kurbelwelle?

Er soll die durch die Verbrennungsstöße in den einzelnen Zylindern eingeleiteten Drehschwingungen dämpfen.

18 Wie ist ein Dreischichtlager aufgebaut?

- Stahlstützschale als Unterbau des Lagers
- Tragschicht, meist aus einer Kupfer-Blei-Zinn-Legierung, 0,3...1,5 mm dick
- Laufschicht aus einer Blei-Zinn-Legierung (Weißmetall), 0,01...0,03 mm dick
- Nickeldamm zwischen Tragschicht und Laufschicht, etwa 0,001 mm dick.

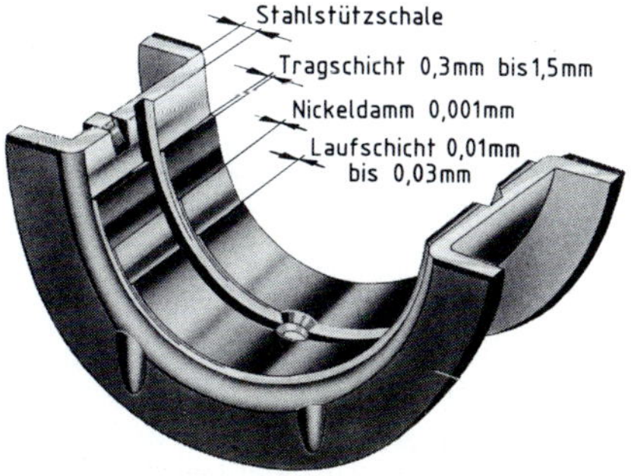

Paßlager als Dreischichtlager

19 Welche besondere Aufgabe hat das Paßlager?

Es soll die axiale Verschiebung der Kurbelwelle begrenzen, die vor allem beim Betätigen der Kupplung erfolgt.

20 Welchen Zweck haben Haltenasen an den Lagerschalen?

Sie verhindern ein Verschieben und Verdrehen der Lagerschale in der Grundbohrung.

21 Wie wird an einem Kurbelwellenlager das radiale Lagerspiel mit Plastigage geprüft?

- Plastigage-Kunststoffaden in axialer Richtung auf den Wellenzapfen legen
- Lagerdeckel aufsetzen und mit dem vorgeschriebenen Drehmoment anziehen
- Lagerdeckel lösen und vorsichtig abnehmen
- Lagerspiel ermitteln durch Vergleich der Breite des gequetschten Kunststoffadens mit der Skale auf der Verpackungstüte.

22 Wodurch wird Ölaustritt zwischen Kurbelwelle und Kurbelgehäuse verhindert?

- Durch Einbau von Radialwellendichtringen
- durch in Nuten eingelegte Gewebeschnüre oder Filzringe
- durch Ölrückfördergewinde und Ölschleuderringe auf der Kurbelwelle.

23 Welche Prüfungen werden an einer ausgebauten Kurbelwelle durchgeführt?

- Verschleiß an Wellenzapfen und Kurbelzapfen prüfen
- Wellenzapfen und Kurbelzapfen auf Rundlauf prüfen
- Kurbelwelle auf Risse prüfen
- Ölbohrungen auf Sauberkeit prüfen.

2.1.8 Zylinder, Zylinderkopf, Kurbelgehäuse

01 Welche Aufgaben haben Zylinder und Zylinderkopf?

— Zusammen mit dem Kolben den Verbrennungsraum bilden
— den hohen Verbrennungsdrücken standhalten
— die aufgenommene Wärme rasch an das Kühlmittel abführen
— der Zylinder dient außerdem der Führung des Kolbens.

02 Welche Eigenschaften sollen die Werkstoffe von Zylinder und Zylinderkopf haben?

— Große Festigkeit und Formsteifigkeit
— gute Wärmeleitfähigkeit
— geringe Wärmeausdehnung
— der Zylinder soll außerdem große Verschleißfestigkeit und gute Gleiteigenschaften haben.

03 Welche Bauform bezeichnet man als Zylinderkurbelgehäuse?

Die Herstellung von Zylinderblock und Kurbelgehäuseoberteil aus einem Stück.

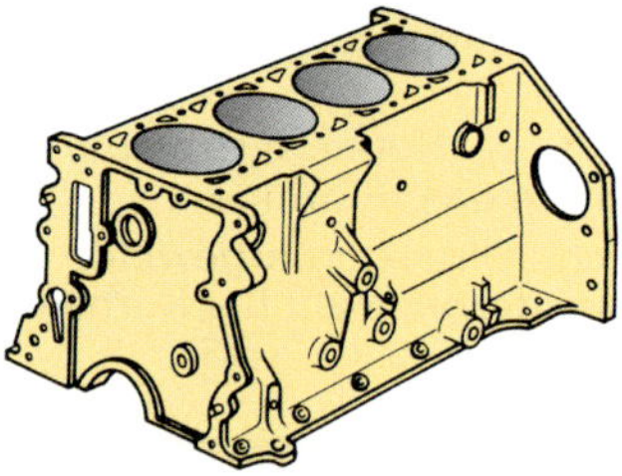

Zylinderkurbelgehäuse

04 Welche Arten von Zylindern unterscheidet man hinsichtlich der Kühlung?

— Flüssigkeitsgekühlte Zylinder
— luftgekühlte Zylinder.

05 Welche Werkstoffe werden für Zylinder flüssigkeitsgekühlter Motoren verwendet?

— Gußeisen mit Lamellengraphit (Grauguß)
— Al-Legierungen.

06 Welche Vorteile haben Zylinderlaufbuchsen?

— Sie sind verschleißfester als Zylinderlaufbahnen gußeiserner Zylinderblöcke
— sie haben daher größere Lebensdauer
— sie können ausgewechselt werden.

07 Welche Arten von Zylinderlaufbuchsen unterscheidet man?

Nasse und trockene Zylinderlaufbuchsen.

08 Woraus werden Zylinderlaufbuchsen hergestellt?

Aus hochwertigem, feinkörnigen Gußeisen im Schleudergußverfahren.

09 Welche Vor- und Nachteile haben nasse Zylinderlaufbuchsen gegenüber trockenen?

Vorteile: gute Kühlung, da direkt von der Kühlflüssigkeit umspült; schadhafte Laufbuchsen können leichter gewechselt werden.

Nachteile: bei schlechter Abdichtung gelangt Kühlmittel in den Verbrennungsraum oder in das Kurbelgehäuse; der Zylinderblock ist nicht so steif.

10 Welche Vor- und Nachteile haben trockene Zylinderlaufbuchsen gegenüber nassen?

Vorteile: keine Abdichtschwierigkeiten, da Laufbuchse nicht direkt von Kühlflüssigkeit umspült; der Zylinderblock ist formsteifer.

Nachteile: Wärmeübergang auf das Kühlmittel nicht so gut; Laufbuchsen können nicht so einfach ausgewechselt werden.

11 Wodurch unterscheiden sich luftgekühlte Zylinder im Aufbau vor allem von flüssigkeitsgekühlten?

— Sie sind zur Vergrößerung der Kühlfläche mit Kühlrippen versehen
— sie sind meist als einzelstehende Rippenzylinder mit dem Kurbelgehäuse verschraubt.

12 Welche Vor- und Nachteile haben Zylinder aus Al-Legierungen gegenüber solchen aus Gußeisen?

Vorteile: gute Wärmeleitfähigkeit; geringes Gewicht.

Nachteile: geringere Festigkeit; schlechtere Gleiteigenschaften der Al-Legierung erfordern besondere Maßnahmen.

13 Mit welchen Verfahren kann man die Verschleißfestigkeit der Zylinderlaufbahn von Zylindern aus Al-Legierungen verbessern?

Mit dem Eisen-Aluminium-Verbundgußverfahren (Alfin-Verfahren), dem Alusil-Verfahren, dem Nikasil-Verfahren, dem Hartverchromen.

14 Wie wird das Alusil-Verfahren durchgeführt?

Nach dem Honen der Zylinderlaufbahn wird durch Ätzen oder Läppen das weiche Aluminium um die Silicium-Kristalle herum abgetragen. Die stehenbleibenden harten Si-Kristalle bilden eine verschleißfeste Laufbahn.

15 Wie wird die Gußeisenbuchse beim Alfin-Verfahren mit dem Al-Zylinder verbunden?

Sie wird mit einer Eisen-Aluminium-Schicht ($FeAl_3$) überzogen; beim Umgießen der Buchse mit der Al-Legierung des Zylinders ergibt die Zwischenschicht aus Eisen-Aluminium eine feste fugenlose Verbindung.

16 Warum werden die Verdichtungsräume der Motoren mit Quetschzonen ausgestattet?

Weil während des Verdichtungstaktes mit Hilfe der Quetschzonen eine besonders intensive Durchmischung von Kraftstoff und Luft erzielt wird und daran anschließend im Arbeitstakt eine schnelle und schadstoffarme Verbrennung.

17 Welchen Beanspruchungen unterliegt die Zylinderkopfdichtung?

— Mechanischer Beanspruchung
— chemischer Beanspruchung
— thermischer Beanspruchung.

18 Welche Aufgaben hat die Zylinderkopfdichtung?

— Verbrennungsräume
— Durchflußkanäle für Kühlflüssigkeit
— Durchflußkanäle für Schmieröl

nach außen und zu den benachbarten Räumen und Kanälen abdichten.

19 Warum muß die Zylinderkopfdichtung stets die vorgeschriebene Dicke haben?

Sonst ändert sich das Verdichtungsverhältnis. Bei zu dünner Zylinderkopfdichtung könnten z.B. Kolben und Ventile beschädigt werden.

20 Worauf ist beim Auswechseln der Zylinderkopfdichtung zu achten?

— Zylinderkopfschrauben nur bei kaltem Motor lösen, um ein Verziehen des Zylinderkopfes zu verhindern
— Dichtflächen von Zylinderkopf und Zylinderblock müssen sauber und eben sein
— stets die vorgeschriebene Zylinderkopfdichtung verwenden
— Zylinderkopfschrauben nach Vorschrift anziehen.

21 Wie ist eine Zylinderkopfdichtung meist aufgebaut?

Ein Trägerblech oder ein Metallgitter ist in eine hitzebeständige Kunststoffmasse eingebettet. Die Oberfläche ist häufig mit einer Antihaftschicht versehen. Die Brennraumaussparungen und auch die anderen Bohrungen sind eingebördelt.

22 Welche Aufgabe hat das Kurbelgehäuse?

Es nimmt die Kurbelwelle auf, gelegentlich auch die Nockenwelle; mit dem Kurbelgehäuse sind die Zylinder verschraubt.

23 Aus welchen Werkstoffen werden Kurbelgehäuse hergestellt?

Aus Gußeisen mit Lamellengraphit (Grauguß) oder aus Leichtmetall-Legierungen.

24 Warum sind Kurbelgehäuse meist geteilt?

Bei geteiltem Kurbelgehäuse kann die Kurbelwelle ohne weitere Zerlegung des Motors nach unten ausgebaut werden.

25 Welchen Vorteil hat ein Zylinder-Kurbelgehäuse?

Es ist besonders formsteif, da Kurbelgehäuseoberteil und Zylinderblock aus einem Stück gegossen sind.

26 Warum muß das Kurbelgehäuse entlüftet werden?

— Zum Ausgleich des entstehenden Überdrucks, der bei Erwärmung des Motors im Kurbelgehäuse entstehen würde
— zur Abführung der vom Verbrennungsraum her durchtretenden Gase
— zur Abführung von Kondenswasser und Kraftstoffteilchen, die aus dem betriebswarmen Motoröl verdampfen.

27 Wie wird das Kurbelgehäuse entlüftet?

Vom Kurbelgehäuse führt eine Rohrleitung zum Luftfilter oder zum Ansaugkrümmer, so daß Gase und Ölnebel, die unverbrannte CH-Verbindungen enthalten, aus dem Kurbelgehäuse in den Verbrennungsraum abgesaugt werden.

28 Warum ist der Verschleiß an der Zylinderlaufbahn im Bereich des oberen Totpunktes am größten?

— Hier ist die Schmierung am schlechtesten
— bei Kaltstart spült niedergeschlagener Kraftstoff den Schmierfilm weg
— die Verbrennungsgase üben schädliche Wirkung aus.

29 Wie kann der Zylinderverschleiß festgestellt werden?

Mit einem Innenmeßgerät. – Unter Oberkante Zylinderbohrung beginnend wird der Zylinderdurchmesser in mehreren Durchgängen in der Richtung der Kolbenbolzenachse und senkrecht dazu ermittelt.

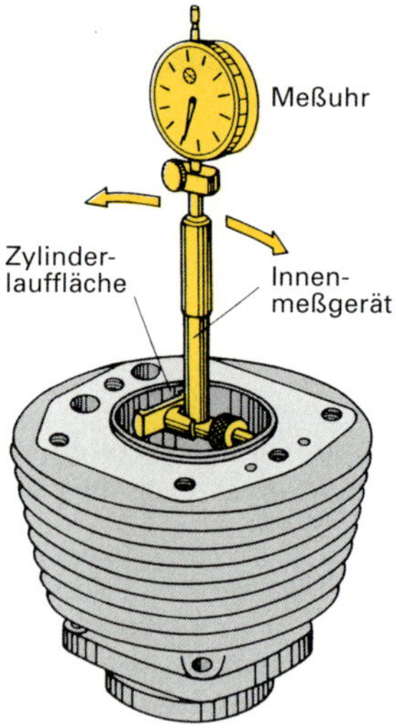

Ausmessen einer Zylinderlauffläche

30 Welche Folgen kann das unsachgemäße Anziehen der Zylinderkopfschrauben haben?

— Verziehen des Zylinderkopfes
— Reißen von Zylinderkopf oder -block
— Abreißen einer Zylinderkopfschraube
— zu große oder zu kleine Flächenpressung an der Zylinderkopfdichtung.

31 Wie müssen die Zylinderkopfschrauben angezogen werden?

In der vorgeschriebenen Reihenfolge und mit dem vorgeschriebenen Drehmoment bzw. den geforderten Winkelgraden.

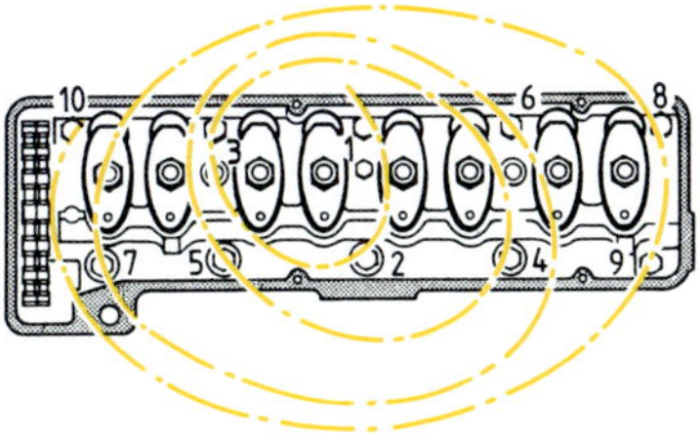

Beispiel für das Anziehen der Zylinderkopfschrauben

32 Welche Messungen werden mit einem Kompressionsdruckprüfer vorgenommen?

Die Kompressionsdrücke der einzelnen Zylinder werden gemessen und verglichen.

33 Worauf ist bei der Prüfung des Kompressionsdruckes zu achten?

— Motor muß Betriebstemperatur haben
— alle Zündkerzen herausschrauben und Motor mit dem Starter kurz durchdrehen
— Gummikonus in Kerzenbohrung drükken
— Drosselklappe voll öffnen und bei jedem Zylinder Motor mit dem Starter um gleiche Anzahl von Kompressionshüben durchdrehen
— Funktion elektronischer Zündanlagen außer Betrieb setzen.

34 Wie sieht das Kompressionsdruck-Diagramm eines einwandfreien Otto-Motors aus?

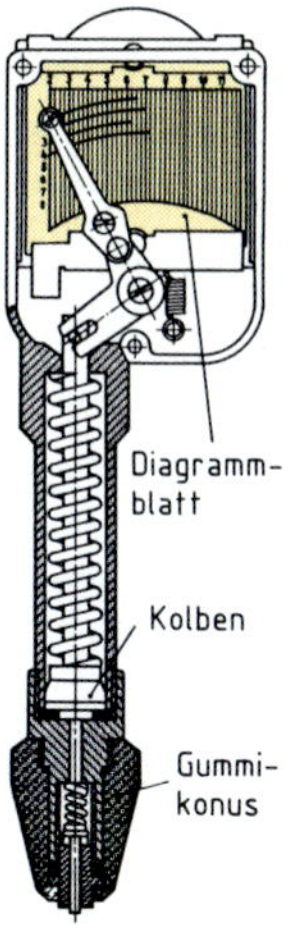

— Die angezeigten Kompressionsdrücke in den einzelnen Zylindern, weichen nur wenig voneinander ab (max. 2 bar)
— die angezeigten Kompressionsdrücke müssen je nach Motor bzw. je nach Fabrikat des Kompressionsdruckprüfers bei Ottomotoren zwischen 6 bar und 12 bar liegen.

35 In welchem Fall wird eine Kompressionsdruckverlust-Prüfung durchgeführt?

Wenn eine Undichtheit in einem Zylinder vermutet wird und lokalisiert werden soll.

36 Wie erfolgt die Prüfung des Kompressionsdruckverlustes?

— Der Kolben des zu prüfenden Zylinders muß in OT des Verdichtungshubes stehen
— der Zylinder wird mit Druckluft von 5 bar bis 10 bar abgedrückt
— der auftretende Druckverlust wird vom Kompressionsdruckverlust-Tester in Prozent angezeigt.

37 Wie wird die Undichtheit eines Zylinders beim Kompressionsdruckverlust-Test ermittelt?

Luftaustritt	Fehlerstelle
— Ansaugkrümmer	Einlaßventil
— Auspuff	Auslaßventil
— Öleinfüllstutzen	Kolbenringe
— Kerzenbohrung des Nachbar-Zylinders oder Kühlwasser-einfüllstutzen	Zylinderkopf bzw. Zylinder oder Zylinderkopfdichtung

2.1.9 Motorsteuerung

01 Welche Aufgaben hat die Motorsteuerung?

Steuerung von Zeitpunkt und Dauer
— des Ansaugens der Frischgase
— des Ausstoßens der Abgase.

02 Wie werden die Zeitpunkte der Motorsteuerung angegeben?

Sie werden als Öffnungs- und Schließpunkte der Ventile in Grad Kurbelwinkel angegeben.

03 Wovon ist die Öffnungszeit eines Ventils abhängig?

Vom Öffnungswinkel des Ventils in Grad Kurbelwinkel und von der Motordrehzahl.

04 Wie groß ist die Übersetzung von der Kurbelwelle zur Nockenwelle?

2 : 1. Die Drehzahl der Kurbelwelle ist doppelt so groß wie die der Nockenwelle.

05 Welche Motoren werden nach der Anordnung der Nockenwelle unterschieden?

— sv-Motoren
— ohv-Motoren
— cih-Motoren.
— ohc-Motoren
— dohc-Motoren

06 Was versteht man unter einem ohc-Motor?

ohc = overhead camshaft, ein Motor, dessen Nockenwelle über dem Zylinderkopf liegt.

07 Was versteht man unter einem cih-Motor?

cih = camshaft in head. Die Nockenwelle des Motors ist im Zylinderkopf angeordnet.

08 Wie werden die Ventile geöffnet bzw. geschlossen?

Geöffnet werden die Ventile mit Hilfe von Übertragungsgliedern (z.B. Stößel) durch die Nocken der Nockenwelle.

Geschlossen werden die Ventile durch die Federkraft der Ventilfedern.

09 Welche Motoren unterscheidet man nach der Anordnung der Ventile?

— Obengesteuerte Motoren
— untengesteuerte Motoren.

10 Was versteht man unter einem obengesteuerten Motor?

Die Schließbewegung der Ventile erfolgt gleichsinnig mit der Kolbenbewegung in Richtung OT. Obengesteuerte Motoren haben hängende Ventile.

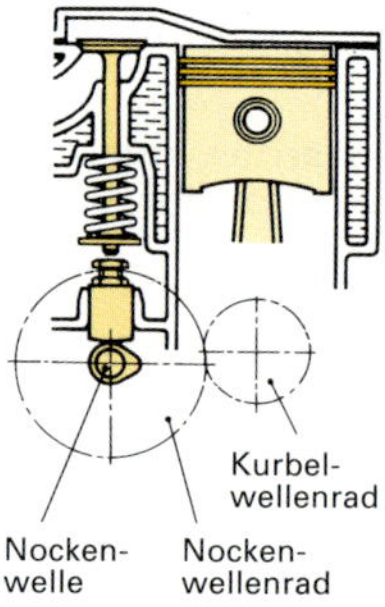

untengesteuerter Motor

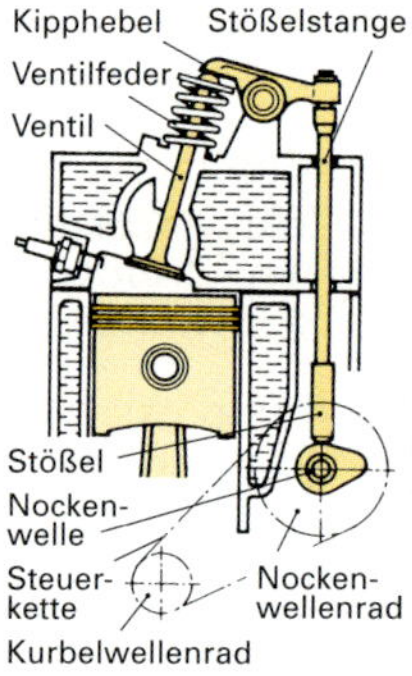

Beispiel für obengesteuerten Motor

11 Was versteht man unter einem untengesteuerten Motor?

Die Schließbewegung der Ventile erfolgt gleichsinnig mit der Kolbenbewegung in Richtung UT. Untengesteuerte Motoren haben stehende Ventile.

Wegen der ungünstigen Form des Verdichtungsraumes werden solche Motoren im Kfz-Bau nicht mehr verwendet.

12 Welchen Beanspruchungen sind die Ventile ausgesetzt?

— Mechanischer Beanspruchung durch Aufschlagen des Ventiltellers auf den Ventilsitz und durch Verschleiß am Ventilschaft und am Schaftende
— thermischer Beanspruchung beim Einlaßventil bis etwa 500 °C, beim Auslaßventil bis etwa 800 °C
— Beanspruchung durch Korrosion.

13 Was sind Bimetallventile?

Ventile, die aus zwei verschiedenen Stählen stumpf zusammengeschweißt sind.

14 Welche Vorteile haben Bimetallventile?

— Der obere, gehärtete Teil des Ventilschaftes hat gute Gleiteigenschaften
— der untere Teil des Ventilschaftes und der Ventilteller sind besonders warmfest, korrosions- und zunderbeständig.

15 Warum verwendet man oft natriumgefüllte Auslaßventile?

Natrium schmilzt schon bei 97 °C und hat eine gute Wärmeleitfähigkeit. Durch das Umherschleudern des flüssigen Natriums wird die Wärme schneller vom Ventilteller zum Ventilschaft abgeleitet und die Temperatur des Ventiltellers um etwa 100 °C gesenkt.

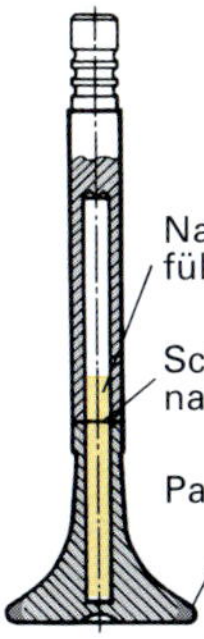

Natriumgefülltes Bimetallventil

16 Was versteht man unter einem gepanzerten Ventil?

Am Sitz des Ventiltellers ist eine verschleiß- und korrosionsfeste Kobalt- oder Nickel-Legierung aufgeschweißt.

17 Welche Folgen hat zu kleines Ventilspiel?

— Ventil öffnet zu früh, schließt zu spät
— Ventil schließt in warmem Zustand evtl. nicht mehr dicht
— an Ventiltellern, die auf ihrem Sitz nicht aufliegen, wird die Wärme nur ungenügend abgeleitet, das Ventil verbrennt
— Gasverluste beim Verdichten haben geringeren Verdichtungsenddruck und damit Leistungsverlust zur Folge
— am nicht dicht schließenden Einlaßventil können Flammen in den Ansaugkrümmer zurückschlagen
— am nicht dicht schließenden Auslaßventil wird Abgas angesaugt.

18 Welche Folgen hat zu großes Ventilspiel?

— Ventil öffnet zu spät, schließt zu früh
— schlechte Füllung und Leistung wegen zu geringer Öffnungszeit und zu kleinem Öffnungsquerschnitt
— starke Ventilgeräusche; höhere mechanische Beanspruchung des Ventils.

19 Welche Wirkung hat die Ventildrehvorrichtung?

Das Ventil wird jeweils beim Öffnen ein Stück um seine Achse gedreht, dadurch kommen beim Schließen Ventilteller und Ventilsitz stets in eine andere Lage zueinander; Verbrennungsrückstände schlagen sich nicht an einer Stelle ein.

20 Welche Auswirkungen können schadhafte Ventilschaftabdichtungen haben?

— Motoröl gelangt am Ventilschaft entlang in Ansaugkrümmer, Auspuffkrümmer und Verbrennungsraum
— hoher Ölverbrauch
— Ölkohleansatz
— Störung der Gemischzusammensetzung
— Schädigung des Katalysators.

21 Welche Werkstoffe werden für Ventilführungen verwendet?

Kupfer-Gußlegierungen oder Sondergußeisen. Bei Gußeisen-Zylinderköpfen werden die Ventile manchmal im Zylinderkopf geführt.

22 Wie groß soll die Breite des Ventilsitzes sein?

— Am Einlaßventil etwa 1,5 mm
— am Auslaßventil etwa 2 mm.

23 In welchen Fällen wird der Winkel am Ventilsitz etwas größer gewählt als am Ventilteller?

Wenn am Ventilteller zum Verbrennungsraum hin eine schmale Dichtkante gebildet werden soll, die sich während der Einlaufzeit zur normalen Sitzbreite vergrößert.

24 Aus welchen Werkstoffen bestehen Ventilsitzringe?

Aus Kupfer-Zinn-Legierungen, Hartmetall oder hochlegiertem Chrom-Mangan-Stahl.

25 Welche Aufgaben haben die Ventilfedern?

Die Ventile zu schließen und während der Schließzeit dicht geschlossen zu halten.

26 Welche Aufgabe hat ein Ventilstößel?

Er überträgt den Nockenhub auf die Stößelstange oder direkt auf das Ventil.

27 Was versteht man unter einem Tassenstößel?

Einen Stößel mit ebenem Boden, der über die Ventilfeder gestülpt und im Zylinderkopf geführt ist.

28 Wodurch wird eine spielfreie und selbstnachstellende Ventilspieleinstellung erreicht?

Durch hydraulische Stößel oder durch Spielausgleichelemente.

29 Welche Unterschiede bestehen zwischen Kipphebel und Schwinghebel?

— Kipphebel sind zweiarmige Hebel, die auf der einen Seite von der Stößelstange oder direkt vom Nocken betätigt werden, auf der anderen Seite auf das Ventil wirken.
— Schwinghebel sind einarmige Hebel, die an einem Ende auf dem Kugelbolzen im Zylinderkopf aufliegen, am anderen Ende die Hubbewegung des Nockens auf das Ventil übertragen.

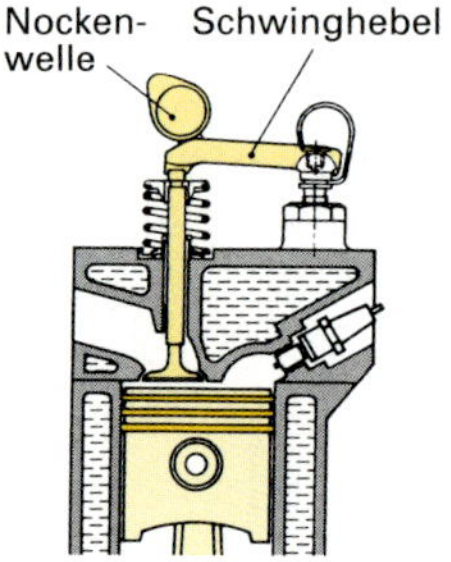

Motorsteuerung mit Schwinghebel

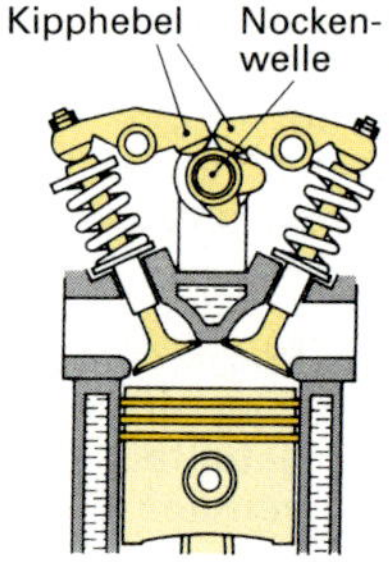

Motorsteuerung mit Kipphebel

30 Welche Arten von Nockenwellenantrieben werden häufig verwendet?

— Zahnriemenräder und Zahnriemen
— Kettenräder und Rollenkette
— Stirnräder (z.B. bei Lkw).

31 Welche Vorteile bieten Zahnriementriebe als Nockenwellenantriebe?

— Geringe Masse
— geräuscharmer Lauf
— keine Schmierung erforderlich.

32 In welchem Fall wird die Nockenwelle durch Stirnräder angetrieben?

Vorwiegend bei kleinem Abstand zwischen Kurbelwelle und Nockenwelle, also bei untenliegender Nockenwelle (ohv-Motor).

33 Welche Auswirkungen haben Nockenstellung und Nockenform auf die Ventilbewegung?

— Die Nockenstellung bestimmt den Öffnungszeitpunkt des Ventils
— die Nockenform bestimmt die Öffnungsdauer, den Ventilhub und den Bewegungsablauf beim Öffnen und Schließen des Ventils.

34 Warum werden die Nocken der Nockenwelle häufig unsymmetrisch ausgeführt?

Die flachere auflaufende Bahn des Nockens bewirkt ein langsameres Öffnen des Ventils, die steilere ablaufende Bahn ermöglicht ein längeres Offenhalten des Ventils und ein schnelleres Schließen.

35 Welche Werkstoffe werden für Nockenwellen verwendet?

Gußeisen mit Kugelgraphit, niedriglegierter Stahl, schwarzer Temperguß.

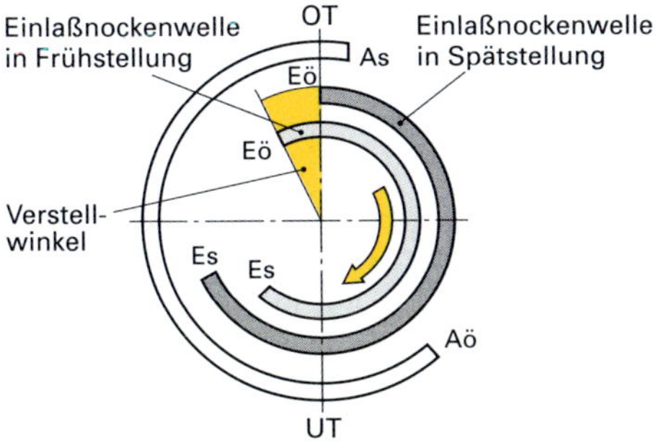

Einlaßsteuerzeiten bei Früh- und Spätstellung der Einlaßnockenwelle

36 Warum werden Vierventilmotoren von einigen Herstellern mit verstellbarer Einlaß-Nockenwelle ausgestattet?

Weil dadurch die Zylinderfüllung in Abhängigkeit von Last und Drehzahl verbessert werden kann.

37 Wie werden die Einlaßsteuerzeiten bei Verstellung der Einlaßnockenwelle verändert?

— In Frühstellung öffnen und schließen die Einlaßventile früher
— in Spätstellung öffnen und schließen die Einlaßventile später.

38 In welchen Betriebszuständen wirkt sich die Spätstellung der Einlaßnockenwelle günstig auf die Füllung aus?

— Leerlauf- und Teillastbereich: spätes Öffnen des EV verkürzt die Ventilüberschneidung; dadurch nur geringe Vermischung von Altgas und Frischgas
— Vollast im oberen Drehzahlbereich: spätes Schließen des EV ergibt einen Nachladeeffekt mit besserer Zylinderfüllung.

39 In welchem Betriebszustand wirkt sich die Frühstellung der Einlaßnockenwelle günstig auf die Füllung aus?

Vollast im unteren Drehzahlbereich: frühes Schließen des Einlaßventils kurz nach UT verhindert einen Füllungsverlust durch Zurückschieben von Frischgas in das Saugrohr durch den Kolben.

40 Wie wird die Einlaßnockenwelle bei laufendem Motor verstellt?

Ein hydraulisch betätigter Kettenspanner oder ein Nockenwellenversteller verdreht die Einlaßnockenwelle gegenüber der Auslaßnockenwelle.

41 Was versteht man unter dynamischer Aufladung von Ottomotoren?

Man versteht darunter die Vorverdichtung des Kraftstoff-Luft-Gemisches durch die Dynamik der Gassäule im Saugrohr. Die Dynamik entsteht aus der kinetischen Energie der strömenden und schwingenden Gassäule.

42 Wie wirkt ein Resonanzsaugrohr-System?

Gruppen von Zylindern mit gleichen Zündabständen sind mit kurzen Saugrohren an Resonanzbehälter angeschlossen, die jeweils durch ein Resonanzsaugrohr mit einem Sammler bzw. mit der Atmosphäre verbunden sind.

Bei entsprechender Motordrehzahl kommt es im Saugrohr zur Resonanz, wenn die Schwingungen der Gassäule übereinstimmen mit den Einlaßsteuerzeiten und dem Rhythmus der Ansaugtakte. Die periodisch auftretende Drucksteigerung verbessert Füllung und Drehmoment.

43 Wie wirkt ein Schwingsaugrohr-System?

Jeder Zylinder hat ein eigenes Saugrohr. Die Gasschwingung in einem Saugrohr wird angeregt durch die Saugarbeit des Kolbens. Saugrohrlänge und -durchmesser sind so gewählt, daß im gewünschten Drehzahlbereich die Druckwelle der Schwingung auf das öffnende Einlaßventil zuläuft.

44 Welche Systeme der dynamischen Aufladung werden miteinander kombiniert?

— Ein Resonanzsaugrohr-System für mittlere Motordrehzahlen wird kombiniert mit einem Schwingsaugrohr-System für hohe Motordrehzahlen

— ein Schwingsaugrohr-System für mittlere Motordrehzahlen wird kombiniert mit einem Schwingsaugrohr-System für hohe Motordrehzahlen.

2.1.10 Kraftstoffförderung

01 Welche Aufgaben hat die Kraftstoffförderung?

— Vergaser bzw. Einspritzanlage ausreichend mit Kraftstoff versorgen

— Dampfblasenbildung verhindern durch zusätzliches Umpumpen von Kraftstoff.

02 Aus welchen Bauteilen besteht eine Kraftstofförderanlage?

Aus Kraftstoffbehälter, Kraftstoffpumpe, Kraftstoffilter sowie Saug-, Druck- und Rücklaufleitung.

03 Warum muß der Kraftstoffbehälter belüftet werden?

Beim Ansaugen des Kraftstoffes würde sich sonst ein Unterdruck bilden, der das Abfließen des Kraftstoffes verhindern würde. Der äußere Überdruck würde den Kraftstoffbehälter zusammendrücken, wenn der Unterdruck im Behälter zu groß würde.

04 Wie kann der Austritt von Kraftstoffdämpfen aus der Kraftstoff-Förderanlage verhindert werden?

Die Kraftstoffdämpfe werden einem Aktivkohlefilter zugeführt, dort von der Aktivkohle festgehalten und im Betrieb der motorischen Verbrennung zugeführt.

05 Aus welchen Werkstoffen werden Kraftstoffbehälter hergestellt?

— Kunststoff

— Stahlblech mit Korrosionsschutzschicht.

06 Weshalb sind größere Kraftstoffbehälter meist mit Schlingerwänden versehen?

Weil dadurch Verlagerungen des Kraftstoffes bei Kurvenfahrt, beim Beschleunigen, beim Bremsen entgegengewirkt werden soll.

07 An welchen Stellen können Kraftstoffilter eingebaut sein?

Im Kraftstoffbehälter, im Vergaser, in der Kraftstoffpumpe, in der Kraftstoffleitung.

08 Wie können Kraftstoffpumpen angetrieben werden?

Mechanisch, pneumatisch oder elektrisch.

09 Wodurch wird der Förderdruck einer Membranpumpe bestimmt?

Durch die Federkraft der Membranfeder.

10 Welches sind die Hauptteile einer Membranpumpe mit Stößelantrieb?

Pumpenoberteil mit Saug- und Druckanschluß, Kraftstoffsieb, Saug- und Druckventil, Pumpenunterteil, Pumpenmembran, Membranfeder, Kupplungshülse, Stößel, Stößelfeder.

11 Wie entsteht der Saughub der Membranpumpe?

— Die Pumpenmembran wird nach unten gezogen und dabei der Füllraum vergrößert
— durch den entstehenden Unterdruck wird das Druckventil geschlossen und das Saugventil geöffnet
— Kraftstoff wird aus dem Kraftstoffbehälter angesaugt.

12 Wie entsteht der Druckhub der Membranpumpe?

— Durch die Kraft der Membranfeder wird die Pumpenmembran nach oben bewegt und dabei der Füllraum verkleinert
— durch den entstehenden Überdruck wird das Saugventil geschlossen und das Druckventil geöffnet
— Kraftstoff wird in die Druckleitung zum Vergaser gedrückt.

2.1.11 Luftfilter

01 Welche Aufgaben hat das Luftfilter?

— Ansaugluft reinigen, ohne den Durchfluß wesentlich zu behindern
— Ansauggeräusche der Luft dämpfen.

02 Wie groß ist etwa der Staubgehalt der angesaugten Luft?

Er beträgt 0,001 g...1 g je m^3 Luft.

03 Auf welche Arten kann die angesaugte Luft gefiltert werden?

— Engmaschige Siebe
— feinporige Filterstoffe
— ölbenetzte Flächen
— Ausnutzung der Fliehkraft.

04 Welche Folgen hat es, wenn ein Luftfilter nicht rechtzeitig erneuert oder gereinigt wird?

— Zunehmender Durchströmwiderstand
— schlechtere Füllung
— abnehmende Motorleistung.

05 Welche Arten von Luftfiltern unterscheidet man?

Trockenluftfilter, Naßluftfilter, Ölbadluftfilter, Schleuderluftfilter (Zyklonfilter); auch Kombinationen der einzelnen Filterbauarten sind möglich.

06 Wie erfolgt die Luftfilterung im Schleuderluftfilter?

Die angesaugte Luft wird über Luftleitbleche in rasche Drehung versetzt, dabei wird der grobe Staub durch die Zentrifugalkraft ausgeschieden. Zur Ausfilterung des feineren Staubes muß ein Feinfilter in Form eines Trockenluftfilters oder ein Ölbadluftfilter nachgeschaltet werden.

2.1.12 Vergaser

01 Welche Aufgabe hat der Vergaser?

Kraftstoff bereitstellen, zerstäuben und mit Luft mischen. Die Zusammensetzung des Kraftstoff-Luft-Gemisches dem jeweiligen Betriebszustand des Motors (Last und Drehzahl) anpassen bei möglichst geringen Schadstoffanteilen im Abgas.

02 Wie wird das Kraftstoff-Luft-Gemisch hergestellt?

Durch feines Zerstäuben des flüssigen Kraftstoffes beim Mischen mit der Luft. Anschließend erfolgt durch Wärme und Unterdruck die Vergasung.

03 Was versteht man unter dem theoretischen Mischungsverhältnis?

Das theoretische Mischungsverhältnis (etwa 1 : 14,8 — abhängig von der chemischen Zusammensetzung des Kraftstoffes) gibt an, daß zur vollkommenen Verbrennung von 1 kg Kraftstoff etwa 14,8 kg Luft erforderlich sind.

04 Warum weicht das praktische Mischungsverhältnis vom theoretischen ab?

Das praktische Mischungsverhältnis weicht je nach Temperatur, Drehzahl und Belastung des Motors vom theoretischen ab.

05 Welche Betriebszustände des Motors erfordern ein fettes Gemisch?

Bei Kaltstart, Warmlauf, Beschleunigung und Höchstleistung wird ein fettes oder reiches Gemisch mit Kraftstoffüberschuß bzw. Luftmangel benötigt, z.B. 1:13 ($\lambda = 0{,}88$).

06 Welcher Betriebszustand des Motors erfordert ein mageres Gemisch?

Im Teillastbereich wird zum wirtschaftlichen und sparsamen Fahren ein mageres oder armes Gemisch mit Kraftstoffmangel bzw. Luftüberschuß benötigt, z.B. 1:16 ($\lambda = 1{,}08$).

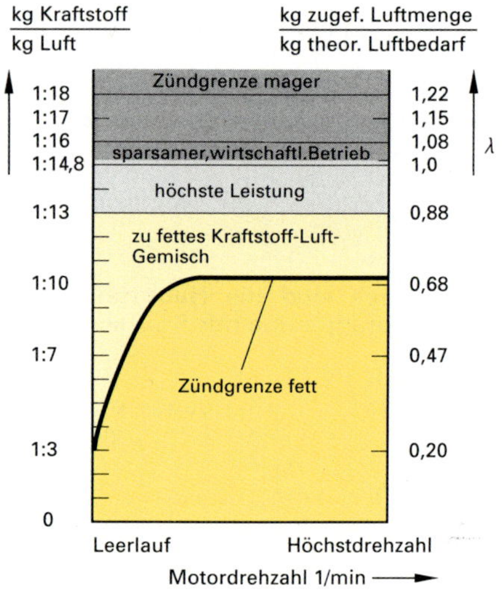

Mischungsverhältnisse, Luftverhältnisse

07 Welches Mischungsverhältnis muß der Vergaser beim Kaltstart bereitstellen?

Ein überfettes Gemisch, z.B. 1:3, da sich ein Großteil des Kraftstoffes an den kalten Saugrohr- und Zylinderwandungen niederschlägt und zunächst nicht vergast.

08 Welche Mischungsverhältnisse sind nicht mehr zündfähig?

Über 1:18, ein zu mageres Gemisch. Bei zu großem Luftüberschuß ist die Zündgrenze (Laufgrenze) erreicht.

Unter 1:10, ein zu fettes Gemisch. Bei zu großem Luftmangel ist die Zündgrenze (Laufgrenze) erreicht.

09 Welche Folgen kann ein zu fettes Gemisch haben?

- Hoher Kraftstoffverbrauch
- unwirtschaftlicher Motorbetrieb
- Zündkerzenverunreinigungen
- hohe CO- und CH-Anteile im Abgas.

10 Welche Folgen kann ein zu mageres Gemisch haben?

- Leistungsverschlechterung
- Überhitzung des Motors durch langsamere Verbrennung
- zu geringe Innenkühlung
- Glühzündungen
- hoher NO_x-Gehalt
- unter Umständen Schäden an Kolben und Auslaßventilen.

11 Welche Betriebsbedingungen des Motors bezeichnet man als Vollast, welche als Teillast?

Vollast: Voll geöffnete Drosselklappe, wobei die Drehzahlen völlig verschieden sein können, z.B. Vollast bei Höchstgeschwindigkeit oder Vollast bei Steigungen.

Teillast: Nur zum Teil geöffnete Drosselklappe, auch dabei stellen sich unterschiedliche Drehzahlen und Motorleistungen ein.

12 Was versteht man unter dem Luftverhältnis (Luftzahl)?

Das Luftverhältnis λ ist das Verhältnis zwischen der tatsächlich zugeführten Luftmenge und dem Luftbedarf.

$$\text{Luftverhältnis} = \frac{\text{zugeführte Luftmenge kg}}{\text{theor. Luftbedarf kg}}$$

13 Was versteht man unter einem Luftverhältnis $\lambda = 1{,}0$?

Die zugeführte Luftmenge entspricht der theoretisch notwendigen Luftmenge (Luftbedarf), man erreicht eine vollkommene Verbrennung. Bei $\lambda = 1{,}0$ ist das Mischungsverhältnis 1:14,8.

14 Was versteht man unter einem Luftverhältnis $\lambda = 1{,}1$?

Es ist ein mageres Kraftstoff-Luft-Gemisch mit 10% Luftüberschuß vorhanden.

$$\lambda = \frac{\text{zugef. Luftmenge}}{\text{theor. Luftbedarf}} = \frac{16{,}28\ \text{kg}}{14{,}8\ \text{kg}} = 1{,}1$$

15 Wie unterscheiden sich Vergaser nach ihrer Saugstromrichtung?

Fallstrom-, Flachstrom- und Schrägstromvergaser.

16 Welche Vergaserbauarten unterscheidet man nach der Anzahl der Mischkammerbohrungen?

- Einfachvergaser: Eine Mischkammer, ein Ansaugrohr
- Stufenvergaser (Registerverg.): Zwei Mischkammern, ein Ansaugrohr
- Doppelvergaser: Zwei Mischkammern, zwei Ansaugrohre
- Doppelstufenvergaser: Vier Mischkammern, zwei Ansaugrohre.

17 Aus welchen Hauptbauteilen besteht ein Vergaser?

Aus drei bzw. zwei Hauptteilen: Drosselklappenteil, Vergasergehäuse, Vergaserdeckel. Wird die Drosselklappe im Vergasergehäuse gelagert, entfällt das Drosselklappenteil.

18 Welche Einrichtungen oder Systeme sind bei einem Vergaser vorhanden?

- Schwimmereinrichtung
- Starteinrichtung für Kaltstart
- Leerlaufsystem mit Übergangseinrichtung
- Hauptdüsensystem
- Beschleunigungseinrichtung
- Anreicherungseinrichtung
- Zusatzeinrichtungen, z.B. Leerlaufabschaltventil.

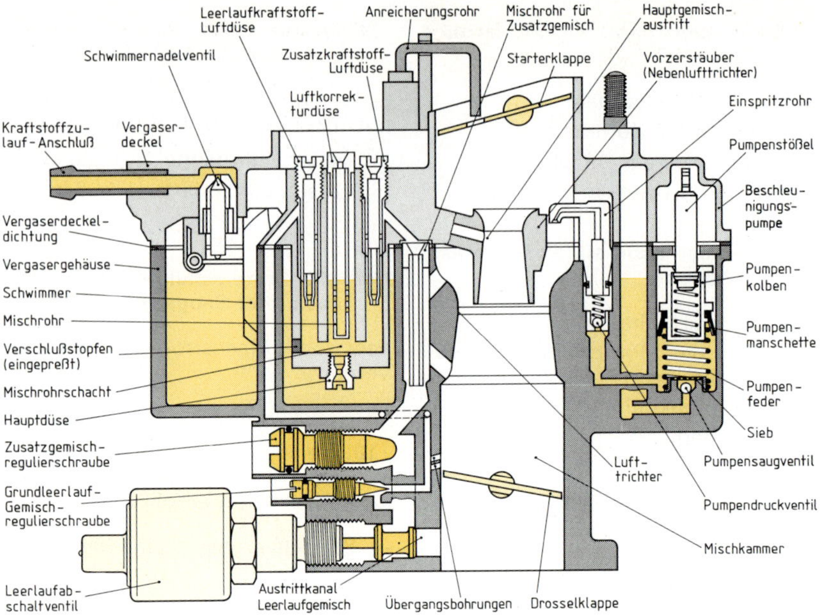

PIERBURG-Fallstromvergaser 1B3

19 Aus welchen Teilen besteht die Schwimmereinrichtung?

Schwimmerkammer mit Belüftung, Schwimmernadelventil und Schwimmer.

20 Welche Aufgabe hat die Schwimmereinrichtung?

Sie regelt den Kraftstoffzufluß zur Schwimmerkammer, um den Kraftstoffspiegel auf einer bestimmten Höhe (konstantes Kraftstoffniveau) zu halten.

21 Wie wird der Kraftstoffzufluß in die Schwimmerkammer geregelt?

Durch den Auftrieb des Schwimmers im Kraftstoff wird das Schwimmernadelventil auf seinen Sitz gedrückt und dabei die Kraftstoffzufuhr gedrosselt und dann abgestellt. Bei sinkendem Kraftstoffspiegel gibt der Schwimmer das Schwimmernadelventil wieder frei.

22 Wie wird bei stillstehendem Motor das Ausfließen von Kraftstoff aus dem Mischrohrschacht verhindert?

Das Kraftstoffniveau liegt etwa 2 mm bis 5 mm unterhalb der Ausflußöffnung des Hauptgemischaustrittes. Erst der Unterdruck bei geöffneter Drosselklappe hebt den Kraftstoff über das Niveau und bringt ihn zum Ausfließen.

23 Warum wird im Vergaser eine Starteinrichtung benötigt?

Beim Starten herrscht in der Mischkammer nur ein geringer Unterdruck. Deshalb kann aus dem Hauptdüsensystem und aus der Leerlaufeinrichtung kein Kraftstoff angesaugt werden.

24 Welche Arten von Starteinrichtungen gibt es?

Starterklappe (Choke), Startvergaser, Tupfer bei Kleinmotoren.

25 Wie wird die automatische Starterklappe betätigt?

Die automatische Starterklappe (Startautomatik) wird von einer Bimetallfeder betätigt, deren Beheizung elektrisch, durch Kühlflüssigkeit oder kombiniert durch Beheizung mittels Strom und Kühlflüssigkeit erfolgen kann.

26 Weshalb darf die Starteinrichtung nur kurzzeitig und nur zum Kaltstart benützt werden?

Weil der Motor sonst zuviel Kraftstoff erhält und überfettet wird, er läuft nicht mehr. Der unvergaste Kraftstoff zerstört den Schmierfilm an der Zylinderwand und verdünnt das Schmieröl.

27 Welche Aufgabe hat die Pulldown-Einrichtung?

Sie muß nach dem Starten des Motors die Starterklappe auf ein bestimmtes Spaltmaß aufziehen, um eine Überfettung des Startgemischs und damit ein „Absterben" des Motors zu verhindern.

28 Welche Aufgabe hat die Zwangsöffnung (wide-open-kick)?

Sie muß beim Durchtreten des Fahrpedals die Starterklappe auf ein vergrößertes Spaltmaß öffnen.

29 Welche Vorteile bietet die Zwangsöffnung?

Nach einem Fehlstart und überfettetem kalten Motor wird das Wiederanspringen erleichtert, weil durch die auch weiter geöffnete Drosselklappe die Ansaugwege und die Zündkerzen belüftet werden.

30 Wie arbeitet ein Startvergaser?

Nach dem Betätigen des Starterdrehschiebers wird ein Kanal zwischen Startvergaser und Mischkammer geöffnet und das Startgemisch gelangt unterhalb der Drosselklappe in die Mischkammer. Mit zunehmender Motordrehzahl wird das Gemisch abgemagert.

31 Warum darf bei eingeschaltetem Startvergaser das Fahrpedal nicht betätigt werden?

Durch die Abnahme des Unterdruckes hinter der geöffneten Drosselklappe würde zu wenig Startgemisch aus dem Startvergaser angesaugt.

32 Warum ist im Vergaser eine Leerlaufeinrichtung eingebaut?

Bei der Leerlaufdrehzahl ist die Luftgeschwindigkeit im Lufttrichter so gering, daß kein Kraftstoff durch das Hauptdüsensystem angesaugt werden kann.

33 Welche Bauteile gehören zum Leerlaufsystem?

Leerlaufkraftstoff-Luftdüse, Einrichtungen für die Zuteilung von Zusatzgemisch oder Zusatzluft, Übergangsbohrungen (Bypassbohrungen) und Einstellteile.

34 Wie wird das Leerlaufgemisch gebildet?

Aus dem Grundleerlaufgemisch (Leerlaufkraftstoff-Luftdüse) und dem Zusatzgemisch (Zusatzkraftstoff-Luftdüse) oder der Zusatzluft (Umluft).

35 Warum benötigt man eine Übergangseinrichtung?

Beim Öffnen der Drosselklappe über die Leerlaufstellung hinaus verringert sich der Unterdruck an der Austrittsöffnung für das Leerlaufgemisch. Dadurch würde der Motor beim Übergang vom Leerlauf zu Teillast kurzfristig zu wenig Gemisch erhalten und stottern (Loch im Übergang).

Kalibrierte Übergangsbohrungen (Bypassbohrungen oder ein Schlitz) sind in der Mischkammer angebracht und stehen in Verbindung mit dem Leerlaufsystem. Bei zunehmender Öffnung der Drosselklappe gegenüber der Leerlaufstellung wird durch die Übergangseinrichtung zusätzliches Gemisch geliefert bis das Hauptdüsensystem anspricht.

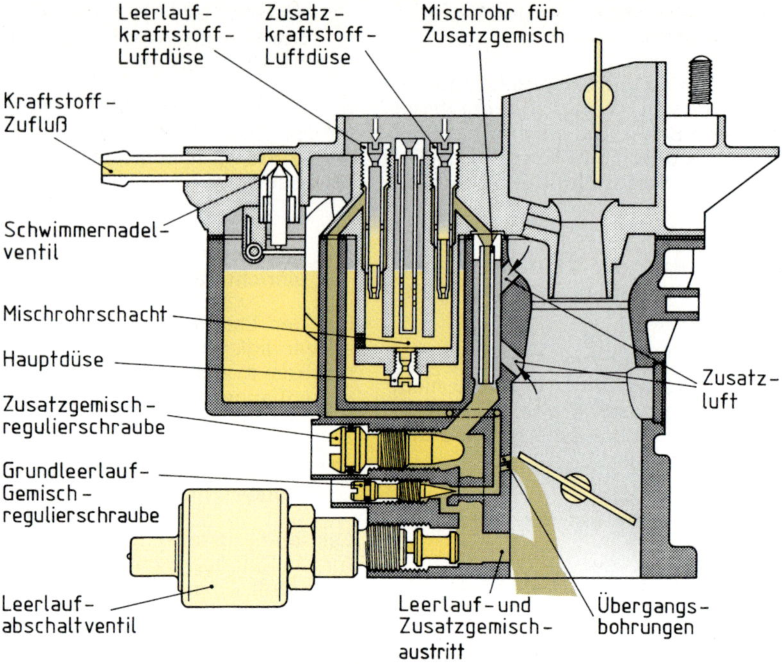

Wirkungsweise des Leerlauf- und Zusatzgemischsystems und der Übergangseinrichtung

36 Welchen Zweck hat das Leerlaufabschaltventil?

Das elektromagnetisch betätigte Ventil schließt nach Abschalten der Zündung den Austrittskanal für das Leerlaufgemisch. Dadurch wird ein Nachlaufen (Nachdieseln) des Motors verhindert.

37 Aus welchen Teilen besteht das Hauptdüsensystem?

— Hauptdüse
— Lufttrichter
— Mischrohr mit Luftkorrekturdüse (Ausgleichluftdüse).

38 Warum werden in den Lufttrichter teilweise Vorzerstäuber eingebaut?

Vorzerstäuber (Nebenlufttrichter) verstärken den Sog am Hauptgemischaustritt und verbessern die Zerstäubung.

39 Weshalb wird im Teillastbereich mit einem mageren Gemisch gefahren?

Um einen möglichst niederen Kraftstoffverbrauch zu erreichen, wird im mittleren Teillastbereich ein mageres Gemisch (Luftüberschuß) verwendet. Das Mischungsverhältnis ist etwa 1:15 bis 1:16, d.h. λ ist etwa 1,01 bis 1,08.

40 Warum ist im Vergaser außer der Hauptdüse eine Luftkorrekturdüse eingebaut?

Die Hauptdüse liefert nur in einem engen Drehzahlbereich ein gleichbleibendes Mischungsverhältnis mit Luftüberschuß. Unterhalb dieses Drehzahlbereiches wird das Gemisch zu mager, oberhalb zu fett. Die Luftkorrekturdüse bewirkt im oberen Drehzahlbereich eine Abmagerung durch vermehrte Luftzufuhr.

41 Wie wirken Hauptdüse und Luftkorrekturdüse zusammen?

- Hauptdüse teilt Kraftstoffgrundmenge zu
- Lufttrichter dosiert Luftgrundmenge
- Luftkorrekturdüse gibt über Mischrohr und dessen kleine Bohrungen Luft bei steigender Motordrehzahl zu
- Mischrohr verhindert Überfettung durch Verschäumen des Kraftstoffes, Abmagerung des Kraftstoff-Luft-Gemisches tritt ein.

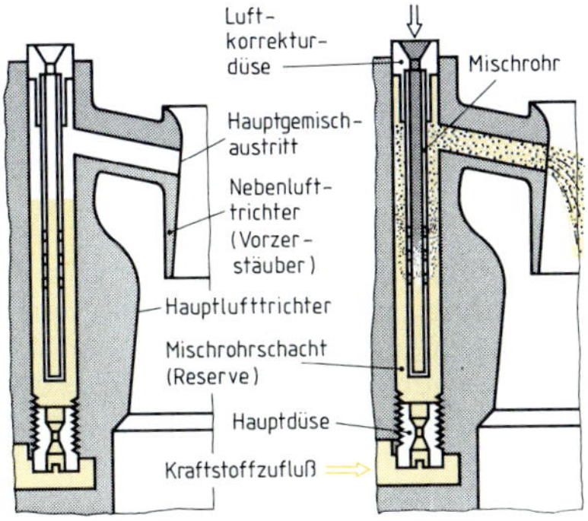

Hauptdüsensystem

42 Warum benötigen Vergaser eine Beschleunigungseinrichtung?

Bei plötzlicher Beschleunigung des Fahrzeugs benötigt der Motor zusätzlichen Kraftstoff. Wird die Drosselklappe zum Beschleunigen plötzlich voll geöffnet, so wird die angesaugte Luft schneller beschleunigt als der schwerere Kraftstoff, das Gemisch würde abmagern.

43 Welche Aufgabe hat die Vollastanreicherung?

Das bei Teillast auf höchste Wirtschaftlichkeit abgestimmte magere Gemisch bei Vollast und hoher Teillast anzufetten, um eine hohe Leistung zu erzielen; gleichzeitig wird die Innenkühlung durch das fette Gemisch erhöht.

44 Wodurch kann der Zusatzkraftstoff für die Anreicherung geliefert werden?

Durch ein unterdruckbetätigtes Anreicherungsventil, das den Zusatzkraftstoff über das Leerlauf- oder über das Hauptdüsensystem liefert.

45 Welche Zusatzeinrichtungen können an Vergasern vorhanden sein?

- Leerlaufabschaltventil
- Drosselklappenschließdämpfer
- Höhenkorrektor
- Bypassheizung
- Schub-Abschaltung u.a.

46 Warum werden Zusatzeinrichtungen benötigt?

Um bei der Gemischaufbereitung
- einen günstigen Kraftstoffverbrauch
- die Einhaltung der Abgasgrenzwerte
- eine gute Laufkultur des Motors

zu erreichen.

47 Wie wirkt ein Höhenkorrektor?

Durch die Ausdehnung der Druckdose im Höhenkorrektor drosselt mit zunehmender Höhe eine kegelige Düsennadel den Kraftstoffdurchfluß in der Hauptdüse. Dadurch wird ein zu fettes Kraftstoff-Luft-Gemisch bei steigender Höhe verhindert.

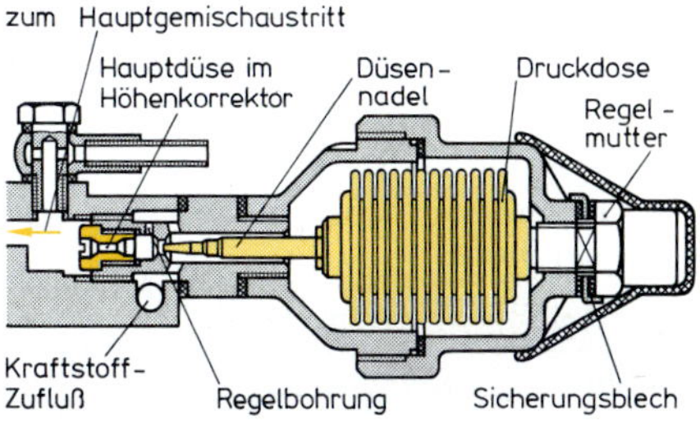

Höhenkorrektor

48 Warum werden Bypassbohrungen beheizt?

Ungünstige Witterungsverhältnisse können zum Vereisen der Bypass- und Leerlaufbohrungen führen, da in diesem Bereich durch Verdampfen des Kraftstoffes zusätzlich Wärme entzogen wird.

49 Was versteht man unter einem Doppelvergaser?

Doppelvergaser wirken wie zwei Einzelvergaser. Mischkammer, Düsensysteme, mechanisch gesteuerte Drosselklappe und Starteinrichtung sind doppelt vorhanden, Schwimmereinrichtung und Beschleunigungspumpe nur einfach. Beide Drosselklappen werden gemeinsam betätigt.

50 Welchen Vorteil bringt die Verwendung von Doppelvergasern?

— Verbesserte Zylinderfüllung
— gleiches Mischungsverhältnis
— Erhöhung der Motorleistung.

51 Für welche Motoren werden Stufenvergaser (Registervergaser) verwendet?

— Motoren mit großem Drehzahlbereich, um ein gleichmäßiges Drehmoment zu erreichen
— Motoren mit großen Hubräumen.

52 Wie sind Stufenvergaser aufgebaut?

— Zwei getrennte Mischkammern, die in ein Ansaugrohr münden
— meist nur ein Schwimmersystem
— eine Startvorrichtung, wirksam auf die erste Stufe
— ein Leerlaufsystem, meist mit Gemischaustrittsöffnungen in beiden Stufen
— zwei Hauptdüsensysteme
— ein Beschleunigungssystem.

53 Welche Vorteile haben Stufenvergaser?

— Bei geringem Luftdurchsatz in der ersten Stufe wird eine hohe Strömungsgeschwindigkeit, gute Zerstäubung und Gemischbildung erreicht
— mit zunehmendem Luftdurchsatz wird der Strömungsquerschnitt größer durch Zuschalten der zweiten Stufe
— die Drosselung der Durchsatzmenge wird geringer, die Zylinderfüllung verbessert.

54 Was versteht man unter einem Gleichdruckvergaser (Strombergvergaser)?

Er hat einen veränderlichen Lufttrichterquerschnitt und einen veränderlichen Kraftstoffdüsenquerschnitt. In der Mischkammer herrscht unabhängig von der Drosselklappenstellung ein nahezu konstant bleibender Unterdruck (Gleichdruck) und damit eine fast gleichbleibende Luftgeschwindigkeit. Der Vergaser benötigt zur Dosierung des Kraftstoffes nur eine Nadeldüse und eine kegelige Düsennadel.

55 Wie wird der konstante Unterdruck im Gleichdruckvergaser erreicht?

Ein Schieberkolben verändert in Abhängigkeit von der Drosselklappenstellung und der Motordrehzahl den Lufttrichterquerschnitt so, daß der an der Kraftstoffnadeldüse wirkende Unterdruck nahezu konstant bleibt.

56 Wodurch wird der Kolben im Gleichdruckvergaser bewegt?

Der Unterdruck im Lufttrichter wirkt über Bohrungen in der über der Kolbenmembran liegenden Unterdruckkammer. Durch das Druckgefälle zwischen dem Atmosphärendruck unterhalb der Membran und dem Unterdruck wird der Kolben gegen die Federkraft der Kolbenfeder bewegt.

57 Welche Aufgabe hat die Düsennadel beim Gleichdruckvergaser?

Durch Anheben des Kolbens mit der kegeligen Düsennadel wird der Ringspalt an der Nadeldüse vergrößert, damit wird dem erhöhten Luftdurchsatz die erforderliche Kraftstoffmenge zugeteilt.

58 Was versteht man unter der Ecotronic?

Ecotronic ist ein Vergasersystem mit elektronisch beeinflußter Gemischkorrektur für Ottomotoren.

59 Aus welchen Hauptbauteilen besteht die Ecotronic?

- Vergaser, vereinfacht auf sein Grundsystem
- Anbaukomponenten
- elektronisches Steuergerät
- Sensoren, z.B. Temperaturfühler.

60 Welche Anbaukomponenten werden bei der Ecotronic verwendet?

- Vordrosselsteller, ein Elektrostellmotor (Schrittmotor)
- Drosselklappenansteller, ein elektropneumatischer Steller
- Drosselklappenpotentiometer.

61 Welche wesentlichen Vergaserfunktionen werden bei der Ecotronic über die Elektronik gesteuert?

Gesteuert werden Gemischzusammensetzung und Gemischmenge bei

- Start, Warmlauf, Beschleunigung
- Leerlaufstabilisierung
- Schubabschaltung
- Lambda-Regelung
- Motorstopp.

62 Welche Aufgabe hat der Vordrosselsteller?

Er steuert stufenlos über die Vordrosselklappe das Mischungsverhältnis bei Kaltstart, Warmlauf, Beschleunigung und im Teillastbereich.

63 Wie erfolgt die Anreicherung des Kraftstoff-Luft-Gemisches?

Durch den sich beim Schließen ergebenden Druckabfall unterhalb der Vordrosselklappe. Gleichzeitig verringert die von der Vordrosselklappe abhängige Leerlaufluft-Korrekturnadel den Querschnitt der Leerlaufluftdüse.

64 Welche Aufgabe hat der Drosselklappenansteller?

Er dient zur Regelung der Leerlaufdrehzahl und Steuerung bei Start, Hochlauf, Warmlauf, Schubabschaltung und Motorstopp. Dies wird durch den elektropneumatischen Steller über eine Füllungsregelung erreicht.

65 Welche Aufgabe hat das Drosselklappen-Potentiometer?

Es erfaßt Bewegungsablauf und jeweilige Stellung der Drosselklappe und informiert das Steuergerät beim Beschleunigen über das schnelle oder langsame Öffnen der Drosselklappe und im Leerlauf oder Schubbetrieb über die geschlossene Drosselklappe.

66 Welche Vorteile bietet die Ecotronic?

- Vereinfachter Vergaseraufbau
- genaue Steuerung des Verhältnisses von Kraftstoff zu Luft
- Anpassung und Füllung des Motors nach dem jeweiligen Betriebszustand
- optimales Laufverhalten des Motors
- Leerlaufdrehzahlregelung
- durch Lambda-Regelung sehr gute Beeinflussung der Abgasemissionen
- Notlaufeigenschaften.

2.1.13 Benzineinspritzung

01 Welche Aufgabe hat die Benzineinspritzung?

— Kraftstoff fein zerstäubt in die angesaugte Luftmenge einspritzen
— Mischungsverhältnis von Kraftstoff zu Luft optimal dem jeweiligen Betriebszustand des Motors (Belastung und Drehzahl) anpassen
— Schadstoffanteil im Abgas möglichst gering halten.

02 Was versteht man unter der Saugrohreinspritzung?

Die Einspritzung des Kraftstoffes in das Saugrohr vor das Einlaßventil.

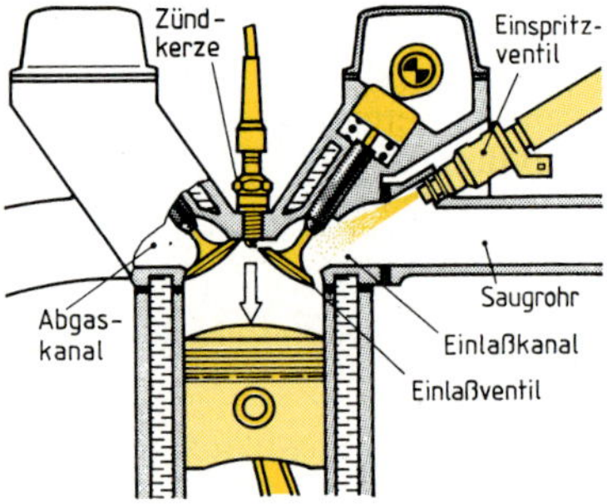

03 Warum wird meist die Saugrohreinspritzung verwendet?

— Niedrigerer Einspritzdruck gegenüber Zylindereinspritzung möglich
— Einspritzdüsen thermisch und mechanisch geringer belastet
— einfacherer Aufbau des Zylinderkopfes.

04 Wodurch unterscheidet sich der Otto-Einspritzmotor vom Dieselmotor?

— Einspritzdruck bedeutend niedriger
— Einspritzzeitpunkt vor oder während des Ansaugtaktes, also nicht am Ende des Verdichtungstaktes
— Fremdzündanlage wird benötigt.

05 Welche Vorteile bietet die Benzineinspritzung?

— Günstige und gleichmäßige Gemischzusammensetzung über den gesamten Drehzahlbereich
— schadstoffarmes Abgas
— Abregelung der Kraftstoffzufuhr beim Schiebebetrieb (Schubabschaltung)
— geringerer spezifischer Kraftstoffverbrauch
— bessere Füllung der einzelnen Zylinder
— strömungsgünstige Ansaugwege
— günstigerer Drehmomentverlauf
— höheres Drehmoment, besonders bei niederen Drehzahlen
— hohe Motorlaufkultur
— Motorelastizität
— gutes Kaltstart-, Warmlauf- und Übergangsverhalten
— schnelles Ansprechen bei Beschleunigung und Verzögerung
— größere Hubraumleistung.

06 Welche Unterschiede bestehen zwischen der kontinuierlichen und der intermittierenden Benzineinspritzung?

Kontinuierliche Benzineinspritzung (K-Jetronic): Kraftstoff wird dauernd in das Saugrohr eingespritzt.

Intermittierende Benzineinspritzung (L-Jetronic): Kraftstoff wird in periodisch wiederkehrenden Zeitpunkten — abhängig vom Kurbelwinkel — eingespritzt.

07 Aus welchen Baugruppen besteht die intermittierend einspritzende L-Jetronic?

— Kraftstoffsystem
— Luftmengenmesser
— Meßfühler (Sensoren), z.B. Motortemperaturfühler, Drehzahlgeber
— elektronisches Steuergerät.

Meßfühler und elektronisches Steuergerät bilden die Steuereinrichtung.

08 Welche Bauteile gehören zum Kraftstoffsystem der L-Jetronic?

— Kraftstofförderpumpe (Rollenzellenpumpe)
— Kraftstoffilter
— Verteilerrohr
— Druckregler
— Einspritzventile
— Kaltstartventil, nicht immer vorhanden.

09 Welche Aufgabe hat die Kraftstoffpumpe der L-Jetronic?

— Kraftstoff vom Kraftstoffbehälter zu Einspritzventilen fördern
— benötigte Kraftstoffmenge für jeden Betriebszustand zur Verfügung stellen
— Einspritzdruck erzeugen.

10 Wie wird der Kraftstoff von der elektrischen Rollenzellenpumpe gefördert?

In der zum Pumpengehäuse exzentrisch gelagerten Läuferscheibe befinden sich am Umfang Schlitze. Die in den Schlitzen befindlichen Metallrollen werden durch die Fliehkraft an das Pumpengehäuse gepreßt und wirken als umlaufende Dichtung. Die Pumpwirkung kommt dadurch zustande, daß durch die umlaufenden Dichtrollen an der Saugseite ein sich vergrößerndes und an der Druckseite ein sich verkleinerndes Volumen entsteht (Druckaufbau).

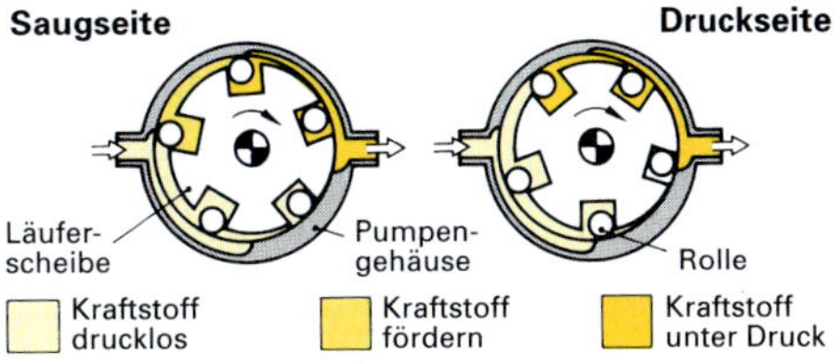

11 Welche Aufgabe hat der Druckregler der L-Jetronic?

Differenzdruck zwischen Saugrohrdruck und Kraftstoffdruck konstant halten.

12 Wie erfolgt die Druckregelung bei der L-Jetronic?

Überschreitet der Kraftstoffdruck den eingestellten Wert, bewegt die Membran ein Ventil in der Kraftstoffkammer entgegen der Federkraft der Druckfeder und gibt den Rücklaufanschluß zum Kraftstoffbehälter frei. Die federbelastete Membran wird vom Saugrohrdruck gesteuert. Dadurch bleibt die Druckdifferenz zwischen Saugrohrdruck und Kraftstoffdruck konstant. Die abgespritzte Kraftstoffmenge ist deshalb nicht vom Saugrohrdruck abhängig.

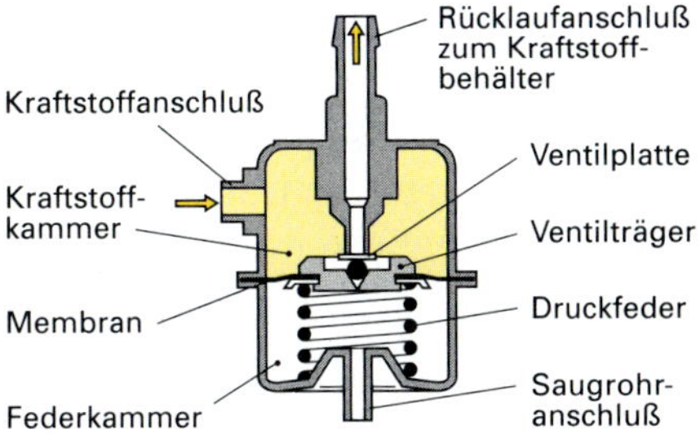

Kraftstoff-Druckregler

13 Wie erfolgt die Zumessung des Kraftstoffes bei der L-Jetronic?

Jedem Zylinder des Motors ist ein elektromagnetisch betätigtes Einspritzventil zugeordnet. Das Einspritzventil ist im Saugrohr eingebaut und spritzt den Kraftstoff vor das Einlaßventil. Alle Einspritzventile sind z.B. bei simultaner Einspritzung elektrisch parallel geschaltet und spritzen auf ein Signal des elektronischen Steuergerätes gleichzeitig ab. Um eine gute und gleichmäßige Gemischzusammensetzung zu erhalten, wird je Kurbelwellenumdrehung die Hälfte der notwendigen Kraftstoffmenge eingespritzt.

14 Wie erfolgt die Kraftstoffzumessung bei der L-Jetronic?

Das Einspritzventil wird durch eine Signalspannung vom elektronischen Steuergerät für eine bestimmte Zeitdauer elektromagnetisch geöffnet.

15 Welche Aufgabe hat das Verteilerrohr?

— Gleichen Kraftstoffdruck an allen Einspritzventilen gewährleisten
— Druckschwankungen durch Speicherfunktion verhindern.

16 Welche Hauptmeßgrößen werden bei der L-Jetronic dem elektronischen Steuergerät zugeführt?

— Motordrehzahl
— vom Motor angesaugte Luftmenge.

17 Welche Zusatzinformationen benötigt das elektronische Steuergerät zur Anpassung der Gemischzusammensetzung bei der L-Jetronic?

— Motortemperatur
— Ansauglufttemperatur
— Lastbereich (Leerlauf, Teillast, Vollast)
— Übergangsverhalten bei Beschleunigung
— Höchstdrehzahlbegrenzung
— Schubbetrieb
— Abgaszusammensetzung über λ-Sonde.

18 Wie erfolgt die Luftmengenmessung bei der L-Jetronic?

— Angesaugte Luft schwenkt Stauklappe (Maß für Luftdurchsatz)
— Auslenkung (Winkelstellung) wird auf Potentiometer übertragen
— Potentiometer gibt elektrisches Signal an elektronisches Steuergerät.

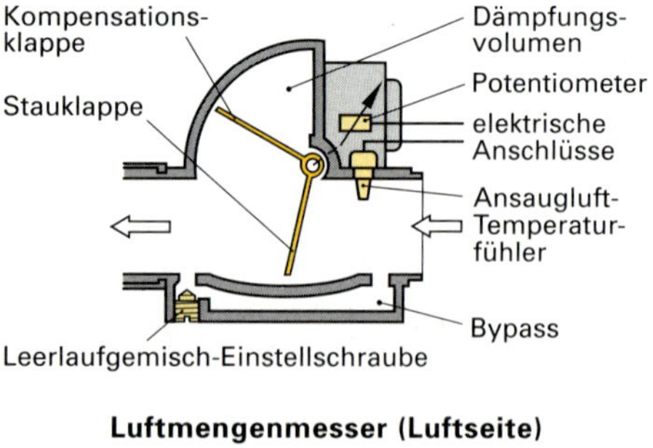

Luftmengenmesser (Luftseite)

19 Warum muß beim Kaltstart das Gemisch angereichert werden?

Es entstehen Kondensationsverluste im Kraftstoffanteil des angesaugten Startgemisches. Zum Ausgleich und wegen des leichteren Anspringens des kalten Motors wird beim Startvorgang zusätzlich Kraftstoff eingespritzt; das Gemisch wird fetter, d.h. Lambda ist kurzzeitig kleiner als 1 (Kaltstartanreicherung).

20 Wie kann die Kaltstartanreicherung erfolgen?

— Startsteuerung ohne Kaltstartventil. Vom Steuergerät wird die Einspritzdauer der Einspritzventile verlängert.
— Startsteuerung mit Kaltstartventil, z.B. schaltet ein Thermozeitschalter das Kaltstartventil in Abhängigkeit von der Motortemperatur.

21 Warum wird eine Warmlaufanreicherung benötigt?

— An den kalten Zylinderwänden kondensiert noch ein Teil des Kraftstoffes
— plötzlicher Drehzahlabfall nach Abschalten der Kaltstartanreicherung wird verhindert.

22 Wie erfolgt die Warmlaufanreicherung?

Durch zusätzliches Einspritzen von Kraftstoff, gesteuert über einen Temperaturfühler (NTC-Widerstand).

23 Wie wirkt die Nachstartanhebung?

Sie erfolgt unmittelbar nach dem Start in der Warmlaufphase. Dabei erhält der Motor kurzzeitig (etwa 30 Sekunden) eine Kraftstoffmehrmenge von 30%...60%. Danach wird die noch benötigte geringe Anreicherung über Motortemperatur, Temperaturfühler und elektronisches Steuergerät abgeregelt.

24 An welcher Stelle befindet sich der Motortemperaturfühler?

Bei luftgekühlten Motoren im Zylinderkopf, bei flüssigkeitsgekühlten Motoren im Kühlflüssigkeitskreislauf des Motorblocks.

25 Warum benötigt man eine Leerlaufsteuerung?

Um einen stabilen Leerlauf zu gewährleisten. Die erhöhte Reibung des Motors im kalten Zustand kann ausgeglichen werden.

26 Wodurch kann die Leerlaufsteuerung erfolgen?

— Leerlaufsteller (Leerlauf-Füllungs-Regelung)
— Zusatzluftschieber.

27 Was versteht man unter der Leerlauf-Füllungs-Regelung?

Die Leerlaufdrehzahl wird durch den Leerlaufsteller auf eine möglichst niedere Drehzahl gebracht und stabilisiert. Der Motor darf unter allen Bedingungen nicht ausgehen oder unruhig laufen, z.B. bei voll beaufschlagter Lenkhilfe, Einlegen eines Ganges bei Automatikgetrieben, zusätzlich belastetes Bordnetz, Einschalten der Klimaanlage u.a. Der Zusatzluftschieber kann bei Jetronic-Anlagen durch die Leerlauf-Füllungs-Regelung ersetzt werden.

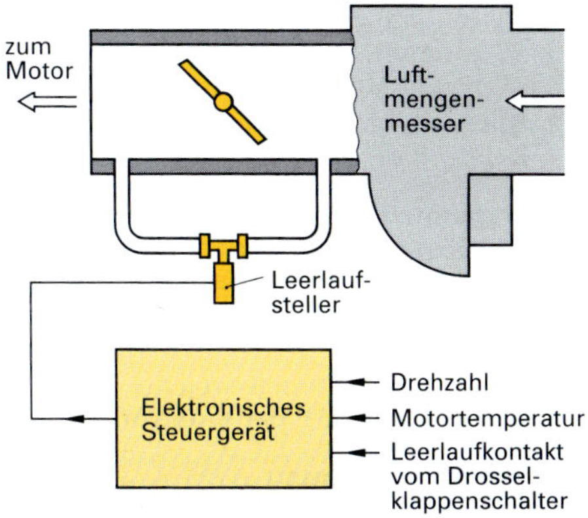

Schema der Leerlauf-Füllungs-Regelung

28 Wie funktioniert der Leerlaufsteller?

Der Leerlaufsteller teilt dem Motor über eine Umgehung zur Drosselklappe mittels eines Drehschiebers mehr oder weniger Luft zu, je nach Abweichung der Leerlaufdrehzahl von der Solldrehzahl. Entsprechend der Zusatzluft wird vom Steuergerät die notwendige Kraftstoffmenge zugewiesen (Füllungsregelung).

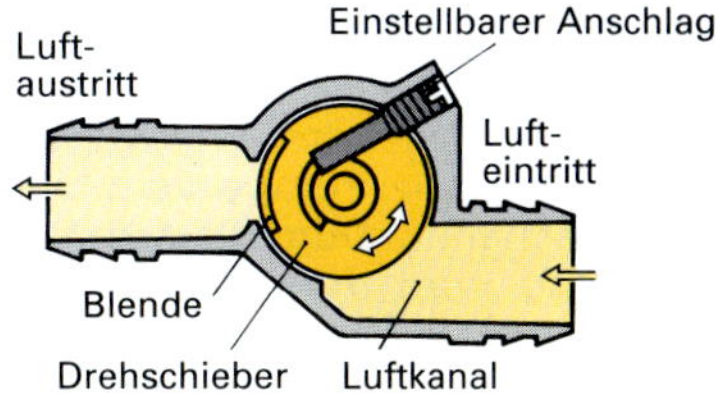

Leerlaufsteller

29 Welche Vorteile bringt die Leerlauf-Füllungs-Regelung?

— Stabiler, runder Leerlauf
— niedere Leerlaufdrehzahl
— niedriger Kraftstoffverbrauch beim Leerlauf im Stadtverkehr
— emissionsgünstiges Leerlaufverhalten.

30 Wie erfolgt die Leerlaufsteuerung durch den Zusatzluftschieber?

Durch den Zusatzluftschieber erhält der Motor mehr Luft unter Umgehung der Drosselklappe. Die vom Luftmengenmesser gemessene zusätzliche Luftmenge wird bei der Kraftstoffzuteilung berücksichtigt, dadurch erhält der Motor insgesamt mehr Gemisch, um die erhöhte Reibung des kalten Motors zu überwinden.

31 Wie wirkt der Zusatzluftschieber?

Eine Lochblende steuert, von einem elektrisch beheizten Bimetall betätigt, den Querschnitt der Luft-Umgehungsleitung. Bei kaltem Motor ist der Querschnitt der Lochblende groß, mit zunehmender Motortemperatur wird er verkleinert und schließlich ganz geschlossen.

32 Welche Aufgabe hat der Drosselklappenschalter bei der L-Jetronic?

Er übermittelt dem Steuergerät Informationen über den Leerlauf-, Teillast- und Volllastbetrieb des Motors und wird von der Drosselklappe betätigt.

33 Welche Aufgabe hat die Vollaufsicherung der Kraftstoffpumpe?

Beim Einschalten der Zündung läuft die Kraftstoffpumpe nur solange, wie der Startschalter betätigt wird. Erst bei laufendem Motor wird die Pumpe vom Steuergerät eingeschaltet. Durch diese Sicherheitsschaltung wird verhindert, daß bei einem schadhaften Einspritzventil der betreffende Zylinder volläuft und dann beim Starten zerstört wird.

34 Welche Informationen verarbeitet das Steuergerät der L-Jetronic?

Es verarbeitet alle Informationen über Luftmenge (Luftdurchsatz), Kühlflüssigkeitstemperatur, Zylinderkopftemperatur, Drosselklappenstellung, Startvorgang, Motordrehzahl, Einspritzzeitpunkt und ermittelt daraus die Einspritzdauer und somit die Einspritzmenge.

35 Was versteht man unter der LH-Jetronic?

Die LH-Jetronic entspricht im grundsätzlichen Aufbau der L-Jetronic. Der mechanische Luftmengenmesser ist jedoch durch einen Hitzdraht- oder Heißfilm-Luftmassenmesser ersetzt.

36 Wie erfolgt die Luftmassenmessung bei der LH-Jetronic?

Im Hitzdraht-Luftmassenmesser wird ein sehr dünner Platindraht durch elektrischen Strom auf einer konstanten Temperatur gehalten. Der Platindraht wird abhängig von der angesaugten Luftmasse und der Lufttemperatur abgekühlt. Um diese Abkühlung auszugleichen, muß der Heizstrom nachgeregelt werden. Die Größe des benötigten Heizstromes ist das Maß für die angesaugte Luftmasse.

37 Was versteht man unter Freibrennen bei der LH-Jetronic?

Das nach jedem Abstellen des Motors kurzzeitige Aufheizen des Hitzdrahtes auf eine hohe Temperatur (etwa 1000 °C), um ihn von Verschmutzungen oder evtl. Ablagerungen zu reinigen (freizubrennen). Der Befehl zum Freibrennen erfolgt vom Steuergerät.

38 Wie wird die Luftmasse im Heißfilm-Luftmassenmesser gemessen?

Ein beheizter Platin-Filmwiderstand (Heizer) wird abhängig von der angesaugten Luftmasse und Lufttemperatur abgekühlt. Die Temperatur des Heizers wird von einem temperaturabhängigen Widerstand (Durchflußsensor) ermittelt. Das Maß für den Luftmassenstrom ist die Spannung am Heizer, die durch die Elektronik in eine dem Steuergerät angepaßte Spannung umgewandelt wird. Die Langzeitmeßgenauigkeit wird ohne Freibrennen erreicht.

39 Welche Vorteile bietet die LH-Jetronic?

— Exaktes Erfassen der angesaugten Luftmasse (Einflüsse von Lufttemperatur und Luftdruck werden berücksichtigt)
— schnelles Ansprechen des Luftmassenmessers
— einfacher Aufbau und keine bewegten Teile im Luftmassenmesser.

40 Nach welchem Prinzip arbeitet die K-Jetronic?

Der Kraftstoff wird kontinuierlich (K), d.h. ununterbrochen, eingespritzt in Abhängigkeit von der Luftmengenmessung.

41 Welche Funktionsbereiche unterscheidet man bei der K-Jetronic?

— Kraftstoffversorgung
— Luftmengenmessung
— Gemischaufbereitung.

42 Welche Bauteile gehören zur Kraftstoffversorgung der K-Jetronic?

- Kraftstofförderpumpe (Rollenzellenpumpe)
- Kraftstoffspeicher
- Kraftstoffilter
- Systemdruckregler
- Einspritzventile.

43 Welche Aufgabe hat der Kraftstoffspeicher der K-Jetronic?

Er hält nach dem Abstellen des Motors für eine gewisse Zeit den Druck im Kraftstoffsystem aufrecht, um das Wiederstarten des heißen Motors zu erleichtern (evtl. Dampfblasenbildung wird verhindert). Während des Betriebes dämpft er das Fördergeräusch der Kraftstoffpumpe.

44 Welche Aufgabe hat der Systemdruckregler der K-Jetronic?

Er hält den Druck im Kraftstoffsystem konstant.

45 Wie arbeitet der Systemdruckregler bei der K-Jetronic?

Wird der Druck zu groß (z.B. über 4,8 bar), vergrößert ein federbelasteter Kolben im Druckregler den Abflußquerschnitt zur Rücklaufleitung in den Kraftstoffbehälter.

Nach Abstellen des Motors dichtet das Aufstoßventil den Steuerdruckkreis sicher ab und hält den Druck im Kraftstoffsystem.

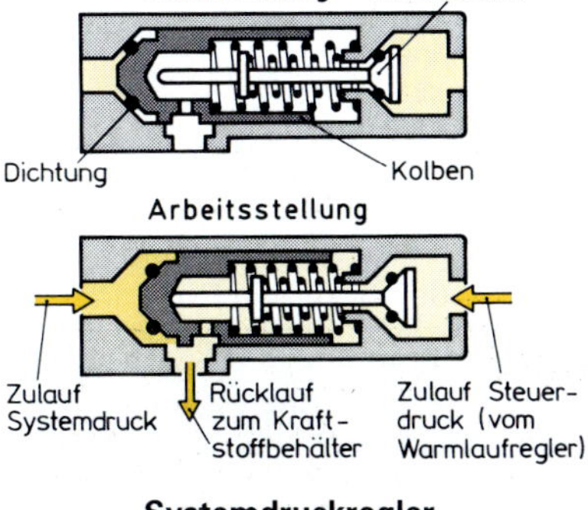

Systemdruckregler

46 Wie werden die Einspritzventile bei der K-Jetronic betätigt?

Die Einspritzventile werden durch den Einspritzdruck bei etwa 3,3 bar Überdruck hydraulisch geöffnet. Nach dem Abstellen des Motors schließen die Einspritzventile, sobald der Systemdruck unter den Öffnungsdruck der Einspritzventile absinkt.

47 Welche Aufgabe hat der Gemischregler bei der K-Jetronic?

Die Zumessung einer Kraftstoffmenge abhängig von der angesaugten Luftmenge.

48 Aus welchen Bauteilen besteht der Gemischregler der K-Jetronic?

- Luftmengenmesser
- Kraftstoffmengenteiler.

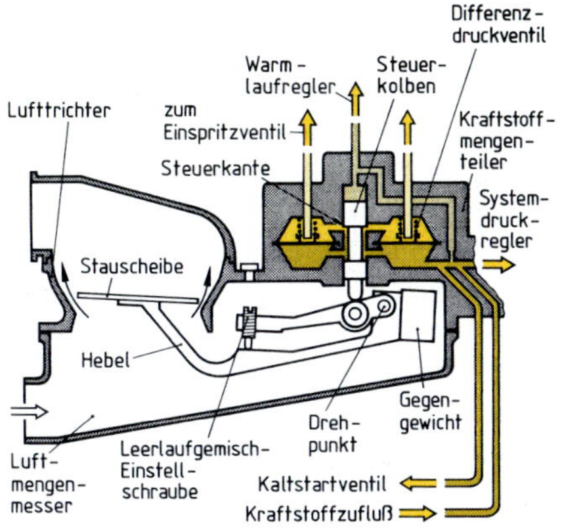

Gemischregler

49 Wie arbeitet die Stauscheibe der K-Jetronic?

Im Lufttrichter des Luftmengenmessers befindet sich eine bewegliche Stauscheibe (Schwebekörper), die abhängig von der angesaugten Luftmenge ausgelenkt wird. Diese Auslenkung wird über ein Hebelsystem auf den Steuerkolben des Kraftstoffmengenteilers übertragen.

50 Wie wird der Kraftstoff im Kraftstoffmengenteiler bei der K-Jetronic zugemessen?

Abhängig von der Auslenkung der Stauscheibe gibt der Steuerkolben im Schlitzträger einen entsprechenden Querschnitt der Steuerschlitze frei. Dadurch erhalten die Einspritzventile mehr oder weniger Kraftstoff.

51 Welche Stellung nimmt der Steuerkolben bei verschiedenen Motorbelastungen ein?

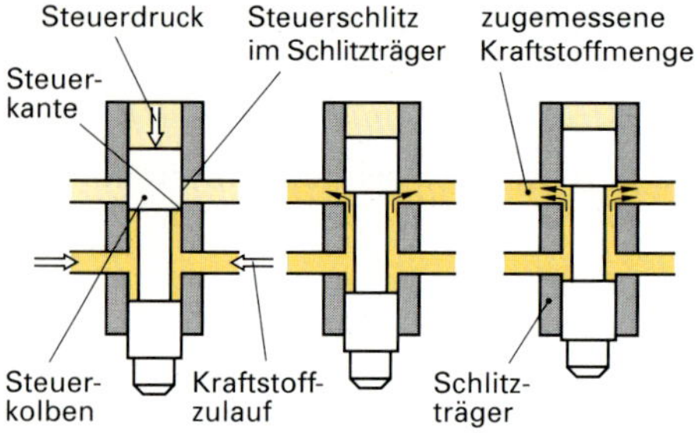

	Ruhestellung	Leerlauf	Vollast
Öffnung	keine	kleine	große
Fördermenge	Null	klein	groß

52 Welche Aufgabe haben die Differenzdruckventile im Mengenteiler bei der K-Jetronic?

Einen gleichbleibenden Druckabfall von 0,1 bar zwischen der Ober- und Unterkammer zu halten, damit beim Anheben des Steuerkolbens eine der Schlitzöffnung proportionale Kraftstoffzumessung erfolgen kann.

53 Wie erfolgt die Warmlaufanreicherung durch den Warmlaufregler bei der K-Jetronic?

Bei kaltem Motor gibt die Membran einen größeren Querschnitt frei, der Steuerdruck wird abgesenkt. Dadurch geht der Steuerkolben nach oben und gibt einen größeren Schlitzquerschnitt frei, es wird mehr Kraftstoff eingespritzt.

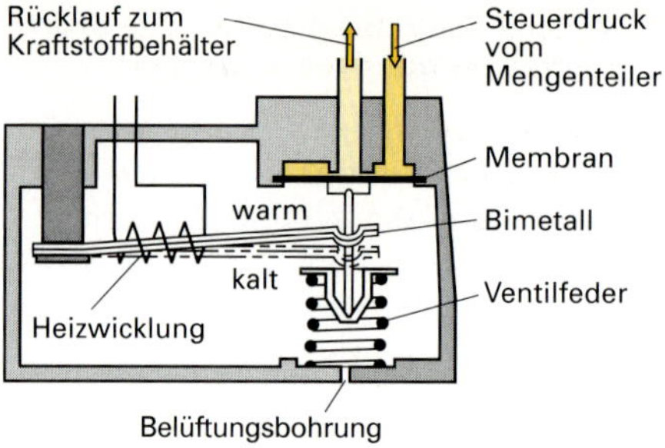

Warmlaufregler

54 Was versteht man unter der KE-Jetronic?

Die KE-Jetronic ist in ihrem Grundsystem eine mechanisch-hydraulische Benzineinspritzung wie die K-Jetronic. Sie wird ergänzt durch

- elektronisches Steuergerät
- elektrohydraulischen Drucksteller
- Meßfühler zur Ermittlung von z.B. Motortemperatur, Luftdruck, Gemischbildung (Lambda-Sonde)
- Drosselklappenschalter
- Potentiometer im Luftmengenmesser.

55 Welche Aufgabe hat das elektronische Steuersystem der KE-Jetronic?

Es wertet die von den Sensoren (z.B. Motortemperatur, Luftdruck, Lambda-Sonde) gelieferten Eingabesignale aus und bildet den Steuerstrom für den elektrohydraulischen Drucksteller.

56 Wie wirkt der elektrohydraulische Drucksteller der KE-Jetronic?

Er verändert mit dem vom Steuergerät gelieferten Steuerstrom den Druck in den Unterkammern der Differenzdruckventile. Dadurch bewegt sich der Steuerkolben und korrigiert die den Einspritzventilen zugemessene Kraftstoffmenge. Der elektrohydraulische Drucksteller ist am Kraftstoffmengenteiler angeflanscht.

57 Welche Vorteile bietet die KE-Jetronic gegenüber der K-Jetronic?

— Schnelles Anpassen an unterschiedliche Betriebszustände
— geringer Kraftstoffverbrauch
— schadstoffarmes Abgas (Lambda-Regelung)
— Schubabschaltung.

58 Was versteht man unter einer Zentraleinspritzung?

Ein elektronisch geregeltes Gemischbildungssystem, bei dem der Kraftstoff mit nur einem Einspritzventil zentral vor der Drosselklappe zugemessen wird. Das Gemisch wird über das Sammelsaugrohr zu den einzelnen Zylindern verteilt.

59 Welche Hauptmeßgrößen werden bei der Zentraleinspritzung verwendet?

a) Drosselklappenstellung (Winkel α)
b) Motordrehzahl n (α/n-System genannt)

60 Wie wird die Kraftstoffmenge bei der Zentraleinspritzung zugemessen?

Nur durch die Ventilöffnungszeit, die von der Dauer eines Steuerimpulses bestimmt wird.

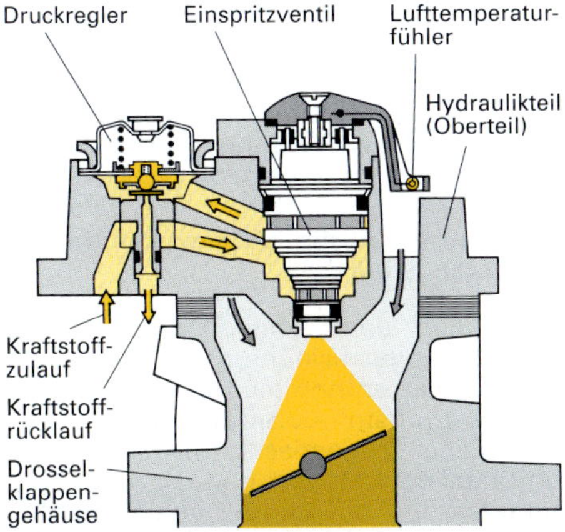

Mono - Jetronic - Einspritzaggregat

61 Welche Systeme werden durch die Motronic zusammengefaßt?

Elektronisch gesteuerte Benzineinspritzung und elektronische Kennfeldzündung bilden ein System.

62 Wie ist die Motronic aufgebaut?

— Einspritzsystem (L-Jetronic)
— Zündsystem mit gespeichertem Zündkennfeld ohne mechanische Fliehkraft- und Unterdruckverstellung
— Informationsgeber (Meßfühler, Sensoren).

63 Welche Informationen kann das Steuergerät einer Motronic erhalten?

Schalteingänge, z.B.

— Zündung (Ein/Aus) — Fahrgeschwindigkeit
— Fahrstufe — Getriebeeingriff
— Klimaanlage — Nockenwellenstellung.

Analogeingänge, z.B.

— Luftmenge — Lufttemperatur
— Lambda-Sonde — Drosselklappenwinkel
— Klopfsensor — Batteriespannung.

Motordrehzahl

64 Welche Vorteile bietet die Motronic?

— Kraftstoffersparnis durch Anpassung der Kraftstoffmenge an Betriebszustand
— schadstoffarmes Abgas (Lambda-Regelung)
— Leerlaufregelung und -stabilisierung
— sicheres Startverhalten
— günstiger Drehmomentverlauf bei niedrigen Drehzahlen und im Vollastbetrieb.

2.1.14 Schadstoffminderung in den Abgasen

01 Welche ungiftigen Bestandteile sind im Abgas enthalten?

— Wasserdampf (H_2O)
— Stickstoff (N_2)
— Sauerstoff (O_2)
— Edelgase
— Kohlendioxid (CO_2), es trägt zum Treibhauseffekt in der Atmosphäre bei.

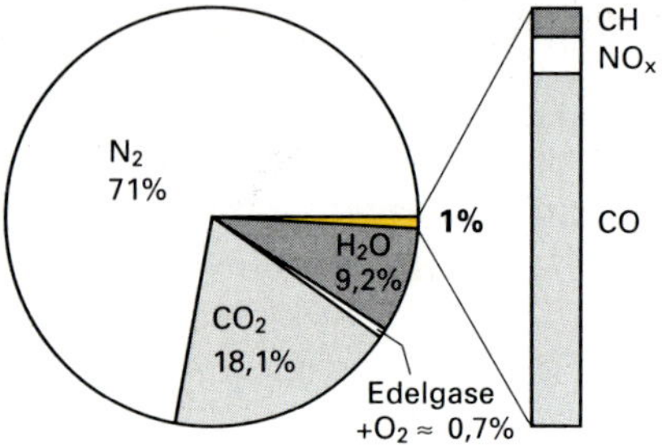

Zusammensetzung des Abgases

02 Welche Schadstoffe entstehen bei der Verbrennung des Kraftstoffes im Motor?

— Kohlenmonoxid (CO)
— unverbrannte Kohlenwasserstoffe (CH-Verbindungen)
— Stickoxide (NO_x)
— Bleiverbindungen (bei verbleiten Kraftstoffen).

03 Wie wirken sich Luftmangel bzw. Luftüberschuß auf die Abgaszusammensetzung aus?

— Bei Luftmangel (z.B. λ = 0,95 ... 0,9; fettes Gemisch) steigt der Gehalt an unverbrannten CH-Verbindungen und an Kohlenmonoxid an; der Gehalt an Stickoxiden nimmt ab
— bei Luftüberschuß (λ bis 1,1; mageres Gemisch) nimmt der Gehalt an unverbrannten CH-Verbindungen und an Kohlenmonoxid ab; der Gehalt an Stickoxiden steigt an.

04 Welche grundsätzlichen Verfahren zur Senkung der Schadstoffe werden unterschieden?

— Vorbeugende Maßnahmen am Motor; schon bei der Verbrennung des Kraftstoffes sollen weniger Schadstoffe entstehen
— Nachbehandlung der Abgase im Katalysator; bei der Verbrennung des Kraftstoffes entstandene Schadstoffe werden ganz oder teilweise in ungiftige Stoffe umgewandelt.

05 Durch welche Maßnahmen am Motor wird die Schadstoffbildung vermindert?

— Geeignete Motorkonstruktion, z.B. Brennraumgestaltung
— Art und Qualität der Gemischbildung und Gemischzusammensetzung, z.B. Einspritzanlage
— Zündzeitpunkt, z.B. Kennfeldzündung
— Schubabschaltung
— Abgasrückführung.

06 Wie wirkt die Abgasrückführung?

— Die Zylinder erhalten eine geringere Frischgasfüllung
— die Verbrennungstemperatur wird herabgesetzt
— es entstehen deutlich weniger Stickoxide
— der Gehalt an unverbrannten CH-Verbindungen im Abgas steigt mit zunehmender Abgasrückführungsrate an.

07 Wie wird die Abgasrückführung durchgeführt?

Kurz hinter dem Auspuffkrümmer wird über das Abgasrückführungsventil ein Teil des Abgases entnommen und dem angesaugten Kraftstoff-Luft-Gemisch im Saugrohr wieder beigemischt. Das Abgasrückführungsventil steuert die Abgasrückführungsrate in Abhängigkeit von Saugrohrdruck, Motordrehzahl und Motortemperatur.

08 Welche Aufgabe hat ein Katalysator?

Der Abgaskatalysator im Kraftfahrzeug soll die im Abgas enthaltenen Schadstoffe in ungiftige Stoffe umwandeln.

Allgemein soll ein Katalysator einen chemischen Vorgang ermöglichen oder beschleunigen, ohne sich dabei selbst zu verändern.

09 Was versteht man unter einem Einbett-Dreiwege-Katalysator?

Bei diesem Katalysator laufen in einem Gehäuse die drei chemischen Umwandlungen von Stickoxiden, Kohlenmonoxid und CH-Verbindungen gleichzeitig nebeneinander ab.

10 Welches sind die wesentlichen Bestandteile des Katalysators mit Keramikträger?

— Katalytisch aktive Schicht aus Platin, Rhodium und Palladium
— Zwischenschicht (wash-coat, auch Trägerschicht genannt, bei Keramikträger)
— Keramikträger oder Metallträger
— Stahlblechgehäuse.

11 Wie ist der Katalysator mit Keramikträger aufgebaut?

Der Keramikträger mit ovalem oder kreisförmigem Querschnitt wird wabenartig von mehreren tausend feinen Kanälen durchzogen. Die Kanäle sind mit der sehr porösen Zwischenschicht überzogen, wodurch die Oberfläche des Katalysators um etwa das 7000fache vergrößert wird. Auf die Zwischenschicht ist die katalytisch aktive Schicht aus Platin-Rhodium-Palladium aufgedampft.

12 Welches ist die günstigste Betriebstemperatur für den Katalysator?

Etwa 400 °C...800 °C. In diesem Temperaturbereich wird eine hohe Umwandlungsrate und eine lange Lebensdauer erreicht.

13 Warum benötigen Kraftfahrzeuge mit Katalysatoranlage bleifreien Kraftstoff?

Bei verbleiten Kraftstoffen würden sich auf der katalytisch aktiven Schicht Bleiverbindungen ablagern und sie unwirksam machen.

14 Welche chemischen Umwandlungen sollen im Katalysator vor sich gehen?

— NO_x (Stickoxid) soll reduziert werden zu Stickstoff; Sauerstoff wird frei
— CO (Kohlenmonoxid) soll oxidiert werden zu Kohlendioxid; Sauerstoff wird verbraucht
— CH-Verbindungen sollen oxidiert werden zu Kohlendioxid und Wasserdampf; Sauerstoff wird verbraucht.

15 Warum muß bei Abgasanlagen mit Katalysator die Zusammensetzung des Kraftstoff-Luft-Gemisches etwa dem theoretischen Mischungsverhältnis ($\lambda = 1$) entsprechen?

Dies ermöglicht günstigste Betriebsbedingungen für den Katalysator. Der bei der Reduktion der Stickoxide freiwerdende Sauerstoff soll ausreichen zur Oxidation des Kohlenmonoxids zu Kohlendioxid und der unverbrannten Kohlenwasserstoffe im Abgas zu Kohlendioxid und Wasserdampf.

16 Welcher bauliche Unterschied besteht zwischen Abgasanlagen mit geregeltem und solchen mit ungeregeltem Katalysator?

— Geregelter Katalysator: die Abgasanlage enthält eine λ-Sonde, welche über den λ-Regelkreis die Gemischbildung in den verschiedenen Lastzuständen des Motors regelt
— ungeregelter Katalysator: die Abgasanlage hat keine λ-Sonde; die Gemischbildung wird, z.B. durch das elektronische Steuergerät, gesteuert.

17 Was versteht man unter dem Katalysatorfenster oder λ-Fenster?

Es ist der enge Bereich des Luftverhältnisses (λ = 0,99...1,0), bei dem der Katalysator die Schadstoffe im Abgas bestmöglich umwandeln kann.

18 Was versteht man unter der Konvertierungsrate eines Katalysators?

Sie ist die Umwandlungsrate des Katalysators und gibt an, wieviel Prozent der Schadstoffe im Abgas in ungiftige Stoffe umgewandelt werden.

19 Welche Umwandlungsrate der Schadstoffe wird mit ungeregeltem und welche mit geregeltem Katalysator erreicht?

- Ungeregelter Katalysator: Umwandlungsrate der Schadstoffe im Mittel 60%
- geregelter Katalysator: Umwandlungsrate der Schadstoffe 90%...95%.

20 Welche Aufgabe hat die λ-Sonde im λ-Regelkreis?

Sie überwacht die Abgaszusammensetzung durch Messung des Restsauerstoffgehaltes und teilt dem λ-Regler im elektronischen Steuergerät in Form eines Spannungssignals Veränderungen in der Abgaszusammensetzung mit.

21 Wovon ist die Sondenspannung der λ-Sonde bei Betriebstemperatur abhängig?

Die Sondenspannung ist abhängig vom Restsauerstoffgehalt im Abgas.

Bei magerem Gemisch ($\lambda > 1$) beträgt die Sondenspannung etwa 100 mV.

Im Bereich $\lambda = 1$ steigt die Sondenspannung sprunghaft an.

Bei fettem Gemisch ($\lambda < 1$) beträgt die Sondenspannung 800 mV...1000 mV.

22 Warum bleibt die λ-Sonde nach dem Kaltstart des Motors zunächst abgeschaltet?

Der Keramikkörper der λ-Sonde wird erst bei etwa 300 °C für Sauerstoffionen leitend, erst ab dieser Temperatur entsteht eine Sondenspannung. Unterhalb dieser Temperatur wird die Gemischbildung daher nicht geregelt, sondern nur gesteuert.

23 Warum enthält die λ-Sonde meist ein Heizelement?

Nach dem Start des kalten Motors soll die λ-Sonde möglichst schnell ihre Mindestarbeitstemperatur von etwa 300 °C erreichen. Bei noch nicht betriebswarmem Motor bringt das Heizelement den Keramikkörper der λ-Sonde schon in 20 s ...30 s nach dem Start auf die Mindestarbeitstemperatur.

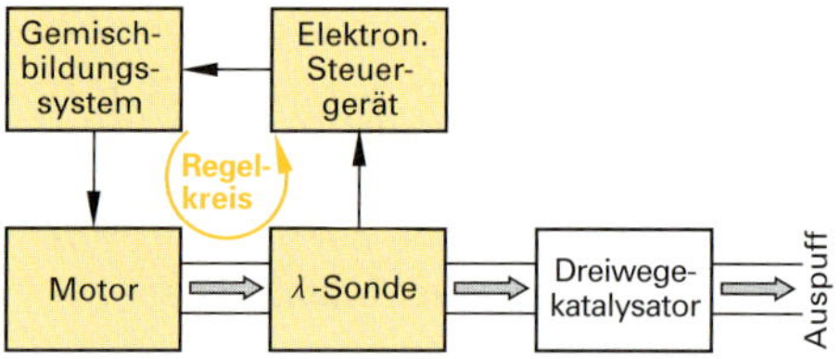

Funktionsschema des λ-Regelkreises

24 Wie beeinflußt die λ-Regelung die Gemischbildung?

- λ-Sonde erfaßt Abgaszusammensetzung durch Messung des Restsauerstoffes im Abgas
- λ-Sonde gibt entsprechendes Spannungssignal an Regler im Steuergerät
- Steuergerät bestimmt hieraus ein elektrisches Signal an das Gemischbildungssystem (z.B. an Einspritzventile)
- geänderte Abgaszusammensetzung ergibt geändertes Signal des Steuergerätes an das Gemischbildungssystem
- Gemischzusammensetzung wird in Richtung „magerer“ bzw. „fetter“ verändert
- geänderte Gemischzusammensetzung hat geänderte Abgaszusammensetzung zur Folge.

2.1.15 Auspuffanlage

01 Welche Aufgaben hat die Auspuffanlage?

— Die Abgase so dämpfen und entspannen, daß eine bestimmte Geräuschstärke nicht überschritten wird; dabei darf dem Abströmen der Abgase kein großer Widerstand entgegengesetzt werden
— die Abgase gefahrlos so ableiten, daß ein Eindringen in den Innenraum des Kfz nicht zu erwarten ist
— bei Auspuffanlagen mit Katalysator die Schadstoffe in den Abgasen verringern.

02 Welche Möglichkeiten zur Verminderung der Auspuffgeräusche werden unterschieden?

— Schalldämmung: Reflektieren der Schallwellen, z.B. im Reflektionsschalldämpfer, wobei ein Teil der Schallenergie sich wie ein abklingendes Echo selbst löscht
— Schalldämpfung: Absorbieren der Schallwellen, z.B. im Absorptionsschalldämpfer, in dem die Schallenergie in Schluckstoffen in Reibungswärme umgewandelt wird.

03 Warum darf man Auspuffanlagen nicht willkürlich abändern?

— Die Betriebserlaubnis des Kfz erlischt
— der Schallpegel (Geräuschstärke) der Auspuffanlage kann sich erhöhen
— die Auspuffanlage ist vom Hersteller so abgestimmt, daß eine gute Füllung der Zylinder und eine günstige Motorleistung erreicht wird.

04 Aus welchen Teilen besteht die Auspuffanlage?

— Aus den Auspuffrohren
— aus einem oder mehreren Auspufftöpfen, z.B. Auspuffvorschalldämpfer und Auspuffhauptschalldämpfer
— evtl. aus den Einrichtungen zur Schadstoffminderung, z.B. Katalysator.

05 Welchen Beanspruchungen ist die Auspuffanlage ausgesetzt?

— Hohen Temperaturen und Temperaturänderungen vor allem im vorderen Teil der Auspuffanlage
— Außenkorrosion auf der ganzen Länge der Auspuffanlage durch Witterungseinflüsse und Streusalz
— Innenkorrosion vor allem im hinteren Teil der Auspuffanlage durch kondensierte Verbrennungsgase
— mechanischen Belastungen durch Karosseriebewegungen, Motorschwingungen, Steinschlag.

06 Durch welche baulichen Besonderheiten wird die Lebensdauer der Auspuffanlage erhöht?

— Verwendung nichtrostender Stähle
— Verwendung aluminiumbeschichteter Stahlbleche
— Verwendung emaillierter Stahlbleche.

07 Welche Hauptaufgaben haben bei Zweitopfanlagen die einzelnen Auspufftöpfe?

— Der Vorschalldämpfer dient vor allem zur Leistungsabstimmung des Motors
— der Hauptschalldämpfer sorgt für die eigentliche Schalldämpfung.

08 Warum darf die Auspuffanlage keine Undichtigkeiten aufweisen?

— Abgase könnten in den Innenraum des Kfz eindringen und Insassen gefährden
— der Schallpegel (Geräuschstärke) der Abgase könnte zunehmen.

09 Welche Arten von Schalldämpfern werden verwendet?

Reflexionsschalldämpfer, Absorptionsschalldämpfer, Interferenzschalldämpfer, Schalldämpfer mit Abzweigresonatoren, Kombinationen der einzelnen Arten sind möglich.

2.1.16 Schmierung

01 Welchen Zweck hat die Schmierung?

Alle gleitenden Teile ausreichend mit Schmiermittel versorgen, um die Reibung zu verringern.

02 Welche Aufgaben hat das Schmieröl?

— Schmieren — reinigen
— kühlen — vor Korrosion schützen
— abdichten — Geräusche dämpfen.

03 Welche Gleitreibungsarten unterscheidet man?

— Trockene Reibung (Festkörperreibung)
— halbflüssige Reibung (Mischreibung)
— flüssige Reibung (Flüssigkeitsreibung).

04 Welcher Schaden kann durch trockene Reibung hervorgerufen werden?

Durch Berühren der aufeinander gleitenden Teile können örtlich so hohe Temperaturen entstehen, daß die betreffenden Stellen kurzzeitig miteinander verschweißen (Reibschweißen) und dann wieder auseinandergerissen werden. Dieser Vorgang wird auch als Fressen bezeichnet.

05 In welchen Fällen kann halbflüssige Reibung entstehen?

— Beim Anlaufen, bis ein tragfähiger Schmierfilm aufgebaut ist
— bei langsamer Bewegung
— bei hin- und hergehenden Bewegungen
— bei hoher Belastung des Schmierfilms.

06 Welchen Beanspruchungen ist das Schmieröl ausgesetzt?

— Thermischen Beanspruchungen
— chemischen Beanspruchungen
— mechanischen Beanspruchungen.

07 Was versteht man unter der Alterung des Schmieröls?

Die Oxidation des Schmieröls durch Einwirkung von Luft bei hohen Betriebstemperaturen; dabei können sich verschlammende Ölharze und Asphalte bilden.

08 Warum kann bei Dieselmotoren verstärkt eine Ölverdickung auftreten?

Weil starke Oxidation durch Luftüberschuß oder Rußbildung bei der Verbrennung die Ölverdickung fördern.

09 Wodurch kann Ölverdünnung auftreten?

Durch die schwersiedenden Bestandteile des Kraftstoffes, die besonders bei häufigem Kaltstart als Kondensat in das Öl gelangen.

10 Warum hat jeder Motor einen gewissen Ölverbrauch?

Ein Teil des Öls verbrennt, weil es in den Verbrennungsraum gelangt, z.B. durch die Ventilschaftführungen oder über die Kurbelgehäuseentlüftung.

11 Weshalb ist ein Ölwechsel erforderlich?

Mechanische Verunreinigungen, z.B. Staub und Abrieb, sowie chemische Veränderungen, z.B. Altern und Verbrauch der Additive, mindern zunehmend die Ölqualität.

12 Welche Arten der Motorschmierung gibt es?

— Mischungsschmierung
— Frischölschmierung
— Druckumlaufschmierung
— Trockensumpfschmierung
— Tauchschmierung.

13 Welche Motoren können mit einer Mischungsschmierung betrieben werden?

Zweitaktmotoren mit Kurbelgehäusespülung und offenen Wälzlagern.

14 Wie erfolgt die Mischungsschmierung?

Das Schmieröl wird dem Kraftstoff bereits im Kraftstoffbehälter zugesetzt oder vor dem Vergaser durch eine Dosierpumpe zugemischt. Das sich niederschlagende Öl schmiert dann Lager, Zylinderlaufbahnen und Kolben.

15 Wie erfolgt die Frischölschmierung?

Eine Dosierpumpe versorgt aus einem besonderen Vorratsbehälter die verschiedenen Schmierstellen stets mit frischem, sauberen Öl. Jede Schmierstelle erhält jeweils nur die gerade erforderliche Ölmenge. Die Fördermenge der Dosierpumpe ist von der Motordrehzahl und der Motorbelastung abhängig.

16 Wie ist eine Druckumlaufschmierung aufgebaut?

Aus der Ölwanne unterhalb des Kurbelgehäuses wird das Öl von einer Pumpe durch Ölkanäle zu den einzelnen Schmierstellen gefördert. Meist sind Filter und gelegentlich auch ein Ölkühler dazwischengeschaltet. Ein Überdruckventil verhindert einen gefährlichen Druckanstieg besonders bei Kaltstart (zähflüssiges Öl). Zur Überwachung ist ein Ölmanometer oder eine Öldruckkontrolleuchte eingebaut.

17 Welche Besonderheiten weist eine Trockensumpfschmierung auf?

Das in die Ölwanne zurückfließende Öl wird von einer Absaugpumpe zu einem besonderen Vorratsbehälter gefördert. Von dort aus versorgt eine Druckölpumpe die verschiedenen Schmierstellen.

18 Welche Vorteile bietet die Trockensumpfschmierung?

- Zuverlässige Schmierung auch bei schneller Kurvenfahrt oder bei starker Schräglage des Fahrzeugs
- bessere Ölkühlung möglich
- längere Ölwechselintervalle aufgrund des größeren Ölvorrats möglich.

19 Welche Ölpumpen sind gebräuchlich?

- Zahnradölpumpen
- Rotorölpumpen
- Sichelölpumpen.

20 Warum werden in den Ölkreislauf Ölfilter eingebaut?

Um Verunreinigungen des Schmieröls wie Staub, Metallabrieb oder Verbrennungsrückstände aus dem Ölstrom auszufiltern.

21 Wie können Ölfilter in den Ölkreislauf eingebaut sein?

Im Hauptstrom oder im Nebenstrom.

22 Wie erfolgt die Filterung im Hauptstrom?

Der gesamte Druckölstrom fließt von der Pumpe zuerst durch das Filter und von dort zu den Druckschmierstellen.

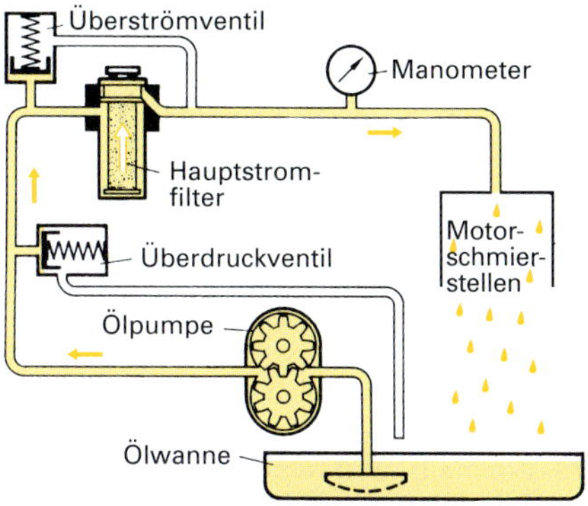

23 Warum benötigt man beim Hauptstromfilter ein Überströmventil?

Damit auch bei verstopftem Filter die Schmierstellen, mit zwar ungereinigtem Öl, ausreichend versorgt werden.

24 Wie erfolgt die Filterung im Nebenstrom?

Nur ein Teil des Öls fließt über das Nebenstromfilter direkt in die Ölwanne zurück, während der übrige Teil im Hauptstrom ungefiltert zu den Schmierstellen gefördert wird.

25 Wodurch kann eine besonders wirksame Ölfilterung erreicht werden?

Durch Einbau je eines Hauptstromfilters und eines Nebenstromfilters.

Beim Kombinationsfilter sind Haupt- und Nebenstromfilter in einem Gehäuse vereinigt.

26 Welche Filterbauarten werden verwendet?

- Feinfilter
- Spaltfilter
- Schleuderfilter
- Siebfilter.

27 Wie sind Wechselfilter aufgebaut?

Sie bestehen aus einem Stahltopf mit druckdicht aufgebördelter Deckplatte, in dem sich ein Feinfilterelement befindet. Dieses kann aus sternförmig gefaltetem, imprägnierten Filterpapier oder aus speziellem Fasermaterial bestehen. Meist ist zur Sicherheit ein Umgehungsventil eingebaut.

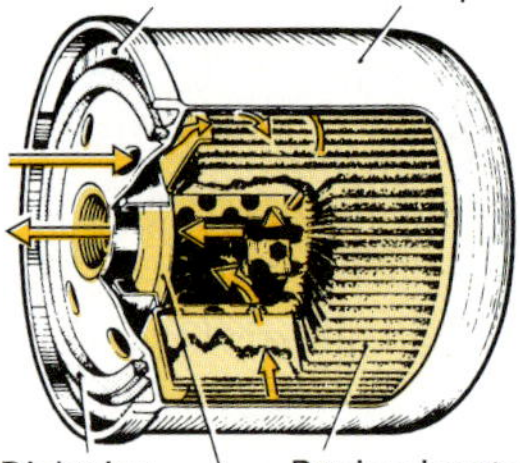

28 Weshalb wird häufig eine zusätzliche Ölkühlung angewandt?

Die Schmierfähigkeit des Öls wird sehr stark gemindert, wenn das Öl zu heiß und damit zu dünnflüssig wird.

29 Wie kann die Ölkühlung erfolgen?

- Durch die Fahrtwindkühlung der Ölwanne, die noch zusätzlich Kühlrippen aufweisen kann
- durch Einbau eines direkt von der Luft umspülten Ölkühlers
- durch Verwendung eines im Kühlflüssigkeitskreislauf eingebauten Ölkühlers.

2.1.17 Kühlung

01 Welche Aufgabe hat die Motorkühlung?

Überschüssige Verbrennungswärme, die auf Motorbauteile und auf das Motoröl übergegangen ist, an die Umgebungsluft abführen.

02 Warum muß gekühlt werden?

- Die Hitzebeständigkeit der Werkstoffe ist begrenzt
- die Schmierfähigkeit des Motoröls ist bei zu hoher Temperatur nicht gewährleistet
- bei Otto-Motoren könnte klopfende Verbrennung auftreten.

03 Wie wirkt sich eine gute Kühlung aus?

- Verbesserte Zylinderfüllung
- höhere Verdichtung
- höhere Leistung bei günstigem Kraftstoffverbrauch
- gleichmäßigere Betriebstemperatur.

04 Welche Anforderungen werden an die Kühlung gestellt?

- Hohe Kühlwirkung des Kühlsystems
- geringes Gewicht der Kühlanlage
- gleichmäßige Kühlung der Bauteile
- guter Wärmeübergang.

05 Welche Kühlungsarten werden unterschieden?

Luftkühlung:
- Fahrtwindkühlung
- Gebläseluftkühlung

Flüssigkeitskühlung:
- Thermoumlaufkühlung
- Zwangsumlaufkühlung

06 Welcher wesentliche Unterschied besteht zwischen der Luftkühlung und der Flüssigkeitskühlung?

Luftkühlung: Direkte Wärmeabgabe vom Motorbauteil an die Umgebungsluft.

Flüssigkeitskühlung: Indirekte Wärmeabgabe über die Kühlflüssigkeit und den Kühler an die Umgebungsluft.

07 Welche Vorteile hat die Gebläseluftkühlung gegenüber der Fahrtwindkühlung?

- Gleichmäßigere Kühlung der Bauteile
- ausreichende Zwangskühlung verkleideter Motoren
- gute Kühlung auch bei langsamer Fahrt und bei Stillstand des Fahrzeugs
- Kühlwirkung regelbar durch Thermostat.

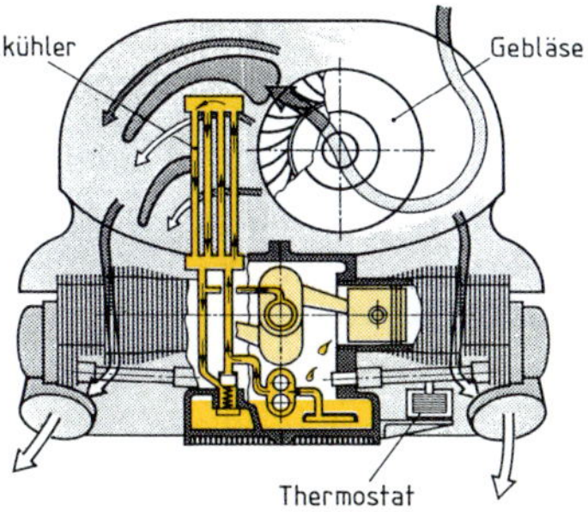

08 Welche Vorteile hat die Luftkühlung gegenüber der Flüssigkeitskühlung?

- Einfacherer, kostengünstigerer Aufbau
- geringeres Leistungsgewicht
- höhere Betriebssicherheit
- weitgehende Wartungsfreiheit
- schnelleres Erreichen der Betriebstemperatur
- die Betriebstemperatur kann höher liegen, da sie nicht vom Siedepunkt der Kühlflüssigkeit begrenzt ist.

09 Welche Nachteile hat die Luftkühlung gegenüber der Flüssigkeitskühlung?

- Größere Schwankungen in der Betriebstemperatur
- größere Kolbenspiele erforderlich und somit anfälliger für Kolbenkippen
- Leistungsbedarf des Kühlgebläses ist verhältnismäßig hoch
- stärkere Geräusche durch das Gebläse
- lauteres Motorgeräusch wegen der fehlenden Dämpfungswirkung durch den Kühlflüssigkeitsmantel.

10 Worauf beruht die Funktion der Thermoumlaufkühlung?

Die warme Kühlflüssigkeit steigt wegen der geringeren Dichte im Zylinderblock hoch; gleichzeitig fließt kalte Kühlflüssigkeit von unten aus dem Kühler nach. Es bildet sich ein Kreislauf aus, ohne daß eine Pumpe erforderlich ist.

11 Warum wird die Pumpenumlaufkühlung am häufigsten verwendet?

Weil durch die vom Motor angetriebene Kühlflüssigkeitspumpe die Kühlflüssigkeit in raschen Umlauf gebracht wird und sich dadurch eine sehr gute und gleichmäßige Kühlwirkung ergibt.

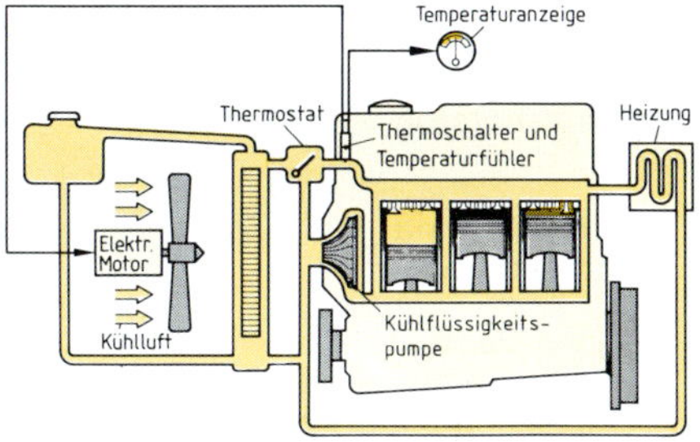

12 Wodurch unterscheidet sich der kleine vom großen Kühlkreislauf?

- Beim kleinen Kühlkreislauf fließt die Kühlflüssigkeit vom Motor über die Kühlflüssigkeitspumpe zurück zum Motor. Gegebenenfalls ist die Wagenheizung, die Startautomatik und die Dieselkraftstoffvorwärmung mit einbezogen
- beim großen Kühlkreislauf fließt die Kühlflüssigkeit vom Motor über den Thermostat zum Kühler und von dort zurück über die Kühlflüssigkeitspumpe zum Motor.

13 Welche Aufgabe hat der Ventilator?

Er soll den Kühler und den Motorraum mit ausreichender Kühlluftmenge durchströmen, wenn das Fahrzeug langsam fährt oder der Motor bei stehendem Fahrzeug läuft.

14 Unter welchen Bedingungen arbeitet ein zuschaltbarer Ventilator?

Er wird nur dann zugeschaltet, wenn eine bestimmte Temperatur der Kühlflüssigkeit überschritten wird. Bei niedrigen Temperaturen, z.B. bei ausreichender Kühlung durch den Fahrtwind, ist er abgeschaltet.

15 Welche Vorteile bietet ein zuschaltbarer Ventilator?

- Rascheres Erreichen der Betriebstemperatur
- gleichbleibendere Betriebstemperatur
- Verminderung des Kraftstoffverbrauchs
- Erhöhung der nutzbaren Antriebsleistung
- Reduzierung des Ventilatorgeräusches
- Elektromotorantrieb erlaubt vom Motor unabhängigen Einbau des Kühlers mit dem Ventilator.

16 Wie ist eine Visco-Ventilatorkupplung aufgebaut?

- In der Ventilatornabe der Viscokupplung befinden sich, durch eine Zwischenscheibe getrennt, ein Arbeits- und ein Vorratsraum
- ein bimetallgesteuertes Blattfederventil gibt die Ventilöffnung in der Zwischenscheibe mit zunehmender Kühlertemperatur frei
- im Arbeitsraum dreht sich die mit der Antriebswelle fest verbundene Antriebsscheibe
- die eingefüllte Viscoflüssigkeit ermöglicht die Kraftübertragung.

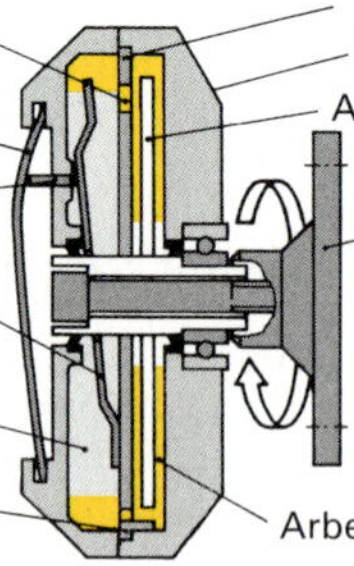

17 Welche Aufgabe hat der Kühler?

Die von der Kühlflüssigkeit im Motor aufgenommene Wärme an die Umgebungsluft abführen.

18 Aus welchen Teilen besteht der Kühler?

- Kühlnetz mit Seitenteilen
- oberer Wasserkasten mit Kühlereintrittsstutzen, Überlaufrohr mit Einfüllstutzen
- unterer Wasserkasten mit Austrittsstutzen.

19 Welche Kühler werden verwendet?

- Wasserröhren-Kühler — Lamellenkühler.

20 Warum befindet sich im Kühler-Einfüllverschluß ein Überdruck- und ein Unterdruckventil?

- Das Überdruckventil öffnet erst bei einem Überdruck von 0,2 bar...0,3 bar; dadurch kann die Kühlflüssigkeitstemperatur auf 104 °C...108 °C ansteigen, ohne daß die Kühlflüssigkeit kocht. Es treten nur geringe Wasserverluste durch Verdampfen auf
- das Unterdruckventil öffnet, wenn durch Abkühlung im Kühlsystem Unterdruck entsteht. Es verhindert, daß der Kühler einbeult.

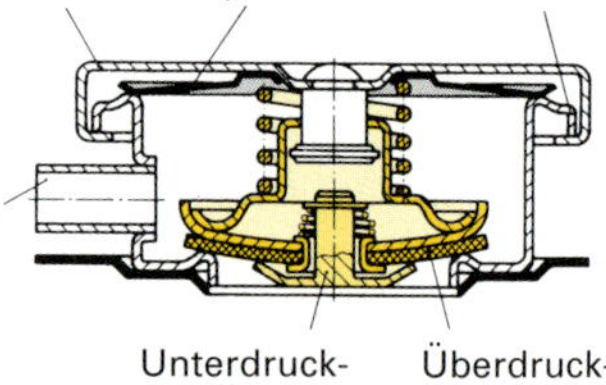

21 Welche Anforderungen werden an die Kühlflüssigkeit gestellt?

- Frei von Verunreinigungen
- möglichst kalkarmes Wasser
- auch bei starker Kälte (bis etwa –30 °C) nicht gefrieren
- Kühlsystem vor Korrosion schützen
- schmierend wirken, z.B. am Heizungsventil.

22 Welche Aufgabe hat der Temperaturregler (Thermostat)?

Er sorgt dafür, daß der Motor schnell seine Betriebstemperatur erreicht und während des Betriebs möglichst gleichmäßig hält.

23 Wie kann die Regelung der Kühlflüssigkeitstemperatur erfolgen?

Bei kaltem Motor fließt die Kühlflüssigkeit nur im kleinen Kreislauf, d.h. vom Motor zur Kühlflüssigkeitspumpe und wieder zurück zum Motor. Beim Erreichen der Betriebstemperatur öffnet das Thermostatventil und die Kühlflüssigkeit fließt im großen Kreislauf, d.h. vom Motor durch den Kühler zur Kühlflüssigkeitspumpe und wieder zurück zum Motor.

24 Wie wirkt das Dehnstoff-Element in einem Dehnstoff-Thermostat?

Beim Erwärmen wird durch die Volumenzunahme eines wachsartigen Dehnstoffes ein in Gummi gebetteter Kolben in einem druckfesten Gehäuse verschoben. Dadurch kann ein Ventilteller bewegt werden. Beim Erkalten drückt eine Rückstellfeder den Kolben zurück.

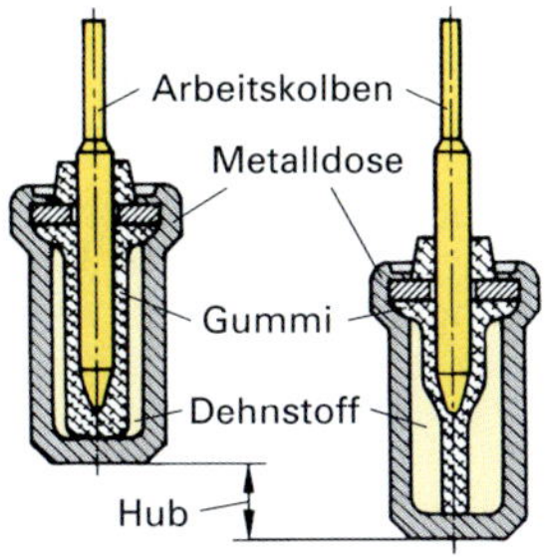

25 Welche Vorteile hat die Flüssigkeitskühlung?

- Gute Kühlung bei allen Fahrzuständen
- gleichmäßigere Kühlwirkung als die Luftkühlung
- Leistungsbedarf von Kühlflüssigkeitspumpe und Ventilator ist verhältnismäßig gering
- starke Dämpfung der Verbrennungsgeräusche durch den Kühlmantel
- günstigere Wagenheizung.

26 Welche Nachteile hat die Flüssigkeitskühlung?

- Langsameres Erreichen der Betriebstemperatur
- Kühlsystem ist verhältnismäßig schwer
- Kühlsystem beansprucht viel Platz
- störanfälliger durch Undichtigkeiten und Frostschäden
- Überhitzung des Motors infolge Kühlflüssigkeitsmangel oder Kesselsteinansatz möglich.

27 Was ist beim Nachfüllen von kaltem Wasser in ein heißes Kühlsystem zu beachten?

- Kühlerverschluß bzw. Verschluß des Ausgleichbehälters vorsichtig öffnen
- Wasser bei laufendem Motor langsam nachfüllen.

28 Welche Folgen kann ein nicht genügend gespannter Keilriemen haben?

- Durchrutschen verursacht großen Keilriemenverschleiß
- Kühlwirkung und das Aufladen der Starterbatterie können unzureichend werden.

29 Wodurch entsteht die Innenkühlung eines Verbrennungsmotors?

Gehen flüssige Kraftstoffteilchen bei der Gemischbildung in den gasförmigen Zustand über, so wird der Umgebung, z.B. den Verbrennungsraumoberflächen, Wärme (Verdampfungswärme) entzogen.

30 Welche Anforderungen müssen Belüftungseinrichtungen von Personenkraftwagen erfüllen?

Über Zu- und Abluftkanäle

- zugfreie Versorgung des Fahrzeuginnenraums mit möglichst staub- und abgasfreier Frischluft, die ggf. beheizt sein kann
- Verhinderung von Beschlagen bzw. Vereisen der Fensterflächen.

31 Welche Möglichkeiten gibt es für die Beheizung des Fahrzeuginnenraumes?

— Heizungen mit Kühlflüssigkeitswärme bei Fahrzeugen mit flüssigkeitsgekühlten Motoren
— Abgas-Frischluft-Heizungen bei Fahrzeugen mit luftgekühlten Motoren
— Zusatzheizungen mit Brennern für Benzin, Dieselkraftstoff oder Flaschengas.

32 Welche Aufgaben hat die Klimatisierung eines Kraftfahrzeuginnenraumes?

— Lüftung mit gereinigter Luft
— Kühlung bzw. Erwärmung der Luft
— Entfeuchtung ggf. Befeuchtung der Luft.

33 Aus welchen wesentlichen Bauteilen besteht eine Klimaanlage?

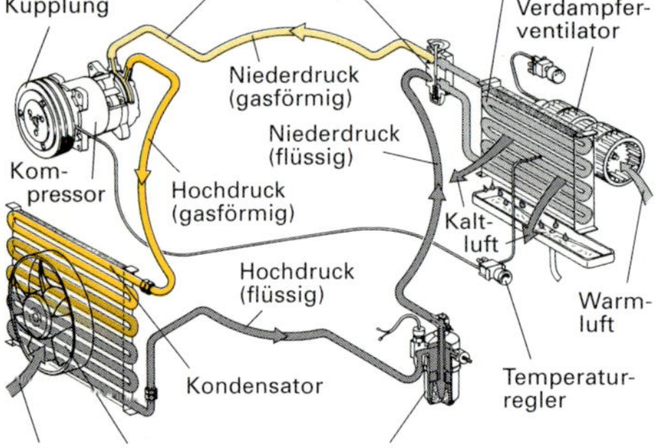

— Kältekompressor mit Elektromagnetkupplung
— Kondensator, meist mit Zusatzgebläse
— Kühlmittelbehälter mit Kühlmitteltrockner
— Verdampfer
— Expansionsventil
— Gebläse
— Temperaturregler.

34 Welche Aufgabe hat der Verdampfer einer Klimaanlage?

Er nimmt die Wärme aus der zu kühlenden Luft (Frischluft oder Innenraumluft) auf und überträgt sie auf das Kältemittel, das dadurch verdampft.

35 Wo ist der Verdampfer einer Klimaanlage angeordnet?

Im Fahrzeuginnenraum.

36 Welche Aufgabe hat der Kompressor einer Klimaanlage?

Er verdichtet den vom Verdampfer abgesaugten Kältemitteldampf (Kompressoreingang → Niederdruck) und drückt ihn zum Kondensator (Kompressorausgang → Hochdruck).

37 Wie wird der Kältekompressor angetrieben?

Er wird meist von der Kurbelwelle des Motors aus über einen Keilriemen und eine Elektromagnetkupplung angetrieben.

38 Welche Aufgabe hat der Kondensator?

Er entzieht über seine große Oberfläche dem Kältemittel Wärme und leitet sie an die Umgebungsluft ab. Dabei wird der Kältemitteldampf durch die Abkühlung wieder verflüssigt.

39 Was versteht man unter einem Klimatisierungsautomat?

Einen Verbund aus Wagenheizung und Kälteerzeugungsanlage mit selbsttätiger Temperaturregelung.

40 Welchen wesentlichen Vorteil hat ein Klimatisierungsautomat?

Er regelt selbsttätig die Beheizung oder die Kühlung des Fahrzeuginnenraums so, daß der eingestellte Temperaturwert möglichst gleichbleibend gehalten wird.

2.2 Otto-Zweitaktmotor

01 Welches sind die Hauptunterschiede des Otto-Zweitaktmotors gegenüber dem Otto-Viertaktmotor?

- Keine besonderen Steuerorgane für den Gaswechsel
- Arbeitsspiel läuft während nur einer Kurbelwellenumdrehung ab
- offener Gaswechsel.

02 Wie kann beim Zweitaktmotor der Gaswechsel gesteuert werden?

Der Gaswechsel wird meist durch den Kolben gesteuert und erfolgt über die Schlitze (Mündungen der einzelnen Kanäle) in der Zylinderwand.

03 Was versteht man unter einem offenen Gaswechsel?

Die überströmenden Frischgase schieben die verbrannten Gase aus. Dabei findet eine unerwünschte Vermischung zwischen Frischgas und Altgas statt. Überströmschlitz und Auslaßschlitz sind gleichzeitig geöffnet. Durch den offenstehenden Auslaßschlitz treten Frischgase aus.

04 Warum benötigt der Zweitaktmotor gegenüber dem Viertaktmotor für ein Arbeitsspiel nur eine Kurbelwellenumdrehung?

Das Arbeitsspiel ist beim Viertakt- und beim Zweitaktmotor grundsätzlich gleich. Beim Viertaktmotor läuft das Arbeitsspiel nur im Zylinder (über dem Kolben) ab. Die vier benötigten Kolbenhübe entsprechen zwei Kurbelwellenumdrehungen. Beim Zweitaktmotor erfolgt das Arbeitsspiel bei zwei Kolbenhüben, bzw. einer Kurbelwellenumdrehung. Dazu müssen der Zylinder (Raum über dem Kolben) und die Kurbelkammer (Raum unter dem Kolben) zusammenwirken.

05 Wie wirken Zylinder und Kurbelkammer zusammen?

Die Verbindung zwischen Kurbelkammer und Zylinder (Verbrennungsraum) wird durch den Überströmkanal hergestellt. Die nach außen druckfest abgedichtete Kurbelkammer bildet mit dem unteren Teil des Zylinders und dem Kolben eine Pumpe.

06 Wie verlaufen die Kanäle beim Dreikanal-Zweitaktmotor?

- Einlaßkanal vom Vergaser zur Kurbelkammer
- Auslaßkanal vom Verbrennungsraum zum Auspuff
- Überströmkanal verbindet Kurbelkammer mit Verbrennungsraum.

Die Kanalmündungen sind als Schlitze in der Zylinderwand ausgebildet.

07 Was versteht man unter einem symmetrischen Steuerdiagramm?

Einlaß-, Auslaß- und Überströmschlitze werden genau so viele Grade vor OT bzw. UT geöffnet, wie sie geschlossen werden. Dadurch ergibt sich ein symmetrisches Steuerdiagramm.

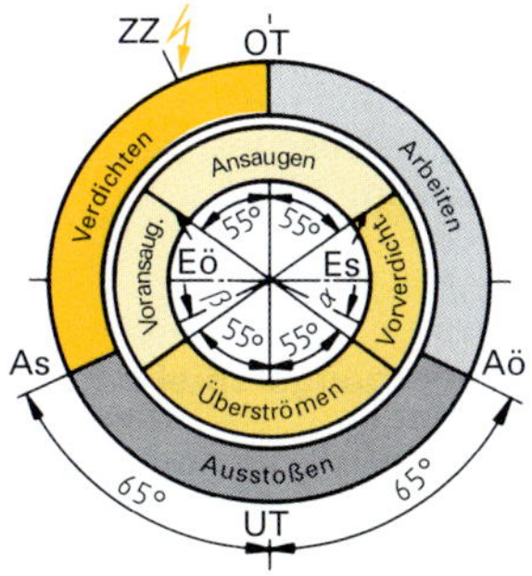

α	Vorauslaßwinkel	Aö	Auslaßschlitz öffnet
β	Nachauslaßwinkel	As	Auslaßschlitz schließt
Eö	Einlaßschlitz öffnet	Üö	Überströmschlitz öffnet
Es	Einlaßschlitz schließt	Üs	Überströmschlitz schließt

08 Welche Spülverfahren gibt es bei der Gegenstromspülung?

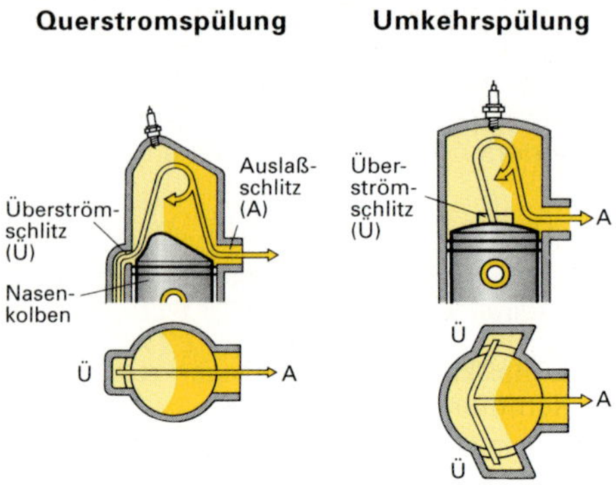

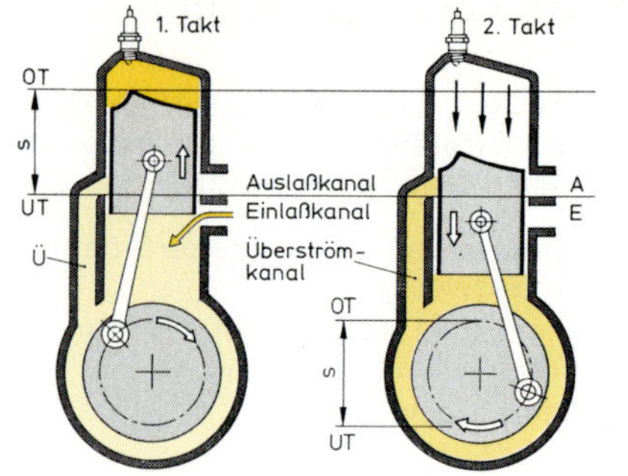

Kolbenbewegung UT → OT		Kolbenbewegung OT → UT
Voransaugen Ansaugen	unterhalb des Kolbens in der Kurbelkammer	Vorverdichten
Verdichten	oberhalb des Kolbens im Zylinder	Zünden Arbeiten

09 Welche Vorgänge spielen sich beim 1. Takt ab?

Vorgänge unter dem Kolben: Der Kolben bewegt sich von UT nach OT und schließt dabei zuerst den Überströmkanal. Durch die Raumvergrößerung in der abgeschlossenen Kurbelkammer entsteht ein Unterdruck von etwa 0,2 bar...0,4 bar (Voransaugen). Gibt dann der Kolben auf seinem Weg nach OT den Einlaßschlitz frei, beginnt das Ansaugen in die Kurbelkammer für das nächste Arbeitsspiel.

Vorgänge über dem Kolben: Nachdem der Kolben auf seinem Weg von UT nach OT den Auslaßschlitz geschlossen hat, beginnt im Zylinder die Verdichtung des Kraftstoff-Luft-Gemisches. Kurz vor OT erfolgt die Zündung.

10 Welche Vorgänge spielen sich beim 2. Takt ab?

Vorgänge unter dem Kolben: Bewegt sich der Kolben von OT nach UT, wird der Einlaßschlitz geschlossen und das in der Kurbelkammer befindliche Kraftstoff-Luft-Gemisch auf etwa 0,3 bar...0,6 bar verdichtet.

Vorgänge über dem Kolben: Der Druck der Verbrennungsgase bewegt den Kolben von OT nach UT.

11 Welche Vorgänge spielen sich beim Übergang vom zweiten zum ersten Takt (Gaswechsel) ab?

Auf dem Weg nach UT gibt die Kolbenoberkante zuerst den etwas höher liegenden Auslaßschlitz frei und die verbrannten Gase puffen aus. Dann gibt sie den Überströmschlitz frei und das vorverdichtete Kraftstoff-Luft-Gemisch übernimmt beim Überströmen von der Kurbelkammer in den Zylinder das Spülen und das Ausstoßen der Altgase. Nachdem der Kolben auf seinem Weg nach OT den Überströmschlitz und danach den Auslaßschlitz geschlossen hat, ist der Spülvorgang beendet.

12 Wie erfolgt der Gaswechsel bei der Querstromspülung?

Frischgase und Altgase strömen quer durch den Zylinder, weil Überströmschlitz und Auslaßschlitz einander gegenüberliegen. Dieses Spülverfahren erfordert einen Nasenkolben, der die Frischgase nach dem Austritt aus dem Überströmkanal in Richtung OT ablenken soll.

13 Wie erfolgt der Gaswechsel bei der Umkehrspülung?

Je ein Überströmschlitz liegt seitlich vom Auslaßschlitz. Dadurch werden die Spülströme von den schräg zur Zylinderachse liegenden Überströmkanälen an die gegenüberliegende Zylinderwand geleitet. Dort richten sie sich auf und schieben die Altgase, der Zylinderwand folgend, zum Auslaßschlitz hinaus. Die Spülströme kehren sich also im Zylinder um.

14 Was versteht man unter dem günstigen Vorauslaß?

Der nach UT gehende Kolben öffnet zuerst den Auslaßschlitz und dann den Überströmschlitz. Beim Öffnen des Auslaßschlitzes tritt ein starker Druckabfall ein, so daß die restlichen Altgase nicht so stark in die Kurbelkammer zurückschlagen und sich mit dem Frischgas vermischen.

15 Was versteht man unter dem schädlichen Nachauslaß?

Der nach OT gehende Kolben schließt zuerst den Überströmschlitz und danach den Auslaßschlitz. Dabei können Frischgase zum Auslaßschlitz hinausgedrängt werden.

16 Warum wird bei den meisten Zweitaktmotoren die Mischungsschmierung verwendet?

Die Kurbelkammer dient zum Vorverdichten des Kraftstoff-Luft-Gemisches und kann deshalb nicht die Ölfüllung für die Motorschmierung aufnehmen, das Schmieröl wird dem Kraftstoff beigemischt.

17 Warum befindet sich in der Kolbenringnut ein Sicherungsstift?

Der Sicherungsstift verhindert das Wandern des Kolbenringes. Es könnte sonst vorkommen, daß die Stoßenden der Kolbenringe in die Zylinderschlitze ausfedern, was zu Schäden an Kolben, Kolbenringen und Zylinder führen könnte.

18 Was versteht man unter „Viertaktern" des Zweitaktmotors?

Das Kraftstoff-Luft-Gemisch entzündet sich erst bei jeder zweiten Umdrehung der Kurbelwelle. Das Viertaktern tritt häufig auf im Leerlauf und im Schubbetrieb, weil der Verdichtungsdruck für eine ausreichende Spülung zu gering ist.

19 Warum sollen Ansaug- und Auspuffanlagen von Zweitaktmotoren nicht abgeändert werden?

— Schwingungsvorgang der Spülung wird meist ungünstig verändert
— führt meist zu stärkerem Lärm, schlechterer Motorleistung, höherem spezifischen Kraftstoffverbrauch
— Veränderungen sind unzulässig, außerdem erlischt die Betriebserlaubnis.

20 Welche Vor- und Nachteile hat der Zweitaktmotor gegenüber dem Viertaktmotor?

Vorteile
— Einfache Bauart, billiger
— geringeres Gewicht
— weniger bewegliche Teile
— ruhigerer Lauf bei gleicher Zylinderzahl
— gleichmäßigeres Drehmoment
— größere Leistung bei gleichem Hubraum
— bessere Beschleunigung
— geringere Wartungskosten.

Nachteile
— Größerer spezifischer Kraftstoffverbrauch, vor allem bei sehr niederen und sehr hohen Drehzahlen
— großer spezifischer Schmierölverbrauch
— schlechtere Füllung
— höhere Wärmebelastung, da keine Leerhübe
— höhere mechanische Belastung
— geringere Bremswirkung des Motors, besonders bei Bergabfahrt
— unangenehme Geruchsbildung
— mehr gesundheitsschädigende Bestandteile im Abgas.

2.3 Dieselmotor

2.3.1 Aufbau

01 Woran kann man den Dieselmotor im äußeren Aufbau erkennen?

An Einspritzausrüstung und eventuell Kaltstarthilfe, z.B. Vorglühanlage.

02 Welche Bauteile gehören zur Einspritzausrüstung?

Kraftstoffpumpe, Kraftstoffilter, Einspritzpumpe, Einspritzleitungen und Einspritzdüsen.

2.3.2 Arbeitsweise

01 Welches sind die wesentlichen Merkmale der Arbeitsweise des Dieselmotors?

- **Innere Gemischbildung:** Es wird nur Luft angesaugt und diese hoch verdichtet. In diese heiße Luft wird der Kraftstoff eingespritzt und er vermischt sich mit ihr.
- **Selbstzündung:** Der zum Teil vergaste Kraftstoff entzündet sich an der heißen Luft.

02 Warum arbeitet der Dieselmotor mit Luftüberschuß?

Wegen der kurzen Zeit zur Gemischbildung wäre sonst keine rauchfreie Verbrennung möglich.

03 Was versteht man unter innerer Gemischbildung?

Das Kraftstoff-Luft-Gemisch wird erst im Verbrennungsraum gebildet.

04 Was versteht man unter Selbstzündung?

Der eingespritzte Kraftstoff entzündet sich selbst an der heißen Luft.

05 Wie werden im Druck-Weg-Diagramm eines Dieselmotors die Kurvenabschnitte 1 bis 4, der Abstand X und der Punkt E genannt?

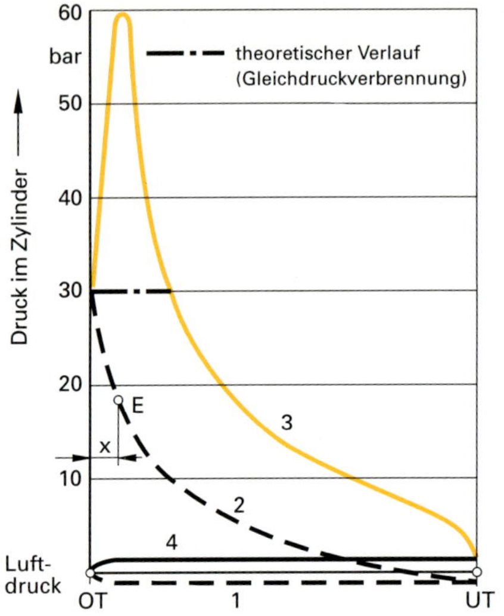

1: Ansaugen; 2: Verdichten; 3: Arbeiten; 4: Ausstoßen; E: Einspritzbeginn; X: Zündverzug.

06 Wodurch wird die Gemischbildung beim Dieselmotor gefördert?

Durch den hohen Einspritzdruck und die feine Zerstäubung verdampft der Kraftstoff teilweise an der heißen Luft und vermischt sich dadurch gut mit ihr. Entsprechende Brennraumgestaltung kann die Gemischbildung außerdem verbessern.

07 In welchem Bereich liegen beim Dieselmotor ungefähr
a) das Verdichtungsverhältnis
b) der Verdichtungsenddruck
c) die Verdichtungsendtemperatur
d) der Verbrennungshöchstdruck
e) die Abgastemperaturen?

a) Verdichtungsverhältnis: 14...24
b) Verdichtungsenddruck: 30 bar...55 bar
c) Verdichtungsendtemp.: 700 °C...900 °C
d) Verbrennungshöchstdruck: 65 bar...90 bar
e) Abgastemperatur (Vollast): 550 ° C...750 ° C.

08 Was versteht man unter Zündverzug?

Die Zeitspanne vom Einspritzbeginn bis zur Selbstzündung des Kraftstoffes.

09 Wodurch wird der Zündverzug beeinflußt?

— Zündwilligkeit des Kraftstoffes
— Motortemperatur
— Feinheit der Zerstäubung
— Brennraumgestaltung.

10 Wie groß ist etwa der Zündverzug?

$^{1}/_{1000}$ Sekunde (0,001 s).

11 Wodurch entsteht der Zündverzug?

Der flüssig eingespritzte Kraftstoff benötigt Zeit um sich mit der Luft zu vermischen, zu vergasen und sich selbst zu entzünden.

12 Was versteht man unter Spritzverzug?

Die Zeit zwischen dem Förderbeginn der Einspritzpumpe und dem tatsächlichen Einspritzbeginn an der Einspritzdüse.

13 Wodurch entsteht der Spritzverzug?

— Durch die für den Druckaufbau erforderliche Zeit
— durch Dehnung der Einspritzleitungen
— durch Massenträgheit der bewegten Teile.

14 Welches ist das Maß für die Zündwilligkeit des Kraftstoffes?

Die Cetanzahl (CaZ).

15 In welchem Bereich liegt die Cetanzahl (CaZ)?

Zwischen 45 und 55.

16 Wodurch entsteht das Nageln des Dieselmotors?

Durch die schlagartige Verbrennung von angehäuftem Kraftstoff.

17 Warum wird der Kraftstoff gegen Ende des Verdichtungstaktes, aber noch vor OT eingespritzt?

Weil die Zeitspanne zur Vergasung und Entzündung des Kraftstoffes etwa $^{1}/_{1000}$ s beträgt, muß die Einspritzung so rechtzeitig erfolgen, daß der Verbrennungshöchstdruck kurz nach OT auf den Kolben wirkt.

18 Welches können die Ursachen für Dieselklopfen sein?

— Zu großer Zündverzug, z.B. über 0,002 s bei kaltem Motor
— falscher Einspritzbeginn
— zündträger Kraftstoff
— schlechte Zerstäubung des Kraftstoffes durch zu niedrigen Einspritzdruck oder Düsenfehler (Nachtropfen).

2.3.3 Vorteile des Dieselmotors

01 Welche Vorteile hat der Dieselmotor gegenüber dem Ottomotor?

— Geringerer Kraftstoffverbrauch im Teillastbereich
— gleichmäßig hohe Drehmomentabgabe über einen weiten Drehzahlbereich
— niedrigere CO- und HC-Emissionen
— höherer Wirkungsgrad
— höhere Motorlaufleistungen
— niedrigere Abgastemperaturen.

02 Warum gibt der Dieselmotor über einen großen Drehzahlbereich ein gleichmäßig hohes Drehmoment ab?

Durch die gleichmäßig gute Füllung und die hohen Verbrennungsdrücke über den gesamten Drehzahlbereich wird ein gleichmäßig hohes Drehmoment abgegeben.

2.3.4 Anwendungsbereiche des Dieselmotors

01 Warum werden heute in Nutzfahrzeugen vorwiegend Dieselmotoren mit direkter Einspritzung verwendet?

— Geringerer spezifischer Kraftstoffverbrauch
— höhere Hubraumleistung
— besserer Wirkungsgrad.

02 Welche Vorteile bringt die Aufladung bei Dieselmotoren?

— Bessere Füllung
— Steigerung der Leistung bis zu 40% bei gleichem Hubraum
— geringerer spezifischer Kraftstoffverbrauch
— geringere Abgasgeräusche, da sie durch den Abgasturbolader gedämpft werden
— güstigere Abgasemissionswerte
— höheres Drehmoment.

03 Wodurch kann man das Abgasverhalten bei Dieselmotoren verbessern?

— Verwendung eines Turboladers
— Verwendung eines Partikelfilters
— Nachschalten eines Oxidationskatalysators
— Abgasrückführung
— elektronische Regelung der Einspritzpumpe
— gute Zerstäubung des Kraftstoffes durch hohe Einspritzdrücke
— Vorglühanlage mit Glühzeitsteuerung.

04 Warum hat der Dieselmotor eine größere Wirtschaftlichkeit als der Ottomotor?

Durch die höhere Verdichtung erreicht der Dieselmotor eine bessere Wärmeausnutzung (besserer thermischer Wirkungsgrad), was einen günstigen, spezifischen Kraftstoffverbrauch zur Folge hat.

2.3.5 Besonderheiten des Dieselmotors

01 Was versteht man unter einem Ringträgerkolben?

Einen Kolben, bei dem ein Ring aus hochlegiertem Gußeisen im Bereich der obersten Kolbenringnut eingebracht ist. In der Nut dieses Ringträgers wird der oberste Kolbenring geführt.

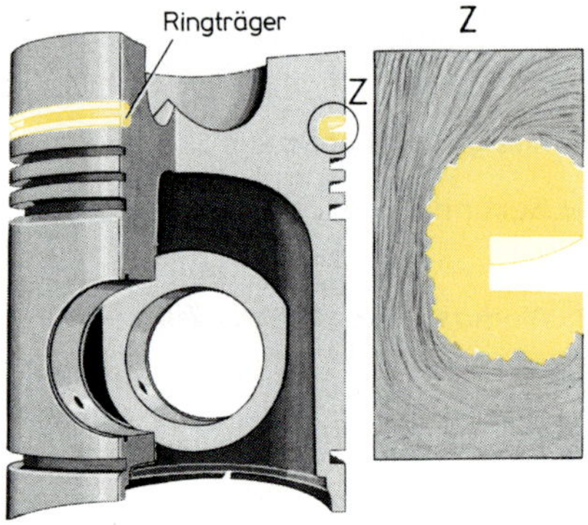

Ringträgerkolben

02 Warum werden bei hochverdichteten Dieselmotoren meist Ringträgerkolben verwendet?

Der verschleißfeste Ringträger soll ein Ausschlagen der obersten Ringnut verhindern, da sie besonders durch hohe Temperaturen und Drücke beansprucht wird.

03 Was versteht man unter einem gebauten Kolben?

Einen Kolben, der aus mehreren Teilen verschiedener Werkstoffe zusammengebaut ist. Der Kolbenkörper besteht aus Leichtmetall und das Bodenteil aus Stahl, Kugelgraphitguß oder Kupferlegierung. Die Teile sind innen sicher miteinander verschraubt.

04 Welche Kolbenart verwendet man meist in Dieselmotoren?

Vollschaft-Autothermatik-Kolben.

05 Welche Vorteile bietet ein gebauter Kolben?

Die oberen Kolbenringnuten im Bodenteil und die darin befindlichen Kolbenringe sind sehr wirksam gegen Verschleiß geschützt.

06 Warum werden die Pleuelstangen von großen Dieselmotoren am Pleuelfuß meist schräg geteilt?

Damit man sie nach oben durch den Zylinder ausbauen kann. Die Pleuellager haben große Durchmesser, da die Kurbelzapfen wegen der hohen Beanspruchung mit entsprechend großem Querschnitt ausgeführt werden müssen.

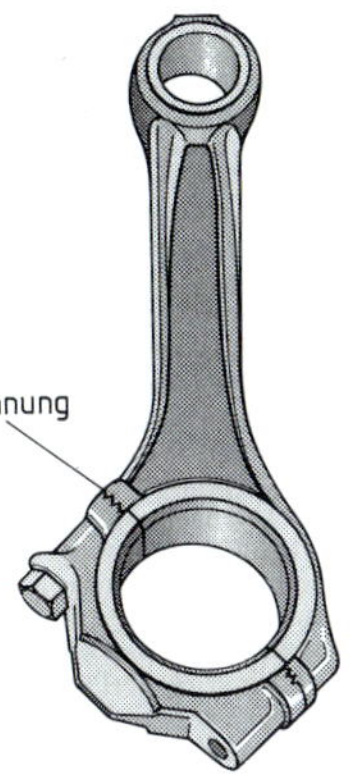

Pleuelstange mit schräg geteiltem Pleuelfuß

07 Warum erfordern Dieselmotoren Starter mit höherer Leistung und größere Batterien?

Höhere Verdichtung, schwerer Kurbeltrieb, höhere Startdrehzahl und Vorglüheinrichtung erfordern größere Leistung der Starter; diese benötigen größere Batterien.

2.3.6 Einspritzverfahren

01 Welche Einspritzverfahren unterscheidet man bei Dieselmotoren?

- Direkte Einspritzung in den Hauptbrennraum
- indirekte Einspritzung in den Nebenbrennraum.

02 Welches sind die besonderen Merkmale eines Dieselmotors mit direkter Einspritzung?

- Geringerer spezifischer Kraftstoffverbrauch
- härterer Motorlauf
- höhere thermische Belastung der Bauteile.

03 Wie werden die Verfahren mit direkter Einspritzung unterschieden?

Nach der Form des im Kolbenboden angeordneten Teils des Verbrennungsraumes:
- Verfahren mit zylindrischer Kolbenmulde
- Verfahren mit Mittenkugelbrennraum
- Verfahren mit Omega-Brennraum.

04 Um welches Einspritzverfahren beim Dieselmotor handelt es sich im dargestellten Bild?

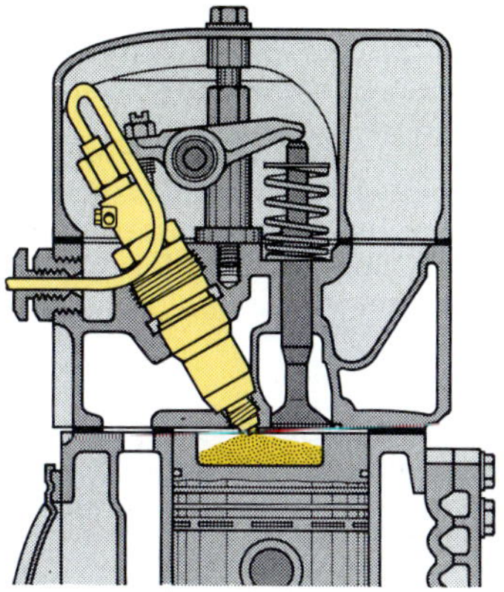

Dieselmotor mit direkter Einspritzung in die zylindrische Kolbenmulde

05 Wie groß ist bei Dieselmotoren mit direkter Einspritzung etwa
a) der Düsenöffnungsdruck
b) der maximale Einspritzdruck?

a) Der Düsenöffnungsdruck beträgt 175 bar bis 240 bar.

b) Der Einspritzdruck kann sich je nach Einspritzverfahren bis 1600 bar aufbauen.

06 Warum werden bei Dieselmotoren mit direkter Einspritzung Einspritzdrücke bis 1200 bar und vorwiegend Lochdüsen verwendet?

Durch die hohen Einspritzdrücke und die Verwendung von Lochdüsen wird der Kraftstoff gut zerstäubt und fein verteilt, wodurch eine gute Gemischbildung erreicht wird. Der spezifische Kraftstoffverbrauch und die Schadstoffanteile im Abgas können dadurch gering gehalten werden.

07 Weshalb hat der Dieselmotor systembedingt Partikelbildung?

Trotz Luftüberschuß ergeben sich aufgrund der inneren Gemischbildung Zonen mit ausgeprägtem Luftmangel. In diesen Zonen besteht die Gefahr, daß sich freie Kohlenstoffatome aneinander anlagern und einen Rußkern bilden. An der Rußoberfläche lagern sich weitere Stoffe an.

08 Woraus bestehen im Dieselabgas die Partikel?

Aus einem Rußkern mit Oberflächenanlagerungen aus unverbrannten Kohlenwasserstoffen, Schwefel, Sulfat, Metalloxiden und Wasser.

09 Welche besonderen Merkmale hat das Verfahren mit indirekter Einspritzung gegenüber der Direkteinspritzung?

- Höhere Verdichtungsdrücke
- weicher, ruhiger Motorlauf
- höherer spezifischer Kraftstoffverbrauch
- Kaltstarthilfen sind nötig.

10 Welches sind die Verfahren mit indirekter Einspritzung?

- Vorkammer-Verfahren
- Wirbelkammer-Verfahren.

11 Welche Art von Einspritzdüsen werden meist für Dieselmotoren mit Vorkammer- und Wirbelkammer-Verfahren verwendet?

Drosselzapfen- oder Flächenzapfendüsen.

12 Wie erfolgt die Gemischbildung und Verbrennung beim Dieselmotor mit Vorkammer-Verfahren?

Der Kraftstoff wird mit etwa 450 bar in die Vorkammer eingespritzt. Mit der Luftmenge, die sich in der Vorkammer befindet, verbrennt ein Teil des Kraftstoffes. Der übrige unverbrannte Teil wird durch den entstehenden Verbrennungsdruck durch mehrere enge Bohrungen (Schußkanäle) in den Verbrennungsraum geblasen. Dort verbrennt er weich und vollständig infolge der guten Vergasung und Vermischung mit der Luft.

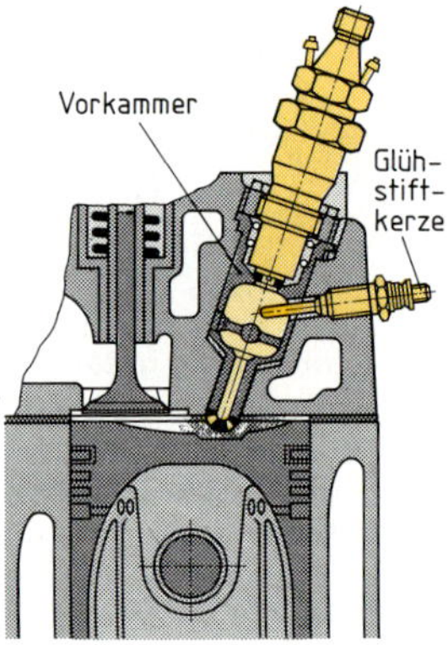

Dieselmotor mit Vorkammer-Verfahren

13 Warum benötigen Dieselmotoren mit indirekter Einspritzung Kaltstarthilfen?

Wegen der großen Abkühlungsoberflächen des unterteilten Verbrennungsraumes reicht bei Kaltstart die Verdichtungstemperatur nicht aus, um den eingespritzten Kraftstoff zu vergasen und zu entzünden.

14 Wie erfolgt die Gemischbildung und Verbrennung beim Dieselmotor mit Wirbelkammerverfahren?

Beim Verdichten wird die Luft ohne großen Widerstand durch einen Verbindungskanal mit großem Querschnitt vom Hauptbrennraum in die Wirbelkammer gedrückt. Durch die kugelige Form der Wirbelkammer und die tangentiale Einmündung des Verbindungskanals entsteht ein starker Luftwirbel. In diesen heißen Luftwirbel wird dann der Kraftstoff eingespritzt, wodurch eine Teilverbrennung beginnt. Das brennende Gemisch wird durch den entstehenden Druck durch den Schußkanal in den Hauptbrennraum geblasen und verbrennt vollständig.

15 Welche Arten von Kaltstarthilfen werden bei Dieselmotoren mit indirekter Einspritzung verwendet?

Glühstiftkerzen in der Vorkammer bzw. Wirbelkammer.

2.3.7 Einspritzausrüstung für Motoren mit Reihen-Einspritzpumpen

01 Benennen Sie die Teile 1 bis 5 der Einspritzanlage.

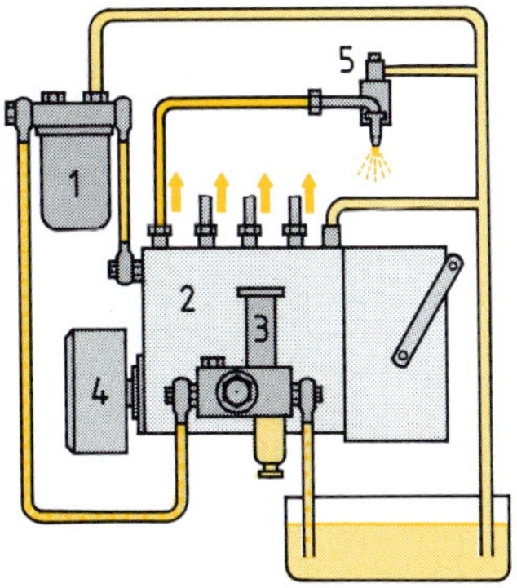

Kraftstoffumlauf einer Einspritzanlage mit Reiheneinspritzpumpe

1: Kraftstoffilter, 2: Einspritzpumpe; 3: Kraftstoffpumpe; 4: Spritzversteller; 5: Einspritzdüse.

02 Welchen Weg nimmt der Kraftstoff beim Dieselmotor vom Kraftstoffbehälter bis zum Verbrennungsraum eines Zylinders?

Kraftstoffbehälter, Vorreiniger, Kraftstoffpumpe, Kraftstoffilter, Einspritzpumpe, Einspritzdüse, Verbrennungsraum.

03 Welche Aufgaben hat die Einspritzausrüstung beim Dieselmotor?

Sie soll den Kraftstoff fördern, filtern und einspritzen und dies

- im richtigen Zeitpunkt
- in ganz bestimmter Menge
- in einer dem jeweiligen Verfahren angepaßten Weise
- unter hohem Druck
- während einer genau bestimmten Zeitspanne
- in den richtigen Zylinder.

04 Welche Aufgabe hat die Kraftstoffpumpe?

Sie soll den Kraftstoff aus dem Kraftstoffbehälter ansaugen und ihn unter einem Druck von etwa 1 bar über das Kraftstoffilter der Einspritzpumpe zuführen.

05 Wodurch wird die „elastische Förderung" bei der Kraftstoffpumpe des Dieselmotors erreicht?

Übersteigt der Druck in der Leitung einen bestimmten Wert (etwa 1 bar), so kann die Kolbenfeder den Kolben nicht mehr weiter zurückdrücken. Damit verkleinert sich mit dem Förderhub die Fördermenge.

06 Woraus werden hauptsächlich Filtereinsätze hergestellt?

Aus Papier mit der jeweils gewünschten Porengröße oder aus gepreßtem Filz.

07 Warum benötigt man beim Dieselmotor eine besonders gute Kraftstoffilterung?

Da die Pumpenelemente und die Einspritzdüsen mit größter Genauigkeit hergestellt wurden, würden sie schon durch kleinste Fremdkörper oder Wasser in verhältnismäßig kurzer Zeit beschädigt oder abgenutzt und damit unbrauchbar werden.

08 Wodurch werden bei Papierfiltereinsätzen hohe Standzeiten erreicht?

Durch eine große Oberfläche, die man durch entsprechende Faltung des Papiers erreicht.

09 Welche Arten von Kraftstoffiltereinsätzen gibt es?

— Wickelfilter-Einsätze
— Sternfilter-Einsätze
— Filzrohr-Einsätze.

10 Welche Arten von Kraftstoffilter kann man nach ihrem Aufbau unterscheiden?

— Kraftstoff-Einfachfilter
— Kraftstoff-Stufenfilter
— Kraftstoff-Parallelfilter.

11 Welches sind die wesentlichen Unterschiede zwischen einem Kraftstoff-Einfach- und einem Kraftstoff-Stufenfilter?

Das Kraftstoff-Einfachfilter enthält nur einen Filtereinsatz zur Grob- und Feinfilterung. Beim Kraftstoff-Stufenfilter durchfließt der Kraftstoff zuerst ein Grobfilter, z.B. Filzrohr, und anschließend einen Feinfilter mit Papierfiltereinsatz.

12 Was versteht man unter einem Boxfilter?

Ein Einwegfilter, in dem das Gehäuse und der darin befindliche Filtereinsatz eine Einheit bilden.

13 Warum werden bei Dieselmotoren Kraftstoffvorwärmeinrichtungen eingebaut?

Um bei niedrigen Außentemperaturen (unter 5 °C) eine Paraffinausscheidung im Kraftstoff und somit eine Verstopfung des Filtereinsatzes zu vermeiden.

14 Welche Aufgaben hat die Reiheneinspritzpumpe beim Dieselmotor?

— Erforderlichen Einspritzdruck erzeugen
— Einspritzmenge entsprechend der Fahrpedalstellung genau bemessen
— Einspritzzeitpunkt der Motordrehzahl anpassen
— Leerlauf- und Höchstdrehzahl regeln.

15 Woraus besteht ein Pumpenelement einer Reihen-Einspritzpumpe?

Aus Pumpenzylinder und Pumpenkolben.

16 Wieviele Pumpenelemente enthält eine Reihen-Einspritzpumpe?

Die Anzahl der Pumpenelemente ist gleich der Zylinderzahl des Motors.

17 Wodurch wird der Pumpenkolben und der Pumpenzylinder geschmiert?

Durch den Dieselkraftstoff.

18 Wodurch wird der Pumpenzylinder nach oben zur Druckleitung hin abgeschlossen?

Durch ein federbelastetes Druckventil oder ein Druckventil mit Entlastungsdrossel.

19 Warum ist zwischen Pumpenkolben und Pumpenzylinder eine sehr feine Passung erforderlich?

Damit die notwendige Abdichtung zur Erreichung der sehr hohen Drücke auch bei niedriger Drehzahl erreicht wird.

20 Worauf ist beim Austausch von Pumpenkolben oder Pumpenzylinder zu achten?

Wegen der feinen Passung dürfen Pumpenkolben und Pumpenzylinder nur gemeinsam getauscht werden.

21 Wodurch wird der Pumpenkolben beim Druck- bzw. beim Saughub bewegt?

Beim Druckhub von einem Nocken der Nockenwelle über einen Rollenstößel, beim Saughub durch die Kolbenfeder.

22 Welche besondere Form hat der Pumpenkolben?

Der Kolben besitzt Längsnut, Ringnut und eine schraubenlinienförmige Ausfräsung. Ihre schraubenlinienförmige Kante wird als „Steuerkante" bezeichnet. Am unteren Ende befindet sich die Kolbenfahne.

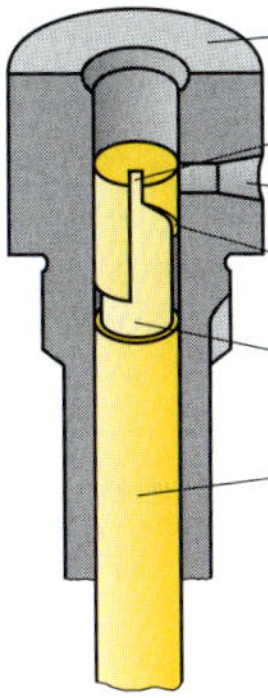

Pumpenelement

23 Wie arbeitet das Pumpenelement?

Bei der untersten Kolbenstellung fließt Kraftstoff durch die Zulauf- bzw. Steuerbohrung in den Druckraum über den Kolben. Beim Aufwärtsgehen (Druckhub) schließt der Kolben die Bohrung und drückt den Kraftstoff durch das Druckventil in die Druckleitung. Sobald die Steuerkante des Kolbens die Steuerbohrung freigibt, ist die Förderung und der Nutzhub beendet. Bei weiterem Hub wird der Kraftstoff durch die Längsnut in den Saugraum zurückgedrückt.

24 Welche Aufgabe hat die Steuerkante des Pumpenkolbens?

Sie bestimmt das Förderende und damit den Nutzhub. Dadurch wird die Fördermenge zugemessen.

25 Wie erfolgt die Bemessung der Fördermenge durch das Pumpenelement?

Der Förderbeginn bleibt immer gleich. Das Förderende ist erreicht, wenn die Steuerkante die Zulaufbohrung freigibt. Durch Verdrehen des Kolbens gibt die Steuerkante die Zulaufbohrung früher oder später frei. Dadurch wird der Nutzhub stufenlos verändert. Somit ergibt sich eine unterschiedliche Kraftstoffzumessung.

26 Was versteht man unter Nullförderung?

Die Stellung des Kolbens, bei welcher kein Kraftstoff gefördert wird. Hierbei wird der Kolben so verdreht, daß die Zulaufbohrung in die Längsnut des Kolbens mündet.

27 Wie erfolgt die Verstellung der Steuerkante?

Durch Verschieben der Regelstange wird der Pumpenkolben mit Kolbenfahne über die Regelhülse verdreht.

28 Warum wird der Weg der Regelstange durch einen Vollastanschlag begrenzt?

Um zu verhindern, daß zuviel Kraftstoff eingespritzt wird und der Motor raucht.

29 Wie arbeitet der federnde Regelstangenanschlag?

Bei Stillstand des Motors und ganz niedergetretenem Fahrpedal gibt die Schraubenfeder in der Anschlagbuchse nach, der Regelstangenweg vergrößert sich. Somit ergibt sich eine größere Fördermenge beim Starten als bei Vollast. Sobald der Motor läuft, zieht der Regler die Regelstange zurück.

30 Welche Dieselmotoren benötigen einen federnden Regelstangen-Anschlag?

Dieselmotoren, die zum Starten eine größere Kraftstoffmenge als bei Vollastbetrieb benötigen.

31 Welche Aufgaben hat das Druckventil?

— Druckleitung gegen den Pumpenzylinder abschließen
— rasches Schließen der Einspritzdüse durch Druckentlastung
— Restdruck in der Leitung halten.

32 Wie erreicht das Druckventil beim Schließen die Entlastung der Druckleitung?

Ein kurzes, zylindrisches Schaftstück (Entlastungskölbchen), das saugend in den Zylinder paßt, taucht am Ende der Förderung in die Ventilführung ein und schließt den Druckraum sofort gegen die Druckleitung ab. Sinkt danach der Ventilkegel auf seinen Sitz, so vergrößert sich der Rauminhalt der Druckleitung um das Volumen des Weges. Dies bewirkt durch Druckabfall ein schnelles Schließen der Einspritzdüse.

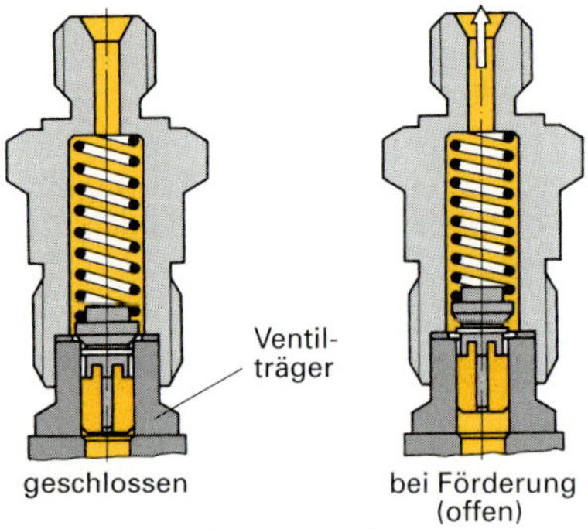

Druckventil

33 Welche Reglerarten werden bei Reihen-Einspritzpumpen verwendet?

— Leerlauf- und Enddrehzahl-Regler; beide können ausgeführt sein als Fliehkraft- oder Elektronische Regler
— Alldrehzahlregler.

34 Warum benötigt der Dieselmotor eine Drehzahlregelung?

Der Dieselmotor neigt im Leerlauf zum Stehenbleiben und bei hohen Drehzahlen zum „Durchgehen". Der Regler sorgt für einen gleichmäßigen runden Leerlauf und dafür, daß die höchste zulässige Drehzahl nicht überschritten wird.

35 Welche Vorteile bietet die Verwendung eines Alldrehzahlreglers?

— Gewünschte Drehzahl wird auch bei wechselnder Belastung konstant gehalten
— bei verschiedenen Drehzahlen kann die volle Leistung abgegeben werden.

36 Wie erfolgt die Leerlaufregelung mit dem Fliehkraftregler?

Die Leerlaufdrehzahl wird von den Fliehgewichten in Verbindung mit den Leerlauffedern geregelt. Drehzahlabfall oder -zunahme bewegen die durch die Leerlauffeder vorgespannten Fliehgewichte nur wenig nach innen bzw. nach außen. Durch die Übersetzung am Regelhebel wird eine Verschiebung der Regelstange bis zu 8 mm erreicht. Belastungsschwankungen werden ausgeglichen.

37 Welche Aufgabe hat die Angleichung?

Die Einspritzmenge soll dem Bedarf des Motors angeglichen werden.

38 Wodurch wird beim Leerlauf-Enddrehzahlregler die positive Angleichung der Kraftstoffmenge erreicht?

An den Fliehgewichten sitzt zwischen dem inneren Federteller und den Endregelfedern eine Federkapsel mit Angleichfeder. Sie läßt einen Angleichweg von 0,3 mm bis 1,5 mm zu. Zwischen Leerlauf- und Enddrehzahl wirkt diese zusätzliche Federkapsel und läßt dadurch die Fliehgewichte um diesen Weg nach außen wandern. Gegen die Fahrpedalbewegung wird die Regelstange in Richtung Stopp zurückgenommen.

39 Was versteht man unter positiver Angleichung?

Die Verminderung der Fördermengenzunahme der Einspritzpumpe bei steigender Drehzahl, da bei Saugmotoren ab einer bestimmten Drehzahl Füllungsverluste auftreten.

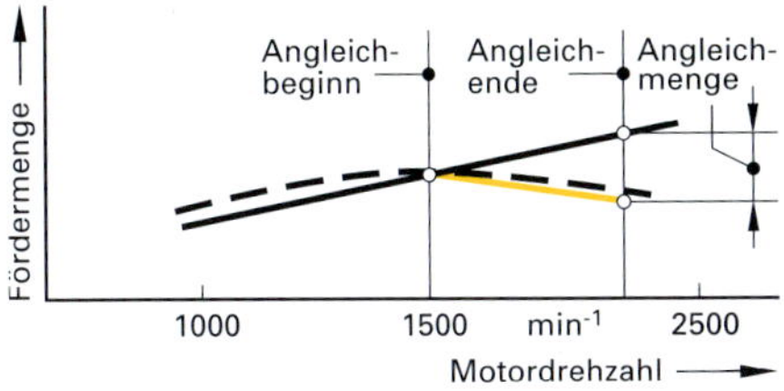

--- Kraftstoffbedarf des Motors
— Vollastfördermenge ohne Angleichung
— angeglichene Vollastfördermenge

40 Weshalb wird bei aufgeladenen Dieselmotoren häufig eine negative Angleichung vorgenommen?

Da bei höherer Drehzahl aufgrund der Aufladung die Füllung verbessert wird, kann mehr Kraftstoff rauchfrei verbrannt werden. Die Fördermengenzunahme kann deshalb zur Leistungssteigerung erhöht werden.

41 Welche Aufgabe hat der automatische Spritzversteller?

Der Einspritzbeginn wird mit zunehmender Motordrehzahl vorverlegt.

42 Wie arbeitet der automatische Spritzversteller?

Er verdreht die Einspritzpumpenwelle gegenüber der Motorwelle (Antriebswelle). Dadurch wird der Förderbeginn und damit der Einspritzbeginn bis zu 8° KW vorverlegt.

43 Mit welcher Drehzahl werden Einspritzpumpen angetrieben?

- Mit Nockenwellendrehzahl bei Viertaktmotoren
- mit Kurbelwellendrehzahl bei Zweitaktmotoren.

44 Warum haben Motoren mit Turboaufladung einen ladedruckabhängigen Vollastanschlag (LDA)?

Mit zunehmendem Ladedruck verbessert sich die Füllung. Es kann deshalb bei Vollast zur Leistungssteigerung mehr Kraftstoff rauchfrei verbrannt werden. Der Regelstangenanschlag wird deshalb in Richtung „Mehrmenge“ verschoben.

45 Wie erfolgt die Abstellung des Motors bei Verwendung von Reiheneinspritzpumpen?

Bei der **mechanischen Abstellung** wird die Regelstange mit Hilfe eines Seilzuges auf Nullförderung zurückgenommen.

Bei der **pneumatischen Abstellung** wird die Regelstange über Hebelgestänge mit Hilfe einer Unterdruckdose auf Nullförderung zurückgenommen.

46 Welche Grundeinstellungen werden an der Reiheneinspritzpumpe vorgenommen?

Die einzelnen Pumpenelemente werden auf gleiche Fördermenge und gleichen Förderbeginn auf dem Einspritzpumpenprüfstand eingestellt.

47 Wie erfolgt die Einstellung der Reiheneinspritzpumpe zum Dieselmotor?

Der Dieselmotor wird auf seine Markierung Förderbeginn gestellt. Dann muß an der Einspritzpumpe das Pumpenelement, welches dem Antrieb am nächsten ist, auf Förderbeginn gestellt werden. Man bringt die Strichmarkierung am Spritzversteller mit der des Pumpengehäuses zur Deckung und kuppelt dann die Einspritzpumpe mit dem Motor.

48 Wie erreicht man eine Änderung des Förderbeginns der Pumpenelemente?

Durch Nachstellen der Pumpenstößel. Dies kann erfolgen durch Verstellen der Einstellschraube am Stößel, Auswechseln der Stößelrollen (M-Pumpe) oder Beilegen von Scheiben (P-Pumpe).

49 Woran erkennt man einen falsch eingestellten Vollastanschlag?

— Motor neigt bei Vollast zum Rauchen
— Motor erreicht seine Nennleistung nicht.

50 Wie kann man bei nicht lesbaren Markierungen die Einspritzpumpe auf Förderbeginn einstellen?

Bei gut entlüfteter Einspritzpumpe und Vollast-Stellung muß so lange in Drehrichtung gedreht werden, bis sich der Kraftstoffspiegel im Anschlußnippel des ersten Pumpenelements zu heben beginnt. Nun wird der Motorkolben im ersten Zylinder auf die vorgeschriebenen Winkelgrade vor OT gestellt. Jetzt kann die Einspritzpumpe mit dem Motor gekuppelt werden.

51 Wie erfolgt die Überprüfung des Förderbeginns mit dem elektronischen Dieseltester?

An die Einspritzleitung des ersten Zylinders wird ein Geber geklemmt. Dieser nimmt bei laufendem Motor die Einspritzimpulse auf und leitet sie an das Meßgerät weiter. Mit Hilfe der Stroboskoplampe wird die OT-Markierung angeblitzt und die beiden Markierungen mit dem Handrad der Stroboskoplampe zur Deckung gebracht. Das Meßgerät zeigt nun den Förderbeginn bei der entsprechenden Drehzahl an.

52 Wie wird die Einspritzanlage bei leergefahrenem Kraftstoffbehälter entlüftet?

Handpumpe so lange betätigen, bis Widerstand an der Pumpe zu spüren ist. Nun kann der Motor gestartet werden.

53 Worauf ist beim Stillegen von Reiheneinspritzpumpen zu achten?

Dem Kraftstoff wird etwa 5%...10% Rostschutzöl zugegeben und ein 15 Minuten dauernder Reinigungslauf durchgeführt. Die Einspritzpumpe ist damit gegen Korrosion und Verkleben der Pumpenelemente geschützt.

54 Welche Aufgaben hat die Einspritzdüse?

— Kraftstoff, der unter hohem Druck von der Einspritzpumpe kommt, so in den Verbrennungsraum einspritzen, wie es für das jeweilige Verbrennungsverfahren am günstigsten ist
— bei Förderende den Einspritzvorgang schlagartig unterbrechen und Nachtropfen verhindern.

55 Wie hoch liegt etwa der Einspritzdruck bei Dieselmotoren?

Der Einspritzdruck in der Leitung und an der Düse kann etwa 350 bar bis 1200 bar betragen.

56 Warum wird der Kraftstoff beim Dieselmotor mit direkter Einspritzung mit sehr hohem Druck eingespritzt?

Die erforderliche Einspritzmenge wird in sehr kurzer Zeit durch die engen Bohrungen der Lochdüse eingespritzt. Dadurch ergibt sich eine feinste Zerstäubung, schnelle Gemischbildung und mehr Zeit für schadstoffgünstigere Verbrennung.

57 Welche Hauptarten von Einspritzdüsen unterscheidet man?

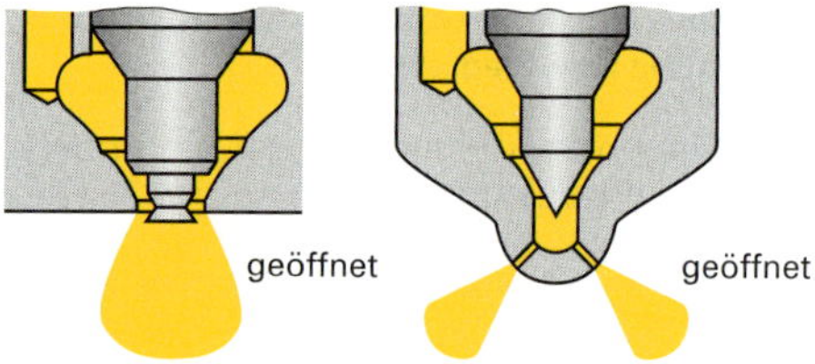

Zapfendüse **Lochdüse**

58 Für welche Dieselmotoren verwendet man Zapfendüsen?

Für Vorkammer- und Wirbelkammermotoren.

59 Wie hoch liegt der Düsenöffnungsdruck bei Zapfendüsen?

Meist zwischen 85 bar und 200 bar.

60 Wodurch läßt sich die Form des Einspritzstrahls bei der Zapfendüse verändern?

Durch verschiedene Form und Abmessungen des Spritzzapfens.

61 Worin unterscheiden sich Drosselzapfendüsen von Zapfendüsen?

Sie haben eine besondere Zapfenform, die eine Voreinspritzung bewirken.

62 Welche Vorteile bringen Drosselzapfendüsen?

Eine weichere Verbrennung und daher ruhigeren Motorlauf.

63 Warum ergibt die Drosselzapfendüse einen weicheren Verbrennungsablauf?

Zu Beginn der Einspritzung wird wegen der geringen Öffnung durch den Zapfen nur wenig Kraftstoff eingespritzt, der eine Verbrennung auslöst. Hebt sich dann die Düsennadel weiter, wird der Hauptanteil des Kraftstoffes eingespritzt. Es ergibt sich durch den langsamen Druckanstieg im Verbrennungsraum eine weichere Verbrennung.

64 Welche Vorteile hat eine Flächenzapfendüse?

Die sich drehende Düsennadel schabt mit der Flächenkante die Verbrennungsrückstände so ab, daß sich über längere Zeit ein günstiges Strahlbild ergibt. Schadstoffe und Laufgeräusche werden günstig beeinflußt.

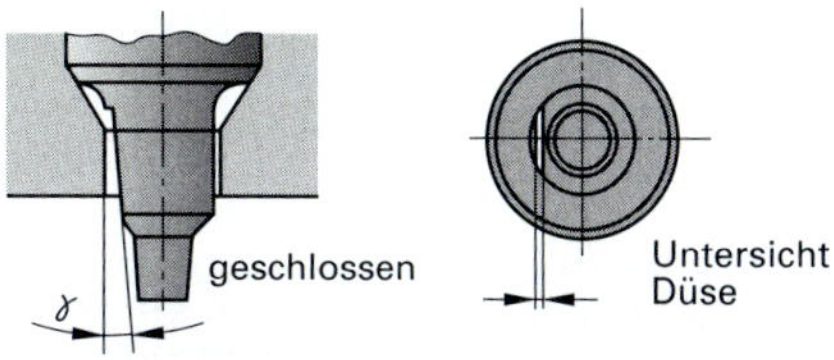

Flächenzapfendüse

65 In welchen Dieselmotoren verwendet man Lochdüsen?

In Motoren mit direkter Einspritzung.

66 Welche Arten von Lochdüsen unterscheidet man?

- Einlochdüsen mit einem Spritzloch, das in Richtung der Düsenachse oder seitlich gebohrt ist.
- Mehrlochdüsen mit bis zu 6 meist symmetrisch angeordneten Spritzlöchern.

67 Welche Durchmesser können die Spritzlöcher an Lochdüsen haben?

Durchmesser von 0,15 mm bis 0,45 mm; gestuft um jeweils 0,02 mm.

68 Wozu dient der Düsenhalter?

Zur Befestigung der Düse im Zylinderkopf und zur Verbindung der Düse mit der Kraftstoffleitung.

69 Warum werden bei Drosselzapfendüsen Wärmeschutzscheiben verwendet?

Um die Temperatur des Düsenbodens zu senken und eine längere Lebensdauer zu erreichen.

70 Welche Aufgabe hat die Wärmeschutzhülse an der Loch- oder Drosselzapfendüse?

Sie soll die Temperatur an der Düsenkuppe senken, damit die Härte am Düsensitz bei Dauerbetrieb nicht nachläßt und somit die Lebensdauer der Düse nicht verkürzt wird.

71 Was versteht man unter dem Düsenöffnungsdruck?

Der Düsenöffnungsdruck ist der Druck, der erforderlich ist, um die Düsennadel gegen die Federvorspannung vom Sitz zu heben.

72 Wie erfolgt die Einstellung des Düsenöffnungsdruckes?

Durch Änderung der Federvorspannung im Düsenhalter. Sie kann mit Hilfe einer Einstellschraube oder durch Einlegen von Stahlplättchen verändert werden.

73 Wie erfolgt das Prüfen des Düsenöffnungsdruckes mit der Düsen-Prüfvorrichtung?

Beim langsamen Abwärtsdrücken des Handhebels muß die Einspritzdüse in dem Augenblick leicht schnarren, in dem das Manometer den eingestellten Düsenöffnungsdruck anzeigt.

74 Wie prüft man das Gleiten der Düsennadel im Düsenkopf?

Die halb aus dem Düsenkörper herausgezogene Düsennadel muß durch ihr Eigengewicht auf ihren Sitz sinken.

2.3.8 Einspritzausrüstung für Motoren mit Verteiler-Einspritzpumpen

01 Welche besonderen Merkmale hat die Verteiler-Einspritzpumpe?

- Geringeres Gewicht
- kompakte Bauweise
- unabhängig vom Schmierölkreislauf
- nur ein Pumpenkolben nötig
- in allen Zylindern gleicher Spritzbeginn und gleiche Fördermenge
- lageunabhängiger Einbau.

02 Wie erfolgt die Kraftstofförderung bei der Verteiler-Einspritzpumpe?

Der Kraftstoff wird entweder durch eine Vorförderpumpe über ein Feinfilter zur Flügelzellenpumpe gefördert oder die Flügelzellenpumpe saugt den Kraftstoff über ein Filter direkt aus dem Kraftstoffbehälter an.

03 Warum benötigt die Verteiler-Einspritzpumpe ein Drucksteuerventil?

Da die Flügelzellenpumpe mit steigender Drehzahl mehr Kraftstoff fördert, als die Einspritzpumpe benötigt, öffnet beim Überschreiten eines bestimmten Druckes das Drucksteuerventil und verhindert einen zu hohen Pumpeninnendruck.

04 Welche Aufgabe hat die Überstömdrossel?

Sie läßt ständig Kraftstoff aus dem Pumpeninnenraum zum Kraftstoffbehälter zurückfließen. Dadurch wird für eine ausreichende Kühlung der Pumpe und für eine Selbstentlüftung des Pumpeninnenraumes gesorgt.

05 Welche Form hat die Hubscheibe der Verteiler-Einspritzpumpe?

Sie ist eine Kurvenscheibe mit so viel Nockenerhebungen, wie der Motor Zylinder hat.

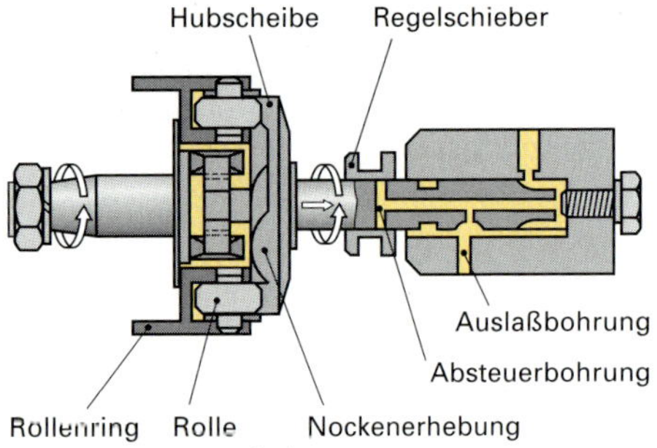

Verteilerkolben mit Hubscheibe

06 Wie wird die Dreh-Hub-Bewegung des Verteilerkolbens erreicht?

Die Drehbewegung wird durch den Antrieb der Pumpe erzeugt. Die sich drehende Hubscheibe mit Verteilerkolben läuft auf den radial angeordneten Rollen eines verdrehbaren Rollenringes ab und bewirkt dadurch die axiale Hubbewegung.

07 Welche Aufgabe hat die Hubscheibe der Verteiler-Einspritzpumpe?

Sie sorgt zusammen mit den Laufrollen und dem Rollenring dafür, daß der Verteilerkolben außer seiner Drehbewegung die für die Kraftstoffeinspritzung erforderliche Hubbewegung macht.

08 Welche Stellung hat der Verteilerkolben bei Förderbeginn?

Förderbeginn ist erreicht, wenn die Verteilernut die Auslaßbohrung freigibt.

09 In welcher Stellung des Verteilerkolbens ist Förderende erreicht?

Wenn der Regelschieber die Absteuerbohrung des Verteilerkolbens freigibt. Jetzt kann der Kraftstoff aus dem Hochdruckraum in den Pumpeninnenraum zurückfließen.

10 Wie arbeitet der Spritzversteller in der Verteiler-Einspritzpumpe?

Mit zunehmender Pumpendrehzahl steigt der Pumpeninnendruck an. Dieser Druck wirkt auf den federbelasteten Spritzverstellerkolben und verschiebt ihn somit drehzahlabhängig. Über den Verbindungsbolzen wird dadurch der Rollenring entgegen der Drehrichtung der Verteiler-Einspritzpumpe verdreht. Dadurch wird ein früherer Hubbeginn und damit eine frühere Einspritzung erreicht.

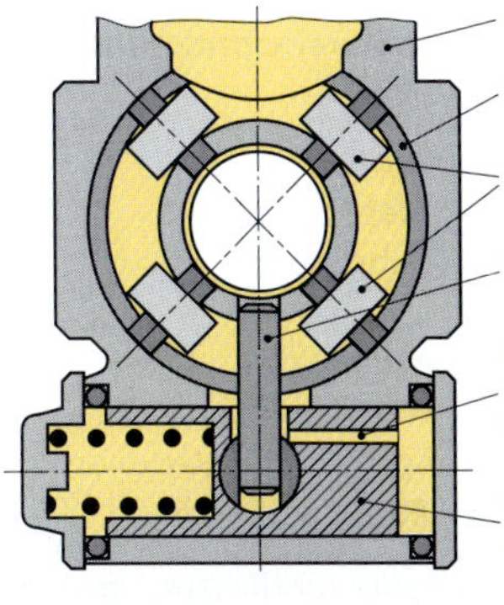

Hydraulischer Spritzversteller

11 Welche Reglerart wird bei Verteiler-Einspritzpumpen verwendet?

Fliehkraftregler zur Leerlaufdrehzahlregelung und Teillastangleichung.

12 Wie wird bei einer Verteiler-Einspritzpumpe beim Startvorgang die Vollförderung erreicht?

Der Regelschieber wird durch eine Blattfeder so weit über die Absteuerbohrung geschoben, daß diese erst bei maximaler Fördermenge freigegeben wird.

13 Wie erfolgt die Enddrehzahlregelung bei der Verteiler-Einspritzpumpe?

Wird die Höchstdrehzahl des Motors überschritten, so drücken die Fliehgewichte über die Reglermuffe die Regelfeder soweit zusammen, daß über den Spannhebel der Regelschieber freigegeben wird.

14 Wie funktioniert der Kaltstartbeschleuniger (KSB)?

Der Rollenring wird entweder von Hand über Seilzug oder automatisch durch eine temperaturabhängige Steuerung entgegen der Drehrichtung der Hubscheibe verdreht und verstellt den Förderbeginn in Richtung „früh".

15 Welche Aufgabe hat der Kaltstartbeschleuniger (KSB) einer Verteiler-Einspritzpumpe?

Er soll den Einspritzbeginn bei kaltem Motor zum Ausgleich des erhöhten Zündverzugs einen bestimmten Betrag in Richtung „früh" verstellen.

16 Wie erfolgt die Temperaturabhängige Leerlauf-Anhebung (TLA) bei Verteiler-Einspritzpumpen?

Ein von der Kühlflüssigkeit durchströmtes Dehnstoffelement verstellt automatisch den Leerlaufanschlag des Drehzahlverstellhebels in Richtung Mehrmenge und hebt die Motordrehzahl bei kaltem Motor an.

17 Wie erfolgt die Abstellung des Motors bei einer Verteiler-Einspritzpumpe mit Magnetventil?

Man unterbricht die Stromzufuhr des Magnetventils. Dadurch wird die Zulaufbohrung zum Hochdruckraum abgesperrt und der Verteilerkolben kann nicht mehr fördern.

18 Wie erfolgt der Einbau einer Verteiler-Einspritzpumpe?

— 1. Zylinder auf Zünd-OT stellen
— Einspritzpumpe auf Markierung stellen
— Kuppeln der Einspritzpumpe mit dem Motor
— Förderbeginn einstellen
— Einspritzleitung, Gaszug und eventuell elektrische Leitung anschließen.

19 Wie wird bei einer Verteiler-Einspritzpumpe die Leerlauf- und Höchstdrehzahl eingestellt?

Die Einstellung wird bei betriebswarmem und unbelastetem Motor bei nicht betätigtem Kaltstartbeschleuniger mit Hilfe eines Drehzahlmessers vorgenommen.

— Leerlaufdrehzahl: Einstellung an der Leerlaufanschlagschraube
— Höchstdrehzahl: Einstellung an der Schraube für Nenndrehzahl.

20 Wie erfolgt die Einstellung des Förderbeginns bei Verteiler-Einspritzpumpen?

— Kurbelwelle drehen bis die OT-Markierung am Kurbelgehäuse und am Schwungrad fluchten
— Verschlußschraube am Verteilerkopf entfernen und Meßuhr einsetzen
— Kurbelwelle entgegen der Motordrehrichtung drehen bis Zeiger der Meßuhr stehenbleibt
— Meßuhr auf „Null" stellen; Motor in Drehrichtung drehen bis OT-Markierung am Kurbelgehäuse und am Schwungrad fluchten
— Meßuhr ablesen; Maß in mm muß der Herstellerangabe entsprechen
— Bei Abweichungen Pumpenflansch lösen und Pumpe entsprechend verdrehen
— Pumpenflansch befestigen und Meßwert überprüfen.

2.3.9 Elektronische Dieselregelung

01 Welche Vorteile hat die Elektronische Dieselregelung?

— Verminderte Schadstoffemission
— geringerer Kraftstoffverbrauch
— günstiger Drehmomentverlauf
— optimierte Leistung
— Ruckeldämpfung
— Verbesserung des Fahrkomforts.

02 Welche Größen werden bei der Elektronischen Dieselregelung beeinflußt?

— Einspritzmenge — Spritzbeginn.

03 Weshalb werden bei Dieseleinspritzanlagen elektronische Regelungen verwendet?

Schadstoffrelevante Einflußgrößen (z.B. Startmenge, Einspritzbeginn), Leerlaufdrehzahl, Laufruhe, aktive Ruckeldämpfung und Fahrgeschwindigkeit können geregelt werden.

04 Welche zusätzlichen Bauteile werden bei Elektronischer Dieselregelung von Verteilereinspritzpumpen herangezogen?

— Spritzbeginngeber
— Luftmengenmesser
— elektrischer Fußfahrgeber
— Drehzahlgeber
— Temperaturfühler
— elektronisches Steuergerät
— Zusatzeinrichtungen an der Verteilereinspritzpumpe: Magnetstellwerk mit Positionsgeber für Kraftstoffmengenregelung und Magnetventil zur Spritzbeginnregelung.

05 Welche Sensoren werden für die elektronische Dieselregelung verwendet?

Sensoren für
- Motordrehzahl
- Last (Fußfahrgeber)
- Einspritzbeginn
- Positionsgeber für Mengenstellwerk
- Luftdurchsatz
- Kraftstofftemperatur
- Ansauglufttemperatur
- Kühlwassertemperatur
- Luftdruck
- Ladedruck (Saugrohrdruck)
- Brems- und Kupplungsbetätigung.

06 Welche Aktoren sind bei der EDC für die Verteilereinspritzpumpe vorhanden?

- Magnetstellwerk für Einspritzmenge
- Magnetventil für Spritzbeginnkorrektur
- Ladedruckregelventil
- ggf. elektromagnetisches Abstellventil
- Diagnose- und Funktionsleuchte.

07 Welches sind die Haupteingangsgrößen der EDC?

- Fahrpedalstellung
- Motordrehzahl.

08 Welche Korrekturgrößen erhält das Steuergerät der EDC?

- Spritzbeginn
- Lufttemperatur
- Motortemperatur
- Luftdurchsatz
- Position des Regelschiebers als Maß für die Einspritzmenge.

09 Welche Aufgabe hat das Steuergerät der EDC-Anlage?

Es verarbeitet die Einspritzsignale und bestimmt zusammen mit den eingespeicherten Kennfeldern die Solleinspritzmenge.

10 Wie ist der Spritzbeginngeber einer Elektronischen Dieselregelung aufgebaut?

Er besteht aus einem herkömmlichen Düsenhalter mit Einspritzdüse. Zusätzlich ist im oberen Teil eine Spule eingebaut, die als Nadelbewegungsfühler beim Abheben der Düsennadel ein Spannungssignal an das Steuergerät sendet.

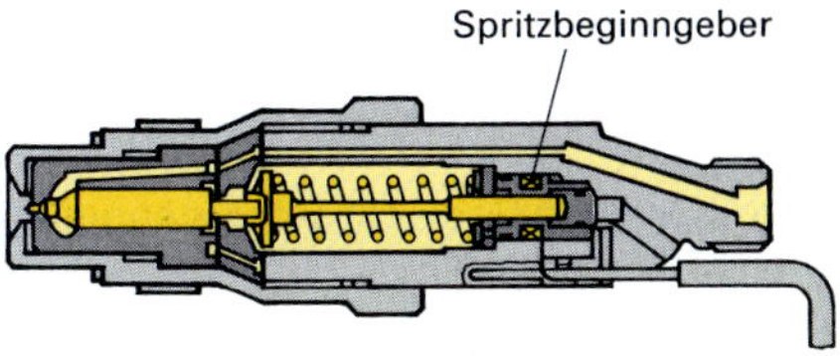

Einspritzdüse mit Spritzbeginngeber

11 Wie erfolgt bei der EDC-Anlage die Regelung des Einspritzbeginns?

Der herkömmliche hydraulische Spritzversteller wird durch ein getaktetes Magnetventil korrigiert. Ist der Spritzbeginn zu früh, so wird das Ventil angetaktet und es öffnet. Dadurch wird der am Spritzverstellerkolben anliegende Pumpeninnenraumdruck abgesenkt und der Rollenring verstellt sich in Richtung späteren Einspritzbeginns.

12 Weshalb wird beim Dieselmotor Abgasrückführung durchgeführt?

Durch die Zumischung von Abgas in die Ansaugluft wird die Verbrennungstemperatur gesenkt und somit vermindert sich die Stickoxidbildung im Abgas.

13 Wie wird die Abgasrückführung beim Dieselmotor mit Elektronischer Dieselregelung gesteuert?

Abhängig von Drehzahl und Last ermittelt das Steuergerät für den jeweiligen Betriebszustand die günstigste Abgasrückführungsrate. Das Steuergerät taktet nun das Abgasrückführungsventil an und es wird die entsprechende Abgasmenge der Ansaugluft zugeführt.

2.4 Kreiskolbenmotor

01 Mit welchen Motorbauarten ist der Kreiskolbenmotor vergleichbar?

Hinsichtlich der Steuerung und des Ablaufs eines Arbeitsspiels mit einem Zweitaktmotor:

- Steuerung durch Schlitze
- drei Exzenterwellenumdrehungen (drei Kurbelwellenumdrehungen) ≙ drei Arbeitsspiele
- Exzenterwellendrehzahl = Motordrehzahl.

Hinsichtlich des Gaswechselvorganges mit einem Viertaktmotor:

- Geschlossener Gaswechsel
- vier Takte (Ansaugen, Verdichten, Arbeiten, Ausstoßen) laufen nacheinander ab in den einzelnen Kammern bzw. über den einzelnen Kolbenflanken.

02 Welche Vorteile hat der Kreiskolbenmotor?

- Ruhiger Motorlauf
- nur zwei rotierende Teile (Kolben und Exzenterwelle)
- niedriges Leistungsgewicht
- weniger Bauteile als bei Hubkolbenmotoren vergleichbarer Leistung
- weniger Gewicht
- unverengte Gasquerschnitte
- keine Bauteile für die Motorsteuerung, da der Gaswechsel vom Kolben über Schlitze gesteuert wird.

03 Worin unterscheidet sich ein Kreiskolbenmotor von einem Hubkolbenmotor?

Beim Hubkolbenmotor muß die hin- und hergehende, beschleunigte und verzögerte Bewegung des Kolbens in eine Drehbewegung durch Pleuelstange und Kurbelwelle umgewandelt werden.

Beim Kreiskolbenmotor hingegen erzeugt der drehende Kolben während des Arbeitstaktes direkt Dreharbeit.

04 Aus welchen Hauptteilen besteht ein Kreiskolbenmotor?

- Gehäusemittelteil (Mantel) mit Seitenteilen. Mit einem Seitenteil ist ein Zahnkranz fest verbunden
- Kolben mit innenliegendem Zahnkranz
- Exzenterwelle.

05 Wie arbeitet der Kreiskolbenmotor?

Der Kolben dreht sich um die Exzenterwelle im Mantel. Der Kolben mit Zahnkranz wälzt sich im feststehenden Zahnkranz des Seitenteils ab und steuert so die exzentrische Drehbewegung des Kolbens im Mantel. Durch das Zusammenwirken der unterschiedlichen Formen von Kolben und Mantel bilden sich Arbeitsräume (Kammern 1, 2, 3), die sich beim Drehen des Kolbens vergrößern und verkleinern. In diesen Kammern läuft das Arbeitsspiel nach dem Viertaktverfahren ab. Die Steuerung des Gaswechsels übernimmt der Kolben durch Öffnen und Schließen von Schlitzen in der Mantelwand.

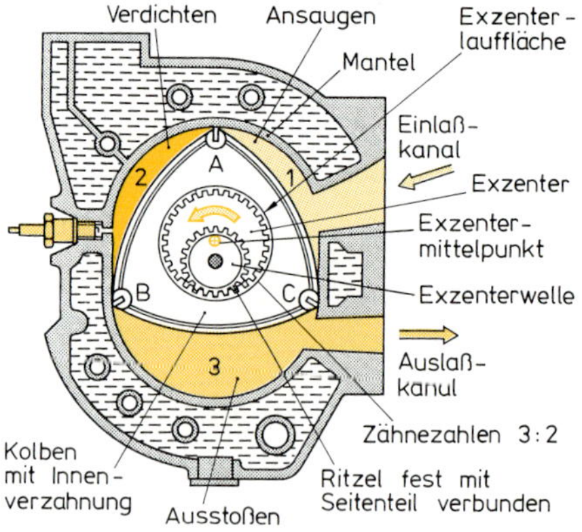

06 Wie viele Arbeitsspiele und wie viele Exzenterwellenumdrehungen finden bei einer Kolbenumdrehung statt?

Drei Arbeitsspiele, drei Exzenterwellenumdrehungen.

2.5 Aufladung

01 Was versteht man unter einem Ladermotor?

Einen Motor, bei dem das Kraftstoff-Luft-Gemisch oder die Luft außerhalb des Zylinders vorverdichtet wird.

02 Welche Laderbauarten unterscheidet man?

— Mechanische Lader (vom Motor angetrieben), z.B. Roots-Lader; Flügelzellenlader, Spirallader
— Abgasturbolader
— Druckwellenlader (Comprex-Lader).

03 Wie arbeitet ein Roots-Lader?

In einem ovalen Gehäuse rotieren zwei vom Motor meist über Zahnriemen angetriebene Läufer (Wälzkolben) und verdrängen das Kraftstoff-Luft-Gemisch oder die Luft aus dem Gehäuse. Die Verdichtung erfolgt erst durch den Stau im Saugrohr, wenn das Einlaßventil geschlossen ist. Die Aufladung erfolgt bereits bei niedrigen Motordrehzahlen.

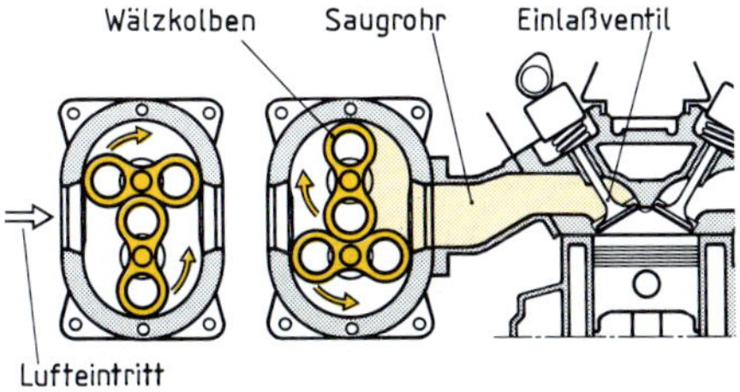

Roots-Lader (Phasen der Aufladung)

04 Aus welchen Hauptbauteilen besteht ein Abgasturbolader?

— Lagergehäuse mit Lagern und Ölkreisanschluß
— Laufzeug, bestehend aus Turbinenrad, Welle und Verdichterrad
— Turbinengehäuse und Verdichtergehäuse.

05 Wie arbeitet ein Abgasturbolader?

Die Abgase strömen durch die Abgasturbine und treiben das Turbinenrad an. Das auf der gleichen Welle sitzende Verdichterrad saugt axial an und führt das Kraftstoff-Luft-Gemisch oder die Luft mit Überdruck zu den Zylindern.

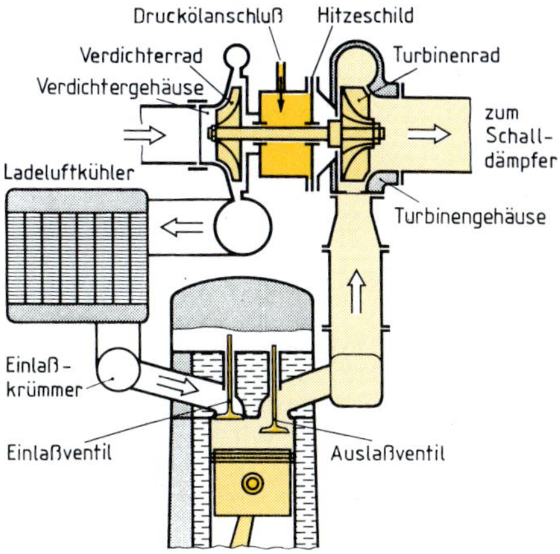

06 Wie groß sind die Läuferdrehzahlen eines Abgasturboladers?

Im Bereich von etwa 50 000 1/min bis etwa 120 000 1/min.

07 Warum werden Ladeluftkühler verwendet?

— Zur Abführung der Verdichtungswärme (Verkleinerung des Luftvolumens)
— zur Verbesserung der Zylinderfüllung (Vergrößerung der Luftmasse).

08 Wodurch wird der Ladedruck beim Abgasturbolader geregelt?

Durch ein Ladedruckventil. Es ist meistens in der Abgasleitung eingebaut und begrenzt durch Abblasen (Bypassventil) den Ladedruck auf einen Wert zwischen 0,4 bar bis 0,9 bar je nach Motortyp.

09 Welche Vorteile bringt ein Abgasturbolader?

- Bessere Füllung ergibt Drehmomentsteigerung und somit erhöhte Leistung
- spezifischer Kraftstoffverbrauch wird bei Vollast kleiner
- besserer Motor-Nutzwirkungsgrad
- Energie zum Antrieb des Laders wird aus den Abgasen gewonnen
- bei gleicher Motorleistung kleineres Bauvolumen gegenüber Saugmotoren
- bessere Schalldämpfung durch Entspannung der Abgase in der Abgasturbine
- günstigeres Leistungsgewicht
- verminderte Schadstoffemission.

10 Wie wirkt die Druckwellenaufladung?

Bei der Druckwellenaufladung treffen heiße Abgase kurzzeitig auf Frischluft, die dadurch verdichtet und in die Verbrennungsräume gedrückt wird.

11 Wie arbeitet der Druckwellenlader (Comprex-Lader)?

Das vom Motor kommende Abgas verdichtet die Frischluft in den Rotorzellen. Nach Weiterdrehen des von der Kurbelwelle mit einem Keilriemen angetriebenen Rotors strömt die verdichtete Luft zum Motor. Bevor Abgas nachströmen kann, hat sich der Rotor weitergedreht und das Abgas kann jetzt zur Auspuffleitung strömen. Dieser Ladezyklus erfolgt kontinuierlich.

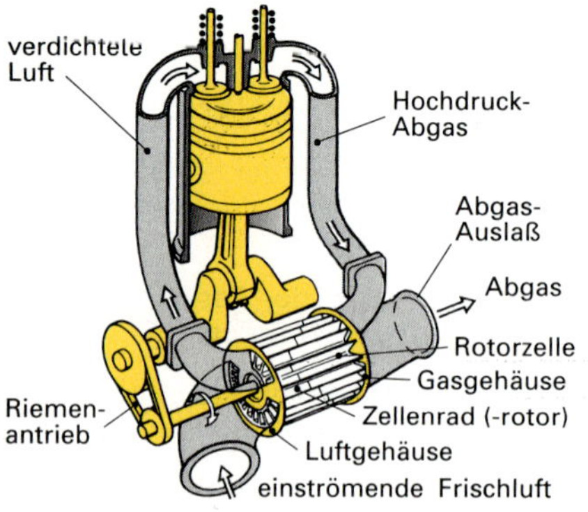

Druckwellenlader

12 Was versteht man unter einem Spirallader (G-Lader)?

Einen Spiralkompressor mit G-förmigen Gehäuseschalen, zwischen denen sich ein G-förmiger Verdränger exzentrisch bewegt.

13 Aus welchen Hauptteilen besteht ein Spirallader?

- Gehäuseschalen
- Verdränger
- Exzenterwelle
- Nebenwelle.

14 Wie arbeitet ein Spirallader?

- Ansaugen und Komprimieren der Luft erfolgt mit Spiralen des Verdrängers
- Verdränger bewegt sich auf kreisförmiger und exzentrischer Bahn, Verdichtungsraum wird sichelförmig verkleinert
- Luft wird verdichtet und zum Ladeluftkühler gepreßt.

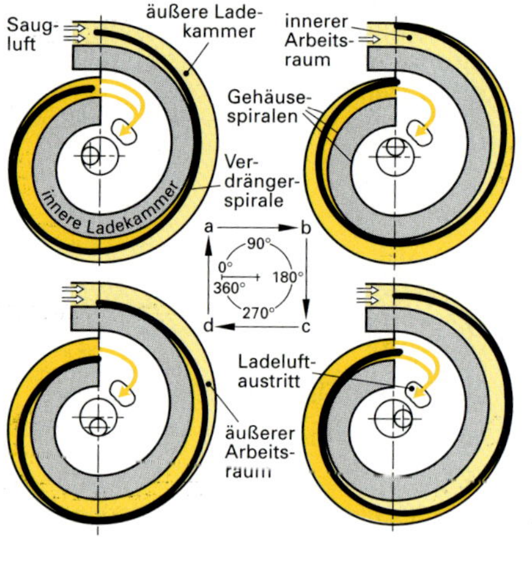

15 Welche Vorteile bietet der Spirallader?

- Gutes Ansprechverhalten, hohes Drehmoment auch im unteren Drehzahlbereich
- geringe Geräuschentwicklung
- gute Füllung
- günstiger spezifischer Kraftstoffverbrauch.

2.6 Gasturbine

01 Zu welcher Gruppe von Kraftmaschinen gehört die Gasturbine?

Zu den Wärmekraftmaschinen mit ununterbrochener (kontinuierlicher) innerer Verbrennung. In der Gasturbine wird die Strömungsenergie (kinetische Energie) heißer Gase ausgenutzt.

02 Aus welchen Hauptbauteilen besteht eine Gasturbine?

- Verdichter (V, Luftkompressor)
- Brennkammer
- Turbine (HT, Hochdruckturbine)
- Wärmetauscher zur Verbesserung des Wirkungsgrades der Gasturbine.

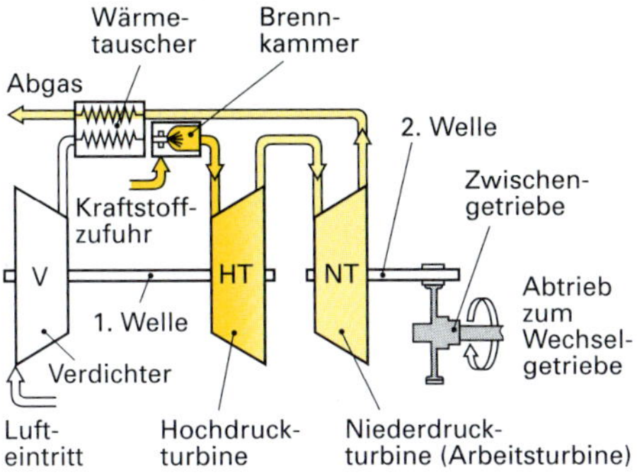

Zweiwellen-Gasturbine (Systembild)

03 Warum wird für Kraftfahrzeuge die Zweiwellen-Gasturbine verwendet?

Weil der Drehmomentverlauf der Zweiwellen-Gasturbine für Fahrzeugantriebe besonders günstig ist. Der Verdichter ist von der Niederdruckturbine (Arbeitsturbine) getrennt. Die Hochdruckturbine dient nur zum Antrieb des Verdichters, der mit einer gleichbleibend hohen Drehzahl weiterlaufen kann, wie sie für die Verdichtung der Luft notwendig ist. Die Niederdruckturbine kann sich den verschiedenen Fahrzuständen anpassen.

04 Wie findet die Verbrennung in der Brennkammer statt?

- Kontinuierliches Einspritzen des Kraftstoffes in die Brennkammer
- einmaliges Zünden des Gemisches durch Zündkerze
- kontinuierliche Verbrennung in der Brennkammer
- strömende Gase treiben Hochdruckturbine an
- Hochdruckturbine treibt Verdichter an, der vom Wärmetauscher aufgeheizte Verbrennungsluft in die Brennkammer drückt
- vorentspannte Abgase der Hochdruckturbine treiben Niederdruckturbine an
- Niederdruckturbine treibt Zwischengetriebe und Wechselgetriebe an
- Abgase werden über den Wärmetauscher zur Abgasanlage geführt.

05 Welche Vorteile hat die Zweiwellen-Gasturbine gegenüber einem Hubkolbenmotor?

- Einfacher Aufbau, weniger Teile
- kleinerer Platzbedarf
- ruhigerer Lauf, da nur rotierende Teile
- Verwendung preiswerter Kraftstoffe möglich, da für Vielstoffbetrieb geeignet
- geringer Schmierölverbrauch
- günstigeres Leistungsgewicht 1,6 kg/kW bis 2,7 kg/kW gegenüber 4 kg/kW bis 9,5 kg/kW beim Dieselmotor
- nur wenige Wartungsteile.

06 Welche Nachteile hat die Gasturbine gegenüber einem Hubkolbenmotor?

- Höherer spezifischer Kraftstoffverbrauch, besonders bei Leerlauf und Teillast
- längere Ansprechzeit beim Beschleunigen
- ausreichende Bremswirkung beim Gaswegnehmen nur durch Verstellung der Leitschaufeln
- stärkere Geräuschentwicklung
- Betrieb nur bei sehr hohen Drehzahlen möglich
- hochhitzebeständige Werkstoffe erforderlich.

3 Triebwerk

3.1 Antriebsarten

01 Welche Antriebsmöglichkeiten unterscheidet man bei Personen- und Nutzkraftfahrzeugen?

Hinterradantrieb, Vorderradantrieb und Allradantrieb.

02 Welche Antriebe im Hinblick auf die Motoranordnung sind bei Hinterradantrieb möglich?

— Frontmotor-Antrieb
— Transaxle-Antrieb
— Heckmotor-Antrieb
— Mittelmotor-Antrieb
— Unterflurmotor-Antrieb.

03 Wo kann der Motor beim Frontmotor-Antrieb angeordnet sein?

Unmittelbar hinter der Vorderachse oder über derselben, bei manchen Fahrzeugen auch vor der Vorderachse.

04 Welche Vorteile ergeben sich beim Frontmotor-Antrieb?

— Günstige Verhältnisse für Motorkühlung
— gewisser Schutz der Insassen bei Frontalaufprall
— großer Kofferraum möglich.

05 Welche Vorteile besitzt der Heckmotor-Antrieb?

— Es wird nur wenig Platz für Motor, Kupplung und Wechselgetriebe beansprucht
— der störende Gelenkwellentunnel entfällt
— Wechselgetriebe, Achsgetriebe und Ausgleichgetriebe benötigen nur ein Gehäuse.

06 Welche Nachteile besitzt der Heckmotor-Antrieb?

— Der Wagen kann bei schneller Kurvenfahrt zum Übersteuern neigen
— ungünstige Verhältnisse für Motorkühlung
— ungünstiges Crashverhalten
— schlechte Gewichtsverteilung.

07 Was versteht man unter Transaxle-Antrieb?

— Der vorn sitzende Motor ist durch ein Stahlrohr mit dem Gehäuse an der Hinterachse starr verbunden
— das Wechselgetriebe wird von der Hinterachse mit dem Achsantrieb in einem Gehäuse zusammengefaßt
— die Kupplung ist entweder vorne am Motor oder hinten am Getriebe angebracht
— die Kraftübertragung erfolgt durch eine mit Motordrehzahl laufende Zentralwelle.

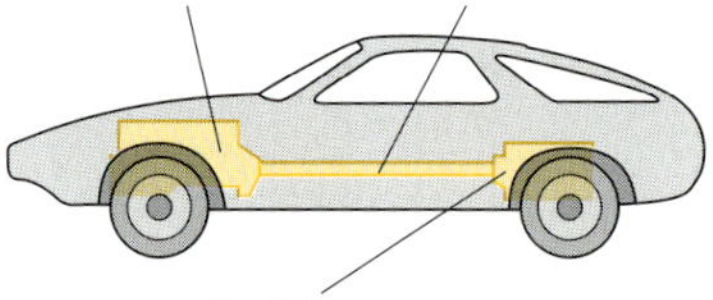

08 Welche besonderen Eigenschaften besitzt der Transaxle-Antrieb?

— Gleichmäßige Gewichtsverteilung auf Vorder- und Hinterachse
— günstige Belastung der Antriebsräder
— neutrales Fahrverhalten
— geringe Seitenwindempfindlichkeit
— Zentralwelle zwischen Motor und Wechselgetriebe muß keine so hohen Drehmomente übertragen wie eine Gelenkwelle, dreht aber mit Motordrehzahl und läuft im Leerlauf mit.

09 Bei welchen Fahrzeugen wird der Mittelmotor-Antrieb verwendet?

Bei Sport- und Rennfahrzeugen.

10 Welche Vorteile ergeben sich bei Mittelmotor-Antrieb?

— Gute Gewichtsverteilung auf die beiden Achsen
— günstige Schwerpunktanlage
— gute Straßenlage.

11 Welche Nachteile hat der Mittelmotor-Antrieb?

— Motor schwer zugänglich
— Fahrerkabine bietet beschränktes Raumangebot und kann vorne nur mit zwei Sitzen ausgerüstet werden
— Geräusch- und Wärmeentwicklung erfolgt unmittelbar in der Fahrerkabine.

12 Bei welchen Kraftwagen findet der Unterflurmotor-Antrieb Verwendung?

Bei Nutzfahrzeugen und bei Omnibussen.

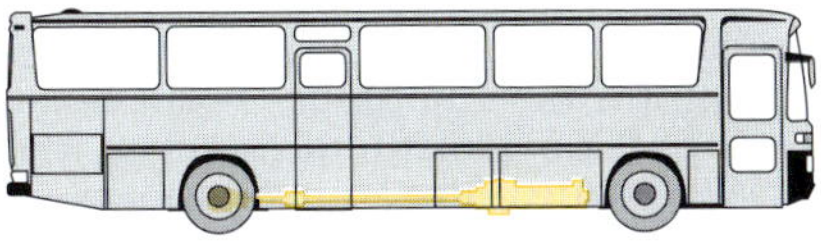

13 Weshalb werden Unterflurmotoren verwendet?

— Motoranordnung so möglich, daß kein Nutzraum in Anspruch genommen wird
— tiefliegender Schwerpunkt
— günstige Achslastverteilung.

14 Was versteht man unter einem Fronttriebsatz?

Die Zusammenfassung von Motor, Kupplung, Wechselgetriebe, Achsantrieb und Ausgleichgetriebe zu einem kompakten Block.

15 Wodurch zeichnet sich der Vorderradantrieb aus?

— Das Drehmoment gelangt auf kürzestem Weg zu den angetriebenen Vorderrädern
— Gelenkwelle und Gelenkwellentunnel entfallen
— großer Gepäckraum und bei Querstellung des Motors sind großer Fahrgastraum möglich
— die Antriebsräder ziehen das Fahrzeug, was sich besonders günstig auf die Richtungsstabilität auswirkt.

16 Welche Nachteile hat der Vorderradantrieb?

— Wegen der Lenkeinschläge sind besonders aufwendige Antriebswellen notwendig
— bei Lenkeinschlägen ist mehr Kraftaufwand als bei Hinterradantrieb notwendig
— die Bodenhaftung der Antriebsräder wird beim Befahren von Steigungen geringer.

17 Welche Nutzkraftfahrzeuge besitzen Allradantrieb?

— Nutzkraftfahrzeuge, die auch im Gelände gut einsatzfähig sein sollen
— Zugmaschinen
— schwere Abschleppfahrzeuge.

18 Welche Arten von Allradantrieben werden beim Pkw verwendet?

— Permanenter Allradantrieb
— zuschaltbarer Allradantrieb.

19 Welche Aggregate rechnet man zum Triebwerk eines Kraftfahrzeugs?

Motor, Kupplung, Wechselgetriebe, Achsantrieb, Achswellen, bei Hinterradantrieb Gelenkwelle.

20 Worin unterscheidet sich der permanente Allradantrieb vom zuschaltbaren Allradantrieb?

Permanent: Beide Achsen werden ständig angetrieben.
Zuschaltbar: Allradantrieb wird nur im Bedarfsfall zugeschaltet.

21 Warum benötigen Fahrzeuge mit permanentem Allradantrieb eine zentrale Ausgleichmöglichkeit?

Damit Drehzahlunterschiede zwischen Vorder- und Hinterachse ausgeglichen werden, z.B. beim Befahren von Kurven.

22 Welche Arten von zentralen Ausgleichmöglichkeiten werden in allradgetriebene Personenkraftwagen eingebaut?

— Kegelrad-Ausgleichgetriebe
— Torsen-Differential
— Visco-Kupplung
— Planetenrad-Differential.

23 Was versteht man unter einem Hybrid-Antrieb?

Ein Hybrid-Antrieb (Mischlings-Antrieb) ist eine Antriebskombination, bei der zur Erzeugung des Antriebsdrehmomentes 2 oder mehr Antriebsaggregate, z. B. ein Verbrennungsmotor und ein Elektromotor (mit Generator und Batterie), eingesetzt werden.

24 Welche prinzipiellen Anordnungsmöglichkeiten von Verbrennungsmotor und Elektromotor werden beim Hybrid-Antrieb angewendet?

— Verbrennungsmotor, Generator und Elektromotor sind hintereinander (seriell) angeordnet
— Verbrennungsmotor und Elektromotor mit integriertem Generator sind unabhängig voneinander angeordnet.

3.2 Kupplung

01 Welche Aufgaben muß die Kupplung im Kraftfahrzeug erfüllen?

— Motordrehmoment auf das Wechselgetriebe übertragen
— weiches und ruckfreies Anfahren ermöglichen
— Kraftfluß zwischen Motor und Wechselgetriebe unterbrechen
— Motor und Kraftübertragungsteile vor Überlastung schützen
— Drehschwingungen dämpfen.

02 Welche Arten von Kupplungen werden in Kraftfahrzeuge eingebaut?

— Reibungskupplungen
— hydrodynamische Kupplungen.

03 Weshalb ist die Kupplung zum Anfahren notwendig?

Der Verbrennungsmotor muß mit einer gewissen Mindestdrehzahl drehen, um das zum Anfahren notwendige Drehmoment abgeben zu können. Zum ruckfreien Anfahren muß die Kupplung durch Schlupf eine Drehzahlangleichung zwischen Motor und Wechselgetriebe durchführen.

04 Wozu muß der Kraftfluß zwischen Motor und Wechselgetriebe unterbrochen werden?

— Zum Schalten der Gänge
— zum Starten des Motors
— zum Anhalten.

05 Welche Reibungskupplungen unterscheidet man bezüglich der Anzahl der verwendeten Kupplungsscheiben?

— Einscheibenkupplungen
— Zweischeibenkupplungen
— Lamellenkupplungen.

06 Aus welchen 3 Hauptteilen besteht eine Einscheiben-Reibungskupplung?

— Kupplungsdeckel
— Kupplungsscheibe
— Ausrücker.

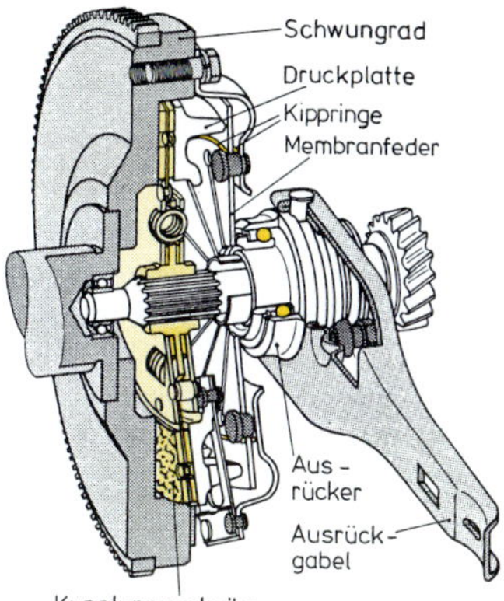

07 Welche Bauteile sind am Kupplungsdeckel angebracht?

Ausrückplatte, Ausrückhebel, Kupplungsdruckplatte, eine Membranfeder oder mehrere Druckfedern (6 bis 12).

08 Welche Aufgabe hat die Kupplungsscheibe?

Drehmoment im eingekuppelten Zustand auf die Kupplungswelle übertragen.

09 Welche Arten von Ausrückern unterscheidet man bezüglich ihrer Führung?

— Zentral geführte Ausrücker, die auf einer Schiebehülse axial verschiebbar geführt sind
— schwenkbar in einer Ausrückgabel gelagerter Ausrücker.

10 Bei welchen Kupplungsarten läuft das Ausrücklager ständig mit?

Bei Kupplungen mit zentral geführter Ausrückung und bei Kupplungen mit gezogener Ausrückung.

11 Wie ist die Kupplungsscheibe mit der Kupplungswelle verbunden?

Die Kupplungsscheibe ist über die Vielnutprofile von Scheibenflansch und Kupplungswelle drehfest, jedoch axial verschiebbar mit dieser verbunden.

12 Wie wird bei der Einscheiben-Reibungskupplung das Drehmoment im eingekuppelten Zustand übertragen?

Die Kupplungsscheibe wird mit ihren Belägen von der Kupplungsdruckplatte gegen die Reibfläche des Schwungrades gepreßt. Das Schwungrad ist jetzt durch Reibung kraftschlüssig über die Kupplungsscheibe mit der Antriebswelle verbunden.

13 Welche Reibungsart herrscht an den Kupplungsbelägen während des Anfahrvorganges und welche nach dem Anfahrvorgang?

— Anfahrvorgang: Gleitreibung
— eingekuppelt: Haftreibung.

14 Von welchen Größen ist die Reibungskraft im eingekuppelten Zustand abhängig?

— Anpreßkraft (z.B. durch Membranfeder)
— Haftreibungszahl.

15 Welche Größen beeinflussen das übertragbare Drehmoment einer Reibungskupplung?

— Anpreßkraft
— mittlerer Drehkrafthalbmesser
— Anzahl der Kupplungsscheiben
— Reibungszahl.

16 Wie wirkt die Einscheibenkupplung mit Schraubenfedern beim Auskuppeln?

Durch Niedertreten des Kupplungspedals wird der Ausrücker (1) gegen die Ausrückplatte (2) gedrückt, welche die Ausrückhebel (3) betätigt.

Diese heben die Kupplungsdruckplatte (4) gegen die Kraft der Kupplungsdruckfedern (5) von der Kupplungsscheibe (6) ab. Die Kraftübertragung ist unterbrochen.

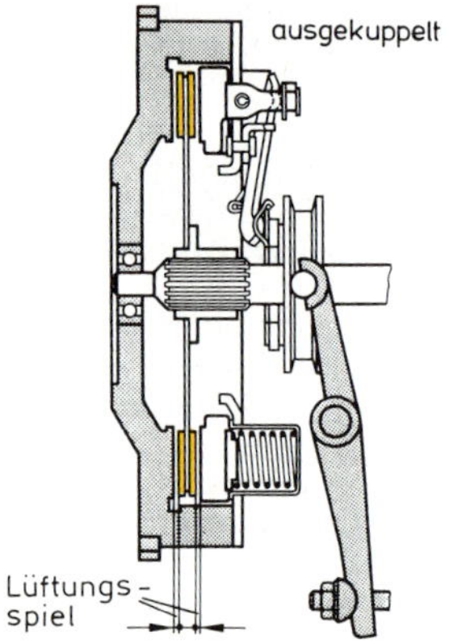

17 Welche Arten von Kupplungsscheiben werden bei trockenen Reibungskupplungen verwendet?

— Starre Kupplungsscheiben
— elastische Kupplungsscheiben ohne oder mit Torsionsdämpfer.

18 Wodurch wird weiches Einkuppeln bei elastischen Kupplungsscheiben erreicht?

Durch federndes Nachgeben des Kupplungsbelages in axialer Richtung z.B. durch

— federnde Segmente des Scheibenkranzes
— Federzwischenlagen zwischen den Kupplungsbelägen.

19 Was versteht man bei einer Reibungskupplung unter Lüftungsspiel?

Die Summe der Abstände zwischen den Kupplungsbelägen und den Reibflächen von Schwungrad und Kupplungsdruckplatte.

20 Welchen Vorteil besitzt die Zweischeibenkupplung gegenüber der Einscheibenkupplung?

Eine Zweischeibenkupplung kann bei gleichen Durchmessern der Kupplungsscheiben und gleicher Anpreßkraft zweimal soviel Drehmoment wie eine Einscheibenkupplung übertragen.

21 Wodurch sind die Kupplungsscheiben der Zweischeibenkupplung voneinander getrennt?

Durch die Kupplungstreibscheibe.

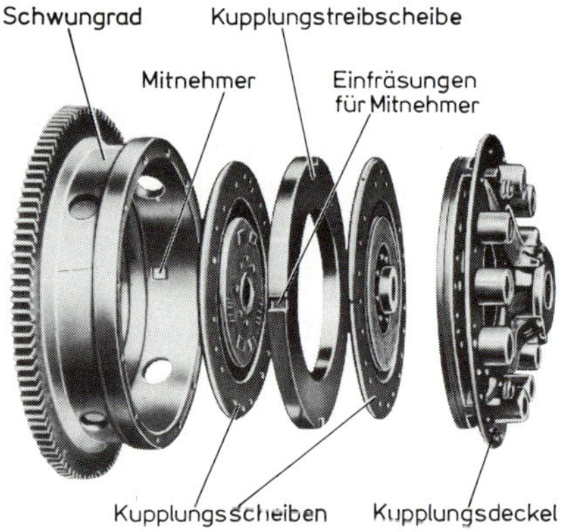

22 Welche Aufgabe hat die Kupplungstreibscheibe einer Zweischeibenkupplung?

Sie wirkt als zusätzlich treibender Teil, damit im eingekuppelten Zustand jede Kupplungsscheibe von jeweils zwei Seiten angetrieben wird. Sie ist durch Mitnehmer drehfest mit dem Schwungrad oder dem Kupplungsdeckel verbunden.

23 Welche Vorteile besitzt die Membranfederkupplung gegenüber der Schraubenfederkupplung?

- Einfacher Aufbau
- Anpreßkraft innerhalb der Verschleißgrenze fast unabhängig vom Belagverschleiß
- geringere Betätigungskräfte
- gute Drehzahlfestigkeit.

24 Wodurch unterscheidet sich die Membranfederkupplung von der Kupplung mit Kupplungsdruckfedern?

Die Membranfederkupplung hat anstelle der Kupplungsdruckfedern eine Membranfeder (Tellerfeder), welche gleichzeitig die Aufgabe der Ausrückhebel übernimmt.

25 Welche Wirkung haben die Torsionsdämpfer von Kupplungsscheiben?

Torsionsfedern lassen eine begrenzte Verdrehung der Nabe gegenüber dem Belag zu. Reibeinrichtungen im Nabenteil dämpfen bei diesen Verdrehungen die auftretenden Drehschwingungen.

26 Welche Eigenschaften müssen Kupplungsbeläge besitzen?

- Gute Hitzebeständigkeit
- gute Verschleißfestigkeit
- gleichbleibend hohe Reibungszahl.

27 Welche Arten von Kupplungsbelägen unterscheidet man?

- Organische Beläge
- metallische Sinterbeläge
- keramische Sinterbeläge.

28 Woraus bestehen organische Kupplungsbeläge?

- Kunststoffasern, z. B. Aramidfasern
- Metalldrahteinlagen
- Kunstharz-Bindemittel.

29 Warum finden Lamellenkupplungen oft bei Motorrädern Verwendung?

Weil man die zu übertragenden Drehmomente mit kleineren Kupplungsscheiben (Durchmessern) übertragen kann.

30 Aus welchen Hauptteilen besteht eine hydraulische Kupplungsbetätigung?

Aus Kupplungspedal, Geberzylinder, Nehmerzylinder, Verbindungsleitungen.

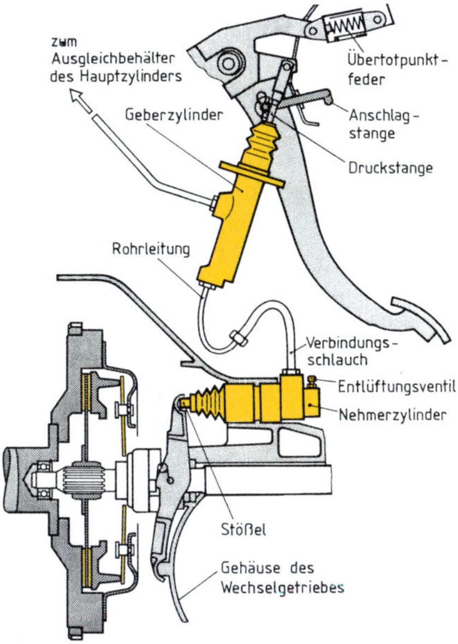

31 Welche Aufgabe hat der Geberzylinder?

Er erzeugt den Flüssigkeitsdruck.

32 Warum muß im eingekuppelten Zustand beim Geberzylinder zwischen Kolbenstange und Kolben Spiel sein?

Damit sich der Kolben ganz in seiner Ausgangsstellung befindet und die Ausgleichbohrung freigibt.

33 Welche Aufgabe hat der Nehmerzylinder?

Er muß den im Geberzylinder erzeugten Flüssigkeitsdruck in Kraft umwandeln und den Ausrücker betätigen.

34 Welche Störungen können bei Kupplungen auftreten?

Durchrutschen, Rupfen, Schwierigkeiten beim Trennen.

35 Welche Gründe erfordern das Auswechseln einer Kupplungsscheibe?

Durchrutschen:	Beläge verölt, verglast, zu stark abgenutzt.
Rupfen:	Seitlicher Schlag der Scheibe, Belagablösung, Anriß von Segmenten, verbrannter Belag.
Klemmen:	Belagablösung, Bruch der Kupplungsscheibe.

36 Wie groß darf der seitliche Schlag einer Kupplungsscheibe sein?

Höchstens 0,5 mm, 100 mm vom Mittelpunkt der Scheibe aus gemessen.

37 Wie prüft man im Stand eine Kupplung auf Durchrutschen?

Bei fest angezogener Handbremse wird der Gang mit der kleinsten Übersetzung (z.B. direkter Gang) eingelegt und der Motor auf mittlere Drehzahl (etwa 3000 1/min) gebracht.

Die Kupplung ist in Ordnung, wenn nach raschem aber nicht schlagartigem Einkuppeln die Drehzahl schnell absinkt und der Motor abgewürgt wird.

38 Welche Merkmale besitzt eine hydraulische Kupplungsbetätigung?

- Einfache Verlegung der Rohrleitungen
- Überbrückung von Entfernungen zwischen Pedal und Kupplung einfacher, z. B. bei Heckmotoren
- keine besondere Wartung der hydraulischen Anlage erforderlich
- Verstärkung durch hydraulische Übersetzung möglich.

39 Wodurch verölen Kupplungsbeläge?

- Schadhafte Radialwellendichtringe von Kurbelwelle oder Getriebeantriebswelle
- zu starke Schmierung des Vielnutprofils beim Einbau.

40 Wie sind Lamellenkupplungen aufgebaut?

Mehrere Lamellen sind hintereinander im Wechsel als treibende und getriebene Scheiben angeordnet und laufen im Kupplungsgehäuse entweder in Öl oder trocken. Die treibenden Kupplungsscheiben (Kupplungsreiblamellen) sind außenverzahnt und greifen mit ihren Zähnen in die Nuten des Kupplungskorbes. Die getriebenen Kupplungsscheiben (Kupplungsstahllamellen) sind innenverzahnt und greifen mit ihren Zähnen in die Nuten der Kupplungsnabe. Die Kupplungsdruckplatte ist über die Kupplungsdruckfedern mit der Kupplungsnabe verbunden.

41 Wie erfolgt bei Lamellenkupplungen der Kraftfluß vom Kupplungskorb auf die Getriebeantriebswelle?

Der Kraftfluß geht vom Kupplungskorb über die außenverzahnten Kupplungsreiblamellen und die innenverzahnten Kupplungsstahllamellen über die Kupplungsdruckplatte auf die Getriebeantriebswelle.

42 Wie wirkt die hydraulische Kupplungsbetätigung beim Auskuppeln?

Beim Betätigen des Pedals überfährt die Primärmanschette die Ausgleichbohrung und schließt den Druckraum ab.

Der sich aufbauende Flüssigkeitsdruck verschiebt den Kolben des Nehmerzylinders. Dies bewirkt über den Druckbolzen die Betätigung des Ausrückers.

43 Welche Vorteile hat die hydraulische Kupplungsbetätigung?

- Die Verbindungsleitungen können einfacher als Züge oder Gestänge geschützt im Fahrzeug verlegt werden
- keine Kraftübertragungsverluste
- keine besondere Wartung notwendig.

44 Welche Folgen hat bei Kupplungsbetätigungen ohne selbsttätige Nachstellung zu geringes oder gar kein Kupplungsspiel?

Die Ausrückplatte läuft auf den Ausrücker auf; dadurch wird die Anpreßkraft zu gering, die Kupplung rutscht. Infolge der Gleitreibung entsteht viel Reibungswärme, die ein Verbrennen der Kupplungsbeläge und eine Überhitzung von Druckplatte und Schwungrad bewirken kann. Außerdem kann das Ausrücklager beschädigt werden.

45 Wie ist eine Magnetpulverkupplung aufgebaut?

In der Kupplungsscheibe ist eine Magnetspule angeordnet, die an den Generatorstromkreis angeschlossen ist. Im Ringspalt zwischen der Innenseite der Mitnehmerscheibe und dem äußeren Umfang der Kupplungsscheibe befindet sich feines Eisenpulver. Eine Steuereinheit bestimmt, wieviel Strom der Magnetspule zugeführt wird.

46 Wie verläuft der Kraftfluß in einer Magnetpulverkupplung?

Schwungrad → Mitnehmerscheibe → Eisenpulver → Kupplungsscheibe → Getriebeantriebswelle.

3.3 Wechselgetriebe

01 Welche wichtigen Aufgaben hat das Wechselgetriebe?

- Motordrehmoment wandeln und übertragen
- Motordrehzahl wandeln
- Leerlauf des Motors bei stehendem Fahrzeug ermöglichen
- Drehsinn für Rückwärtsfahrt umkehren.

02 Warum muß das Motordrehmoment gewandelt werden?

Weil von Verbrennungsmotoren zwischen einer Mindest- und einer Höchstdrehzahl jeweils nur Drehmomente abgegeben werden, die zur Überwindung der Fahrwiderstände nicht ausreichen.

03 Erklären Sie die Drehmomentwandlung durch einen einfachen Zahnradtrieb (2 Stirnräder). Fertigen Sie eine Skizze (Antrieb kleines Zahnrad, Abtrieb großes Zahnrad). Tragen Sie alle wichtigen Angaben in diese Skizze ein.

Durch das Eingangsdrehmoment M_1 des kleinen Zahnrades wirkt am kleinen Hebelarm r_1 des treibenden Zahnrades die Zahnkraft F. Diese Zahnkraft bewirkt am großen Hebelarm r_2 des getriebenen großen Zahnrades das Drehmoment M_2 (Ausgangsdrehmoment).
Da der Hebelarm des getriebenen Zahnrades $r_2 > r_1$ (Hebelarm des treibenden Zahnrades) ist, wird das Ausgangsdrehmoment $M_2 > M_1$. Hier erfolgt also eine Drehmomentvergrößerung.

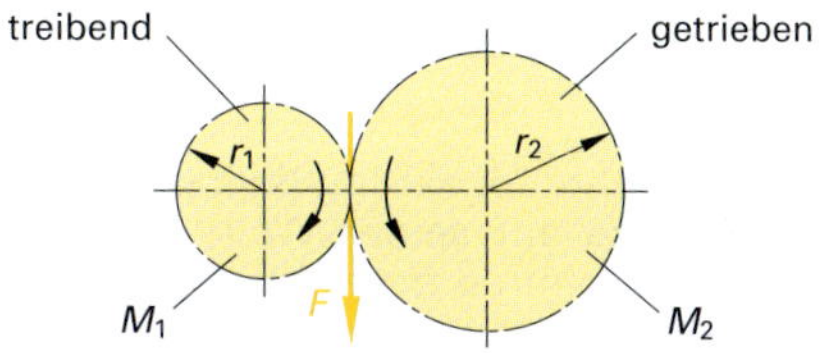

04 Welche Auswirkungen hat das Schalten der Gänge eines Wechselgetriebes?

Das Schalten bewirkt eine Änderung des Übersetzungsverhältnisses im Wechselgetriebe. Motordrehmoment und Motordrehzahl werden gewandelt.

05 Wie werden Motordrehzahl und Motordrehmoment im 1. Gang, z.B. bei einer Übersetzung von $i = 3{,}6$ gewandelt?

Die Motordrehzahl wird auf den 3,6ten Teil abgesenkt, das Motordrehmoment wird auf das 3,6fache verstärkt.

06 Wie werden Motordrehzahl und Motordrehmoment durch eine Getriebeübersetzung von z. B. $i = 0{,}78$ gewandelt?

Die Motordrehzahl wird ins Schnelle übersetzt, d.h. am Getriebeausgang herrscht eine auf das 1,28fache (1:0,78 = 1,28) erhöhte Drehzahl. Das Motordrehmoment wird auf den 1,28ten Teil abgesenkt.

07 Wodurch kommt bei Schaltmuffengetrieben der Kraftfluß zustande?

Das betreffende Gangrad der Hauptwelle wird durch die Schaltmuffe drehfest mit der Hauptwelle verbunden. Dazu wird die Schaltmuffe mit ihren Innenklauen über die Außenklauen der Schaltverzahnung des Gangrades geschoben.

08 Wie ist es möglich, daß bei Schaltmuffengetrieben die Zahnräder ständig miteinander im Eingriff sein können?

Von jeder Zahnradpaarung läuft jeweils ein Zahnrad lose auf seiner Welle, während das andere Zahnrad mit seiner Welle drehfest verbunden ist.

09 Was bewirkt ein Schongang (Spargang)?

Bei gleicher Fahrgeschwindigkeit kann der Motor mit niedrigerer Drehzahl und günstigerem Kraftstoffverbrauch betrieben werden.

10 Welche Bauarten von unsynchronisierten Wechselgetrieben werden verwendet?

- Schaltmuffengetriebe bei Personen- und Lastkraftwagen
- Schaltklauengetriebe und Ziehkeilgetriebe bei Krafträdern.

11 Wie erfolgt die Herstellung des Kraftflusses für die einzelnen Übersetzungsstufen bei Schaltklauengetrieben?

Der Kraftfluß wird durch Verschieben bestimmter Zahnräder, die drehfest aber axial verschiebbar auf ihren Wellen sitzen, hergestellt. Dabei erfolgt der Kraftfluß über die Zähne, die Schaltklauen, die Keilwellenprofile auf die Abtriebswelle.

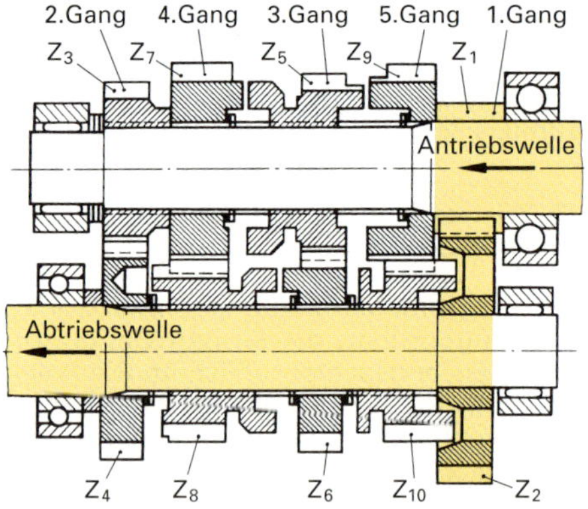

12 Welche Vorteile haben Getriebe mit schrägverzahnten Stirnrädern?

- Größere Eingriffslänge als geradverzahnte Stirnräder
- höhere Belastbarkeit
- geräuscharmer Lauf, da immer mehrere Zähne gleichzeitig im Eingriff sind.

13 Welche zwei Arten von Wechselgetrieben unterscheidet man bezüglich dem Kraftflußverlauf über die Wellen (Achsen)?

- Gleichachsige Getriebe für Fahrzeuge mit Frontmotor und Hinterradantrieb.
- Ungleichachsige Getriebe für Fahrzeuge mit Frontmotor und Vorderradantrieb oder Heckmotor und Hinterradantrieb.

14 Wodurch unterscheiden sich gleichachsige von ungleichachsigen Wechselgetrieben?

Gleichachsig: An- und Abtriebswelle fluchten und liegen auf verschiedenen Seiten des Wechselgetriebes.

Ungleichachsig: An- und Abtriebswelle fluchten nicht und liegen meist auf derselben Seite.

15 Welche Wirkung hat eine Sperrsynchronisiereinrichtung?

Das Schalten eines Ganges wird vor erreichtem Gleichlauf zwischen Schaltmuffe und Gangrad verhindert.

Somit werden Schaltgeräusche und Getriebeschäden vermieden.

16 Welche Aufgabe hat die Synchronisiereinrichtung eines Wechselgetriebes?

Sie soll den Gleichlauf (gleiche Drehzahl) zwischen Gangrad und Schaltmuffe herstellen, damit die Schaltmuffe über die Schaltverzahnung des Gangrades geschoben werden kann.

17 Aus welchen Bauteilen besteht eine Sperrsynchronisiereinrichtung System Borg-Warner?

Aus Schaltmuffe, Synchronkörper, Druckstücken, Haltefedern, Synchronring und Gangrad mit kegelförmiger Reibfläche und Schaltverzahnung.

18 Wie arbeitet die Sperrsynchronisiereinrichtung System Borg-Warner?

Die Schaltmuffe schiebt durch die Druckstücke den Synchronring auf den Reibkegel des Gangrades. Solange sich Schaltmuffe und Gangrad nicht mit gleicher Drehzahl drehen, entsteht ein Reibmoment, das den Synchronring soweit verdreht, daß die Schaltmuffe nicht über die Sperrverzahnung des Synchronringes geschoben werden kann. Durch die Reibung zwischen den Reibflächen von Synchronring und Gangrad wird Gleichlauf hergestellt. Jetzt kann die Schaltmuffe den Synchronring zurückdrehen und über die Schaltverzahnung geschoben werden. Der Kraftfluß ist hergestellt.

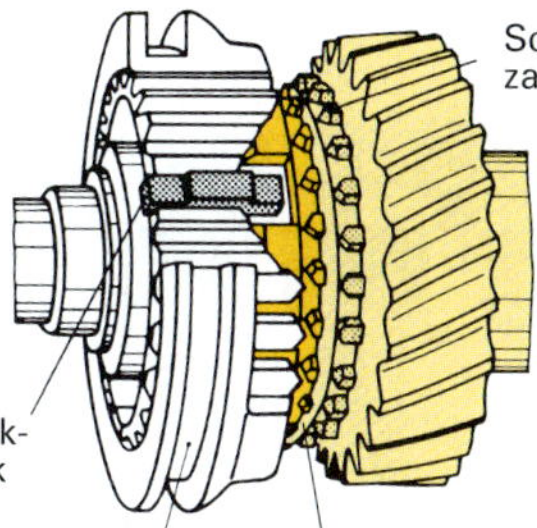

19 Zwischen welchen Teilen einer Außensynchronisiereinrichtung wird die Reibkraft zum Synchronisieren erzeugt?

Zwischen Synchronring (Reibfläche auf Außenseite) und der Schaltmuffe (Reibfläche auf Innenseite).

20 Warum wird bei einer Außensynchronisiereinrichtung bei gleicher Anpreßkraft ein größeres Reibmoment zum Synchronisieren erreicht als bei einer Innensynchronisiereinrichtung?

Weil bei der Außensynchronisiereinrichtung der Reibradius der Reibpaarung größer ist, ergibt sich hier ein größeres Reibmoment.

21 Wie unterscheidet sich ein Synchronring des Systems Porsche vom Synchronring des Systems Borg-Warner?

Der Synchronring des Systems Porsche ist geschlitzt und kann in seinem Durchmesser verändert werden.

22 Über welche Wellen und Zahnräder erfolgt der Kraftfluß im 3. Gang des dargestellten 5-Gang-Getriebes?

Antriebswelle → Vorgelegewelle → Hauptwelle, $z_1 \rightarrow z_2 \rightarrow z_7 \rightarrow z_8$.

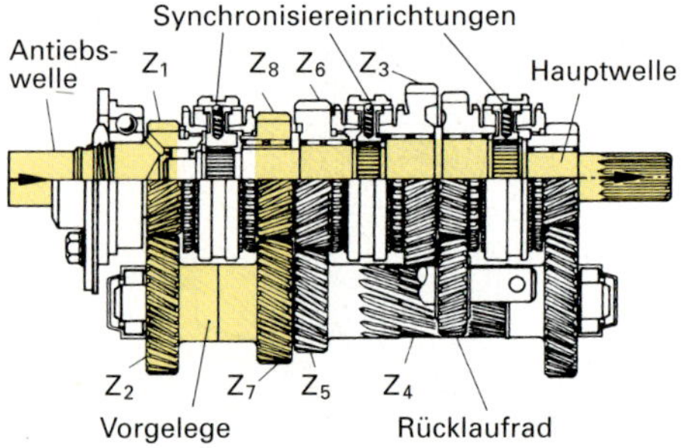

23 Über welche Zahnräder verläuft der Kraftfluß in den einzelnen Gängen?

1. Gang: $z_1 \rightarrow z_2$; 2. Gang : $z_3 \rightarrow z_4$;
3. Gang: $z_5 \rightarrow z_6$; 4. Gang: $z_7 \rightarrow z_8$;
R-Gang: $z_9 \rightarrow z \rightarrow z_{10}$

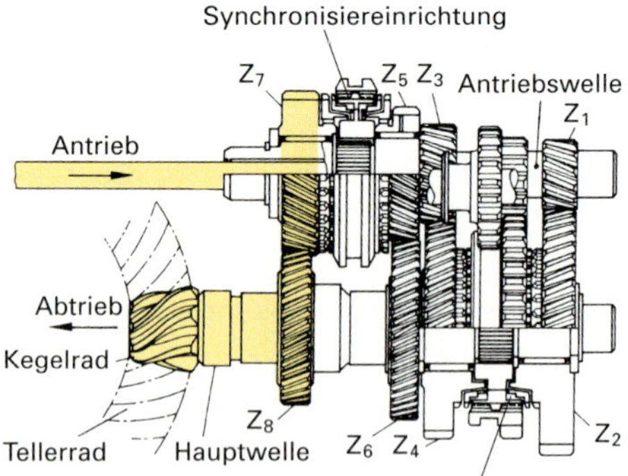

24 Welche Ursachen können zum Herausspringen eines Ganges führen?

Abgenutzte Schaltverriegelung, verbogene oder abgenutzte Schaltgabeln und Schaltstangen, abgenutzte Schaltverzahnungen, abgenutzte Führungsnuten in den Schaltmuffen, schadhafte Lager im Getriebe, schadhafte Motor- und Getriebeaufhängung, abgenutzte Synchronringe.

25 Was versteht man unter einem vorgeschalteten Gruppengetriebe?

Es ist ein Gruppengetriebe, das einem 4- oder 6-Gang-Wechselgetriebe vorgeschaltet ist. Solche Gruppengetriebe nennt man auch „Splitgruppen“ (split = teilen).

26 Wozu wird einem Wechselgetriebe ein Gruppengetriebe nachgeschaltet?

Um den Übersetzungsbereich eines Wechselgetriebes zu erweitern.

27 Wieviele Gangstufen sind möglich, wenn einem 4-Gang-Wechselgetriebe ein Gruppengetriebe vorgeschaltet und ein weiteres Gruppengetriebe nachgeschaltet wird?

Es können 16 Gänge geschaltet werden. Die Vorschaltgruppe verdoppelt die Gangstufen des 4-Gang-Wechselgetriebes, die Nachschaltgruppe verdoppelt die durch Vorschaltgruppe und Wechselgetriebe erreichbaren 8 Gangstufen.

28 Welche Wirkung haben vorgeschaltete Gruppengetriebe?

Durch Zuschalten zu einem Wechselgetriebe wird eine feinere Abstufung der einzelnen Gänge des Wechselgetriebes erreicht. Jeder Gang wird geteilt (halbiert).

29 In welche Fahrzeuge werden Verteilergetriebe eingebaut?

In Allradfahrzeuge, wenn mehrere Achsen gleichzeitig angetrieben werden sollen. Es verteilt die vom Wechselgetriebe abgegebenen Drehmomente an die Antriebsachsen.

30 Welche Getriebeart ist in einem Allradfahrzeug als Verteilergetriebe notwendig, wenn die Drehmomentverteilung nicht zu gleichen Anteilen an Vorderachse und Hinterachse erfolgen soll?

Ein Planetenrad-Verteilergetriebe.

31 Aus welchen Hauptteilen besteht ein Planetenradsatz?

Aus Sonnenrad, Planetenradträger mit Planetenrädern und Hohlrad.

32 Welche Schaltelemente werden bei Planetengetrieben verwendet?

Lamellenkupplungen und Bremsbänder, die mechanisch, hydraulisch oder elektromagnetisch betätigt werden.

33 Aus welchen Hauptteilen besteht ein Ravigneaux-Satz?

2 Sonnenräder mit unterschiedlichen Durchmessern (Primärsonnenrad und Sekundärsonnenrad), 3 oder mehr Primärplanetenräder, 3 oder mehr Sekundärplanetenräder, 1 gemeinsames Hohlrad, 1 gemeinsamer Planetenradträger.

34 Wie wird beim einfachen Planetenradsatz die größte Übersetzung (1. Gang) erreicht?

Das Sonnenrad treibt, das Hohlrad wird festgebremst, der Planetenradträger wird als Abtrieb benutzt.

35 In welchen Aggregaten von Kraftfahrzeugen werden Planetengetriebe eingebaut?

- Automatische Getriebe mit hydrodynamischem Drehmomentwandler
- Gruppengetriebe als Nachschaltgruppe
- Verteilergetriebe bei Allradfahrzeugen mit unterschiedlicher Drehmomentverteilung zwischen Vorderachse und Hinterachse
- Vorgelege-Starter
- Außenplaneten-Achsgetriebe.

36 Welche Vorteile haben Planetengetriebe?

- Einfacher schaltbar, da kein Gleichlauf zwischen Zahnrädern hergestellt und kein Kraftfluß unterbrochen werden muß
- geringere Zahnflankenbelastung, da mehrere Zahneingriffe vorhanden
- größere Laufruhe
- weniger Platzbedarf.

37 Aus welchen Hauptteilen besteht ein Simpson-Planetenradsatz?

2 Hohlräder mit gleichen Durchmessern und Zähnezahlen, 6 oder mehr gleiche Planetenräder, 2 Planetenradträger, 1 gemeinsames Sonnenrad.

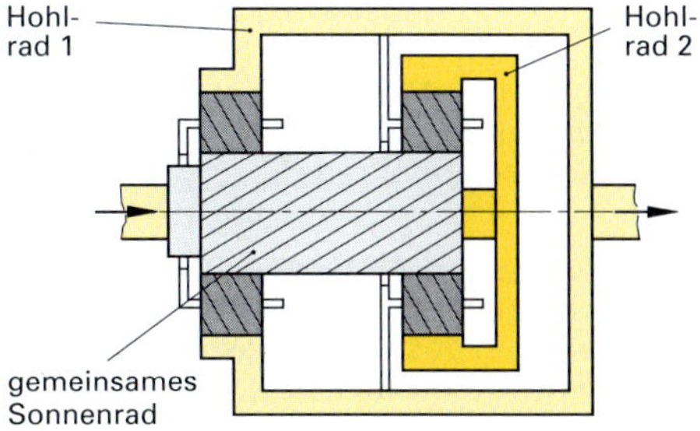

38 Wie werden die verschiedenen Übersetzungsstufen bei Planetengetrieben erreicht?

Durch Antreiben bzw. Festbremsen der entsprechenden Hauptteile Sonnenrad, Hohlrad, Planetenradträger.

3.4 Hydrodynamischer Drehmomentwandler

01 Aus welchen Hauptteilen besteht ein hydrodynamischer Drehmomentwandler?

— Gehäuse mit Pumpenrad
— Turbinenrad
— Leitrad mit Freilauf.

02 Wie erfolgt die Drehmomentwandlung im hydrodynamischen Drehmomentwandler?

Haben Pumpenrad und Turbinenrad unterschiedliche Drehzahlen, so trifft der vom Turbinenrad umgelenkte Ölstrom auf die Leitradschaufeln und möchte das Leitrad drehen. Dieses wird aber durch den Freilauf blockiert. Dadurch wird der Ölstrom umgelenkt und erfährt einen Rückstau, der eine Vergrößerung des Drehmoments am Turbinenrad bewirkt.

03 Was versteht man beim hydrodynamischen Drehmomentwandler unter dem Kupplungspunkt?

Den Betriebspunkt, in dem Pumpenrad und Turbinenrad annähernd gleiche Drehzahl haben.

Oberhalb des Kupplungspunktes wird das Leitrad vom Ölstrom in Laufrichtung des Turbinenrades angeströmt und stützt sich nicht mehr am Freilauf ab. Dadurch erfährt das Öl keinen Rückstau mehr. Das Drehmoment wird nicht mehr verstärkt, sondern nur noch übertragen.

04 Wie können die Verluste beim hydrodynamischen Drehmomentwandler oberhalb des Kupplungspunktes vermieden werden?

Durch zusätzlichen Einbau einer mechanischen Wandler-Überbrückungskupplung. Sie ist zwischen Turbinenrad und Wandlergehäuse angeordnet und bewirkt, daß Turbinenrad und Wandlergehäuse oberhalb des Kupplungspunktes mit der gleichen Drehzahl drehen. Dadurch wird Schlupf vermieden.

05 Welche Aufgabe hat eine Überbrückungskupplung im hydrodynamischen Drehmomentwandler?

Die mechanische Überbrückungskupplung soll im hydrodynamischen Drehmomentwandler Pumpenrad und Turbinenrad drehfest miteinander verbinden und dadurch Schlupf vermeiden.

06 Weshalb werden hydrodynamische Drehmomentwandler oft mit einer Überbrückungskupplung ausgestattet?

Damit oberhalb des Kupplungspunktes ab einer bestimmten Fahrgeschwindigkeit in den oberen Gängen Schlupf zwischen Pumpenrad und Turbinenrad verhindert wird. Dadurch werden Strömungsverluste vermieden und der Kraftstoffverbrauch wird geringer.

07 Wodurch unterscheidet sich ein hydrodynamischer Drehmomentwandler von einer hydrodynamischen Kupplung?

Beim hydrodynamischen Drehmomentwandler ist zwischen Pumpenrad und Turbinenrad ein zusätzliches Leitrad mit Freilauf angeordnet. Dadurch wird im Wandlungsbereich das Motordrehmoment verstärkt.

08 Welche Eigenschaften besitzt der hydrodynamische Drehmomentwandler?

— Kein mechanischer Verschleiß
— geschmeidiger Anfahrvorgang
— Motor kann beim Anfahren nicht abgewürgt werden
— Drehmomentverstärkung paßt sich selbsttätig und stufenlos der jeweiligen Fahrsituation an
— beim Anfahrvorgang unter Vollast ist das maximale Drehmoment vorhanden
— Drehmomentstöße und Drehschwingungen des Motors werden durch das Hydrauliköl gedämpft
— geräuscharmer Lauf
— Kraftstoffverbrauch höher als bei mechanischen Getrieben
— kompakte Bauweise.

3.5 Automatische Getriebe

01 Welche Merkmale kennzeichnen halbautomatische Getriebe?

- Das Unterbrechen des Kraftflusses erfolgt über einen Servomotor
- die Auswahl der Gänge wird durch den Fahrer von Hand eingeleitet.

02 Aus welchen Aggregaten besteht ein halbautomatisches Getriebe, das als Wandler-Schaltkupplung ausgeführt ist?

Hydrodynamischer Drehmomentwandler, Schaltkupplung, Schaltgetriebe, Servomotor.

03 Welche Merkmale kennzeichnen vollautomatische Getriebe?

Die Auswahl der Gänge (Übersetzungsstufen) erfolgt selbsttätig.

04 Wie können vollautomatische Getriebe eingeteilt werden?

- Gestufte vollautomatische Getriebe mit hydrodynamischem Drehmomentwandler und mechanisch-hydraulischer oder elektro-hydraulischer Steuerung.
- stufenlose automatische Getriebe mit mechanisch-pneumatischer oder elektro-pneumatischer Steuerung.

05 Aus welchen Baugruppen besteht ein mechanisch-hydraulisch gesteuertes, gestuftes vollautomatisches Getriebe

- Hydrodynamischer Drehmomentwandler
- Planetengetriebe
- mechanisch-hydraulische Steuerung.

06 Von welchen Größen wird das Schalten bei mechanisch-hydraulisch gesteuerten automatischen Getrieben beeinflußt?

- Wählhebelstellung
- Fahrgeschwindigkeit
- Motorbelastung.

07 Aus welchen wichtigen Teilen besteht die mechanisch-hydraulische Steuerung von vollautomatischen Getrieben?

Ölpumpe, Handwählschieber, Drosselventil mit Kick-Down-Schalter, Fliehkraftregler, Schaltventile.

08 Welche Informationsgeber (Sensoren) und Informationsnehmer (Aktoren) unterscheidet man bei der mechanisch-hydraulischen Steuerung von vollautomatischen Getrieben?

Informationsgeber (Sensoren)

- Handwählschieber
- Fliehkraftregler
- Drosselventil
- Kick-Down-Schalter

Informationsnehmer (Aktoren)

- Schaltventil
- Lamellenkupplung
- Bandbremse
- Freilauf.

09 Welche Drücke werden im mechanisch-hydraulischen System unterschieden?

Arbeitsdruck, Reglerdruck, Modulierdruck.

10 Wer erzeugt den Arbeitsdruck, welche Funktion hat er?

Der Arbeitsdruck wird von der Ölpumpe erzeugt. Er betätigt die Lamellenkupplungen und Bandbremsen.

11 Welche Aufgaben hat die Ölpumpe in gestuften Automatik-Getrieben?

- Wandler mit Drucköl füllen
- Schmierdruck für das Planetengetriebe aufbauen
- Arbeitsdruck zum Schalten der Kupplungen und Bandbremsen aufbauen.

12 Was versteht man unter dem Modulierdruck?

Der Modulierdruck ist ein von der Motorbelastung abhängiger Druck, der über ein Drosselventil von einer Unterdruckdose geregelt wird. Er wird vom Arbeitsdruck abgeleitet.

13 Welche Funktion hat der Modulierdruck?

Der Modulierdruck wird auf die dem Reglerdruck gegenüberliegenden Seiten der Kolben in den Schaltventilen geleitet und wirkt dem Reglerdruck entgegen.

Der Modulierdruck bestimmt zusammen mit dem Reglerdruck in den Schaltventilen die Durchsteuerung des Arbeitsdruckes zu der entsprechenden Lamellenkupplung bzw. dem Bremsband.

Mit der Durchsteuerung wird das Schalten in den entsprechenden Gang vollzogen.

14 Was versteht man unter dem Reglerdruck?

Es ist ein Druck, der durch den mechanischen Fliehkraftregler in Abhängigkeit von der Fahrgeschwindigkeit geregelt wird. Er wird vom Arbeitsdruck abgeleitet.

15 Welche Funktion hat der Reglerdruck?

Der Reglerdruck wird auf die dem Modulierdruck gegenüberliegenden Seiten der Kolben in den Schaltventilen geleitet und wirkt dem Modulierdruck entgegen.

Der Reglerdruck bestimmt zusammen mit dem Modulierdruck in den Schaltventilen die Durchsteuerung des Arbeitsdruckes zu der entsprechenden Lamellenkupplung bzw. dem Bremsband.

Mit der Durchsteuerung wird das Schalten in den entsprechenden Gang vollzogen.

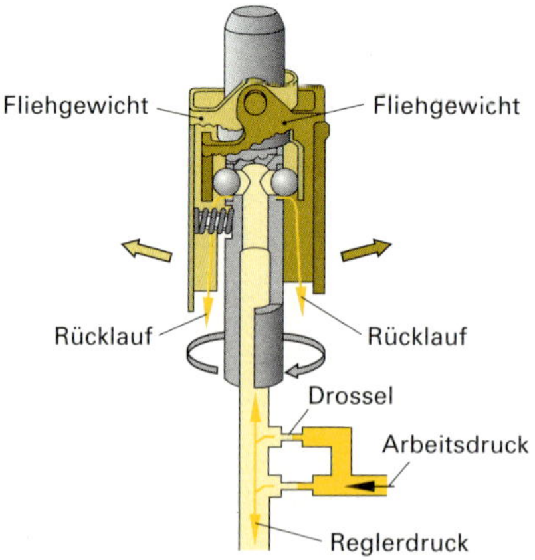

16 Welche Drücke bewirken das Schalten in gestuften Automatik-Getrieben?

Der Modulierdruck und der Reglerdruck.

17 Wann wird der Schaltvorgang in den nächst höheren Gang vollzogen?

Wenn der von der Fahrgeschwindigkeit abhängige Reglerdruck so weit angestiegen ist, daß die Kolben des zuständigen Schaltventils gegen die Federkraft und den Modulierdruck so weit verschoben werden, daß der Arbeitsdruck zu der Lamellenkupplung geleitet wird, die für den nächst höheren Gang zuständig ist.

18 Wann wird der Schaltvorgang in den nächst kleineren Gang vollzogen?

Wenn der von der Fahrgeschwindigkeit abhängige Reglerdruck so weit abgesunken ist und der Modulierdruck so weit angestiegen ist, daß die Kolben des Schaltventils durch die Federkraft und den Modulierdruck so verschoben werden, daß der Arbeitsdruck zu der Lamellenkupplung geleitet wird, die für den nächst kleineren Gang zuständig ist.

19 Wie wirkt der Kick-Down-Schalter?

Beim Durchtreten des Fahrpedals über den Vollgasanschlag hinaus wird das Kick-Down-Ventil betätigt. Dadurch wird der Modulierdruck schlagartig erhöht und es erfolgt, je nach Fahrgeschwindigkeit, ein Zwangsrückschalten in den nächstniedrigeren Gang oder ein Ausfahren der Fahrstufe.

20 Wie wirken die Lamellenkupplungen in einem gestuften Automatik-Getriebe?

Wird der Arbeitsdruck durchgesteuert, so wirkt er auf den Kolben. Die Kolbenkraft drückt das Lamellenpaket zusammen, die Kupplung ist kraftschlüssig und kann entsprechende Teile des Planetengetriebes antreiben bzw. festbremsen.

Wirkt kein Druck, so wird der Kolben z.B. durch eine Tellerfeder zurückgedrückt, die Kupplung ist gelöst.

21 Welche Aufgaben haben Lamellenkupplungen in Automatik-Getrieben?

Lamellen-Antriebskupplungen treiben im kraftschlüssigen Zustand entsprechende Teile des Planetengetriebes an, Lamellen-Bremskupplungen bremsen entsprechende Teile fest.

22 Welche Wählhebel-Stellungen unterscheidet man bei einer 4-Gang-Automatik. Erklären Sie die Abkürzungen.

P Parkstellung
N Leerlaufstellung
D Vorwärtsfahrt mit 4 Gängen
1 Vorwärtsfahrt nur im 1. Gang
2 Vorwärtsfahrt mit 2 Gängen
3 Vorwärtsfahrt mit 3 Gängen
R Rückwärtsgang.

23 Welche Sensoren unterscheidet man bei elektro-hydraulisch gesteuerten automatischen Getrieben?

Sensoren für:
- Motordrehzahl
- Motortemperatur
- Lastzustand
- Drosselklappenstellung
- Getriebeabtriebsdrehzahl
- Kick-Down-Schalter-Stellung.

24 Welches Merkmal bezüglich Drehzahl- und Drehmomentwandlung besitzt die Stahlschub-Gliederband-Automatik?

Die Wandlung von Drehzahlen und Drehmomenten erfolgt stufenlos.

25 Wie erreicht man bei der Stahlschub-Gliederband-Automatik die kleinste Übersetzung ins Schnelle?

Wenn das Schubgliederband an der Primärscheibe am weitesten nach außen und an der Sekundärscheibe am weitesten nach innen gewandert ist. Dadurch wird der wirksame Durchmesser r_{W1} der Primärscheibe am größten und der wirksame Durchmesser r_{W2} der getriebenen Sekundärscheibe am kleinsten.

3.6 Öle für Wechselgetriebe

01 Welche Anforderungen werden an Getriebeöle gestellt?

- Hoher Verschleiß-, Korrosions- und Alterungsschutz,
- gutes Viskositäts-Temperaturverhalten
- günstiges Reibverhalten
- wenig Schaumbildung
- gute Dichtungsverträglichkeit.

02 Nach welchem Gesichtspunkt werden bei den SAE-Viskositätsklassen die Getriebeöle unterschieden?

Nach ihrem Fließverhalten (Viskositäts-Temperaturverhalten).

03 Nennen Sie Beispiele von SAE-Viskositätsklassen.

SAE 80; SAE 90, SAE 80W;
SAE 75W-90; SAE 85W-90; SAE 85W-140.

04 Von welchen API-Klassen werden meist Getriebeöle verwendet?

Zum Beispiel API-GL-4 und API-GL5.

05 Was sind ATF-Getriebeöle?

Es sind Öle für automatische Getriebe.

06 Wozu dienen ATF-Getriebeöle in Automatik-Getrieben mit hydrodynamischem Drehmomentwandler und Planetengetriebe?

- Zur Schmierung der Wälz- und Gleitlager, Planetenradsätze und Freiläufe
- als Arbeitsmittel für den hydrodynamischen Drehmomentwandler, die hydraulische Steuerung, die hydraulische Betätigung der Lamellenkupplungen und Bremsbänder
- als Kühlmittel für den hydrodynamischen Drehmomentwandler und das Planetengetriebe.

3.7 Gelenkwellen, Gelenke

01 Welche Hauptaufgaben haben Gelenkwellen und Achswellen?

Sie übertragen das Drehmoment vom Wechselgetriebe auf den Achsantrieb, bzw. vom Achsantrieb auf die Antriebsräder.

02 Aus welchen Teilen besteht eine Gelenkwelle?

Gelenkwellenrohr mit Schiebestück, Zwischenlager, Gelenke.

03 Weshalb ist die Gelenkwelle mit einem Schiebestück ausgestattet?

Damit axiale Verschiebungen beim Ein- und Ausfedern ausgeglichen werden.

04 Aus welchen Teilen besteht ein Kreuzgelenk?

2 Gelenkgabeln, Zapfenkreuz, Nadellager.

05 Welche Beugungswinkel lassen Kreuzgelenke zu?

— Normalausführung bis 15°.
— Sonderausführung bis 35°.

06 Wodurch kann bei einer Gelenkwelle auch am Abtrieb eine gleichförmige Drehbewegung erreicht werden?

Durch zwei hintereinander angeordnete Kreuzgelenke.

07 Weshalb werden Trockengelenke im Antriebsstrang eingebaut?

Sie sollen als elastische Glieder Vibrationen und Schwingungen dämpfen.

08 Welche Ungleichförmigkeiten treten beim Betrieb von einem abgewinkelten Kreuzgelenk auf?

Der abgewinkelte Gelenkwellenteil erfährt innerhalb jeder halben Umdrehung eine Beschleunigung und eine Verzögerung.

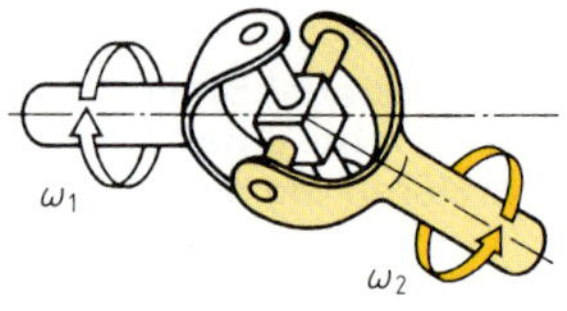

Änderung der Winkelgeschwindigkeit ω_2

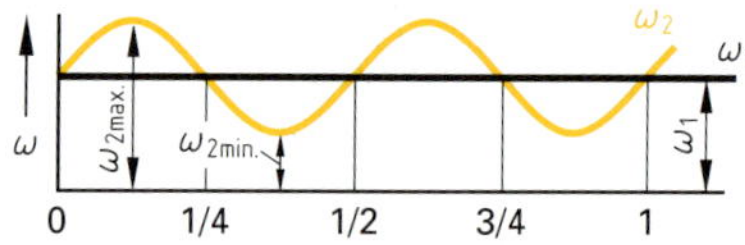

Zahl der Umdrehungen ⟶

09 Worauf muß beim Zusammenbau einer Gelenkwelle mit zwei Kreuzgelenken geachtet werden?

Die Gelenkgabeln des vorderen und des hinteren Gelenkwellenteils müssen sich jeweils in der gleichen Ebene befinden, weil sonst die Ungleichförmigkeit nicht aufgehoben sondern größer würde.

10 Welche Arten von Trockengelenken gibt es?

— Polygon-Gummigelenke
— Gewebescheibengelenke (Hardyscheiben)
— Silentbloc-Gelenke.

11 Welche Beugungswinkel sind beim Gewebescheibengelenk, Silentbloc-Gelenk und Polygon-Gummi-Gelenk möglich?

— Gewebescheibengelenk bis 5°
— Silentbloc-Gelenk bis 5°
— Polygon-Gummi-Gelenk bis 8°.

12 Welche Beanspruchungen erfahren Gelenkwellen und Achswellen?

— Torsionsbeanspruchung (Verdrehung)
— Schwingungsbeanspruchung.

13 Worauf ist beim Einbau von Gelenkwellen und Gelenken zu achten?

— Alle Teile reinigen
— Nadellager und Schiebestück schmieren
— Gelenkwelle und Gelenke wie beim Ausbau gekennzeichnet zusammenbauen
— Lage der Gelenkgabeln zueinander überprüfen (beide Gelenkgabeln müssen in einer Ebene zueinander liegen).

14 Welche Gelenkarten kommen bei angetriebenen Hinterachswellen zur Anwendung?

Kreuzgelenke, Topfgelenke, Tripodegelenke.

15 Aus welchen Teilen besteht ein Tripodegelenk?

Tripodestern mit Laufrollen, Tripodeglocke, Verschlußkappe, Gummimanschette.

16 Was versteht man unter homokinetischen Gelenken? Nennen Sie Beispiele.

Homokinetische Gelenke sind Gleichlaufgelenke. Sie übertragen auch bei großen Beugungswinkeln die Drehbewegung gleichförmig. Beispiele: Kugelgelenke, Topfgelenke, Tripodegelenke.

17 Welche Beugungswinkel und axiale Verschiebungen können durch Topfgelenke ermöglicht werden?

— Beugungswinkel bis 18°
— axiale Verschiebungen bis 25 mm.

18 Wie sind Topfgelenke aufgebaut?

Sie bestehen aus Kugelschale und Kugelstern, die über 6 Kugeln miteinander in Verbindung stehen. Die Kugeln werden durch den Kugelkäfig geführt.

19 Welche Gelenkarten werden bei angetriebenen Vorderachsen verwendet?

Doppelgelenke, Kugelgelenke, Tripodegelenke.

20 Wie sind Doppelgelenke aufgebaut?

Zwei Kreuzgelenke sind auf engstem Raum zu einem Gelenk zusammengefaßt.

Die beiden Wellenenden sind im Innern durch eine Zentrierung geführt.

21 Welche Beugungswinkel ermöglichen Doppelgelenke?

Normalausführung bis 48°
Weitwinkelausführung bis 50°.

22 Wie sind radseitig eingebaute Kugelgelenke aufgebaut?

Auf dem radseitigen Achswellenende sitzt der Kugelstern mit Kugelkäfig und 6 Kugeln, auf der Radantriebswelle die Kugelschale. Kugelschale und Kugelstern haben gekrümmte Laufbahnen, die keine axialen Verschiebungen zulassen. Sie werden auch als Kugel-Festgelenke bezeichnet.

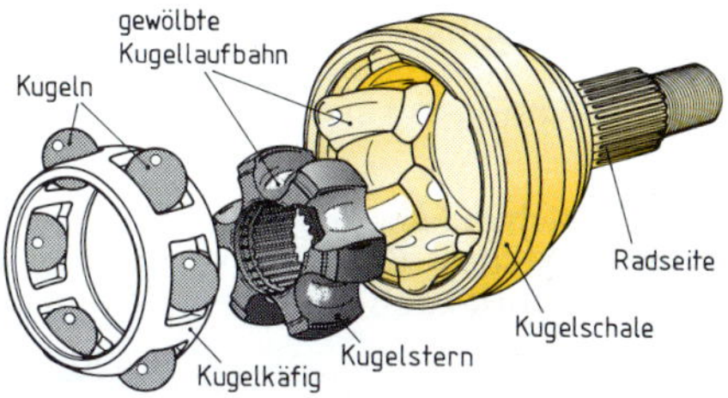

3.8 Achsantrieb

01 Welche Aufgaben hat das Achsgetriebe?

- Drehmomente übertragen und vergrößern
- Drehzahlen ins Langsame übersetzen
- Kraftfluß, falls erforderlich, umlenken.

02 Wie werden Drehmomente durch Achsgetriebe gewandelt (übersetzt)?

Sie werden immer vergrößert. Die Übersetzung ist dabei konstant.

03 In welchen Bereichen liegen die Übersetzungen bei Achsgetrieben von Personenkraftwagen und Nutzkraftwagen?

Personenkraftwagen: $i = 2{,}5 \ldots 4{,}5$
Nutzkraftwagen: $i = 3{,}5 \ldots 6{,}5$
(ohne Außenplaneten-Achsgetriebe)

04 Warum werden an einem Fahrzeugtyp Achsgetriebe mit unterschiedlichen Übersetzungen eingesetzt?

- Um Einheits-Wechselgetriebe einsetzen zu können (Kosteneinsparung)
- damit eine einfache Anpassung von Motor und Wechselgetriebe für verschiedene Verwendungsgebiete erfolgen kann (z.B. Fernverkehr, Baustelleneinsatz).

05 Wie muß die Übersetzung eines Achsgetriebes ausgelegt sein?

- Die gewünschte Höchstgeschwindigkeit muß erreicht werden
- es muß genügend Drehmoment zum Anfahren, Beschleunigen und Bergfahren zur Verfügung stehen.

06 Bei welchen Fahrzeugen ist eine Umlenkung des Kraftflusses um 90° nicht erforderlich?

Bei Fahrzeugen mit quer zur Fahrzeuglängsachse eingebauten Motoren.

07 Welche Arten von Achsgetrieben unterscheidet man bezüglich der verwendeten Zahnradarten?

- Kegelrad-Achsgetriebe
- Stirnrad-Achsgetriebe
- Schneckenrad-Achsgetriebe.

08 Aus welchen 2 Hauptteilen besteht ein Kegelrad-Achsgetriebe?

- Antriebskegelrad (Triebling)
- Tellerrad.

09 Welche 2 Arten von Kegelrad-Achsgetrieben unterscheidet man bezüglich der Anordnung der Achsen?

- Achsgetriebe mit nicht versetzten Achsen
- Achsgetriebe mit versetzten Achsen (Hypoidantrieb).

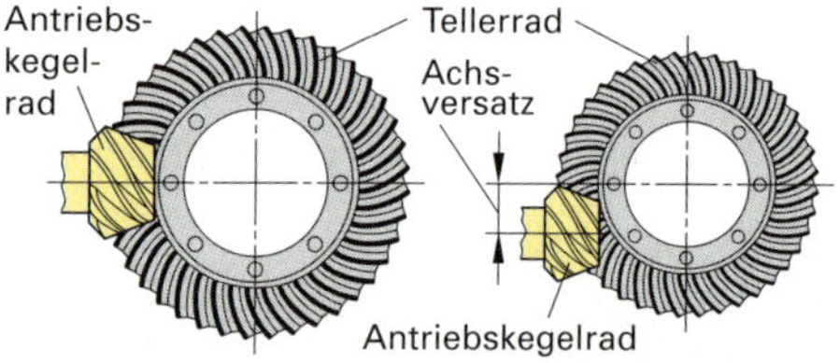

10 Welche Vorteile besitzen Achsgetriebe mit versetzten Achsen (Hypoidantrieb) gegenüber Achsgetrieben mit nicht versetzten Achsen?

- Größere Laufruhe
- höhere Belastbarkeit
- weniger Platzbedarf.

11 Für welche Achsgetriebearten können Hypoid-Getriebeöle vorgeschrieben sein? Begründen Sie Ihre Antwort.

Für Kegelrad-Achsgetriebe mit versetzten Achsen (Hypoidantrieb). Hohe Zahnflankendrücke und Reibung zwischen den Zahnflanken erfordern ein Getriebeöl, das die hohen Drücke aushält und große Haftfähigkeit besitzt, damit der Schmierfilm durch die Gleitbewegung bei hohem Druck nicht abreißt.

12 Bei welchen Achsgetrieben und warum werden z.B. Getriebeöle GL-5 (Hypoidöle) eingesetzt?

Bei Kegelrad-Achsgetrieben (Hypoidgetrieben) mit großem Achsversatz.

Diese Getriebeöle (Hypoidöle) gewährleisten durch ihre Hochdruckzusätze einen besonders stabilen und druckfesten Schmierfilm.

13 Welche Verzahnungsarten unterscheidet man bei Kegelrad-Achsgetrieben?

— Gleasonverzahnung
— Klingelnbergverzahnung.

14 Woran erkennt man eine Gleasonverzahnung?

— Zahnform ist ein Stück eines Kreisbogens
— Zahnrücken werden von außen nach innen schmaler
— Zahnhöhen werden von außen nach innen kleiner.

15 Woran erkennt man eine Klingelnbergverzahnung?

— Zahnform ist Teil einer Spirale
— Zahnrücken haben von außen nach innen gleiche Breite und Höhe.

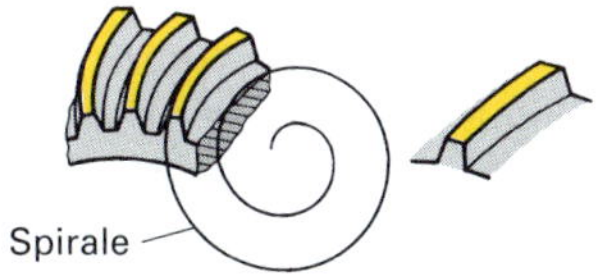

16 Weshalb müssen Antriebskegelrad (Triebling) und Tellerrad paarweise ersetzt werden?

Antriebskegelrad und Tellerrad sind bereits vom Hersteller paarweise zueinander auf einwandfreien Lauf abgestimmt. Dies ist die Voraussetzung für geräuscharmen Lauf und ausreichende Lebensdauer.

17 Woran sind zusammengehörende Kegel- und Tellerräder eines Kegelrad-Achsgetriebes zu erkennen?

An der Paarungsnummer.

Sie ist beim Kegelrad auf der Stirnseite, beim Tellerrad am Umfang oder auf der Flanschseite zu finden.

18 Welche zahlenmäßigen Angaben stehen auf der Stirnseite des Antriebskegelrades?

— Paarungsnummer p, z. B. 31889

— Abmaß r, z. B. 18 $\rightarrow r = \frac{18}{100}$ mm

19 Welche zahlenmäßigen Angaben sind auf der Flanschseite des Tellerrades angegeben?

— Paarungsnummer p, z. B. 31889

— Abmaß t, z. B. 18 $\rightarrow t = \frac{18}{100}$ mm

— Zahnflankenspiel z, z.B. 18

$\rightarrow z = \frac{18}{100}$ mm

20 Woran sind einwandfreie Tragbilder zu erkennen?

Sie haben ovale Form und befinden sich in den Zahnflankenmitten.

Gleasonverzahnung auf Tellerrad geprüft

Klingelnbergverzahnung auf Kegelrad geprüft

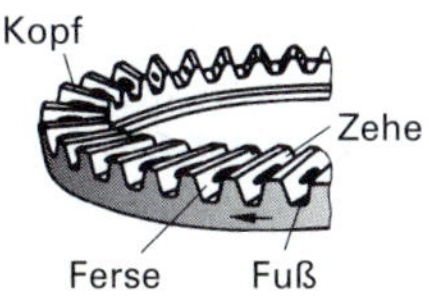

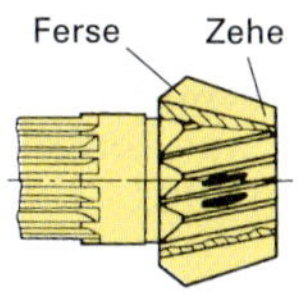

21 Welche Prüfungen werden an Kegelrad-Achsgetrieben durchgeführt?

— Planlaufprüfung (am Tellerrad)
— Rundlaufprüfung (am Tellerrad)
— Tragbildprüfung (am Teller- und Kegelrad).

22 Warum wird beim Tragbild eines Kegelrad-Achsgetriebes eine ovale ballige Form in den Zahnflankenmitten angestrebt?

— Um örtliche Überlastungen an den Zahnflanken zu vermeiden
— um Laufgeräusche in Grenzen zu halten
— um den Verschleiß zu optimieren.

23 Welche fehlerhaften Tragbilder (Kontaktarten) können bei Kegelrad-Achsgetrieben auftreten?

— Kopfkontakt
— Fußkontakt
— Zehenkontakt
— Fersenkontakt.

24 An welchen Zahnflanken sollen bei der Klingelnbergverzahnung und der Gleasonverzahnung von Kegelrad-Achsgetrieben die Tragbildprüfungen erfolgen?

— Klingelnbergverzahnung: Auf der Druckflanke des Antriebskegelrades
— Gleasonverzahnung: Auf der Druckflanke des Tellerrades.

25 Was versteht man unter einem „Meisterritzel"?

Ein Meisterritzel ist ein Einstell-Werkzeug, das bei Kegelrad-Achsgetrieben zur Ermittlung der Scheibendicke für die Lagerung des Antriebskegelrades verwendet werden kann.

26 Welche Achsgetriebe finden in schweren Nutzfahrzeugen zusätzlich zum zentralen Achsgetriebe Anwendung?

Außenplaneten-Achsgetriebe.

27 Wo ist das Außenplaneten-Achsgetriebe angeordnet?

Es ist nach dem zentralen Achsgetriebe beidseitig in den Naben der Antriebsräder angeordnet.

28 Welche Getriebeart ist in dem gezeigten Bild dargestellt? Benennen Sie die Teile.

Ein Außenplaneten-Achsgetriebe.

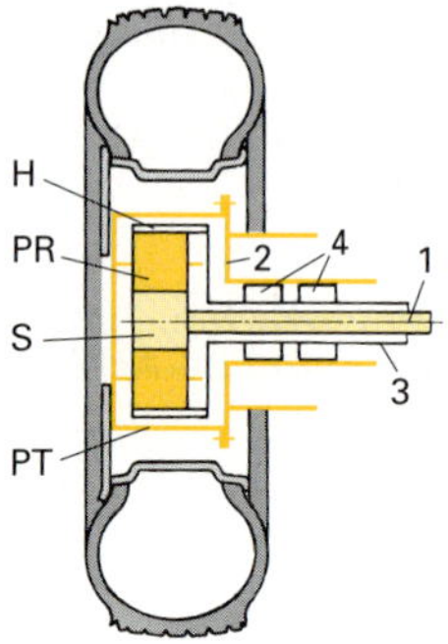

1 Achswelle
2 Radnabe
3 Achsrohr
4 Wälzlager
H Hohlrad
PR Planetenrad
PT Planetenradträger
S Sonnenrad

29 Wie werden in einem Außenplaneten-Achsgetriebe Drehmomente und Drezahlen gewandelt?

— Drehmomente werden vergrößert
— Drehzahlen werden verkleinert (ins Langsame übersetzt).

30 Weshalb werden Außenplaneten-Achsgetriebe verwendet?

— Damit die hohen Drehmomente erst in der Nabe des Antriebsrades auftreten
— weil deshalb die Triebwerksteile kleiner ausgelegt werden können
— der Platzbedarf ist geringer
— es ist große Bodenfreiheit möglich, da das Gehäuse des zentralen Achsgetriebes klein gehalten werden kann.

31 In welche Klassen bzw. Spezifikationen sind Getriebeöle für Achsgetriebe eingeteilt? Nennen Sie je 1 Beispiel.

— SAE-Klassen, z. B. SAE 80W-90
— API-Klassen, z. B. GL-5
— MIL-Spezifikationen, z. B. MIL-L-2105.

3.9 Ausgleichgetriebe, Ausgleichsperren

01 Welche 2 Aufgaben haben Ausgleichgetriebe?

- Drehzahlunterschiede der Antriebsräder ausgleichen
- Drehmomente gleichmäßig auf die Antriebsräder verteilen.

02 Weshalb benötigen Kraftwagen ein Ausgleichgetriebe?

Damit unterschiedliche Drehzahlen der Antriebsräder möglich sind und das Antriebsdrehmoment zu gleichen Teilen an die Antriebsräder verteilt wird.

03 Welchen Aufbau hat ein Kegelrad-Ausgleichgetriebe?

Das Ausgleichgehäuse ist mit dem Tellerrad verschraubt und enthält 2 oder 4 Ausgleichkegelräder und 2 Achswellenräder. Die Ausgleichkegelräder sind im Ausgleichgehäuse gelagert und mit den Achswellenrädern im Eingriff.

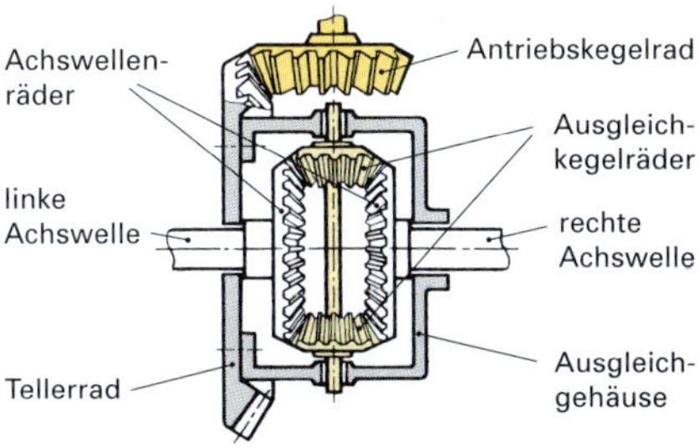

04 Wie wirkt das Ausgleichgetriebe bei Kurvenfahrt?

Die Achswellenräder können sich mit unterschiedlicher Drehzahl auf den Ausgleichkegelrädern abwälzen.

Die Drehzahlzunahme des kurvenäußeren Achswellenrades wird durch die Drehzahlabnahme des kurveninneren Achswellenrades ausgeglichen.

05 Wie verteilt das Kegelrad-Ausgleichgetriebe das Drehmoment an die Antriebsräder einer Antriebsachse?

Jedes Antriebsrad erhält ein gleich großes Drehmoment.

06 Wovon ist bei einem Kegelrad-Ausgleichgetriebe die Höhe des auf ein Antriebsrad übertragenen Drehmomentes abhängig?

Von dem Antriebsrad mit der geringeren Haftung. Das andere Antriebsrad mit der besseren Haftung überträgt dann ein gleich großes Drehmoment.

07 Dreht bei einem Fahrzeug mit einem Kegelrad-Ausgleichgetriebe ein Antriebsrad durch, so überträgt das andere ebenfalls kein Drehmoment. Wie kann diese nachteilige Eigenschaft verbessert werden?

Durch zusätzlichen Einbau eines Sperrdifferentials oder durch eine Antriebsschlupfregelung (ASR).

08 Welche Arten von Ausgleichsperren werden im Personenkraftwagen eingesetzt?

- Mechanische Ausgleichsperre, z.B. Klauenkupplung
- Ausgleichsperre mit Lamellenkupplungen
- Torsen-Differential
- Visco-Kupplung
- Automatisches Sperrdifferential (z.B. ASD, EDS).

09 Welche Aufgabe haben selbsttätige Ausgleichsperren?

Selbsttätige Ausgleichsperren verhindern im Bedarfsfall ohne Eingreifen des Fahrers den Drehzahlausgleich zwischen den Antriebsrädern einer Achse oder zwischen 2 Antriebsachsen.

10 Wie verteilt eine selbsttätige Ausgleichsperre z.B. bei Kurvenfahrt das Drehmoment?

Das langsamer drehende kurveninnere Antriebsrad erhält entsprechend dem Sperrwert mehr Drehmoment.

11 Was versteht man unter dem Sperrwert einer Ausgleichsperre?

Der Sperrwert einer Ausgleichsperre gibt an, wieviel Drehmomentunterschied zwischen dem linken und dem rechten Antriebsrad einer Antriebsachse bzw. zwischen 2 angetriebenen Achsen möglich ist.

12 Erklären Sie den für ein Sperrdifferential angegebenen Sperrwert von z.B. 40%.

- Zwischen linkem und rechtem Antriebsrad ist ein Drehmomentunterschied von 40% möglich.
- das Ausgleichgetriebe verteilt das am Tellerrad anliegende Drehmoment zu gleichen Teilen an beide Antriebsräder
- bei Kurvenfahrt werden durch die Ausgleichsperre am kurvenäußeren Rad 40% von den anliegenden 50%, also 20% abgebremst und der anderen Seite zugeschlagen
- das kurvenäußere Rad überträgt somit 50% − 20% = 30%, das kurveninnere Rad überträgt 50% + 20% = 70% des am Tellerrad anliegenden Drehmoments.
- der Drehmomentunterschied zwischen den Antriebsrädern beträgt somit 40 %.

13 Wo werden Visco-Kupplungen in Kraftfahrzeugen eingebaut?

- Zwischen 2 Antriebsrädern im Differential einer Antriebsachse als Ausgleichsperre (Quersperre)
- zwischen 2 Antriebsachsen bei Allradfahrzeugen als Verteilergetriebe und Ausgleichsperre (Längssperre).

14 Erklären Sie die Wirkungsweise einer Visco-Kupplung als Ausgleichsperre zwischen 2 Antriebsrädern einer Antriebsachse.

Beginnt ein Antriebsrad durchzudrehen, so wird in der Visco-Kupplung die Silikonflüssigkeit infolge der Drehzahldifferenz zwischen innen- und außenverzahnten Lamellen abgeschert. Durch die Scherwirkung wird die Silikonflüssigkeit erwärmt und ihre Viskosität erhöht.

Dadurch entsteht eine Sperrwirkung zwischen innen- und außenverzahnten Lamellen. Da die innenverzahnten Lamellen mit dem einen Antriebsrad und die außenverzahnten Lamellen mit dem anderen Antriebsrad verbunden sind, entsteht auch eine Sperrwirkung zwischen den Antriebsrädern.

15 Welchen Aufbau hat ein selbstsperrendes Ausgleichgetriebe mit Lamellenkupplungen?

Zu den Bauteilen des Ausgleichgetriebes kommen 2 Druckringe und 2 Lamellenkupplungen. Druckringe und außenverzahnte Lamellen haben Mitnehmer, die in Längsnuten des Ausgleichgehäuses eingreifen. Die innenverzahnten Lamellen sind mit der Außenverzahnung der Achswellen verbunden. Die Ausgleichräder werden in Ausfräsungen der beiden Druckstücke gelagert.

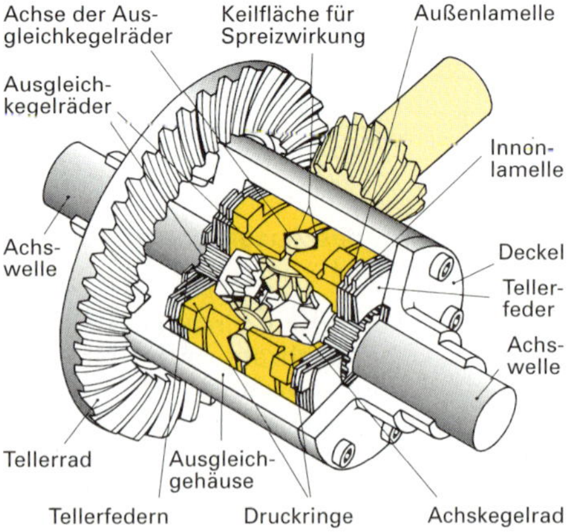

16 Welche Vorteile hat das Automatische Sperrdifferential (z.B. ASD)?

— Vollautomatisches Sperren bis 100% beim Anfahren und Beschleunigen,
— Verbesserung der Traktion und Spurhaltung.

17 Aus welchen Hauptbaugruppen besteht das Automatische Sperrdifferential?

— Mechanisches System, bestehend aus Differential mit Ringzylinder und Lamellenkupplungen
— hydraulisches System, bestehend aus Ölbehälter, Ölpumpe, ASD-Hydraulikeinheit mit Druckspeicher und Magnetventil
— elektronisches System, bestehend aus Drehzahlfühler, ASD-Steuergerät, Funktions- und Störungsanzeige.

18 Unter welchen Bedingungen wird das Automatische Sperrdifferential aktiviert?

Das System wird nur aktiviert, wenn das Fahrzeug eine Geschwindigkeit unter 35 km/h hat und der Drehzahlunterschied zwischen den Antriebsrädern mindestens 2 km/h beträgt.

19 Warum darf das ASD nur bei geringer Geschwindigkeit eingreifen?

Das Fahrzeug würde ausbrechen oder schleudern, da durch das schlagartige Sperren der Räder ein Verlust an Seitenführungskraft entsteht.

20 Wie erfolgt beim Automatischen Sperrdifferential das Sperren?

Das Magnetventil der ASD-Hydraulik wird vom ASD-Steuergerät angesteuert. Es öffnet und stellt die Verbindung vom Druckspeicher zu den Ringzylindern der Hinterachswelle her. Die Antriebskegelräder werden durch den wirkenden Druck nach außen gezogen und die angelegten Lamellenkupplungen sperren das Differential.

3.10 Antriebsschlupfregelung

01 Welche Vorteile bietet die Antriebsschlupfregelung?

— Anpassung des Motormoments an die Haftverhältnisse
— Verbesserung der Traktion beim Anfahren oder Beschleunigen
— Erhöhung der Fahrsicherheit durch Regelung der Antriebskraft, dadurch ausreichende Seitenführungskraft.
— Information des Fahrers über das Erreichen der fahrdynamischen Grenzen.

02 Welche Bauteile sind in der Antriebsschlupfregelung mit Motoreingriff eingebaut und wozu werden sie benötigt?

Eingabe:
— Radsensoren erfassen Raddrehzahl
— Drosselklappenpotentiometer erfaßt das Lastsignal
— Motordrehzahlsensor erfaßt die Motordrehzahl
— Funktionsschalter. Mit ihm kann die Anlage abgeschaltet werden.

Verarbeitung:
— Steuergerät verarbeitet Sensorsignale und steuert Stellmotor an.

Ausgabe:
— Stellmotor verstellt Drosselklappe
— Anzeigenleuchte informiert, ob ASR-System arbeitet, oder signalisiert einen vorhandenen Defekt.

03 Wie funktioniert die Antriebsschlupfregelung mit Motoreingriff?

Neigt ein Rad beim Beschleunigen zum Durchdrehen, so errechnet das Steuergerät mit Hilfe der Sensorsignale den Schlupf. Wird ein bestimmter Wert überschritten, beginnt das System zu arbeiten. Der Stellmotor wird angetaktet und die Drosselklappenstellung zurückgenommen. Reicht dies nicht aus, wird zusätzlich die Zündung in Richtung spät verstellt. Durch diese Maßnahme wird das Motormoment reduziert und die Neigung zum Durchdrehen der Räder wird gemindert. Gleichzeitig leuchtet die Anzeigenleuchte auf und informiert den Fahrer über den Eingriff des Systems.

04 Welche Zusatzeinrichtungen hat das Antriebsschlupfregelsystem mit Motor- und Bremseneingriff?

— ABS/ASR-Steuergerät
— ASR-Hydraulik
— elektronisches Fahrpedal
— Sollwertgeber, Stellmotor für Drosselklappe.

05 Unter welchen Bedingungen regelt das Antriebsschlupfregelsystem mit Motor- und Bremseneingriff?

— Bremseneingriff bei einem durchdrehenden Rad und einer Geschwindigkeit unter 40 km/h
— Motormomentregelung bei zwei durchdrehenden Rädern oder Antriebsschlupf bei Geschwindigkeiten über 40 km/h.

06 Wie erfolgt die Bremsmomentregelung beim Antriebsschlupfregelsystem?

Über ein Magnetventil der ASR-Hydraulik wird vom Druckspeicher Bremsflüssigkeit zum Radzylinder des durchdrehenden Rades gesteuert. Das Rad wird soweit abgebremst, bis die Drehzahldifferenz aufgehoben ist. Dadurch erhält das andere Rad ein höheres Antriebsmoment.

07 Wie funktioniert die Antriebsmomentregelung beim Antriebsschlupfregelsystem?

Drehen beide Räder beim Beschleunigen durch oder fährt das Fahrzeug schneller als 40 km/h und tritt Schlupf auf, so wird über einen Stellmotor die vom Fahrer vorgegebene Drosselklappenstellung soweit zurückgenommen, bis die maximal übertragbare Vortriebskraft erreicht ist.

08 In welchen Fällen leuchtet die ASR-Leuchte auf?

— Aufleuchten während des Regelvorganges
— dauerndes Leuchten bei Defekten.

3.11 Allradantrieb

01 Welche Vorteile hat ein Fahrzeug mit permanentem Allradantrieb?

— Besseres Traktionsvermögen
— größeres Zugkraftvermögen (Anhängerbetrieb)
— neutrales Kurvenverhalten
— bessere Richtungsstabilität.

02 Welche 2 Allrad-Antriebssysteme unterscheidet man?

— Zuschaltbarer Allradantrieb: Die Räder einer Achse treiben immer, die Räder der anderen Achse werden nur im Bedarfsfall als Traktionshilfe zugeschaltet
— Permanenter Allradantrieb: Alle Räder werden ständig angetrieben.

03 Wie verläuft der Kraftfluß bei einem allradgetriebenen Kraftfahrzeug?

Motor → Kupplung → Wechselgetriebe → Verteilergetriebe → vorderes bzw. hinteres Achsgetriebe → Antriebswellen → Antriebsräder.

04 Welche Aggregate müssen beim permanenten Allradantrieb zwischen Vorder- und Hinterachse eingebaut werden?

Verteilergetriebe und zentrales Ausgleichgetriebe (Mittendifferential).

05 Welche Aufgabe hat das Verteilergetriebe bei einem Allradfahrzeug?

Es verteilt das vom Wechselgetriebe gelieferte Drehmoment an die Antriebsachsen.

06 Welche Aggregate finden bei Allradfahrzeugen als Verteilergetriebe Verwendung?

Stirnradgetriebe, Kegelradgetriebe, Planetenradgetriebe, Torsen-Differential (Schneckenradgetriebe), Visco-Kupplung.

07 Welche Aggregate ermöglichen bei permanentem Allradantrieb eine dauernde unterschiedliche Drehmomentverteilung an Vorder- und Hinterachse?

— Planetenrad-Differential
— Visco-Kupplung
— Lamellenkupplung.

08 Welche Aufgabe hat das zentrale Ausgleichgetriebe (Mittendifferential) beim Allradantrieb?

Es gleicht Drehzahlunterschiede zwischen Vorder- und Hinterachse aus und verhindert Verspannungen im Antriebsstrang.

09 Welche Aggregate werden bei Fahrzeugen mit permanentem Allradantrieb als zentrales Ausgleichgetriebe (Mittendifferential) verwendet?

— Kegelrad-Ausgleichgetriebe (Kegelrad-Differential)
— Planetenrad-Differential
— Visco-Kupplung
— Torsen-Differential (Torsen-Getriebe).

10 Wie verteilt ein Torsen-Differential beim Allradantrieb auf trockener Fahrbahn das Antriebsdrehmoment?

Das Torsen-Differential verteilt auf trockener Fahrbahn das Antriebsdrehmoment zu gleichen Teilen an die vordere und hintere Antriebsachse.

11 Wie verteilen Torsen-Differential und Visco-Kupplung bei Allradantrieb das Antriebsdrehmoment bei unterschiedlichen Haftverhältnissen an die beiden Antriebsachsen?

Das Antriebsdrehmoment wird derart verteilt, daß der Antriebsachse, deren Räder bessere Haftverhältnisse vorfinden, entsprechend mehr Drehmoment zugeteilt wird.

12 Aus welchen wesentlichen Teilen besteht die Visco-Kupplung?

Gehäuse, Nabe, gelochte außenverzahnte Lamellen, radial geschlitzte innenverzahnte Lamellen, Silikonflüssigkeit.

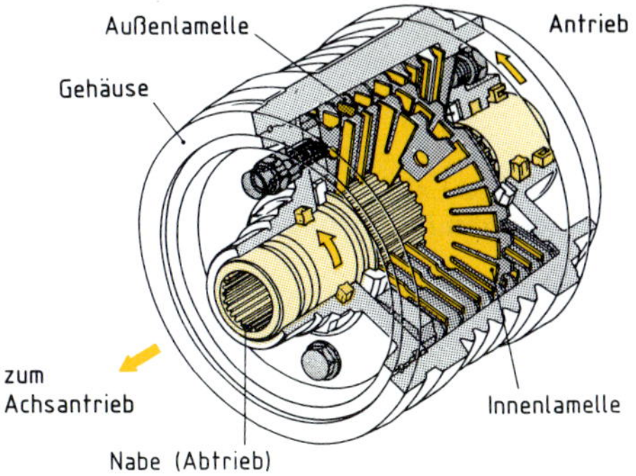

13 Welche Vorteile haben Torsen-Differential und Visco-Kupplung gegenüber einem Kegelrad-Ausgleichgetriebe?

— Sie wirken bei ungünstigen Bodenverhältnissen auch als Ausgleichsperren
— sie verteilen das Antriebsdrehmoment entsprechend der Bodenhaftung der Antriebsräder an Vorder- und Hinterachse.

14 Aus welchen wesentlichen Bauteilen besteht das Torsen-Differential?

Es besteht aus dem Gehäuse, der Hohlwelle, 2 Schneckentrieben mit je 1 Schnecke und je 3 Schneckenrädern. Die Stirnräder an den Stirnseiten der Schneckenräder verbinden die Schneckentriebe formschlüssig.

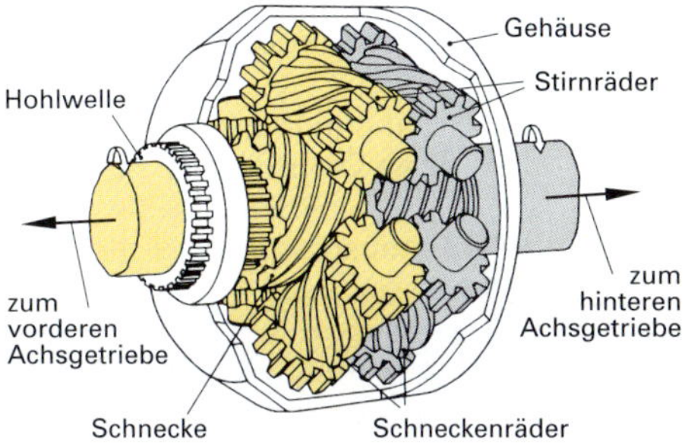

4 Fahrwerk

01 Welche Teile des Kraftfahrzeugs gehören zum Fahrwerk?

Rahmen bzw. selbsttragende Karosserie, Federung, Radaufhängung bzw. Vorder- und Hinterachse, Lenkung, Bremsen, Räder mit Bereifung.

02 Welche Leichtbauweisen unterscheidet man im Karosseriebau?

Form-Leichtbau; Stoff-Leichtbau.

03 Was versteht man unter Form-Leichtbau?

Die Bauteile werden durch spezielle Formgebungen, z.B. Profile, Rippen, gewichtsoptimiert. Dabei werden die Werkstoffdicken vermindert und den wirkenden Kräften angepaßt.

04 Was versteht man unter Stoff-Leichtbau?

Die Bauteile werden gewichtsoptimiert durch Verwenden geeigneter Werkstoffe, z.B. Aluminiumlegierungen, Magnesiumlegierungen, Kunststoffe.

05 Was bedeutet die Bezeichnung Blech DIN 164-„USt 1405g-0,8x1000x2500"?

U	= unberuhigt vergossen
St	= Stahlblech
14	= Kennzahl für die Güteklasse des Stahls
05	= Kennzahl für die Oberflächengüte (beste Oberfläche)
g	= Kennbuchstaben für die Oberflächenausführung (gleichmäßig, glatt)
0,8	= Dicke in mm
1000	= Breite in mm
2500	= Länge in mm.

06 Welche Auswirkungen hat eine Veränderung an der Karosserie auf die allgemeine Betriebserlaubnis (ABE) eines Fahrzeugs?

Sobald Änderungen an einem Fahrzeug, z.B. Verbreiterung der Kotflügel, Karosserieanbauten, vorgenommen werden, deren Beschaffenheit vorgeschrieben ist oder deren Betrieb eine Gefährdung anderer Verkehrsteilnehmer verursachen kann, erlischt die Betriebserlaubnis.

4.1 Rahmen

Formen des Rahmens

01 Welche Aufgabe hat der Rahmen?

Er bildet ein stabiles Gerippe, an dem die einzelnen Teilsätze wie Motor, Federung, Achsen usw. befestigt sind.

02 Welche Eigenschaften soll ein Kraftfahrzeugrahmen haben?

— Hohe Formbeständigkeit
— leicht
— hohe Festigkeit und Zähigkeit
— definiertes Formveränderungsverhalten.

03 Welche Arten von Rahmen werden verwendet?

Leiterrahmen, mittragender Fahrgestellrahmen, Plattformrahmen.

04 Welche Rahmen werden bei Lastkraftwagen meist verwendet?

Leiterrahmen, dabei sind zwei Längsträger durch mehrere Querträger miteinander verbunden.

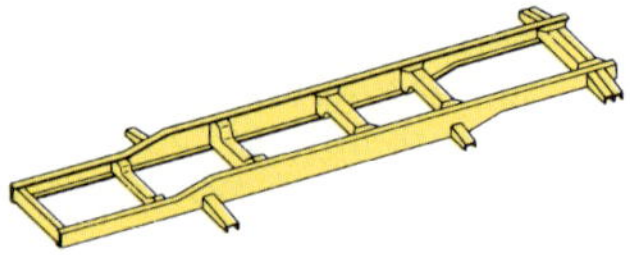

05 Welche Vorteile hat der Leiterrahmen?

- Große Verwindungssteifigkeit
- große Stabilität in den Hauptbelastungszonen und im Schwerpunktsbereich
- hohe Tragkraft
- An- und Aufbauten können leicht befestigt werden.

06 Was versteht man unter einem mittragenden Fahrgestellrahmen?

Zwei Rahmenteile, ein Vorder- und Hinterrahmen, sind mit der Karosserie verschraubt. Das Mittelteil der Karosserie ist selbsttragend.

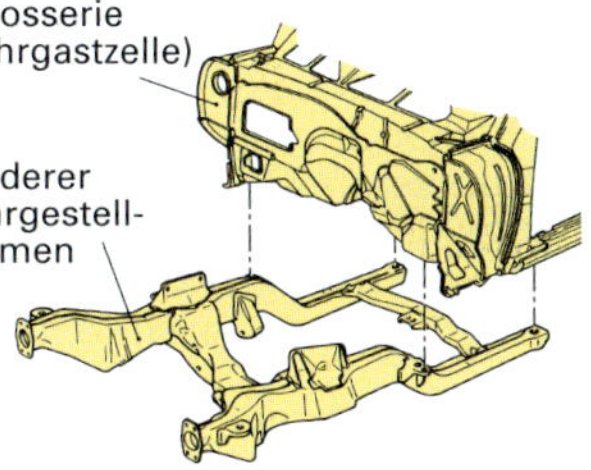

07 Wie sind selbsttragende Fahrzeugaufbauten ausgeführt?

Der Rahmen ist durch eine Bodengruppe ersetzt, die Motorträger, Längs- und Querträger, Kofferraumboden und Radkasten enthält. Durch Einschweißen des Daches mit Dachrahmen und Mittelsäulen, Verkleben von Front- und Heckscheiben mit der Karosserie sowie Einschweißen von Kotflügeln entsteht eine selbsttragende Karosserie.

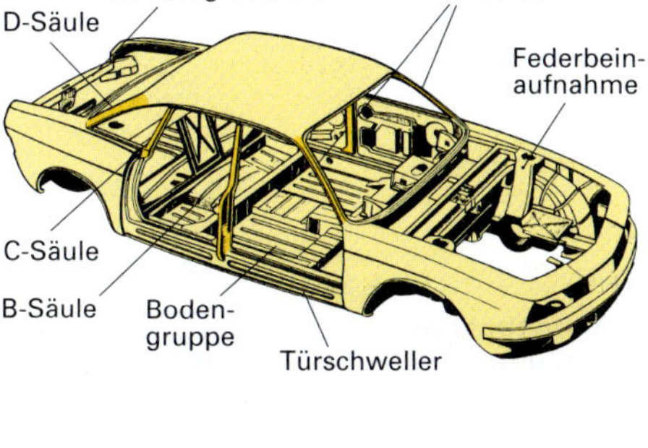

08 Weshalb wird beim Pkw vorwiegend die selbsttragende Bauweise angewendet?

Damit wird ein günstigeres Fahrzeuggewicht erreicht; außerdem ermöglicht sie die Gestaltung einer Sicherheitskarosserie.

Sicherheit im Fahrzeugbau

09 Was versteht man unter aktiver Sicherheit im Fahrzeugbau?

Alle Einrichtungen am Fahrzeug, die dazu dienen Unfälle zu verhindern.

10 Welche Maßnahmen verbessern die aktive Sicherheit?

Maßnahmen, welche Fahrsicherheit, Konditionssicherheit, Wahrnehmungssicherheit und Bedienungssicherheit erhöhen z.B.

- neutrales Fahrverhalten in Kurven
- stabiler Geradeauslauf
- Bremsen mit hoher Verzögerung ohne Blockierneigung (ABS)
- Beschleunigung mit maximaler Traktion ohne Durchdrehen der Räder (ASR)
- leichtgängige und genaue Lenkung
- bestmögliche Abstimmung von Federung, Dämpfung und Radaufhängung.
- gute Beleuchtung, gute Rundumsicht
- optimale Fahrerplatzgestaltung.

11 Was versteht man unter passiver Sicherheit?

Alle Einrichtungen am Fahrzeug, die dazu dienen Unfallfolgen für Insassen und andere Verkehrsteilnehmer zu verhindern oder zu vermindern.

12 Welche Einrichtungen am Kraftfahrzeug ordnet man der primären und der sekundären Sicherheitszone zu?

Primäre Sicherheitszone: Sie umfaßt die stabile Fahrgastzelle und die Knautschzonen vorne/hinten.

Sekundäre Sicherheitszone: Sie umfaßt Rückhaltesysteme und Aufprallschutz.

13 Durch welche Maßnahmen wird die passive Sicherheit verbessert?

— Stabile Fahrgastzelle
— Knautschzonen
— stoßgesicherter Kraftstoffbehälter
— Türschlösser, die sich nach einem Unfall öffnen lassen
— Sicherheitsgurte
— Gurtstraffer
— Airbag
— Seitenaufprallschutz
— Sicherheitslenksäule
— gepolsterter Innenraum
— verformbare Aufprallflächen
— abgerundete Karosseriekonturen
— Unterfahrschutz (Lkw).

14 Was versteht man unter einer Sicherheitskarosserie?

Eine Karosserie, die aus einer stabilen Fahrgastzelle und einer verformbaren Front- und Heckpartie (Knautschzonen) besteht. Diese Knautschzonen müssen sich bei Unfällen verformen, damit die Bewegungsenergie in Verformungsenergie umgewandelt werden kann und somit von den Insassen weitgehend abgehalten wird.

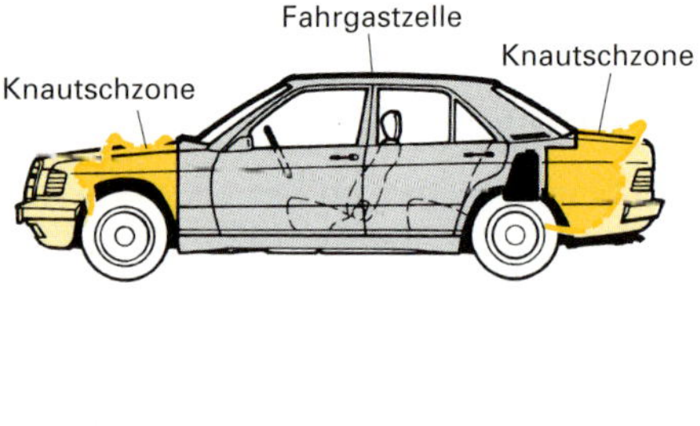

15 Wie wird innere Sicherheit erreicht?

Durch Einrichtungen, die verhindern, daß Insassen bei einem Unfall auf Fahrzeuginnenteile aufprallen oder dafür sorgen, daß Verletzungen bei einem Aufprall weniger schwer ausfallen.

16 Durch welche Maßnahmen kann die innere Sicherheit erhöht werden?

Durch weiche verformbare Aufprallflächen, Airbag, Sicherheitsgurte und Gurtstraffer, Sicherheitslenksäule, Sicherheitsglas und Seitenaufprallschutz.

17 Welche Aufgaben haben Gurtstraffersysteme?

Bei einer bestimmten Verzögerung, z.B. bei einem Fahrzeugaufprall, den Gurt so nachzuspannen, daß der Insasse möglichst fest im Sitz gehalten wird.

18 Was versteht man unter Verbundglas?

Sicherheitsglas, bei dem zwei oder mehrere Glasscheiben mit einer dazwischen liegenden Kunststoffolie verklebt sind. Bei Glasbruch bleiben die scharfkantigen Glassplitter an der Folie haften und die Scheibe bleibt durchsichtig (spinnennetzartiger Bruch).

19 Wie wirkt eine Sicherheitslenksäule?

Bei einem Unfall kann sie sich verformen, abknicken, ausklinken oder zusammenschieben. Dadurch wird das Eindringen der Lenkspindel in den Fahrzeuginnenraum verhindert.

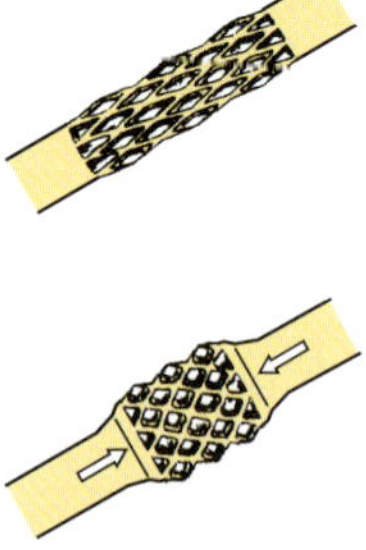

Mantelrohr in Gitterstruktur

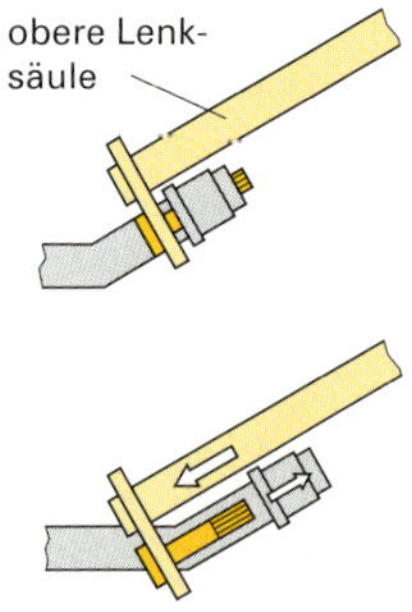

Ausklinkkupplung

20 Wie erfolgt eine Schadensbeurteilung durch Sichtprüfung?

— Prüfen der Abstände zwischen Türen oder Fenstern zum Dach oder einer Säule
— veränderte Lage der Stoßstange zur Karosserie prüfen
— Spaltmaße von Motorhaube oder Kofferraumdeckel zur Karosserie prüfen
— Beulen oder Einknickungen im Dach und im Bereich der Radausschnitte beachten
— auf eventuelle Sekundärschäden achten.

21 Was kann mit dem Stechmaß beim Vermessen der Karosserie ermittelt werden?

Es kann eine Längen-, Breiten- oder Diagonalvermessung in einer Ebene erfolgen (zweidimensionale Meßmethode), welche u.a. auf eine Verdrehung der Bodengruppe hinweisen können.

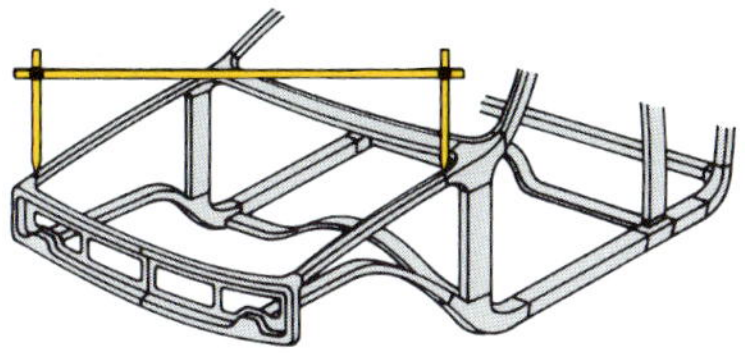

22 Was kann beim Vermessen der Karosserie mit Zentrierlehren festgestellt werden?

Durch Peilen über mehrere Visierstifte auf Fluchten läßt sich ein Versatz oder eine Verdrehung der Bodengruppe/Karosserie feststellen.

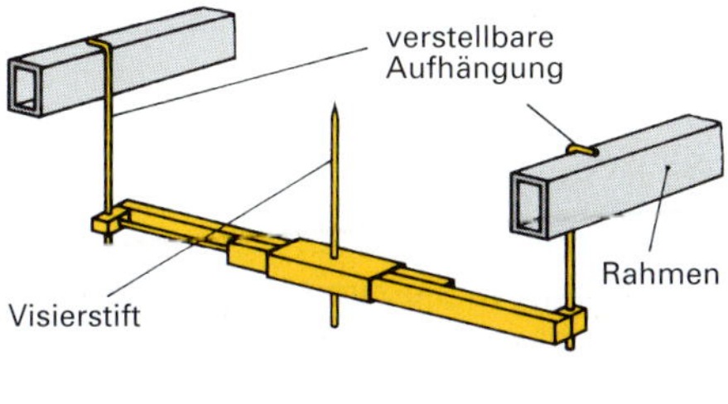

23 Wie erfolgt die Vermessung einer Karosserie auf einer Richtbank mit mechanischem Meßsystem?

— Karosserie mit Karosserieklemmen auf der Richtbank befestigen
— Meßbrücke unter Fahrzeug schieben und ausrichten
— Meßschlitten auf Meßpunkte einstellen (Längen- und Breitenmaß)
— mit Meßspitzen geeignete Karosseriepunkte ermitteln (Höhenmaß).

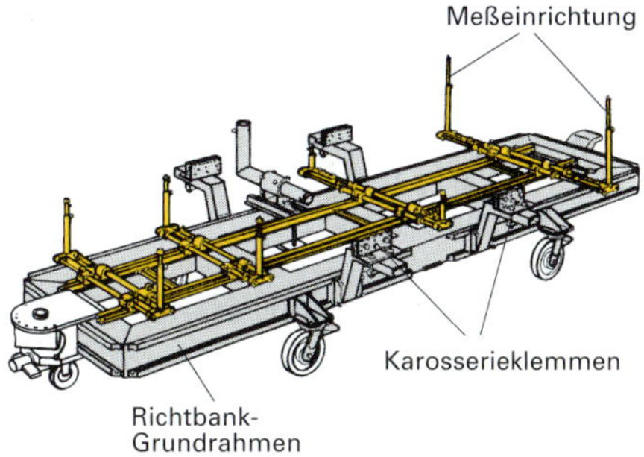

24 Wie kann man mit einer Richtbank mit optischem Meßsystem eine Karosserie vermessen?

— Meßsystem außerhalb des Richtbank-Grundrahmens anbringen
— Meßschienen rechtwinklig zueinander um das Fahrzeug aufstellen
— Laser- und Prismeneinheiten montieren
— Meßlineale an festgelegten Karosseriepunkten anbringen
— mit Hilfe des Laserstrahls Meßwerte ermitteln.

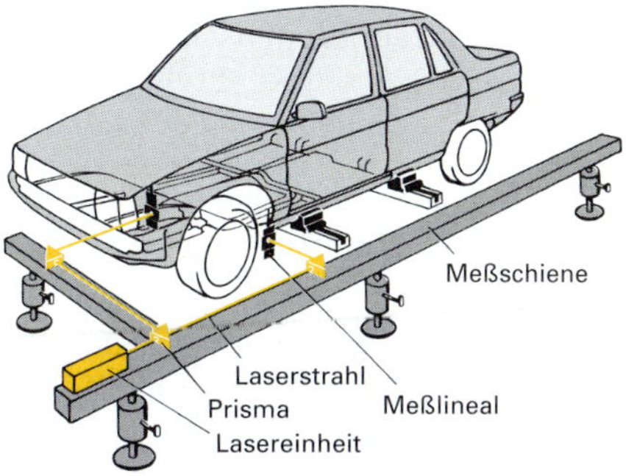

25 Welche Vorteile haben optische Karosseriemeßsysteme gegenüber mechanischen?

- Zum Vermessen müssen die Aggregate nicht ausgebaut werden
- sie sind Schweißspritzern und mechanischen Einflüssen während der Richtarbeiten nicht ausgesetzt.

26 Welche Maßabweichungen lassen sich mit dreidimensionalen Meßsystemen ermitteln?

Längen- und Höhenabweichungen und kombinierte Längen- und Höhenabweichungen (Verwindungen).

27 Was ist bei einer Unfallreparatur von selbsttragenden Karosserien zu beachten?

- Gerissene oder geknickte tragende Teile müssen ausgetauscht werden
- ist Richten möglich, so versucht man den ursprünglichen Zustand durch Kaltrückformen zu erreichen
- ist Kaltrückformen nicht möglich, so kann mit einem großflammigen Schweißbrenner der verformte Bereich erwärmt werden, wobei 700 °C (dunkelrote Farbe), wegen möglicher Gefügeänderungen nicht überschritten werden soll
- bei Abschnitts- oder Teilereparatur sind die Trennlinien entsprechend den Herstellerangaben einzuhalten
- tragende Teile oder dünne Bleche werden durch Schutzgasschweißen, wegen kleinerer Wärmezonen und geringen Verzügen, miteinander verbunden.

28 Wozu dienen Richtbänke bei der Karosseriereparatur?

- Zum Aufnehmen der Karosserie
- zum Feststellen des Verzugs der Aufhängungspunkte bzw. der vorgegebenen Kontrollpunkte
- zum Aufnehmen der Richtkräfte.

29 Worauf ist beim Richten durch Rückverformung zu achten?

Es dürfen keine zusätzlichen Verformungen in die Karosserie eingeleitet werden.

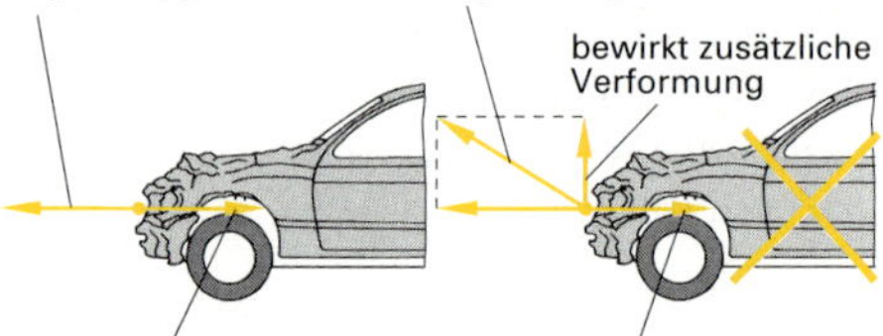

30 Was versteht man unter einem Ziehrichter?

Ein Werkzeug zur Ausbesserung mittelschwerer Karosserieschäden, ohne daß das Fahrzeug auf eine Richtbank gespannt werden muß.

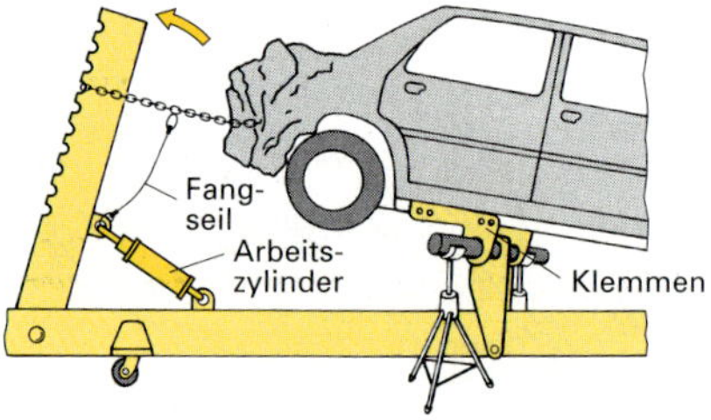

31 Warum verwendet man bei vielen Ziehvorgängen Ketten?

Weil man nach dem Einrichten des Ziehwerkzeugs die Ziehlänge ändern kann, ohne die jeweilige Einstellung zu verändern.

32 Was ist beim Ziehen mit Ketten zu beachten?

- Nicht über eine unter Belastung stehende Kette beugen
- keine Bolzen zur Verbindung von Kettengliedern verwenden
- Ketten aus dem Bereich von Schweißbrennern heraushalten
- auf Risse um die Zugstelle achten
- Ketten durch Fangseile sichern.

Korrosionsschutz an Kraftfahrzeugen

33 Wie kann Korrosionsschutz erfolgen?

- Einölen, Einfetten
- Anstriche, Lack-, Kunststoff-, Bitumen- und Wachsüberzüge
- metallische Überzüge
- chemische Überzüge
- entsprechendes Legieren.

34 Welche Vorarbeiten sind beim Korrosionsschutz erforderlich?

Das Aufbringen der Schutzschicht kann erst nach vorheriger Oberflächenbehandlung, z.B. Reinigen, Entrosten, Entzundern, Entfetten, Beizen, Sandstrahlen, erfolgen.

35 Welche Anforderungen werden an den Unterbodenschutz gestellt?

Er muß einen gleichmäßigen und dauerelastischen Film auf den zu beschichtenden Teilen bilden. Außerdem muß er sich mit Gummi- und Kunststoffteilen vertragen.

36 Welche Aufgabe hat die Hohlraumversiegelung?

Sie soll die Innenwandungen von Karosserieteilen gegen Korrosion schützen. Sonst kann in den Hohlräumen durch Schwitzwasserbildung Korrosion auftreten.

37 Welche Eigenschaften müssen Hohlraumversiegelungsmittel besitzen?

Sie müssen eine geschlossene Schutzschicht bilden, die sich zwischen Metall und Schwitzwasser schiebt. Rosthemmer wandeln den Rost teilweise um und verhindern ein weiteres Rosten.

38 Welche Anforderungen werden an metallische Überzüge gestellt?

Sie sollen porenfrei, wasserunlöslich, gasundurchlässig und chemisch stabil sein.

39 Was versteht man unter einem echten Schutzstoff?

Überzugsmetalle, die unedler sind als das Grundmetall. Bei Korrosion wird das Überzugsmetall zerstört, jedoch bleibt das Grundmetall erhalten.

40 Was versteht man unter einem unechten Schutzstoff?

Überzugsmetalle, die edler sind als das Grundmetall. Bei Korrosion bleibt das Überzugsmetall erhalten, jedoch wird das Grundmetall zerstört.

41 Was versteht man unter Phosphatieren?

Die Bildung einer porösen Schutzschicht auf Stahl, durch Eintauchen des Werkstückes in verdünnte Phosphorsäure.

42 Was versteht man unter Eloxieren?

Die elektrolytische Oxidation von Aluminium.

43 Welche Eigenschaften hat eloxiertes Aluminium?

Die entstehende Schutzschicht trägt nicht auf; sie ist sehr hart und korrosionsbeständig, läßt sich einfärben und bildet einen guten Haftgrund für Farbanstriche.

44 Welche Aufgaben hat der Grundanstrich?

Er bildet den Haftgrund für den Deckanstrich. Bei Stahl übernimmt er den Rostschutz.

45 Welche Aufgaben hat der Deckanstrich?

Er soll einen dichten und zusammenhängenden Schutzfilm bilden, der lichtecht, hart und gleichzeitig elastisch sein soll. Außerdem soll er dem Gegenstand ein gefälliges Aussehen geben.

Fahrzeuglackierung

46 Welche Aufgabe hat die Fahrzeuglackierung?

- Schutz der Karosserieoberfläche gegen aggressive Einflüsse, z.B. Korrosion, Steinschlag
- dichten und zusammenhängenden Schutzfilm bilden
- gefälliges und ggf. auffälliges Aussehen geben.

47 Welche Anforderungen werden an Lackierungen gestellt?

- Gut haften und decken
- große Härte (Kratzfestigkeit)
- hohe Elastizität (Schlagfestigkeit)
- beständig gegen chemische Einflüsse, Lichteinwirkung und Witterung
- leicht zu reinigen und zu pflegen.

48 Wie erfolgt das Aufbringen der Lackschicht durch elektrostatische Aufladung?

Das zu spritzende Werkstück wird am Pluspol, die Farbspritzdüsen werden am Minuspol einer Gleichspannungsquelle angeschlossen. Die negativ aufgeladenen Farbnebelteilchen werden vom positiv aufgeladenen Werkstück angezogen.

49 Wie erfolgt das Aufbringen der Lackschicht beim Anaphorese-Verfahren?

Die Karosserie ist positiv, das Tauchbad negativ geladen. Die negativ geladenen Lackteilchen wandern zur positiv geladenen Karosserie und bilden dort einen geschlossenen Lackfilm.

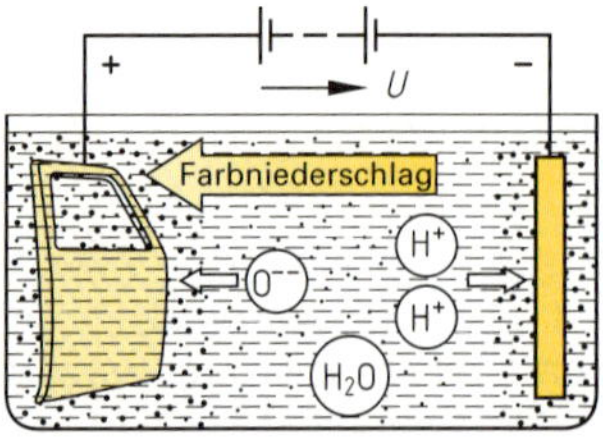

50 Wie erfolgt das Aufbringen der Lackschicht beim Kataphorese-Verfahren?

Die Karosserie ist negativ, das Tauchbad positiv geladen. Die positiv geladenen Lackteilchen wandern zur negativ geladenen Karosserie und bilden dort einen geschlossenen Lackfilm.

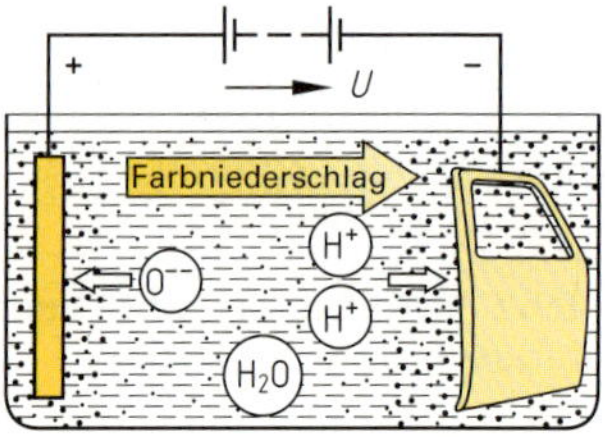

51 Welche Vorteile bietet das Kataphorese-Verfahren gegenüber dem Anaphorese-Verfahren?

Beim Kataphorese-Verfahren wandern die im Tauchbad befindlichen positiven Wasserstoffionen zur negativ geladenen Karosserie und verhindern dort unerwünschte Oxidationsvorgänge.

52 Welches sind die wichtigsten Arbeitsgänge beim Lackieren in der Serienanfertigung?

Säubern, Entfetten, Haftgrund (Washprimer) aufbringen, Grundierung im Tauch- oder Elektrophorese-Verfahren aufbringen und bei 130 °C bis 150 °C einbrennen, gegebenenfalls Nacharbeiten vornehmen (Schleifen, Spachteln, Schleifen, Einbrennen); soweit notwendig Nachschleifen; Vorlackieren mit Füllack; diesen einbrennen und anschleifen. Aufbringen der Decklackierung.

53 Woraus bestehen Lacke?

Aus Filmbildnern, Zusatzmitteln (Füllharze, Öle, Weichmacher, Katalysatoren, Verdünnungsmittel) und Farbstoffen (Pigmente).

54 Welche Filmbildner werden für Kunstharzlacke verwendet?

Duroplaste, Thermoplaste oder Siliconharze.

4.2 Federung und Radaufhängung

4.2.1 Federung

01 Welche Aufgaben hat die Federung des Kraftfahrzeuges?

— Fahrkomfort erhöhen durch Auffangen von Fahrbahnstößen und Umwandeln in Schwingungen
— Fahrsicherheit gewährleisten durch ständige Bodenhaftung der Räder in Verbindung mit Stoßdämpfern und Stabilisator
— Lärmminderung.

02 Welche Federarten werden an Kraftfahrzeugen verwendet?

Stahlfedern als Blattfedern, Schraubenfedern und Drehstabfedern; Gummifedern, Gasfedern, hydropneumatische Federn.

03 Welche Kräfte wirken außer den Fahrbahnstößen noch auf das Fahrzeug ein?

Antriebskräfte, Bremskräfte, Windkräfte, Fliehkräfte und Massenkräfte.

04 Welches sind die gefederten, welches sind die ungefederten Massen am Kraftfahrzeug?

Gefederte Massen: Karosserie mit Beladung.

Ungefederte Massen: Räder mit Bremsen und Teilen der Radaufhängung.

05 Was sagen Karosserieschwingzahlen aus?

Sie geben Auskunft über die Charakteristik der Federn (hart-weich); sie sind auch von der Masse des Fahrzeugs abhängig.

06 In welchem Bereich sollen Karosserieschwingzahlen liegen?

Zwischen 60 und 100 Schwingungen je Minute.

07 Was versteht man unter einer gedämpften Schwingung?

Die Schwingungsweite der Feder wird ständig kleiner, da sich die Bewegungsenergie durch die Feder- und Luftreibung in Wärme umwandelt.

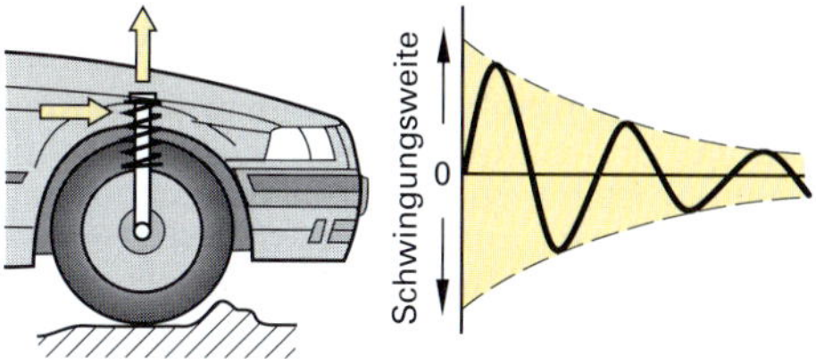

Gedämpfte Schwingung

08 Was versteht man unter Resonanz bei einer Federung?

Die Schwingung wird aufgeschaukelt, wenn die Karosserie im Rhythmus der Eigenschwingung (Karosserieschwingzahlen) angestoßen wird, z.B. beim Überfahren von Bodenwellen, die in gleichen Abständen aufeinander folgen.

09 Was versteht man unter der Federrate?

Das Verhältnis der wirkenden Kraft (Belastung der Feder) zum Federweg, gemessen in N/m. Sie gibt die Federeigenschaften an, z.B. ist eine hohe Federrate Kennzeichen einer harten Feder.

10 Was ist eine progressive Feder?

Eine Feder, bei der die Federrate mit zunehmendem Federweg größer wird, z.B. bei geschichteten Blattfedern.

11 Welche Eigenschaften haben Blattfedern?

Hohe Masse, Eigendämpfung, können neben großen Gewichtskräften auch Radführungskräfte übernehmen, Längenänderung beim Ein- und Ausfedern.

12 Welche Arten von Stahlfedern gibt es bei Kraftfahrzeugfederungen?

Blattfedern, Schraubenfedern und Drehstabfedern.

13 Welcher Pflege bedarf die Blattfeder?

Zwischen den Federblättern muß stets eine Schmiermittelschicht sein. Abschmieren im entlasteten Zustand. Federn mit Schmiertaschen werden über einen Nippel gefüllt. Federn mit Kunststoffzwischenlagen sind weitgehend wartungsfrei.

14 An welchen Radaufhängungen können Schraubenfedern verwendet werden?

An Radaufhängungen, bei denen Antriebs-, Brems- und Seitenkräfte (Radkräfte) durch Quer- und Längsstreben übertragen werden. Schraubenfedern können keine Radführungskräfte übertragen.

15 Welche Vorteile weisen Schraubenfedern auf?

Geringes Gewicht, fast dämpfungsfrei, Gestaltung als progressive Feder leicht möglich, geringer Platzbedarf, Einbau von Zusatzfedern und Dämpfer im Hohlraum der Feder möglich.

16 Durch welche Maßnahmen bekommen Schraubenfedern eine progressive Kennlinie?

- Durch unterschiedliche Steigungen
- durch kegelige Form
- durch Verwendung von sich stetig verjüngendem Rundstahl.

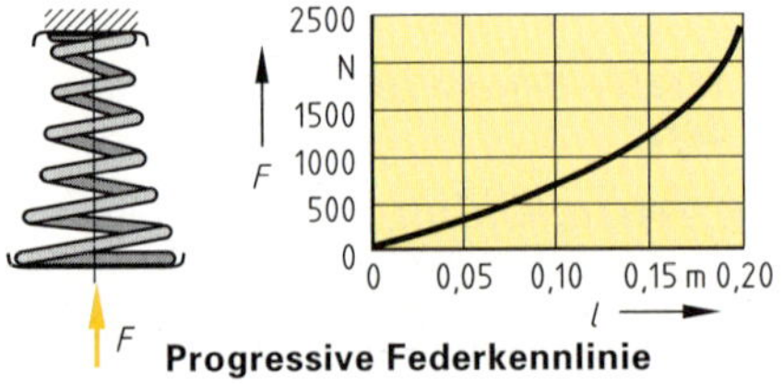

Progressive Federkennlinie

17 Was sind Drehstabfedern?

Es sind Drehstäbe aus Rundstangen, Vierkantstäben oder Paketen von Flachstäben. Über einen Hebel, an welchem das Rad auf- und abschwingt, wird der Drehstab auf Verdrehung beansprucht.

18 Wie sind die Drehstäbe einer Drehstabfederung angeordnet?

Längs oder quer zur Fahrzeuglängsachse. Da Drehstäbe nicht auf Biegung beansprucht werden dürfen, sind sie meist in einem Rohr gelagert.

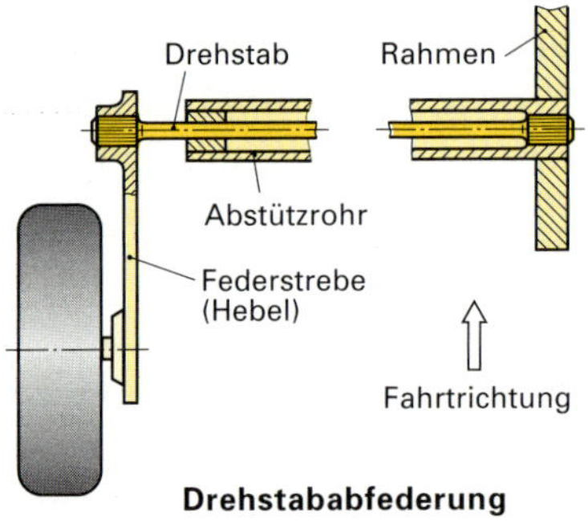

Drehstababfederung

19 Was sind Stabilisatoren?

Meist Drehstäbe in U-Form, deren Enden über Gummielemente an den Radaufhängungen befestigt sind und deren Mittelteil an der Karosserie geführt ist.

20 Wie wirken Stabilisatoren?

Beim Anheben oder Absenken eines Rades wird das andere Rad auch angehoben oder abgesenkt, da die Federvorspannung der Hauptfeder erhöht oder erniedrigt wird. Dadurch wird die Neigung der Karosserie bei Kurvenfahrt verringert und die Straßenlage verbessert.

21 Bei welchen Kraftfahrzeugen findet man eine Luftfederung?

Meist bei Fahrzeugen mit einer Druckluftanlage, z.B. bei Omnibussen und Lkw.

22 Wozu werden Gummifedern am Kraftfahrzeug verwendet?

Zur Lagerung der Federn oder Radaufhängungen, selten zur eigentlichen Federung. Sie sollen Schwingungen abfangen und Geräuschübertragungen vermindern.

23 Welche Gase werden bei der Gasfeder verwendet?

Luft oder Stickstoff.

24 Welche Vorteile hat eine Luftfeder?

Sie besitzt eine progressive Kennlinie. Durch Änderung des Luftdruckes lassen sich die Federwege der Belastung anpassen. Außerdem kann die Ladehöhe eingestellt werden oder durch eine Niveauregelung gleichbleibend gehalten werden.

25 Wie arbeitet eine hydropneumatische Feder?

Im Prinzip wirkt sie wie eine Gasfeder. Jedoch wird eine unveränderliche Gasmenge durch Einpumpen oder Ablassen von Öl je nach Beladung mehr oder weniger verdichtet. Hierzu ist eine Öldruckanlage bis etwa 100 bar nötig.

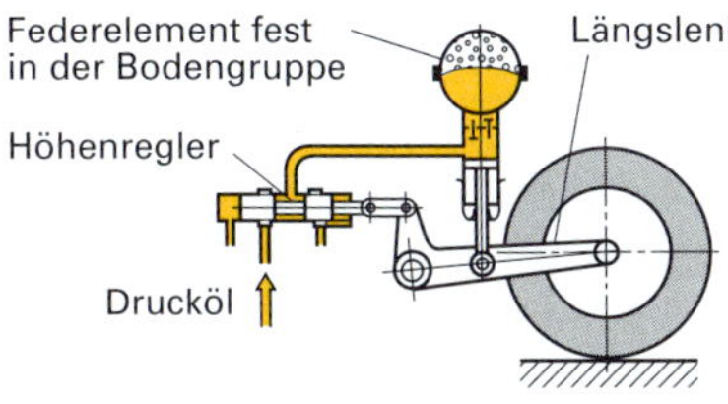

Hydropneumatische Federung

4.2.2 Stoßdämpfung

01 Welche Stoßdämpferbauarten werden in Kraftfahrzeugen verwendet?

— Einrohrstoßdämpfer
— Zweirohrstoßdämpfer.

02 Welche Aufgaben erfüllen Stoßdämpfer an Kraftfahrzeugen?

— Federschwingungen schneller abklingen lassen
— Straßenkontakt der Räder verbessern
— Fahrkomfort und Fahrsicherheit erhöhen
— Verschleiß an Radaufhängung und Rädern vermindern.

03 Wie arbeiten hydraulische Teleskopstoßdämpfer?

Durch die Federungsbewegungen der Räder wird ein Kolben in einem Zylinder bewegt und verdrängt dabei Öl durch kleine Bohrungen oder Ventile. Dadurch werden die Schwingungen gedämpft. Schwingungsenergie wird in Wärme umgewandelt.

04 Welchen Aufbau hat der Zweirohrstoßdämpfer?

Kolben mit Kolbenstange und Schutzrohr bilden eine Einheit und sind an der Karosserie befestigt. Inneres und äußeres Rohr bilden ebenfalls eine Einheit und sind mit der Achse verbunden. Das innere Rohr ist Arbeitsraum für den Kolben und mit Öl gefüllt. Der Raum zwischen innerem und äußerem Rohr ist Vorratsbehälter für das Öl. Vorratsbehälter und Arbeitsraum sind durch das Bodenventil verbunden. Im Kolben befinden sich Lamellenventile.

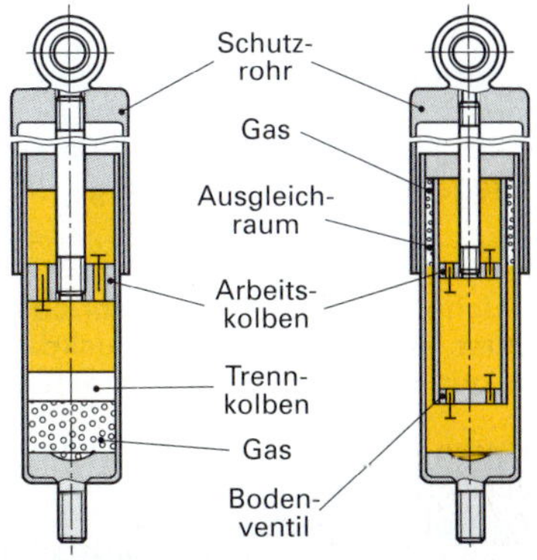

Einrohr-Gasdruckdämpfer **Zweirohr-Gasdruckdämpfer**

05 Welchen Aufbau hat ein Einrohr-Gasdruckdämpfer?

Kolben und Kolbenstange bilden eine Einheit. Das Rohr nimmt den mit Ventilen ausgestatteten Arbeitskolben auf und ist nach allen Seiten abgedichtet. Es wird durch einen Trennkolben in einen mit Öl gefüllten Arbeitsraum und einen mit unter Vordruck stehendem Gas gefüllten Ausgleichsraum unterteilt.

06 Weshalb ist bei Einrohr-Gasdruckdämpfern ein Gaspolster erforderlich?

Das Gas im Ausgleichsraum wird beim Abwärtsgehen des Arbeitskolbens durch das von der Kolbenstange verdrängte Öl zusammengepreßt und sorgt so für den Volumenausgleich.

07 Welche Vorteile haben Einrohr-Gasdruckdämpfer?

- Kein Verschäumen des Öles
- bessere Wärmeableitung und geringeres Gewicht, da ein Rohr entfällt
- Kolbenstange kann auch nach unten eingebaut werden
- weicheres Ansprechen der Dämpfung
- progressive Dämpfungscharakteristik.

08 Welchen Aufbau haben Zweirohr-Gasdruckdämpfer?

Sie entsprechen im Aufbau den Zweirohrstoßdämpfern, jedoch befindet sich im Ausgleichsraum zusätzlich eine unter Vordruck stehende Stickstoff-Füllung.

09 Welche zusätzliche Einrichtung weist ein Zweirohr-Gasdruckdämpfer mit variabler Dämpfung auf?

Durch eine oder mehrere Längsnuten in der Zylinderwand des Arbeitsraumes kann die Dämpfungscharakteristik verändert werden und an unterschiedliche Beladungszustände angepaßt werden.

10 Wie arbeitet ein Zweirohr-Gasdruckdämpfer mit variabler Dämpfung?

Bei geringer Beladung bewegt sich der Kolben im Bereich der Längsnuten, so daß das Öl sowohl die Ventile im Kolben, als auch die Längsnuten durchströmen kann (geringere Dämpfungskraft). Bei stärkerer Beladung bewegt sich der Kolben unterhalb des Nutbereiches, so daß dieser zusätzliche Durchströmungsquerschnitt verschlossen ist (große Dämpfungskraft).

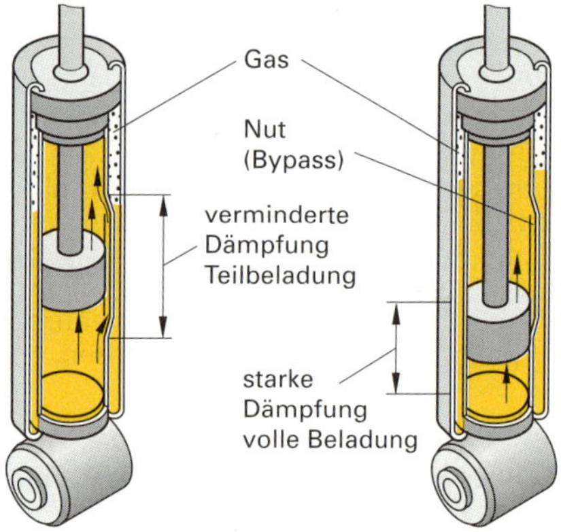

Zweirohr-Gasdruckdämpfer

11 Wie wird die Funktion von Stoßdämpfern überprüft?

Bei eingebauten Dämpfern wird die Federung auf beiden Seiten einer Achse durch einen Schocktester in Schwingungen versetzt. Das Anschwellen und Abklingen der Schwingungen wird auf einer Diagrammscheibe in Form von Kurven aufgezeichnet.

12 Was kann aus dem Prüfdiagramm eines Stoßdämpfers abgelesen werden?

Das Diagramm enthält die Schwingungskurven des Vorder- und Hinterrades einer Fahrzeugseite. Sie sollen sich gleichen, mit einem sanften Anstieg zum maximalen Ausschlag. Große Ausschläge mit steilem Anstieg weisen auf schlechte Dämpfungswirkung hin.

4.2.3 Radaufhängung

01 Welche Arten von Achskonstruktionen unterscheidet man grundsätzlich voneinander?

- Starrachsen
- Halbstarrachsen
- Einzelradaufhängungen.

02 Welche Vorteile hat die Starrachse?

- Spur und Sturz der Räder ändern sich bei gleichmäßiger Belastung nicht
- exakte Spurführung
- geringer Reifenverschleiß
- hohe Belastung möglich
- einfache Achsbauweise.

03 Welche Nachteile hat die Starrachse?

- Eigenlenkverhalten; beim Überfahren einer einseitigen Bodenunebenheit wird die ganze Achse schräggestellt
- die Räder beeinflussen sich gegenseitig beim Durchfedern
- große ungefederte Masse bei angetriebener Achse, dadurch verminderte Bodenhaftung bei unebener Fahrbahn.

04 Bei welchen Kraftfahrzeugen findet man starre Hinterachsen ohne Antrieb?

Bei Fahrzeugen mit Frontantrieb kann die Hinterachse so einfach gestaltet werden, daß die ungefederten Massen geringer sind.

05 Welche besonderen Merkmale weist eine De Dion-Hinterachse auf?

- Achsantrieb ist von der Achse getrennt und an der Karosserie befestigt, dadurch kleinere ungefederte Masse
- Kraftübertragung erfolgt über Gelenkwellen
- Radführung durch Schubstreben und Wattgestänge.

06 Wie werden angetriebene Starrachsen an der Karosserie bzw. am Rahmen befestigt?

Am einfachsten durch Längsblattfedern, da diese neben der Federung auch Radkräfte übernehmen können. Bei Verwendung von Drehstabfedern, Schraubenfedern oder Gasfedern werden die Achsen meist durch Schubstreben (Übertragung der Antriebs- und Bremskräfte) und durch Querstreben (Panhardstab, Wattgestänge) an der Karosserie befestigt.

07 In welcher Form ist die Starrachse als Lenkachse ausgebildet?

Zur Aufnahme der Achsschenkel als Faustachse, seltener als Gabelachse.

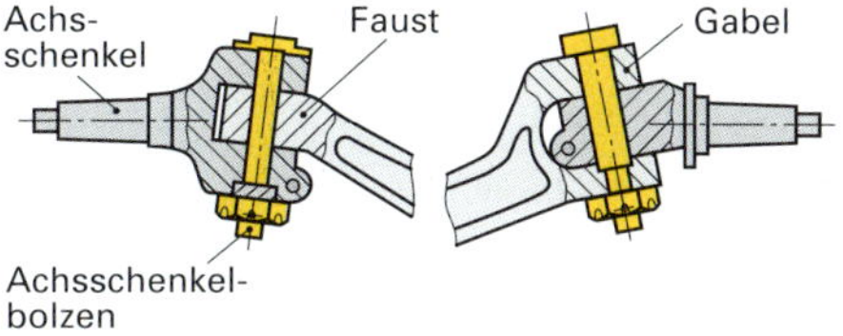

Faustachse **Gabelachse**

08 Wie ist die Verbundlenkerachse aufgebaut?

Die Räder sind an Längslenkern aufgehängt. An ihren Enden sind die Längslenker mit einem Querträger aus Federstahl verschweißt und über Gummi-Metall-Lager an der Karosserie befestigt. Federt ein Rad ein, so wird der Querträger in sich verdreht und wirkt als Stabilisator.

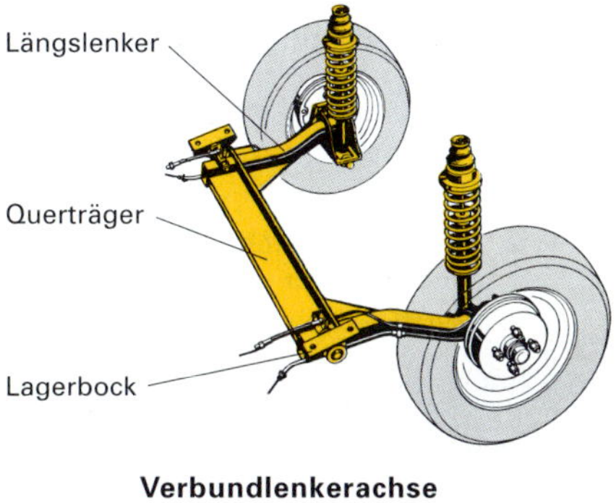

Verbundlenkerachse

09 Welche Arten von Starrachsen ohne Antrieb werden meist verwendet?

Verbundlenkerachse, Koppellenkerachse, starres Achsrohr mit Schubstreben und Panhardstab.

10 Wodurch unterscheidet sich eine Koppellenkerachse von einer Verbundlenkerachse?

Die beiden Längslenker sind mit einem Achsträger aus torsionsweichem U-Stahl verschweißt. Die Schweißstelle liegt nicht am Ende, sondern etwa in der Mitte der Längslenker. Federt ein Rad ein, so stellt sich der ganze Achsträger schräg und wirkt hinsichtlich des Sturzverhaltens der Räder wie eine Schräglenkerachse.

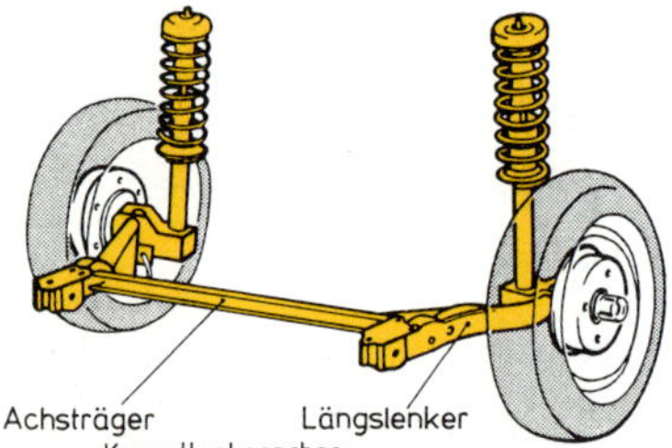

Koppellenkerachse

11 Welche Radaufhängungen findet man bei Pkw für gelenkte Räder?

Trapez-Querlenker, Querlenker mit Blattfeder, McPherson-Radaufhängung, Doppel-Längslenker, Mehrlenkerachsen.

12 Wovon sind bei Schräglenkern Spur- und Sturzänderungen abhängig?

Von der Schräglage und Neigung der Schräglenker.

13 Wie verhalten sich ungleichlange Doppelquerlenker beim Ein- und Ausfedern?

Durch die Trapezform der beiden Querlenker bleibt der Sturz beim Ein- und Ausfedern negativ, es tritt eine geringe Spuränderung auf.

14 Welche Radaufhängungen gibt es bei Pkw an der Antriebsachse?

Starrachse, Eingelenk- oder Zweigelenk-Pendelachse, Diagonal-Pendelachse, Viergelenkachse an Längs-, Quer- oder Schräglenkern, De Dion-Achse, Raumlenkerachse, Radaufhängung mit Querlenkern und Steuerschwinge.

15 Welche Vorteile bietet die Einzelradaufhängung an Einfach-Längslenkern?

Bei Fahrzeugen mit Frontantrieb kann der Kofferraumboden tiefer zwischen den Längslenkern heruntergezogen werden; Spurweite, Vorspur und Sturz der Räder ändern sich beim Einfedern nicht; es lassen sich große Federwege erreichen.

16 Was sind Schräglenker?

Dreieckslenker, bei denen die Drehachse der beiden Anlenklager horizontal oder leicht zur Fahrzeugmitte hin geneigt ist. Zur Querachse des Fahrzeugs verläuft die Drehachse schräg.

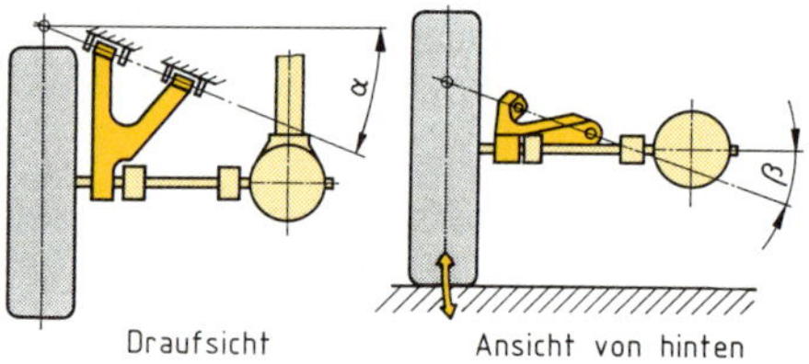

Schräglenker

17 Aus welchen Bauteilen besteht eine McPherson-Radaufhängung?

Aus Stoßdämpfer mit Achsschenkel, Schraubenfeder und Querlenker.

18 Welche Vorteile hat eine Radaufhängung an Doppel-Längslenkern?

Durch die Führung der Räder an Längsparallelogrammen treten keine Spur- und Sturzänderungen beim Ein- und Ausfedern auf.

4.3 Lenkung

01 Weshalb muß die Lenkung eines Kraftfahrzeugs besonders sorgfältig überprüft und gewartet werden?

Weil die Fahrsicherheit und das Fahrverhalten eines Kraftfahrzeugs wesentlich von der Funktionssicherheit der Lenkung abhängen.

02 Welche Bauteile gehören zur Lenkung?

Lenkrad, Lenkspindel, Lenkgetriebe, Spurstange, Spurstangenhebel.

03 Welche Aufgaben hat die Lenkung?

- Räder einschlagen
- unterschiedliche Einschlagwinkel ermöglichen
- Lenkrad-Drehmoment vergrößern.

04 Was versteht man unter einer Achsschenkellenkung?

Eine Lenkung, bei welcher jedes gelenkte Rad mit seinem Achsschenkel um seine Schwenkachse geschwenkt wird.

05 Welche Wirkung hat das Lenktrapez?

Die gelenkten Räder können unterschiedlich stark eingeschlagen werden.

06 Warum sind Kraftwagen mit einer Achsschenkellenkung ausgestattet?

Damit beim Einschlagen der Räder der Radstand weitgehend gleich bleibt und somit die Standfestigkeit des Fahrzeugs auch bei großem Lenkeinschlag erhalten bleibt.

07 Was versteht man unter dem Spurdifferenzwinkel?

Den Winkel, um den das kurveninnere Rad stärker eingeschlagen wird als das kurvenäußere.

08 Wie müssen die gelenkten Räder beim Befahren einer Kurve eingeschlagen sein, damit sie einwandfrei abrollen?

Das kurveninnere Rad muß stärker eingeschlagen sein als das kurvenäußere Rad.

09 Welche Bauteile bilden das Lenktrapez?

Spurstange, Spurstangenhebel und Vorderachse.

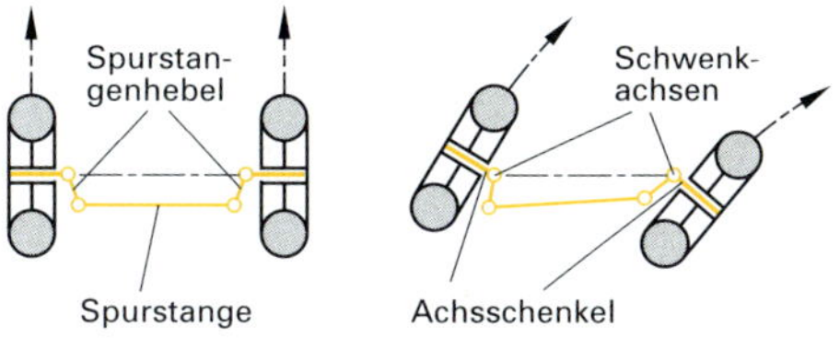

10 Welchen Winkel bezeichnet man als Schräglaufwinkel?

Den Winkel, den die Radebene zur Fahrtrichtung (Bewegungsrichtung des Rades) bildet. Er wird auch als Driftwinkel bezeichnet, da er die Abweichung der Richtung des eingeschlagenen Rades zur tatsächlichen Bewegungsrichtung darstellt.

11 Was versteht man unter dem Begriff Untersteuern?

Das Fahrzeug schiebt über die Vorderräder aus der Kurve. Dabei ist der Schräglaufwinkel der Vorderräder größer als der der Hinterräder.

12 Was bedeutet übersteuern?

Das Fahrzeug drängt mit dem Heck aus der Kurve.

Dabei ist der Schräglaufwinkel der Hinterräder größer als der der Vorderräder.

13 Weshalb sind die Lenkungen so ausgelegt, daß beim Befahren einer Kurve von über 20 m Radius die Vorderräder parallel stehen?

Da bei einem Schräglaufwinkel von 15° bis 20° die günstigste Seitenführungskraft erreicht wird, vergrößert man den Einschlagwinkel des kurvenäußeren Rades.

14 Was versteht man unter dem Lenkfehler?

Die Abweichung vom ursprünglichen, geometrisch richtigen Einschlagwinkel.

15 Was versteht man unter Sturz?

Die Neigung der Radebene zu einer im Radaufstandspunkt gedachten Senkrechten.

16 Weshalb haben die Hinterräder bei Einzelradaufhängung oft negativen Sturz?

Um eine bessere Seitenführung der Räder zu erzielen.

17 Welche Vor- und Nachteile hat positiver Sturz?

Vorteile:

— guter Geradeauslauf

— kleiner Lenkrollhalbmesser

Nachteile:

— je größer der positive Sturz desto geringer die Seitenführungskraft

— stärkerer Reifenverschleiß auf der Außenseite der Lauffläche.

18 Was versteht man unter Spreizung?

Die Schrägstellung der Schwenkachse bzw. des Achsschenkelbolzens quer zur Fahrzeuglängsachse.

19 Was versteht man unter positivem und negativem Sturz?

Positiv: Die Radebene ist oben nach außengeneigt.

Negativ: Die Radebene ist oben nach innen geneigt.

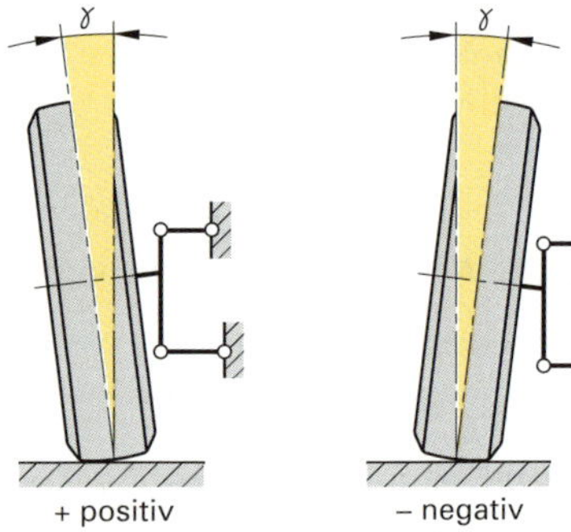

20 Was bewirkt die Spreizung beim Einschlagen der Vorderräder?

Das Fahrzeug wird vorne angehoben. Durch die Gewichtskraft entsteht ein Rückstellmoment, das die Räder selbsttätig geradeausstellt.

21 Warum wird bei einer Achsvermessung nur der Sturzwinkel gemessen und im Bedarfsfall eingestellt?

Spreizung und Sturz bilden zusammen einen Winkel, der in seiner Größe immer gleich bleibt. Stimmt der Sturzwinkel, so ist auch der Spreizwinkel richtig.

22 Welche Wirkung hat ein positiver Lenkrollhalbmesser?

Eine am Rad angreifende Bremskraft schwenkt das Rad vorne nach außen.

23 Was versteht man unter dem Lenkrollhalbmesser?

Den Abstand zwischen der Mitte der Reifenaufstandsfläche und dem Durchstoßpunkt der verlängerten Schwenkachse durch die Fahrbahn.

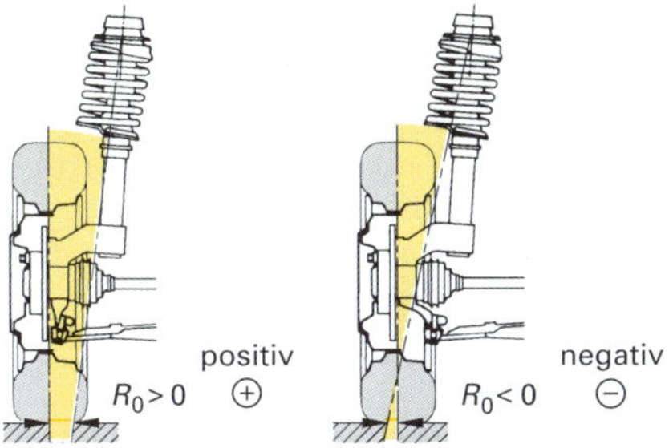

24 Was versteht man unter positivem Lenkrollhalbmesser?

Die verlängerte Schwenkachse trifft die Fahrbahn innerhalb der Mitte der Reifenaufstandsfläche zur Reifeninnenseite hin.

25 Was versteht man unter negativem Lenkrollhalbmesser?

Die verlängerte Schwenkachse trifft die Fahrbahn außerhalb der Mitte der Reifenaufstandsfläche zur Reifenaußenseite hin.

26 Wodurch wird Nachlauf an den Vorderrädern erreicht?

Durch Schrägstellung der Schwenkachse bzw. des Achsschenkelbolzens in Richtung der Fahrzeuglängsachse.

27 Was versteht man unter Einzelspur?

Den Winkel, um den ein Rad bei Geradeausfahrt gegenüber der Fahrzeuglängsachse eingeschlagen ist.

28 Was wird durch Nachlauf erreicht?

Das Rad wird gezogen und läuft seinem Spurpunkt nach. Dadurch ergibt sich eine Stabilisierung der gelenkten Räder. Beim Einschlagen entstehen Rückstellkräfte, welche die Räder wieder in Geradeausstellung bringen wollen.

29 Welche Auswirkungen hat ein negativer Lenkrollhalbmesser beim Bremsen mit unterschiedlichen Bremskräften an den Vorderrädern?

Beim Bremsen entsteht ein Moment um die Hochachse des Fahrzeugs, welches das Fahrzeug in Richtung des stärker gebremsten Rades zu drehen versucht.

Bei negativem Lenkrollhalbmesser liegt der Drehpunkt der Schwenkachse der Räder auf der Reifenaußenseite. Dadurch entsteht am Rad mit der größeren Bremskraft ein zusätzliches Lenkmoment, das dem Moment um die Hochachse entgegenwirkt und dieses vermindert. Das Fahrzeug wird stabilisiert.

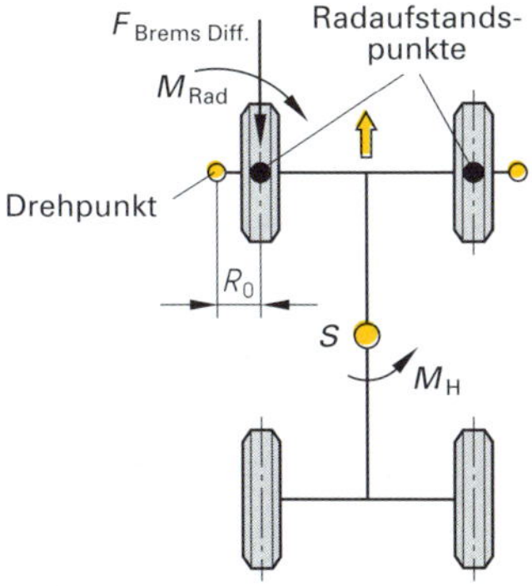

Lenkrollhalbmesser negativ

30 Was versteht man unter Spur (Gesamtspur)?

Die Spur ist die Längendifferenz $l_2 - l_1$, um welche die Räder bei Geradeausfahrt vorn und hinten auseinanderstehen.

31 Weshalb haben Vorderräder mit positivem Lenkrollhalbmesser und Hinterradantrieb Vorspur?

Durch die Rollreibung zwischen Rad und Fahrbahn haben die Räder das Bestreben nach außen zu schwenken, wodurch die Vorspur ausgeglichen wird und die Räder ohne zu flattern geradeaus laufen.

Es wird gute Richtungsstabilität erreicht, Spiele werden ausgeglichen.

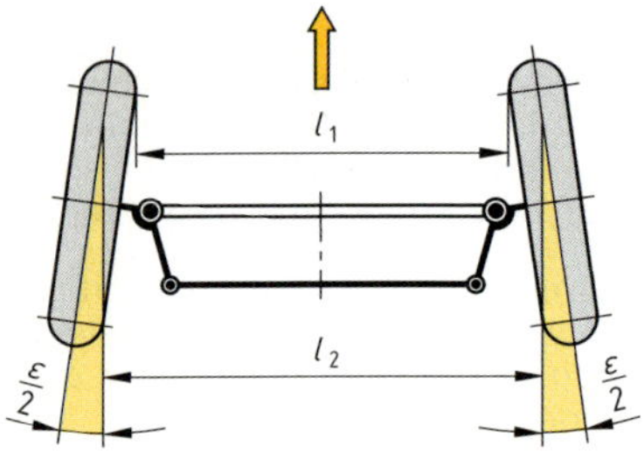

32 Welche Aufgaben hat das Lenkgetriebe?

— Die Drehbewegung von Lenkrad und Lenkspindel in eine Schwenkbewegung umwandeln

— das durch die Handkraft am Lenkrad erzeugte Drehmoment vergrößern (übersetzen), um die Räder schwenken zu können.

33 Welche Wirkungen sollen durch das Zusammenspiel von Sturz, Spreizung, Nachlauf und Vorspur erreicht werden?

— Fahrsicherheit erhöhen

— Flattern der Vorderräder verhindern

— Lenken erleichtern

— Reifenverschleiß in Grenzen halten.

34 Warum erhalten Fahrzeuge mit Frontantrieb meist Nachspur?

Weil die Reaktionskräfte des Antriebs das Bestreben haben, die Räder vorne nach innen zu schwenken.

35 Weshalb kann bei starrer Vorderachse eine durchgehende einteilige Spurstange verwendet werden?

Weil sich der Abstand der Räder beim Durchfedern nicht ändert.

36 Welche Aufgabe haben Lenkungsdämpfer?

Schwingungen in den Lenkungsorganen, die z.B. von Fahrbahnstößen herrühren können, zu dämpfen.

Sie sind wie doppelt wirkende Stoßdämpfer aufgebaut.

37 Welche Arten von Spurstangen werden häufig verwendet?

— Zweiteilige Spurstangen, in der Mitte oder seitlich geteilt

— dreiteilige Spurstangen.

38 Welche Arten von Lenkgetrieben werden häufig verwendet?

— Zahnstangen-Lenkgetriebe

— Schnecken-Rollen-Lenkgetriebe

— Kugelumlauf-Lenkgetriebe.

39 Wie muß die Übersetzung eines Lenkgetriebes ausgelegt sein?

Sie muß so ausgelegt sein, daß die Betätigungskraft am Lenkrad 250 N nicht übersteigt. Sie beträgt bei Pkw 10:1 bis 25:1, bei Lkw 25:1 bis 40:1.

40 Wie arbeitet ein Zahnstangen-Lenkgetriebe?

Dreht man am Lenkrad, welches auf der Lenkspindel sitzt, so wird die Zahnstange durch das Ritzel verschoben.

Die Räder werden über die Spurstange und die Spurstangenhebel eingeschlagen.

41 Wie wird bei einer Zahnstangen-Hydrolenkung eine variable Übersetzung erreicht?

Durch unterschiedliche Zahnteilungen der Zahnstange. Im Mittenbereich hat die Zahnstange eine kleinere Zahnteilung als im Außenbereich.

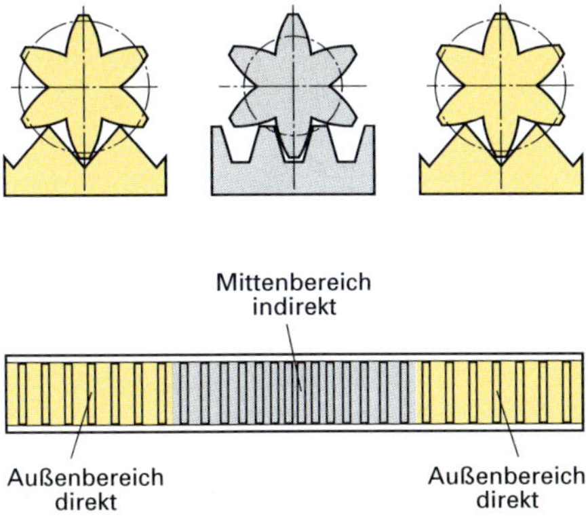

42 Welche Vorteile hat eine variable Übersetzung des Lenkgetriebes?

- Direkte Lenkung im Bereich der Geradeausstellung
- Drehmomentverstärkung bei großen Einschlagwinkeln, z.B. beim Einparken.

43 Aus welchen Bauteilen ist ein Kugelumlauf-Lenkgetriebe aufgebaut?

- Lenkspindel mit Lenkschnecke
- Lenkmutter mit Kugelführungsrohren und Kugeln
- Lenksegment mit Lenkstockhebel
- Gehäuse.

44 Welche Kraftfahrzeuge besitzen Servolenkungen?

Personenkraftwagen, Lastkraftwagen, Omnibusse und Fahrzeuge mit hohen Vorderachslasten und großen Radaufstandsflächen, da diese eine große Betätigungskraft zum Einschlagen der Räder benötigen.

45 Aus welchen Bauteilen bestehen Servolenkungen?

- Mechanisches Lenkgetriebe mit Arbeitskolben
- hydraulische Steuereinrichtung
- Hochdruckölpumpe
- Leitungen
- Vorratsbehälter für Hydraulikflüssigkeit.

46 Welche 2 Arten von Servolenkungen werden hauptsächlich verwendet?

- Zahnstangen-Hydrolenkung
- Kugelmutter-Hydrolenkung.

47 Was versteht man unter einer Servotronic?

Sie ist eine elektronisch gesteuerte Hydrolenkung, bei der die hydraulischen Unterstützungskräfte von der Fahrgeschwindigkeit beeinflußt werden.

48 Welche Lenkkraftunterstützung wirkt bei geringer Fahrgeschwindigkeit, welche bei hoher Fahrgeschwindigkeit?

- Bei niedriger Fahrgeschwindigkeit wirkt die volle hydraulische Lenkkraftunterstützung
- bei hoher Fahrgeschwindigkeit wirkt eine geringe hydraulische Lenkkraftunterstützung, die Lenkung ist direkter.

49 Wie wird bei der Servotronic die Lenkkraftunterstützung gesteuert?

- Geschwindigkeitssensor liefert Signal an Steuergerät
- Steuergerät verarbeitet Signal, vergleicht es mit Kennfeld und steuert elektrohydraulischen Drucksteller und Magnetventil an
- Lenkkraftunterstützung erfolgt entsprechend der gefahrenen Geschwindigkeit.

50 In welchen Fällen muß eine Achsvermessung unbedingt durchgeführt werden?

— Nach Unfallschäden am Fahrzeug
— nach Instandsetzungsarbeiten an Vorder- und Hinterachse
— bei ungewöhnlichem Reifenverschleiß
— bei verändertem Fahrverhalten des Fahrzeugs.

51 Auf welche Punkte muß vor der eigentlichen Achsvermessung besonders geachtet werden?

— Gleiche und richtige Felgen und Reifen
— Zustand von Lenkgestänge und Radlager
— gleicher Federungszustand
— richtiger Belastungszustand
— vorgeschriebener und gleicher Reifenluftdruck.

52 Welche Messungen werden an der Vorderachse durchgeführt?

Gesamtspur, Einzelradspur, Sturz, Spreizung, Nachlauf.

53 Wie werden die Spurdifferenzwinkel bestimmt?

Sie werden mit Hilfe der Skalen der Drehuntersätze der Vorderräder bestimmt. Man schlägt z.B. das rechte Vorderrad um 20° nach rechts ein und liest den auf der Skale für das linke Vorderrad angezeigten Wert ab.

Die Differenz beider Werte ergibt den Spurdifferenzwinkel für Rechtseinschlag. Der Spurdifferenzwinkel für Linkseinschlag wird entsprechend ermittelt. Beide Werte sollen gleich groß sein.

54 Welche Meßgrößen werden an der Hinterachse gemessen?

Einzelradspur (Spur eines Rades), Sturz.

55 Welche Meßwerte sind auf der dargestellten Achsmeßkarte für die Vorderachse eines Pkw eingetragen?

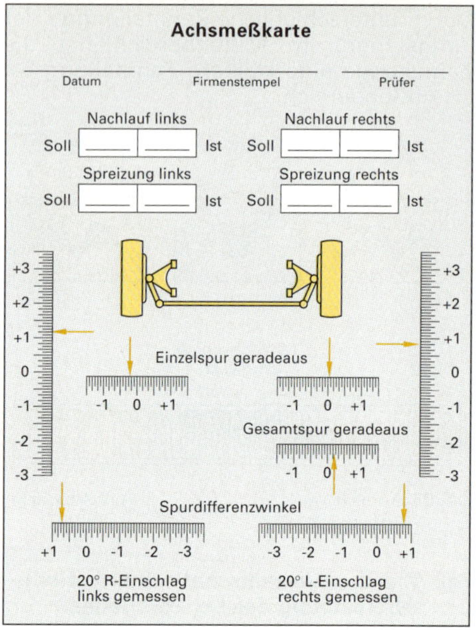

Vorderachse
Linkes Rad: — Sturz +1° 10′
— Einzelradspur +10′
— Spurdifferenzwinkel + 40′
Rechtes Rad: — Sturz +50′
— Einzelradspur +5′
— Spurdifferenzwinkel +50′
— Gesamtspur +15′
Hinterachse
Linkes Rad: — Sturz +20′
Rechtes Rad: — Spur +10′

56 Wie wird der Nachlaufwert ermittelt?

Es wird z.B. das linke Vorderrad um 20° nach links eingeschlagen und der Nachlaufzeiger der linken Bildwand auf Null gestellt. Danach wird dieses Rad um 20° nach rechts eingeschlagen.

Jetzt kann der Nachlaufwert für das linke Rad auf der Nachlaufskale der linken Bildwand mit Hilfe der Fadenkreuz-Waagrechten abgelesen werden.

4.4 Bremsen

01 Was versteht man unter der Bremsausrüstung eines Kraftfahrzeugs?

Alle seine Brems- und Verzögerungsanlagen.

02 Welche Arten von Bremsanlagen werden an Kraftfahrzeugen verwendet?

Betriebsbremsanlage, Hilfsbremsanlage, Dauerbremsanlage, Feststellbremsanlage.

03 Welche Aufgabe hat die Betriebsbremsanlage?

Verringerung der Geschwindigkeit des Fahrzeugs durch Bremsen, wenn erforderlich bis zum Stillstand.

04 Welche Aufgabe hat die Hilfsbremsanlage?

Bei Störungen der Betriebsbremse soll sie deren Aufgabe erfüllen.

05 Welche Aufgaben hat die Feststellbremsanlage?

- Haltendes Fahrzeug gegen Wegrollen sichern
- als Hilfsbremse dienen, wenn die Betriebsbremse ausfällt.

06 Welche Aufgabe hat eine Dauerbremsanlage?

Sie soll bei längerer Talfahrt die Betriebsbremse entlasten. Ihre dazu erforderliche Bremsleistung muß so groß sein, daß das voll beladene Kraftfahrzeug auf einer Strecke von 6 km Länge und 7% Gefälle eine Geschwindigkeit von 30 km/h nicht überschreitet.

07 Für welche Fahrzeuge sind Dauerbremsanlagen gesetzlich vorgeschrieben?

- Kraftomnibusse mit zulässigem Gesamtgewicht über 5,5 t
- andere Kraftfahrzeuge und Anhänger mit zulässigem Gesamtgewicht über 9 t.

08 Welche Vorschriften bestehen bezüglich der beiden Bremsen eines mehrspurigen Kraftfahrzeugs?

Eine der Bremsen muß mechanisch wirken und feststellbar sein.

09 Auf welche Räder muß die Betriebsbremse wirken?

Auf alle Räder des Fahrzeugs.

10 Welche Arten von Betriebsbremsanlagen werden verwendet?

- Mechanische Bremsen (heute selten)
- hydraulische Bremsen in Personenkraftwagen und Lastkraftwagen bis zu 15 t
- Hilfskraftbremse, z.B. Bremskraftverstärker
- Fremdkraftbremse (Druckluftbremse) bei Lastkraftwagen und Omnibussen.

11 In welchem Fall muß eine Hilfskraftbremse (Servobremse) verwendet werden?

Wenn eine bestimmte Fußkraft (etwa 500 N beim Pkw und etwa 800 N beim Lkw) keine ausreichenden Bremskräfte mehr erzeugt. Bei Ausfall der Hilfskraft muß das Fahrzeug noch bremsfähig bleiben.

12 Welche Hilfskräfte können für Bremskraftverstärker verwendet werden?

Unterdruck, hydraulischer Speicherdruck, seltener Druckluft.

4.4.1 Hydraulische Bremse

01 Welches sind die wichtigsten Teile einer hydraulischen Bremse?

Bremspedal, Tandem-Hauptzylinder, meist Bremskraftverstärker, Leitungsystem und Radbremsen, z.B. vorn Scheibenbremsen mit Bremssattel, Bremszylinder und Bremsscheibe, hinten Trommelbremsen mit Radzylinder, Bremsbacken und Bremstrommel.

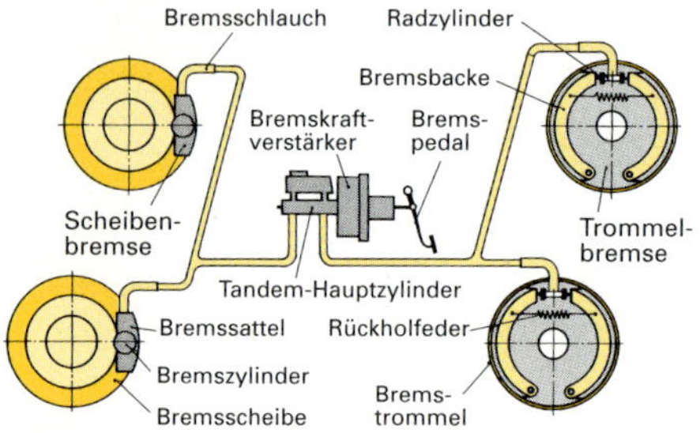

02 Welchen Sicherheitsvorteil hat die Zweikreisbremsanlage?

Beim Ausfall eines Bremskreises kann das Fahrzeug noch mit dem anderen Bremskreis abgebremst werden.

03 Auf welchem physikalischen Gesetz beruht die Wirkung der hydraulischen Bremse?

Auf dem Pascalschen Gesetz: Der Flüssigkeitsdruck wirkt in einer allseitig eingeschlossenen Flüssigkeit an jeder Stelle und nach jeder Richtung in gleicher Größe.

04 Wie arbeitet die hydraulische Bremse im Prinzip?

Der durch die Fußkraft im Hauptzylinder erzeugte Flüssigkeitsdruck wirkt in der Bremsflüssigkeit und in gleicher Größe auch in allen Radzylindern; die Kolbenkräfte verhalten sich dabei wie die Kolbenflächen. Die Kolben der Bremszylinder erzeugen die Spannkräfte an den Bremsen.

05 Warum wird meist ein Bremskraftverstärker verwendet?

Mit kleinen Fußkräften werden damit die besonders bei Scheibenbremsen notwendigen großen Spannkräfte (Anpreßkräfte) erreicht.

06 Welche Aufgaben hat der Hauptzylinder?

— Druckerzeugung in den Bremskreisen
— Volumenänderung der Bremsflüssigkeit bei Temperaturänderung ermöglichen
— Druck in den Bremskreisen rasch abbauen zum schnellen Lösen der Bremsen.

07 Warum muß sich die Bremsflüssigkeit bei Erwärmung und Abkühlung ausgleichen können?

Bei Erwärmung dehnt sich die Bremsflüssigkeit aus und muß, damit in den Bremskreisen kein Druck entsteht, zum Ausgleichbehälter abströmen können. Beim Abkühlen und Zusammenziehen muß sie wieder zuströmen können, da sonst Saugwirkung entsteht, wodurch Luft in das Bremssystem gelangen könnte.

08 Wodurch erfolgt der Ausgleich der Bremsflüssigkeit?

Durch Ausgleichbohrung oder Zentralventil.

09 Aus welchen Hauptteilen besteht der Tandem-Hauptzylinder?

— Zylindergehäuse
— Druckstangenkolben mit Primär-, Sekundär- und Vakuummanschette
— Zwischenkolben mit Primärmanschette und Trennmanschetten
— Kolbenfeder mit Stützring für Zwischenkolben
— Kolbenfeder mit Stützring für Druckstangenkolben, durch Anschlaghülse und Verbindungsschraube vorgespannt
— Ausgleichbehälter.

10 Wie ist ein Tandem-Hauptzylinder aufgebaut?

Der Druckstangenkolben und der schwimmende Zwischenkolben befinden sich in einem Zylinder und betätigen jeweils einen Bremskreis. Jeder Kolben wird durch seine Kolbenfeder in der Ruhestellung gehalten. Die Druckstangenkolbenfeder ist durch die Verbindungsschraube mit der Anschlaghülse vorgespannt. Jeder Kolben hat vorne die Primärmanschette mit der Füllscheibe; der Zwischenkolben hat hinten zwei Trennmanschetten und der Druckstangenkolben hat hinten die Sekundär- und die Vakuummanschette. Jeweils eine Kammer des Ausgleichbehälters ist durch ihre Ausgleichbohrung mit einem Bremskreis und durch ihre Nachlaufbohrung mit dem Nachlaufraum des Kolbens verbunden. Jeder Bremskreis hat einen Gewindeanschluß mit einer Drosselbohrung zum Anschluß der Bremsleitung.

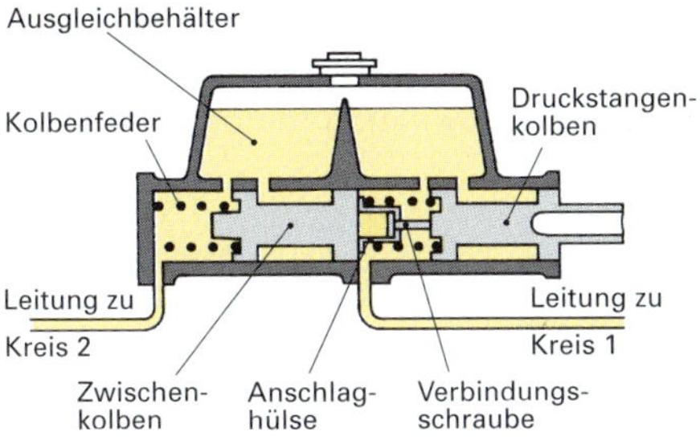

11 Wie wird Druck in den Bremskreisen erzeugt?

Wird das Bremspedal betätigt, so verschiebt die Druckstange den Druckstangenkolben und gleichzeitig über die vorgespannte Kolbenfeder den Zwischenkolben. Beide Primärmanschetten überfahren jetzt ihre Ausgleichbohrung; die Bremskreise werden verschlossen. Beim weiteren Verschieben des Druckstangenkolbens entsteht in beiden Bremskreisen gleichzeitig Druck. Die weitere Verschiebung des Zwischenkolbens erfolgt danach auch noch durch den Druck im Druckstangenkreis.

12 Welche Aufgabe hat die Ausgleichbohrung?

Wenn bei Ruhestellung der Hauptzylinderkolben sich die Bremsflüssigkeit erwärmt bzw. abkühlt, soll sie den Volumenausgleich zwischen Bremskreis und Vorratsbehälter ermöglichen.

13 Welche Folge hat eine durch falsche Ruhestellung des Kolbens oder durch Schmutz verschlossene Ausgleichbohrung?

Bei Erwärmung dehnt sich die Bremsflüssigkeit aus und die Bremsbacken kommen zum Anliegen; die Bremswirkung verstärkt sich bis die Bremsen fest sind.

14 Wie wirkt die Primärmanschette?

Betätigung der Bremse: Wird der Kolben verschoben, so dichtet die Primärmanschette nach Überfahren der Ausgleichbohrung den Druckraum ab.

Lösen der Bremse: Die Kolbenfeder drückt den Kolben in seine Ruhestellung. Die Primärmanschette biegt sich zurück, die Füllscheibe hebt ab und Bremsflüssigkeit kann aus dem Nachlaufraum in den sich vergrößernden Druckraum durch die Füllbohrung einströmen; es entsteht kaum Saugwirkung.

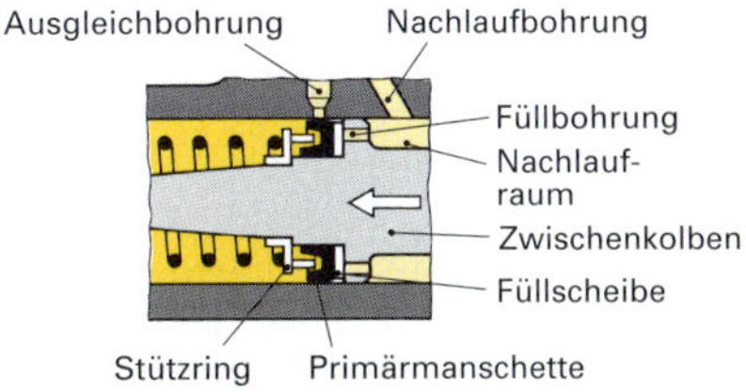

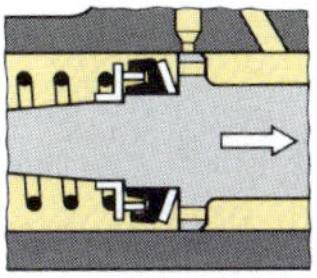

15 Wie wirkt sich ein Leck im Druckstangenkolben-Bremskreis aus?

Beim Bremsen entsteht im undichten Druckstangenkolben-Bremskreis kein Druck, da die Bremsflüssigkeit ins Freie gedrückt wird. Gleichzeitig läuft der Druckstangenkolben mit der Anschlaghülse auf dem Zwischenkolben auf. Die Betätigungskraft wirkt jetzt direkt auf den Zwischenkolben; nur die Räder dieses Bremskreises werden abgebremst.

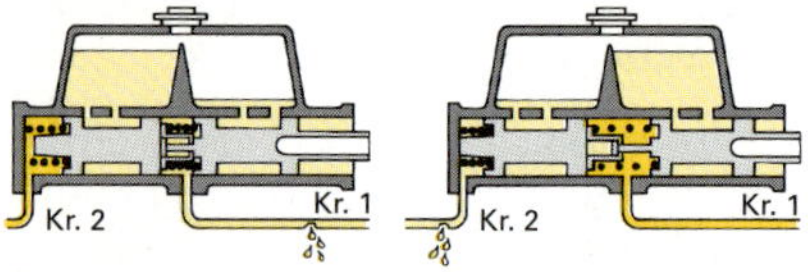

Ausfall von Kreis 1 **Ausfall von Kreis 2**

16 Wie wirkt sich ein Leck im Zwischenkolben-Bremskreis aus?

Beim Bremsen entweicht Bremsflüssigkeit aus dem Zwischenkolben-Bremskreis und der Zwischenkolben wird bis zum Anschlag vorgeschoben. Er dichtet damit den Druckstangenkolben-Bremskreis gegen den Zwischenkolben-Bremskreis ab. Während im undichten Bremskreis kein Druck entsteht, entsteht im betriebsfähigen Bremskreis Druck und seine Räder werden abgebremst.

17 Welche Vorteile bringt die gefesselte Kolbenfeder?

- In Ruhestellung der Kolben kann kein Verschließen der Ausgleichbohrung im Zwischenkolben-Bremskreis erfolgen, da die gefesselte Kolbenfeder des Druckstangenkolbens den Zwischenkolben nicht verschieben kann
- beim Bremsen werden beide Kolben gleichzeitig verschoben, wodurch der Druckaufbau in beiden Bremskreisen zur gleichen Zeit erfolgt.

18 Worin unterscheiden sich gestufter und herkömmlicher Tandem-Hauptzylinder?

Der Zwischenkolben im gestuften Tandem-Hauptzylinder hat einen etwas kleineren Durchmesser als der Druckstangenkolben.

19 Bei welchen Bremsanlagen kann man den gestuften Tandem-Hauptzylinder verwenden?

Bei hydraulischen Zweikreisbremsanlagen mit einer Bremskreisaufteilung Vorderachse und Hinterachse (TT).

20 Welchen Vorteil bietet der gestufte Tandem-Hauptzylinder bei Ausfall des Vorderachsbremskreises?

Man erreicht damit bei nahezu gleicher Pedalkraft wie bei intakter Bremse eine Druckerhöhung im Hinterachsbremskreis mit dem kleineren Kolbendurchmesser. Es wird dadurch eine gerade noch ausreichende Bremswirkung mit der Hinterachsbremse erzielt.

21 Welche Aufgaben hat das Vordruckventil?

Es soll bei nicht betätigter Bremse im Bremskreis den Vordruck halten. Dadurch werden die Topfmanschetten in den Radzylindern gegen die Zylinderwand gepreßt und das Eindringen von Luft verhindert.

22 Wie groß ist der Vordruck?

Er beträgt 0,4 bar bis 0,7 bar, je nach Fahrzeugtyp.

23 Warum darf in Bremskreisen mit Scheibenbremsen kein Vordruck herrschen?

Die Bremsen würden nicht frei. Die Beläge würden sich durch Schleifen rasch erwärmen und abnützen.

24 Welche Aufgaben hat eine Drosselbohrung im Hauptzylinder?

— Ermöglicht das Entlüften der Bremsen durch „Pumpen“ mit dem Bremspedal
— verhindert beim schnellen Lösen der Bremsen das Ansaugen von Luft in das Bremssystem.

25 Welche Aufgabe hat das Zentralventil?

— Ersetzt die Ausgleichbohrung
— ermöglicht bei Ruhestellung des Kolbens und Temperaturänderung den Volumenausgleich im Bremskreis.

26 Welchen Vorteil hat das Zentralventil gegenüber der Ausgleichbohrung?

Die Primärmanschette kann nicht an der Ausgleichbohrung beschädigt werden.

27 Warum wird vornehmlich bei Fahrzeugen mit ABS das Zentralventil verwendet?

Weil hier bei den Regelvorgängen (Druckauf- bzw. -abbau) große Druckspitzen auftreten, wodurch die Primärmanschette an der Ausgleichbohrung beschädigt werden könnte.

28 Welche Arten von Bremskreisaufteilungen werden angewendet?

— „Schwarz-Weiß“-Aufteilung (TT)
— „Diagonal“-Aufteilung (K)
— „Dreieck“-Aufteilung (LL)
— „Vier-Zwei“-Aufteilung (HT)
— „Vier-Vier“-Aufteilung (HH).

29 Welche Räder bilden jeweils einen Bremskreis bei der „Diagonal“-Aufteilung?

Jeweils ein Vorderrad und das diagonal gegenüberliegende Hinterrad.

30 Welche Arten von Radbremsen werden verwendet?

Reibungsbremsen in Form von Trommelbremsen oder Scheibenbremsen.

31 Welches sind die Vorteile einer Trommelbremse?

— Selbstverstärkung (Servowirkung) bei entsprechender Anordnung der Bremsbacken
— große Standzeit der Bremsbeläge
— schmutzgeschützt
— eine Feststellbremse läßt sich einfach anordnen.

32 Welche Nachteile hat die Trommelbremse?

— Belagwechsel und Wartung aufwendig
— Wärmeabfuhr schlecht
— Neigung zu Fading.

33 Wodurch entsteht die Selbstverstärkung bei der Trommelbremse?

Durch die Reibungskraft zwischen Bremstrommel und Bremsbelag entsteht ein Moment; die auflaufende Bremsbacke wird dadurch in die Trommelrundung hineingezogen; die Bremswirkung wird verstärkt.

34 Welches sind die wichtigsten Teile einer Trommelbremse?

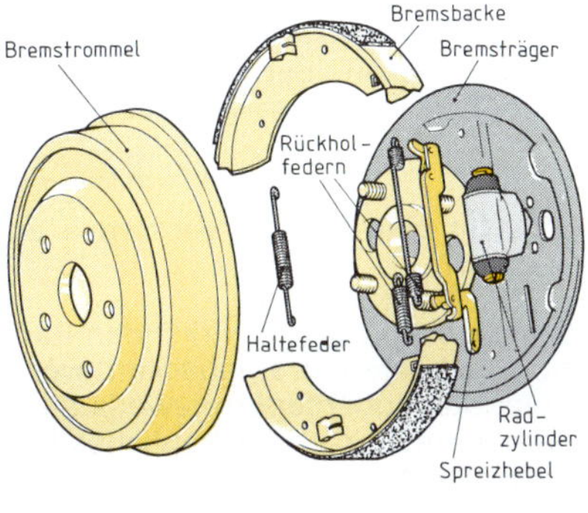

35 Was versteht man unter Bremsfading?

Ein Nachlassen der Bremswirkung infolge starker Erwärmung bei anhaltendem Bremsen.

36 Welches sind die Ursachen für das Bremsfading?

Ein Absinken der Reibungszahl des Belagmaterials und eine Verformung der Bremstrommel durch starke Erwärmung.

37 Welche Bauarten von Trommelbremsen unterscheidet man?

— Simplexbremse
— Duplexbremse
— Duo-Duplexbremse
— Duo-Servobremse.

38 Wie ist eine Simplexbremse aufgebaut?

Ein doppeltwirkender Radzylinder wirkt auf eine auflaufende und eine ablaufende Bremsbacke. Jede Bremsbacke hat gegenüber dem Radzylinder einen festen Dreh- oder Abstützpunkt. Eine Zugfeder legt die beiden Bremsbacken an den Radzylinder und an die Nachstellvorrichtung an.

39 Was versteht man unter einer Duplexbremse?

Eine Trommelbremse mit zwei auflaufenden Bremsbacken, bei der zwei einfach wirkende Radzylinder verwendet sind.

40 Wie ist eine Duo-Servobremse aufgebaut?

Sie besitzt einen doppeltwirkenden Radzylinder. Die beiden Bremsbacken werden von zwei Schraubenfedern jeweils an den Radzylinder und an ein bewegliches Stützlager angelegt.

41 Wie wirkt eine Duo-Servobremse?

Die Stützkraft der auflaufenden Primärbacke wird über das bewegliche Stützlager an die Sekundärbacke weitergeleitet, wodurch auch diese zur auflaufenden Backe wird.

42 Welche Eigenschaften werden von der Bremstrommel verlangt?

Große Verschleißfestigkeit, Formsteifigkeit und gute Wärmeleitung; die Bremsfläche muß zylindrisch sein und schlagfrei laufen.

43 Aus welchen Werkstoffen werden Bremstrommeln hergestellt?

Aus Gußeisen, Gußeisen mit Kugelgraphit, Temperguß, Stahlguß oder Verbundguß von Leichtmetall mit Gußeisen.

44 Woraus werden Bremsbacken hergestellt?

Aus Leichtmetallegierung oder aus Stahlblech.

45 Welche Spannvorrichtungen werden bei Trommelbremsen verwendet?

Bei hydraulischen Bremsen meist Radzylinder.

Bei mechanischen Bremsen Spannhebel oder Spreizschlösser.

Bei Druckluftbremsen meist Nocken, z.B. S-Nocken oder Spreizkeile.

46 Aus welchen Teilen besteht ein Radzylinder?

— Zylinder
— Kolben mit Kolbenabdichtungen wie Nutringmanschetten oder Topfmanschetten
— Druckpilzen mit Staubkappen oder Druckschrauben mit Nachstellkappen
— Entlüftungsventil.

47 Welche Arten von Bremsen benötigen einfachwirkende Radzylinder?

Duplexbremsen mit zwei auflaufenden Bremsbacken.

48 Wozu dient bei der Trommelbremse die Rückholfeder?

Sie holt nach Beendigung des Bremsvorganges die Bremsbacken und die Radzylinderkolben zurück.

49 Welche Nachstellvorrichtungen werden von Hand betätigt?

Im Bremsträger gelagerte Exzenterbolzen, Druckschrauben mit gezahnten Nachstellkappen am Radzylinder oder mit gezahnten Gewindebuchsen am Stützlager.

50 Welche selbsttätigen Nachstellvorrichtungen gibt es?

- Radzylinder mit selbsttätiger Nachstellung
- Bolzen mit Sägengewinde in einer Nachstellstange
- Nachstellvorrichtungen an der Druckstange der Feststellbremse.

51 Wodurch wird die selbsttätige Nachstellung an der Druckstange betätigt?

Z.B. durch die Betätigung der Betriebsbremse.

52 Welche Arten von Scheibenbremsen unterscheidet man?

Vollscheiben- und Teilscheibenbremsen, sowie je nach Ausführung bzw. Art des Bremssattels Festsattel-Scheibenbremse, Schwimmsattel- bzw. Schwimmrahmen-Scheibenbremse, Faustsattel-Scheibenbremse oder Pendelsattel-Scheibenbremse.

53 Welche Vorteile hat die Scheibenbremse gegenüber der Trommelbremse?

- Kaum Schiefziehen
- Bremskraft gut zu dosieren
- gute Kühlung
- kaum Fading
- selbsttätige Lüftspielnachstellung
- Wartung und Belagwechsel sind einfach
- Bremswirkung fahrtrichtungsunabhängig.

54 Welches sind die Nachteile der Scheibenbremse?

- Keine Selbstverstärkung, daher größere Anpreßkräfte erforderlich
- Belagverschleiß verhältnismäßig stark
- größere Neigung zur Dampfblasenbildung
- Anordnung einer Feststellbremse meist aufwendig.

55 Welches sind die Hauptteile einer Zweizylinder-Festsattel-Scheibenbremse?

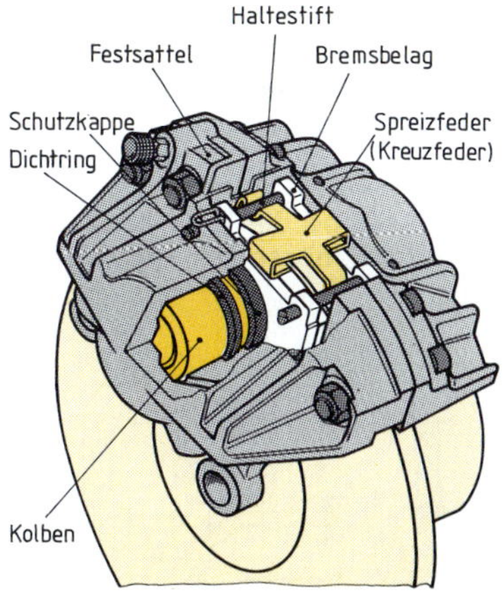

56 Welche Vorteile hat die Vierzylinder-Festsattel-Scheibenbremse?

Die Spannkraft und die Bremsfläche sind größer, eine günstige Bremskreisaufteilung ist möglich.

57 Wie entsteht bei der Festsattel-Scheibenbremse die Bremskraft?

Der Druck in der Bremsflüssigkeit drückt die beiderseits der Bremsscheibe in den Bremszylindern angeordneten Kolben gegen die Bremsbeläge. Diese werden nach Überwindung des Lüftspiels gegen die Bremsscheibe gedrückt und bremsen sie ab.

58 Nennen Sie die Hauptteile der Schwimmrahmen-Scheibenbremse.

Halter, Bremszylinder mit Bremskolben, Schwimmrahmen mit Führungsfeder, Bremsbeläge, Kreuzfeder, Haltestifte mit Sicherungen.

59 Welche besonderen Vorteile hat die Faustsattel-Scheibenbremse?

- Sehr kleine Baugröße
- geringes Gewicht
- nur zwei Hauptteile
- negativer Lenkrollhalbmesser ohne stark ausgewölbte Radschüsseln möglich
- gute Wärmeableitung
- Gehäuseführungen wartungsfrei
- Gehäuse und Bremsscheibe ohne Abbau des Halters ausbaubar.

60 Welches sind die Teile der Faustsattel-Scheibenbremse mit Zahnführung?

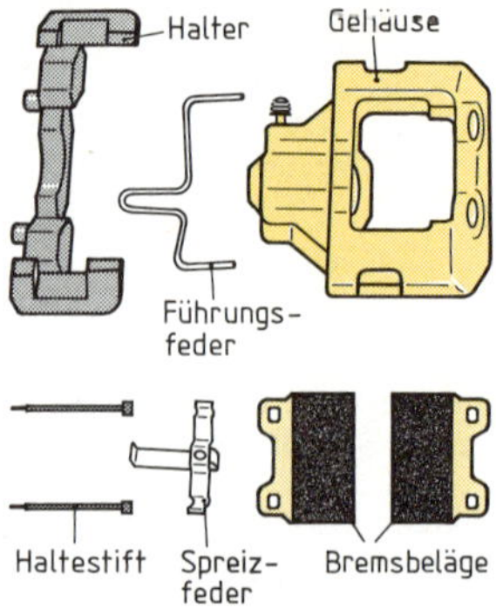

61 Welche Arten von Faustsattel-Scheibenbremsen unterscheidet man nach der Führung des Faustsattels?

- Faustsattel-Scheibenbremse mit Zahnführung
- Faustsattel-Scheibenbremse mit Bolzenführung und festem Sattel
- Faustsattel-Scheibenbremse mit Bolzenführung und aufklappbarem Sattel
- Faustsattel-Scheibenbremse mit Bolzen- und Zahnführung kombiniert.

62 Wie entsteht bei der Faustsattel-Scheibenbremse die Bremskraft?

Der Druck der Bremsflüssigkeit drückt den Kolben im Gehäuse nach Überwindung des Lüftspiels gegen den inneren Bremsbelag und diesen gegen die Bremsscheibe. Durch die Reaktionskraft wird das Gehäuse darauf in entgegengesetzter Richtung im Halter verschoben. Nach Überwindung des weiteren Lüftspiels wird jetzt auch der äußere Bremsbelag gegen die Bremsscheibe gepreßt.

63 Durch welchen Vorgang wird der Bremskolben der Scheibenbremse zurückgenommen?

Der am Bremskolben eng anliegende Dichtring wird beim Bremsen elastisch verformt. Nach Wegfall der Bremskraft nimmt er wieder seine alte Form an und zieht dabei den Kolben in seine Ruhestellung zurück.

64 Wie erfolgt die selbsttätige Nachstellung der Scheibenbremse?

Ist der Kolbenweg durch Abrieb am Bremsbelag und an der Bremsscheibe größer als das Lüftspiel geworden, so wird der Dichtring zunächst verformt und der Kolben bei seiner Bremsbewegung noch zusätzlich im Dichtring verschoben; beim darauf folgenden Druckabbau wird er aber nur um das Lüftspiel wieder zurückgenommen.

65 Um welchen Weg wird der Bremskolben der Scheibenbremse beim Lösen zurückgenommen?

Um das Lüftspiel, es beträgt etwa 0,15 mm.

66 Wie ist der Sattel einer Faustsattel-Scheibenbremse mit Bolzenführung geführt?

Der Faustsattel ist mit zwei Führungsbolzen verschraubt. Die Führungsbolzen gleiten in zwei Führungshülsen (Bohrungen) des Halters, die Gleiteinsätze aus Teflon besitzen.

67 Welche Werkstoffe werden bei Bremsscheiben verwendet?

Gußeisen, Temperguß, Stahlguß oder kohlenstoffaserverstärkter Verbundwerkstoff.

68 Wodurch kann man die Temperatur der Bremsscheibe niedrig halten?

Durch eine Innenbelüftung mit radial angeordneten Luftkanälen.

69 Welche Eigenschaften werden von einem Bremsbelag verlangt?

— Warmfestigkeit
— große Standzeit
— gleichbleibende Reibungszahl (kein Fading)
— unempfindlich gegen Wasser und Schmutz
— kein Verglasen
— nicht gesundheitsschädlich.

70 Was versteht man unter organischen Bremsbelägen?

Bremsbeläge, bei denen pulver- oder faserförmige Reibstoffe durch organische Bindemittel gebunden sind.

71 Warum dürfen keine asbesthaltigen Bremsbeläge verwendet werden?

Der früher verwendete Reibstoff Asbest ist gesundheitsschädlich.

72 Welche Reibwerkstoffe werden bei Bremsbelägen verwendet?

— Organische Fasern, wie z.B. Kohlenstoff- oder Aramidfasern
— Metallfasern, wie z.B. Stahlwolle
— anorganische Fasern, wie z.B. textile Glasfasern.

73 Welchen Reibwert und welche Temperaturbeständigkeit haben Bremsbeläge?

— Reibwert etwa 0,4
— Temperaturbeständigkeit etwa 800 °C.

74 Welche Eigenschaften werden von der Bremsflüssigkeit verlangt?

— Gering verdichtbar
— hoher Siedepunkt
— niederer Stockpunkt
— alterungsbeständig
— wenig hygroskopisch
— chemisch neutral
— geringe, gleichbleibende Viskosität
— mischbar mit Vergleichsbremsflüssigkeit.

75 Woraus besteht Bremsflüssigkeit?

Die handelsübliche Bremsflüssigkeit ist auf Alkoholbasis aufgebaut. Es sind meist Glykol- und Glykoläthergemische mit Zusätzen.

76 Warum soll Bremsflüssigkeit regelmäßig erneuert werden?

Weil sie durch Wasseraufnahme, z.B. aus der Luftfeuchtigkeit, schon bei niedrigeren Temperaturen zur Dampfblasenbildung neigt.

77 Worauf ist beim Umgang mit Bremsflüssigkeit zu achten?

- Bremsflüssigkeit ist hochgradig giftig
- darf nicht in Getränkeflaschen aufbewahrt werden
- nach versehentlichem Trinken sofort ärztliche Hilfe in Anspruch nehmen; es besteht Lebensgefahr!
- gelangt sie in die Augen, sofort mit Wasser spülen
- greift Lack an
- darf nicht dem Altöl beigemischt werden
- Entsorgung erfolgt über Sonderabfall.

78 Durch welche Prüfungen können Fehler an der hydraulischen Bremse festgestellt werden?

Sichtprüfung, Prüfung durch Bremsbetätigung, Dichtheitsprüfungen mit dem Dichtheitsprüfgerät.

79 Auf welche Fehler läßt die Prüfung durch Bremsbetätigung schließen?

Lufteinschlüsse oder undichte Primärmanschette.

80 Welche Prüfungen werden mit dem Dichtheitsprüfgerät durchgeführt?

- Niederdruckprüfung bei 2 bar bis 5 bar
- Hochdruckprüfung bei 50 bar bis 100 bar.

81 Wie kann eine hydraulische Bremsanlage entlüftet werden?

- Mit dem Füll- und Entlüftergerät
- durch „Pumpen" mit dem Bremspedal; lehnen heute manche Fahrzeughersteller ab.

82 Wie groß ist der zulässige Seitenschlag einer Bremsscheibe?

Je nach Fahrzeugtyp 0,05 mm bis 0,22 mm.

4.4.2 Hilfskraftbremsanlage

01 Welche Aufgabe hat die Hilfskraftbremsanlage?

Die Muskelkraft des Fahrers beim Bremsen durch eine Hilfskraft zu unterstützen.

02 Welche Arten von Bremskraftverstärkern werden verwendet?

- Unterdruck-Bremskraftverstärker
- hydraulischer Bremskraftverstärker
- Druckluft-Bremskraftverstärker.

03 Wie ist im Prinzip ein Unterdruck-Bremskraftverstärker aufgebaut?

An der Unterdruckkammer ist meist der Hauptzylinder angeflanscht. Ein Arbeitskolben mit einer Rollmembran teilt das Verstärkergehäuse in zwei Kammern, in die Unterdruckkammer mit dem Unterdruckanschluß und in die mit atmosphärischer Luft belüftbare Arbeitskammer. Ein zentral angeordnetes Doppelventil (Steuerventil) wird vom Bremspedal über die Kolbenstange betätigt und übernimmt die Steuerung der Luft für die beiden Kammern.

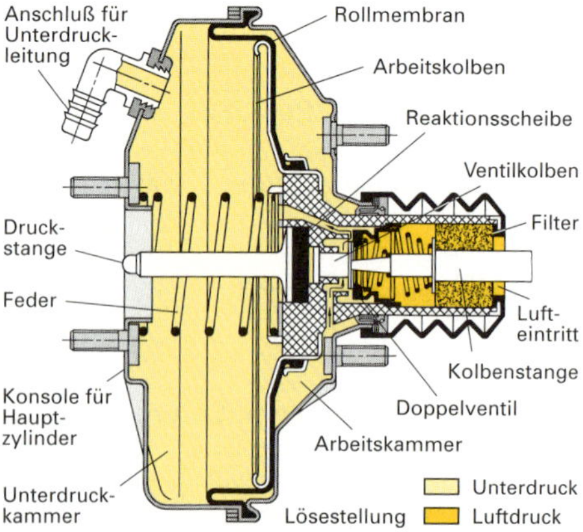

Unterdruck-Bremskraftverstärker

04 Welches sind die Teile einer hydropneumatischen Hilfskraftbremsanlage?

— Kugelförmiger Hydrospeicher mit druckgesteuertem Ölstromregler
— hydraulischer Bremskraftverstärker mit Tandem-Hauptzylinder
— Hochdruckölpumpe und Vorratsbehälter; diese versorgen auch die Servolenkung.

4.4.3 Bremskraftverteilung

01 Wie ändert sich die Lastverteilung beim Bremsen in Geradeaus- und in Kurvenfahrt (dynamische Achslastverteilung)?

Beim Bremsen in Geradeausfahrt werden die Vorderräder mehr belastet und die Hinterräder entlastet. Beim Bremsen in Kurvenfahrt entsteht zusätzlich eine Mehrbelastung der kurvenäußeren Räder und eine Entlastung der kurveninneren Räder.

02 Welche Folgen kann eine Entlastung von Rädern beim Bremsen haben?

Die Räder können blockieren und das Fahrzeug kann dadurch schleudern oder ausbrechen.

03 Wie unterscheiden sich der Bremskraftbegrenzer und der Bremskraftregler in ihrer Wirkung?

Bremskraftbegrenzer: Ab einem bestimmten eingestellten Wert wird im Bremskreis der Hinterachse bei noch stärkerer Abbremsung der Druck nicht mehr weiter erhöht.

Bremskraftregler: Ab dem Umschaltdruck — einem bestimmten eingestellten Druck — wird der Hinterachsbremskreis bei stärkerer Abbremsung nur noch mit einem vermindert ansteigenden Druck abgebremst.

4.4.4 Bremskraftregelung

01 Was versteht man unter einem Anti-Blockier-System (ABS)?

Eine Regeleinrichtung im Bremssystem des Fahrzeugs, die ein Blockieren der Räder beim Bremsen verhindert.

02 Welche Aufgaben erfüllt ein Anti-Blockier-System?

Es paßt den Bremsdruck von jedem Rad entsprechend seiner Haftfähigkeit auf der Fahrbahn so an, daß ein Blockieren der Räder beim Bremsen verhindert wird.

03 Welche Vorteile bringt ein Anti-Blockier-System beim Bremsen?

— Seitenführungskräfte und Richtungsstabilität bleiben erhalten
— Fahrzeug bleibt besser lenkbar
— keine Bremsplattenbildung an den Reifen.

04 Aus welchen Komponenten besteht ein ABS grundsätzlich?

— Sensoren mit Impulsringen
— elektronischem Steuergerät
— Magnetventilen.

05 Wer schaltet die Magnetventile?

Sie werden vom elektronischen Steuergerät geschaltet.

06 Welche Aufgabe haben die Magnetventile beim Arbeiten des ABS?

Sie sorgen in den Regelphasen für die Druckmodulation (Druckanpassung) an den Radbremsen.

07 Wie heißen die drei Regelphasen des ABS?

— Druckaufbau
— Druckhalten
— Druckabbau.

08 Wodurch unterscheidet sich ein 4-Kanal-ABS von einem 3-Kanal-ABS?

— 4-Kanal-ABS: Es hat 4 Regelkanäle und 4 Sensoren und wird für diagonale Bremskreisaufteilung verwendet.
— 3-Kanal-ABS: Es hat 3 Regelkanäle und 3 oder 4 Sensoren und wird für eine Vorderachs-Hinterachs-Bremskreisaufteilung verwendet.

09 Nach welchem Prinzip werden die Vorderräder und die Hinterräder eines ABS geregelt?

Die Vorderräder werden meist einzeln und die Hinterräder gemeinsam nach dem Select-low-Prinzip geregelt.

10 Was versteht man unter dem Select-low-Prinzip?

Der Bremsdruck für die Räder einer Achse wird von dem Rad der Achse mit der geringsten Bodenhaftung bestimmt.

11 Welchen Vorteil für die Abbremsung bietet das Select-low-Prinzip bei der Hinterachse?

Da nach dem Rad mit der geringsten Bodenhaftung der gemeinsame Bremsdruck der Hinterachse geregelt wird, tritt kein Überbremsen eines Hinterrades ein. Die Hinterräder können dadurch größere Seitenführungskräfte übertragen und es wird ein Schleudern des Fahrzeugs vermieden.

12 Warum werden die Hinterräder meist gemeinsam geregelt?

Dadurch wird ein Überbremsen eines Rades vermieden. Die Folge wäre sonst eine Drehung des Fahrzeugs um seine Hochachse (Schleudern) durch das in diesem Falle auftretende Moment (Giermoment).

13 Was versteht man unter dem Giermoment?

Es ist das Drehmoment eines Fahrzeugs um seine Hochachse.

14 In welchem Fall kann das Giermoment auftreten?

Bei unterschiedlichen Bremskräften an den Rädern einer Achse, z.B. auf Fahrbahnen mit unterschiedlicher Bodenhaftung.

15 In welchem Fall wird der ABS-Regelkreis aktiviert?

Bei Auftreten von größerem Bremsschlupf an einem Rad, z.B. im Bereich von 8% bis 35% Schlupf.

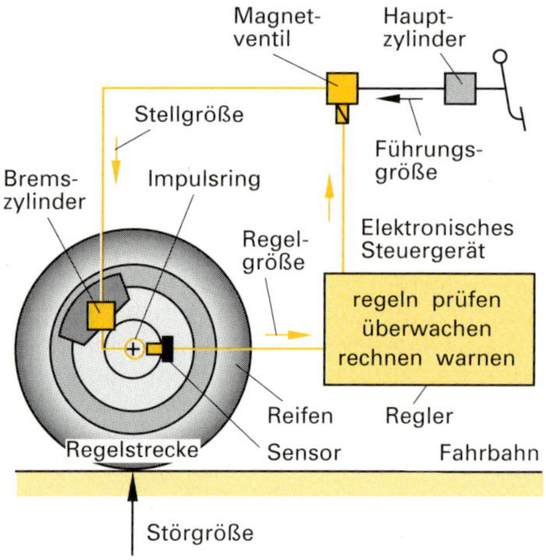

16 Welche Komponenten hat der ABS-Regelkreis?

— Regelstrecke
— Regler
— Regelgröße
— Störgröße
— Führungsgröße
— Stellgröße.

17 Welche Regelgrößen wirken im ABS-Regelkreis

Drehzahl bzw. Drehzahländerung des Rades und daraus abgeleitet:

— Verzögerung
— Beschleunigung
— Schlupf.

18 Aus welchen Komponenten besteht die Regelstrecke?

— Fahrzeugmasse pro Rad
— Reibung der Reifen auf der Fahrbahn.

19 Welche Störgrößen können den ABS-Regelkreis beeinflussen?

— Fahrbahnverhältnisse
— Zustand der Bremse
— Gewicht des Fahrzeugs
— Reifenzustand, z.B. Luftdruck, Profil.

20 Welches sind die Führungsgröße und die Stellgröße im ABS-Regelkreis?

Die Führungsgröße ist der über die Pedalkraft vorgegebene Bremsdruck, die Stellgröße ist der Bremsdruck im Bremszylinder.

21 Welches sind die Teile der Regeleinrichtung im ABS-Regelkreis?

— Drehzahlsensor (Drehzahlgeber)
— elektronisches Steuergerät (Regler)
— Magnetventil (Aktor).

22 Wie wird die Raddrehzahl erfaßt?

Ein gezahnter, mit dem Rad umlaufender Impulsring erzeugt im Drehzahlsensor durch Induktion Impulse, deren Anzahl der Drehzahl proportional ist.

23 In welchem Fall tritt an einem Rad Schlupf auf?

Bei einem Geschwindigkeitsunterschied zwischen der Fahrzeuggeschwindigkeit und der Umfangsgeschwindigkeit des Rades.

24 Wie bestimmt das elektronische Steuergerät den Schlupf?

Das elektronische Steuergerät bestimmt aus den Impulsen der Radsensoren die Referenzgeschwindigkeit (Bezugsgeschwindigkeit). Sie entspricht etwa der Fahrzeuggeschwindigkeit bei maximalem Kraftschluß. Durch ständiges Vergleichen der Radimpulse mit den Referenzimpulsen wird Beschleunigung und Verzögerung ermittelt und daraus der Schlupf bestimmt.

25 Warum erfolgt die ABS-Regelung nur in einem bestimmten Schlupfbereich?

In diesem Schlupfbereich können günstige Bremskräfte und noch ausreichende Seitenführungskräfte übertragen werden.

26 Wie arbeitet das elektronische Steuergerät, wenn beim Bremsen Blockierneigung an einem Rad erkannt wird?

Es schaltet das entsprechende Magnetventil von Druckaufbau auf Druckhalten. Der Bremsdruck bleibt gleich. Bei weiterer Zunahme der Blockierneigung wird auf Druckabbau geschaltet. Beschleunigt jetzt das Rad, wodurch der Schlupf abnimmt, wird auf Druckhalten geschaltet. Bei weiterer Schlupfabnahme und Unterschreitung eines bestimmten Wertes wird wieder auf Druckaufbau geschaltet. Der Schlupf nimmt wieder zu und der Regelzyklus beginnt von neuem.

27 Für welche Bremsanlagen gibt es ein ABS?

Für hydraulische Bremsanlagen und für Druckluftbremsanlagen.

28 Worin unterscheidet sich das ABS für hydraulische Bremsen von dem für Druckluftbremsen?

Hydraulische Bremsen: Verwendung von Bremsflüssigkeit und Magnetventilen; beim Druckabbau bleibt die Bremsflüssigkeit im System (Geschlossenes System).

Druckluftbremsen: Verwendung von Druckluft und Drucksteuerventilen, die zum Druckabbau die Luft ins Freie strömen lassen (Offenes System).

29 Welches sind Hydraulik-ABS-Konzepte für Pkw bezüglich der Druckabbauphase?

— ABS mit Rückförderprinzip
— ABS mit dynamischem Einströmprinzip.

30 Aus welchen Teilen besteht ein Anti-Blockier-System in getrennter Bauweise für hydraulische Bremsanlagen?

Drehzahlfühler, elektronisches Steuergerät, Hydroaggregat, Warnleuchte.

31 Was versteht man unter dem Rückförderprinzip?

Die beim Druckabbau anfallende Bremsflüssigkeit wird von der elektrisch angetriebenen Rückförderpumpe in den zugehörigen Hauptzylinder-Bremskreis zurückgepumpt.

32 Welches sind die Komponenten des elektronischen Steuergerätes mit Rückströmprinzip?

- Eingangsverstärker
- Computereinheit
- Leistungsendstufe
- Überwachungsschaltung.

33 Was geschieht bei der Regelphase „Druckabbau"?

Das Magnetventil verbindet den Radbremszylinder mit dem Druckspeicher und der Rückförderpumpe. Die plötzlich anfallende Bremsflüssigkeit wird zunächst vom Druckspeicher aufgenommen; die Rückförderpumpe läuft an und fördert sie in den zugehörigen Hauptzylinder-Bremskreis zurück.

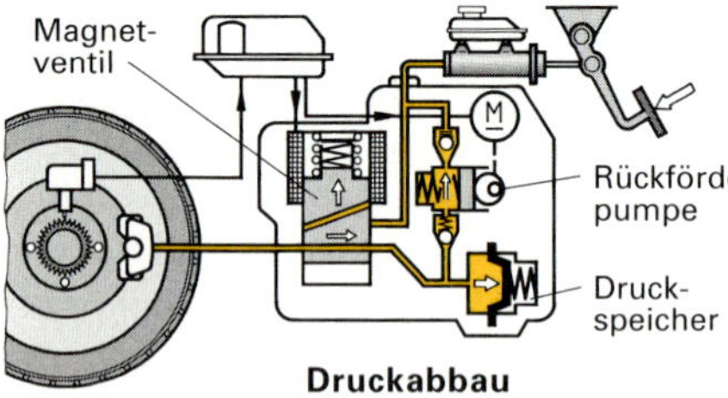

Druckabbau

34 Welche Aufgaben hat die ABS-Warnleuchte?

Sie signalisiert Funktionsbereitschaft. Sie leuchtet nach Einschalten der Zündung und erlischt nach dem Starten. Bei Ausfall der ABS-Regelung leuchtet sie auf.

35 Welche Komponenten hat das Hydraulikaggregat beim ABS mit dynamischem Einströmprinzip?

- Hydraulischer Bremskraftverstärker mit Hauptzylinder
- Ventilblock mit Magnetventilen
- Elektromotor mit Pumpe
- Hydrospeicher
- Druckschalter
- Druckwarnschalter
- Ausgleichbehälter für Bremsflüssigkeit
- Warnschalter für Vorrat.

36 Was versteht man unter dem dynamischen Einströmprinzip?

Innerhalb eines Regelvorganges beim Bremsen strömt z.B. an einem Vorderrad beim Druckabbau und geöffnetem Auslaßventil (Magnetventil) die überschüssige Bremsflüssigeit aus dem Radbremszylinder in den drucklosen Vorratsbehälter zurück. Beim nachfolgendem Druckaufbau nach geschlossenem Auslaßventil und geöffnetem Einlaßventil wird das notwendige Bremsflüssigkeitsvolumen vom Verstärkerraum durch „Überströmen" der Hauptzylinder-Manschette dem Radbremszylinder wieder zugeführt. Dadurch wird in ihm der Druck erhöht. Der Verstärkerraum erhält seine Bremsflüssigkeit vom Pumpenaggregat über den Druckspeicher aus dem Vorratsbehälter.

37 Welches sind die Komponenten eines ABS für Druckluftbremsanlagen?

- Sensoren mit Impulsringen an den Rädern
- elektronisches Steuergerät
- Drucksteuerventile.

38 Welche Ventile enthält ein Zweikanal-Drucksteuerventil?

Zwei Halteventile und ein Zentralventil.

39 Wie ist ein Halteventil oder ein Zentralventil aufgebaut?

Es besteht aus einem Magnetventil und einem Drucksteuerventil für Druckluft.

4.4.5 Druckluftbremsanlage

01 In welchem Fall werden Druckluftbremsanlagen verwendet?

Wenn große Spannkräfte erzeugt und gesteuert werden müssen wie z.B. bei schweren Nutzkraftwagen (ab 16 t).

02 Aus welchen Gerätegruppen kann eine Zweikreis-Zweileitungs-Druckluftbremsanlage bestehen?

— Druckluftversorgungsanlage
— Zweikreis-Betriebsbremsanlage für den Motorwagen
— Feststell- und Hilfsbremsanlage
— Anhängersteuerungsanlage
— Zweileitungs-Anhängerbremsanlage
— Dauerbremsanlage
— Feststellbremsanlage im Anhänger.

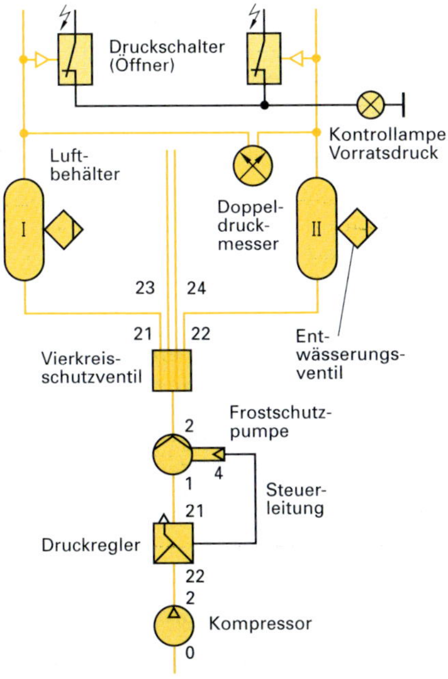

Druckluftversorgungsanlage mit Frostschutzpumpe

03 Welches sind die Teile der Druckluftversorgungsanlage?

— Kompressor
— Druckregler
— Geräte der Lufttrocknung oder Frostschutzpumpe
— Vierkreis-Schutzventil
— 2 bzw. 3 Luftbehälter mit Entwässerungsventilen
— Druckanzeigegeräte und Warndruckanlage.

04 Wie arbeitet die Druckluftversorgungsanlage?

Der Kompressor saugt über ein Luftfilter Außenluft an, verdichtet sie und drückt sie über den Druckregler und die Geräte der Lufttrocknung oder die Frostschutzpumpe zum Vierkreis-Schutzventil; dieses verteilt die Luft an die Luftbehälter der Bremskreise und sichert diese gegeneinander ab. Nach Füllung der Luftbehälter und Erreichen des höchsten Vorratsdruckes schaltet der Druckregler den Kompressor auf Nullförderung (Leerlauf). Sinkt der Vorratsdruck nach Luftentnahme auf den Einschaltdruck ab, so wird der Kompressor vom Druckregler wieder auf Förderung (Lastlauf) geschaltet.

05 In welchem Druckbereich liegen die Betriebsdrücke einer Zweileitungs-Druckluftbremsanlage?

6,5 bar bis 8,1 bar.

06 Wo steht nach dem Füllen der Luftbehälter überall Vorratsluft an?

— An beiden Kreisen des Betriebsbremsventils
— am Feststell- und Hilfsbremsventil
— am Relaisventil des ALB-Reglers
— am Relaisventil mit Überlastschutz
— am Anhängersteuerventil
— am Schaltventil für die Dauerbremse
— am Kupplungskopf „Vorrat"
— bei gekuppeltem Anhänger am Anhängerbremsventil und am Magnetrelaisventil.

07 Wie arbeitet der Druckregler im Prinzip?

Bei Erreichen des höchsten Vorratsdruckes (Abschaltdruck) schaltet er den Kompressor auf Nullförderung (Leerlauf) und nach Druckabfall auf den Einschaltdruck schaltet er ihn wieder auf Förderung.

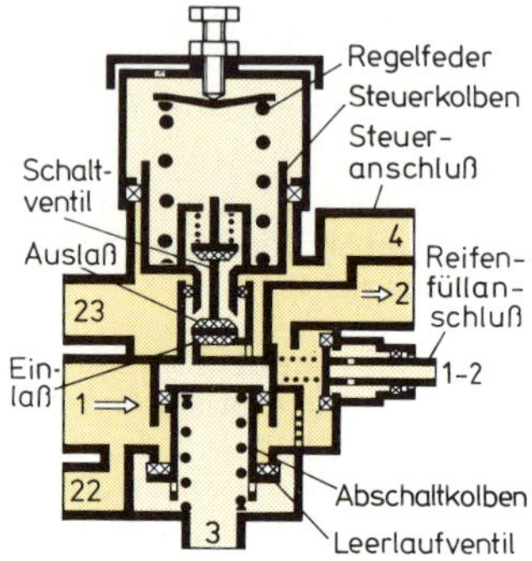

Druckregler in Füllstellung

08 Welche Kompressorbauart wird bei Druckluftbremsen verwendet?

Kolbenverdichter mit selbsttätig steuernden Flatterventilen.

09 Welche Teile gehören z.B. zu einer Betriebsbremsanlage im Motorwagen?

- Betriebsbremsventil mit integrierter Vorderachsregelung
- ALB-Regler mit Relaisventil
- Relaisventil mit Überlastschutz
- zwei Bremszylinder für die Vorderachse
- zwei Kombibremszylinder (Membranteil) für die Hinterachse.

10 Wie wirkt sich ein Abreißen der Vorratsleitung aus?

Die Luft entweicht, der Druck in der Leitung fällt ab und löst im Anhängerbremsventil eine Notbremsung des Anhängers aus. Das Vierkreis-Schutzventil schließt den Anschluß und sichert die Luft für den Motorwagen.

11 Welche Folgen hat der Abriß der Bremsleitung?

Der Abriß der Bremsleitung zeigt zunächst keine Folgen. Erst beim Betätigen der Motorwagenbremse wird das Anhängersteuerventil umgesteuert; jetzt entweicht über die defekte Bremsleitung Luft aus der Vorratsleitung zum Anhänger. Der Druckabfall in der Vorratsleitung löst eine Notbremsung im Anhänger aus.

12 Welche Aufgaben erfüllt der Druckregler?

- Den Betriebsdruck selbsttätig regeln
- die Möglichkeit geben, Druckluft zu entnehmen oder zuzuführen
- als Sicherheitsventil wirken
- den Lufttrockner bzw. den Frostschützer steuern.

13 Welche Aufgaben hat das Vierkreisschutzventil?

- Verteilung der Druckluft auf die einzelnen Bremskreise
- Drucksicherung der intakten Kreise bei Druckabfall in einem oder mehreren defekten Bremskreisen.

14 Welche Aufgaben hat das Zweikreis-Betriebsbremsventil?

- Feinfühlig dosiertes Belüften der Zweikreis-Betriebsbremse im Motorwagen
- Steuerung des Anhängersteuerventils
- evtl. Anpassung des Vorderachsbremsdruckes an die Belastung durch den lastabhängig geregelten Druck der Hinterachse.

15 Welche Stellungen unterscheidet man beim Betriebsbremsventil?

- Fahrtstellung
- Teilbremsstellung
- Vollbremsung.

16 Wie ist die Luftführung im Betriebsbremsventil bei Fahrtstellung?

Der Einlaß am Anschluß 11 und 12 ist geschlossen. Die Betriebsbremskreise an den Anschlüssen 21 und 22 sind durch ihre geöffneten Auslässe über Anschluß 3 ins Freie entlüftet.

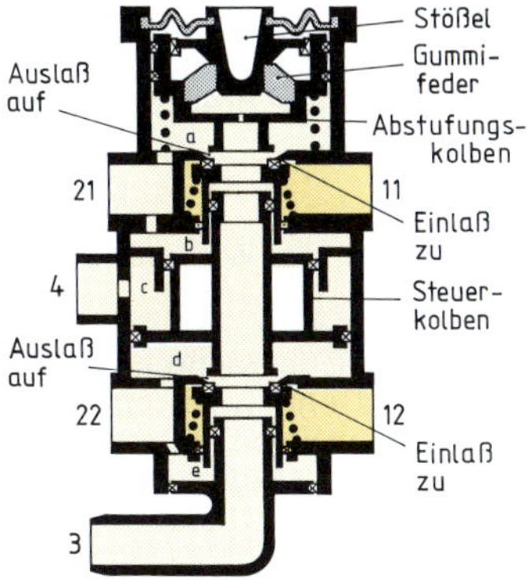

Betriebsbremsventil, Fahrtstellung

17 In welchem Fall ist der Steuerkolben im Betriebsbremsventil als Differenzkolben ausgeführt?

Wenn der Bremsdruck der Vorderachse lastabhängig angepaßt werden soll.

18 Welche Bremsen können mit dem Feststell- und Hilfsbremsventil betätigt werden?

Im Motorwagen die Federspeicher der Hinterachsbremsen; im Anhänger die Betriebsbremse mit den Radbremsen.

19 Wohin führen die beiden Steuerleitungen vom Feststell- und Hilfsbremsventil?

Die eine Leitung führt zum Relaisventil für die Federspeicher der Kombibremszylinder, die andere zum Anhängersteuerventil.

20 Wodurch kann das Anhängersteuerventil gesteuert werden?

Entweder durch Druckanstieg über die beiden Betriebsbremskreise oder durch Druckabfall über das Feststell- und Hilfsbremsventil.

21 Welche Aufgaben erfüllt das Anhängerbremsventil?

— Betätigt die Anhängerbremsanlage
— sorgt bei Druckabfall in der Vorratsleitung für eine Notbremsung im Anhänger und sichert dessen Vorratsluft
— bremst bei Vorhandensein von Vorratsluft den abgekuppelten Anhänger ab.

22 Auf welche verschiedenen Arten kann der Kombibremszylinder die Bremskraft erzeugen?

— Im Membranteil durch Belüftung mit dem Betriebsbremsventil
— Im Federspeicher nach Entlüftung durch das Feststell- und Hilfsbremsventil durch die Federkraft.

23 Warum benötigen Federspeicher eine zusätzliche Löseeinrichtung?

Damit bei Ausfall der Druckluft die Bremsen gelöst werden können, um das Fahrzeug schleppfähig zu machen.

24 Warum werden in mittelschweren Nutzkraftwagen meist kombinierte Druckluft-Hydraulik-Bremsanlagen verwendet?

Man kann hohe Bremsdrücke mit kleinen Bauteilen erzielen; durch die hydraulische Übertragung erreicht man kleine Schwellzeiten, was ein direkteres Ansprechen der Bremsen ergibt; zusätzlich kann eine Zweileitungs-Anhängerbremse betrieben werden, da eine Druckluftbeschaffungsanlage vorhanden ist; ferner ist der Einbau einer gestängelosen Feststellbremse möglich.

4.4.6 Mechanische Bremse

01 Welche Bremsen sind meist mechanisch wirkend?

- Feststellbremsen
- Bremsen von Kleinkrafträdern
- Auflaufbremsen von Anhängern.

02 Welche Nachteile haben mechanische Bremsen?

- Nur geringe Kraftübersetzung möglich
- regelmäßige Wartung erforderlich
- Gefahr des Festfrierens der Betätigungsorgane im Winter.

03 Welche Räder werden durch die Feststellbremse gebremst?

Meist nur die Räder einer Achse, z.B. der Hinterachse.

04 Wodurch erreicht man bei der mechanischen Feststellbremse den Bremsausgleich zwischen den Rädern einer Achse?

Durch einen Ausgleichhebel oder durch eine Rolle, womit Längenunterschiede in Bremsseilen oder Gestängen ausgeglichen werden.

4.4.7 Dauerbremsanlage

01 Wie arbeitet die Motorbremse?

Es wird ein in Motornähe in die Auspuffleitung eingebauter Drehschieber oder eine Klappe (Auspuffklappe) verschlossen. Gleichzeitig mit dem Schließen der Auspuffleitung wird meist die Kraftstoffeinspritzung abgestellt. Durch den jetzt im 4. Takt entstehenden Staudruck erfolgt eine starke Bremswirkung des Motors.

02 Wozu dienen hauptsächlich Dauerbremsen?

Zur Schonung der Betriebsbremse beim Abbremsen auf langen Gefällstrecken.

03 Welche Arten von Dauerbremsen unterscheidet man?

Motorbremse, Wirbelstrombremse, Turbobremse und Dritte Bremse für Anhänger.

04 Wie arbeitet die Wirbelstrombremse?

Eine Weicheisenscheibe dreht sich in einem Magnetfeld und wird mit den Fahrzeugrädern angetrieben. In Abhängigkeit von der Stärke des Magnetfeldes und der Drehzahl entstehen Wirbelströme, die die Scheibe abbremsen.

4.4.8 Bremsenprüfung

01 Welche Messungen können mit dem Rollenbremsenprüfstand durchgeführt werden?

An jedem Rad die Messung
- der Bremskraft
- des Rollwiderstandes
- der Schwankung der Bremskraft
- der Eintritt der Blockierung.

02 Wozu dient der Wert der Abbremsung?

Als Maß für die Güte der Bremsen.

03 Wie wird die Abbremsung bestimmt?

Als Verhältnis der Summe aller Radbremskräfte zum Fahrzeuggewicht mal hundert; sie wird in Prozent angegeben.

$$z = \frac{F_B}{G_{Kw}} \cdot 100\%$$

4.5 Räder und Bereifung

4.5.1 Räder

01 Welche Anforderungen werden an die Räder eines Kraftfahrzeuges gestellt?

Geringe Masse, hohe Formfestigkeit und Elastizität, gute Ableitung der Bremswärme, einfache Auswechselbarkeit von Reifen und Felge.

02 Aus welchen wesentlichen Teilen besteht ein Rad?

Aus Felge und Radschüssel mit Mittelbohrung und Bolzenlöchern. Die Radschüssel wird mit der Nabe verschraubt. Anstelle einer Radschüssel kann ein Radstern vorhanden sein, oder Felge und Nabe werden durch Drahtspeichen verbunden.

03 Welche Felgenarten unterscheidet man?

- Mit der Radschüssel verbundene Felgen und abnehmbare Felgen
- ungeteilte Felgen (Tiefbettfelgen) und mehrteilige Felgen.

04 Welche Felgen werden für schlauchlose Reifen bei Lkw und Omnibussen verwendet?

Steilschulter- und Steilschulterbreitfelgen.

05 Welche Räderarten werden an Kraftfahrzeugen verwendet?

Scheibenräder, Guß-Speichenräder und Draht-Speichenräder.

06 Wie ist ein Stahl-Scheibenrad aufgebaut?

Felge und Radschüssel sind aus Stahlblech gepreßt und miteinander vernietet oder verschweißt.

07 Wie sind Leichtmetallräder aufgebaut?

Sie werden häufig einteilig gegossen oder geschmiedet (gepreßt). Werden sie aus mehreren Teilen hergestellt, so werden sie miteinander vernietet oder verschraubt.

08 Wie ist ein Draht-Speichenrad aufgebaut?

Nabe und Felge sind durch gekreuzte Stahlspeichen von hoher Zugfestigkeit miteinander verbunden und mit Nippeln vorgespannt.

09 Wie können Felgen nach ihrer Querschnittsform eingeteilt werden?

Tiefbettfelgen, Halbtiefbettfelgen, Flachbettfelgen, Schrägschulterfelgen, Steilschulterfelgen.

10 Was versteht man unter „Hump-Felgen"?

Tiefbettfelgen, die zwischen Felgenschulter und Felgenbett eine rundumlaufende Erhöhung (Hump) haben.

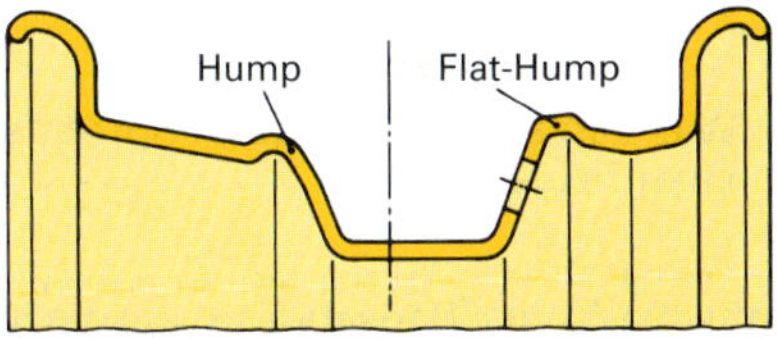

11 Warum werden „Hump-Felgen" verwendet?

Bei schlauchlosen Gürtelreifen soll verhindert werden, daß bei größeren Seitenkräften und zu niedrigem Luftdruck der Reifenwulst von der Felgenschulter in das Tiefbett abrutscht und aus dem Reifen die Luft schlagartig entweicht.

12 Welches sind die wichtigsten Maße einer Felge?

Felgenmaulweite und Felgendurchmesser; sie werden in Zoll oder in mm angegeben.

13 Was bedeutet die Felgenbezeichnung $4\frac{1}{2}$ J x 13?

Tiefbettfelge (x), Felgenmaulweite $4^{1}/_{2}''$, J ist der Kennbuchstabe für die Abmessungen des Hornes, Felgendurchmesser 13″.

14 Was bedeutet die Felgenbezeichnung 8,5-20?

Schrägschulter- oder Flachbettfelge mit 8,5″ Felgenmaulweite und 20″ Felgendurchmesser.

15 Was versteht man unter mehrteiligen Felgen?

Felgen mit einem festen Felgenhorn und einer offenen Ringnutseite, die mit einem geschlitztem Seitenring oder durch einen Seitenring mit Verschlußring geschlossen werden kann.

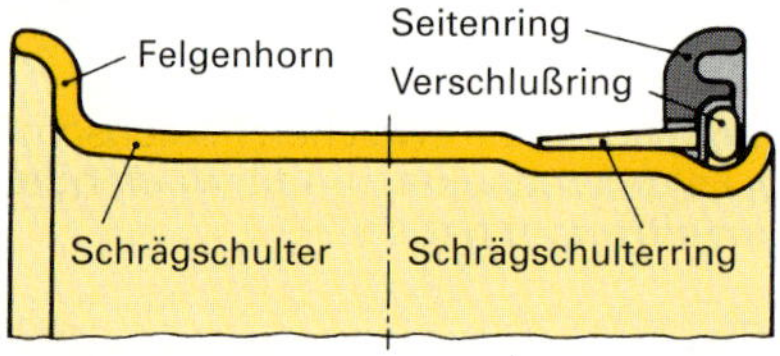

16 Was versteht man unter Einpreßtiefe einer Felge?

Den Abstand von der Radbefestigungsauflagefläche in der Radschüssel bis zur Mittelebene der Felge. Sie bestimmt mit die Spurweite eines Fahrzeuges. Eine große Einpreßtiefe verkleinert die Spurweite, eine kleine Einpreßtiefe vergrößert sie. Die Einpreßtiefe kann positiv oder negativ sein; negative Einpreßtiefe kann die Spurweite wesentlich vergrößern.

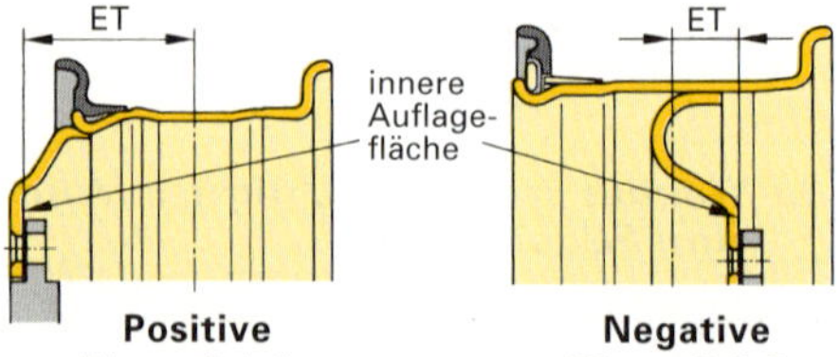

17 Was sagt die Felgenbezeichnung 18 x MT 2.50 H2 aus?

Motorradfelge (Tiefbettfelge) mit 2,5″ Maulweite, 18″ Felgendurchmesser und 2 Humps.

18 Was ist eine TD-Sicherheitsfelge?

Eine Felge mit reduzierter Hornhöhe (T-Horn) und einer Rille in der Felgenschulter. Durch die kleinere Hornhöhe ergibt sich eine Vergrößerung der freien Seitenwandlänge des Reifens und somit eine Erhöhung des Federungskomforts. In die Rille auf der Felgenschulter paßt sich der Wulst eines entsprechenden TD-Reifens so ein, daß er bei Druckverlust nicht in das Tiefbett rutschen kann.

19 Was bedeutet die Felgenbezeichnung 22.5 x 7.50?

Steilschulterfelge mit einer Maulweite von 7,5″ und einem Felgendurchmesser von 22,5″. Die Angabe .5 am Felgendurchmesser bezeichnet eine Steilschulterfelge, das x bedeutet Tiefbett.

20 Welche Aufgaben haben Felgen- und Wulstband?

Das Felgenband schützt bei Drahtspeichenrädern den Luftschlauch vor Anscheuern an den Nippelköpfen.

Das Wulstband schützt bei geteilten Felgen den Luftschlauch vor Berührung mit hervorstehenden Teilen. Es wird zwischen Luftschlauch und Reifenwülsten eingelegt.

4.5.2 Bereifung

01 Welche Aufgaben hat die Bereifung?

- Aufnahme der Gewichtskraft des Fahrzeugs
- Auffangen von kleineren Fahrbahnstößen
- Übertragen von Antriebs-, Brems- und Seitenführungskräften.

02 Welche Anforderungen werden an die Bereifung gestellt?

— Geringer Rollwiderstand (geringe Reibung und Wärme)
— ausreichende Lebensdauer
— geräusch- und vibrationsarm abrollen.

03 Welche Teile gehören zur Bereifung?

Reifen, Luftschlauch und Ventil, Felgenband (für Tiefbettfelgen bei Drahtspeichenrädern), Wulstband (für Flachbettfelgen).

04 Aus welchen wesentlichen Teilen besteht ein Reifen?

Aus dem Gewebeunterbau (Karkasse), dem Zwischenbau, der Lauffläche (Protektor), dem Seitengummi und dem Wulst mit Drahtkern (Reifenfuß).

05 Wie ist der Unterbau eines Reifens aufgebaut?

Aus mehreren gummierten Cordgewebelagen, die je nach Reifentype unter einem bestimmten Fadenwinkel zueinander verlaufen und die an den Drahtkernen der Wülste befestigt sind.

06 Woraus besteht das Cordgewebe?

Aus einer großen Anzahl paralleler Cordfäden, die einzeln in eine Gummimischung eingebettet sind und dadurch zusammengehalten werden.

07 Was versteht man unter dem Rollwulst?

Die Verformung der Lauffläche des rollenden Reifens an der Bodenberührungsfläche.

08 Was versteht man unter dem Latsch eines Reifens?

Die Aufstandsfläche des Reifens auf dem Boden.

09 Welche Auswirkungen hat eine große Aufstandsfläche eines Reifens?

Vergrößerung der Haftreibung zwischen Reifen und Straße, dadurch werden größere Kurvengeschwindigkeiten und kürzere Bremswege möglich. Größerer Fahrwiderstand, der Geradeauslauf kann verbessert werden, größerer Kraftaufwand beim Einparken, geringerer Bodendruck im Winter auf glatten Straßen, größere Aqua-Planing-Neigung, größere Fahrstabilität.

10 Wie wird der statische Halbmesser eines Reifens gemessen?

Als Abstand zwischen Radmitte und Standebene bei stehendem Fahrzeug. Die vorgeschriebene Belastung und der vorgeschriebene Reifendruck müssen eingehalten sein.

11 Was versteht man unter dem dynamischen Abrollumfang?

Die Wegstrecke, die der Reifen je Umdrehung bei einer Geschwindigkeit von 60 km/h zurücklegt, wenn er mit der festgelegten Tragfähigkeit belastet und mit dem vorgeschriebenen Luftdruck aufgepumpt wurde.

12 Was versteht man unter einer statischen Unwucht?

Ein Rad, das sich auf einer waagrechten Achse frei drehen kann, muß in jeder Stellung stehenbleiben. Ist dies nicht der Fall, so hat es eine statische Unwucht. Die schwerste Stelle des Rades kommt unten zur Ruhe.

13 Was versteht man unter dynamischer Unwucht?

Treten am sich drehenden Rad Fliehkräfte auf, die in entgegengesetzter Richtung wirken und nicht in der gleichen Ebene liegen, so entsteht ein Drehmoment, das zum Taumeln des Rades führt.

14 Wodurch kann Unwucht an einem Reifen entstehen?

Durch ungleichmäßige Werkstoffverteilung, ungleichmäßige Ablagerungen bzw. Beschädigungen durch starken Abrieb an einer Stelle (Bremsplatte).

15 Welche Folge hat eine statische Unwucht auf das Rad?

Sie verursacht ein Springen des Rades bei höheren Geschwindigkeiten.

16 Welche Aufgabe hat die Lauffläche?

— Abstützen des Reifens auf der Fahrbahn
— Antriebs-, Brems- und Seitenführungskräfte übertragen
— geräuscharmes Abrollen ermöglichen.

17 Was erreicht man durch Profilieren der Lauffläche?

— Aufnehmen und Abführen von Wasser und Schneematsch
— Verzahnen mit der Fahrbahnoberfläche
— Beeinflussen von Geradeauslauf und Abrollgeräuschen.

18 Wie entsteht Aqua-Planing und welche Folgen hat es?

Bei höheren Geschwindigkeiten bildet sich zwischen Reifen und nasser Fahrbahn ein Wasserkeil, der die Bodenhaftung aufhebt und das Fahrzeug lenk- und bremsunfähig macht.

19 Welche wichtigen Bezeichnungen sind auf dem Seitengummi angebracht?

Reifenabmessungen, Reifenbezeichnungen, maximale Belastung, maximaler Innendruck, Anzahl und Art der Lagen in Seitenwand und Lauffläche, Herstellungswoche und Herstellungsjahr.

20 Welche Werkstoffe werden für Cordfäden verwendet?

Kunstseide, Kunststoffe (Nylon, Polyester, Aramid), feine Stahldrähte, Glasfasern.

21 Welche Arten von Reifen unterscheidet man nach dem Fadenwinkel der Karkasse?

Diagonalreifen und Radialreifen (Gürtelreifen).

22 Wie groß ist der Fadenwinkel bei Diagonal- bzw. bei Radialreifen?

Diagonalreifen:	26°...40°	(Unterbau)
Radialreifen:	90°	(Unterbau)
	0°...20°	(Gürtel)

Der Fadenwinkel wird zur Fahrtrichtung gemessen.

23 Wie ist der Gürtel bei Radialreifen aufgebaut?

Aus mehreren Lagen in Gummi eingebetteten Stahldrähten, Textilfasern, Aramidfasern (Kevlar) oder Fiberglasfasern, wobei sich Drähte oder Fasern kreuzen. Bei Hochgeschwindigkeitsreifen können Gürtel zur Erhöhung der Stabilität gefaltet sein.

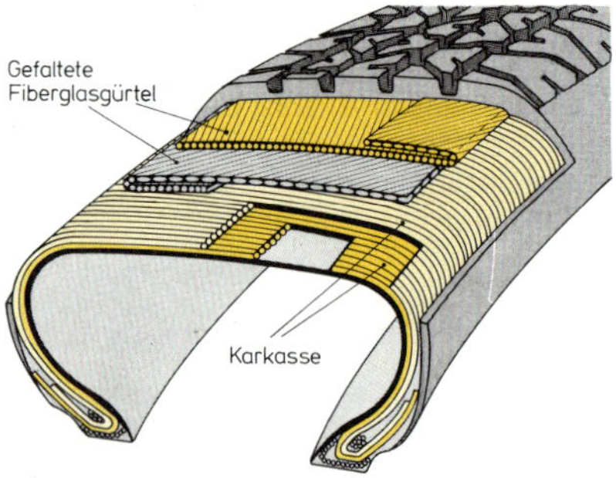

24 Welche Aufgaben hat der Zwischenbau?

Verbindung zwischen Unterbau und Laufstreifen; Dämpfung der Fahrbahnstöße; Schutz des Unterbaues vor Gewebebrüchen.

25 Wodurch wird bei schlauchlosen Reifen die Dichtheit erreicht?

Der Gewebeunterbau ist innen mit einer luftdichten elastischen Gummischicht versehen, die auch bei kleineren Reifendurchstichen eine selbstabdichtende Wirkung hat.

26 Welches sind die gebräuchlichsten Reifenformen mit ihrem Verhältnis Höhe/Breite?

- Superniederquerschnittreifen H/B ≈ 0,8
- Reifen der 70er-Form H/B ≈ 0,7
- Reifen der 65er-Form H/B ≈ 0,65
- Reifen der 50er-Form H/B ≈ 0,5.

27 Welches sind die wichtigsten Symbole für die Angabe der Geschwindigkeitsgrenzen nach der ECE-Norm?

Q bis 160 km/h	V bis 240 km/h
S bis 180 km/h	W bis 270 km/h
T bis 190 km/h	Y bis 300 km/h
H bis 210 km/h	ZR über 240 km/h.

28 Was bedeutet die Reifenbezeichnung 185 R 13 88 Q?

Radialreifen (R) mit 185 mm Reifenbreite und 13" Felgendurchmesser. Die Zahl 88 kennzeichnet die maximale Tragfähigkeit (560 kg). Die zulässige Höchstgeschwindigkeit ist 160 km/h (Q).

29 Was versteht man unter dem Load Index (LI)?

Die Reifentragfähigkeit. Sie ist eine Kennzahl, die die Höchsttragfähigkeit des Reifens in kg angibt (Reifentabellen).

30 Was versteht man unter der Bezeichnung TWI?

Abriebindikator (Tread wear indicator). Es sind Erhebungen im Profilgrund, die eine Kontrolle der Restprofiltiefe ermöglichen. Ist der Indikator an einer Stelle eben mit dem Restprofil, so muß der Reifen ausgewechselt werden.

31 Welches Verschleißbild zeigt ein Reifen, der mit zu hohem Luftdruck gefahren wurde?

Die Reifenmitte weist starken Abrieb auf, da nur die Mitte des Reifens Kontakt zur Fahrbahn hatte.

32 Worauf deutet ungleichförmiger Abrieb an 2 gegenüberliegenden Stellen des Reifens hin?

Auf Höhen- und Seitenschlag. Der Reifen wurde bei der Montage nicht richtig zentriert oder die Felge sitzt nicht zentrisch auf dem Radflansch.

33 Wodurch kann bei Reifen ein Höhen- oder Seitenschlag auftreten?

Höhenschlag: Wenn der Reifen von der Kreisform abweicht oder nicht zentrisch auf der Felge montiert ist.

Seitenschlag: Wenn bei Ablauf des Rades eine Abweichung aus der Planlaufebene erfolgt.

34 Wie können Höhen- und Seitenschlag eines Reifens beseitigt werden?

Durch Drehen des Reifens auf der Felge (matchen). Der Höhenschlag kann eventuell auch durch Abfräsen der Fehlerstelle auf der Lauffläche beseitigt werden (egalisieren).

35 Wie wird eine Schnellaufprüfung für Reifen durchgeführt?

Der mit dem vorgeschriebenem Luftdruck aufgepumpte Reifen läuft auf einem Hochgeschwindigkeits-Trommelprüfstand bei einer Belastung von 80% seiner Höchsttragfähigkeit. In 60 Minuten durchläuft der Reifen 5 Prüfstufen, wobei die letzten 20 Minuten mit Höchstgeschwindigkeit absolviert werden sollen. Treten keine Schäden wie Profilausbrüche, Risse, Laufflächenablösungen auf, so ist die Schnellaufprüfung bestanden.

5 Krafträder

01 Was sind Krafträder?

Es sind einspurige Kraftfahrzeuge mit zwei Rädern. Auch Krafträder mit einem Beiwagen gelten als einspurige Kraftfahrzeuge.

02 In welche wesentlichen Gruppen werden die Krafträder eingeteilt?

— Motorräder
— Fahrräder mit Hilfsmotor.
— Kleinkrafträder
— Motorroller

03 Welche Motorenarten werden in Krafträder eingebaut?

— Zweitakt-Ottomotoren
— Viertakt-Ottomotoren
— Elektromotoren (gelegentlich in Mofas).

04 Welche Hubräume haben Verbrennungsmotoren für Krafträder?

Hubräume von 40 cm^3 bis etwa 1200 cm^3.

05 Welche Zylinderzahlen sind bei Kraftradmotoren gebräuchlich?

Meist werden Einzylindermotoren verwendet; jedoch auch Zwei-, Drei-, Vier- und Sechszylindermotoren sind gebräuchlich.

06 Wie werden Kraftradmotoren gekühlt?

— Häufig durch Luftkühlung als Fahrtwind- oder Gebläseluftkühlung
— auch die Flüssigkeitskühlung, sowohl als Thermoumlaufkühlung als auch als Zwangsumlaufkühlung, ist gebräuchlich.

07 Welche Bauform wird bei Kraftradtriebwerken bevorzugt?

Das Kurbelgehäuse und das Getriebegehäuse bilden eine Baueinheit, die auch die Kupplung einschließt.

08 Was versteht man unter dem Primärantrieb eines Kraftradmotors?

Ein Zahnradpaar zwischen der Kurbelwelle und der Kupplungsglocke mit einer Übersetzung größer als 1,00.

09 Welche Aufgaben hat der Primärantrieb eines Kraftradmotors?

Er überträgt und übersetzt das Motordrehmoment und die Motordrehzahl zwischen Kurbelwelle und Kupplung auf das Schaltgetriebe.

10 Welche Kupplungen werden bei Kraftradmotoren verwendet?

Vorzugsweise nasse, in Öl laufende Mehrscheibenkupplungen.

11 Welche Aufgaben hat der Sekundärantrieb eines Kraftrades?

Er überträgt und übersetzt die Antriebskraft und die Drehzahl zwischen Getriebe und Hinterrad.

12 Welche Bauarten gibt es für den Sekundärantrieb eines Kraftrades?

Rollenketten-, Riemen- oder Gelenkwellenantrieb (Kardanantrieb).

13 Weshalb werden Rollenketten mit O-Ringen verwendet?

Die O-Ringe zwischen Rolle und Außenlasche sollen das Austreten des Schmiermittels mindern sowie Wasser und Schmutz abhalten.

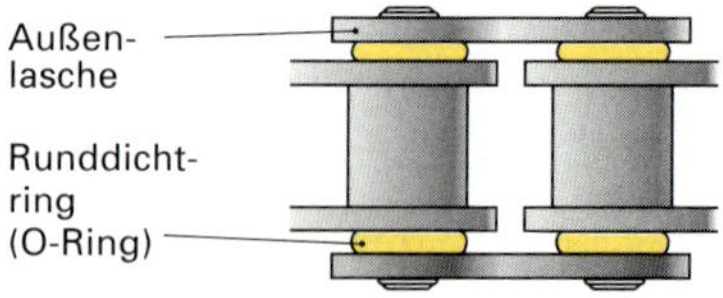

14 Weshalb werden auch Riemen für den Sekundärantrieb verwendet?

Sie gewährleisten eine weiche, laufruhige Kraftübertragung auf das Hinterrad.

15 Welche wesentlichen Vorteile hat der Gelenkwellenantrieb eines Kraftrades?

— Wartungsfreiheit
— hohe Betriebssicherheit
— ermöglicht große Federwege
— unempfindlich gegen Wasser und Schmutz
— geräuscharmer Lauf.

16 Welche Gelenke werden für Gelenkwellen in Krafträdern verwendet?

— Gleichlaufgelenke
— Kreuzgelenke, paarweise angeordnet
— Trockengelenke.

17 Welche Aufgaben hat der Rahmen eines Kraftrades?

Er ist das tragende Gerüst des Kraftrades. An ihm sind Motor, Kraftübertragungsteile, Räder, Sitze, Kraftstoffbehälter und auch ggf. der Beiwagen befestigt.

18 Welche Rahmenbauarten sind für Krafträder üblich?

Offene und geschlossene Rohr- und Preßstahlrahmen sowie Leichtmetall-Druckgußrahmen.

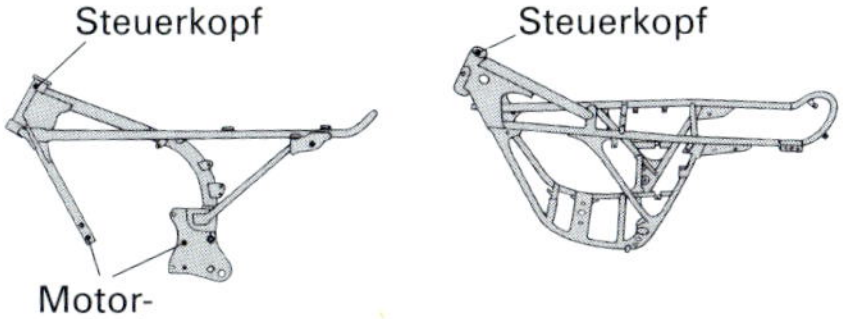

19 Wie erfolgt üblicherweise die Lenkung eines Kraftrades?

Der Lenker verdreht über das im Steuerkopf gelagerte Lenkrohr die Gabelbrücken und somit die Gabel mit dem Vorderrad.

20 Welche Vorteile bieten Kegelrollenlager in der Lenkkopflagerung?

Sie gewährleisten leichtgängiges, ruckfreies Lenken bei Stoßunempfindlichkeit.

21 Welche Auswirkungen hat der Nachlauf des Vorderrades?

— Lenkung des Kraftrades wird stabilisiert
— ruhiger Geradeauslauf.

22 Wie können die Räder eines Kraftrades abgefedert sein?

Die **Schwinghebelfederung** wird vielfach verwendet. Sie stützt sich über Federbeine gegen den Rahmen ab.

Eine **Teleskopfederung** wird oft, besonders am Vorderrad, eingebaut.

23 Wie ist eine Teleskopfederung aufgebaut?

In zwei ineinander verschiebbaren Rohren ist eine Schraubenfeder eingespannt. Sie wirkt dem Zusammenschieben der beiden Rohre mit ihrer Federkraft entgegen. Das eine Rohr ist als Gabelrohr fest mit der Gabelführung verbunden, die mit dem Steuerkopf verschraubt ist. Das andere Rohr ist über die Steckachse mit dem Vorderrad verbunden. Dieses Rohr ist als Stoßdämpferrohr eines hydraulischen Stoßdämpfers ausgebildet.

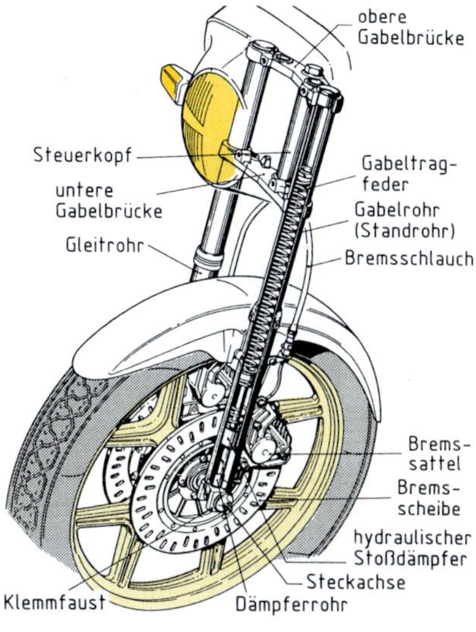

24 Welche Hinterradschwingen werden unterschieden?

Einarm- oder Zweiarmschwingen.

25 Weshalb ermöglichen Hinterradschwingen ein progressives Federverhalten?

Die Schwinge kann sich über eine Hebelumlenkung und ein Federbein gegen den Rahmen abstützen. Beim Einfedern verändern sich die wirksamen Hebellängen und somit die Hebelübersetzung.

26 Welche Arten von Bremsen werden in Krafträdern verwendet?

- Innenbacken-Bremse, die in die als Bremstrommel ausgebildete Radnabe eingebaut ist
- Scheibenbremse, wobei die Bremsscheibe an der Radnabe bzw. am Radstern angeschraubt ist.

27 Wie werden die Bremsen der Krafträder betätigt?

Die Betätigung erfolgt durch Hand- oder Fußkraft.

- Bei **Trommelbremsen** durch mechanische Kraftübertragung über Seilzüge oder Bremsgestänge auf einen Bremsnockenhebel, der die Bremsbacken anlegt
- bei **Scheibenbremsen** durch hydraulische Kraftübertragung auf die Bremsbeläge.

28 Weshalb sind Bremsscheiben bei Motorrädern gelocht oder geschlitzt?

- Rasches Ansprechen bei Nässe, da Wasser und Schmutz schnell von der Scheibenoberfläche verdrängt werden können
- Verminderung der ungefederten Massen.

29 Welche Räderarten werden für Krafträder verwendet?

- Drahtspeichenräder
- einteilig gegossene Leichtmetallräder
- mehrteilige Leichtmetallverbundräder.

30 Welche wesentlichen Vorteile bietet das Drahtspeichenrad?

- Geringes Gewicht
- Eigenfederung
- geringe Angriffsfläche für den Seitenwind.

31 Warum wird zunehmend das Leichtmetallrad für Krafträder verwendet?

- Schlauchloser Reifen möglich
- Seiten- und Höhenschlag gering
- pflegeleicht.

32 Welche wesentlichen Anforderungen werden an Kraftradreifen gestellt?

- Hohe Rundlaufgenauigkeit
- Seitenstabilität
- stabiles Geradeauslaufverhalten.

33 Welche besondere Gürtelbauform können Radialreifen für Motorräder aufweisen?

Endlosfaden-Gürtel mit 0°-Fadenwinkel

34 Weshalb weisen Kraftradreifen für das Vorderrad häufig ein längsrillenorientiertes Profil auf?

Längsrillen im Profil bewirken einen stabilen Geradeauslauf bei guter Seitenführung.

35 Weshalb weisen Kraftradreifen für das Hinterrad häufig ein querrillenorientiertes Profil auf?

Querrillen im Profil sind vorteilhaft für die Übertragung von Beschleunigungs- und Bremskräften.

6 Elektrische Anlage

6.1 Spannungserzeuger

01 Welche Arten von Spannungserzeugern gibt es für Kraftfahrzeuge?

Starterbatterien, Gleichstromgeneratoren, Drehstromgeneratoren, Magnetgeneratoren.

6.1.1 Starterbatterien

02 Welche Aufgaben hat eine Starterbatterie?

Elektrische Energie, die der Generator liefert, zu speichern. Bei Bedarf wird die gespeicherte Energie an die Verbraucher, z.B. zum Starten, abgegeben.

03 Aus welchen Teilen besteht eine Starterbatterie?

Aus Blockkasten mit Zelltrennwänden, Blockdeckel mit Zellenöffnungen und Verschlußstopfen, Plattensätzen, Zellenverbindern, Endpolen sowie Elektrolyt.

04 Was versteht man unter einer Zelle?

Sie ist die kleinste Einheit einer Starterbatterie mit einem positiven und einem negativen Plattensatz.

05 Wie ist ein Plattensatz aufgebaut?

Aus Plus- und Minusplatten mit Plattenverbindern und Separatoren zwischen den einzelnen Platten. Es ist immer eine Minusplatte mehr als Plusplatten vorhanden.

06 Wie sind die Platten einer Bleibatterie aufgebaut?

Plusplatten und Minusplatten bestehen aus Hartbleigittern, in die die aktive Masse eingebracht ist.

07 Woraus besteht die aktive Masse einer geladenen Bleibatterie?

Aus braunem Bleidioxid (PbO_2) an Plusplatten; aus grauem, porösem Bleischwamm (Pb) an den Minusplatten.

08 Woraus besteht die aktive Masse einer entladenen Bleibatterie?

Aus weißlichem Bleisulfat ($PbSO_4$) an Plus- und Minusplatten.

09 Welche Energieumformungen finden beim Laden bzw. Entladen einer Batterie statt?

Beim Laden wird die zugeführte elektrische Energie in chemische Energie umgewandelt. Beim Entladen wird die gespeicherte chemische Energie wieder in elektrische Energie umgewandelt.

10 Wie erfolgt der Stromtransport innerhalb einer Bleibatterie?

Durch positive und negative Ionen, die im Elektrolyten wandern.

11 Welche Vorgänge spielen sich beim Entladen ab?

Das Bleidioxid (PbO_2) der Plusplatten und das Blei (Pb) der Minusplatten wird in Bleisulfat ($PbSO_4$) umgewandelt. Dabei entsteht Wasser (H_2O), welches die Säuredichte herabsetzt.

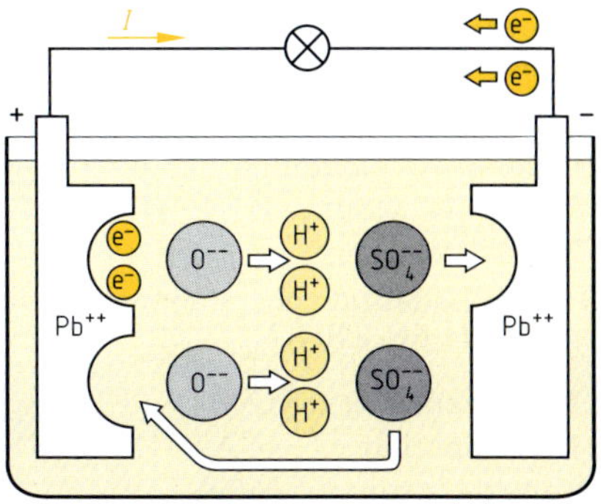

12 Welche Vorgänge spielen sich beim Laden ab?

Das Bleisulfat der Plusplatten wird in Bleidioxid, das der Minusplatten in Blei umgewandelt. Dabei wird Wasser chemisch umgesetzt. Es entsteht Schwefelsäure (H_2SO_4); die Säuredichte nimmt zu.

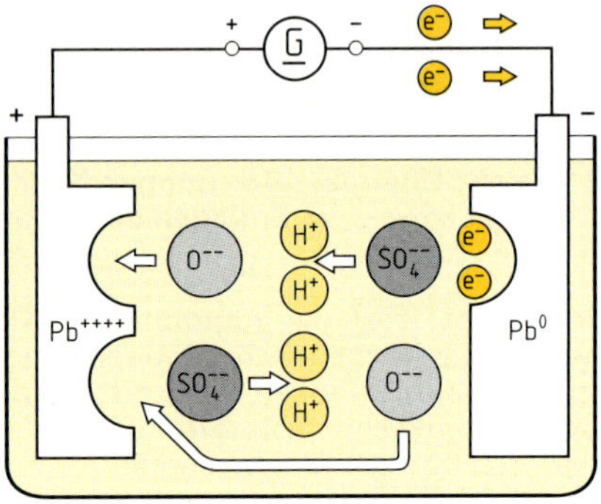

13 Wie groß ist die Dichte des Elektrolyten einer voll geladenen bzw. einer entladenen Starterbatterie?

Vollgeladen: etwa 1,28 g/cm³
Entladen: etwa 1,12 g/cm³
bei einer Elektrolyttemperatur von +20 °C.

14 Welche Bedeutung hat die Kennzeichnung „trocken geladen" bzw. „ungefüllt geladen"?

Die Starterbatterie enthält keine Säurefüllung. Die Batterieplatten befinden sich bereits in geladenem Zustand.

15 Wie wird eine „trocken geladene" Starterbatterie in Betrieb genommen?

Es wird Schwefelsäure mit einer Dichte von 1,28 g/cm³ eingefüllt, die etwa 20 Minuten vor der ersten Inbetriebnahme einwirken muß.

16 Was bedeutet die Kennzeichnung 12 V, 44 Ah, 210 A?

— Nennspannung	12 V
— Nennkapazität	44 Ah
— Kälteprüfstrom	210 A.

17 Was versteht man unter der Nennspannung der Starterbatterie?

Sie ist die Summe der Nennspannungen der einzelnen Zellen. Diese ist mit 2 V/Zelle festgelegt. Nennspannungen von Starterbatterien sind 6 V, 12 V, 24 V.

18 Was versteht man unter der Kapazität?

Die entnehmbare Strommenge, gemessen in Amperestunden (Ah).

19 Wie ist die Nennkapazität einer Starterbatterie festgelegt?

Sie ist die Kapazität, die eine voll geladene Batterie bei 20stündiger Entladung mit dem dazugehörigen Nennstrom (Nennkapazität/20 h) abgeben kann, bis die Entladeschlußspannung von 1,75 V je Zelle erreicht wird. Die Temperatur des Elektrolyten beträgt dabei +27 °C.

20 Wovon ist die Kapazität einer Starterbatterie abhängig?

Von
— der Entladestromstärke
— der Dichte und Temperatur des Elektrolyten
— dem Säurestand
— dem Alter der Starterbatterie.

21 Welchen Einfluß hat die Temperatur des Elektrolyten auf die Kapazität?

Eine Temperaturerhöhung steigert die Kapazität bzw. Leistung einer geladenen Batterie, jedoch wird die Selbstentladung beschleunigt und die Platten werden schneller zerstört. Temperaturerniedrigung bewirkt das Gegenteil.

22 Was versteht man unter dem Kälteprüfstrom?

Er ist eine dem Batterietyp zugeordnete hohe Entladestromstärke, mit der das Startverhalten bei tiefen Temperaturen beurteilt werden kann.

23 Wie ist der Kälteprüfstrom festgelegt?

Als derjenige Strom, den die vollgeladene Starterbatterie bei –18 °C abgeben kann, wobei folgende Zellenspannungen nicht unterschritten werden dürfen: nach 30 s Entladezeit 1,4 V, nach 180 s Entladezeit 1,0 V.

24 Was versteht man unter wartungsfreien Starterbatterien nach DIN?

Starterbatterien, die aufgrund der Werkstoffzusammensetzung der Plus- und Minusplatten nur zu geringer Gasung neigen. Es erfolgt keine Wasserzerlegung, wenn eine Ladespannung von 2,3 V/Zelle nicht überschritten wird.

25 Worauf ist beim Laden von Starterbatterien das Gasen zurückzuführen?

Ist die Starterbatterie geladen und liegt die Ladespannung über 2,4 V/Zelle, so wird das im Elektrolyt vorhandene Wasser in Wasserstoff und Sauerstoff zerlegt.

26 Warum darf in einer Starterbatterie nur destilliertes Wasser nachgefüllt werden?

Weil durch die Wasserzerlegung beim Laden und durch Verdunsten nur Wasser verloren geht.

27 Worauf ist beim Aus- bzw. Einbau von Starterbatterien zu achten?

Zuerst sind alle schaltbaren Verbraucher auszuschalten, damit eine versehentliche Funkenbildung ausgeschlossen ist.

Beim Lösen der Leitungsanschlüsse zuerst die Minusleitung (–), dann erst die Plusleitung (+) abklemmen. Beim Anschließen ist umgekehrt zu verfahren.

28 Wodurch kann die Selbstentladung erfolgen?

- Durch chemische Vorgänge im Innern der Batterie
- durch Verunreinigung des Elektrolyten
- durch Kriechströme an der Batterieoberfläche bzw. über den Bleischlamm am Boden.

29 Mit welcher Stromstärke erfolgt die Normalladung?

Mit einem Ladestrom, der etwa 10% des Zahlenwertes der Nennkapazität beträgt.

30 Mit welcher Stromstärke erfolgt die Schnelladung?

Mit einem Ladestrom, der etwa 50% bis 100% des Zahlenwertes der Nennkapazität beträgt.

31 Warum darf im Kraftfahrzeug die Bleibatterie nur bis zur Gasungsspannung geladen werden?

- Wegen starker Wasserzerlegung (Knallgasbildung) besteht Explosionsgefahr
- Bildung von Säuredämpfen (Korrosion)
- Überhitzung der Batterie (Verformung der Gitterplatten)
- schnelle Alterung
- häufiges Nachfüllen von Wasser erforderlich.

32 Welche Sicherheitsmaßnahmen müssen beim Umgang mit Bleibatterien beachtet werden?

- Zuerst das Massekabel lösen, um einen Kurzschluß mit der leitenden Karosserie zu vermeiden (nur bei Fahrzeugen mit Minus an Masse)
- wegen Explosionsgefahr keine offene Flamme oder funkenziehende Geräte in Batterieladeräumen oder in unmittelbarer Nähe von Bleibatterien verwenden. Rauchverbot beachten
- wegen der Gefahr der Bleivergiftung auf größte Reinlichkeit achten
- beim Umfüllen von Säure wegen Verätzungsgefahr stets Schutzkleidung und Schutzbrille tragen.

6.1.2 Drehstromgeneratoren

01 Welche Aufgaben hat ein Generator?

Während des Betriebs die elektrischen Verbraucher mit Energie zu versorgen und gleichzeitig die Starterbatterie zu laden.

02 Welche Eigenschaften besitzt ein Drehstromgenerator?

Leistungsabgabe schon bei Leerlauf des Motors möglich, verschleißarm, geringe Wartung, kleines Leistungsgewicht, Generatorstrom wird von festen Klemmen abgenommen, über Kohlebürsten fließt nur der kleine Erregerstrom; bei entsprechendem Lüfter drehrichtungsunabhängig; wegen der Dioden kein Rückstromschalter nötig; einfacher Regler.

03 Aus welchen Hauptteilen besteht ein Drehstromgenerator?

- Geblechter Ständer mit dreiphasiger Wicklung und feststehenden Leitungsanschlüssen
- Dioden (6 Leistungs- und 3 Erregerdioden)
- Läufer mit Erregerwicklung und dazugehörigen Schleifringen und Klauenpolmagneten
- Lagerschilde mit Lagern
- Riemenscheibe mit Lüfter.

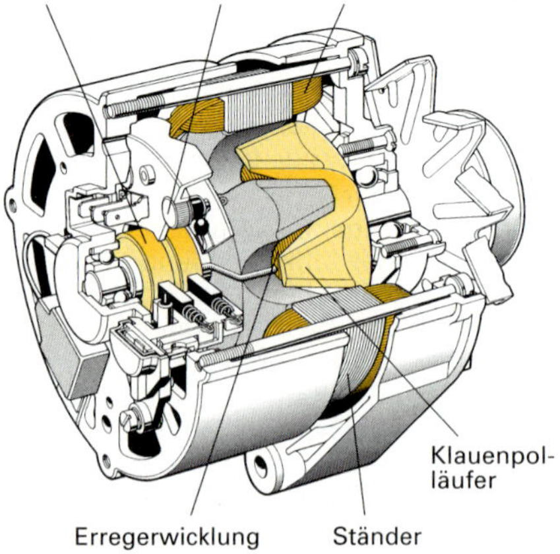

04 Wie ist der Ständer eines Drehstromgenerators aufgebaut?

Aus gegeneinander isolierten und mit Nuten versehenen Blechen, die zu einem festen Blechpaket zusammengepreßt sind. In die Nuten sind wellenförmig die 3 Wicklungsstränge (Phasen) eingelegt.

05 Warum besteht das Ständerpaket aus gegenseitig isolierten Dynamoblechen?

Weil in einem massiven Ständerpaket durch Induktion Wirbelströme entstehen würden, die zu Verlusten führen. Außerdem lassen sich die Nuten für die Ständerwicklung einfacher durch Stanzen der Bleche herstellen.

06 Wie können die drei Wicklungsstränge der Ständerwicklung geschaltet sein?

Sie können – je nach Maschinentype – in Stern- oder Dreieckschaltung miteinander verbunden sein.

07 Wie ist der Läufer eines Drehstromgenerators aufgebaut?

Aus der ringförmig angeordneten Erregerwicklung und zwei klauenartig ausgebildeten Polhälften, die je sechs Nord- und Südpole bilden; diese werden über die Spule geschoben und greifen wechselseitig ineinander. Die Enden der Erregerwicklung sind an zwei von der Läuferwelle isolierte Schleifringe geführt.

08 Wie erfolgt im Prinzip die Spannungserzeugung?

Durch Induktion; dabei wird in einer Leiterschleife das Magnetfeld verändert.

09 Welche Spannungsart entsteht durch Induktion?

Je nach Anordnung der Wicklungen entsteht Einphasen-Wechselspannung oder Dreiphasen-Wechselspannung.

10 Welche zwei Möglichkeiten zur Erzeugung von Wechselspannung durch Induktion gibt es?

— Magnetfeld bewegt sich, Leiterschleife steht still, z.B. Drehstromgenerator
— Magnetfeld steht fest, Leiterschleife bewegt sich, z.B. Gleichstromgenerator.

11 Wovon ist die Höhe der induzierten Spannung abhängig?

Von der Drehzahl des Generators, der Stärke des Magnetfeldes (Anzahl der magnetischen Feldlinien) und der Windungszahl.

12 Wie erfolgt die Gleichrichtung des Ladestromes?

Über sechs Leistungs-Dioden im Ladestromkreis (drei Plus- und drei Minus-Dioden), die in einer Drehstrom-Brückenschaltung zusammengeschaltet sind.

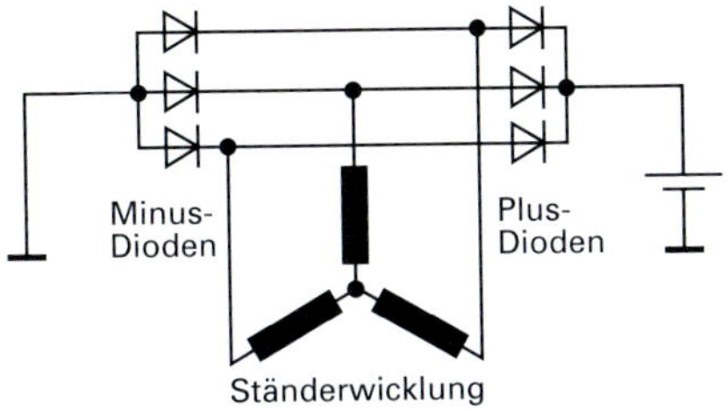

13 Warum verwendet man eine Drehstrom-Brückenschaltung?

Weil sie mit der geringsten Anzahl von Dioden eine Gleichspannung von geringer Welligkeit erzeugt; außerdem kann die Generatorleistung voll ausgenutzt werden.

14 Welche zusätzliche Aufgabe haben die Plus-Dioden im Ladestromkreis?

Sie verhindern einen Stromfluß (Rückstrom) von der Batterie in den Generator, wenn die Generatorspannung kleiner ist als die Batteriespannung.

15 Wie erfolgt die Gleichrichtung des Erregerstromes?

Im Erregerstromkreis über drei zusätzliche Erregerdioden und die drei Minusdioden.

16 Wodurch unterscheiden sich Plus-Dioden von Minus-Dioden?

Plus- und Minus-Dioden stimmen in ihrer Funktion mit anderen Dioden völlig überein.

Plusdioden: Das gerändelte Metallgehäuse, das in das Kühlblech eingepreßt ist, bildet die Kathode; es ist mit der Anschlußklemme B+ (Batterie Plus) verbunden.

Minusdioden: Das gerändelte Metallgehäuse, das in das Kühlblech eingepreßt ist, bildet die Anode; es ist mit der Anschlußklemme B– (Masse) verbunden.

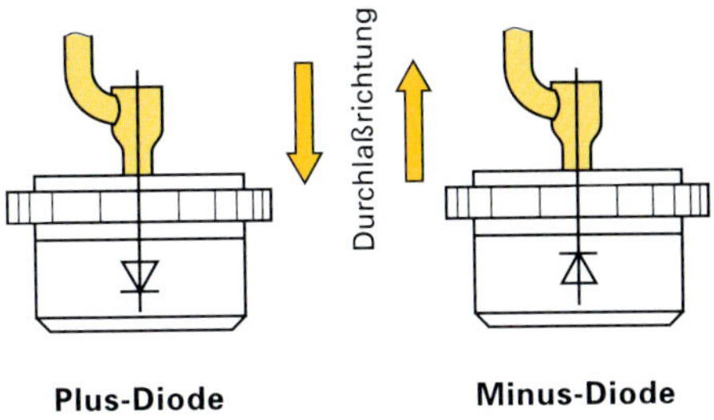

17 Wie sind die Plus- bzw. Minus-Dioden geschaltet?

Die Plus-Dioden sind so geschaltet, daß sie von den Wicklungssträngen zu B+ bzw. der Batterie hin durchlässig sind; dagegen sind die Minus-Dioden von D– (B–) zu den Wicklungssträngen über die Plus-Dioden zu B+ hin durchlässig.

18 Warum müssen die Dioden gekühlt werden?

Weil die zulässige Erwärmung von Halbleiterbauelementen begrenzt ist, müssen die beim Stromdurchgang in der Diode entstehenden Stromwärmeverluste über Kühlkörper an den Kühlluftstrom abgegeben werden.

19 Welche Stromkreise unterscheidet man bei einem Drehstromgenerator?

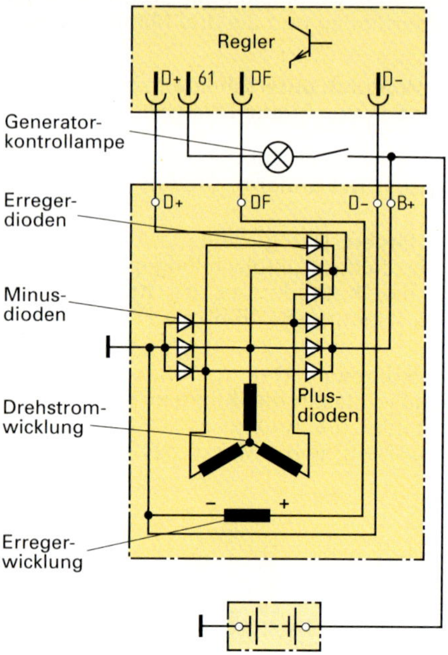

20 Wie verläuft der Ladestromkreis?

Von der Generatorklemme B+ über die Verbraucher und die Masse zu B– (D–) und von dort über die Minus-Dioden in die Ständerwicklungen des Generators. Der Stromkreis schließt sich über die Plusdioden zu B+.

21 Wie verläuft der Erregerstromkreis?

Von der Generatorklemme D+ über den Regler und die Erregerwicklung zur Masse (D–) und von dort über die Minusdioden, Ständerwicklung, Erregerdioden zur Klemme D+.

22 Welche Aufgaben hat der Vorerregerstromkreis?

Er erzeugt im Klauenpolläufer zum geringen Restmagnetismus noch ein zusätzliches Magnetfeld, das schon bei niederer Drehzahl eine Induktionsspannung zur Folge hat, die größer als die Schwellspannung der Dioden ist. Damit kann schon bei niederer Generatordrehzahl Leistung abgegeben werden.

23 Wodurch wird das Einsetzen des Erregerstromes bzw. der Selbsterregung bestimmt?

Durch die Schwellspannung (Spannungsabfall) der Dioden. Sie beträgt bei Siliciumdioden etwa 0,7 V.

Im Drehstromgenerator sind je Phase zwei Dioden (eine Minus-Diode und eine Erregerdiode) hintereinander geschaltet, d.h. die induzierte Spannung muß erst 2 x 0,7 V = 1,4 V erreichen, ehe eine Selbsterregung eintreten kann.

24 Wie erfolgt der Stromverlauf bei der Vorerregung?

Von der Batterie (B+) über den Zündschalter, Generatorkontrollampe (D+/61), Regler, Erregerwicklung (DF) an Masse (D–).

25 In welchem Fall erlischt die Generatorkontrollampe?

Ist die Spannung an den Plus-Dioden (B+) und den Erregerdioden (D+) gleich groß, so ist an der Generatorkontrollampe keine Spannungsdifferenz mehr vorhanden, d.h. es fließt kein Vorerregerstrom mehr.

26 Worauf ist beim Auswechseln der Generatorkontrollampe zu achten?

Es darf nur eine Lampe mit der vorgeschriebenen Leistung (Wattzahl) eingesetzt werden, da sonst der Vorerregerstrom zu klein bzw. zu groß sein kann.

27 Welche Aufgabe hat die Regelung von Generatoren?

Die Generatorspannung bei allen Drehzahlen und Belastungsfällen nahezu konstant auf der geforderten Höhe zu halten, damit die Verbraucher keinen Spannungsschwankungen ausgesetzt werden.

28 Wovon ist die Höhe des erforderlichen Erregerstromes abhängig?

Von der augenblicklichen Belastung und der Drehzahl des Generators.

29 Wie wird die Spannung eines Generators geregelt?

Durch periodisches Stärken und Schwächen des Erregerstromes, wobei sich das Magnetfeld in der Erregerwicklung im selben Rhythmus ändert.

30 Welche Regelstellungen gibt es bei mechanischen Reglern?

Unterlage, Mittellage oder Oberlage.

31 Welche Regelvorgänge spielen sich in den einzelnen Stellungen der Regelkontaktpaare ab?

Unterlage: Erregerwicklung erhält über D+ volle Spannung; volle Erregung.

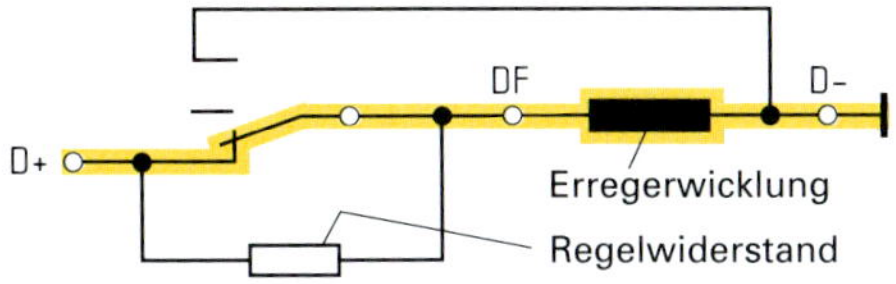

Mittellage: Die Erregerwicklung ist über einen Regelwiderstand mit D+ verbunden; verringerte Erregung.

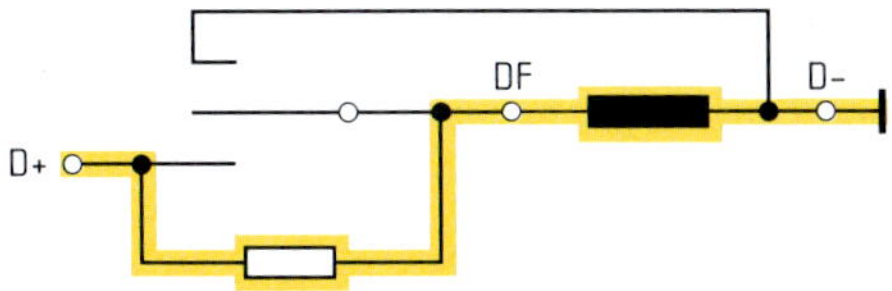

Oberlage: Beide Enden der Erregerwicklung sind mit Masse verbunden; vollständige Abregelung.

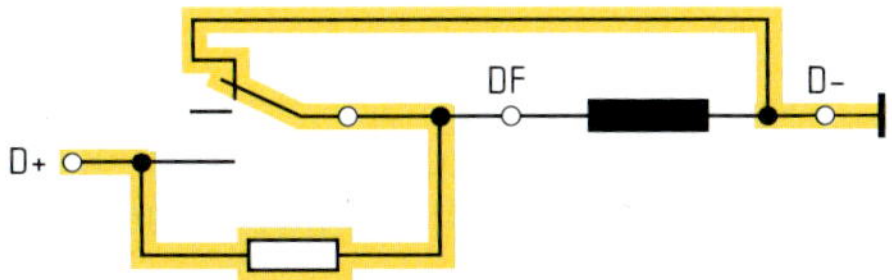

32 Aus welchen Bauteilen besteht im Prinzip ein elektronischer Regler?

Aus einem Leistungstransistor T1, einem Steuertransistor T2 mit Zenerdiode und einer Freilaufdiode D.

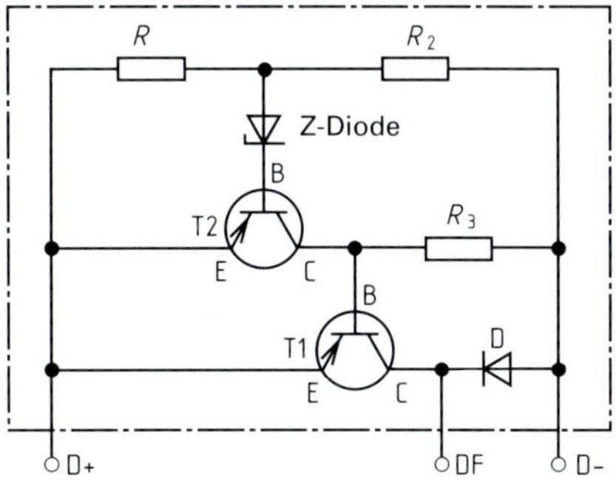

33 Welche Regelzustände (Schaltzustände) des elektronischen Reglers gibt es?

Erregerstrom „Ein“ oder „Aus“.

34 Wie erfolgt der Regelzustand „Ein“?

Hat der Istwert der Generatorspannung noch nicht den Sollwert erreicht, so sperrt die Z-Diode den Transistor T2. Dadurch liegt die Basis des Transistors T1 über den Widerstand R3 an D–, wobei T1 durchschaltet. Der Erregerstrom wird von D + über Emitter und Kollektor von T1 zur Erregerwicklung geleitet.

35 Wie erfolgt der Regelzustand „AUS“?

Überschreitet die Generatorspannung den vorgeschriebenen Sollwert, so wird die Z-Diode leitend, wobei die Basis des Transistors T2 negativ wird. T2 schaltet durch, dabei erhält die Basis von T1 eine positive Spannung und sperrt den Erregerstrom.

36 Warum ist in elektronischen Reglern eine Freilaufdiode (Schutzdiode) erforderlich?

Durch die Unterbrechung des Erregerstromes entsteht wegen des schnellen Abbaus des Erregerfeldes eine Spannungsspitze, die die elektronischen Bauelemente des Spannungsreglers zerstören könnte.

37 Wie arbeitet die Freilaufdiode?

Die entstehende Spannungsspitze in der Erregerwicklung hat eine umgekehrte Polarität wie die Erregerspannung. Die entstehende Spannungsspitze wird über die parallel zur Erregerwicklung geschaltete Freilaufdiode kurzgeschlossen.

38 Welche Vorteile bieten elektronische Spannungsregler?

— Kontaktloses Schalten von großen Strömen
— verschleiß- und wartungsfrei
— funkenfreies Schalten, daher keine Entstörung erforderlich
— sehr kurze Schaltzeiten bzw. hohe Schaltfrequenz ermöglichen geringe Regeltoleranzen der Generatorspannung
— kleine Baugröße und Schwingungsunempfindlichkeit ermöglichen den Einbau im Generator.

39 Welche Vorteile bieten Regler in Hybrid-Technik?

— Sehr kleine Abmessungen
— wenig Einzelbauteile mit wenigen Verbindungsstellen
— hohe Zuverlässigkeit bei allen Betriebsbedingungen.

40 Welche Aufgabe hat ein Überspannungsschutzgerät?

Schutz der elektronischen Bauelemente in Generator und Regler vor Überspannungen und Spannungsspitzen.

41 Warum ist bei Drehstromgeneratoren mit Klauenpolläufer kein Überlastungsschutz erforderlich?

Weil aufgrund der elektromagnetischen Auslegung des Generators (wenig Eisen) sich der Generator bei Erreichen des Nennstromes im Sättigungsbereich befindet. Eine Erhöhung des Erregerstromes bewirkt keine weitere Spannungserhöhung; die Generatorleistung wird nicht mehr vergrößert.

42 Wie wirkt im Prinzip ein Überspannungsschutzgerät?

Beim Auftreten einer Überspannung (etwa ab 31 V) wird ein Thyristor gezündet, d.h. er wird leitend. Der Generator wird zwischen D+ (Erreger-Dioden) und D– (Masse) kurzgeschlossen; der Generator ist nicht mehr erregt. Die Generatorkontrollampe leuchtet.

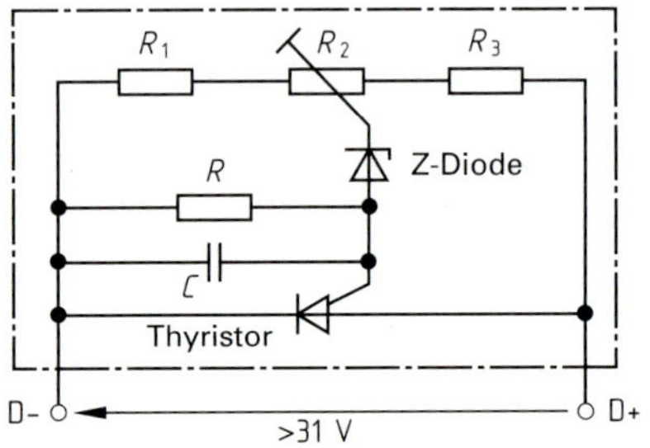

43 Worauf ist beim Betrieb von Drehstromgeneratoren zu achten?

— Nie den Drehstromgenerator ohne Batterie und Regler betreiben
— bei Schnelladung der Starterbatterie den Drehstromgenerator abklemmen
— für ausreichende Kühlung sorgen
— kein Abklemmen des Generators unter Last, da durch Selbstinduktion unzulässig hohe Spannungsspitzen entstehen können.

44 Worauf muß beim Prüfen von Drehstromgeneratoren besonders geachtet werden?

Der Generator darf nur mit angeschlossener Batterie geprüft werden.

Während des Betriebs dürfen keine Leitungen am Generator oder am Regler abgeklemmt oder getrennt werden, da sonst Selbstinduktionsspannungen entstehen, die zur Zerstörung der Dioden führen können.

45 Welche Fehler können an Dioden auftreten?

— Unterbrechung, verursacht durch zu hohen Strom und zu starke Erwärmung
— Durchgang in beide Richtungen (Kurzschluß), verursacht durch Überspannung.

46 Wie können ausgebaute Dioden geprüft werden?

— Mit einem Ohmmeter. Bei einer einwandfreien Diode beträgt der Widerstand in Durchlaßrichtung einige Ohm, in Sperrichtung 50 k Ω

— mit einer 24-V-Gleichstromprüflampe, die in Reihe zur Diode geschaltet wird. Bei einer einwandfreien Diode, die in Durchlaßrichtung geschaltet ist, leuchtet die Prüflampe auf; beim Umpolen in Sperrichtung erlischt sie.

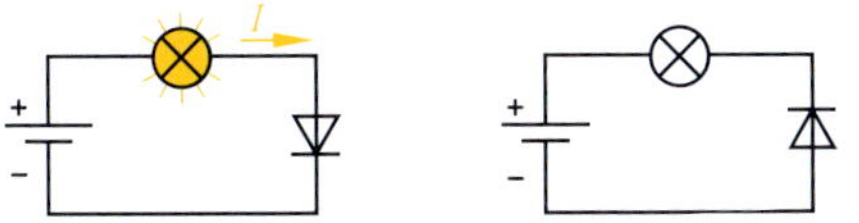

Durchlaßrichtung **Sperrichtung**

47 Wie erfolgt die Prüfung der Regulierspannung?

Ein Spannungsmesser und ein Strommesser mit einem in Reihe geschalteten Belastungswiderstand werden zwischen B+ und Masse geschaltet. Die Batterie wird parallel zum Belastungswiderstand geschaltet. Bei Nenndrehzahl wird mit dem Belastungswiderstand der Nennstrom des Generators eingestellt. Die dabei angezeigte Spannung ist die Regulierspannung bei Belastung.

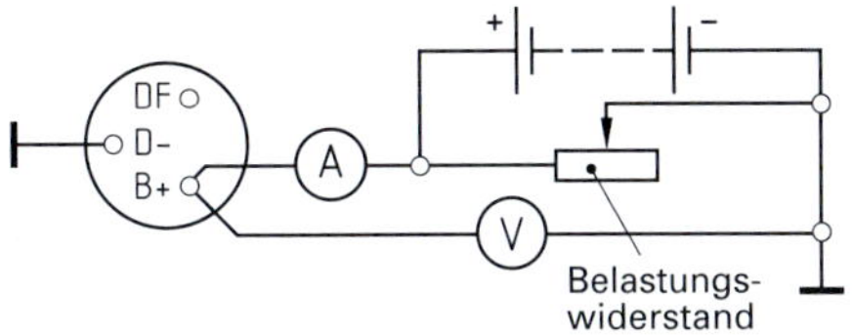

48 Wie erfolgt die Prüfung des Rückstromes?

Bei stehendem Motor und eingeschaltetem Fahrtschalter darf in einem zwischen B+ und dem Pluspol der Batterie geschalteten Amperemeter kein Strom in den Generator fließen. Fließt jedoch ein Strom, so liegt ein Kurzschluß in den Plusdioden vor.

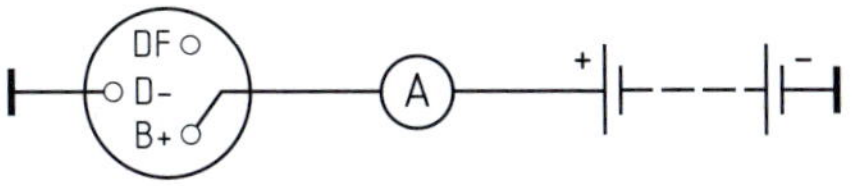

49 Wie ist ein Magnetgenerator aufgebaut?

Aus
— Ankerplatte
— Generatoranker mit Spule
— umlaufendem Polrad mit Dauermagneten.

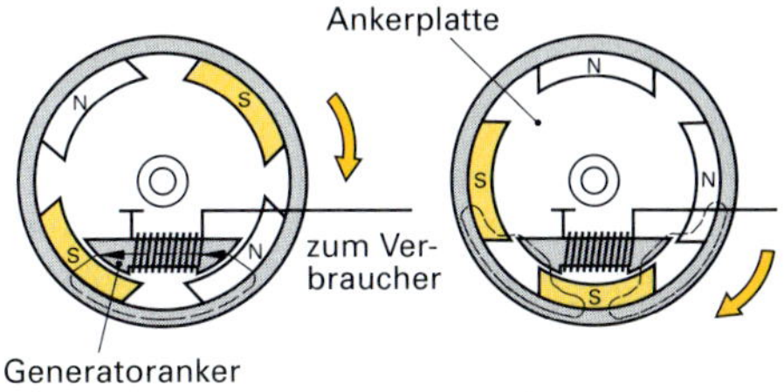

50 Wie erfolgt die Spannungserzeugung in einem Magnetgenerator?

Das umlaufende Polrad induziert mit seinen abwechselnd angeordneten Nord- und Südpolen eine Wechselspannung im Generatoranker.

51 Warum benötigen Magnetgeneratoren keinen Spannungsregler?

Mit zunehmender Drehzahl des Polrades steigt die Spannung und gleichzeitig auch die Frequenz der Wechselspannung im Generatoranker. Mit der Frequenz steigt auch der induktive Widerstand der Spule. Bei vorgegebenem Belastungsstrom wird der innere Spannungsabfall am induktiven Widerstand größer. Dadurch bleibt die Klemmenspannung annähernd konstant.

52 Wie verändert sich die Spannung des Magnetgenerators bei Abweichung vom vorgegebenen Belastungsstrom?

Bei Verringerung des Belastungsstromes entsteht eine Überspannung (Gefahr des Durchbrennens der Glühlampen), bei Vergrößerung des Belastungsstromes eine Unterspannung.

6.2 Elektrische Verbraucher

6.2.1 Starter

01 Welche Aufgabe hat ein Starter?

Den Verbrennungsmotor auf seine erforderliche Startdrehzahl zu bringen.

02 Wie hoch ist die Startdrehzahl von Verbrennungsmotoren?

— Ottomotoren: 60...100 1/min
— Dieselmotoren: a) direkte Einspritzung: 80...200 1/min b) indirekte Einspritzung: 60...100 1/min.

03 Wie arbeitet im Prinzip ein Gleichstrommotor?

Auf eine stromdurchflossene Leiterschleife wird im Magnetfeld eine Kraft ausgeübt. Je nach Stromrichtung in der Leiterschleife entsteht ein links- bzw. rechtsdrehendes Moment.

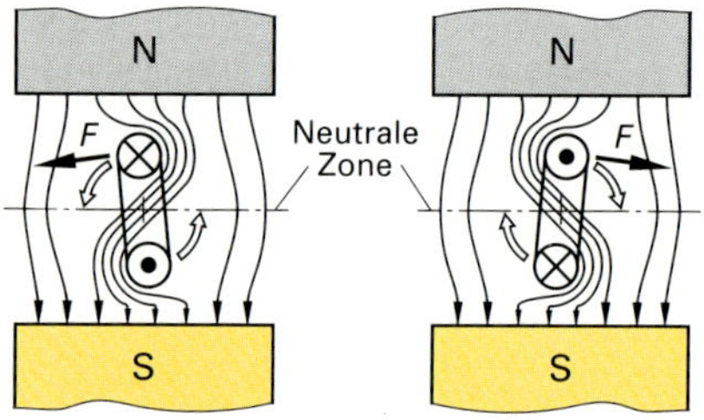

04 Wovon ist die Drehkraft am Anker abhängig?

Von der Stärke des Magnetfeldes und der Stromstärke im Anker.

05 Aus welchen Hauptteilen ist ein Gleichstrommotor aufgebaut?

— Polgehäuse mit Polschuhen und Erregerwicklung bzw. Dauermagneten
— Anker mit Wicklung und Stromwender
— zwei Lagerschilde mit Lagern.

06 Welche wesentliche Aufgabe hat der Stromwender?

Den Strom so zu wenden bzw. so den einzelnen Spulen zuzuführen, daß die Drehkraft immer in die gleiche Richtung wirkt.

07 Wie kann man Gleichstrommotoren nach Art der Erregung einteilen?

— Nebenschlußmotoren
— Permanenterregte Motoren
— Reihenschlußmotoren (Hauptschlußmotoren)
— Doppelschlußmotoren.

08 Wie ist die Erregerwicklung bei den verschiedenen Gleichstrommotoren geschaltet?

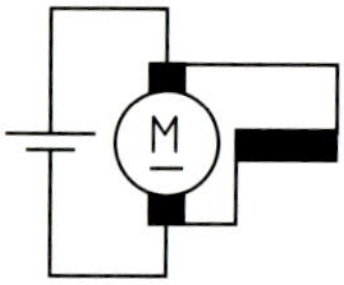

Nebenschlußmotor

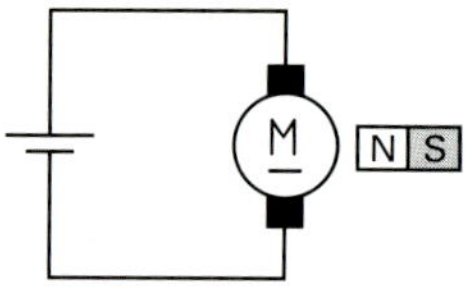

Permanenterregter Motor

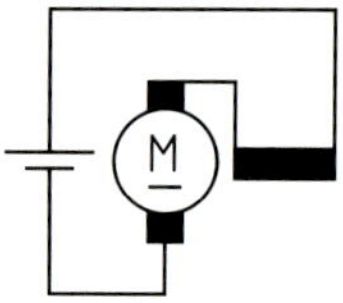

Reihenschlußmotor

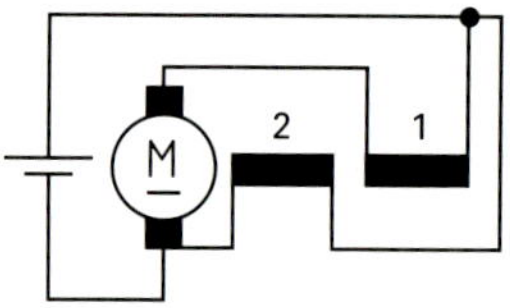

1 Reihenschlußwicklung
2 Nebenschlußwicklung

Doppelschlußmotor

09 Warum sind Anker- und Erregerwicklung üblicherweise beim Starter hintereinander geschaltet?

Weil sich dadurch der Strom im Anker und die Stärke des Magnetfeldes der Erregerwicklung jeweils nach der Belastung des Starters einstellt. Große Belastung des Starters bewirkt hohen Strom im Anker und starkes Magnetfeld in der Erregerwicklung; dadurch entsteht das große Drehmoment bei blockiertem Starter (Losbrechmoment).

10 Aus welchen Hauptteilen besteht ein Starter?

- Startermotor
- Ritzel mit Einspurvorrichtung
- Freilaufsystem (Rollen- oder Lamellenfreilauf).

11 Welche Aufgabe hat das Ritzel?

Die Drehkraft des Startermotors auf das Schwungrad zu übertragen.

12 Welche Aufgaben hat das Freilaufsystem?

- Während des Startvorgangs das Antriebsmoment des Startermotors kraftschlüssig auf das Ritzel übertragen
- nach dem Starten das im Zahnkranz noch eingespurte Ritzel vom Startermotor trennen und den Kraftfluß unterbrechen.

13 Welche Arten von Freiläufen gibt es?

- Rollenfreilauf
- Lamellenfreilauf.

14 Wie ist ein Rollenfreilauf aufgebaut?

Er besteht aus dem Freilaufring mit den Rollengleitkurven, den Rollen und den Schraubenfedern. Die Rollen gleiten auf dem Ritzelschaft. Die Rollengleitkurven verengen sich in einer Richtung.

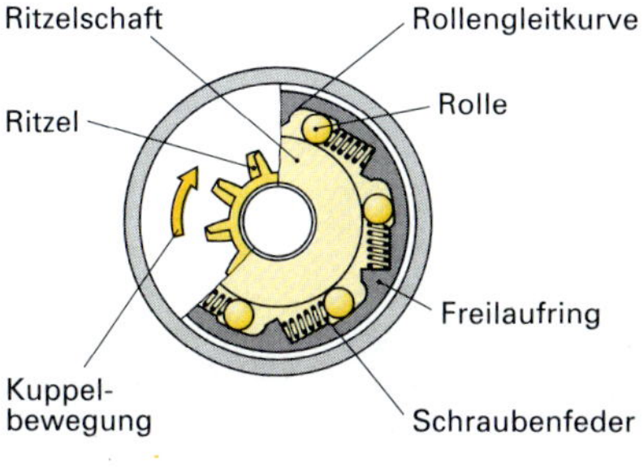

15 Wie arbeitet ein Rollenfreilauf?

Wird der Feilaufring vom Startermotor angetrieben, so werden die Rollen in den sich verengenden Teil der Rollengleitkurven gedrückt; der Ritzelschaft wird dadurch mit dem Startermotor gekuppelt. Nach dem Startvorgang werden die Rollen vom überholenden Ritzel, das jetzt vom Motor (Zahnkranz) angetrieben wird, entgegen der Federkraft in den weiteren Teil der Rollengleitkurven gedrückt; der Kraftschluß wird gelöst.

16 Wie ist ein Lamellenfreilauf im Prinzip aufgebaut?

Er ist eine Art Kupplung. Im wesentlichen besteht er aus metallischen Außen- und Innenlamellen, die zur Übertragung des Antriebsmomentes kraftschlüssig zusammengepreßt werden.

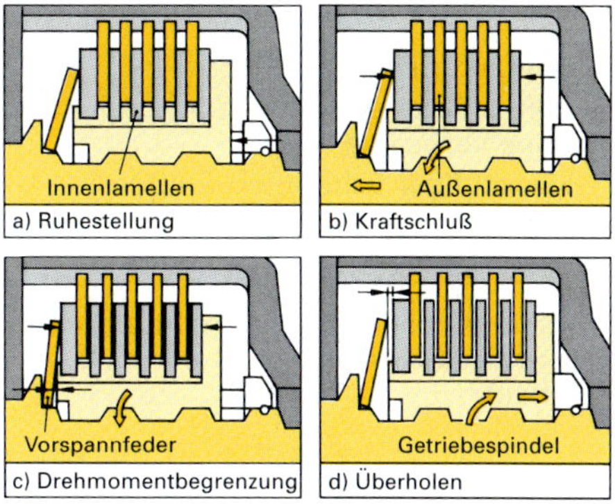

a) Ruhestellung
b) Kraftschluß
c) Drehmomentbegrenzung
d) Überholen

17 Welche Aufgaben hat der Lamellenfreilauf?

- Kupplungswirkung. Nach dem Einspuren des Ritzels den Kraftfluß zwischen Ankerwelle und Ritzel herstellen
- Freilaufwirkung. Nach dem Starten bei eingespurtem Ritzel den Kraftfluß zwischen Ankerwelle und Ritzel lösen, um gefährliche Fliehkräfte am Anker zu vermeiden
- Überlastschutzwirkung. Wird ein vorgegebenes Drehmoment am Ritzel überschritten, so rutscht die Lamellenkupplung durch und ermöglicht ein langsames Drehen des Ankers; es fließt kein hoher Kurzschlußstrom.

18 Wodurch unterscheiden sich die einzelnen Startertypen?

Durch die Art des Einspurens des Ritzels in den Zahnkranz.

19 Welche Aufgaben hat das Einrückrelais (Magnetschalter)?

- Das Ritzel axial in den Zahnkranz einspuren
- nach dem Ausschalten des Starters das Ritzel aus dem Zahnkranz ausspuren
- die großen Starterströme (bis 2000 A) schalten.

20 Welches sind die wichtigsten Startertypen?

- Schraubtrieb-Starter
- Schub-Schraubtrieb-Starter mit oder ohne Vorgelege
- zweistufiger Schubtrieb-Starter.

21 Wie ist die Einspurvorrichtung eines Schub-Schraubtrieb-Starters aufgebaut?

Die Ankerwelle ist ritzelseitig mit einem Steilgewinde versehen, auf dem über einen Einrückhebel mit Führungsring und Einspurfeder das mit einem Rollenfreilauf versehene Ritzel axial verschoben werden kann. Der Einrückhebel wird von einem Einrückrelais betätigt.

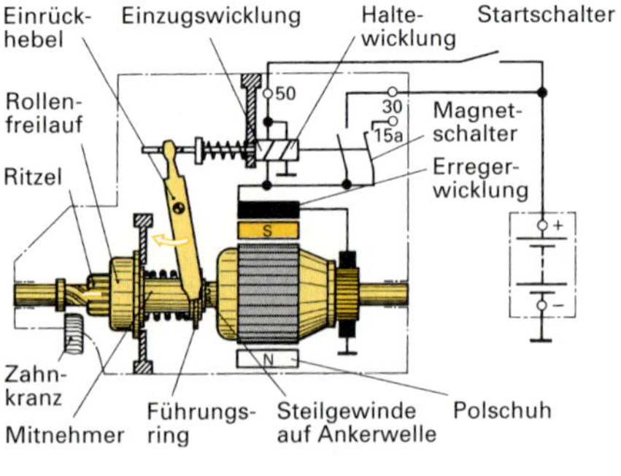

22 Wie setzt sich der Einspurvorgang bei Schub-Schraubtrieb-Startern zusammen?

Aus dem Schubweg und dem Schraubweg.

23 Welche Aufgaben hat das Planetengetriebe bei Vorgelegestartern (Schub-Schraubtrieb-Startern)?

Die hohe Drehzahl des Startermotors herabsetzen und gleichzeitig das Drehmoment am Ritzel erhöhen.

24 Welche Vorteile haben Vorgelegestarter gegenüber konventionellen Schub-Schraubtrieb-Startern?

- Bis zu 40% Gewichtsersparnis bei gleicher Leistung
- kleinere Einbauabmessungen
- größere Startleistung bei gleich großer Starterbatterie
- geräuschärmerer Lauf.

25 Wie ist ein Planetengetriebe bei Vorgelegestartern aufgebaut?

- Hohlrad. Es ist drehfest im Startergehäuse gelagert
- Planetenräder. Sie sind im Planetenradträger gelagert
- Sonnenrad. Es sitzt auf der Ankerwelle und wird vom Anker angetrieben.

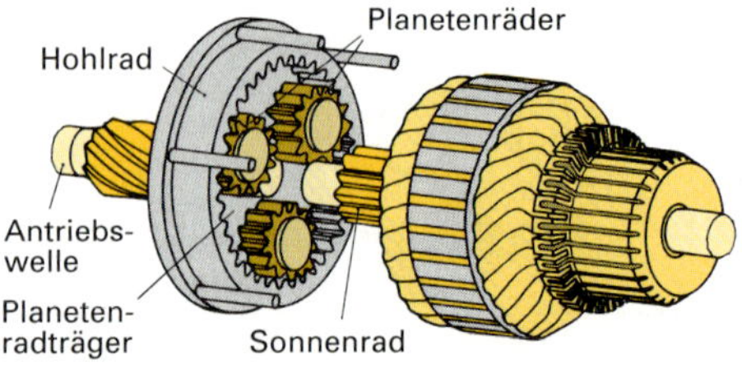

26 Wie ist ein zweistufiger Schubtrieb-Starter aufgebaut?

Der Startermotor ist ein Doppelschlußmotor. Die Ankerwelle ist als Hohlwelle ausgeführt, die zur Ritzelseite hin zu einem Mitnehmerflansch ausgebildet ist, der den Lamellenfreilauf aufnimmt. Auf der Kollektorseite sind ein Einrückmagnet und ein Steuerrelais angebracht.

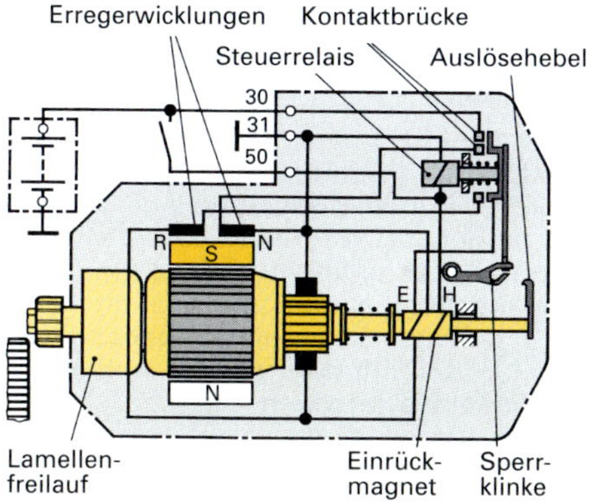

27 Welche Vorgänge spielen sich beim zweistufigen Schubtrieb-Starter in der 1. Schaltstufe ab?

Der Einrückmagnet bewegt das Ritzel über die Einrückstange und eine Steilgewindespindel gegen den Zahnkranz, wobei sich der Anker langsam dreht. Das Ritzel spurt ein, der Verbrennungsmotor wird jedoch noch nicht durchgedreht, da nur die Nebenschlußwicklung eingeschaltet ist.

28 Welche Vorgänge spielen sich beim zweistufigen Schubtrieb-Starter in der 2. Schaltstufe ab?

Über den Auslösehebel, der sich an der Einspurstange befindet, wird die Sperrklinke am Steuerrelais angehoben. Über ein Kontaktpaar wird die Reihenschlußwicklung zugeschaltet. Der Starter hat jetzt sein volles Drehmoment, der Verbrennungsmotor wird durchgedreht.

29 Welche Aufgabe hat die Ankerbremse bei Startern mit großer Leistung?

Den Anker des Starters nach Abschalten des Stromes möglichst schnell zum Stillstand zu bringen, damit sofort wieder gestartet werden kann.

30 Wie kann das Startsystem im Kraftfahrzeug geprüft werden?

Durch die sogenannte Kurzschlußprüfung. Ein Strommesser wird in die Starterhauptleitung, ein Spannungsmesser an Klemme 30 am Starter und Masse, ein zweiter Spannungsmesser parallel zur Batterie geschaltet. Außerdem wird der größte Gang eingelegt, die Handbremse angezogen und die Fußbremse betätigt. Der Starter wird kurzzeitig eingeschaltet (maximal 5 Sekunden). Gemessen werden Kurzschlußstrom, Klemmenspannung der Batterie und Spannung am Starter.

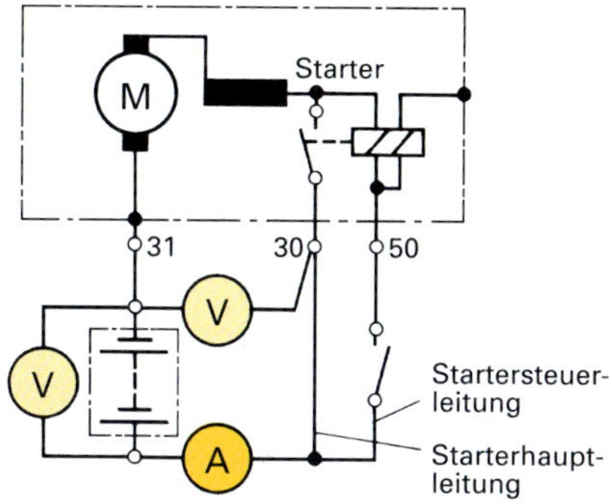

31 Welche Fehler können bei der Kurzschlußprüfung am Starter ermittelt werden?

— Defekter Starter
— defekte Starterbatterie
— zusätzliche Widerstände im Stromkreis.

32 Woran erkennt man zusätzliche Widerstände in der Starterhauptleitung?

Bei richtiger Klemmenspannung der Starterbatterie ist der Kurzschlußstrom kleiner als vorgeschrieben.

6.2.2 Zündanlagen

01 Welche Aufgabe hat die Batteriezündanlage?

Sie hat das Kraftstoff-Luft-Gemisch unter allen Betriebsbedingungen im richtigen Augenblick zu entzünden.

02 Welche Arten von Zündanlagen gibt es?

- Konventionelle Spulenzündanlagen (SZ)
- Transistorisierte Spulenzündanlagen (TSZ)
- Transistorzündanlagen (TZ)
- Elektronische Zündanlagen (EZ)
- Vollelektronische Zündanlagen (VZ).

03 Wodurch unterscheiden sich im wesentlichen Spulenzündanlagen?

- Schalten des Primärstromes
- Auslösen des Zündimpulses
- Zündwinkelverstellung
- Hochspannungsverteilung.

Konventionelle Spulenzündanlagen

04 Aus welchen Teilen ist eine konventionelle Spulenzündanlage (SZ) aufgebaut?

Aus Fahrtschalter, Zündspule, Zündverteiler mit Zündunterbrecher, Zündkondensator, Fliehkraftversteller und Unterdruckversteller.

05 Welche Aufgaben hat die Zündspule?

- Die Batteriespannung auf die erforderliche Zündspannung transformieren
- die Zündenergie kurzfristig in Form eines Magnetfeldes speichern
- im Zündzeitpunkt die magnetische Energie in elektrische Energie umwandeln.

06 Wie ist eine Zündspule aufgebaut?

Im Prinzip handelt es sich um einen Transformator in Sparschaltung. Der Kern besteht aus lamelliertem Eisenblech. Auf dem Kern befindet sich die Sekundärwicklung (Hochspannungswicklung), darüber die Primärwicklung. Die Sekundärwicklung hat viele Windungen aus dünnem Kupferdraht, die Primärwicklung wenig Windungen aus dickerem Kupferdraht.

07 Welche Vorgänge spielen sich beim Schließen des Zündunterbrechers ab?

Es fließt der Primärstrom über die Primärwicklung und Zündunterbrecher zur Masse. In der Primärwicklung wird ein Magnetfeld aufgebaut. Während des Aufbaus des Magnetfeldes entsteht in der Primärwicklung eine Selbstinduktionsspannung, die der angelegten Spannung entgegengerichtet ist und somit den raschen Aufbau des Magnetfeldes verzögert.

08 Welche Vorgänge spielen sich beim Öffnen des Zündunterbrechers ab?

Der Primärstromkreis wird unterbrochen. Das Magnetfeld baut sich rasch ab und induziert in der Sekundärwicklung die Hochspannung. Gleichzeitig entsteht in der Primärwicklung eine Selbstinduktionsspannung von etwa 200 V bis 400 V, die die gleiche Richtung hat, wie die zuvor angelegte Batteriespannung. Diese Selbstinduktionsspannung würde den schlagartigen Abbau des Magnetfeldes verhindern und zur Funkenbildung (Rückzündung) an den Zündunterbrecherkontakten führen, wenn kein Zündkondensator vorhanden wäre.

09 Welche Folgen hat die Funkenbildung an den Zündunterbrecherkontakten?

- Geringere Zündenergie
- vergrößerter Kontaktabbrand, wobei sich Schließwinkel und Zündzeitpunkt ändern
- größerer Übergangswiderstand an den Zündunterbrecherkontakten; dadurch erhöhter Spannungsabfall und geringere Zündleistung.

10 Aus welchen Teilen besteht ein Zündverteiler?

Aus Verteilerkappe, Verteilerläufer (Verteilerfinger), Verteilerwelle mit Unterbrechernocken, Unterbrecherplatte mit Zündunterbrecher, Fliehkraft- und Unterdruckversteller, Zündkondensator, Verteilergehäuse.

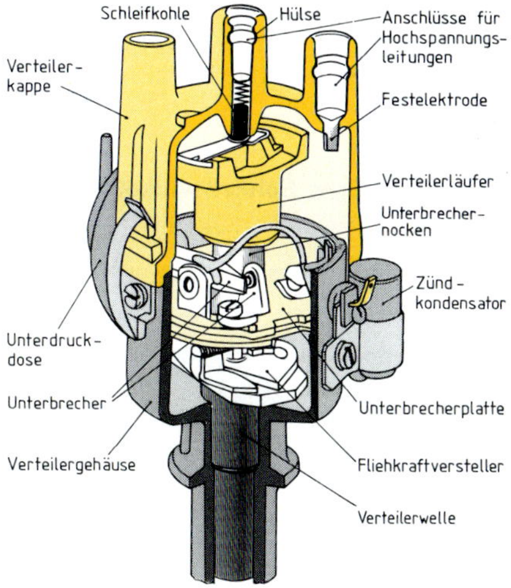

11 Welche Aufgaben hat der Zündkondensator?

- Funkenbildung an den sich öffnenden Zündunterbrecherkontakten verhindern
- hohe Zündspannung durch schnellen Abbau des Magnetfeldes bewirken
- exaktes Unterbrechen des Primärstromkreises sicherstellen
- Lebensdauer der Kontakte erhöhen.

12 Wie wirkt der Zündkondensator?

Im Augenblick der Kontaktöffnung nimmt der entladene Kondensator den durch Selbstinduktion entstandenen Stromstoß auf, speichert dessen elektrische Energie und entzieht sie somit den Zündkontakten. Diese Energie wird wieder in die Primärwicklung abgegeben. Sie hat eine gedämpfte Schwingung (Ausschwingvorgang) zur Folge.

13 Wie ist der Zündkondensator geschaltet?

Parallel zu den Zündunterbrecherkontakten.

14 Welche Arten von Zündverstelleinrichtungen gibt es?

- Fliehkraftverstellung (drehzahlabhängig)
- Unterdruckverstellung (lastabhängig).

15 Warum muß mit zunehmender Motordrehzahl der Zündzeitpunkt verstellt werden?

Da für die Verbrennung des Kraftstoff-Luft-Gemisches bei allen Drehzahlen des Motors bei Vollast annähernd die gleiche Zeit benötigt wird – etwa 2 ms – muß der Zündfunken so rechtzeitig überspringen, daß der Verbrennungshöchstdruck immer kurz nach OT vorhanden ist.

16 Warum muß im Teillastbetrieb der Zündzeitpunkt noch zusätzlich in Richtung „früh" verstellt werden?

Bei Teillast ist ein mageres Gemisch vorhanden, das langsamer verbrennt als das Gemisch im Leerlauf oder bei Vollast. Um die Leistung und die Abgaszusammensetzung zu optimieren, muß der Zündzeitpunkt noch zusätzlich zur drehzahlabhängigen Zündzeitpunktverstellung in Richtung „früh" verstellt werden.

17 Welche Aufgabe hat der Fliehkraftversteller?

Den Zündzeitpunkt des Motors in Abhängigkeit von der Drehzahl zu verstellen. Seine Verstellkennlinie wird für den Vollastbetrieb ermittelt.

18 Welche Aufgabe hat der Unterdruckversteller?

Den Zündzeitpunkt des Motors in Abhängigkeit von der Belastung zu verstellen. Er ist nur im Teillastbereich wirksam.

19 Wie arbeitet der Fliehkraftversteller?

Der Unterbrechernocken sitzt beweglich auf der Verteilerwelle. Die Fliehgewichte werden mit zunehmender Drehzahl nach außen gezogen. Dabei wird der Unterbrechernocken in Drehrichtung der Verteilerwelle verstellt; die Unterbrecherkontakte werden früher geöffnet (Frühzündung).

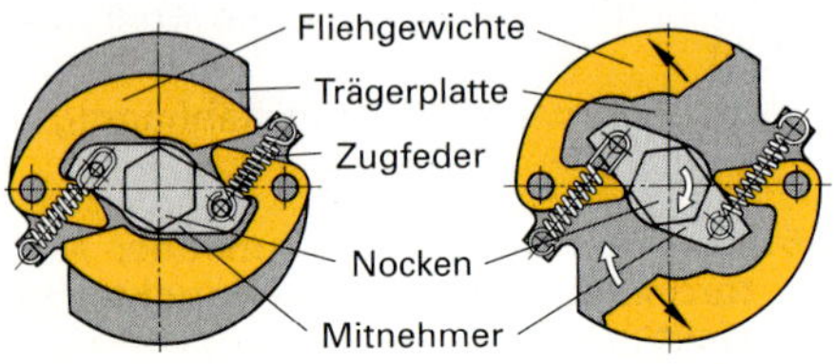

Spätzündung **Frühzündung**

20 In welche Richtung wird der Unterbrechernocken bei Frühzündung gedreht?

In Drehrichtung der Verteilerwelle.

21 Wie arbeitet der Unterdruckversteller?

Der im Ansaugrohr herrschende Unterdruck, der von der jeweiligen Belastung des Motors abhängt, wirkt auf die Unterdruckdose. Die Membrane verstellt über eine Zugstange die beweglich gelagerte Unterbrecherplatte, auf der der Unterbrecher befestigt ist.

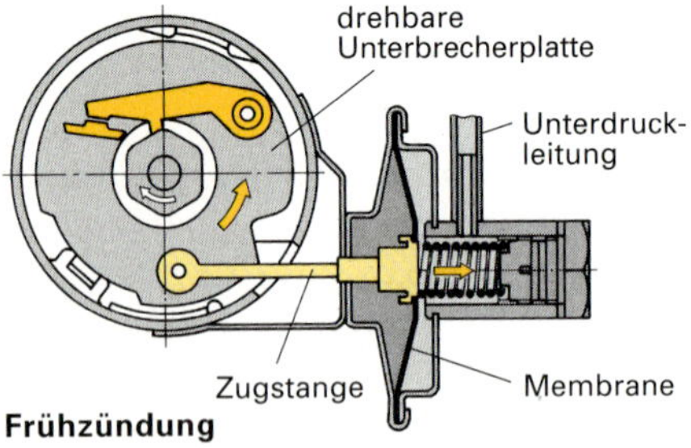

Frühzündung

22 In welche Richtung wird die Unterbrecherplatte bei Frühzündung gezogen?

Entgegen der Drehrichtung der Verteilerwelle.

23 Was versteht man unter dem Zündabstand an der Verteilerwelle?

Den Drehwinkel des Nockens auf der Verteilerwelle zwischen zwei Zündfunken. Er ist die Summe aus Schließ- und Öffnungswinkel.

24 Was versteht man unter dem Schließwinkel?

Den Drehwinkel des Nockens auf der Verteilerwelle, bei dem der Unterbrecherkontakt geschlossen ist.

25 Wie wird der Schließwinkel angegeben?

In Grad oder Prozent.

26 Welcher Zusammenhang besteht zwischen der Angabe des Schließwinkels in Grad und Prozent?

Schließwinkel in Grad =

$$= \frac{3{,}6 \times \text{Schließwinkel in Prozent}}{\text{Zylinderzahl}}$$

27 Welcher Zusammenhang besteht zwischen Schließwinkel und Kontaktabstand des Zündunterbrechers?

Der Schließwinkel wird um so kleiner, je größer man den Kontaktabstand macht.

28 Welchen Einfluß auf den Zündzeitpunkt hat eine Veränderung des Kontaktabstandes?

Vergrößerung: Frühzündung

Verkleinerung: Spätzündung.

29 Was versteht man unter dem Zündwinkel?

Den Winkel an der Kurbelwelle zwischen dem Zündzeitpunkt und OT des im Verdichtungstakt sich befindenden Zylinders.

Transistor-Spulenzündanlagen

30 Welche Vorteile bieten elektronische Zündsysteme?

- Größere Zündenergie
- höhere Zündspannung über den gesamten Drehzahlbereich
- keine Zündzeitpunktverstellung durch Verschleiß
- elektronische Steuerung des Zündwinkels
- Schließwinkelregelung
- Strombegrenzung
- Ruhestromabschaltung
- bei Kontaktsteuerung sind die Kontakte nur mit einem kleinen Steuerstrom belastet; wegen des Schalttransistors keine Funkenbildung, kein Kontaktabbrand.

31 Wie ist im Prinzip eine transistorisierte Spulenzündanlage aufgebaut?

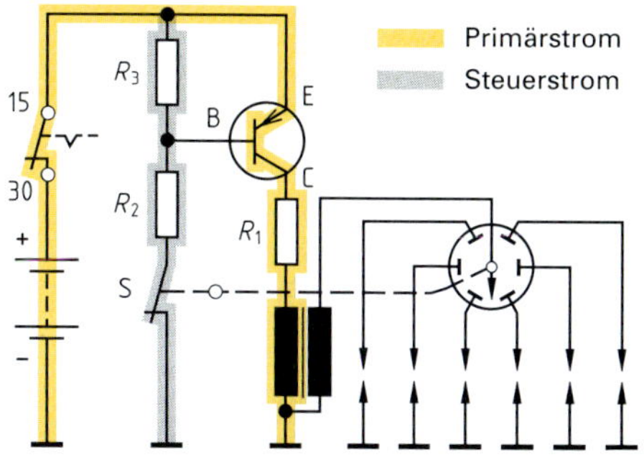

32 Welche Vorgänge spielen sich beim Schließen des Unterbrecherkontaktes in einer Transistor-Spulenzündanlage (TSZ-k) ab?

- Steuerstrom von etwa 1 A fließt von Batterie + über Emitter, Basis und Unterbrecherkontakt an Masse
- Transistor wird leitend
- Primärstrom von etwa 8 A fließt von Batterie + über Emitter, Kollektor und Primärwicklung an Masse
- Magnetfeld baut sich auf.

33 Welche Vorgänge spielen sich beim Öffnen des Unterbrecherkontaktes in einer Transistor-Spulenzündanlage (TSZ-k) ab?

- Im Zündzeitpunkt unterbricht der Unterbrecherkontakt den Steuerstrom
- Steuerstrecke Emitter-Basis ist nicht mehr leitend
- Transistor sperrt schlagartig den Primärstrom
- Magnetfeld bricht zusammen
- Induktion der Zündspannung in der Sekundärwicklung.

34 Welche Vorteile bieten kontaktlos gesteuerte Transistor-Spulenzündanlagen?

- Kein Verschleiß und keine Wartung am Zündimpulsgeber
- Zündzeitpunkt verändert sich nicht durch Verschleiß.

35 Welche Aufgaben haben Zündimpulsgeber?

Steuerimpulse kontaktlos erzeugen und dem elektronischen Steuergerät zuleiten, um den Zündvorgang auszulösen.

36 Welche Arten von Zündimpulsgebern unterscheidet man?

- Induktionsgeber
- Hallgeber.

37 Wie ist ein Induktionsgeber aufgebaut?

- Stator, der aus dem Dauermagnet und der Induktionswicklung mit Kern besteht
- Rotor (Impulsgeberrad), der auf der Verteilerwelle sitzt. Der Rotor hat so viele Zacken, wie der Motor Zylinder hat.

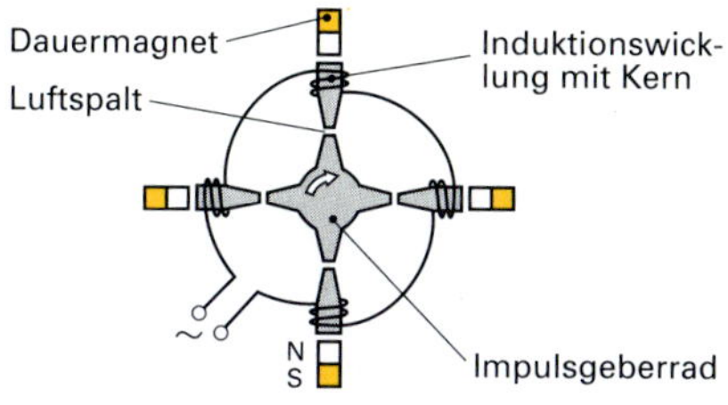

38 Wie arbeitet ein Induktionsgeber?

Beim Drehen des Rotors verändert sich der Luftspalt zwischen Rotorzacken und Statorzacken. Dadurch ändert sich das Magnetfeld periodisch in den Induktionswicklungen und induziert dabei eine Spannung (Steuerimpuls), die dem Steuergerät zugeführt wird und dort den Zündvorgang auslöst.

39 Wie ist der Impulsverlauf eines Induktionsgebers?

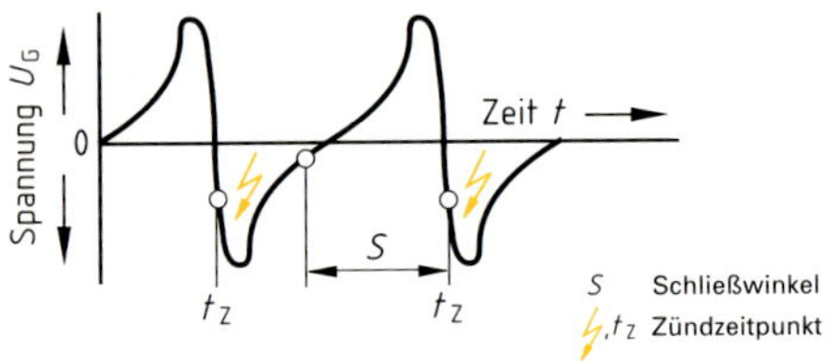

40 Beschreiben Sie den Hall-Effekt.

Der Hall-Effekt tritt an einer von einem Versorgungsstrom I_V durchflossenen Halbleiterschicht (Hallschicht H) auf. Ist senkrecht zur Hallschicht H ein Magnetfeld B vorhanden, so entsteht zwischen den Kontaktflächen A eine Spannung, die Hallspannung U_H.

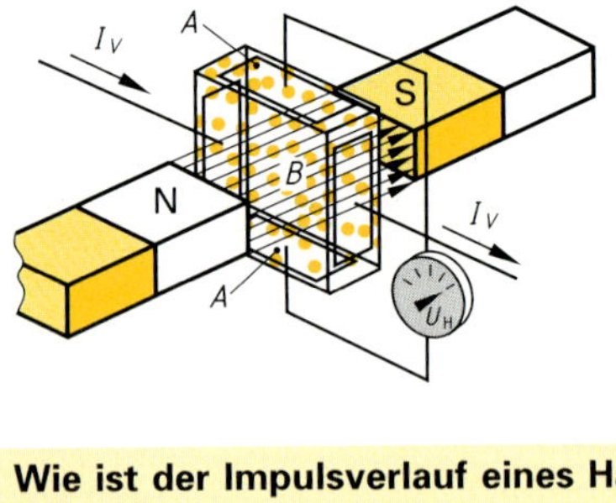

41 Wie ist der Impulsverlauf eines Hallgebers?

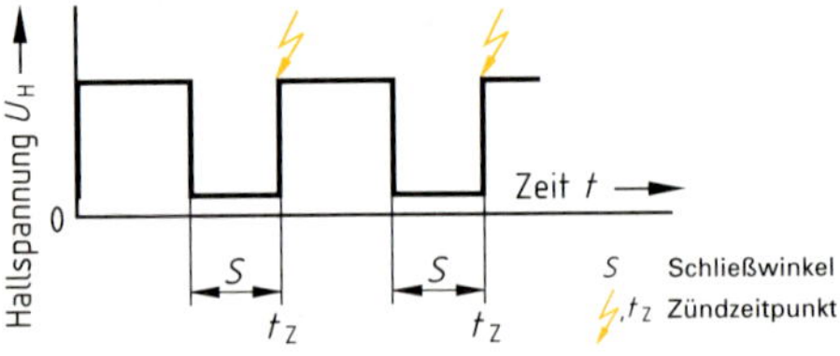

42 Wie ist der Hallgeber aufgebaut?

Aus

- Magnetschranke (Dauermagnet mit weichmagnetischen Leitstücken)
- Hall-IC, dessen Hallschicht vom Magnetfeld durchsetzt werden kann
- Blendenrotor, der den Verteilerläufer bildet. Seine Anzahl an Blenden entspricht der Zylinderzahl. Die Blendenbreite entspricht dem maximalen Schließwinkel.

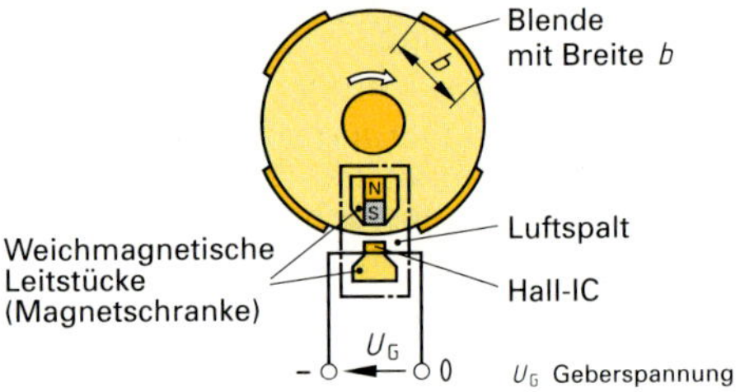

43 Wie arbeitet der Hallgeber?

- Blende schiebt sich in den Luftspalt der Magnetschranke: Das Magnetfeld wird vom Hall-IC abgelenkt. Die Hallspannung wird $U_H \approx 0$, der Hall-IC ist ausgeschaltet. Es fließt der Primärstrom
- Blende schiebt sich aus dem Luftspalt der Magnetschranke: Das Magnetfeld trifft auf die Hallschicht, die Hallspannung ist wieder vorhanden und der Hall-IC schaltet ein. Im Augenblick des Einschaltens erhält das Steuergerät den Zündimpuls vom Hall-IC. Der Primärstrom wird unterbrochen und der Zündfunke ausgelöst.

44 Welche Probleme treten bei Zündanlagen mit herkömmlichen Zündzeitpunktverstelleinrichtungen auf?

Zündverteiler mit fliehkraft- und unterdruckgesteuerter Zündzeitpunktverstellung können nur grob angenäherte Verstellkennlinien bewirken, die nicht den jeweils günstigsten Zündzeitpunkt einstellen. Außerdem unterliegen sie dem Verschleiß.

Transistor-Zündanlagen (TZ-i, TZ-h)

45 Welche Aufgaben hat das Schaltgerät in Transistorzündanlagen?

- Alle für die Auslösung der Zündung erforderlichen Informationen zu verarbeiten
- die erforderliche Zündspannung sicherzustellen
- die thermische Belastung von Zündspule und Leistungsendstufe im Steuergerät zu minimieren
- im richtigen Augenblick zu zünden.

46 Welche elektronischen Funktionssysteme können im Steuergerät von TZ-Anlagen integriert sein?

- Schließwinkelregelung
- Primärstromregelung (Strombegrenzung)
- Ruhestromabschaltung.

47 Warum wird die Zündleistung durch eine Schließwinkelregelung verbessert?

Weil die Regelung des Schließwinkels so erfolgt, daß trotz unterschiedlicher Batteriespannung, Motordrehzahl (Funkenzahl) und Temperatur der Zündspule im Augenblick der Zündung immer ein gleich großer Primärstrom und damit immer ein gleich starkes Magnetfeld vorhanden ist. Die Zündleistung bleibt konstant.

48 Welchen Einfluß haben Motordrehzahl und Höhe der Bordspannung auf die Größe des Schließwinkels?

- Mit zunehmender Drehzahl wird der Schließwinkel größer, damit ausreichend Zeit zum vollen Aufbau des Magnetfeldes gegeben ist
- mit abnehmender Spannung muß der Schließwinkel größer werden, damit bei jetzt verringertem Primärstrom der volle Aufbau des Magnetfeldes sichergestellt ist.

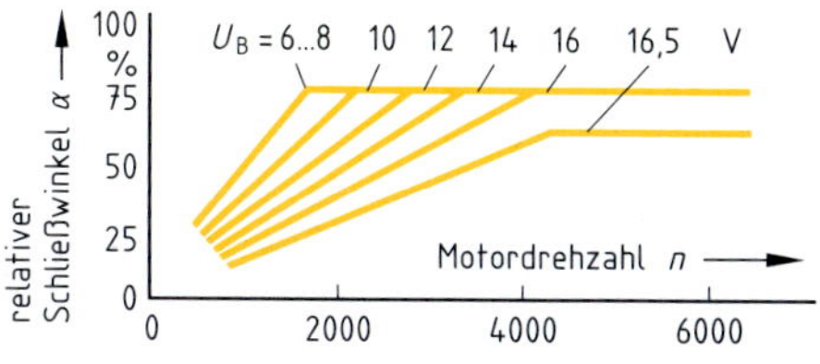

49 Wie wirkt sich die Schließwinkelregelung auf die Belastung der Zündspule aus?

Der Primärstrom ist nur so lange eingeschaltet, daß sich im Zündzeitpunkt gerade das maximal mögliche Magnetfeld einstellt. Dadurch wird die Zeit, in der der Primärstrom fließt, verkürzt und damit die Zündspule thermisch entlastet.

50 Was versteht man unter der Stromregelung in Zündanlagen?

- Die Regelung des Primärstromes auf einen vorgegebenen Sollwert
- Begrenzung des Primärstromes durch das Steuergerät.

51 Welche Vorteile bieten Zündanlagen mit Stromregelung?

- Die Zündspule weist wegen der geringen Induktivität der Primärwicklung einen schnellen Auf- und Abbau des Magnetfeldes auf
- geringe Verluste, da keine Vorwiderstände zur Strombegrenzung vorhanden sind
- große, konstante Zündenergie auch bei hohen Drehzahlen und schwankender Spannung der Starterbatterie, da der Primärstrom immer seinen Sollwert erreicht.

52 Was versteht man unter dem Ruhestrom der Zündspule?

Es ist der Strom, der sich einstellt, wenn das Magnetfeld vollständig aufgebaut ist.

53 Welche Aufgaben hat die Ruhestromabschaltung?

Sie soll verhindern, daß bei stehendem Motor und eingeschalteter Zündung die Zündspule und das Steuergerät überlastet und zerstört werden; außerdem soll die Entladung der Starterbatterie verhindert werden. Wird 1 Sekunde nach Einschalten der Zündung nicht gestartet, so schaltet das Steuergerät selbsttätig den Primärstrom ab.

Elekronische Zündanlagen (EZ)

54 Was versteht man unter „Elektronischen Zündanlagen (EZ)"?

Ein elektronisches Zündsystem, bei dem der Zündwinkel (Zündzeitpunkt) elektronisch errechnet und mit den in einem Mikrocomputer abgespeicherten Zündkennfeldern verglichen wird. Der günstigste Zündwinkel wird bestimmt und die Zündung elektronisch ausgelöst.

55 Welche Hauptinformationen bestimmen das Zündkennfeld?

Drehzahl und Last.

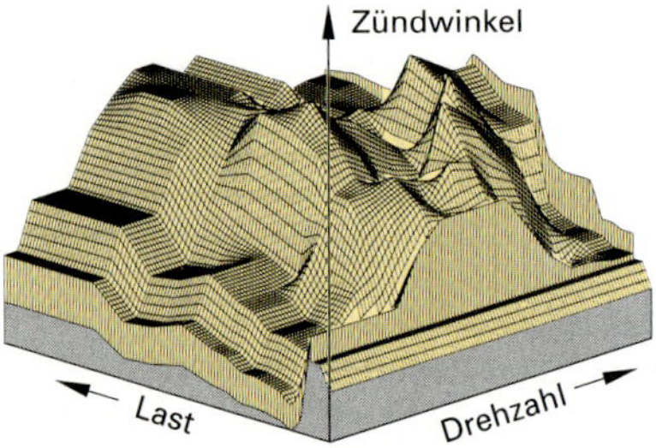

56 Für welche Betriebszustände können Zündwinkelkorrekturen erforderlich werden?

- Start
- Leerlauf
- Teillast.
- Vollast
- Schubbetrieb

57 Welche Zusatzfunktionen kann das Steuergerät einer EZ-Anlage noch aufweisen?

- Leerlaufdrehzahlregelung (Leerlaufstabilisierung)
- Drehzahlbegrenzung
- Schubabschaltung
- Klopfregelung
- Ladedruckregelung.

58 Welche äußeren Einflüsse können eine Zündwinkelkorrektur erforderlich machen?

- Motortemperatur
- Lufttemperatur
- Luftdruck
- Bordspannung
- Kraftstoffqualität
- Schlupfregelung
- Schaltpunkt bei automatischem Getriebe.

59 Wie arbeitet im Prinzip eine EZ-Anlage?

Nach dem EVA-Prinzip (Eingabe, Verarbeitung, Ausgabe).

60 Wie entsteht in einer EZ-Anlage ein Zündfunke?

- Die Sensoren ermitteln alle für den Zündwinkel relevanten Daten, die dem Steuergerät zugeführt werden
- im Steuergerät werden die Daten miteinander verknüpft, verarbeitet und der Zündwinkel festgelegt
- in der Zündspule wird rechtzeitig (Schließwinkel) durch einen in seiner Höhe begrenzten Strom (Stromregelung) ein Magnetfeld aufgebaut, das im Zündzeitpunkt (Zündimpulsgeber) zusammenbricht.

61 Welche Aufgabe hat der Induktionsgeber an der Kurbelwelle?

- Die Kurbelwellendrehzahl zu ermitteln
- dem Steuergerät die Stellung der Kurbelwelle anzuzeigen (Bezugsmarkengeber).

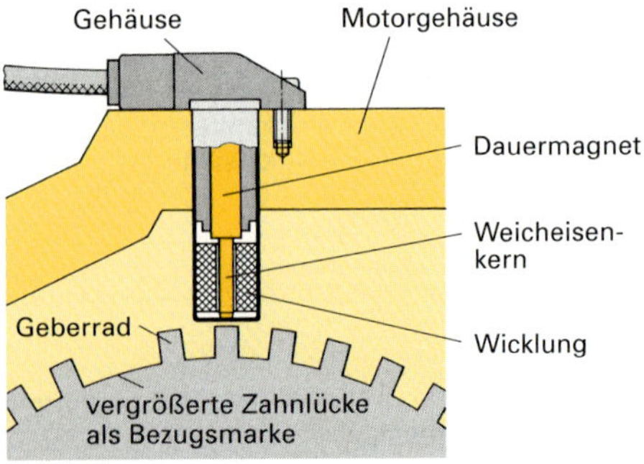

62 Wie wird die Drehzahl durch den Induktionsgeber erfaßt?

Bei Drehung des Geberrades wird durch die Zähne im Induktionsgeber eine Flußänderung hervorgerufen, die eine Wechselspannung zur Folge hat. Die Frequenz der Wechselspannung ist die Bezugsgröße für die Drehzahl.

63 Wie wird die Kurbelwellenstellung erfaßt?

An einer vorbestimmten Stelle fehlt dem Geberrad ein Zahn. Wegen der großen magnetischen Flußänderung an dieser Stelle entsteht eine höhere Induktionsspannung; außerdem ändert sich die Frequenz der Induktionsspannung.

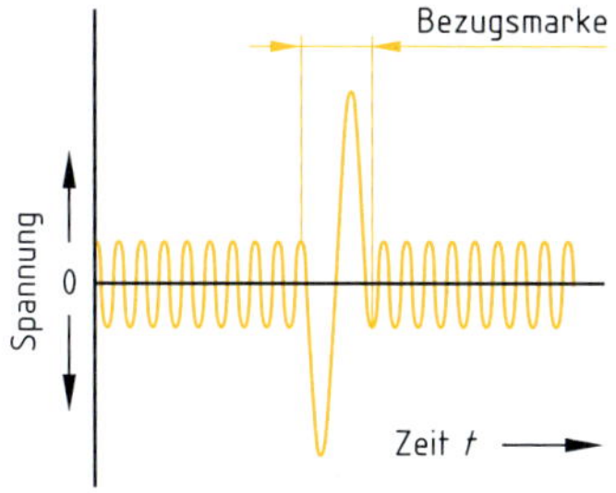

Impulsverlauf zur Erfassung von Drehzahl und Kurbelwellenstellung

64 Was versteht man unter einer Digitalen-Leerlauf-Stabilisierung (DLS)?

Bei Absinken der Leerlaufdrehzahl unter den Sollwert wird der Zündzeitpunkt nach „früh" verstellt, wodurch sich die Drehzahl erhöht. Bei Erhöhung der Leerlaufdrehzahl über den Sollwert wird der Zündzeitpunkt nach „spät" verstellt.

65 Was versteht man unter der Klopfregelung?

- Erfassen der Klopfgrenze unter allen Lastzuständen des Motors
- Festlegen des Zündwinkels auf einen Wert, der unterhalb der Klopfgrenze liegt.

66 Wovon ist die Klopfgrenze abhängig?

- Kraftstoffqualität
- Verdichtungsverhältnis
- Gemischzusammensetzung
- Brennraumgestaltung
- Lastzustand
- Motorzustand.

67 Welche Aufgabe hat der Klopfsensor?

Schwingungen am Motor aufnehmen und diese als elektrische Signale dem Steuergerät zuführen, die dahin ausgewertet werden, ob in einem Zylinder klopfende Verbrennung vorliegt.

68 Wie erfolgt die Klopfregelung bei Saugmotoren?

Liegt in einem Zylinder klopfende Verbrennung vor, so wird für alle Zylinder der Zündwinkel um z.B. 3° in Richtung „spät" verstellt. Tritt keine klopfende Verbrennung mehr ein, wird die Zündung in kleinen Schritten wieder in Richtung „früh" verstellt.

69 Wie erfolgt die Klopfregelung bei Turbomotoren?

Bei klopfender Verbrennung wird neben der Verstellung des Zündkennfeldes in Richtung „spät" noch der Ladedruck abgesenkt.

70 Was versteht man unter zylinderselektiver Klopfregelung?

Die Ermittlung des optimalen Zündwinkels für jeden einzelnen Zylinder.

71 Welche Vorteile bietet eine „Elektronische Zündanlage (EZ)"?

- Zündwinkel kann besser den Motoranforderungen angepaßt werden
- Verbesserung des Startverhaltens
- Leerlaufsteuerung bzw. Leerlaufregelung möglich
- geringerer Kraftstoffverbrauch
- verbessertes Abgasverhalten.

Vollelektronische Zündanlagen (VZ)

72 Was versteht man unter „Vollelektronischen Zündanlagen (VZ)"?

Ein Zündungssystem, das sich von EZ-Anlagen dadurch unterscheidet, daß die rotierende Hochspannungsverteilung durch eine ruhende ersetzt wird.

73 Welche Arten von Zündspulen unterscheidet man bei Vollelektronischen Zündanlagen?

— Einzelfunkenzündspulen
— Zweifunkenzündspulen.

74 Wodurch unterscheiden sich VZ-Anlagen bezüglich ihrer Zündspulen?

Einzelfunkenzündspulen. Jede Zündkerze besitzt eine eigene Zündspule mit Primär- und Sekundärwicklung.

Zweifunkenzündspule. Sie hat eine Primär- und eine Sekundärwicklung mit zwei Ausgängen für zwei Zündkerzen.

75 Wie erfolgt die Ansteuerung der Zündspulen in einer VZ-Anlage?

Durch ein Leistungsmodul mit Verteilerlogik. Die Information, welche Zündspule angesteuert werden muß, erhält das Steuergerät vom Bezugsmarkengeber und von einem Signalgeber an der Nockenwelle.

76 Wie arbeiten die beiden Zweifunken-Zündspulen bei einem 4-Zylinder-Motor?

Die beiden Zweifunken-Zündspulen werden wechselweise angesteuert. Im Zündzeitpunkt erzeugt eine Zündspule gleichzeitig zwei Zündfunken, wobei ein Zündfunke in den Verdichtungstakt, der andere in den Auspufftakt des entsprechenden Parallelzylinders fällt.

77 Wie ist der Stromverlauf der Zündfunken bei Zweifunkenzündspulen?

An einer Zündkerze von der Mittelelektrode zur Masseelektrode, an der anderen von der Masseelektrode zur Mittelelektrode.

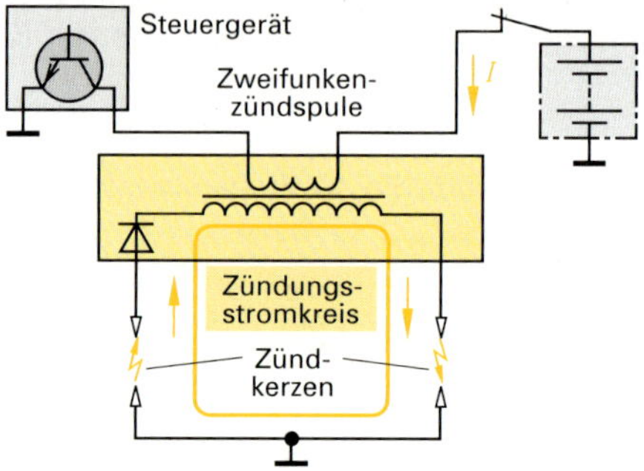

78 Welche Vorteile bietet eine „Vollelektronische Zündanlage (VZ)"?

— Keine offenen Funken; dadurch verminderte Funkstörung
— verringerte Zahl von Hochspannungsverbindungen
— keine rotierenden Teile; dadurch konstruktive Vorteile
— Geräuschreduzierung
— verschleiß- und wartungsfrei.

Motronic

79 Was versteht man unter einer Motronic?

Es ist die Kombination einer elektronischen Kennfeldzündung mit einer elektronisch gesteuerten Benzineinspritzung.

80 Welche Vorteile bietet eine Motronic?

— Sensoren, Signalaufbereitung und Signalverarbeitung können sowohl für die Zündung als auch für die Einspritzanlage verwendet werden
— geringerer technischer Aufwand, kostengünstiger
— gegensätzliche Forderungen, wie z.B. größte Leistung bei geringem Kraftstoffverbrauch und minimalem Schadstoffausstoß lassen sich verwirklichen.

81 Wodurch unterscheiden sich Spulenzündanlagen von Hochspannungskondensatorzündanlagen (HKZ) in der Erzeugung der Hochspannung?

Spulenzündanlagen: Die elektrische Energie wird kurzzeitig als Magnetfeld im Eisenkern der Zündspule gespeichert. Im Zündzeitpunkt wird das Magnetfeld abgebaut, wobei in der Sekundärwicklung die Hochspannung entsteht.

Hochspannungs-Kondensatorzündanlagen: Die elektrische Energie wird kurzzeitig als elektrisches Feld in einem Kondensator gespeichert. Im Zündzeitpunkt wird der Kondensator über einen Thyristor in die Primärwicklung des Zündtransformators entladen, wobei das sich aufbauende Magnetfeld in der Sekundärwicklung die Hochspannung erzeugt.

82 Welches Betriebsverhalten zeigen Hochspannungskondensatorzündanlagen?

— Sehr schneller Spannungsanstieg, deswegen unempfindlich gegen Nebenschlüsse an den Zündkerzen
— hohe Zündspannung möglich
— sehr kurze Funkendauer; keine Brennspannung
— nicht für alle Verbrennungsmotoren geeignet.

83 Wie kann die Steuerung des Thyristors in der HKZ erfolgen?

Durch
— Zündunterbrecherkontakte
— Impulsgeber.

84 Was versteht man unter dem Zündspannungsbedarf?

Diejenige Spannung, bei der das Kraftstoff-Luft-Gemisch zwischen den Elektroden einer Zündkerze so weit ionisiert ist, daß ein Zündfunke überspringen kann.

85 Wovon ist der Zündspannungsbedarf abhängig?

— Kompression
— Gemischbildung
— Zündzeitpunkt
— Elektrodenzustand
— Elektrodentemperatur
— Elektrodenabstand
— Elektrodenwerkstoff
— Vorfunkenstrecken.

86 Was versteht man unter dem Hochspannungsangebot?

Die höchste Spannung, die eine Zündanlage erzeugen kann, z.B. bei abgezogenem Kerzenstecker.

87 Was versteht man unter dem Spannungsanstieg?

Diejenige Zeitspanne, die vom Auslösen des Zündfunkens bis zum Erreichen einer Hochspannung von 20 kV vergeht.

88 Welche Folge hat eine kurze Spannungsanstiegzeit?

Je kleiner die Spannungsanstiegzeit, desto geringer die Nebenschlußempfindlichkeit der Zündkerze.

89 Wie wirkt sich eine kurze Spannungsanstiegzeit aus?

Auch bei stark verschmutzten Zündkerzen kann noch ein kräftiger Zündfunke zwischen den Elektroden überspringen.

90 Wie ist eine kontaktgesteuerte Magnetzündanlage aufgebaut?

— Umlaufendes Polrad mit abwechselnd angeordneten Nord- und Südpolen
— Zündanker mit Primär- und Sekundärwicklung
— Unterbrecherkontakt mit parallel geschaltetem Zündkondensator
— Unterbrechernocken, der mit Kurbelwellendrehzahl umläuft.

6.2.3 Zündungstest

01 Welche Prüf- und Einstellarbeiten können an Zündanlagen durchgeführt werden?

- Widerstandsmessung von Zündleitungen, Entstörsteckern, Verteilerfinger
- Schließwinkel
- Zündzeitpunkt
- Verstellbereiche von Fliehkraft- und Unterdruckverstelleinrichtungen
- Verlauf des Zündvorgangs
- mechanischer Zustand.

02 Wie wird die Fliehkraftverstelleinrichtung geprüft?

- Verbindungsschlauch zu Unterdruckverstelleinrichtung abziehen (Herstellerangaben beachten)
- Leerlaufdrehzahl langsam erhöhen, bis Fliehkraftverstellung einsetzt
- Drehzahl weiter erhöhen, bis keine weitere Zündwinkelverstellung erfolgt
- Soll-/Istwertvergleich.

03 Wie wird die Unterdruckverstelleinrichtung geprüft?

- Motor auf die Drehzahl bringen, bei der der Unterdrucktester bei geschlossenem Regelventil den größten Unterdruck anzeigt. Die gemessene Verstellung ist der Gesamtverstellwinkel von Unterdruck und Fliehkraftverstellung
- durch langsames Öffnen des Regelventils Unterdruck so weit absenken, bis der Zündzeitpunkt in Richtung „spät" zu wandern beginnt. Der angezeigte Unterdruck gibt das Verstellende der Unterdruckverstelleinrichtung an
- Regelventil ganz öffnen (kein Unterdruck). Angezeigter Wert ist der Gesamtverstellwinkel der Fliehkraftverstellung
- Regelventil wieder langsam schließen, bis Zündzeitpunkt in Richtung „früh" wandert. Der angezeigte Unterdruck ist der Verstellbeginn der Unterdruckverstelleinrichtung.

04 Wie wird der Verstellbereich der Unterdruckverstelleinrichtung ermittelt?

Er ist die Differenz von Gesamtverstellwinkel und größtem Verstellwinkel der Fliehkraftverstellung.

05 Wofür kann ein Elektronenstrahloszilloskop verwendet werden?

Zur Messung schnell verlaufender, periodisch wiederkehrender elektrischer Vorgänge. Dabei wird der zeitliche Verlauf des Vorgangs trägheitslos auf einer Elektronenstrahlröhre sichtbar gemacht.

06 Welche Aussagen können aufgrund der Oszilloskopbilder über eine Zündanlage gemacht werden?

Aus den Grundbildern des Primär- und Sekundärstromkreises kann die Wirkungsweise abgelesen werden, aus den Abweichungen von den Grundbildern können Fehler in der Zündanlage festgestellt bzw. Rückschlüsse auf den Zustand von Motor und Gemischaufbereitungsanlage getroffen werden.

07 Welche Fehler in der Zündanlage können mit dem Zündungsoszilloskop aufgezeigt werden?

- Abweichen der Zünd- und Brennspannung
- zu geringe Zündspannungsreserve (Höchstspannung)
- falsche Polarität
- zu große Widerstände im Zündstromkreis
- Isolationsfehler
- Windungsschluß von Primär- und Sekundärwicklung
- Unterbrechung der Sekundärwicklung
- Reihenwiderstand oder Parallelwiderstand des Zündkondensators
- Zustand der Unterbrecherkontakte
- Zustand der Zündkerze (Abnutzung, Nebenschluß, Elektrodenabstand)
- Nockenversatz
- Schließwinkel.

08 Welche wichtigen Abschnitte und Punkte können aus dem Normaloszillogramm des Sekundärkreises entnommen werden?

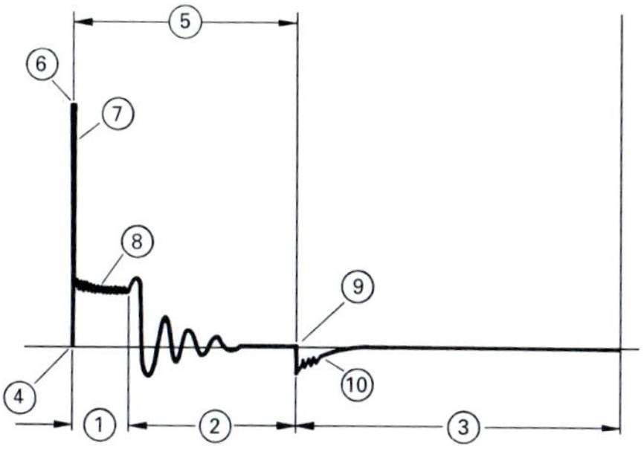

1. Funkendauer
3. Schließabschnitt
5. Öffnungszeit
7. Zündspannungsnadel
9. Unterbrecher schließt
2. Ausschwingvorgang
4. Unterbrecher öffnet
6. Zündspannung
8. Brennspannung
10. Selbstinduktions spannung.

09 In welcher Größenordnung liegt bei kontaktgesteuerten Zündanlagen der Schließwinkel?

Bei etwa 60% vom Zündabstand am Verteiler. Dies entspricht bei

— 4-Zylinder-Motoren 54°
— 6-Zylinder-Motoren 36°
— 8-Zylinder-Motoren 27°

10 Welche Arbeitsregeln sind bei Arbeiten in elektronischen Zündanlagen zu beachten?

Grundsätzlich ist die Zündung abzuschalten und nach Möglichkeit die Starterbatterie abzuklemmen.

11 Worauf ist bei elektronischen Zündanlagen zu achten, wenn bei Prüfarbeiten die Zündkerzenstecker abgezogen werden?

Die Zündspule ist an Klemme 4 unbedingt zu erden.

6.2.4 Zündkerzen

01 Welche Aufgaben hat die Zündkerze in Verbrennungsmotoren?

— Kraftstoff-Luft-Gemisch sicher entzünden
— Hochspannung an die Elektroden führen
— Funken an den Elektroden entstehen lassen.

02 Aus welchen Hauptteilen besteht eine Zündkerze?

— Anschlußbolzen mit Mittelelektrode
— Isolator
— Kerzengehäuse mit Sechskant
— Präzisionsgewinde mit Führungsansatz
— unverlierbarer Dichtring bzw. kegeliger Sitz
— angeschweißte Masseelektrode.

03 Woraus besteht der Isolator?

Aus gepreßtem und bei hohen Temperaturen gebranntem Aluminium-Oxid nebst Zusätzen.

04 Welche Eigenschaften muß der Isolator aufweisen?

— Hohe Durchschlagfestigkeit und Kriechstromfestigkeit
— gute Wärmefestigkeit und Wärmeleitfähigkeit
— große mechanische Festigkeit gegenüber Druckschwankungen
— chemische Beständigkeit gegenüber dem Kraftstoff-Luft-Gemisch und den Verbrennungsgasen.

05 Welche Werkstoffe werden für die Mittelelektroden verwendet?

Legierungen aus Nickel-Mangan, Eisen-Chrom. Bei hoher thermischer Beanspruchung Legierungen aus Silber, Platin oder Wolfram.

06 Wie werden die Elektroden einer Zündkerze beansprucht?

— Thermisch (Abbrand)
— chemisch (aggressive Gase und Verbrennungsrückstände)
— elektrisch (Funkenerosion).

07 Was versteht man unter Glühzündung einer Zündkerze?

Die Entzündung des Kraftstoff-Luft-Gemisches am Isolatorfuß, wenn dessen Temperatur über der Selbstzündungstemperatur des Kraftstoff-Luft-Gemisches liegt. Die Glühzündung erfolgt vor dem Zündzeitpunkt. Es tritt ein starker Leistungsabfall des Motors auf.

08 Welche Ursachen können Zündaussetzer haben?

— Der Zündspannungsbedarf ist zu hoch (z.B. zu großer Elektrodenabstand)
— Nebenschluß infolge von Verschmutzung
— innere und äußere Überschläge durch Rißbildung am Isolator
— Fehler in der Zündanlage.

09 Was versteht man unter Verbrennungsaussetzern?

Ein Zündfunke ist vorhanden, jedoch wird die Verbrennung des Kraftstoff-Luft-Gemisches nicht eingeleitet.

10 Welche Ursachen können Verbrennungsaussetzer haben?

— Kein zündfähiges Kraftstoff-Luft-Gemisch vorhanden
— Elektrodenabstand der Zündkerze zu klein
— Zündenergie des Zündfunkens zu schwach.

11 Was ist durch den Wärmewert festgelegt?

Das Temperaturverhalten (Wärmeableitung) einer Zündkerze während des Betriebs.

12 Was versteht man unter der Selbstreinigungstemperatur?

Die Temperatur, bei der der Isolatorfuß sich von Verunreinigungen freibrennt (etwa 400 °C bis 500 °C).

13 Ab welcher Temperatur am Isolatorfuß können Glühzündungen auftreten?

Etwa ab 850 °C.

14 Wie wirkt sich eine zu niedrige Wärmewert-Kennzahl aus?

Je kleiner die Wärmewert-Kennzahl einer Zündkerze ist, um so größer ist ihre Neigung zu Verschmutzung und um so geringer ihre Neigung zu Glühzündungen.

15 Wie wirkt sich eine zu hohe Wärmewert-Kennzahl aus?

Je größer die Wärmewert-Kennzahl einer Zündkerze ist, um so geringer ist ihre Neigung zu Verschmutzung und um so höher ihre Neigung zu Glühzündungen.

16 Welcher Zusammenhang besteht zwischen der Form des Isolatorfußes und der Wärmewert-Kennzahl?

— Kleine Wärmewert-Kennzahl: kurzer, dicker Isolatorfuß. Dadurch schnelle Wärmeableitung, d.h. **„Kalte Kerze"**
— Große Wärmewert-Kennzahl: langer, schlanker Isolatorfuß. Dadurch langsame Wärmeableitung, d.h. **„Heiße Kerze"**.

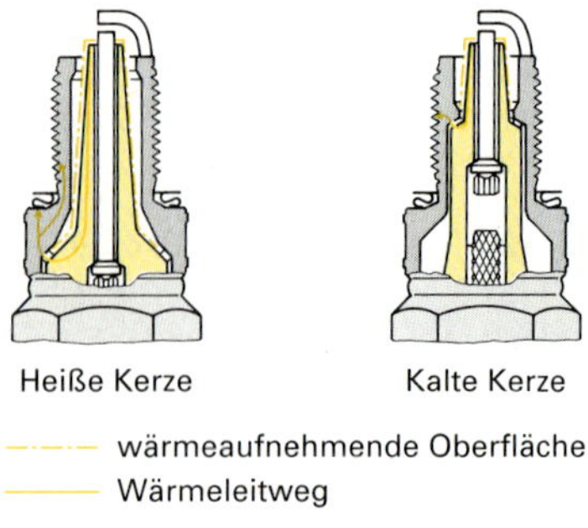

17 Was versteht man unter dem Zündspannungsbedarf?

Es ist die für den Funkenüberschlag an den Elektroden erforderliche Hochspannung.

18 Wovon ist der Zündspannungsbedarf abhängig?

— Motorbedingte Einflüsse
  a) Verdichtung
  b) Gemischzusammensetzung
— Nicht motorbedingte Einflüsse
  a) Elektrodenabstand
  b) Elektrodenwerkstoff
  c) Form und Zustand der Elektroden
  d) Polarität der Zündspannung.

19 Was ist beim Zündkerzeneinbau zu beachten?

— Zündkerzengewinde und Zündkerzenloch müssen sauber sein
— Gewindegänge dürfen nicht eingefettet werden
— Zündkerzen sollten grundsätzlich mittels eines Drehmomentschlüssels nach Herstellervorschrift angezogen werden.

20 Was ist beim Einbau von Zündkerzen ohne Drehmomentschlüssel zu beachten?

Zündkerze mit der Hand vollständig in das Kerzenloch einschrauben und anschließend mit einem geeigneten Werkzeug nachziehen.

— **Kerze mit Flachdichtsitz (neu).** Kerze maximal 90° nachziehen
— **Kerze mit Flachdichtsitz (alt).** Kerze maximal 30° nachziehen
— **Kerze mit Kegeldichtsitz.** Kerze maximal 15° nachziehen.

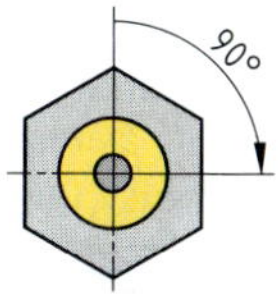

Flachdichtsitz (neu)

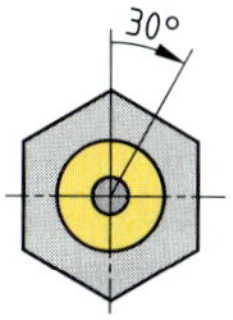

Flachdichtsitz (alt)

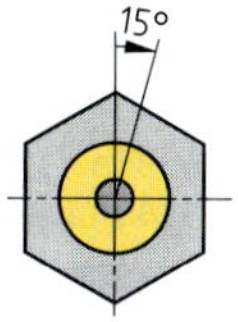

Kegeldichtsitz

6.2.5 Vorglühanlagen

01 Welche Aufgaben hat eine Vorglühanlage bei Dieselmotoren?

— Beim Start durch zusätzliche Temperaturerhöhung der Verbrennungsluft die Selbstzündung des Kraftstoff-Luft-Gemisches zu ermöglichen
— nach dem Start bei niederigen Motortemperaturen noch nachzuglühen, um die Weißrauchbildung, Partikelemission und das Kaltstartnageln zu verringern
— die Abgaszusammensetzung in der Warmlaufphase zu verbessern.

02 Wie kommt die Weiß- bzw. Blaurauchbildung zustande?

Durch unvollständige Verbrennung des Dieselkraftstoffes wegen teilweise zu niedriger Zündtemperatur im Verbrennungsraum.

03 Was ist die Ursache für das Kaltstartnageln und wie kann es verringert werden?

Bei niedrigen Temperaturen im Verbrennungsraum kommt es zu einem erhöhten Zündverzug. Kraftstoffteilchen können sich ansammeln und verbrennen dann schlagartig.

Durch Nachglühen kommt es zu einer gleichmäßigeren Verbrennung.

04 Welche Arten von Glühkerzen unterscheidet man?

— Stabglühkerzen
— Glühdrahtkerzen (nur bei Altanlagen).

05 Wie sind Glühdrahtkerzen bzw. Stabglühkerzen in einer Vorglühanlage geschaltet?

— Glühdrahtkerzen in Reihe
— Stabglühkerzen parallel zueinander.

06 Aus welchen Bauteilen besteht eine Vorglühanlage?

— Glühstartschalter
— Glühzeit-Steuergerät
— Motortemperaturfühler
— Signaleinrichtung für Startbereitschaft
— Stabglühkerzen.

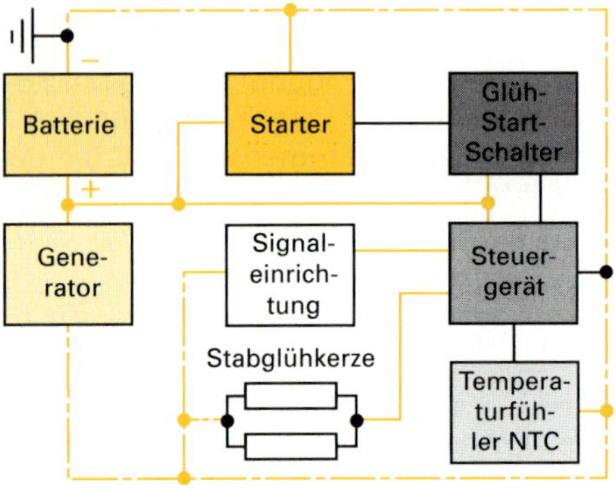

Vorglühanlage

07 Aus welchen wesentlichen Teilen besteht eine Schnellheiz-Stabglühkerze?

— Heiz- und Regelwendel in Reihenschaltung
— Glührohr, das die in einem keramischen Isolierpulver eingebettete Heiz- und Regelwendel aufnimmt
— Anschlußbolzen für Stromzuführung
— Kerzengehäuse mit Einschraubgewinde und Kegeldichtsitz.

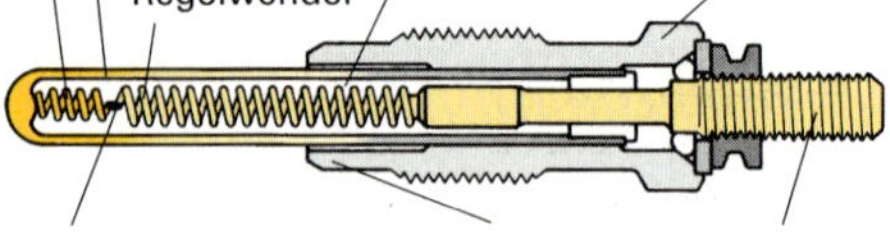

08 Aus welchen Werkstoffen besteht die Heiz- bzw. Regelwendel?

Heizwendel: Chrom-Aluminium-Eisenlegierung.

Regelwendel: Nickel (PTC-Verhalten).

09 Wie verhält sich eine Schnellheiz-Stabglühkerze beim Glühvorgang?

Die kurze Heizwendel heizt sehr schnell die Kuppe des Glührohres (3 s...10 s) auf die Entflammungstemperatur von etwa 850 °C auf.

Die durch die Stromwärme bereits vorerwärmte Regelwendel wird zusätzlich von der Heizwendel her erhitzt, dabei steigt ihr Widerstand an.

10 Welche Folge hat der Anstieg des Widerstandes der Regelwendel?

Der Einschaltstrom einer Glühkerze wird von etwa 150 A auf einen Beharrungsstrom von 50 A reduziert. Dadurch wird sichergestellt, daß die maximal zulässige Beharrungstemperatur von etwa 1170 °C nicht überschritten wird.

11 Wie erfolgt der Vorglühvorgang bei einer Anlage mit Schnellheiz-Stabglühkerzen?

Bei Motortemperaturen oberhalb etwa 60 °C ist der Motor ohne Vorglühen sofort startbereit. Unterhalb 60 °C wird die Vorglühzeit über einen Motortemperaturfühler gesteuert (bis zu 40 s bei –20 °C).

Über eine Signaleinrichtung wird das Ende des Vorglühvorgangs angezeigt.

12 Wie erfolgt das Nachglühen?

Die Nachglühzeit wird temperaturabhängig vom Glühzeit-Steuergerät bestimmt. Hat die Motortemperatur etwa 60 °C erreicht, so wird der Nachglühvorgang abgebrochen. Bei niedrigeren Temperaturen dauert der Nachglühvorgang maximal drei Minuten.

13 Was versteht man unter Bereitschaftsglühen?

Wird der Motor nach Beendigung des Vorglühvorgangs nicht sofort gestartet, so wird der Vorglühvorgang noch etwa 10 s fortgesetzt.

6.2.6 Lichttechnische Einrichtungen

01 Was versteht man nach der StVZO unter lichttechnischen Einrichtungen?

Scheinwerfer und Leuchten.

02 Welche Aufgaben haben Scheinwerfer?

- Das Licht so bündeln und verteilen, daß die Fahrbahn vor dem Fahrzeug hinreichend ausgeleuchtet wird
- möglichst viel Licht der Glühlampe für die Fahrbahn- und Umfeldausleuchtung nutzen.

03 Welche Aufgaben haben Leuchten?

- Das Fahrzeug bei Dunkelheit in seinen Konturen erkennen zu lassen
- die Bewegungsabsichten des Fahrers erkennen zu lassen.

04 Was versteht man unter Halogenlampen (H-Lampen)?

Glühlampen, die ein Füllgas mit Halogenzusätzen (Brom, Jod) enthalten.

05 Was versteht man unter dem Kreisprozeß bei Halogenlampen?

- Das vom Glühdraht abgedampfte Wolfram verbindet sich mit dem im Füllgas enthaltenen Brom zu Wolframbromid
- das Wolframbromid gelangt durch Konvektion zur Glühwendel und wird dort wieder aufgespalten
- das Wolfram lagert sich wieder am Glühdraht ab
- es tritt keine Schwärzung des Glaskolbens ein.

06 Wie ist eine H4-Lampe aufgebaut?

Sie hat einen Glühdraht für Fernlicht und einen für Abblendlicht. Unter dem Glühdraht für das Abblendlicht ist eine Abblendkappe angebracht, welche die nach unten austretenden Lichtstrahlen abfängt.

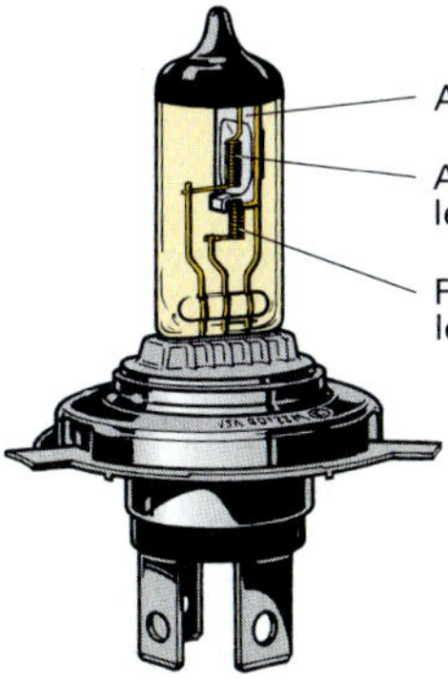

07 Worauf ist beim Einbau von Scheinwerferlampen zu achten?

- Glaskolben nicht mit bloßen Händen anfassen, da sonst Fett verdampft und sich auf dem Reflektor niederschlägt
- gegebenenfalls Glaskolben mit Spiritus reinigen
- H4-Lampen so in die Halterung einsetzen, daß die Abblendkappe unterhalb des Glühdrahtes liegt
- blinde Reflektoren austauschen.

08 Was versteht man unter Gasentladungslampen?

Lampen, bei denen das Licht durch einen Lichtbogen zwischen zwei Elektroden erzeugt wird.

09 Welche Aufgaben hat das elektronische Zünd- und Vorschaltgerät?

- Die hohe Zündspannung von etwa 12 kV bei einer Frequenz von etwa 10 kHz bereitzustellen
- die Betriebsspannung so zu verändern, daß bei allen Temperaturen der Gasentladungslampe der gleiche Lichtstrom (Helligkeit) entsteht.

10 Wie erfolgt bei Zwei-Scheinwerfer-Systemen mit Gasentladungslampen die Umschaltung von Fern- auf Abblendlicht?

Bei Fernlicht wird die Blende, die bei Abblendlicht für die scharfe Hell-Dunkel-Grenze sorgt, durch einen Stellmotor weggeklappt. Über die Leuchtweitenregulierung wird die entsprechende Leuchtweite eingestellt.

11 Welchen Vorteil bieten Gasentladungslampen?

Im Vergleich zu einer entsprechenden Halogenlampe gibt sie bei um etwa 40% reduzierter Stromaufnahme etwa die doppelte Helligkeit ab.

12 Welche Aufgaben hat die Leuchtweitenregulierung?

Die Leuchtweite der Scheinwerfer bei unterschiedlicher Beladung und fahrdynamisch bedingten Neigungen der Karosserie so nachzustellen, daß der Lichtkegel der Abblendscheinwerfer innerhalb der vorgeschriebenen Werte liegt. Der Gegenverkehr wird dadurch nicht geblendet.

13 Wie kann die Leuchtweitenregulierung erfolgen?

- Niveauregulierung der Karosserie
- handbetätigte Leuchtweiteneinstellung
- automatische Leuchtweitenregulierung. Sie kann auch mechanisch, elektrisch, hydraulisch oder pneumatisch erfolgen.

14 Aus welchen Hauptteilen besteht ein Scheinwerfer?

- Lichtquelle (Glühlampe)
- Scheinwerferspiegel (Reflektor)
- Einrichtung für Lichtstreuung, z.B. Streuscheibe
- Gehäuse mit Einstellvorrichtung.

15 Wie ist ein Reflektor im Prinzip aufgebaut?

Aus einer paraboloidförmigen oder ellipsoidförmigen Schale aus Kunststoff, Glas oder Metall. Auf der Innenfläche der Schale ist eine dünne Reflexionsschicht aus Aluminium aufgedampft.

16 Welche Aufgaben hat der Reflektor?

Das Licht der Glühlampe zu reflektieren und dabei so zu bündeln, daß in einer vorgeschriebenen Entfernung noch eine bestimmte Lichtstärke vorhanden ist. Außerdem nimmt er noch die Halterung der Glühlampe auf.

17 Welche wichtigen Arten von Reflektoren gibt es?

- Paraboloid-Reflektoren
- Stufenreflektoren
- Homofocal-Reflektoren
- Bifocal-Reflektoren
- Ellipsoid-Reflektoren
- Dreiachs-Ellipsoid-Reflektoren (DE-Reflektoren).

18 Wie ist der Verlauf der Lichtstrahlen bei einem paraboloidförmigen bzw. ellipsoidförmigen Reflektor?

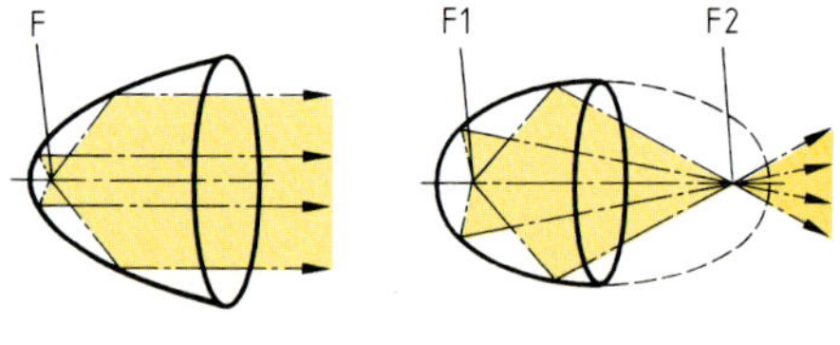

Paraboloid-Reflektor **Ellipsoid-Reflektor**

19 Was versteht man unter einem Paraboloid-Reflektor?

Einen Reflektor, dessen Form dadurch entsteht, daß eine Parabel um ihre Achse rotiert. Die Rotationsachse ist auch die optische Achse. Es ist ein Brennpunkt vorhanden. Geeignet für Ein- und Zweidrahtlampen.

20 Was versteht man unter einem Ellipsoid-Reflektor?

Einen Reflektor, dessen Form dadurch entsteht, daß eine Ellipse um ihre Achse rotiert. Die Rotationsachse ist auch die optische Achse. Es sind zwei Brennpunkte vorhanden. Geeignet für Abblendlicht mit einer Eindrahtlampe.

21 Wie ist ein Scheinwerfer mit Ellipsoid-Reflektor aufgebaut?

Aus
- Lichtquelle
- Ellipsoid-Reflektor
- Blende
- Sammellinse
- Streuoptik.

22 Wie wirkt ein Ellipsoid-Scheinwerfer-System?

- Im Brennpunkt F1 sitzt die Eindrahtlampe
- die Lichtstrahlen, die von F1 ausgehen, werden vom Reflektor zum Brennpunkt F2 reflektiert und von dort zur Sammellinse abgestrahlt
- die Streuoptik sorgt für eine gleichmäßige Lichtverteilung
- die Sammellinse bündelt das Licht zu einem nahezu parallelen Lichtband
- eine Blende vor dem Brennpunkt F2 bewirkt eine scharfe Hell-Dunkel-Grenze.

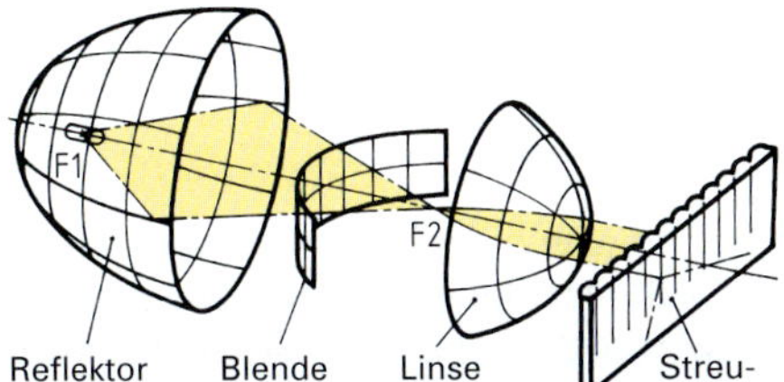

23 Was versteht man unter einem DE-Reflektor?

Einen Reflektor, dessen Grundform zwei Ellipsen mit gemeinsamem Scheitelpunkt, gemeinsamer Hauptachse und zwei unterschiedlichen Nebenachsen bilden (Dreiachs-Ellipsoid-Reflektor). Es entstehen drei Brennpunkte. Geeignet für Abblend- oder Nebellicht mit einer Eindrahtlampe.

24 Wie wirkt ein DE-Scheinwerfer-System?

- Im Brennpunkt F1 sitzt die Eindrahtlampe
- die von F1 ausgehenden vertikalen Lichtstrahlen werden am Reflektor reflektiert und gehen durch den Brennpunkt F2V
- die von F1 ausgehenden horizontalen Lichtstrahlen gehen durch den Brennpunkt F2H
- eine Sammellinse bündelt das Licht zu einem nahezu parallelen Lichtstrahl
- eine Blende vor dem Brennpunkt F2V bewirkt eine scharfe Hell-Dunkel-Grenze.

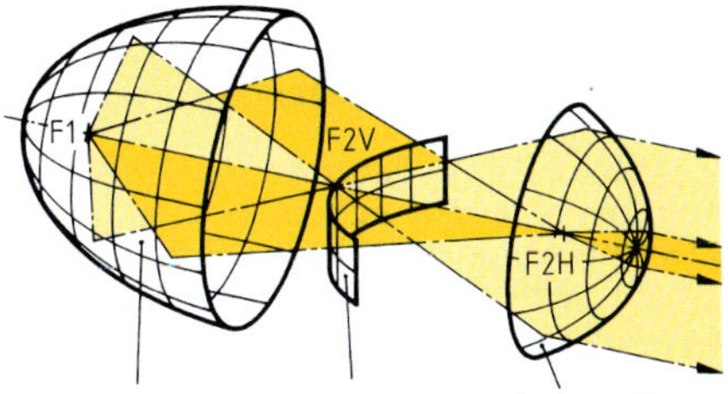

25 Welche Aufgaben hat eine Streuscheibe?

Korrektur des Lichtverlaufs und der Intensitätsverteilung so, daß
- Vorfeld und Fahrbahnränder ausgeleuchtet werden
- Lichtstrahlung nach oben verhindert wird
- Gegenverkehr nicht geblendet wird.

26 Aus welchen optischen Elementen besteht eine Streuscheibe?

Aus Zylinderlinsen und Prismen.

27 Wie wirken Zylinderlinsen bzw. Prismen?

— Zylinderlinsen: Streuung des Lichtes
— Prismen: Ablenkung und Bündelung des Lichtes.

28 Welche Vorteile hat die asymmetrische Lichtverteilung?

— Größere Sichtweite
— Helligkeitsunterschied bei Übergang von Fern- auf Abblendlicht nicht so groß
— rechter Fahrbahnrand besser ausgeleuchtet
— kein dunkles Loch im Begegnungsverkehr.

29 Was versteht man unter asymmetrischem Abblendlicht?

Eine Lichtverteilung, bei der die rechte Fahrbahnseite stärker ausgeleuchtet ist. Die Hell-Dunkel-Grenze läuft von links bis zur Scheinwerfermitte waagrecht und steigt dann rechts unter 15° nach oben.

30 Wie kommt die asymmetrische Lichtverteilung zustande?

Die Abblendkappe ist nach der linken Seite hin geneigt; dadurch kann auch ein Teil des Lichtes von der unteren Reflektorhälfte nach oben abgestrahlt werden. Außerdem weist die Streuscheibe auf der linken Seite innerhalb eines keilförmigen Sektors besondere Lichtbrechungselemente auf.

31 Was versteht man unter der Hell-Dunkel-Grenze?

Die scharfe Abgrenzung der Lichtstrahlen, welche durch die Abblendkappe in der H4-Lampe entsteht.

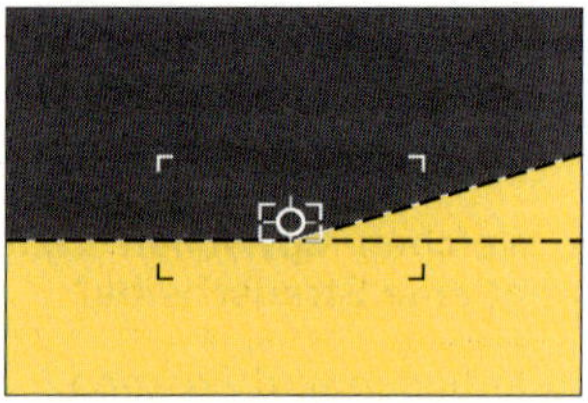

6.2.7 Signalgeber

01 Welches sind die wichtigsten Signalgeber?

— Fahrtrichtungsanzeiger
— Warnblinkanlage
— Signalhorn
— Lichthupe
— Bremsleuchten.

02 Welche Aufgaben haben Signaleinrichtungen?

— Anderen Verkehrsteilnehmern die Bewegungsabsichten des Fahrzeugführers anzuzeigen (z.B. Blinkleuchten, Bremsleuchten)
— andere Verkehrsteilnehmer zu warnen (z.B. Warnblinkanlage, Signalhorn, Lichthupe).

03 Aus welchen wesentlichen Teilen besteht eine Blinkanlage?

Aus Blinkgeber, Blinkschalter, Blinkleuchten und Kontrollampen.

04 Wie groß muß die Blinkfrequenz einer Blinkanlage sein?

90 ± 30 Impulse je Minute.

05 Wie ist im Prinzip ein Blinkgeber aufgebaut?

Als Blinkfrequenzgeber wird eine elektronische Schaltung (Multivibrator) eingesetzt, an dessen Ausgang zur Steuerung des Arbeitsstromes der Blinklampen entweder ein elektromechanisches Relais oder ein Leistungstransistor angeschlossen ist.

06 Welche Aufgaben haben die Blinker-Kontroll-Lampen?

Anzeige, ob
— die Blinker eingeschaltet sind
— die Blinklampen einwandfrei arbeiten
— bei Anhängerbetrieb die Blinklampen des Anhängers funktionieren.

07 Woran erkennt man den Ausfall einer Glühlampe in der Blinkanlage?

An der Vergrößerung der Blinkfrequenz der Blinker-Kontroll-Lampe.

08 Woraus besteht eine Warnblinkanlage?

Aus
- Warnblinkgeber
- Blinkleuchten
- Warnschalter mit roter Kontrollampe.

09 Wie wirkt im Prinzip ein Signalhorn?

Mit Hilfe eines Elektromagneten wird eine Membrane in rhythmische Schwingungen versetzt. Dazu wird der Strom des Elektromagneten über einen Unterbrecher nach dem Prinzip des Wagnerschen Hammers ein- und ausgeschaltet.

10 Wie arbeitet ein Aufschlaghorn?

Ausgelöst durch einen Unterbrecherkontakt im Horn wird die Ankerplatte eines Elektromagneten im Rhythmus der Schaltfrequenz gegen einen Magnetkern geschlagen. Über eine Membrane und einen Schwingteller werden Schallwellen abgestrahlt.

11 Wie arbeitet ein Fanfarenhorn?

Über einen Elektromagneten und eine Membrane wird eine Luftsäule in einem Schalltrichter, der oftmals spiralförmig ausgeführt ist, in rhythmische Schwingungen versetzt.

12 Wie entsteht ein Mehrklangsignal?

Durch Parallelschalten von zwei oder mehreren Hörnern, die in ihren Frequenzen aufeinander abgestimmt sind.

6.2.8 Relais

01 Welche Aufgabe hat ein Relais?

- Mit Hilfe eines kleinen Steuerstromes (0,2 A bis 1 A) große Arbeitsströme zu schalten
- die hochbelastete Verbindungsleitung zwischen Spannungsquelle und Verbraucher möglichst kurz zu halten
- die nur gering belastete Steuerleitung zwischen Betätigungsschalter und Relaisspule kann beliebig lang sein.

02 Wie sind Kontaktanordnung und Klemmenbezeichnung bei verschiedenen Relaisarten?

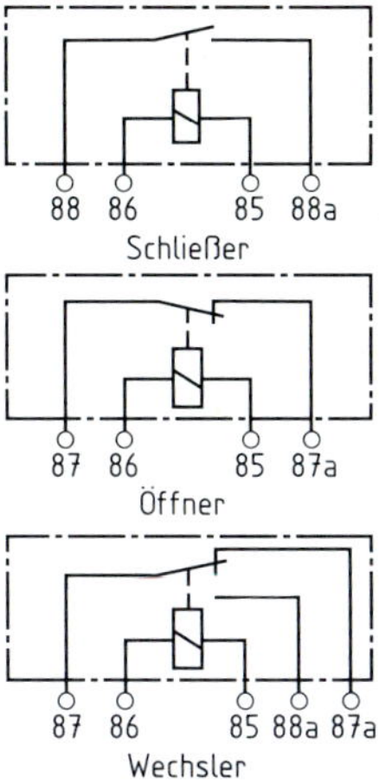

86 $\hat{=}$ Eingang Triebsystem (+)
85 $\hat{=}$ Ausgang Triebsystem (-)
88-88a $\hat{=}$ Schließer
87-87a $\hat{=}$ Öffner
87-87a-88a $\hat{=}$ Wechsler

03 Welche Fehlerprüfungen können am Relais durchgeführt werden?

Steuerstromkreis (Relaisspule)
- Durchgangsprüfung
- Widerstandsmessung
- Strommessung

Arbeitsstromkreis
- optische Prüfung (z.B. Relaisanzug)
- akustische Prüfung (z.B. Klicken bei Anzug des Relaisankers)
- Schaltkreisfunktionsprüfung
- Spannungsabfall an Kontakten.

6.2.9 Funkentstörung

01 Welche Ursachen können Funkstörungen haben?

Schnell verlaufende elektrische Vorgänge (z.B. elektrische Funken) erzeugen im gesamten Frequenzbereich elektromagnetische Störwellen.

02 Welches sind die wichtigsten Funkstörquellen in einem Kraftfahrzeug?

— Elektrische Zündanlage
— Generator
— sämtliche Schalter beim Schalten
— Elektromotoren (Kollektoren)
— Starter (Schalter und Kollektoren)
— Wackelkontakte jeder Art in stromdurchflossenen Leitungen oder an deren Anschlüssen
— elektrostatische Aufladungen der Reifen, Keilriemen
— schlechte oder wechselnde metallische Berührung zwischen größeren Metallteilen des Fahrzeugs (z.B. Motorhaube).

03 Wie erfolgt grundsätzlich jede Funkentstörung?

Durch Dämpfung oder Ableitung der Störenergie möglichst nahe der Störquelle, damit die Leitungen nicht als Sendeantenne wirken.

04 Durch welche Entstörmittel kann eine Funkentstörung erfolgen?

Durch
— Widerstände
— Drosseln
— Kondensatoren
— Entstörer (Siebglieder)
— Schirmung
— Masseverbindungen.

05 Wie wirken Widerstände als Funkentstörmittel?

Eingebaut im Zündkreis (Sekundärkreis) verursachen sie eine Dämpfung der elektrischen Störenergie durch Umwandlung in Wärme.

06 Wie wirken Drosseln als Entstörmittel?

— Großer induktiver Widerstand für hochfrequente Störwellen (Störspannungen) mit großem Spannungsabfall (Verminderung der Störspannung nach der Drossel)
— kleiner ohmscher Widerstand für Gleichspannung mit kleinem Gleichspannungsabfall.

07 Wie wirken Kondensatoren als Entstörmittel?

— Sehr großer Widerstand für Gleichspannung (Gleichspannung wird gesperrt)
— kleiner Widerstand für hochfrequente Störspannungen, die zur Masse abgeleitet werden.

08 Welche Arten von Entstörwiderständen gibt es?

Kerzenentstörstecker, Entstörmuffe, Entstörstecker für Zündverteiler, Zündkerze mit Entstörwiderstand, Zündverteiler mit Entstörwiderstand, Widerstandszündleitungen.

09 Woraus bestehen Entstörer (Siebglieder)?

Aus Kondensatoren und einer Drossel.

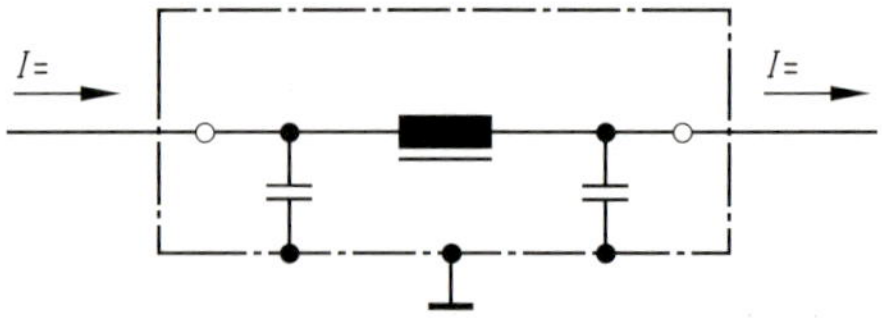

10 Wie wirkt ein Entstörer?

Die Drossel vermindert die Störspannung, der Kondensator leitet die Störspannung gegen Masse ab.

7 Fachliche Vorschriften

(Stand 31. 12. 1995)

7.1 Fahrzeugarten

01 Welche Straßenfahrzeuge unterscheidet man?

— Kraftfahrzeuge — Anhängefahrzeuge
— Züge.

02 Welche Fahrzeuge werden als Kraftfahrzeuge bezeichnet?

Selbstfahrende, maschinell angetriebene Landfahrzeuge, die nicht an Gleise gebunden sind.

03 Welche Kraftfahrzeuge werden unterschieden?

— Krafträder — Kraftwagen
— Sattelkraftfahrzeuge.

04 Was versteht man unter Krafträdern?

Sie sind einspurige Kraftfahrzeuge mit zwei Rädern; jedoch auch Krafträder mit Beiwagen gelten als Einspurfahrzeuge.

05 Welche Kraftradarten gibt es?

— Motorräder — Motorroller
— Leichtkrafträder — Kleinkrafträder
— Fahrräder mit Hilfsmotor.

06 Welche Merkmale haben Motorräder?

— Sie werden mit Knieschluß gefahren
— sie haben keine Tretkurbeln
— ihr Hubraum beträgt mehr als 80 cm^3
— ihre bauartbedingte Höchstgeschwindigkeit übersteigt 80 km/h.

07 Welche Merkmale haben Leichtkrafträder?

— Ihr Hubraum beträgt mehr als 50 cm^3 und nicht mehr als 80 cm^3
— ihre bauartbedingte Höchstgeschwindigkeit darf 80 km/h nicht übersteigen.

08 Was sind Kleinkrafträder?

Krafträder mit einem Hubraum von nicht mehr als 50 cm^3 und einer bauartbedingten Höchstgeschwindigkeit von nicht mehr als 50 km/h, z.B. Mokick.

09 Welche Merkmale weisen Fahrräder mit Hilfsmotor auf?

— Sie sind fahrradähnliche Krafträder, die mit Tretkurbeln ausgestattet sind; die Gebrauchsfähigkeit als Fahrrad muß gewährleistet sein
— zusätzlich sind sie mit einem Verbrennungsmotor ausgestattet, dessen Hubraum nicht mehr als 50 cm^3 betragen darf
— ihre bauartbedingte Höchstgeschwindigkeit ist beschränkt auf 50 km/h beim Moped und auf 25 km/h beim Mofa.

10 Was sind Motorroller?

— Krafträder, ohne Knieschluß gefahren
— keine Tretkurbeln
— meist mit Beinschutzschild ausgerüstet
— Triebwerk meist verkleidet.

11 Welche Arten von Kraftwagen unterscheidet man?

— Personenkraftwagen, z.B. Limousine, Coupe oder Kabriolett
— Nutzkraftwagen, z.B. Vielzwecklastkraftwagen, Speziallastkraftwagen, Kraftomnibusse oder Zugmaschinen.

12 Welche Merkmale weisen Personenkraftwagen (Pkw) auf?

Sie sind Kraftwagen, die nach ihrer Bauart und Einrichtung zum Transport von maximal 9 Personen (einschließlich Fahrzeugführer), Gepäck und/oder Gütern geeignet sind.

13 Welche Fahrzeuge bezeichnet man als Kraftomnibusse (KOM)?

Nutzkraftwagen, die nach ihrer Bauart und Einrichtung zum Transport von mehr als 9 Personen (einschließlich Fahrzeugführer) und des Reisegepäcks geeignet sind.

14 Welche Merkmale haben Vielzweck-Lastkraftwagen (Lkw)?

Es sind Nutzkraftwagen, die nach ihrer Bauart und Einrichtung zum Transport von Gütern auf offener Pritsche oder in geschlossenem Aufbau bestimmt sind.

15 Welche Merkmale weisen Spezial-lastkraftwagen auf?

Es sind Nutzkraftwagen, die nach ihrer Bauart und Einrichtung zum Transport bestimmter Personen und/oder Güter oder zur Verrichtung von Arbeit bestimmt sind, z.B. Abschleppwagen, Kranwagen, Feuerwehrfahrzeuge, Krankenkraftwagen, Tankkraftwagen, Müllfahrzeuge.

16 Was sind Zugmaschinen?

Sie sind Nutzkraftwagen, die ausschließlich oder überwiegend zum Ziehen von Anhängern gebaut sind. Sie können eine Hilfsladefläche haben.

17 Welche Arten von Zugmaschinen werden unterschieden?

— Anhängerzugmaschinen
— Sattelzugmaschinen
— Traktoren.

18 Welche Arten von Anhängern werden unterschieden?

— Busanhänger
— Lastanhänger
— Caravan (Wohnwagen)
— Spezialanhänger
— Bus-Sattelanhänger
— Last-Sattelanhänger
— Spezialsattelanhänger.

19 Was sind Züge?

Züge sind Zusammenstellungen aus einem Kraftfahrzeug und einem oder mehreren Anhängefahrzeugen.

20 Was ist ein Sattelkraftfahrzeug?

Eine Fahrzeugeinheit, die aus der Sattelzugmaschine und einem Sattelanhänger besteht.

7.2 Gesetzliche Bestimmungen

01 Welche wichtigen Rechtsgrundlagen bestehen für den Betrieb von Kraftfahrzeugen?

— Straßenverkehrsgesetz (StVG)
— Straßenverkehrsordnung (StVO)
— Straßenverkehrs-Zulassungs-Ordnung (StVZO)
— Pflichtversicherungsgesetz (PflVersG)
— Fahrlehrergesetz (FahrlG)
— Kraftfahrsachverständigengesetz (KfSachvG)
— Verordnung über den Betrieb von Kraftfahrunternehmen im Personenverkehr (BOKraft)
— Personenbeförderungsgesetz (PBefG)
— Güterkraftverkehrsgesetz (GüKG)
— Verordnung über die Beförderung gefährlicher Güter auf der Straße (GGVS).

02 Welche Bedeutung hat das Straßenverkehrsgesetz (StVG)?

Es ist Rechtsgrundlage für das Straßenverkehrsrecht mit seinen Rechtsverordnungen. Es enthält grundlegende Bestimmungen, z.B. für die Zulassung von Fahrzeugen, die Fahrerlaubnispflicht, den Entzug der Fahrerlaubnis, für Straf- und Bußgeldvorschriften und für das Verkehrszentralregister.

03 Was beinhaltet die Straßenverkehrs-Ordnung (StVO)?

— Verkehrsregeln
— Verkehrszeichen
— Verkehrseinrichtungen
— Ordnungswidrigkeiten.

04 Was enthält die Straßenverkehrs-Zulassungs-Ordnung (StVZO)?

— Teil A: Vorschriften bezüglich der Personen, die mit Kraftfahrzeugen am öffentlichen Verkehr teilnehmen
— Teil B: Vorschriften bezüglich der Kraftfahrzeuge und ihrer Anhänger, die am öffentlichen Straßenverkehr teilnehmen
— Teil C: Ordnungswidrigkeiten.

05 Welche wichtigste Bestimmung enthält das Pflichtversicherungsgesetz (PflVersG)?

Der Halter eines Kraftfahrzeuges oder Anhängers mit regelmäßigem Standort in der Bundesrepublik Deutschland ist verpflichtet, für sich, den Fahrzeugeigentümer und den Fahrer eine Haftpflichtversicherung in ausreichender Höhe abzuschließen und aufrechtzuerhalten, wenn das Fahrzeug im öffentlichen Verkehrsraum verwendet wird.

06 Welche Mindestversicherungssummen schreibt das Pflichtversicherungsgesetz für die Kraftfahrzeug-Haftpflichtversicherung vor?

— Für Personenschäden: 1 000 000 DM
— für Sachschäden: 400 000 DM
— für Vermögensschäden: 40 000 DM.

07 Welche gesetzlichen Vorschriften muß der Fahrer eines Kraftfahrzeuges im öffentlichen Verkehrsraum durch seine Person erfüllen?

— Er muß das 15. Lebensjahr vollendet haben
— er benötigt die für das betreffende Fahrzeug vorgeschriebene Fahrerlaubnis (Führerschein).

08 In welchen Klassen kann die Fahrerlaubnis erteilt werden?

— Klasse 1 — Klasse 1a — Klasse 1b
— Klasse 2 — Klasse 3 — Klasse 4
— Klasse 5

09 Welche Krafträder dürfen mit Fahrerlaubnis Klasse 1b gefahren werden?

— Leichtkrafträder (Hubraum mehr als 50 cm^3 und nicht mehr als 80 cm^3; bauartbedingte Höchstgeschwindigkeit nicht über 80 km/h)
— Kleinkrafträder früheren Rechtes (Hubraum nicht mehr als 50 cm^3; bauartbedingte Höchstgeschwindigkeit über 50 km/h; erstmals vor dem 31. 12. 1983 im Verkehr).

10 Welche Krafträder dürfen mit Fahrerlaubnis Klasse 1a gefahren werden?

Krafträder mit einer Nennleistung von nicht mehr als 25 kW und einem Verhältnis von Leistung/Leergewicht von nicht mehr als 0,16 kW/kg.

11 Welche Krafträder dürfen mit Fahrerlaubnis Klasse 1 gefahren werden?

Krafträder mit einer Nennleistung von mehr als 25 kW oder einem Verhältnis von Leistung/Leergewicht von mehr als 0,16 kW/kg.

12 Wozu berechtigt die Fahrerlaubnis der Klasse 2?

— Zum Führen von Kraftwagen mit einem zulässigen Gesamtgewicht von mehr als 7,5 t
— zum Führen von Zügen mit mehr als 3 Achsen (Achsabstand $\geqq$ 1,0 m).

13 Welche Fahrzeuge dürfen mit der Fahrerlaubnis Klasse 3 geführt werden?

Alle Kraftfahrzeuge und Züge, die nicht zu Klasse 1, 1a, 1b oder 2 gehören, z.B. Personenkraftwagen mit einachsigem Anhänger.

14 Für welche Fahrzeuge berechtigt die Fahrerlaubnis Klasse 4?

Zum Führen von Krafträdern, die einen Hubraum von nicht mehr als 50 cm^3 und die eine bauartbedingte Höchstgeschwindigkeit von nicht mehr als 50 km/h haben. Das sind:

— Kleinkrafträder, z.B. Mokick
— Fahrräder mit Hilfsmotor, z.B. Moped.

15 Welche Fahrzeuge dürfen mit der Fahrerlaubnis der Klasse 5 gefahren werden?

— Zug- oder Arbeitsmaschinen mit einer bauartbedingten Höchstgeschwindigkeit von nicht mehr als 25 km/h (Ausnahme: 32 km/h für Fzg. der Land- und Forstwirtschaft)
— Krankenfahrstühle (höchstens 2 Sitze, Leergewicht nicht mehr als 300 kg und bauartbedingte Höchstgeschwindigkeit nicht mehr als 30 km/h).

16 Welche Kraftfahrzeuge dürfen fahrerlaubnisfrei geführt werden?

- Kraftfahrzeuge, die bauartbedingt langsamer als 6 km/h fahren
- einachsige Zug- und Arbeitsmaschinen, von Fußgängern an Holmen geführt
- Krankenfahrstühle bis zu 10 km/h bauartbedingter Höchstgeschwindigkeit
- Fahrräder mit Hilfsmotor (Mofa), die bauartbedingt nicht schneller als 25 km/h fahren.

17 Welche Prüfbescheinigung müssen Mofafahrer mindestens mitführen?

Mofafahrer, die nach dem 1. April 1980 das 15. Lebensjahr vollendet haben, müssen mindestens eine Prüfbescheinigung über Kenntnisse der Verkehrsvorschriften, der Gefahren des Straßenverkehrs und der zu ihrer Abwehr erforderlichen Verhaltensweisen mitführen.

18 Welches Mindestalter gilt für die einzelnen Fahrerlaubnis-Klassen?

- Klasse 1: Vollendetes 20. Lebensjahr
- Klasse 1a: Vollendetes 18. Lebensjahr
- Klasse 1b: Vollendetes 16. Lebensjahr
- Klasse 2: Vollendetes 21. Lebensjahr
- Klasse 3: Vollendetes 18. Lebensjahr
- Klasse 4: Vollendetes 16. Lebensjahr
- Klasse 5: Vollendetes 16. Lebensjahr

19 Welche Verknüpfungen bestehen zwischen den einzelnen Fahrerlaubnis-Klassen?

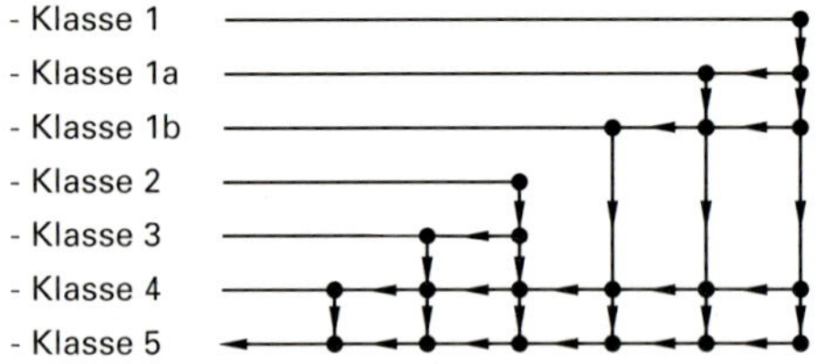

20 Was versteht man unter dem Stufenführerschein?

Die Fahrerlaubnis der Klasse 1 wird nur erteilt, wenn der Bewerber die Fahrerlaubnis der Klasse 1a mindestens schon 2 Jahre besitzt.

21 Welche Fahrzeuge sind zulassungspflichtig?

Kraftfahrzeuge und ihre Anhänger, die im öffentlichen Verkehrsraum verwendet werden sollen und deren bauartbedingte Höchstgeschwindigkeit 6 km/h übersteigt.

22 Welche Fahrzeuge sind von der Zulassungspflicht ausgenommen?

- Leichtkrafträder
- Kleinkrafträder (z.B. Mokicks) und Fahrräder mit Hilfsmotor (z.B. Mopeds, Mofas)
- maschinell angetriebene Krankenfahrstühle mit höchstens 2 Sitzen, einem Leergewicht von nicht mehr als 300 kg und einer bauartbedingten Höchstgeschwindigkeit von nicht mehr als 30 km/h
- bestimmte Anhänger, z.B. Spezialanhänger für den Sportgerätetransport
- bestimmte selbstfahrende Arbeitsmaschinen, z.B. Mähdrescher
- einachsige Zugmaschinen, wenn sie nur für land- oder forstwirtschaftliche Zwecke verwendet werden
- einachsige Zug- und Arbeitsmaschinen, die von Fußgängern an Holmen geführt werden.

23 Welche Voraussetzungen müssen für die Zulassung eines Fahrzeuges erfüllt sein?

- Gültige Fahrzeugbetriebserlaubnis
- ausreichende Haftpflichtversicherung
- die erforderlichen Fahrzeuguntersuchungen (z.B. Hauptuntersuchung) müssen noch für ausreichende Zeit gültig sein
- der Fahrzeughalter muß seinen Wohnsitz im Inland nachweisen.

24 Wodurch wird die Fahrzeugzulassung nachgewiesen?

- Fahrzeugschein, den die Verwaltungsbehörde ausgestellt hat
- Eintrag im Fahrzeugbrief
- amtliches Kennzeichen mit dem Stempel oder Siegel der Verwaltungsbehörde.

25 Welche Arten der Betriebserlaubnis (BE) gibt es für Fahrzeuge?

- Allgemeine Betriebserlaubnis für Typen (ABE)
- Betriebserlaubnis für Einzelfahrzeuge (EBE).

26 Welche Fahrzeuge können eine allgemeine Betriebserlaubnis (ABE) bekommen?

Reihenweise zu fertigende oder gefertigte Fahrzeuge können eine ABE erhalten.

27 Wem kann eine allgemeine Betriebserlaubnis erteilt werden?

- Dem Fahrzeughersteller oder seinem Beauftragten, wenn die Fahrzeuge in einem EU-Staat hergestellt worden sind
- dem Beauftragten des Herstellers (z.B. Importgesellschaft), wenn die außerhalb der EU gefertigten Fahrzeuge in einen EU-Staat eingeführt worden sind
- dem Händler mit Firmensitz und nachgewiesenem Alleinvertriebsrecht in der BRD.

28 Wer erteilt in der Bundesrepublik Deutschland eine allgemeine Betriebserlaubnis?

Das Kraftfahrt-Bundesamt in Flensburg.

29 Welche Fahrzeuge erhalten eine Betriebserlaubnis für Einzelfahrzeuge (EBE) in Deutschland?

- Einzelfahrzeuge, z.B. Autokran
- Fahrzeuge, deren ABE aufgrund einer Bauartveränderung erloschen ist, z.B. Limousine umgebaut zum Kabriolett.
- Fahrzeuge, deren ABE erloschen ist, weil sie länger als ein Jahr stillgelegt waren
- Fahrzeuge, die z.B. privat aus dem Ausland importiert wurden, sofern sie keine EU-Betriebserlaubnis haben.

30 Wem kann eine Betriebserlaubnis für Einzelfahrzeuge erteilt werden?

Dem Hersteller oder einem anderen Verfügungsberechtigten, z.B. dem Eigentümer.

31 Wer kann eine Betriebserlaubnis (BE) für Einzelfahrzeuge erteilen?

Die untere Verwaltungsbehörde (Zulassungsstelle), bei der der Antrag gestellt wurde.

32 Welche Bestimmung besteht für wichtige Fahrzeugteile?

Für gesonderte Teile von Kraftfahrzeugen kann eine Betriebserlaubnis für Fahrzeugteile (Teile-ABE) erteilt werden, wenn das Teil eine technische Einheit bildet, die im Erlaubnisverfahren selbständig behandelt werden kann, z.B. Leichtmetall-Sonderräder.

33 Wer kann das für die Betriebserlaubnis notwendige Gutachten erstellen?

Ein amtlich anerkannter Sachverständiger für den Kraftfahrzeugverkehr eines TÜV e.V., eines TÜA oder des DEKRA e.V.

34 Welche sind die wichtigsten Fahrzeugteile, die in amtlich genehmigter Bauart ausgeführt sein müssen (§ 22a StVZO)?

- Heizungen (außer elektrisch oder mit Kühlflüssigkeitswärme betrieben)
- Scheiben aus Sicherheitsglas und auch Scheibenfolien
- Auflaufbremsen
- Einrichtungen zur Verbindung von Fahrzeugen (Abschleppstangen und Abschleppseile sind ausgenommen)
- Scheinwerfer für Fern- und Abblendlicht
- Nebelscheinwerfer
- Rückfahrscheinwerfer
- Leuchten, z.B. Begrenzungs-, Schluß-, Nebelschluß- und Bremsleuchten
- Glühlampen für bauartgenehmigungspflichtige Beleuchtungseinrichtungen
- Rückstrahler
- Sicherheitsgurte
- Warndreiecke und Warnleuchten
- Fahrtschreiber
- Rückhalteeinrichtungen für Kinder, z.B. „Kinder-Sicherheitssitze".

35 Wie kann das bauartgenehmigte Fahrzeugteil gekennzeichnet sein?

— Deutsche Kennzeichnung durch eine Wellenlinie mit 3 Perioden mit nachfolgendem Kennbuchstaben der Prüfstelle und der Prüfnummer, z.B. ∿∿∿ K 3921
— Internationale Kennzeichnung innerhalb der EU durch einen Kreis oder durch ein Rechteck, in dessen Innerem sich der Buchstabe „E" bzw. „e" und die Kennzahl des Staates („1" für die Bundesrepublik Deutschland) befindet, der die Genehmigung erteilt hat; angehängt ist noch der Hinweis auf die internationale Vereinbarung, z.B.

(E1) 43351 R 6 oder [e1] 1471.

36 Welche Auswirkungen hat eine Bauartveränderung eines Fahrzeuges oder das Anbringen von bauartgenehmigungspflichtigen Fahrzeugteilen ohne Prüfzeichen?

— Die Betriebserlaubnis erlischt
— die Zulassung ist aufgehoben
— der Versicherungsschutz des Haftpflichtversicherers ist nicht mehr gewährleistet.

37 Welche Gewichtsleistung müssen Kfz als Nutzkraftwagen haben?

Bei bauartbedingter Höchstgeschwindigkeit über 25 km/h ist vorgeschrieben:
— **4,4 kW/t** zul. Gesamtgewicht für Lastkraftwagen, Sattelkraftfahrzeuge, Omnibusse, Last- und Omnibuszüge
— **2,2 kW/t** zul. Gesamtgewicht für Zugmaschinen und Zugmaschinenzüge.

38 Welche Abschleppfahrten sind zulässig?

Betriebsunfähig gewordene Kraftfahrzeuge dürfen von der Schadensstelle bis zur nächstgelegenen, geeigneten Kfz-Reparaturwerkstatt, z.B. Markenvertragswerkstatt, oder zum nächstgelegenen, geeigneten Verwahrungsort, z.B. Garage, Polizeihof oder Abstellplatz eines Abschleppdienstes abgeschleppt werden. Auch Schrottfahrzeuge dürfen von ihrem Standort zum nächstgelegenen, geeigneten Verwertungsbetrieb abgeschleppt werden.

39 Welche wesentlichen Vorschriften sind beim Abschleppen zu beachten?

— Der Führer des Zugfahrzeuges benötigt nur die für dieses Fahrzeug erforderliche Fahrerlaubnis
— der Lenker des abzuschleppenden Fahrzeuges benötigt keine Fahrerlaubnis; es muß jedoch gewährleistet sein, daß das gezogene Fahrzeug sicher gelenkt und bedient wird
— der Führer des Zugfahrzeuges trägt die Gesamtverantwortung für den Abschleppzug
— die Kfz-Haftpflichtversicherung des Zugfahrzeuges deckt das Gesamtrisiko des Zuges
— abzuschleppende Fahrzeuge und Abschleppachsen sind nicht zulassungspflichtig
— abzuschleppende Fahrzeuge benötigen keine Beleuchtungseinrichtungen; die wichtigsten Beleuchtungsvorschriften müssen jedoch erfüllt werden
— am Zugende muß ein amtliches Kennzeichen ablesbar sein, z.B. Papptafel mit dem Kennzeichen des Zugfahrzeuges
— beim Abschleppen haben beide Fahrzeuge das Warnblinklicht einzuschalten
— auf Autobahnen darf nur von der Schadensstelle bis zur nächsten Ausfahrt abgeschleppt werden
— der Abstand zwischen den beiden Fahrzeugen darf höchstens 5 m betragen
— die Abschleppeinrichtung muß auffällig gekennzeichnet sein, z.B. mit einem roten Lappen
— mit Motorrädern dürfen keine Abschleppfahrten durchgeführt werden.

40 Welche Beleuchtungsvorschrift besteht für betriebsunfähige Fahrzeuge, die von einem Abschleppwagen abgeschleppt werden?

Nach hinten muß das funktionsfähige Signalbild, z.B. Bremsleuchten, Schlußleuchten, sichtbar sein und betrieben werden. Diese Beleuchtungseinrichtungen dürfen auch auf einem Leuchtenträger angebracht sein; sie müssen dann aber vom Zugfahrzeug aus betätigt werden können.

41 Welche Merkmale kennzeichnen das Schleppen?

Nach der StVZO dürfen Kraftfahrzeuge nicht als Anhänger betrieben werden, d.h. sie dürfen nicht geschleppt werden. Sollen nun Fahrten des betriebsfähigen oder des betriebsunfähigen Kraftfahrzeuges, wenn kein Notfall vorliegt, der zum Abschleppen berechtigt, mit fremder Zugkraft durch Schleppen durchgeführt werden, so können die unteren Verwaltungsbehörden (Zulassungsstellen) in Einzelfällen Ausnahmen genehmigen (Schleppgenehmigung).

42 Welche wesentlichen Vorschriften gelten für das Schleppen?

— Es muß eine für die Schleppfahrt gültige Ausnahmegenehmigung vom Verbot des Schleppens (Schleppgenehmigung) mitgeführt werden
— der Führer des Zugfahrzeuges benötigt die Fahrerlaubnis der Klasse 2
— der Lenker des geschleppten Fahrzeuges benötigt die für dieses Fahrzeug erforderliche Fahrerlaubnis
— die Kfz-Haftpflichtversicherung des Zugfahrzeuges deckt das Gesamtrisiko des Schleppzuges
— es darf jeweils nur ein Fahrzeug geschleppt werden
— Fahrzeuge mit mehr als 4 t zulässigen Gesamtgewichtes dürfen nur mit Hilfe einer Abschleppstange geschleppt werden
— am geschleppten Fahrzeug muß nach hinten das funktionsfähige Signalbild, z.B. Brems-, Schluß- und Blinkleuchten zur Fahrtrichtungsanzeige, vorhanden sein und betrieben werden
— am Zugende muß das amtliche Kennzeichen des Zugfahrzeuges, z.B. auf Papptafel aufgemalt, ablesbar sein
— der Abstand zwischen dem Zugfahrzeug und dem geschleppten Fahrzeug darf höchstens 5 m betragen
— die Schleppeinrichtung muß auffällig gekennzeichnet sein, z.B. mit einem roten Lappen
— die zulässige Anhängelast des Zugfahrzeuges muß beachtet werden.

43 Welches sind typische Schleppfahrten?

— Z.B. von einer Karosseriewerkstatt zu einem Lackierbetrieb
— vom Abstellplatz eines Abschleppdienstes zur Kfz-Reparaturwerkstatt.

44 Welche Sicherungspflicht besteht für im öffentlichen Verkehrsraum liegengebliebene Fahrzeuge?

Bleibt ein mehrspuriges Fahrzeug an einer Stelle liegen, an der es nicht rechtzeitig als stehendes Hindernis erkannt werden kann, so ist
— sofort das Warnblinklicht einzuschalten
— danach ist mindestens ein auffällig warnendes Zeichen, z.B. Warndreieck, gut sichtbar, in ausreichender Entfernung (bei schnellem Verkehr in etwa 100 m Entfernung) aufzustellen
— die Beleuchtungsvorschriften für haltende Fahrzeuge sind zu erfüllen.

45 Welche bauartgenehmigten Sicherungsmittel müssen zur Sicherung liegengebliebener Fahrzeuge stets mitgeführt werden?

Ein Warndreieck: In Personenkraftwagen und in anderen Kraftfahrzeugen mit einem zulässigen Gesamtgewicht von nicht mehr als 2,8 t sowie in land- oder forstwirtschaftlichen Zug- oder Arbeitsmaschinen

Ein Warndreieck und davon getrennt eine Warnleuchte: In Kraftfahrzeugen mit einem zulässigen Gesamtgewicht von mehr als 2,8 t.

46 Welche Feuerlöscher sind in Kraftomnibussen mitführungspflichtig?

— Mindestens ein Feuerlöscher mit einer Füllmasse von 6 kg
— Universalfeuerlöscher für die Brandklassen A, B und C amtlich zugelasssen
— in stets betriebsbereitem Zustand
— mindestens einmal innerhalb von 12 Monaten vom Sachkundigen, z.B. Herstellerservice, auf Gebrauchsfähigkeit geprüft und entsprechend gekennzeichnet.

47 Welche Kraftfahrzeuge und Anhänger müssen Unterlegkeile mitführen?

Ein Unterlegkeil:
- Kraftfahrzeuge mit einem zulässigen Gesamtgewicht von mehr als 4 t
- zweiachsige Anhänger (Sattelanhänger ausgenommen) mit einem zulässigen Gesamtgewicht von mehr als 750 kg

Zwei Unterlegkeile:
- Drei- und mehrachsige Fahrzeuge
- Sattelanhänger
- einachsige Anhänger mit einem zulässigen Gesamtgewicht von mehr als 750 kg.

48 Welche Vorschriften bestehen für das Erste-Hilfe-Material in Kraftfahrzeugen?

- Verbandkästen und deren Inhalt an Erste-Hilfe-Material müssen den DIN-Normen entsprechen
- in Kraftomnibussen bis zu 26 Fahrgastplätzen muß ein Verbandkasten mitgeführt werden
- in Kraftomnibussen mit mehr als 26 Fahrgastplätzen sind zwei Verbandkästen mitführungspflichtig
- andere Kraftfahrzeuge, z.B. Pkw, Lkw müssen entsprechendes Erste-Hilfe-Material mitführen, dabei ist das Behältnis freigestellt, z.B. Kissenhülle.

49 Wie muß ein Personenkraftwagen mit Rückspiegeln ausgerüstet sein?

- Er muß einen Außenspiegel an der linken Seite und einen Innenspiegel haben
- die Spiegel müssen so beschaffen und angebracht sein, daß der Fahrzeugführer nach rückwärts und seitwärts — auch beim Mitführen eines Anhängers — alle für ihn wesentlichen Verkehrsvorgänge beobachten kann
- wird das Sichtfeld des Innenspiegels wesentlich beeinträchtigt, z.B. durch einen Anhänger, so ist auch an der rechten Seite ein Außenspiegel erforderlich.

50 Welche Ausrüstungsvorschriften bestehen für Sicherheitsgurte?

Beträgt die bauartbedingte Höchstgeschwindigkeit des Fahrzeuges mehr als 25 km/h, so müssen die Außensitze von Personenkraftwagen, Sattelzugmaschinen und Lastkraftwagen mit Automatik-Dreipunktgurt ausgerüstet sein. Für die übrigen Sitze dieser Fahrzeuge müssen mindestens Zweipunkt-Beckengurte vorhanden sein.

51 Wie müssen Krafträder mit Rückspiegeln ausgerüstet sein?

- Einen Rückspiegel an der linken Seite benötigen Krafträder mit einer bauartbedingten Höchstgeschwindigkeit von nicht mehr als 100 km/h
- zwei Rückspiegel — jeweils einer an jeder Seite — sind für Krafträder mit einer bauartbedingten Höchstgeschwindigkeit von mehr als 100 km/h vorgeschrieben.

52 Welche Bestimmungen gelten für Kennleuchten mit gelbem Blinklicht (Rundumlicht) an Pannenhilfsfahrzeugen?

Pannenhilfsfahrzeuge dürfen mit einer oder mehreren Kennleuchten für gelbes Blinklicht ausgerüstet sein.

Die Kennleuchten dürfen nur dann benutzt werden, wenn das damit ausgerüstete Fahrzeug den Verkehr gefährdet, z.B. beim Bergen eines liegengebliebenen Fahrzeuges oder beim Abschleppen.

53 Für welche Fahrten dürfen rote Kennzeichen verwendet werden?

- Für Prüfungsfahrten
- für Probefahrten
- für Überführungsfahrten.

54 Welche Fahrten sind mit einem roten Kennzeichen verboten?

- Zweck- bzw. Wirtschaftsfahrten zur Nutzung des Fahrzeuges
- Fahrten gegen Vergütung
- Fahrten mit verkehrsunsicherem Fahrzeug.

55 Was ist eine Prüfungsfahrt?

Eine Fahrt anläßlich der Prüfung eines Fahrzeuges durch einen amtlich anerkannten Sachverständigen oder Prüfer für den Kraftfahrzeugverkehr, z.B. um ein Gutachten zur Erteilung einer Betriebserlaubnis zu erstellen. Die Fahrten auf direktem Weg zum Prüfungsort und zurück zum Verwahrungsort sind in einer Prüfungsfahrt eingeschlossen.

56 Was ist eine Probefahrt?

— Eine Fahrt zur Feststellung und zum Nachweis des technischen Zustandes oder der Gebrauchsfähigkeit eines Kraftfahrzeuges
— eine Fahrt zur allgemeinen Anregung der Kauflust durch Vorführung in der Öffentlichkeit (dabei muß der Werbecharakter der Fahrt eindeutig ersichtlich sein, z.B. durch auffällige Werbeaufkleber).

57 Was ist eine Überführungsfahrt?

Sie ist eine Fahrt, die in der Hauptsache der Überführung eines Fahrzeuges an einen anderen Standort oder Einsatzort dient. Dies kann auch kurzfristig vorübergehend sein, z.B. zur Vorführung bei einem Kaufinteressenten.

58 Welche Arten von roten Kennzeichen werden ausgegeben?

— **Rote Kennzeichen für den einmaligen Gebrauch an einem bestimmten Fahrzeug.** Die Einsatzdauer beträgt in der Regel 3 Tage oder 5 Tage. Nach Ablauf der Verwendungsfrist sind sie mit dem zugehörigen Fahrzeugschein unverzüglich zurückzugeben. Diese roten Kennzeichen kann jeder Antragsteller bekommen, z.B. auch Privatpersonen.
— **Rote Kennzeichen zum beliebig häufig wiederkehrenden Gebrauch an einem bestimmten Fahrzeug und zum beliebig wechselnden Gebrauch an verschiedenen Fahrzeugen.** Die Verwendungsdauer eines ausgefüllten Fahrzeugscheines ist auf 1 Jahr befristet. Diese roten Kennzeichen können nur, z.B. an zuverlässige Hersteller, Händler oder Handwerker, befristet oder widerruflich erteilt werden.

59 Welche Vorschriften gelten für die Durchführung von Prüfungs-, Probe- und Überführungsfahrten?

— Rote Kennzeichen müssen am Fahrzeug ordnungsgemäß mitgeführt werden
— es ist der zum roten Kennzeichen gehörende besondere Fahrzeugschein ausgefüllt mitzuführen
— diese Fahrten dürfen auch mit Fahrzeugen durchgeführt werden, für die momentan keine Betriebserlaubnis mehr besteht oder keine gültige Fahrzeuguntersuchung vorliegt
— das Fahrzeug muß verkehrssicher sein.

60 Welche Angaben müssen in einem Fahrzeugschein für Fahrzeuge mit rotem Kennzeichen eingetragen sein?

— Das Kennzeichen
— der Kennzeicheninhaber
— vor Antritt der ersten Fahrt die Fahrzeugdaten, z.B. Fahrzeugart, Fahrzeughersteller, Fahrzeug-Identifizierungsnummer
— vor Antritt der ersten Fahrt Unterschrift des Kennzeicheninhabers.

61 Welche Nachweise müssen dem Antrag auf Erteilung eines roten Kennzeichens beigefügt sein?

— Der Bedarf muß nachgewiesen werden, z.B. Überführungsfahrt von Ulm nach Stuttgart
— Kfz-Haftpflichtversicherung durch eine besondere Versicherungsdoppelkarte
— durch einen Personalausweis oder einen Reisepaß mit beigefügter Meldebestätigung des Einwohnermeldeamtes der Wohnsitz des Antragstellers.

62 Unter welcher Voraussetzung wird ein Fahrzeug mit grünem Kennzeichen ausgerüstet?

Wenn das Halten des Fahrzeuges von der Kraftfahrzeugsteuer befreit ist, z.B. Abschleppwagen, Traktoren für Land- und Forstwirtschaften.

63 Welche Bedeutung hat der § 29 der StVZO?

In ihm ist die Untersuchungspflicht der Kraftfahrzeuge und ihrer Anhänger verankert.

64 Welche Untersuchungen nach § 29 StVZO werden unterschieden?

— Hauptuntersuchungen (HU)
— Zwischenuntersuchungen (ZU)
— Bremsensonderuntersuchungen (BSU).

65 Welche Untersuchungen gibt es außer den in § 29 StVZO aufgeführten?

— Abgasuntersuchung (§ 47 a StVZO)
— Überprüfung der Fahrtschreiber und Kontrollgeräte (§ 57 b StVZO).

66 Wer ist zur Durchführung der Fahrzeuguntersuchungen nach §29 StVZO berechtigt?

Hauptuntersuchungen:
— Amtlich anerkannte Sachverständige oder Prüfer bei den Technischen Überwachungsämtern bzw. -vereinen
— anerkannte Überwachungsorganisationen, z.B. DEKRA, wenn mit ihnen ein entsprechender Vertrag abgeschlossen ist
— Fahrzeughalter, die eine besondere Genehmigung zur Untersuchung eigener Fahrzeuge im eigenen Betrieb haben.

Zwischenuntersuchungen:
— Das Fahrzeug-Herstellerwerk
— amtlich anerkannte Kfz-Werkstätten
— die Überwachungsorganisationen, z.B. DEKRA, FKÜ
— Fahrzeughalter, die eine besondere Genehmigung zur Untersuchung eigener Fahrzeuge im eigenen Betrieb haben.

Bremsensonderuntersuchungen:
— Das Fahrzeug-Herstellerwerk
— das Bremsen-Herstellerwerk
— ein amtlich anerkannter Bremsendienst
— Fahrzeughalter, die eine besondere Genehmigung zur Untersuchung eigener Fahrzeuge im eigenen Betrieb haben.

67 Wer darf Abgasuntersuchungen (AU) an Kraftfahrzeugen durchführen?

— Das Fahrzeug-Herstellerwerk
— eine anerkannte Werkstatt des Fahrzeug-Importeurs
— von der zuständigen Handwerkskammer anerkannte Kraftfahrzeugwerkstätten
— amtlich anerkannte Sachverständige oder Prüfer für den Kraftfahrzeugverkehr
— Kraftfahrzeugsachverständige einer für die Durchführung von Hauptuntersuchungen nach § 29 amtlich anerkannten Überwachungsorganisation, z.B. DEKRA, TÜV e.V.
— Fahrzeughalter, die ihre Fahrzeuge im eigenen Betrieb überwachen dürfen.

68 Wer darf Fahrtschreiber und Kontrollgeräte prüfen?

— Ein amtlich anerkannter Hersteller für Fahrtschreiber oder Kontrollgeräte
— eine vom amtlich anerkannten Hersteller ermächtigte Werkstatt.

69 Welche Halterpflicht besteht bezüglich der Untersuchungen?

Der Halter muß das Fahrzeug zum fälligen Termin auf seine Kosten untersuchen lassen. Mängel umgehend beseitigen oder das Fahrzeug stillegen.

70 Welche Fahrzeuge sind nach § 29 StVZO untersuchungspflichtig?

Alle zugelassenen und zulassungsfreien Fahrzeuge, die ein amtliches schwarzes oder grünes Kennzeichen mit dem Stempel der Verwaltungsbehörde (Zulassungsstelle) haben.

71 Wie werden die Ergebnisse der Fahrzeuguntersuchungen festgehalten?

— Durch Ausfertigen eines Untersuchungsberichtes
— durch Eintrag in das Prüfbuch, bei Fahrzeugen mit vorgeschriebenem Prüfbuch.

72 Was wird in einer Hauptuntersuchung überprüft?

- Ob das Fahrzeug den Vorschriften der StVZO und ggf. der BO-Kraft entspricht
- ob das Fahrzeug verkehrssicher ist
- die Geräuschentwicklung
- ob Motoröl oder Kraftstoff umweltbelastend abtropft
- bei prüfbuchpflichtigen Fahrzeugen das Prüfbuch und die Einhaltung eventuell vorliegender Ausnahmegenehmigungen nach § 70 StVZO (z.B. Veränderung der Achslasten)
- das Abgasverhalten, falls erforderlich
- Warndreieck, ggf. Warnleuchte und Erste-Hilfe-Material.

73 Welche Fahrzeuge müssen jeweils nach 12 Monaten einer Hauptuntersuchung unterzogen werden?

- Kraftomnibusse
- Fahrzeuge zur gewerbsmäßigen Vermietung an Selbstfahrer
- Kraftdroschken und Mietwagen
- Krankenkraftwagen
- Lastkraftwagen mit einem zulässigen Gesamtgewicht von mehr als 3,5 t
- einachsige Anhänger mit einem zulässigen Gesamtgewicht von mehr als 2 t und andere Anhänger
- Zugmaschinen mit einer bauartbedingten Höchstgeschwindigkeit von mehr als 40 km/h.

74 Welche Fahrzeuge müssen jeweils nach 24 Monaten einer Hauptuntersuchung unterzogen werden?

- Personenkraftwagen
- Krafträder
- Lastkraftwagen mit einem zulässigen Gesamtgewicht von nicht mehr als 3,5 t
- einachsige Anhänger mit einem zulässigen Gesamtgewicht von nicht mehr als 2 t und Wohnanhänger
- Zugmaschinen mit einer bauartbedingten Höchstgeschwindigkeit von nicht mehr als 40 km/h.

75 Welche Fahrzeuge müssen nach 36 Monaten erstmals einer Hauptuntersuchung unterzogen werden?

Personenkraftwagen, die nicht gewerblich vermietet werden, nach der Erstzulassung.

76 Wie werden nahezu mängelfreie Fahrzeuge nach einer Hauptuntersuchung gekennzeichnet?

Durch eine amtliche Prüfplakette am hinteren Kennzeichen des Fahrzeuges.

77 Welches Datum kann aus der Prüfplakette abgelesen werden?

- Der Anmeldemonat zur nächsten Hauptuntersuchung aus der im äußeren Zahlenkranz obenstehenden Zahl
- das Jahr der nächsten HU aus der Zahl im Zentrum und aus der Plakettenfarbe.

1995 orange
1996 blau
1997 gelb
1998 braun
1999 rosa
2000 grün

78 Wann wird die HU-Prüfplakette ungültig?

Zwei Monate nach dem von der Plakette angezeigten Anmeldemonat.

79 Weshalb befinden sich auf der Prüfplakette zwei schwarze Abschnitte zwischen den Zahlen 1 und 11?

Diese Markierung erleichtert die Kontrolle des Anmeldemonats.

80 Für welche Fahrzeuge sind Prüfbücher vorgeschrieben?

Für Fahrzeuge, die Zwischenuntersuchungen und Bremsensonderuntersuchungen unterzogen werden müssen, z.B. Kraftomnibusse.

81 Welche Zwischenuntersuchungen werden unterschieden?

— Freiwillige Zwischenuntersuchungen
— Pflicht-Zwischenuntersuchungen.

82 Was wird in einer Zwischenuntersuchung überprüft?

— Alle für die Verkehrssicherheit wichtigen Teile und Einrichtungen
— die Geräuschentwicklung
— das Abgasverhalten, falls erforderlich
— ob umweltbelastend Motoröl oder Kraftstoff abtropft.

83 An welchen Fahrzeugen müssen Pflicht-Zwischenuntersuchungen vorgenommen werden?

— An Kraftomnibussen
— an Lastkraftwagen und Anhängern mit einem zulässigen Gesamtgewicht von mehr als 9 t
— an Zugmaschinen mit einem zulässigen Gesamtgewicht von mehr als 6 t und einer bauartbedingten Höchstgeschwindigkeit von mehr als 40 km/h.

84 Welche Fristen sind für die Zwangs-Zwischenuntersuchung vorgeschrieben?

— Dreimonatige Abstände für Kraftomnibusse
— sechsmonatige Abstände für Lkw, Anhänger und Zugmaschinen die ZU-Pflicht haben.

85 Welchen Zweck haben freiwillige Zwischenuntersuchungen?

Sie verlängern bei bestimmten Fahrzeugen die Frist bis zur ersten Hauptuntersuchung, nachdem das Fahrzeug erstmals in den Verkehr gebracht wurde.

86 An welchen Fahrzeugen können freiwillige Zwischenuntersuchungen durchgeführt werden, um Fristverlängerung bis zur ersten Hauptuntersuchung zu erzielen?

An allen Fahrzeugen, für die keine Zwischen- oder Bremsensonderuntersuchungen vorgeschrieben sind, z.B. Personenkraftwagen, Krafträder, Mietwagen, Krankenkraftwagen.

87 In welchen Zeitabständen sind freiwillige Zwischenuntersuchungen zur Fristverlängerung bis zur ersten HU vorzunehmen?

— In höchstens sechsmonatigen Abständen bei Fahrzeugen, deren Hauptuntersuchung nach jeweils 12 Monaten erforderlich ist
— in höchstens zwölfmonatigen Abständen bei Fahrzeugen, deren Hauptuntersuchung nach jeweils 24 Monaten erforderlich ist.

88 Was wird bei einer Bremsensonderuntersuchung überprüft?

— Sichtprüfung der Bremsanlage
— Funktion und Wirkung der Bremsanlage
— innere Untersuchungen der Bremsenteile nach Herstellerangabe, z.B. der Radbremsen.

89 An welchen Fahrzeugen müssen Bremsensonderuntersuchungen vorgenommen werden?

— An Kraftomnibussen, Lastkraftwagen, zulassungspflichtigen Anhängern und Arbeitsmaschinen mit einem zulässigen Gesamtgewicht von mehr als 6 t
— Zugmaschinen mit einem zulässigen Gesamtgewicht von mehr als 6 t und einer bauartbedingten Höchstgeschwindigkeit von mehr als 40 km/h.

90 In welchen Zeitabständen sind Bremsensonderuntersuchungen durchzuführen?

In Abständen von höchstens 12 Monaten; dabei muß gewährleistet sein, daß sie nicht mehr als 3 Monate vor der nächsten Hauptuntersuchung durchgeführt werden.

91 Welche Fahrzeuge müssen der Abgasuntersuchung unterzogen werden?

Zugelassene Kraftwagen mit
— Ottomotor (mindestens 4 Räder, $m > 400$ kg, $v_{max} > 50$ km, Erstzulassung nach dem 1. 7. 69)
— Dieselmotor (mindestens 4 Räder, $v_{max} > 25$ km/h, Erstzulassung nach dem 1. 1. 1977)

92 Welche Arbeiten sind bei einer AU an einem Fahrzeug mit Ottomotor, Katalysator und geregeltem Gemischbildner durchzuführen?

— Sichtprüfung der schadstoffrelevanten Bauteile und des verengten Tankeinfüllstutzens
— Kontrolle der schadstoffrelevanten Einstelldaten (z.B. Zündzeitpunkt, Leerlaufdrehzahl), des Regelkreises durch die Regelkreisprüfung, Lambda bei erhöhter Leerlaufdrehzahl, CO-Gehalt im Leerlauf und bei erhöhter Leerlaufdrehzahl.

93 Unter welchen Meßbedingungen ist der CO-Gehalt im Abgas zu ermitteln?

— Betriebswarmer Motor (Öltemperatur mindestens 60 °C)
— Leerlauf bzw. erhöhter Leerlauf
— bei Kraftfahrzeugen mit automatischem Getriebe wird bei Null- (Neutral-) oder Parkstellung des Wählhebels gemessen
— Entnahmesonde muß so weit wie möglich, mindestens jedoch 300 mm, in das Auspuffrohr oder in ein aufgestecktes Sammelrohr eingeführt sein.

94 Wodurch wird eine erfolgreiche AU nachgewiesen?

— Sechseckige AU-Plakette auf dem vorderen amtlichen Kennzeichen
— Prüfbescheinigung, die im Fahrzeug stets mitgeführt werden muß.

95 Welche Vorschriften bestehen für die Überwachung von CO-Abgasmeßgeräten?

— Sie müssen grundsätzlich in jährlichen Abständen amtlich geeicht werden
— werden sie für HU, ZU oder AU verwendet, so müssen sie in Abständen von höchstens 6 Monaten durch einen Sachkundigen, z.B. vom Kundendienst des Herstellers, überprüft werden. Die Überprüfung ist zu bescheinigen und auf dem Meßgerät, z.B. durch eine Plakette, kenntlich zu machen.

96 Welche wesentlichen Bestimmungen gelten für die Bremsenausrüstung von Kraftfahrzeugen?

— Vorhandensein von zwei voneinander unabhängigen Bremsanlagen oder eine Bremsanlage mit zwei voneinander unabhängigen Bedienungseinrichtungen
— bei Versagen einer Bremsanlage oder Bedienungseinrichtung muß mit der anderen noch sicher gebremst werden können
— eine Bremse muß als Betriebsbremse ausgebildet sein, die andere als mechanisch zu betätigende Feststellbremse.

97 Welche Bremsen unterscheidet man an Kraftfahrzeugen und ihren Anhängern?

— Betriebsbremse
— Dauerbremse (Dritte Bremse)
— Feststellbremse
— Auflaufbremse.

98 Welche Kraftfahrzeuge müssen mit einer Dauerbremse ausgerüstet sein?

— Kraftomnibusse mit zGG über 5,5 t
— andere Kraftfahrzeuge mit zGG über 9 t, wenn ihre bauartbedingte Höchstgeschwindigkeit mehr als 25 km/h beträgt.

99 Welche wesentlichen Bestimmungen gelten für die Bremsen von mehrachsigen Anhängern?

— Nur eine Bremsanlage ist vorgeschrieben
— Bremse muß feststellbar sein
— Bremse muß vom Zugfahrzeug aus bedient werden können oder selbsttätig wirken
— Auflaufbremsen sind an Anhängern mit zGG von nicht mehr als 8 t zulässig
— die Betriebsbremse von Anhängern mit zGG über 9 t und bauartbedingter Höchstgeschwindigkeit von mehr als 25 km/h muß die für Dauerbremsen vorgeschriebene Leistung erbringen
— Anhänger mit Druckluftbremsen müssen mit einer Zweileitungsbremse ausgerüstet sein, wenn ihre bauartbedingte Höchstgeschwindigkeit 25 km/h übersteigt.

100 Welche Bremswirkung müssen Dauerbremsen erbringen?

Die Bremsleistung muß mindestens der Bremsbeanspruchung beim Befahren eines 7%igen Gefälles von 6 km Länge entsprechen. Dabei darf das voll beladene Fahrzeug durch Bremsung mit der Dauerbremse eine Geschwindigkeit von 30 km/h nicht überschreiten.

101 Welche allgemeinen Rechtsvorschriften bestehen für Beleuchtungseinrichtungen an Kraftfahrzeugen und Anhängern?

— Vorgeschriebene Beleuchtungseinrichtungen müssen vorhanden sein
— für zulässig erklärte Beleuchtungseinrichtungen dürfen angebracht sein
— Anbau muß vorschriftsmäßig sein
— sie müssen ständig betriebsbereit sein
— sie dürfen weder verdeckt noch verschmutzt sein
— sie dürfen sich in ihrer Wirkung gegenseitig nicht beeinträchtigen
— bei paarweisem Anbau symmetrische Anordnung zur Fahrzeuglängsmittelebene
— sie müssen gleichzeitig und gleichstark leuchten (Fahrtrichtungsanzeiger und Parkleuchten ausgenommen)
— in Scheinwerfern und Leuchten dürfen nur die nach ihrer Bauart dafür bestimmten Glühlampen verwendet werden.

102 Wie müssen nach vorn wirkende Scheinwerfer und Leuchten geschaltet sein?

Sie dürfen nur zusammen mit den Schlußleuchten und der Kennzeichenbeleuchtung einschaltbar sein, wenn sie nicht zur Abgabe von Leuchtzeichen verwendet werden. Parkleuchten und Fahrtrichtungsanzeiger sind von dieser Vorschrift ausgenommen.

103 Welche Arten von lichttechnischen Einrichtungen gibt es an Fahrzeugen?

— Scheinwerfer — Leuchten
— Rückstrahler — Leuchtstoffe
— Fahrtrichtungsanzeiger.

104 Mit welcher Lichtfarbe darf die Fahrbahn beleuchtet werden?

— Weißes Licht
— hellgelbes Licht (nur Nebelscheinwerfer).

105 Welche Scheinwerfer gibt es?

— Scheinwerfer für Fern- und Abblendlicht
— Rückfahrscheinwerfer
— Zusatzscheinwerfer.

106 Welches sind Zusatzscheinwerfer?

— Nebelscheinwerfer — Suchscheinwerfer
— Arbeitsscheinwerfer.

107 Welche Arten von Leuchten gibt es an Fahrzeugen?

— Begrenzungsleuchten — Umrißleuchten
— Spurhalteleuchten — Parkleuchten
— Schlußleuchten — Nebelschlußleuchten
— Bremsleuchten
— Kennleuchten für blaues und gelbes Blinklicht.

108 Welche Scheinwerferausrüstung für Fern- und Abblendlicht ist an Kraftfahrzeugen zulässig?

Scheinwerfer	Kraftwagen	Krafträder
Scheinwerfer für Fern- und Abblendlicht	1 Paar	1 Stück
oder		
Abblendlichtscheinwerfer	1 Paar	1 Stück
und		
Fernlichtscheinwerfer	1 Paar	1 Stück

109 Welche Maßbestimmungen gelten für Scheinwerfer für Abblendlicht und für Fernlicht?

— **Abblendlicht**: Niedrigster Punkt der Spiegelkante nicht unter 500 mm, höchster Punkt der leuchtenden Fläche nicht höher als 1200 mm über der Fahrbahn
— **Fernlicht:** Keine Maßvorschriften
— **Ausnahmeregelungen** bestehen z.B. für Straßendienstfahrzeuge.

110 Welche Bedingungen sind beim Messen der Beleuchtungsstärke der Scheinwerfer einzuhalten?

— Vollgeladene Starterbatterie
— Motor abgestellt
— richtig eingestellte Scheinwerfer.

111 Wie muß die Einschaltung des Fernlichtes angezeigt werden?

— Durch eine blau leuchtende Lampe im Blickfeld des Fahrers
— durch die Schalterstellung bei Krafträdern und Zugmaschinen mit offenem Führersitz.

112 Unter welchen Bedingungen dürfen an Kraftwagen nachträglich Scheinwerfer für Fernlicht angebaut werden?

— Wenn ein Kraftwagen mit kombinierten Fern-/Abblendlichtscheinwerfern (eine geschlossene Baueinheit) ausgerüstet ist. Es entsteht das zulässige 4-Scheinwerfer-System (1 Paar Fernscheinwerfer + 1 Paar Abblendlichtscheinwerfer)
— kein gesonderter Schalter zulässig
— die nachgerüsteten Fernscheinwerfer müssen bei Fernlicht leuchten
— Abblendlichtscheinwerfer dürfen bei Fernlicht mitbrennen.

113 Welche Vorschriften gelten für die Anbringung von Nebelscheinwerfern?

— Anbauhöhe nicht höher als die Scheinwerfer für Abblendlicht
— ist der äußerste Rand der Lichtaustrittsfläche der Nebelscheinwerfer mehr als 400 mm von der breitesten Stelle des Fahrzeugumrisses entfernt, so müssen sie so geschaltet sein, daß sie nur zusammen mit dem Abblendlicht brennen können
— ist der Seitenabstand der Nebelscheinwerfer kleiner als 400 mm, so dürfen sie zusammen mit Abblendlicht oder den Begrenzungsleuchten betrieben werden
— für die Nebelscheinwerfer muß ein gesonderter Schalter vorhanden sein.

114 Wieviele Nebelscheinwerfer dürfen angebracht werden?

— An mehrspurig. Kraftfahrzeugen 1 Paar
— an Krafträdern (auch m. Beiwag.) 1 Stck.

115 Welche Scheinwerfer dürfen an der Vorderseite eines Personenkraftwagens angebracht sein?

— Fernscheinwerfer 2 Paar
— Abblendscheinwerfer 1 Paar
— Nebelscheinwerfer 1 Paar
— Suchscheinwerfer 1 Stck.

116 Welche Bestimmungen gelten für die Ausrüstung mit Nebelschlußleuchten?

— Mehrspurige Kraftfahrzeuge, deren bauartbedingte Höchstgeschwindigkeit mehr als 60 km/h beträgt, und ihre Anhänger sind ausrüstungspflichtig
— andere Kraftfahrzeuge, z.B. Krafträder und Anhänger dürfen ausgerüstet werden
— zulässig ist eine Nebelschlußleuchte oder 1 Paar.

117 Wie müssen Nebelschlußleuchten geschaltet sein?

— Sie dürfen nur zusammen mit den Scheinwerfern für Fern-, Abblend- oder Nebellicht einschaltbar sein
— sie müssen unabhängig von den Nebelscheinwerfern ausgeschaltet werden können
— sie brauchen nur am letzten Anhänger eines Zuges zu leuchten; die Abschaltung der Nebelschlußleuchten am Zugfahrzeug ist aber nur dann zulässig, wenn die Ab- bzw. Wiedereinschaltung selbsttätig durch Aufstecken bzw. Abziehen des Steckers für die Anhängerbeleuchtung erfolgt.

118 Wodurch wird die Einschaltung der Nebelschlußleuchten angezeigt?

Durch eine Kontrolleuchte für gelbes Licht, die im Blickfeld des Fahrers gut sichtbar angeordnet sein muß.

119 Welche Anbauvorschriften bestehen für Nebelschlußleuchten?

- Ist nur eine Nebelschlußleuchte angebracht, so muß sie in der Mitte oder in der linken Hälfte der Fahrzeugrückseite sein
- der niedrigste Punkt der leuchtenden Fläche darf nicht weniger als 250 mm und der höchste Punkt nicht mehr als 1000 mm über der Fahrbahn liegen
- Abstand zwischen den leuchtenden Flächen von der Nebelschlußleuchte und Bremsleuchte mindestens 100 mm.

120 Welche Anbauvorschriften gelten für Rückfahrscheinwerfer?

Ein oder zwei (paarweise) Rückfahrscheinwerfer sind an der Fahrzeugrückseite zulässig; niedrigster Punkt der leuchtenden Fläche darf nicht weniger als 250 mm und höchster Punkt nicht mehr als 1200 mm über der Fahrbahn sein.

121 Welche Bestimmungen bestehen für Suchscheinwerfer?

- Nur ein Suchscheinwerfer ist zulässig
- Leistungsaufnahme höchstens 35 W
- nur zugleich mit Schlußleuchten und Kennzeichenbeleuchtung einschaltbar.

122 Welche Bestimmungen gelten für Begrenzungsleuchten an Kraftwagen?

- Zur seitlichen Begrenzung nach vorn ist ein Paar Leuchten für weißes Licht an der Vorderseite vorgeschrieben
- sie müssen bei Fern- und Abblendlicht mitleuchten
- der Seitenabstand darf nicht mehr als 400 mm betragen
- haben die Lichtaustrittsflächen der Scheinwerfer nicht mehr als 400 mm Seitenabstand, so genügen in den Scheinwerfern eingebaute Begrenzungsleuchten (Standlicht)
- der niedrigste Punkt der leuchtenden Fläche der Begrenzungsleuchten darf nicht weniger als 350 mm und der höchste Punkt nicht mehr als 1500 mm über der Fahrbahn liegen.

123 Unter welchen Bedingungen müssen Anhänger mit Begrenzungsleuchten ausgerüstet sein?

Wenn der äußerste Punkt ihres Fahrzeugumrisses mehr als 400 mm über den äußersten Punkt der leuchtenden Fläche der Begrenzungsleuchte des Zugfahrzeuges hinausragt.

124 Welche Aufgaben haben Umrißleuchten?

- Die Breite über alles eines Fahrzeuges deutlich anzeigen und die Begrenzungs- und Schlußleuchten ergänzen
- die Aufmerksamkeit auf besonders breite Fahrzeugumrisse (über 1,8 m) lenken.

125 Welche Fahrzeuge müssen mit gelben Rückstrahlern seitlich gekennzeichnet sein?

- Kraftfahrzeuge mit einer Länge von mehr als 6 m, ausgenommen
- Anhänger.

126 Welche Fahrzeuge dürfen Spurhalteleuchten haben?

Anhänger dürfen an beiden Längsseiten hinten je eine nach vorn wirkende Leuchte für weißes Licht (Spurhalteleuchte) haben.

127 Welche Bestimmungen gelten für Schlußleuchten an Kraftwagen?

- Zwei Schlußleuchten mit rotem Licht sind vorgeschrieben
- Lichtaustrittsflächen zwischen 350 mm und 1500 mm über der Fahrbahn
- der Seitenabstand zum Fahrzeugumriß darf nicht mehr als 400 mm betragen
- vorgeschriebene Schlußleuchten müssen getrennt abgesichert sein
- zusätzlich darf eine Schlußleuchte oder ein Paar Schlußleuchten angebracht sein, wenn ihr Anbau höher als 1500 mm über der Fahrbahn ist.

128 Welche Aufgabe hat die Bremsleuchte?

Nach rückwärts mit rotem Signallicht die Betätigung der Betriebsbremse anzeigen.

129 Welche Vorschriften bestehen für Bremsleuchten an Fahrzeugen?

— Kraftwagen und ihre Anhänger müssen mit zwei Bremsleuchten ausgerüstet sein
— Krafträder ohne Beiwagen dürfen nur eine Bremsleuchte haben
— befreit von der Ausrüstungspflicht sind Krafträder mit bauartbedingter Höchstgeschwindigkeit von nicht mehr als 50 km/h, Krankenfahrstühle und Anhänger für die genannten Fahrzeuge
— die Lichtaustrittsflächen der vorgeschriebenen Bremsleuchten müssen zwischen 350 mm und 1500 mm (in Sonderfällen bis 2100 mm) über der Fahrbahn liegen
— an mehrspurigen Kraftfahrzeugen und ihren Anhängern darf zusätzlich ein weiteres Paar Bremsleuchten angebracht sein; diese müssen höher als 1000 mm über der Fahrbahn sein.

130 Welche Vorschriften bestehen für Rückstrahler an Fahrzeugen?

— Mehrspurige Kraftfahrzeuge müssen mit einem Paar roter Rückstrahler an der Fahrzeugrückseite ausgerüstet sein
— Krafträder müssen mit einem Rückstrahler ausgerüstet sein
— die Rückstrahler für Kraftwagen und Krafträder dürfen nicht dreieckig sein
— Anhänger müssen mit einem Paar dreieckiger Rückstrahler ausgerüstet sein (Seitenlänge mindestens 150 mm, Spitze des Dreiecks nach oben)
— der Seitenabstand zum Fahrzeugumriß darf nicht mehr als 400 mm betragen
— höchster Punkt der Leuchtfläche nicht mehr als 900 mm über der Fahrbahn.

131 In welchen Verkehrssituationen ist die Warnblinkanlage einzuschalten?

— Wenn ein mehrspuriges Fahrzeug liegengeblieben ist und nicht rechtzeitig als Verkehrshindernis erkennbar ist
— beim Abschleppen an beiden Fahrzeugen
— bei Gefährdung des übrigen Verkehrs.

132 Welche Anforderungen müssen Warnblinkanlagen erfüllen?

— Gesonderter Schalter vorgeschrieben
— alle am Fahrzeug oder am Zug vorhandenen Blinkleuchten müssen nach dem Einschalten gleichzeitig aufleuchten
— Blinkfrequenz beträgt 1,5 Hz ± 0,5 Hz (90 Impulse ± 30 Impulse in der Minute)
— die Einschaltung muß dem Fahrer durch eine auffällige Kontrolleuchte für rotes Licht angezeigt werden
— die Anlagen müssen vom Fahrtschalter unabhängig einschaltbar sein (Klemme 30).

133 Welche Fahrzeuge dürfen Kennleuchten für blaues Blinklicht (Rundumlicht) führen?

— Einsatzfahrzeuge der Polizei, des Bundesgrenzschutzes, des Zolls, der Feuerwehr und des Katastrophenschutzes
— Unfallhilfswagen der öffentlichen Verkehrsbetriebe
— Krankenwagen der Rettungsdienste
— Fahrzeuge des Blutspendedienstes.

134 Welche Fahrzeuge führen Kennleuchten für gelbes Blinklicht (Rundumlicht)?

— Kraftfahrzeuge des Straßendienstes und der Müllabfuhr, wenn sie durch einen weiß-roten Anstrich oder durch weiß-rot-weiße Warnfahnen gekennzeichnet sind
— Kraftfahrzeuge, die als Pannenhilfsfahrzeuge anerkannt sind
— Fahrzeuge mit ungewöhnlicher Breite oder Länge oder ungewöhnlich breiter oder langer Ladung, sofern die Führung der Kennleuchten vorgeschrieben ist.

135 Welche Vorschriften sind bei der Benutzung der Kennleuchten für gelbes Blinklicht zu beachten?

Sie dürfen nur verwendet werden, um Verkehrsteilnehmer vor Arbeits- oder Unfallstellen zu warnen, oder sie auf ungewöhnlich breite Fahrzeuge oder sonstige Verkehrsgefährdungen aufmerksam zu machen.

136 Welche Warnvorrichtungen für Schallzeichen dürfen an Kraftfahrzeugen angebracht sein?

Hupen oder Hörner, die einen Klang mit gleichbleibender Grundfrequenz (auch harmonischen Akkord) erzeugen, der frei von Nebengeräuschen ist. Die Lautstärke darf in 7 m Entfernung vom Fahrzeug in einem Höhenbereich zwischen 500 mm und 1500 mm über der Fahrbahn an keiner Stelle 104 DIN-phon übersteigen.

137 Welche Kraftfahrzeuge müssen mit einem Geschwindigkeitsmesser ausgerüstet sein?

Alle Kraftfahrzeuge, außer mehrspurigen Kfz, deren bauartbedingte Höchstgeschwindigkeit 25 km/h nicht übersteigt.

138 Wie groß sind die zulässigen Abweichungen der Geschwindigkeitsmesser?

- Bei Geschwindigkeiten ab 20 km/h darf die Anzeige die tatsächliche Fahrgeschwindigkeit nicht unterschreiten
- ab 50 km/h ist eine Abweichung nach oben bis zu 7% des Skalenendwertes zulässig.

139 Welche zulässige Abweichung dürfen Wegstreckenzähler haben?

Eine Abweichung von ± 4% von der tatsächlich zurückgelegten Wegstrecke.

140 Welche Kraftfahrzeuge mit bauartbedingter Höchstgeschwindigkeit von mehr als 40 km/h müssen mit einem eichfähigen Fahrtschreiber ausgerüstet sein?

- Kraftfahrzeuge mit einem zul. Gesamtgewicht von 7,5 t und darüber
- Zugmaschinen mit einer Motorleistung von 40 kW und darüber, die nicht ausschließlich für land- und forstwirtschaftliche Zwecke eingesetzt werden
- Kraftfahrzeuge zur Personenbeförderung mit mehr als 8 Fahrgastplätzen.

141 Wodurch unterscheidet sich im Wesentlichen das Kontrollgerät vom Fahrtschreiber?

Das Kontrollgerät zeichnet nicht nur die Fahrdaten, z.B. Fahrgeschwindigkeit, Anhaltezeiten, auf, sondern dokumentiert zusätzlich die Lenk- und Ruhezeiten des Fahrpersonals und ersetzt somit das persönliche Kontrollbuch.

142 Welche Kraftfahrzeuge mit bauartbedingter Höchstgeschwindigkeit von mehr als 30 km/h müssen ein Kontrollgerät haben?

- Kraftfahrzeuge zur Güterbeförderung, deren zGG einschließlich ihrer Anhänger oder Sattelanhänger 3,5 t übersteigt
- Kraftfahrzeuge zur Personenbeförderung mit mehr als 8 Fahrgastplätzen
- Kraftfahrzeuge oder Züge jeder Gewichtsklasse für den Gefahrguttransport.

143 Wie werden Kraftfahrzeuge mit M+S-Reifen gekennzeichnet?

Durch ein Hinweisschild mit der für die Winterreifen zulässigen Höchstgeschwindigkeit im Blickfeld des Fahrers, wenn die zulässige Höchstgeschwindigkeit der M+S-Reifen unter der des Kraftfahrzeuges liegt.

144 Wie wird der Abnutzungsgrad eines Reifens beurteilt?

- Messen der Restprofiltiefe am tiefsten Punkt in den Rillen oder Einschnitten
- Beachtung der „Abfahrgrenzen-Indikatoren“ bei Pkw-Reifen, die bei 1,6 mm Restprofiltiefe die zulässige Abfahrgrenze des Reifens anzeigen
- die Profilrillen oder Einschnitte müssen an jeder Stelle der Lauffläche noch mindestens 1,6 mm tief sein.

145 Worauf ist bei der Reifenauswahl für Fahrzeuge zu achten, die V- bzw. ZR-Reifen benötigen?

Daß nur die im Fahrzeugschein vorgeschriebenen Reifen hinsichtlich Reifengröße, Reifenhersteller und Reifentype verwendet werden.

8 Betriebskunde

01 Aufgrund welcher Vorschriften muß in Unternehmungen eine Finanz- und Betriebsbuchhaltung geführt werden?

Aufgrund des Handelsgesetzbuches (HGB) und der Abgabenverordnung (AO).

02 Wie werden die Kosten in der Betriebsbuchhaltung berücksichtigt?

Sie werden nach Kostenarten gesammelt und nach dem Ort ihrer Entstehung verteilt. Dies geschieht in Kontenrahmenplänen, die nach Kontenklassen unterteilt sind.

03 Welche Kontenklassen sind für die Kostenrechnung im Kfz-Handwerk von Bedeutung?

— Klasse 0: Anlage- und Kapitalkonten
— Klasse 1: Finanzkonten
— Klasse 2: Abgrenzungskonten
— Klasse 3: Warenbestandskonten, Wareneinkaufskonten
— Klasse 4: Konten der Kostenarten
— Klasse 5: Frei für Kostenverrechnungen
— Klasse 6: Frei für Kostenverrechnungen
— Klasse 7: Wareneinsatzkonten
— Klasse 8: Verkaufs- und Erlöskonten
— Klasse 9: Bilanzkonten.

04 Welche Kostenarten werden auf den Konten der Klasse 4 gesammelt?

Fertigungslöhne, Hilfslöhne, Gehälter, soziale Aufwendungen, Raumkosten, Abschreibungen und Instandhaltungen, Hilfs- und Betriebsstoffe, betriebliche Steuern, Versicherungen, Gebühren, verschiedene Kosten.

05 Wozu dient der Betriebsabrechnungsbogen (BAB)?

Zur Aufstellung und Verteilung der Kosten einer Abrechnungsperiode auf die verschiedenen Kostenstellen.

06 Wie wird eine Betriebsabrechnung durchgeführt?

— Verteilung der Gesamtkosten auf die Kostenstellen
— Aufstellung der Kosten nach Kostenarten
— Ermittlung der Gemeinkostensumme
— Verteilung der Verwaltungskosten auf die Hauptkostenstellen
— Berechnung der Gemeinkostenzuschläge.

07 Was versteht man unter Fertigungslöhnen?

Löhne, die bei Reparaturarbeiten oder Fertigungsarbeiten an einem Fahrzeug entstehen und direkt erfaßt werden können. Bei K-Aufträgen sind es Löhne für Leistungen an Kundenfahrzeugen, bei I-Aufträgen sind es Löhne für interne Leistungen wie z.B. Inspektionen an Vorführwagen.

08 Was versteht man unter Hilfslöhnen?

Es sind Löhne für Zeiten, in denen der Monteur nicht produktiv arbeitet, z.B. Werkstattnacharbeiten, Fortbildung. Da Hilfslöhne nicht unmittelbar mit der Reparatur oder der Fertigung zusammenhängen, werden sie als Gemeinkosten verrechnet.

09 Woraus setzen sich Hilfslöhne zusammen?

— Löhne für allgemeine Werkstattarbeiten
— Löhne für Nacharbeiten, Gewährleistungs- und Kulanzarbeiten, die von der Werkstatt getragen werden müssen
— Löhne für Leerlauf- und Wartezeiten
— Löhne für Wartung und Reparatur von firmeneigenen Fahrzeugen
— Ausbildungsvergütungen
— Löhne für Urlaub, Feiertage
— Tarifliches Urlaubsgeld
— Lohnfortzahlung im Krankheitsfalle.

10 Welche Kostenarten sind für die Kalkulation der Werkstattpreise von Bedeutung?

Einzelkosten und Gemeinkosten.

11 Was versteht man unter Einzelkosten?

Einzelkosten sind unmittelbar auf eine Leistung bezogen und können ihr direkt zugeordnet werden, z.B. produktive Fertigungslöhne, Fertigungsmaterialien (Ersatzteile).

12 Wie setzen sich die Einzelkosten zusammen?

Aus den bei einer Reparatur entstandenen Löhnen (Fertigungslöhnen) und aus den Kosten der dabei verwendeten Ersatzteile und Materialien (Fertigungsmaterial). Sondereinzelkosten werden nur einem Einzelauftrag zugeordnet und können z.B. bei der Herstellung von Spezialwerkzeugen für eine einmalige Reparatur entstehen.

13 Was sind Gemeinkosten?

Kosten, die einzeln nicht ermittelt werden können, da sie sich auf alle betrieblichen Leistungen aufteilen. Sie müssen deshalb aus allen Kostenstellen erfaßt werden.

14 Woraus setzen sich die Gemeinkosten eines Betriebes zusammen?

Aus Hilfslöhnen, Löhnen und Gehältern für indirekt produktives Personal, sozialen Aufwendungen, Raumkosten, Abschreibung, Instandhaltung, Gemeinkostenmaterial, Steuern und Gebühren, Versicherungsbeiträgen und sonstigen Gemeinkosten wie z.B. Werbekosten, Reisekosten.

15 Was versteht man unter indirekt produktivem Personal?

— Nichtmitarbeitende Meister
— Verkäufer
— kaufmännische Angestellte
— Lagerist.

16 Wozu dient der Gemeinkostenzuschlagsatz?

Da Gemeinkosten nicht direkt in den Material- und Lohnkosten erfaßt werden können, werden sie in einem bestimmten Prozentsatz (Gemeinkostenzuschlagsatz) den Lohnkosten oder Materialkosten zugeschlagen. Im Kfz-Handwerk werden sie üblicherweise den Fertigungslöhnen zugeschlagen. Der Zuschlagssatz errechnet sich aus der Gemeinkostensumme x 100% dividiert durch die Fertigungslöhne.

17 Was sind kalkulatorische Kosten?

Kalkulatorischer Unternehmerlohn, kalkulatorische Abschreibungen, kalkulatorische Miete, kalkulatorische Wagnisse, kalkulatorische Zinsen, kalkulatorischer Gewinn.

18 Was sind Fremdleistungsaufträge?

Arbeiten, die im Betrieb nicht ausgeführt werden können und an andere Firmen weiter vergeben werden, z.B. Lackiererarbeiten, Sattlerarbeiten, Zylinderschleifen.

19 Was sind Verkaufssonderkosten?

Kosten, die hauptsächlich im Fahrzeugverkauf entstehen, sich jedoch teilweise auf den Werkstattbereich und Teilelagerbereich auswirken. Verkaufssonderkosten sind z.B. Bereitstellen und Übergeben von Kraftfahrzeugen, vertraglich vereinbarter kostenloser Kundendienst, Gewährleistungsarbeiten, die vom Werk nicht übernommen werden, eigene Kulanzarbeiten sowie Verkäufer- oder Vermittlungsprovisionen.

20 Was versteht man unter innerbetrieblichen Aufträgen (I-Aufträgen)?

I-Aufträge werden nicht vom Kunden (K-Aufträge) an die Werkstatt herangetragen, sondern von anderen Abteilungen (Kostenstellen) des Betriebes, wie z.B. vom Neuwagenverkauf, vom Gebrauchtwagenverkauf, vom Teilelager, von der Tankstelle oder der Verwaltung.

21 Wie werden I-Aufträge verrechnet?

Werden Arbeiten für I-Aufträge vom produktiven Personal der Werkstatt ausgeführt, so müssen die Lohnkosten den Fertigungslöhnen zugeschlagen werden (innerbetriebliche Verrechnung).

22 Wie werden die Hilfslöhne in die einzelnen W-Aufträge aufgeteilt?

— W1: z.B. Löhne für allgemeine Werkstattarbeiten
— W2: z.B. Löhne für Leerlauf- und Wartezeiten
— W3: z.B. Löhne für Nacharbeiten und Kulanz
— W4: z.B. Löhne für Reparaturarbeiten an Fahrzeugen der eigenen Werkstatt
— W5: z.B. Weihnachts- und Urlaubsgelder, Feiertagslöhne.

23 Wie werden die Kosten für W-Aufträge verrechnet?

Sie werden den Gemeinkosten zugeschlagen, da die Werkstatt keine direkten Erlöse für W-Aufträge bekommt.

24 Was versteht man unter Abschreibung?

Die Wertminderung eines Gegenstandes, die durch Gebrauch bzw. durch das Veralten eines Gegenstandes auftritt. Sie wird anteilmäßig auf die gesamte Nutzungsdauer bzw. Lebensdauer verteilt. Man unterscheidet fiskalische Abschreibung und kalkulatorische Abschreibung.

25 Welche Abschreibungsarten werden in der Kalkulation angewendet?

— Lineare Abschreibung
— Gemischte Abschreibung
— Abschreibung nach Leistungseinheiten.

26 Was versteht man unter fiskalischer Abschreibung?

Fiskalische Abschreibungen wirken wie Betriebsausgaben, die den zu versteuernden Gewinn reduzieren und die Eigenkapitalbildung fördern. Die fiskalische Nutzungsdauer ist nicht mit der tatsächlichen Nutzungsdauer gleichzusetzen.

27 Wie kann der jährliche Abschreibungsbetrag ermittelt werden?

Durch Aufteilung der Anschaffungskosten
— auf die zu erwartende Nutzungsdauer
— auf die zu erwartenden Leistungseinheiten
— anteilmäßig auf die zu erwartende Nutzungsdauer und zu erwartenden Leistungseinheiten.

28 Welche Abschreibungsarten sind fiskalisch möglich?

— Lineare (gleichbleibende) Abschreibung
— Degressive (fallende) Abschreibung.

29 Wozu dient die kalkulatorische Abschreibung?

Die kalkulatorische Abschreibung erfaßt die Wertminderung für eine einheitliche Kostenrechnung und dient der Bildung von Rücklagen zum Kauf neuer Maschinen, Fahrzeuge und Geräte, sowie zum Neubau oder zur Modernisierung von Gebäuden, wenn die vorhandenen Anlagegüter abgenützt oder veraltet sind.

30 Wie wird die lineare Abschreibung durchgeführt?

Aufgrund der festgelegten Nutzungsdauer wird der jährliche Abschreibungssatz ermittelt, der über den Abschreibungszeitraum gleichbleibt. Der jährliche Abschreibungsbetrag wird aus dem Anschaffungswert und aus dem Abschreibungssatz ermittelt, er ist über den ganzen Abschreibungszeitraum konstant.

31 Wie wird die degressive Abschreibung durchgeführt?

Die jährlichen Abschreibungsbeträge werden immer kleiner, da der gleichbleibende Abschreibungssatz nicht auf den Anschaffungswert bezogen wird, sondern auf den Buchwert. Da der Buchwert jährlich kleiner wird, werden auch die jährlichen Abschreibungsbeträge kleiner.

32 Was versteht man unter gemischter Abschreibung?

Eine kalkulatorische Abschreibungsart, bei der sowohl die Abschreibung durch Veralten (AfA I), als auch die Abschreibung durch Abnutzung (AfA II) berücksichtigt wird.

33 Wie erfolgt die Ermittlung von AfA I?

Durch Aufteilung eines gewissen Anteils des Anschaffungswertes (üblicherweise 50%) auf die kalkulatorisch festgelegte Nutzungsdauer.

34 Wie erfolgt die Ermittlung von AfA II?

Durch Aufteilung eines gewissen Anteils des Anschaffungswertes (üblicherweise 50%) auf die während der gesamten Nutzungsdauer von der Maschine zu erbringenden Leistungseinheiten. Der im Jahr anfallende Abschreibungsbetrag wird dann aus den im Jahr erbrachten Leistungseinheiten ermittelt.

35 Wie erfolgt die Abschreibung nach Leistungseinheiten?

Der Anschaffungswert wird auf die zu erwartenden Leistungseinheiten aufgeteilt. Der jährliche Abschreibungsbetrag setzt sich zusammen aus dem Abschreibungsbetrag je Leistungseinheit und den im Jahr erbrachten Leistungseinheiten.

36 Wie heißen die Kalkulationsverfahren zur Kostenermittlung?

— Divisionskalkulation
— Zuschlagkalkulation.

37 Was versteht man unter Zuschlagkalkulation?

Fertigungslöhne können exakt erfaßt und dem jeweiligen Auftrag zugeschlagen werden. Gemeinkosten, die nicht dem einzelnen Auftrag zugeordnet werden können, werden prozentual den Lohn- und Materialkosten zugeteilt.

38 Was gibt der Kalkulationsfaktor an?

Er gibt im Ersatzteil- und Zubehörhandel an, um wieviel mal höher der Verkaufspreis eines Teiles ist als der Bezugspreis.

39 Was versteht man unter kalkulatorischen Zinsen?

Kapitalkosten, die als Prozentsatz des Betriebskapitals (Eigen- oder Fremdkapital) verrechnet werden. Sie zählen zu den Gemeinkosten.

40 Welche Aussage macht der Kostenindex?

Er gibt an, wieviel mal mehr der Kunde für eine Stunde Arbeitszeit bezahlen muß, als der Monteur dafür als Entlohnung erhält.

41 Wie wird der Kostenindex ermittelt?

Indem man die Lohnerlöse zu den Fertigungslöhnen ins Verhältnis setzt, wobei sich die Lohnerlöse aus Fertigungslöhnen, Gemeinkosten und einem Gewinnzuschlag ergeben.

42 Wozu wird der Kostenindex bei der Kalkulation verwendet?

Zur Ermittlung des Stundenverrechnungssatzes.

43 Was gibt der Stundenverrechnungssatz an?

Den Arbeitspreis, der dem Kunden für eine Reparaturstunde (Fertigungslohnstunde) berechnet wird.

44 Wie wird der Stundenverrechnungssatz ermittelt?

Durch Multiplikation der Werkstattschnittlöhne mit dem Kostenindex.

45 Wie werden die Reparaturkosten ermittelt?

Die je Auftrag geleisteten Fertigungslohnstunden multipliziert mit dem Stundenverrechnungssatz ergeben den Arbeitspreis, den der Kunde für die Ausführung einer Arbeit bezahlen muß. Der Arbeitspreis, sowie der Listenpreis des verwendeten Materials zuzüglich Mehrwertsteuer ergeben die Reparaturkosten.

46 Woraus errechnet sich der Bruttogewinn eines Betriebes?

Zieht man von den Lohnerlösen einer Werkstatt die Fertigungslöhne ab, so erhält man den Bruttogewinn (Rohgewinn).

47 Woraus errechnet sich der Nettogewinn eines Betriebes?

Zieht man vom Bruttogewinn die Gemeinkosten ab, so erhält man den Betriebsgewinn (Reingewinn). Er ergibt sich auch aus dem Unterschied der Lohnerlöse und den Selbstkosten.

48 Was sind Lohnerlöse (Werkstattumsatz)?

Die Summe aus Fertigungslöhnen, Gemeinkosten und Gewinnen in einem bestimmten Zeitraum. Lohnerlöse sind auch Erlöse aus Leistungen für K-, I- und G-Aufträge (G = Gewährleistungen).

49 Was sind Arbeitswerte (AW)?

Richtzeiten, die für alle normalen Wartungs- und Instandsetzungsarbeiten vom Hersteller in Arbeitskatalogen festgelegt sind.

50 Wie werden Arbeitswerte festgelegt?

Sie werden für jede Arbeit so bemessen, daß sie für jeden Mechaniker eine Mindestleistung darstellen. Rüst- und Verteilzeiten, wie z.B. Abholen von Ersatzteilen und Sonderwerkzeugen aus dem Lager sind mit berücksichtigt.

51 Wozu dienen Arbeitswerte?

Zur Ermittlung des Arbeitspreises für eine bestimmte Arbeitsposition, der Leistungslöhne und der Vorgabezeiten.

52 Was versteht man unter dem Werkstattfaktor?

Die Anzahl der Arbeitswerte, die der Mechaniker in einer Stunde erreichen soll (Soll-Leistung). Der Werkstattfaktor kann je nach Ausstattung und räumlichen Verhältnissen der Werkstätten unterschiedlich sein, soll aber nicht unter 12 AW/h liegen. Bei Verwendung von Zeiteinheiten gibt der Werkstattfaktor die Anzahl der Zeiteinheiten je Stunde an.

53 Welche Faktoren zur Bestimmung der Leistung gibt es?

— Werkstattfaktor
— Leistungsfaktor (persönlicher Leistungsfaktor und Betriebsleistungsfaktor).

54 Welche Aussage macht der Leistungsfaktor?

Er gibt Auskunft, welche tatsächliche Leistung (Ist-Leistung) der Monteur je Stunde erbracht hat. Dadurch ist ein Vergleich der Mechaniker untereinander möglich. Auch kann die Leistung verschiedener Betriebe miteinander verglichen werden.

55 Was wird durch den Leistungsgrad ausgedrückt?

Er ist das Verhältnis von Ist-Leistung zur Soll-Leistung und sagt aus, um das Wievielfache der Monteur mehr geleistet hat, als er erbringen sollte.

56 Wozu dient der AW-Verrechnungssatz?

Zur Ermittlung des Arbeitspreises für eine bestimmte Arbeit. Er wird in Werkstätten verwendet, die im Leistungslohn arbeiten.

57 Wie wird der AW-Verrechnungssatz ermittelt?

Indem man den Werkstattschnittlohn mit dem Kostenindex multipliziert und durch den Werkstattfaktor dividiert.

58 Was versteht man unter Zeitlohn?

Den vom Arbeitgeber garantierten Grundlohn, der sich aus dem Stundenlohn (z.B. Tariflohn) und der Anzahl der geleisteten Arbeitsstunden errechnet. Außerdem gibt es noch Zuschläge für Überstunden, Nachtarbeit und Feiertagsarbeit.

59 Was versteht man unter dem Ecklohn?

Den Stundenlohn eines 21jährigen Facharbeiters in einer bestimmten Lohngruppe.

60 Woraus errechnet sich der Tariflohn?

Aus dem im Tarifvertrag festgelegten Ecklohn. Prozentuale Zuschläge oder Abschläge berücksichtigen die Eingruppierungen des Arbeitnehmers in eine bestimmte Lohngruppe.

61 Was versteht man unter Lohngruppen?

Die unterschiedlichen Tätigkeiten in einem Betrieb werden bewertet und je nach Anforderung (Schwierigkeitsgrad, Selbständigkeit, Vorbildung) in bestimmte Gruppen eingeteilt, z.B. Lohngruppe 1 = ungelernte Arbeiter, Lohngruppe 7 = selbständiges und verantwortliches Arbeiten.

62 Unter welchen Bedingungen werden Lohnzuschläge bezahlt?

Wenn der Arbeitnehmer über die tariflich festgelegte Arbeitszeit hinaus Arbeitsstunden ableisten muß (Mehrarbeit) sowie bei Nachtarbeit, Sonntagsarbeit und Feiertagsarbeit. Für besonders gefährliche oder schmutzige Arbeiten werden Gefahren- oder Schmutzzulagen gezahlt.

63 Wie errechnet sich der Nettolohn?

Der Nettolohn, der an den Arbeitnehmer ausbezahlt wird, errechnet sich aus dem Bruttolohn abzüglich Lohnsteuer, Solidaritätszuschlag, Kirchensteuer, Krankenversicherung, Rentenversicherung und Arbeitslosenversicherung.

64 Woraus errechnet sich der Leistungslohn?

Aus der Anzahl der erreichten Arbeitswerte und dem AW-Verrechnungssatz oder aus dem garantierten Grundlohn (Zeitlohn) zuzüglich der Leistungszulage.

65 Wie wird im Leistungslohn die Mitarbeit von Auszubildenden berücksichtigt?

Wird einem im Leistungslohn arbeitenden Mechaniker ein Auszubildender zugeteilt, so können sich die Soll-Arbeitswerte des Mechanikers erhöhen. Je nach Ausbildungsjahr werden unterschiedliche prozentuale Zuschläge vorgenommen, z.B. im 1. Ausbildungsjahr 0%, im 2. Ausbildungsjahr 10%, im 3. Ausbildungsjahr 20% und im 4. Ausbildungsjahr 30%.

66 Was versteht man unter Gruppenakkord?

Der Arbeitsauftrag wird an die gesamte Gruppe, die aus einer aufeinander eingespielten Mannschaft bestehen soll, im Akkord vergeben. Die Verteilung des Akkordlohnes ist abhängig von der Zusammensetzung der Gruppe, von der Art der Arbeit und von den getroffenen betrieblichen Vereinbarungen.

67 Welche Einnahmen zählen zum steuerpflichtigen Arbeitslohn?

Löhne oder Gehälter, Mehrarbeitslohn und Zuschläge, Provisionen, Urlaubsgeld, Lohnfortzahlungen im Krankheitsfall, Feiertagsentgelt, vermögenswirksame Leistungen des Arbeitgebers, betriebliche Zuwendungen.

68 In welche Gruppen lassen sich Kosten unterteilen?

In fixe Kosten und variable Kosten.

69 Was sind variable Kosten?

Veränderliche Kosten. Sie steigen mit zunehmender Produktion und zunehmendem Beschäftigungsgrad proportional an; auf die Einheit der erstellten Leistung bezogen, bleiben sie aber konstant.

70 Was sind fixe Kosten?

Feste Kosten. Sie entstehen unabhängig von der Produktion, z.B. Mieten für Grundstücke und Gebäude. Sie fallen auch dann an, wenn der Betrieb ruht. Steigt der Auslastungsgrad der Werkstatt, so wird der Kostenanteil der fixen Kosten je erstellter Leistungseinheit kleiner.

71 Was versteht man unter dem Deckungsbeitrag?

Unter dem Deckungsbeitrag versteht man denjenigen Teil der Lohnerlöse, der nach Abzug der variablen Kosten übrig bleibt um die fixen Kosten abzudecken. Ist der Deckungsbeitrag niedriger als die fixen Kosten, so entsteht ein Verlust, ist er höher, so entsteht ein Gewinn.

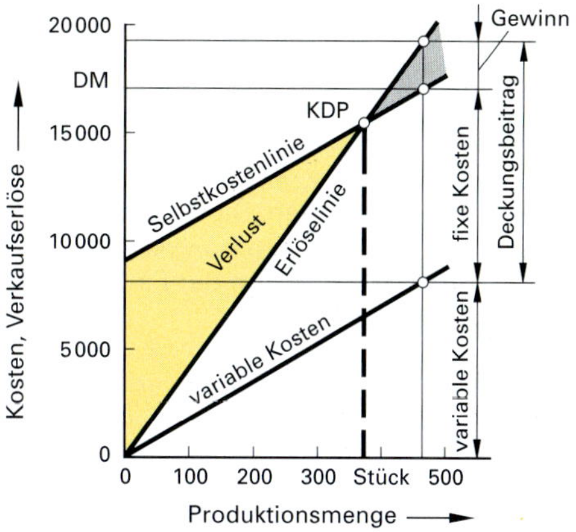

72 Was versteht man unter dem spezifischen Kostendeckungsbeitrag?

Er ist der Deckungsbeitrag je Leistungseinheit und gibt den Betrag an, mit dem eine Leistungseinheit an der Abdeckung der fixen Kosten beiträgt.

73 Was sind Verkaufserlöse?

Sie sind Erträge, die aus dem Warenverkauf an die eigene Werkstatt, an fremde Werkstätten oder an Endverbraucher zustande kommen.

74 Was versteht man unter dem Kostendeckungspunkt (KDP)?

Der Kostendeckungspunkt ist der Schnittpunkt der Erlöselinie mit der Selbstkostenlinie, d.h. die erzielten Lohnerlöse decken die Selbstkosten ab. Es entsteht weder ein Verlust noch ein Gewinn bei dieser Anzahl von produzierten Leistungseinheiten. Der Kostendeckungspunkt gibt die Anzahl der Leistungseinheiten an, bei der die Lohnerlöse die Selbstkosten des Betriebes gerade decken.

75 Was gibt die Umsatzrendite an?

Sie ist eine Kennzahl, die das Verhältnis von Reingewinn zum Umsatz in Prozent angibt. Der Umsatz entspricht den Verkaufserlösen.

76 Was sind Unterhaltskosten von Kraftfahrzeugen?

Kosten, die für ein Kraftfahrzeug innerhalb eines Jahres entstehen. Sie bestehen aus

— festen Kosten (Haltungskosten in DM/Jahr). Sie sind von der Fahrleistung unabhängig
— beweglichen Kosten (Betriebskosten je km x Jahresfahrleistung). Sie sind von der Fahrleistung abhängig.

77 Was sind Kfz-Arbeitsplatzkosten?

Gesamtkosten, die der Arbeitsplatz Kfz in einem Jahr verursacht. Sie bestehen aus den Unterhaltskosten, den Fahrerlohnkosten und den Restgemeinkosten.

78 Welche Faktoren werden bei der Berechnung der festen Kosten berücksichtigt?

Kapitalverzinsung, AfA I (Wertminderung durch Altern), Haftpflichtversicherung, Kraftfahrzeugsteuer, Fahrzeugversicherung, Garagenkosten, Fahrerlohn.

79 Was versteht man unter den Anschaffungskosten eines Kfz?

Den Kaufpreis zuzüglich Überführungs-, Zulassungs- und Kennzeichenkosten.

80 Welche Faktoren werden bei der Ermittlung der beweglichen Kosten berücksichtigt?

AfA II (Abnützung im Betrieb), Kraftstoffkosten, Schmierstoffkosten, Reifenkosten, Wartungs- und Instandsetzungskosten.

81 Wozu wird die gemischte Abschreibung verwendet?

Zur Ermittlung der Unterhaltskosten von Kraftfahrzeugen. Sie setzt sich aus Abschreibung I und Abschreibung II zusammen und dient nur für kalkulatorische Zwecke.

82 Was versteht man unter Abschreibung I und II?

Den jährlichen kalkulatorischen Abschreibungsbetrag aus

— AfA I (Alterung) = halber Anschaffungspreis ohne Reifenkosten dividiert durch die Nutzungsdauer
— AfA II (Abnutzung) = halber Anschaffungspreis ohne Reifenkosten x Jahresfahrleistung dividiert durch die maximale Fahrleistung.

83 Woraus bestehen Maschinenkosten?

— Aus fixen Kosten, sie sind unabhängig davon, ob viel oder wenig produziert wird
— aus festen Kosten, sie steigen bei ansteigender Produktion.

84 Woraus bestehen Arbeitsplatzkosten?

Aus Fertigungslöhnen, Maschinenkosten und Restgemeinkosten.